Alexander Waldow

Die Buchdruckerkunst

Alexander Waldow

Die Buchdruckerkunst

ISBN/EAN: 9783743364691

Hergestellt in Europa, USA, Kanada, Australien, Japan

Cover: Foto ©berggeist007 / pixelio.de

Manufactured and distributed by brebook publishing software (www.brebook.com)

Alexander Waldow

Die Buchdruckerkunst

Die

Buchdruckerkunst

in ihrem

technischen und kaufmännischen Betriebe.

—·—

Nach eigenen Erfahrungen und unter Mitwirkung bewahrter Fachgenossen bearbeitet

und herausgegeben von

Alexander Waldow.

Ehrenmitglied des Vereins der Buchdruckereibesitzer Sachsens, Mitglied des Vereins für die Leipzig.

Zweiter Band: Vom Druck.

—·—

Leipzig.

Druck und Verlag von Alexander Waldow.

1877

Vorwort.

Den zweiten Band meines Lehrbuches begleite ich bei seinem completten Erscheinen mit dem Wunsche, daß derselbe sich einer ebenso freundlichen Aufnahme erfreuen möge, wie der vor Jahren erschienene erste Band, von dem ich bereits eine kleinere Ausgabe veranstaltete.

Waren schon bei der Bearbeitung des letzteren viele Schwierigkeiten zu überwinden, der zweite Band bot deren noch mehr, denn die Zeit, in welche seine Herstellung fiel, war reich an neuen, wichtigen Erfindungen, und alle diese mußten gebührend berücksichtigt werden, soll das Werk seinem Zwecke, ein Wegweiser auf allen Gebieten unserer Kunst zu sein, möglichst vollständig entsprechen.

Dank der freundlichen Beihilfe der nachstehend verzeichneten Herren Mitarbeiter hoffe ich, die mir gestellte Aufgabe derart gelöst zu haben, daß ich wohl auf den Beifall eines großen Theiles meiner Leser rechnen kann.

In keinem der bisher erschienenen Lehrbücher finden sich Anleitungen zur Zurichtung und zum Druck der jetzt vielfach zur Verwendung kommenden geätzten Platten, wie zur Behandlung der Endlosen, der Doppelmaschinen und der Tiegeldruckmaschinen, während dieselbe in dem vorliegenden Bande eingehend gelehrt wurde. Alle sonst in Gebrauch gekommenen wichtigen Maschinen und Apparate fanden gleichfalls in Wort und Bild Berücksichtigung, so daß das Werk in dieser Hinsicht unzweifelhaft dem Standpunkt der Gegenwart gerecht wird.

Ich bin mir wohl bewußt, daß auch dieser Band nicht ohne Mängel und Fehler sein wird; wer ist aber so vollkommen in seinem Beruf, daß Alles, was er lehrt und schreibt, vor dem Forum der Kritik bestehen kann. Möge man also die Mängel dieses Bandes ebenso nachsichtig beurtheilen, wie die Mängel des ersten Bandes von allen Denen beurtheilt worden sind, welche in unparteiischer und gerechter Weise Kritik übten.

Durch spätere Herausgabe kleiner Supplementbände wird es mir hoffentlich möglich werden, nicht nur der inzwischen gemachten Fortschritte und Erfindungen bestens zu gedenken, sondern auch die sich vorfindenden Fehler zu verbessern, so daß das Werk zu allen Zeiten als ein Lehrbuch betrachtet werden kann, das gerechten Anforderungen zu genügen vermag.

Verbindlichsten Dank für ihre mir in uneigennützigster Weise geliehene Beihülfe sage ich meinen geehrten Mitarbeitern, den Herren S. Brückner, technischem Dirigenten des Bibliographischen Instituts zu Leipzig, F. Brückner, Buchdruckereibesitzer, H. Lund und C. Pfeiffer, Maschinenmeister, sämmtlich in Leipzig, J. Krayer, Mitinhaber der Firma Klein, Forst & Bohn Nachf. in Johannisberg a. Rh., M. Wunder, Factor der Wittich'schen Hofbuchdruckerei in Darmstadt, R. Frauenlob, Buchdrucker und Buchdruckmaschinenhändler in Wien, H. Geidel jr., Buchdruckereimitinhaber in Chemnitz, sowie allen Schnellpressenfabriken, welche mich bereitwilligst mit den nöthigen Unterlagen für die Constructionsbeschreibung ihrer Maschinen und mit Abbildungen derselben versahen; desgleichen bin ich den Herren Ernst Keil, B. G. Teubner und Kramer & Co. in Leipzig, Aubel & Kaiser in Lindenhöhe bei Cöln a. Rh., Karl Haack in Wien, L. Haus in Berlin und Ißleib & Rietschel in Gera verbindlichsten Dank schuldig für den Druck einzelner Beilagen und die Ueberlassung von Platten zur Ausführung des Druckes in meiner Officin.

Leipzig, 30. November 1877.

Alexander Waldow.

III.

Vom Druck.

... vor dem Forum der Kritik bestehen kann. Möge man alle die ...
eben, und richtig beurtheilen, wie die Mängel des ersten Bandes ...
worden sind, welche in unparteiischer und gerechter Weise ...

Durch spätere Herausgabe kleiner Supplementbände ...
werden, nicht nur der inzwischen gemachten Fortschritte ...
gedenken, sondern auch die sich vorfindenden Fehler zu verbessern ...
... Ganzen als ein Lehrbuch betrachtet werden kann, das ...
genügen vermag.

Verbindlichsten Dank sage mir in ...
ich meinen geehrten Mitarbeitern, den Herren S. Brückner, ...
Lithographisches Institut zu Leipzig, F. Brückner, Buchbinder ...
C. Pfeiffer, Maschinenfabrik, sämmtlich in Leipzig, I. Kramer, ...
Stein, Zimmer & Bohn Nachf. in Johannisberg a. Rh., M. Wunder, ...
Hofbuchdruckerei in Darmstadt, R. Frauenlob, Buchdrucker ...
... in Wien, ... & ... Nachfolger, Mitinhaber in Chemnitz, ...
pressenfabriken, welche ... mit den nöthigen Unterlagen ...
beschreibung ihrer Maschinen und mit Zeichnungen derselben versehen, ...
Herren ... F. Leutner und Kramer & Co. in Leipzig, ...
... bei Cöln a. Rh., ... Haas in Wien, L. Hans in Berlin und ...
in ... Druckschulung für den Druck ...
... Platten zu Ausführung des Druckes in unser Offizin ...

Leipzig, ... 1877.

Alexander Waldow.

III.

Vom Druck.

... vor dem Forum der Kritik bestehen kann. Möge man alle d.. Mängel dieses Bandes ... und richtig beurtheilen, wie die Mängel des ersten Bandes von allen Denen beurtheilt ... sich, welche in unparteiischer ... Weise Kritik üben.

Durch spätere Herausgabe kleiner ... erbaude wird es mir ... möglich ... nicht nur der inzwischen ... Fortschritte und Erfindungen Rechnung zu ... sondern auch die ... Kehler zu verbessern, so daß das Werk in ... als ein ... werden kann, das gerechten Anforderungen zu genügen vermag.

Verbindlichsten D... ... zu ... Weise gütigen Beistand ... ich ... Herren ... Brückner, technischem Dirigenten des bibliographischen ... ... Krauer, Buchdruckereibesitzer, H. Rand und E. Pfeil... ... J. Krauer, Mitinhaber der Firma Klein, ... W. Wunder, Factor der Witzschen Officin ... Buchbinder und Buchbindemaschinen... ... in Chemnitz, sowie allen Schnell... ... die ... nöthigen Unterlagen für die Constructions... ... benen derselben versehen; desgleichen bin ich den Herren ... Kramer & Co. in Leipzig, Aubel & Kaiser ... ... Dane in Berlin und Ittrib & Rietsch ... für ... Druck einzelner ... und ... Danke in meiner Officin.

... ...

Alexander Waldow

III.

Vom Druck.

Erster Abschnitt.

Vorbemerkungen.

Bilden auch die so umfangreichen Verrichtungen des Setzers die Hauptschwierigkeiten der Buchdruckerkunst, so sind sie doch nur als Vorarbeiten zu betrachten, denn ihr eigentlicher Zweck ist die spätere Vervielfältigung durch den Druck. Ist dieser erfüllt, so geht der Satz wieder in die Hand des Setzers zurück, um von ihm in seine einzelnen Theile zerlegt, und auf's Neue für weitere Arbeiten nutzbar gemacht zu werden.

Ganz anders die Arbeit des Druckers. Diese geht direct oft in vielen Tausenden von Exemplaren in die weite Welt hinaus, jedes Exemplar stimmt dem Buchstaben nach genau mit dem anderen überein und verbreitet den geistigen Inhalt an Alle, die es lesen und verstehen. Ebenso weit als der Wirkungskreis der Druckarbeit ist, ebenso groß ist auch ihre Dauer. Es gibt Bücher genug, die nicht nur für die Gegenwart, sondern auf Jahrhunderte und Jahrtausende hinaus ihre Wirksamkeit behalten werden.

In richtiger Erkenntniß dieser Umstände wird auch die Gesammtarbeit der Bücherverfertigung als „Buchdruck" bezeichnet*) und das Wort: „Presse", als Hinweis auf das hauptsächlichste Werkzeug des Buchdrucks, gilt oft als Inbegriff aller Buchdruckereiarbeiten und

---

*) Hat sonach der „Drucker" die Ehre, für das vielseitige Geschäft seiner Kunst gleichsam die Firma zu führen, so trägt er auch den Nachtheil, daß etwaige Setzfehler in seinen Arbeiten nicht als solche, sondern als „Druckfehler" bezeichnet werden.

ihrer gesammten Wirksamkeit. In diesem Sinne nennt man oft den Gesammtumfang der Buchdruckereithätigkeit das „Preß-Gewerbe"; ihre besonderen Angelegenheiten: „Preß-Angelegenheiten"; in diesem Sinne heißen die auf den Buchdruckereibetrieb bezüglichen Gesetze und Maßregeln: „Preß-Gesetze" und „Preß-Verordnungen"; ihre Verletzungen: „Preß-Vergehen"; auch bezeichnet man die nach Aufhebung der Büchercensur eingeführte freiere Bewegung in Bezug auf den Inhalt und die Verbreitung der Buchdruck-Erzeugnisse als „Preß-Freiheit".

Die Handpresse.

Zu der speciellen Thätigkeit des „Druckers" übergehend, ist es zunächst die Presse, als dessen hauptsächlichstes Werkzeug, welche eine ausführliche Beschreibung erfordert. Ein kurzer Ueberblick der Geschichte dieses Werkzeuges befindet sich bereits auf Seite 44 und 45 des ersten Bandes dieses Lehrbuches. Betrachten wir nun zunächst die verschiedenen Arten der Handpresse von ihrem Entstehen bis auf die neueste Zeit.

Gutenbergs-Presse.

Der Erfinder der Buchdruckerkunst hat seine erste Presse wahrscheinlich schon im Jahre 1436 in Straßburg durch Conrad Sahspach herstellen lassen (vergl. I. Band, Seite 13 xc.), jedoch gelangten auf derselben noch keine beweglichen Buchstaben zum Druck, was erst später in Mainz erfolgte. Diese Presse war der Traubenpresse, wie sie zum Auspressen des Weines dient, nachgebildet und wohl größtentheils von Holz erbaut, doch soll nach anderen Angaben bereits an Gutenbergs Presse die Schraube (oder Spindel) von Eisen gewesen zu sein. Das bei einer Traubenpresse (Kelter) zwischen den beiden hohen hölzernen Seitenwänden untenstehende hölzerne Gerüst (Kelterbiet), ebenso der auf dem Kelterbiet stehende Kelterkasten, wurden von Gutenberg in einen beweglichen Karren verwandelt, oben mit einer Platte, auf welche die zusammengeschraubte Schriftform zu liegen kam. War die Schrift mittelst der „Ballen" eingeschwärzt, so wurde der Papierbogen darauf gelegt, mit einem „Deckel" zugedeckt und nun der Karren unter den an der Schraube befestigten „Tiegel" geschoben. Die hölzerne Stange, welche in einer Oeffnung der Schraube anfangs locker eingesteckt war (der „Bengel"), wurde herübergezogen, so daß der Tiegel auf den Deckel der Schriftform einen Druck ausübte, dann mußte die Schraube vermittelst des Bengels wieder zurückgeschoben werden, damit nachher der Karren wieder herausgezogen, der Deckel abgehoben und der bedruckte Papierbogen herausgenommen werden konnte.

Obwohl im Ganzen die Nachrichten über Gutenbergs Presse und sein Druckverfahren sehr unsicher und mangelhaft sind, so ist doch leicht begreiflich, daß auf ebenbeschriebene Art die Arbeit langsam von statten ging. Allein die Kenntniß der Mechanik war in jenen Zeiten eine so geringe, daß Jahrhunderte vergingen, ehe wirkliche Verbeiserungen an der Preffe erfunden wurden. Wie bereits im Band I. Seite 44 dieses Lehrbuchs erwähnt, soll Danner in Nürnberg, ungefähr 100 Jahre nach Gutenberg, die hölzerne oder eiserne Preffenschraube durch eine messingene Schraube erfetzt haben, aber erst im Jahre 1620, also fast 200 Jahre nach Gutenberg, baute Wilhelm Bläu (genannt Janffon Cäfius) in Amsterdam neue Preffen, an welchen der Karren durch eine Welle mit Riemen und Gurten herein und heraus gedreht werden konnte; auch machte er den Oberbalken der Schraube beweglich und unterlegte denselben in den beiden Seitenwänden der Preffe mit einer Federung, wodurch sich die Schraube nach dem Druck von felbst wieder in die Höhe zog.

Durch mehrfache, aber immerhin unwesentliche Veränderungen an der Gutenbergs-Preffe, besonders durch obenerwähnte Verbeiserungen von Bläu, entstand nun die sogenannte

Holz-Preffe,

im Allgemeinen auch „deutsche Preffe" genannt, die wiederum reichlich 200 Jahre lang in Wirksamkeit blieb und sich noch jetzt in einigen Buchdruckereien vorfindet.

Ihrer äußeren Gestalt nach ist die Holzpreffe der Gutenberg'schen noch sehr ähnlich. Die beiden, etwa 3¹⁄₂ Meter hohen Seitenwände sind oben durch die Krone, unten aber, etwa ¹⁄₂ Meter vom Fußgestelle empor, durch den Unter- oder Druckbalken mit einander fest verbunden; auf diesem Balken ruht das Laufbret mit den Schienen für den Karren, welcher das Fundament trägt und durch eine Kurbel mit Gurten herein- und herausgedreht werden kann. Ungefähr in Mitte zwischen Unterbalken und Krone befindet sich der Ober- oder Zieh-balken, deffen Zapfen in beiden Seitenwänden mit einer Menge von Pappstückchen über- und unterlegt sind, welche ihm eine leichte Federung gewähren, indem die unteren Pappstückchen beim Anziehen der Schraube zusammengedrückt, beim Nachlassen der Zugkraft aber wieder locker werden und den Ziehbalken ein wenig in die Höhe heben, wodurch zugleich der Zug weich gemacht wird. Im Oberbalken ist eine Mutterschraube (Mater) angebracht, in welcher der obere Theil der Schraube (Spindel) sich bewegt. Ziemlich dicht unterhalb der Mater ist an der Schraube eine ringförmige Verdickung mit Oeffnung, in welche der Bengel fest eingeschraubt wird. Am Ende der Schraube ist der Tiegel befestigt, der beim Herüberziehen des Bengels den Druck aus-übt. Die Hauptänderung im Vergleich zur Gutenbergs-Preffe bestand in einer besseren Verbindung des Tiegels mit der Schraube. Letztere endet nämlich in einen stählernen Zapfen, welcher in ein metallenes Pfännchen auf dem oberen Mittelpunkte des Tiegels sich hineindrückt und so beim Herüberziehen des Bengels den Tiegel herabdrückt. Unterhalb des Bengelringes befindet sich aber an der Schraube ein Querriegel (Kreuz) und unter diesem ein Bret (die Brücke), durch welche vom Kreuz bis zum Tiegel Eisenhäbchen (Schloßstangen) gehen, die am Tiegel befestigt sind und oberhalb des Kreuzes durch kleine Schrauben gehalten werden; durch diese Verbindung (das Schloß) hängt nun der Tiegel fest mit der Schraube (Spindel) zusammen, so daß beim Herüberziehen des Bengels die Schraube und der Tiegel nicht nur gleichmäßig

herunterdrücken, sondern auch, sobald der Bengel durch die Federung des Oberballens zurück-
geht, sich wieder zugleich in die Höhe ziehen. Ein Hauptübelstand bei der hölzernen Presse
ist jedoch, daß der Tiegel gewöhnlich nur die Hälfte einer ganzen Druckform bedeckt und wenn
diese Hälfte gedruckt ist, müssen Tiegel und Schraube wieder in die Höhe gehen, und der
Drucker muß nun den Karren weiter hinein drehen, bevor durch nochmaliges Ziehen die andere
Hälfte gedruckt werden kann. So rasch nun auch ein geübter Drucker dieses zweifache Eindrehen
(Einfahren) des Karrens bewerkstelligen konnte, so blieb es doch immer eine aufhältliche
Arbeit. Während alle größeren Theile dieser Presse (Seitenwände, Krone, Ober- und Unter-
balken, Brücke, Karren, Fußgestelle ꝛc.) noch aus Holz bestehen, sind Schraube und Bengel,
sowie fast alle kleineren Theile (Kreuz, Schloßstangen, Zapfen, Pfännchen und Kurbel) von
Metall (Eisen, Messing oder Kupfer); Tiegel und Fundament sind ebenfalls meistentheils
aus Metall oder wenigstens mit Metallplatten eingelegt. Das Fundament ist auch mit eisernen
Winkeln versehen, in welchen die Form mittelst hölzernen Kapitalstegen und Keilen eingekeilt wird. Der eiserne Bengel ist jedoch zum bequemeren Anfassen an seinem äußeren Ende
mit einer hölzernen Bengelscheide umgeben, ebenso die Kurbel mit einem hölzernen Griff.

So ehrwürdig und interessant nun auch die Holzpresse durch ihre frühere allgemeine Verbreitung und die Jahrhunderte lange Dauer ihrer Wirksamkeit sein mag, so ist sie doch jetzt
fast gänzlich aus den Buchdruckereien verschwunden und eine ausführliche Beschreibung ihrer
Bestandtheile und ihrer Aufstellung erscheint deshalb als überflüssig, besonders da sie in den
letztvergangenen 70—80 Jahren durch eiserne Handpressen und Maschinen so vielfache Concurrenz
erfahren hat, daß hier, um möglichst alle diese Pressen erwähnen zu können, über das nicht mehr
Gebräuliche nur kurz berichtet werden soll.

Eine wenn auch nicht bedeutende Concurrenz erhielt die Holzpresse im Jahre 1772 durch die

Haas'sche Presse,

erfunden von dem seiner Zeit berühmten, besonders um die Schriftgießerei sehr verdienten
Schriftgießereibesitzer Wilhelm Haas in Basel. Diese Presse war wohl schon größtentheils
aus Eisen und bekam dadurch ein ganz anderes Aussehen als die Holzpresse, weil die Schraube
durch ein oben bogenförmiges, metallenes Gestell ging und der Bengel oberhalb desselben mit
einer Schwungkugel versehen war. Näheres darüber ist bereits im I. Band, Seite 44, erwähnt.
Es war dies jedenfalls ein bedeutender Fortschritt im Pressenbau, allein die nun rasch auf-
einanderfolgende Erfindung verbesserter eiserner Pressen hat der Haas'schen Presse keine nennenswerthe Verbreitung gestattet.

Nebenbei sei hier noch bemerkt, daß im Jahre 1777 J. G. Freitag in Gera eine Presse
erfand, die ohne Bengel und Schraube war und mit dem Fuße in Thätigkeit gesetzt wurde.
Ein Engländer, Joseph Ridley, verbesserte diese Tret-Presse, doch ist sie nur wenig in
Gebrauch gekommen. Fast gleichzeitig mit Letzterem traten in England Roworth, Prosser,

Medhurst und Brown als Pressenerfinder auf, ohne nennenswerthe Erfolge zu erzielen. Auch Adam Ramage, ein in Nordamerika eingewanderter Schottländer, baute daselbst eine verbesserte Art Holzpressen, während in Frankreich Didot, Anisson, Gaveaux, Thounelier, Villebois und Jrapié als Verbesserer der Holzpresse genannt zu werden verdienen.

Erfolgreicher als alle diese Versuche und ein entscheidender Anfang des wirklichen Gebrauchs der eisernen Handpressen war im Jahre 1800 die Erfindung der

Stanhope'schen Presse.

Ihr Erfinder, Lord Stanhope, gehörte einer angesehenen englischen Familie an, wurde aber zu Genf (in der Schweiz) 1753 geboren, wo er auch erzogen ward und bis zum Jahre 1780 verblieb. Nach mehrjährigem Verweilen in England, kam er wieder in die Schweiz und trat in freundschaftliche Verbindung mit W. Haas in Basel, dem Erfinder der obenerwähnten Haas'schen Presse. Hierdurch ebenfalls zum Pressenbau angeregt, ging er im Jahre 1800 wieder nach England, vereinigte sich dort mit dem Mechaniker Walker und beide erbauten nun eine neue Presse, welche zuerst in der Blumer'schen Buchdruckerei zu London aufgestellt und anfangs „Shakespeare-Presse" genannt wurde. Dieselbe ist noch jetzt unter der Benennung Stanhope-Presse weit verbreitet. Sie hat zwar ein hölzernes, kreuzförmiges Fußgestelle, besteht aber außerdem ganz von Eisen. Die Hauptverbesserung beruht darauf, daß das eiserne Gestell dieser Presse viel niedriger und doch durch seine Schwere viel feststehender ist, als das Gerüst der Holzpresse. Ferner ist die Druckkraft dieser Presse eine so bedeutende, daß nun der Tiegel so groß wie die ganze Druckform gemacht wurde, und während bei der Holzpresse (wie schon erwähnt) der Tiegel nur die Hälfte einer ganzen Druckform drucken konnte, also zweimal herabgezogen werden mußte, geschah nun der Druck der ganzen Form durch nur einen Zug, was eine ganz beträchtliche Zeit- und Kraftersparniß mit sich brachte. Auch die bewegende Kraft der Stanhope-Presse ist eine viel wirksamere als an der Holzpresse. Zwar ist die Schraube noch beibehalten, dieselbe endet aber über dem eisernen Preßkörper in einen Kopf, an dem ein Hebel befestigt ist, welcher durch einen eisernen Arm mit einer an der linken Außenseite des Preßkörpers

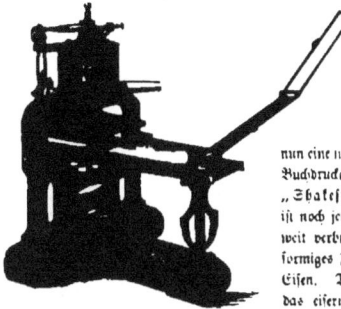

Fig. 1. Stanhope-Presse.

befindlichen glatten Spindel in Verbindung steht. An dieser äußeren Spindel ist der Bengel befestigt. Wird der Bengel herübergezogen, so dreht sich die äußere Spindel um die Hälfte ihres Durchmessers herum, und zieht den oben an ihr befestigten eisernen Arm mit Hebel herüber, wodurch die Schraube auf einen zwischen zwei eisernen Backen befindlichen Becher mit Schieber herabdrückt, an dem der Tiegel befestigt ist, so daß dadurch der letztere auf die Druckform auftrifft und den Druck erzeugt. Um nach dem Druck den Tiegel wieder schnell und leicht in die Höhe zu bringen, steht der Schieber hinten mit einer eisernen Gabel in Verbindung, an welcher ein Gewicht hängt. Geht der Bengel mit Außenspindel, Hebeln und Schraube zurück, so zieht das Gewicht den Schieber nebst Tiegel sofort wieder empor. Die übrigen Theile: Fundament, Schienen, Karren, Kurbel ꝛc. sind ähnlich wie bei der Holzpresse, aber (außer Bengelscheide und Kurbelgriff) sämmtlich aus Eisen.

Neue Stanhope-Pressen werden jetzt wohl nicht mehr gebaut und aufgestellt, weshalb auch hier von einer näheren Beschreibung der Aufstellung abgesehen werden kann.

Columbia-Presse.

Zehn Jahre nach Herstellung der Stanhope-Presse, im Jahre 1810, erfand George Clymer in Philadelphia eine eiserne Presse, die an äußerer Eleganz, leichter Behandlung und großer Kraftäußerung alle bisherigen Pressen weit übertraf und auf einem ganz neuen System beruhte. Es ist dies die weitverbreitete und jetzt mitunter noch in manchen Buchdruckereien vorhandene „Columbia-Presse".

Dieselbe hat keine Schraube oder Spindel, sondern bewirkt ihre Kraft nur durch Hebel. Der Hauptbebel oder Preßbaum ist beweglich und wenn er durch den an der rechten Seitenwand befindlichen Bengel, der mit einem sehr complicirten Hebelwerk in Verbindung steht, herabgezogen wird, so drückt er auf ein Lager, welches am Mittelpunkte seiner unteren Fläche angebracht ist. Dadurch bewegt sich die an dem Lager befestigte Drucksäule (ein viereckiges Stück Stahl, dessen Kanten im Schrägquadrat stehen),

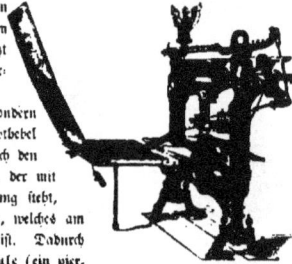

Fig. 5. Columbia-Presse.

sowie der mit ihr durch Platte und Schrauben (das Schloß) verbundene Tiegel nach unten und bewirkt den Druck. Zur Stütze der Drucksäule dienen ein oder zwei von den Seitenwänden ausgehende Riegel mit dreieckigem Einschnitt, durch welche die seitwärts stehenden Kanten der Drucksäule herunter und herauf gleiten. Zum schnellen Zurückgehen des Preßbaums ist oberhalb desselben eine ebenfalls über die ganze Presse hinüberreichende geschweifte Stange mit einem Gegengewicht belastet und ein kleineres Gegengewicht hinter dem Hebelwerk des Bengels erleichtert auch dessen Zurückgehen. Die übrigen Theile sind von anderen eisernen Pressen wenig verschieden;

die Columbiapresse zeichnet sich aber vor diesen noch ganz besonders durch die Art und Weise aus, in welcher alle ihre Gußtheile ausgeschmückt sind. So z. B. hat das obenaufstehende Gegengewicht meistens die Gestalt eines Adlers, weshalb diese Pressen auch zuweilen „Adler-Pressen" genannt werden.

Als die Nachfrage nach diesen Pressen sich vermehrte, verlegte George Clymer im Jahre 1817 die Fabrication derselben nach London. Auch andere Pressenbauer, namentlich Fr. Vieweg & Sohn in Braunschweig, ahmten dieselben nach und vereinfachten sowohl den Mechanismus als auch die Verzierungen.

Schottische Tafel-Presse.

Fast gleichzeitig mit George Clymer und zwar im Jahre 1813 erbaute der Buchdrucker John Ruthven in Edinburg eine ganz andere Art Pressen, an welchen das Fundament feststehend, dagegen der Tiegel beweglich war. Derselbe rollte auf Schienen und eine Hebelvorrichtung drückte ihn durch einen aufrechtstehenden Bengel nieder, sobald er sich über dem Fundamente befand. Eine weite Verbreitung hat diese Presse nicht gefunden.

Cogger'sche Presse.

Gegen das Jahr 1820 baute der Engländer Cogger eine Presse, deren Wände aus gußeisernen Röhren besteht. Auch der eiserne Oberbalken hat da, wo er die beiden Wände bedeckt, Oeffnungen, durch welche eiserne Stangen hindurchgehen. Der an der linken Preßwand befestigte Bengel setzt beim Herüberziehen ein Hebelwerk in Bewegung, welches ein Keilsystem zwischen Oberbalken und Tiegel hineintreibt, wodurch ersterer nach oben, letzterer nach unten bewegt wird und so den Druck ausübt. Vom Tiegel aus gehen noch zwei eiserne Stangen durch den Oberbalken, welche oberhalb des letzteren mit Spiralfedern versehen sind und dadurch ein leichteres Erheben des Tiegels bewirken, sobald der Bengel mit seinem Hebel- und Keilsystem wieder rückwärts geht. Diese Presse fand anfangs zwar viel Abnehmer, allein ihre schwerfällige Zugkraft und manche andere Uebelstände brachten auch sie bald außer Gebrauch.

Hoffmann'sche Presse.

Aehnlich der Cogger'schen stellte der Mechanikus Hoffmann in Leipzig eine Presse her, die besonders in Deutschland vielfach in Gebrauch kam. Die meistens aus Messingsäulen bestehenden zwei Seitenwände dieser Pressen reichen nicht bis zum Fußgestell herab, sondern beginnen erst auf dem von einem bogenförmigen Gestell getragenen eisernen Unterbalken. Sie sind mit dem Oberkörper durch eiserne Bolzen fest verbunden, auf deren beiden obersten Enden messingene

Kugeln ruhen. Der Tiegel steht (wie bei der Cogger'schen Presse) ebenfalls durch zwei Eisen-stangen mit dem Oberkörper in Verbindung. Auf dem Tiegel sitzt eine messingene Büchse, in welcher sich zwei gegenüber schräg aufsteigende Lager von Stahl befinden, auf welche von oben zwei Zähne auftreffen. Diese Zähne sitzen an einer Scheibe fest, durch welche eine senkrechte Welle mit ihrer unteren Hälfte in die Büchse des Tiegels tritt. Beim Herüberziehen des Bengels und der daran befindlichen Hebel macht die Welle sammt Scheibe und Zähnen eine Sechstel-Umdrehung, wobei sich die Zähne auf die unter ihnen schräg aufsteigenden Lager fest aufziehen und so den Tiegel nach unten drücken. Zur Hebung des Tiegels dienen die beiden über die Seitenwände als Messing-kugeln emporstehenden Gegengewichte, welche mit den vom Tiegel durch den Oberkörper gehenden Stangen durch einen Hebel in Verbindung stehen. So vorzüglich und weit-verbreitet diese Presse auch war, so konnte sie doch die Concurrenz mit den fast gleichzeitig in Gebrauch gekommenen Kniepressen nicht lange bestehen und deshalb mag hier von näherer Beschreibung ihrer Bestandtheile und ihrer Aufstellung abgesehen werden.

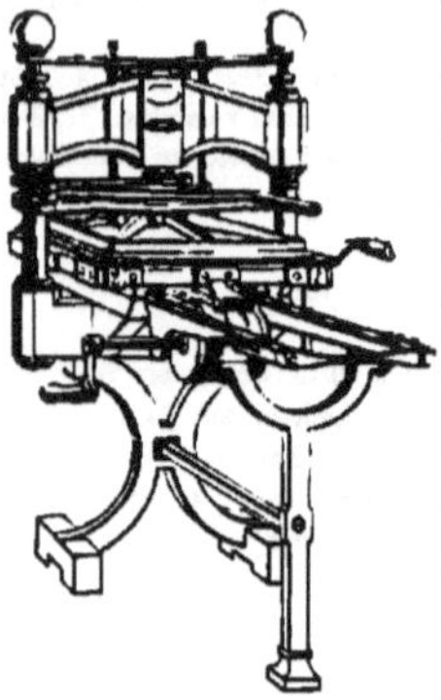

Fig. 2. Hoffmann'sche Presse.

Auch der Schlossermeister und Mechanikus Johann Teisler in Coblenz baute zu Anfang der dreißiger Jahre eiserne Pressen nach Stanhope'schem und Cogger'schem System, die besonders in den Rheinlanden weite Verbreitung fanden. Ebenso sind von Chr. Dingler in Zweibrücken und Schumacher in Hamburg derartige Pressen her-gestellt worden.

Säulen-Presse.

Während dessen war in Nordamerika ein Mechanismus erfunden worden, welcher das Schrauben- und Keilsystem der Stanhope- und Cogger-Pressen, ebenso wie den Preßbaum der Columbiapresse sehr bald überflügelte, indem er sich durch Einfachheit und doch bedeutendere Wirksamkeit auszeichnete. Dieser Mechanismus beruht auf zwei Bolzen oder Kegeln, welche neben einem glatten Cylinder zwischen Tiegel und Oberkörper in schräger Richtung stehen, aber beim Ziehen des Bengels eine gerade Stellung annehmen und so den Tiegel berniederdrücken. Die erste dieser Pressen ward schon vor 1820 von den Gebrüdern Peter und Matthew Smith in New-York erfunden, deren Geschäft 1823 an Robert Hoe überging, welcher seinen Sohn Robert March Hoe, sowie den Sohn des verstorbenen Peter Smith, Matthew Smith jun., als Theilhaber annahm und so die berühmte Pressenbauerfirma R. Hoe & Co. in New-York gründete. Nun verschritt diese Fabrik auch zur Herstellung von neueren Kniepressen (vergl. Washington-Presse) und gleichzeitig erlangten die von König & Bauer in Oberzell erfundenen „Schnellpressen" einen solchen Weltruhm, daß auch Hoe & Co. in New-York den Bau von Schnellpressen begannen. Durch diesen großartigen Fortschritt im Pressenbau ward die oben-erwähnte, ursprünglich von Gebrüder Smith hergestellte Presse rasch verdrängt. Jedenfalls war sie ähnlich der „Säulenpresse", welche der Mechanikus Fr. Koch in München im Jahre 1832—33 erbaute. Dieselbe gleicht noch in vielen Stücken der Cogger-Presse. Wie bei dieser, sind die Seitenwände säulenartig, aber nicht hohl, sondern massiv; der Oberkörper sitzt fest auf denselben. Mit dem Oberkörper ist der Tiegel in der Mitte durch einen glatten Cylinder und neben diesen durch zwei starke Schneckenfedern verbunden. Am Cylinder ist eine runde Scheibe und an dieser zugleich der Bengel befestigt. Zu beiden Seiten des Cylinders sind schrägstehende, an ihren Enden abgerundete Stahlbolzen angebracht, welche oben am Oberkörper und unten auf der Scheibe in Lagern (Pfannen) stehen. Wird der Bengel herübergezogen, so treten die Bolzen aus ihrer schrägen Richtung in eine gerade Stellung und drücken den Tiegel herab, der dann beim Rückwärtsgehen durch die beiden Schneckenfedern wieder gehoben wird.

Kniehebel-Presse.

Schon vorher ist ebenfalls von Fr. Koch in München eine Presse erfunden worden, die besonders dadurch von allen anderen Druckerpressen abweicht, daß der Bengel unterhalb des Fundamentes sich befindet. Der Tiegel ist an zwei Eisenstangen befestigt, die so mit den Seiten-wänden verbunden sind, daß sie beim Ziehen des Bengels den Tiegel auf das Fundament drücken. Durch Federn wird dann derselbe wieder gehoben. Der große Uebelstand, daß der Drucker an dieser Presse beim Ziehen sich bücken mußte, verhinderte jedoch ihre Verbreitung, und obwohl „Kniehebel-Presse" genannt, hat dieselbe doch mit dem Knie- oder Kegel-Mechanismus nichts Gemeinschaftliches.

Andere Handpressen verschiedener Art.

Bevor wir zur näheren Beschreibung der jetzt fast ausschließlich im Betrieb befindlichen Knie-Pressen übergehen, sei noch erwähnt, daß Daniel Treadwell aus den Vereinigten Staaten von Nordamerika 1820 in England ein Patent auf eine neuerfundene Presse nahm, bei welcher, wie bei der schon erwähnten schottischen Presse, das Fundament fest stand, dagegen der Tiegel sich auf die Form bewegte. Die Druckkraft wurde durch einen Hebel oder Tretschemel hervor-gebracht. Der Erfinder überließ die Ausführung dieser Presse dem Schottländer Napier, weshalb sie auch Napier-Presse genannt wurde.

Auch andere Pressenbauer, besonders Howkin in England, Köhling und Leiberitz in Leipzig, 2c., ahmten dieses System nach, doch haben derartige Pressen keine nennenswerthe Anwendung gefunden, bis deren System später mit der Schnellpresse wieder auftauchte.

Der Engländer Cope baute ungefähr im Jahre 1820 eine neue Presse, nach Smiths System (engl. Säulenpresse), deren Körper aber nur aus einem Stück gegossen war. Sie wurde Cope- oder Imperial-Presse genannt und später auch vom Mechaniker Faulmann in Leipzig verfertigt.

Die von Daune in London gebaute Albion-Presse ist der später zu erwähnenden Hagar-Presse nachgebildet und in England sehr verbreitet.

Barclay in London erfand 1822 eine sogenannte Drehpresse (Rotary Standard Press), wahrscheinlich der Cogger'schen Presse ähnlich, an der aber die Druckkraft nicht durch Ziehen des Bengels, sondern durch Drehen eines Walzensystems hervorgebracht wurde. Sie bewährte sich jedoch nicht.

Die Russel-Presse vom Engländer Russel erfunden, aber von Taylor und Martineau erbaut, bewirkte ihre Druckkraft durch Keile, welche durch Gewinde bewegt wurden.

Es haben auch Versuche stattgefunden, an Handpressen statt des Tiegels eine Walze zur Herstellung des Drucks anzuwenden (Walzenpresse). Als derartige Pressenbauer sind zu nennen: Strauß in Wien, Schuttleworth in London, Burks in Paris 2c. Neuerdings Gustav Schelter und C. Ronniger in Leipzig. Diese Pressen sind jedoch in keiner Weise empfehlenswerth.

Eine sogenannte Riesenpresse erbaute Thurien in Paris. Der Tiegel ist 2 Meter 66 Centimeter breit und 3 Meter 30 Centimeter lang.

Die Mammuth-Presse (Mammuth Press), der Tiegel 1 Meter 8 Centimeter breit und 1 Meter 35 Centimeter lang, erbauten R. Hoe & Co. in New-York und London nach dem System der später zu erwähnenden Washington-Presse.

Die unterdessen erfolgte Erfindung der Schnellpressen und die Einführung der Druckwalzen anstatt der Farbeballen gaben Anlaß zu mehreren Versuchen, auch die Handpresse mit einem Farbewerk zu verbinden. So entstand die Schuhmacher'sche Presse mit Farbewerk, erfunden von Schuhmacher in Hamburg. Dieselbe hatte vor dem Fundament ein Farbewerk, nach Art der jetzt an Schnellpressen viel angewendeten Tischfärbung. Die Druckform wurde mittelst der Kurbel unter zwei Auftragwalzen durch und wieder zurückgeführt. Eine nennenswerthe Verbreitung scheint diese Presse jedoch nicht gefunden zu haben, obwohl sie sehr gut gearbeitet war und täglich 4000 Abdrücke geliefert haben soll. Auch besondere Auftragmaschinen, die sowohl bei hölzernen wie eisernen Pressen anwendbar waren, sind hergestellt worden, z. B. von Kallmeyer in Osterode am Harz und von Fairlamb in Boston. Letzterer verband sich 1834 mit dem Buchdrucker Gilpin in New-York, durch welchen mehrfache Verbesserungen daran gemacht worden sind. In neuester Zeit haben die Schnellpressen diese Maschinen wenigstens bei uns in Deutschland wohl vollständig verdrängt. In Amerika finden dieselben jedoch noch Anwendung und bauen insbesondere Hoe & Co. in New-York derartige Auftragapparate.

Die Washington-Presse.

Wie schon angedeutet, gewannen seit 1820 die Pressen mit Kniegelenken (Knie-Pressen) den Vorrang vor allen anderen und die Erfindung der ersten derartigen Presse ist bereits unter „Säulen-Presse" berichtet. Eine zweite, verbesserte Art erfand Samuel Rust in Washington, welche unter dem Namen Washington-Presse die allgemeinste Verbreitung gefunden. Dieselbe ist auch in Deutschland mehrfach nachgebildet worden, namentlich von Christian Dingler in Zweibrücken, und die aus dessen Fabrik hervorgegangenen Pressen führen im Allgemeinen den Namen Zweibrückener-Pressen.

Die später folgende Abbildung wird die Construction der Washington-Presse am besten verdeutlichen.

Die Hagar-Presse.

Eine dritte Art der Knie-Presse ist ebenfalls von einem Amerikaner, Hagar in New-York, dem Gründer der Firma Hagar & Co., erfunden worden. Wie die Washington-Presse, ward auch die Hagar-Presse besonders von Dingler in Zweibrücken und später von mehreren anderen Pressenfabriken in Deutschland, gebaut. Sie gehört jetzt zu den beliebtesten Pressen und ihre Construction ist unzweifelhaft die solideste, welche wir gegenwärtig besitzen. Die Figuren 8 und 9 verdeutlichen die Wirkung dieser Construction.

Accidenz-Presse.

Wir haben schließlich noch einer kleinen Accidenz-Presse zu erwähnen, welche vielfach von Papierhandlungen, Buchbindern x., weniger aber von Buchdruckern zum Druck kleinerer Arbeiten verwendet wird.

Fig. 4 Accidenz-Presse.

Diese Presse wird theils so gebaut, daß man sie auf einen Tisch stellen kann, theils baut man sie auch mit eisernem Untergestell. Die vorstehende Abbildung wird ihre Construction verdeutlichen.

Ihres schwachen Baues wegen empfiehlt sich ihre Benutzung nicht für eine wirkliche Buchdruckerei.

Abzieh-Pressen.

Zum Abziehen von Correcturen wird wohl in den meisten älteren Druckereien Teutschlands eine alte Handpresse in irgend einer der vorstehend beschriebenen Constructionen benutzt. Neuerdings aber finden auch, und besonders für Zeitungsspalten und kleine Formen, einfachere Apparate Eingang. So z. B. der unter Fig 5. abgebildete. Wir beschrieben diesen Apparat bereits im I. Bande auf Seite 163, wollen diese Beschreibung jedoch der Vollständigkeit wegen und weil möglicherweise mancher der Käufer des II. Bandes den ersten nicht besitzt, noch einmal wiederholen:

„Dieser besonders für Zeitungsspalten, Accidenzien und kleinere Formen geeignete Correctur-Abziehapparat ist der einfachste und praktischste, welchen es giebt, und wollen wir denselben hier näher beschreiben, weil es in vielen Druckereien neuerdings eingeführt ist, daß die Setzer, besonders die Zeitungssetzer, ihre Spalten selbst abziehen, was auf diesem Apparat auch die wenigsten Umstände macht. Auf den beiden Längsseiten eines eisernen Fundamentes

Fig 5. Correctur Abziehapparat.

sind zwei an beiden Enden erhöht anslaufende Schienen derart angebracht, daß sie sich mittels Stellschrauben angemessen der Schrifthöhe von unten aus heben und senken lassen. Auf diesen Schienen ruht ein eiserner, an beiden Seiten mit einer vertieften Bahn und bequemen Handgriffen versehener und mit starkem Filzüberzuge bekleideter Cylinder. Dieser Cylinder wirkt, über die Schrift und das darauf gelegte gefeuchtete Correcturpapier weggerollt, lediglich durch seine Schwere. Sein Umfang gegenüber dem Fundament ist derart berechnet, daß die Stelle, an welcher der Filzüberzug aneinandergenäht ist, nicht mit der Schrift in Berührung kommt, wie sich auch in seiner innern Höhlung eine starke Eisenrippe befindet, welche ihm an dieser Stelle eine größere Schwere giebt und ihn, ist er demgemäß angelegt worden, am vorderen und hinteren Ende des Fundamentes fest und ohne von selbst weiter zu rollen, liegen läßt. Besitzt man egal bearbeitete, mit gleich starkem Boden versehene Schiffe, so kann man den Satz gleich auf denselben belassen und auf ihnen in dem Apparat abziehen. Rathsam ist es, den Satz stets mit seiner Zeilenbreite gegen die Walze zu stellen. Sind die Schienen genau regulirt und hat man der

Hauptbedingung für Herstellung eines guten Abzuges genügt, dem Abziehpapier mittels eines Schwammes die nöthige Feuchtigkeit zu geben, so wird man nach genügender Schwärzung der Form mittels einer guten Walze, durch das einfache Ueberrollen der mit dem Papier belegten Schrift den besten und leserlichsten Abzug erhalten. Zu beachten ist jedoch, daß man den Eisencylinder nur einmal über die Form laufen läßt, ihn also nicht wieder darüber zurückführt, wenn der Abzug noch darauf liegt. Man muß nach Abnahme des Abzuges entweder die Columnen an der hinteren, gleichfalls offenen Seite herausschieben oder, will man dies nicht, ein Blatt Maculatur auf dieselben legen, damit der Filz nicht beschmutzt wird, wenn man den Cylinder wieder zurückrollt.

Der Werth dieses einfachen Apparates wird in Fachkreisen noch gar nicht genug gewürdigt, ja er wird sogar von manchen Seiten angefochten. Wir können jedoch aus eigener Erfahrung versichern und jederzeit durch den Augenschein beweisen, daß der Apparat Vorzügliches leistet, wenn ihn Jemand bedient, der nicht, wie dies bäufig unter den Buchdruckern der Fall, allem Neuen den Werth grundsätzlich oder aus Eigensinn abspricht, oder der überhaupt so ungeschickt ist, daß er nicht einmal zu dieser einfachen Arbeit zu brauchen ist.

Bei Anschaffung dieses Abziehapparates thut man wohl, das größte Format, etwa 47:79 Centimeter betragend, zu wählen, damit man auch Octavformen darin abziehen kann. Neuerdings ist dieser Apparat noch länger construirt worden, damit auch der Raum, welchen der Cylinder jetzt einnimmt, verwendbar werde. Der Preis dieses Apparates beträgt gegenwärtig 45 Thlr., mit Tisch, an dem gleich eine Platte zum Auflegen des Farbesteines, sowie eine Schublade angebracht ist, 50 Thlr.

Seine Brauchbarkeit ist besonders auch dadurch bewiesen, daß er von den practischen Engländern und Amerikanern sehr viel verwendet wird.

Eine sehr practische Presse zum Abziehen von Spalten ist auch die umstehend abgebildete, von Harrild & Sons in London (Vertreter für Deutschland: Alexander Waldow in Leipzig) construirte.

Der Mechanismus der Presse ist aus unserer Abbildung leicht zu erkennen. Dieser Apparat zeigt, mit welcher Vorsorge der englische Fabrikant stets für die bequeme Handhabung sorgt. Farbtisch und Walze sind direct an der Presse angebracht, ebenso ein offenes Fach für das in Fahnen geschnittene, vorher gefeuchtete Papier, das, um vor dem Trockenwerden geschützt zu sein, mit einem handlichen Bret beschwert werden kann.

Abgezogen wird in diesem Apparat direct im Schiff. Der Preis desselben ist für ein Format von 29:6 Zoll englisch 100 Thlr., für ein Format von 36:7½ Zoll dagegen 155 Thlr.

Außer den vorstehend beschriebenen Apparaten sind in den letzten Jahren noch andere construirt worden, die sich jedoch nicht oder nicht genügend bewährten, deshalb von uns unerwähnt bleiben können. Besonders hat man der Walze des unter Figur 5 abgebildeten Apparates eine Führung gegeben. Der Apparat ist dadurch complicirter und theurer geworden, ohne wohl viel Besseres zu leisten.

Fig. 6. Stanhope-Abziehpresse.

Die Construction und Aufstellung

der jetzt zumeist im Gebrauch befindlichen Handpressen.

Da in neuerer Zeit wenigstens in Teutschland fast ausschließlich Washington- und Hagar-Pressen gebaut werden und in Gebrauch kommen, so wollen wir uns an dieser Stelle auch nur mit diesen Pressen eingehender beschäftigen.

Der Unterschied, welcher zwischen diesen beiden Pressen selbst besteht, ist im Wesentlichen nur in den Theilen zu suchen, welche den Druck auf den Tiegel und die auf dem Fundament liegende Form ausüben. Alle übrigen Theile gleichen sich bei beiden Pressen fast vollkommen und sind etwaige Abweichungen nur darin zu suchen, daß eine Fabrik anders geformte Modelle für diesen oder jenen Theil benutzt, wie eine andere. Das Grundprincip ist jedoch stets dasselbe und wird weder dadurch berührt, noch auch durch etwaige sonstige Abweichungen in einzelnen Theilen, z. B. der Zugstellung, der Einrichtung des Deckels ꝛc. ꝛc.; wir kommen auf diese Abweichungen noch specieller zurück.

1. Washington-Presse.

Wir wollen die Beschreibung der einzelnen Theile in der Reihenfolge vornehmen, wie sie beim Aufstellen einer solchen Presse eingehalten werden muß. Die einfachste und besonders bei größeren Pressen leichteste Art, das Aufstellen zu bewerkstelligen, besteht darin, daß man den ganzen Hauptkörper der Presse auf dem Fußboden liegend zusammenstellt. Zu diesem Zweck steckt man die durch die Säulen gehenden, auf unserer Abbildung (Fig. 7) nicht sichtbaren langen schmiede-eisernen Stangen derart durch die am Theil 3 unserer Abbildung befindlichen Löcher der Füße, daß das Ende mit dem Schraubengewinde nach oben gerichtet ist. Diese Stangen sind an ihrem unteren Ende entweder mit einem Knopf (Ansatz) versehen, welcher größer ist als die Löcher in den Füßen, so daß auf diese Weise ein Gegenhalt geschaffen ist, oder aber, sie enthalten einen Schlitz, in welchem ein Keil die gleiche Wirkung erzielt.

Sodann folgen die beiden Säulen 1 mit den Federn 20 und das Kopfstück 5, worauf die Muttern auf die eisernen Stangen leicht aufgeschraubt werden. Nunmehr ist es rathsam, das Fußstück, auch wohl das Kopfstück, mittelst Breter oder starker Kisten so zu unterlegen, daß die Füße frei hängen und sich in die richtige Stellung bringen lassen; ist dies geschehen, so zieht man die Muttern über dem Kopfstück fester an und richtet nun das ganze Gestell, am Kopf-stück anfassend, auf, dasselbe dann gleich an den richtigen Platz stellend.

Nunmehr werden die Schienen 6 auf die am Fußstück (Untergestell) angegossenen Schienen-träger 2a und auf die Stütze 7 gelegt und dort festgeschraubt.

An manchen Pressen geschieht dies Anschrauben auf das Untergestell durch, an die Schienen angegossene, mit einer zum Durchstecken der Schrauben bestimmten Oeffnung versehene Lappen. Bei anderen Pressen ist am Fußgestell, quer unter den Schienen ein Lappen angegossen; gleiche, doch schmälere Lappen befinden sich an den inneren Flächen der Schienen, zur Seite des Fuß-stücks. Auf diese an den Schienen befindlichen Lappen kommt eine kleine starke Eisenplatte zu liegen, welche in der Mitte eine zum Durchstecken einer Schraube bestimmte Oeffnung hat. Die zum Befestigen bestimmte Schraube   läuft an ihrem unteren Ende in einen viereckigen, winkelförmig gebogenen Schaft aus.

Die Spitze dieses Schaftes nun   kommt unter den vorstehend erwähnten, an das Fußstück angegossenen Lappen zu liegen und findet dort Gegenhalt, während sie mit ihrem oberen Theil, respective ihrem Gewinde durch die Eisenplatte gesteckt und mit dieser mittelst einer Mutter verbunden wird. Die Spannung, welche dieser Theil nach gehörigem Anziehen der Mutter ausübt, hält die Schienen vollständig sicher auf dem Untergestell fest.

An ihrem Ende finden die Schienen Auflage auf die Stütze 7, auf welche sie bei allen Pressen aufgeschraubt werden.

Nunmehr schraubt man die Trommel 8a mit der Kurbel 8 an die Schienen an und hebt das Fundament 9 auf die Schienen. Unsere Abbildung zeigt der Vollständigkeit wegen eine geschlossene Form auf dem Fundament, was wir für den Laien, welcher unser Werk studirt, bemerken wollen, um Mißverständnissen über den Begriff „Fundament" vorzubeugen.

Nun kann man entweder gleich die um die Trommel laufenden Riemen oder Gurte an den beiden Haltern am Fundament (auf unserer Abbildung nur der eine bei 10 bemerkbar) befestigen, oder man kann dies auch bis zuletzt lassen. Am bequemsten geschieht das Befestigen der Riemen oder Gurte, wenn das Fundament herein, also zwischen die Säulen und bis an das Ende der Schienen gefahren wird, weil beide Halter dann leicht zugänglich sind. Sehr wichtig ist es bei dieser Befestigung, daß die Kurbel den richtigen Stand hat, weil durch eine falsche Stellung derselben das Ein- und Ausfahren ganz wesentlich erschwert wird.

Der Griff der Kurbel muß stets oben stehen, mag der Karren (das Fundament) sich vorn oder hinten befinden. Der Griff muß aber auch eine geringe Neigung nach dem Fußgestell zu haben, damit der Drucker die volle Wucht seines Körpers bequem wirken lassen kann. Unsere Abbildung zeigt übrigens den Stand der Kurbel ganz genau.

Nun schreitet man zur Befestigung des Tiegels 11. Zu dem Zwecke legt man zwei lange Holzstege auf das Fundament und hebt den Tiegel darauf. Was an demselben vorn und hinten ist, ist gewöhnlich markirt, wie überhaupt alle Theile durch Sterne '*', das sind eingeschlagene feine Vertiefungen, oder durch eingeschlagene Ziffern bezeichnet sind, wohin sie gehören und wie sie zusammen gehören. Man wird solche Merkmale deshalb auch auf jedem Schraubenkopf, wie an jeder Oeffnung finden, wohin die Schraube gehört.

Die Stege, welche man auf das Fundament legt, um den Tiegel darauf zu bringen, müssen von solcher Höhe sein, daß der auf dem Fundament zwischen die Säulen, bis an das Ende der Schienen eingefahrene Tiegel ziemlich dicht unter den Haltern 21 steht und sich bequem mittelst der dazu bestimmten 4 Schrauben an dieselben aufschranben läßt.

Nun wird der Bengel 16 mittels des dazu bestimmten Bolzens an der vorderen Säule 1 befestigt; der Bolzen ist vorher leicht mit einem guten Schmieröl zu ölen, eine Manipulation, die überhaupt bei allen derartigen Theilen, besonders aber an den Schraubengewinden vorzunehmen ist.

An den Bengel kommt nunmehr die Zugstange 15 zur Befestigung, an dieser wieder das **Kniestück** 13.

Jetzt kommt eine für den Ungeübten heikle Arbeit, nämlich das Einfügen des Hauptknie-stücks 14; dies muß geschehen, indem dasselbe mit seinem unteren Ende auf die im Tiegel befindliche **Pfanne** 12 gesetzt, dann aber in der aus unserer Abbildung ersichtlichen Weise mit dem oberen Kniestück 13 in Verbindung gebracht wird. Dies erfolgt, indem von einer Person beide Kniestücke gehalten werden, während eine zweite Person die Pfanne des oberen dieser Knietheile in den **Zapfen** (Bolzen) hält, welchen sie vorher in das Kopfstück bei 17, mit seinem abgerundeten Theil nach unten gekehrt, gesteckt hat. Diese zweite Person schiebt dann den zur Stellung der Druckstärke dienenden Keil derart in die Oeffnung 17, daß derselbe mit seinem stärksten Ende auf den Zapfen (Bolzen) und dieser wiederum auf die Knietheile wirkt, so daß dieselben dann zusammenhalten. Häufig ist es, um den ganzen Mechanismus in einander zu bringen, nothwendig, daß man die Federn 20 derart lockert, daß der Tiegel möglichst tief zu stehen kommt, dieselben aber wieder krannt, sobald man alle Theile ineinander gefügt hat. Man

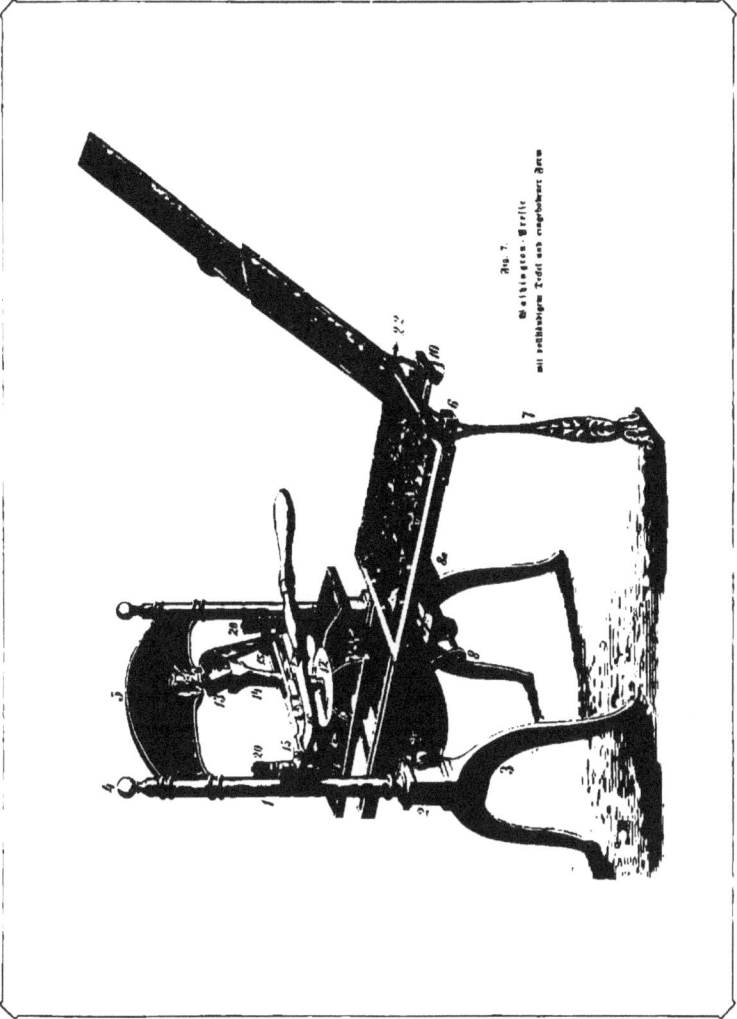

Fig. 7.

Washington-Presse
mit selbsttätiger Farbe und angehobener Form

kann auch die Schrauben, welche den Tiegel mit dem Seitengestell verbinden, etwas locker lassen um das Zusammensetzen des Knies leichter zu ermöglichen, sie aber wieder anziehen, wenn dies geschehen. Beim wöchentlichen Reinigen kann man dies alles leichter bewerkstelligen. Man zieht den Bengel einfach herüber, steckt einen dünnen Keil zwischen die Feder und deren Halter am Seitentheil, lockert den Zug bei 17 und zieht das Theil 14 ab. Die Zusammensetzung ist dann wieder einfach, da der Tiegel herunter gedrückt ist, also eine solche leicht ermöglicht. Nach Herausnahme der Keile und Zurückgeben des Bengels werden alle Theile wieder zusammenhalten.

Nun wird die den Keil bewegende Stellschraube 17 mit ihrem Halter angeschraubt und sodann der gleichmäßige Druck des Tiegels an den Federn 20 regulirt. Dieses Reguliren geschieht am besten auf folgende Weise: Man setzt, nachdem man die Zugstellung 17 etwa bis zur Hälfte gelockert, 4 schrifthohe Stege in die Ecken des Fundaments, fährt das letztere ein und zieht den Tiegel mittelst des Bengels nieder; dabei bückt man sich so, daß man unter dem Tiegel wegsehen und beobachten kann, ob derselbe an allen 4 Ecken gleichzeitig leicht aufsetzt. Die sich zeigenden Differenzen merkt man sich und regulirt dieselben nun.

Setzt der Tiegel an der ganzen einen Seite eher auf wie auf der anderen, so müssen die Federn an dieser letzteren gelockert werden, damit der Tiegel herunterkommt. Es könnte jedoch sein, daß die zuerst aufsetzende Seite zu scharf aufsetzt, was man leicht an dem Widerstande fühlt, den die Schrifthöhen (schrifthohen Stege) bieten. Dann müssen die Federn an dieser Seite angemessen gespannt werden.

Ganz geringfügige Differenzen gleicht man einfacher und sicherer durch Unterlegen an den Schrauben bei 21 aus, wie an diesen Theilen auch diejenigen Differenzen durch Unterlegen regulirt werden, welche sich etwa nach den vier Ecken zu zeigen. Es kommt vor, daß nicht die ganze Seite gleichmäßig, sondern blos eine Ecke um eine Kleinigkeit zu hoch oder zu tief steht. Nehmen wir an, es wäre die vordere bei 11, welche nicht genug aufsetzt, also zu hoch steht, so würden wir an der vorderen Schranke zwischen Theil 21 und dem Tiegel einzulegen haben.

Nun stecken wir die Verzierungen 4 auf die Säulen auf, und schrauben die Backen (Winkel) an das Fundament an, falls sie nicht schon daran sind.

Wir nehmen an, daß die Presse auf dem ihr bestimmten Platz und vollständig gerade steht, schreiten deshalb dazu, sie in eine genau horizontale Lage zu bringen.

Dies geschieht mittelst einer sogenannten Wasserwaage, welche man nach und nach in alle vier Ecken und in die Mitte des Fundamentes stellt und dadurch ermittelt, nach welchen Seiten sich eine Abweichung des horizontalen Standes des Fundaments zeigt. Durch Unterlegen der Füße oder des Trägers 7 mit dünnen Brettchen oder durch Antreiben, respective Lockern untergelegter dünner Holzteile regulirt man den Stand derart, daß das an der Wassersäule der Wasserwaage Fehlende stets genau in der Mitte der Oeffnung der Waage bleibt; hat man dies erzielt, so steht die Presse genau horizontal.

Damit aber der richtige Stand auch dauernd erhalten bleibe, ist es nothwendig, daß der Fußboden ein fester sei; wenn irgend möglich, suche man die Füße auf Balken zu stellen, deren

Lage in dem Fußboden man ja leicht ermitteln kann. Um der Presse nun aber auch einen festen Stand zu geben, sie vor dem Verschieben zu bewahren, wenn man etwa eine viel Kraft erfordernde Form druckt, so umgiebt man die Füße wie den Träger 7 mit etwa 3 Centimeter breiten und ebenso hohen Holzleisten, die also gleichsam einen Rahmen bildend, die Füße vollständig festhalten. Diese Klötze werden einfach auf dem Fußboden festgenagelt.

Um die Presse druckfertig zu machen, bedarf es nur des Anschraubens des vorher natürlich bezogenen Deckels 18 und des Rähmchens 19. Ueber das Beziehen belehrt uns ein späterer Abschnitt.

Zur Befestigung des Deckels dienen zwei am Fundament angebrachte Spitzschrauben, welche in zwei angemessenen Oeffnungen am Deckel selbst Aufnahme finden. Selbstverständlich dürfen diese Schrauben nicht zu fest angezogen werden, müssen vielmehr dem Deckel so viel Spielraum lassen, daß er sich leicht bewegen, respective schwenken läßt; auch müssen die an den Spitzschrauben vorhandenen Gegenschrauben sorgfältig angezogen werden.

Um dem Deckel noch mehr Schwung zu geben und dem Drucker die Arbeit zu erleichtern, ist an dem einen, hinteren, verlängerten Rahmentheil ein meist verstellbares Gewicht 10 angebracht.

Zwei weitere Schrauben 22 an dem unteren Rahmentheil dienen dazu, dem Deckel eine mehr oder weniger nach hinten geneigte Richtung zu geben.

Zum Aufstecken des Rähmchens dient eine einfache charnierartige Vorrichtung. Die eine oder alle beide Langseiten des Rähmchens sind nach unten zu verlängert, um das Aufliegen desselben auf dem Deckel zu ermöglichen.

2. Hagar-Presse.

Die Construction der Hagar-Presse ist nur in Bezug auf die zur Erzeugung des Druckes dienenden Theile eine von der Washington-Presse abweichende. Die umstehende Abbildung Figur 8 wird diese Construction verdeutlichen. Hier wirken 4 Kegel oder Knie, die sich beim Herüberziehen des Bengels gerade richten, auf den Tiegel, man nennt diese Pressen deshalb auch Vier-Knie- oder Vier-Kegel-Pressen, doch ist die Benennung: Doppel-Knie-Pressen die gebräuchlichste.

Man baut diese Pressen aber auch mit nur zwei Knien wie Figur 9. Beide Arten ermöglichen eine vorzügliche und exacte Druckwirkung und sind entschieden die besten, allen anderen vorzuziehenden Pressen, denn bei dem Tiegel hat hier so zu sagen einen dreifachen Halt, er wird deshalb einen viel gleichmäßigeren Druck auf die Form ausüben, wie bei den Washington- und anderen Pressen bei denen die Druckwirkung nur auf einem, dem Mittelpunkt stattfindet.

Die Aufstellung der Hagar-Presse mit vier oder mit zwei Kegeln geschieht bis zur Einsetzung dieses den Druck erzeugenden Mechanismus ganz auf dieselbe Weise wie bei den Washington-Pressen, wir brauchen hier also nicht noch einmal darauf zurückzukommen.

Bei den Vier-Kegel-Pressen schiebt man den Hauptkegel a mit dem darauf gesteckten Stück b in die Oeffnungen am Kopfstück und am Tiegel, verbindet dieses Stück b dann mit den Theilen 15 und 16, wodurch dasselbe seinen richtigen Halt in der Mitte des Hauptkegels a erhält. Zum Erleichtern des Einsetzens der vier Kegel muß man den Tiegel etwas senken, ihn aber wieder anziehen und auch die Zuſtellung feſter anziehen, ſobald man die Kegel mit ihren Pfannen reſp. ihren Zapfen an den richtigen Plah gebracht hat. Selbſtverſtändlich kann auch an dieſen Preſſen eine Perſon dieſe Manipulation nicht vornehmen.

Bei den Zwei-Kegelpreſſen iſt die Manipulation, abgeſehen davon, daß man es nur mit zwei Kegeln zu thun hat, ganz die Gleiche.

Bei der wöchentlichen Reinigung der Preſſen kann, im Fall dies überhaupt nothwendig, das Auseinandernehmen dieſes Mechanismus ganz eben ſo einfach und leicht durch Einſehen eines Keils zwiſchen die Federn geſchehen, wie wir dies bei den Waſhington-Preſſen beſchrieben haben.

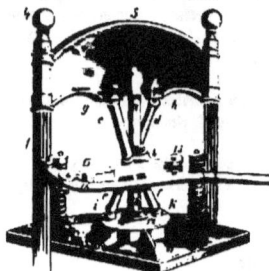

Fig. 6. Hagar-Preſſe mit 4 Kegeln.   Fig. 7. Hagar-Preſſe mit 2 Kegeln.

An welchen Stellen die Preſſe täglich früh und Nachmittags vor Beginn der Arbeit zu ſchmieren iſt, lehren zum Theil die vorhandenen Schmierlöcher, anderntheils müſſen die Schienen natürlich das nöthige Oel enthalten, wie auch alle Pfannen und Zapfen, z. B. g. h x. (ſ. unſere Abbildungen) leicht in Oel gehen müſſen. Es iſt gut, wenn der Drucker ſich gewöhnt, eine beſtimmte Reihenfolge beim Schmieren einzuhalten, damit er keinen der Theile vergißt.

Eine zeitweiſe ſorgfältige Reinigung der Preſſe iſt unerläßlich, ſoll ſie gut erhalten und leiſtungsfähig bleiben. Am beſten iſt es, wenn jeden Sonnabend gegen Mittag oder vor Schluß der Arbeit geputzt wird.

Das Fundament darf nie roſtig ſein, man wiſche es deshalb nach dem Ausdrucken jeder Form oder vor dem Einheben ſorgfältig ab und reibe es beim Puhen ordentlich mit Bimſtein ab.

Ueber die Zuſtellung (17) haben wir noch einige Bemerkungen zu machen. Bei manchen Fabriken befindet ſich dieſelbe in der Conſtruction, wie ſolche unſere Abbildung Fig. 7 vorn bei 17 zeigt, hinten an der Rückſeite des Kopfſtücks. Oft auch iſt dieſe Stellung keine Central-ſtellung, ſondern jeder einzelne Keil läßt ſich mittelſt einer Schraubenmutter ſelbſtändig reguliren.

Specielleres noch im Capitel über Zurichten, reſpective Fortdrucken.

Zweiter Abschnitt.

Zubehör der Handpressen.

———

So verschiedenartig auch die Handpressen sind, so ist ihr Zubehör doch bei allen fast ganz derselbe oder wenigstens nicht wesentlich von einander verschieden. Betrachten wir zunächst diejenigen Zubehörungen, die mit der Presse in unmittelbarer Verbindung stehen.

Deckel, Tympan und Rähmchen.

Der Deckel ist ein eiserner Rahmen von derselben Größe, wie das Fundament und wird an letzteres durch Schrauben befestigt. Die Wände dieses Rahmens sind ungefähr 1½ Centimeter breit und reichlich 1 Centimeter dick, nach vorn (oben) zu etwas schwächer. In den beiden Längenseiten befinden sich Oeffnungen (Punkturschlitze), welche zur Befestigung der Punkturen dienen. Auch haben die Längenseiten an den unteren Enden eine schräg abwärts gebogene Verlängerung, welche beim Aufklappen des Deckels sich gegen das Fundament stemmt und dadurch den Deckel in schräger Richtung hält. An der Verlängerung des Deckels nach unten zu, da wo er an dem Fundament befestigt ist, befindet sich wie erwähnt ein verschiebbares Gewicht (10), um das Aufklappen desselben zu erleichtern und ihm den nöthigen Schwung zu geben. Größtentheils befindet sich auf der Oberfläche der dem Fundament zugekehrten Deckelwände ein Messingblech, welches nach innen zu ein wenig über das Eisen hinausragt und ziemlich dicht (ungefähr 1 Centimeter auseinander) mit kleinen runden Löchern versehen ist, um darin den Deckelbezug von allen vier Seiten einschnüren zu können. Viele Drucker ziehen es jedoch vor, den Aufzug nicht in diese Löcher einzuschnüren, sondern denselben um die Wände herum zu kleben.

Der Deckel dient bekanntlich zum Auflegen des zu bedruckenden Papierbogens, weshalb der eiserne Rahmen, welcher den Hauptbestandtheil desselben bildet, auf der dem Fundament zugewendeten Seite mit Zeug überzogen werden muß. Gewöhnlich nimmt man zum

Deckelüberzug starkes Seidenzeug, oder auch feine Leinwand, besten Shirting, Gummituch u. s. w., welche aber durchaus knotenfrei sein müssen. Ist der Deckelrahmen mit Löchern versehen, so muß das Zeug genau nach der Größe des Rahmens bemessen und dauerhaft eingesäumt werden, doch so, daß das Zeug nach dem Säumen etwas kleiner wird als die Fläche des Deckels, damit zwischen dem Zeug und den Löchern des Messingbleches noch ungefähr 1—2 Centimeter freier Raum bleiben. Mittelst einer Nadel wird nun eine dünne Schnur, gewöhnlich beiter Hanf- Bindfaden, an allen vier Seiten durch die Löcher des Messingbleches und den Saum des Zenges wechselsweise hindurchgezogen, doch ist wohl Achtung zu geben, daß das Zeug gleichmäßig gespannt wird und schön glatt sitzt. Man kann sich dieses Ueberziehen des Deckels etwas erleichtern, wenn man das Zeug zuerst an den vier Ecken, wohl auch noch mitten an den vier Seiten- flächen, mit den Löchern in Verbindung bringt, worauf das Anschnüren rings herum schon etwas sicherer von statten geht.

Hat der Deckel keine Löcher zum Anschnüren, so muß er mit dem Zeug überklebt werden. In diesem Falle wird dasselbe nicht gesäumt, muß aber etwas größer sein als der Deckelrahmen, damit es auch zum Ueberkleben der Rahmenwände und Unterschieben unter dieselben zureicht. Guter Leimkleister ist dazu unbedingt erforderlich, und muß zu besserem Halten des ganzen Aufzugs das Unterschieben des Stoffes unter die Rahmenwände recht sorgfältig bewerkstelligt werden. Will man sicher sein, daß man beim Umkleben der einen Seite beim festen Anziehen der gegenüberliegenden die erstere nicht wieder ruinirt, so umnähe man dieselbe mittelst Zwirn in ganz weitläufigen Stichen, die man dann nach vollständigem Trocknen wieder heraustrennen kann. Das Unterschieben des Stoffes unter die Wände des Deckels wird am besten mittelst eines dünnen Falzbeines besorgt.

Fig. 10. Deckel mit zurückgeklapptem Tompan.

Beim Ueberkleben des Deckels ist aber wohl zu beachten, daß die Schlitze für die Punkturen, sowie die auf der Rückseite des Deckelrahmens befindlichen Oesen für den Tympan frei bleiben. Bei den Punkturenschlitzen muß das Zeug so zugeschnitten werden, daß die Oeffnung frei bleibt; bei den Tympan-Oesen macht man gleichfalls einen Schnitt in das Zeug, um es an den Oesen dicht vorbei festzukleben.

Zum Deckel gehört ferner ein zweiter, etwas kleinerer und schwächerer Rahmen, (siehe Fig. 10) welcher genau in den Deckelrahmen hinein paßt. Derselbe wird mit seiner, knotenfreier

Leinwand oder Shirting und diese auf der Außenseite noch mit starkem Papier überklebt. Der so überklebte kleinere Rahmen heißt der **Tympan**. Dieser Tympan ist an der unteren Seite des Deckels mittelst zweier äußerer Charniere befestigt und wird an den Längenseiten mit dem Deckel noch durch Haken und Oesen oder, anstatt der letzteren, durch runde Stifte mit Kopf noch fester verbunden. Beim Ueberkleben des Papierbogens auf der Rückseite des Tympan ist zu beachten, daß der Bogen so groß wie die ganze Innenfläche des Tympans sei, denn ein zusammengesetzter Papierüberzug würde sich doch zuweilen beim Druck bemerkbar machen.

Zwischen Deckel und Tympan findet noch eine Einlage Platz; früher bestand dieselbe meist aus feinstem Filz oder Tuch, statt dessen benutzt man aber jetzt meistentheils, besonders für Accidenzdruck, starkes Seidenzeug und einige Bogen recht egales festes Papier, neuerdings aber wohl ausschließlich eine feste, glatte Glanzpappe und weiches Druckpapier.

An der oberen Wand des aufstehenden Deckels befindet sich ferner noch eine gelenkartige Vorrichtung, in welche ein dünner, schmiedeeiserner Rahmen, das sogenannte **Rähmchen**, (siehe Fig. 7. 19.) aufgesteckt und angeschraubt wird, so daß es über den Deckel geklappt werden kann. Das Rähmchen dient dazu, den auf den Deckel aufzulegenden Druckbogen festzuhalten und diejenigen Stellen, welche auf dem Druckbogen weiß bleiben sollen, also besonders die weißen Ränder um die einzelnen Columnen zuzudecken, während die Theile der Form, welche drucken sollen, also der eigentliche Satz, an den betreffenden Theilen aus dem Rähmchen herausgeschnitten werden. Das Rähmchen wird mit starkem, geleimtem Papier überkleistert; der Buchdrucker nennt diese Verrichtung: „**Ueberziehen des Rähmchens**“.

Zum Ueberziehen des Rähmchens benutzt man jetzt meist ein starkes, glattes, graues oder blaues Packpapier, da dasselbe in großem Format existirt und deshalb ermöglicht, selbst das Rähmchen einer größeren Presse mit e i n e m Bogen zu überziehen.

In früherer Zeit, als man noch mehr Werke und Zeitschriften auf der Handpresse druckte, wie dies jetzt der Fall ist, hielt man immer auf eine größere Anzahl Rähmchen als Zubehör zu jeder Presse und reservirte das überzogene Rähmchen dem betreffenden Werk. Selbstverständlich geschieht dies auch heute noch in den Officinen, welche Werke und Zeitungen auf der Handpresse drucken.

Bestellt man sich jetzt eine neue Presse in irgend einer Fabrik, so wird man gut thun, die Anzahl der zu liefernden Rähmchen selbst zu bestimmen, da meist nur 2 Stück beigegeben werden. In diesem Falle wird man natürlich diejenigen Exemplare, welche den gewöhnlichen Zubehör überschreiten, auch extra vergüten müssen.

Auf das Ueberziehen des Rähmchens zurückkommend, wollen wir diese Arbeit etwas specieller beschreiben.

Wie wir bereits erwähnten, bedient man sich zu diesem Zweck gewöhnlich eines glatten, starken Packpapiers, wie solches auch die Papierfabriken zum rießweisen Einschlagen der feineren Papiersorten benutzen und woher man solches demnach sehr häufig zur Verfügung hat. Dieses Papier wird auf die Auslegebank (siehe später) gelegt und am besten mittelst eines Schwammes leicht angefeuchtet, sodann legt man das Rähmchen darauf, schneidet die Ecken des Papiers weg,

so daß sich an jeder der vier Seiten ein etwa 2½—4 Centimeter über das Rähmchen heraus-
stehender Papierstreif zeigt, der mit gutem Kleister bestrichen und über die 4 Theile des Rähmchens
weggeklebt wird. Nach vollständigem Trocknen muß das Papier auf dem Rähmchen vollkommen
straff sein, ohne das letztere aber durch zu große Straffheit schief gezogen zu haben; es muß
vielmehr, an den Deckel angeschraubt, vollkommen glatt auf demselben aufliegen.

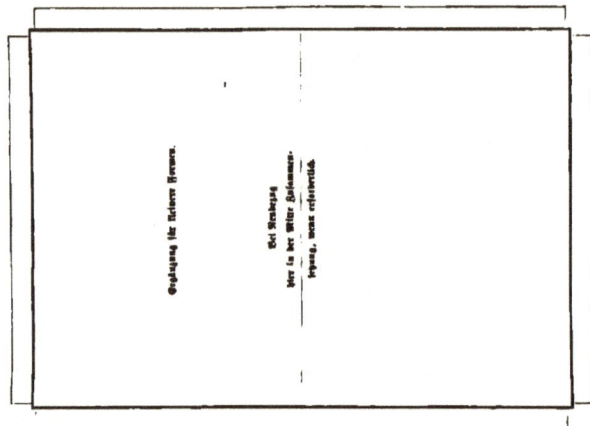

Fig. 11. Ueberziehen des Rähmchens.

In welcher Weise das Rähmchen für den Druck selbst dienstbar gemacht wird, werden wir
später beschreiben, wollen hier aber noch bemerken, daß man nach dem Druck kleinerer Formen
nicht allemal den ganzen Aufzug des Rähmchens herunter zu reißen, sondern nur über die ausgeschnittene Stelle ein volles Stück Papier zu kleben braucht. Hatte man blos einzelne Zeilen ꝛc.
ausgeschnitten, so muß man natürlich ein alle diese Oeffnungen umfassendes Stück herauszuschneiden
und neu bekleben, dann aber beim Abreißen einer andern Form auf dem Rähmchen sehr vorsichtig verfahren, damit durch das an einzelnen Stellen doppelt übereinander geklebte Papier
nichts an der Form lädirt wird. Hat man bei Bezug des ganzen Rähmchens kein Papier in der
vollen Größe zur Verfügung, so benutzt man zwei Bogen, die man in der Mitte desselben aufeinander klebt. Da die Mitte ja bei den meisten Formen über den Mittelsteg zu liegen kommt,
so hat man nicht zu befürchten, daß das doppelt zusammen geklebte Papier die Form beschädigen

könnte; befindet sich aber auch Satz im Mittelsteg, so schadet das doppelt übereinander geklebte Papier nichts, wenn man nur beim ersten Abdrucken oder Abreiben der Form auf den Ueberzug die nöthige Vorsicht gebraucht. Specielleres darüber folgt in dem Capitel vom Druckfertigmachen der Form.

Ein zu beziehendes Rähmchen würde, auf dem Papier liegend, und an den Ecken ausgeschnitten, der auf Seite 24 gegebenen Abbildung entsprechen.

Wir zeigten zugleich, in welcher Weise das Rähmchen bezogen wird, wenn man zwei Bogen benutzen muß und wenn man eine nur theilweise Ergänzung vornimmt.

Punkturen.

Die Punkturen haben hauptsächlich den Zweck, den genauen Widerdruck des Bogens zu ermöglichen, d. h. wenn die Vorderseite desselben mit der einen Form bedruckt worden, muß der Bogen für den Aufdruck der zweiten Form auf die Rückseite so exact in den Deckel eingelegt werden können, daß die Columnen der Vorder- und Rückseite ganz genau aufeinanderstehen. Dies aber erzielt man durch das Loch, welches die Punktur beim ersten Druck in den Bogen sticht und mittelst welchem derselbe beim Wiederdruck auch wieder in die Punctur gelegt wird. Weiter sind Punkturen nothwendig, wenn mehrere Formen in- oder aufeinander gedruckt werden sollen.

Nachstehende Abbildungen werden die Formen der verschiedenen Arten von Punkturen verdeutlichen.

Fig. 12. Federpunktur.    Fig. 13. Einleg- oder Aufliegepunktur.

Fig. 12. zeigt die Form der gewöhnlichen Pressenpunktur; sie ist aus reichlich 1 Millimeter starkem und ¾ bis 1 Centimeter breitem Eisenblech gearbeitet und enthält an ihrem einen Ende eine ½—¾ Centimeter lange Stahlspitze, die sogenannte Punkturspitze, während sich an dem anderen Ende ein viereckiger, nach vorn offener Ausschnitt befindet. Dieser Ausschnitt wird über die am rechten und linken Bügel des Deckelrahmens befindlichen Punkturschlitze aufgelegt und durch eine Schraube mit denselben verbunden, so daß die Punkturen dann an jedem der beiden Bügel des Deckelrahmens und auf dem seidenen oder leinenen Ueberzuge des Deckels aufliegend, festhalten, wobei ihre Stahlnadeln oder Punkturspitzen in die Höhe stehen. Die eben erwähnte Punkturschraube ist eine Flügelschraube, deren Gewinde in eine kleine Scheibe ausläuft und diese Scheibe kommt über den gabelförmigen Ausschnitt der Punkturen zu liegen.

Man hat diese Punkturen von verschiedenen Längen; die gebräuchlichsten Maaße sind: 12, 19, 25 Centimeter.

An unserer vorstehenden Abbildung bemerken wir, daß die Punktur noch mit einer stählernen Feder belegt ist, welche am oberen Ende ein Loch hat, durch welches die Nadel hindurchgeht. Diese Punkturen nennt man Feder-Punkturen, während die, welche die Feder nicht haben, als einfache Punkturen bezeichnet werden können. Je nach Bedarf kann die Feder durch einen kleinen verschiebbaren Bügel bis dicht auf den Stab der Punktur niedergedrückt werden, doch schiebt man gewöhnlich den Bügel nur so weit nach oben, daß die Nadel noch zur Hälfte aus dem Loche der Feder hervorragt. Es genügt dies, um den Druckbogen aufzustechen, während dann nach dem Druck und nach dem Aufheben des Rähmchens das obere Ende der Feder empor-schnellt und den gedruckten Bogen aus den Nadeln heraushebt. Mehr wie die soeben beschriebenen Punkturen benutzt man jetzt die sogenannten Einsetz-Punkturen. Diese werden nicht am Deckel angeschraubt, sondern im Innern desselben durch den Ueberzug durchgesteckt und durch Ueberkleben mit Papier festgemacht. Auch auf dem Deckel lassen sie sich leicht durch Ueberkleben befestigen. Meistentheils bestehen sie aus Stahlspitzen, welche in ein möglichst kleines und schwaches Stück flachen Eisens oder Messing festgelöthet sind. Am verwendbarsten für diesen Zweck sind die sogenannten Reißbret- oder Heftzwecken (Fig. 13).

Besonders bei Accidenz- und Farbendrucken lassen sich diese Einsetz- oder besser gesagt Aufklebe-Punkturen mit großem Vortheil verwenden, da man bei complicirten Drucken mit Leichtigkeit mehrere derselben aufkleben, sich demnach für den mehrmaligen Druck einer Arbeit in verschiedenen Farben hinreichend das gute Passen sichern kann.

Figur 14.　　　Figur 15.
Punkturen, in die Form zu legen.

Mit vielem Vortheil werden bei Buntdrucken auch die Punkturen angewendet, welche man in die erste Form setzt und beim Druck derselben mit in den Bogen einstechen läßt. Es hat dieses Verfahren den Vortheil, daß der Bogen sich leichter vom dem Deckel ablösen läßt, was weniger gut der Fall ist, wenn die Punkturen in mehreren Exemplaren auf dem letztern aufgeklebt worden sind. Man benutzt dann je nach Belieben oder nach Erforderniß ein Loch für je zwei oder jedesmal ein Loch für jede der aufzudruckenden Formen.

Diese in die Form einzusetzenden Punkturen bestehen am besten aus einem, durch Klopfen am Fuß reichlich schrifthoch gemachten Stück feiner Messingline, in welche man mittelst einer Laubsäge einzelne Spitzen eingeschnitten. Fig. 14 vergegenwärtigt diese Art Punkturen. Eine andere Art besteht aus einem, in ein Geviert eingegossenen Stück Nadel. Figur 15.

An Maschinenrahmen, seltener an Pressenrahmen, findet man im Mittelsteg eine Ein-richtung zum Einschrauben von Punkturen; man kann also auch auf diese Weise solche beim ersten Druck vorstechen lassen.

Auslegebank oder Auslegetisch.

Das hölzerne Gestell, auf welchem während des Druckens das zu bedruckende Papier (die Auflage) sich befindet und auf das zugleich die gedruckten Bogen gelegt werden, kann von verschiedener Art sein; gewöhnlich gleicht es einem festgefügten länglichen Tische, mit 4 geraden Fußleisten, mitunter aber auch einer ganz einfachen Holzbank mit 4 schräg eingefügten Bank-beinen. Erstere sind zwar dauerhafter und besser aussehend, letztere haben aber den Vorzug größerer Billigkeit.

Fig. 16. Auslegetisch mit Schublade und Joch.

Fig. 17. Regalartige, geschweifte Auslegebank.

Jedenfalls kommen die einfachen Holzbänke jetzt seltener vor, wie früher; man benutzt viel-mehr die erstere Art in richtiger Tischform. Diese Tische (Fig. 16) haben meist eine Schublade und unten, etwa 1 Fuß über dem Boden, ein, die ganze innere Fläche füllendes Bret, auf welchem sich der Drucker seine Vorräthe aufheben kann. Auch lange, regalartige, mit Fächern versehene, oft durch Thüren verschließbare Auslegebänke benutzt man. Breite und Länge derselben sind ebenfalls sehr abweichend; erstere beträgt je nach dem Format, welches die Presse druckt ungefähr 54—60 Centimeter, letztere 1—1¼ Meter, und nur in der Höhe, welche etwa 80—90 Centimeter beträgt, sind sich alle ziemlich gleich. Doch kann Breite und Länge auch etwas geringer sein; bei größeren Papiersorten hilft man sich dann durch Aufstellen von entsprechenden Papierbretern auf die Auslegebank und unter das Papier. Diese Papierbreter können zugleich Feuchtbreter sein, worüber unter „Feuchten des Papiers" nähere Beschreibung erfolgt.

Bei den eisernen Handpressen steht die Auslegebank (Fig. 16) stets auf der rechten Seite der Presse und nicht dicht daran, sondern etwas abgerückt, in schräger Richtung vom Dedel aus gegen den Farbetisch zu, so daß zwischen Farbetisch und Auslegebank noch ein Durchgang bleibt. In neuerer Zeit hat man dieses Gestell dadurch noch bequemer eingerichtet, daß man seine längliche Form in der Mitte brach (Fig. 17) und in einem stumpfen Winkel zusammenfügte, dessen Schenkel nach der Presse zugekehrt sind. Das zu bedrudende Papier steht nun am Dedel, das gedrudte schräg seitwärts davon, in der Nähe des Farbetisches, was noch die Annehmlichkeit hat, daß der am Farbetisch arbeitende Gehilse selbst nachsehen kann, ob er vielleicht zu dem eben hingelegten Abdrude zu viel oder zu wenig Farbe aufgetragen hatte, sich demnach für die weiteren Drude darnach richten kann.

Farbetisch.

Auch das Gestell, auf welchem die Walze, oder früher die Ballen, mit Farbe versehen werden, ist von sehr verschiedener Form und Einrichtung, doch wird jede Art derselben Farbetisch genannt. Seit Einführung der eisernen Handpressen ist der Farbetisch stets von der Presse getrennt und besteht meistens aus einem viereckigen, durch Querriegel fest zusammengehaltenen Tischgestell mit 4 starken Beinen, die nicht nur fest aufstehen, sondern gewöhnlich auch durch winkelförmige Nieteisen am Fußboden festgenagelt werden müssen. Auf diesem Gestell ruht eine hölzerne Platte, noch besser aber ein Lithographiestein, eine Marmor- oder Metallplatte, in der Größe, wie solche durch das Format der Presse erfordert wird.

Die passendste, praktischste und ansehnlichste Form für einen solchen Farbetisch ist übrigens die Schrankform (Fig. 18) und kommt dieselbe jetzt am meisten zur Verwendung.

Diese Schränkchen haben oben, unter der Platte, eine Schublade, im Innern selbst aber eine Abtheilung, so daß der Druder sein kleines Zubehör, Vorrath an Farben ic. darin aufheben, resp. verschließen kann.

An der äußeren Seitenwand dieses Schränkchens sind häufig längere Hacken eingeschraubt, an denen sich die Walze mit ihrem Gestell aufhängen läßt.

In England und Amerika benutzt man ganz aus Eisenguß hergestellte Farbetische. Figur 19 zeigt eine solche Art.

Der Farbetisch hat mit Einschluß der Platte eine Höhe von ungefähr 80—84 Centimeter, eine Breite von 63 und eine Tiefe von 50 Centimeter und bekommt seine Stellung links seitwärts, etwa 20—30 Centimeter von der Presse entfernt und so weit hintergerüdt, daß er vorn mit dem Mittelpunkte des Tiegels in gleicher Linie steht. An älteren Farbetischen ist öfters ein Farbebehälter angebracht, vor welchem sich eine eiserne Walze befindet, mittelst deren Umdrehung die Farbe so vertheilt wird, daß ein besonderes Ausstreichen derselben nicht nöthig ist. Diese Einrichtung ist im Wesentlichen eine Copie des Farbekastens und des Ductors der Schnellpresse. Auch andere Vorrichtungen am Farbekasten sollten mitunter zur Vertheilung der Farbe

Fig. 18. Hölzerner Farbetisch in Schrankform.

Fig. 19. Eiserner Farbetisch.

dienen und das gleichmäßige Einreiben der Farbewalze erleichtern, doch kamen sie alle nach und nach außer Gebrauch, weil das Reinhalten derselben mit Schwierigkeiten und Farbeverlust verbunden war. Dagegen bringt man jetzt viel besser die Farbe mittelst eines Farbespachtels oder einer einfachen Ziehklinge unmittelbar aus dem Farbefasse auf eine hintere

Fig. 20. Farbespachtel.

Ecke der Farbeplatte und zwar nur so viel auf einmal, als höchstens zum Drucken während eines Tages gebraucht wird, damit das öftere Reinigen des Tisches mit geringem Aufenthalt möglichst vollständig erfolgen kann, ohne daß dabei viel Farbe verloren geht. Zum Ausstreichen der Farbe auf dem Tisch benutzt man gleichfalls den Spachtel oder die Ziehklinge und zwar auf folgende Weise. Man nimmt ein Quantum Farbe auf den Spachtel und setzt denselben an dem oberen rechten Ende der Platte, mit dem Griff schräg nach rechts herunter gerichtet, auf und zwar so, daß die Farbe an der äußeren nach links gerichteten Fläche befindlich ist, und fährt nun, von rechts nach links über den Farbetisch weg. Je mehr Farbe man braucht, desto dicker muß der Streifen sein, welchen man mit dem Spachtel zieht; drückt man denselben fest auf die Platte, so wird der Streifen dünn, setzt man ihn leicht auf, so wird derselbe stärker; durch öfteres Wiederholen dieser Manipulation kann man den Streifen verstärken. Nach vollendetem Ausstreichen legt man den Spachtel flach neben den kleinen Farbevorrath in die eine Ecke des Steins, am besten mit dem Griff auf ein Klötzchen, damit letzterer rein bleibt. Die eigens für diesen Zweck construirten Spachteln haben gleich einen Ansatz, welcher zum Aufstellen dient. Auf dem Farbetisch Fig. 18 ist ein solcher Spachtel mit Ansatz abgebildet; man sieht darauf auch die ausgestrichene Farbe durch kräftige Linien dargestellt.

Die hölzernen Tischplatten der Farbetische sind nur für schwarze Farbe anwendbar; bei bunten Farben sind Lithographiesteine am zweckmäßigsten.

Wir hätten an dieser Stelle eigentlich auch der

Schließrahme

zu erwähnen, ziehen es jedoch vor, dieselbe in dem Abschnitt über das Schließen der Formen zu besprechen.

Walzengestelle und Walzen.

Obgleich die Farbeballen, wie sie früher und fast 400 Jahre lang an der Holzpresse im Gebrauch waren, jetzt wohl nirgends mehr angewendet werden, so wird es doch nicht ohne Interesse sein, dieselben hier mit zu erwähnen. An einer Presse wurden fast immer zwei Ballen gebraucht, wovon jeder aus einem elastischen Polster bestand, welches mit gegerbtem und in Fischthran gewalktem Kalb-, Schaf- oder Hundeleder überzogen war. Das Polster bestand aus gesottenen Pferdehaaren und hatte ungefähr eine Spanne im Umfange; dasselbe war an das Ballenholz, eine etwas kleinere, reichlich 1 Centimeter dicke, tellerförmige Holzscheibe ange-nagelt, in deren Mitte ein Griff, ebenfalls ungefähr eine kurze Spanne lang, eingeschraubt wurde. Der mit Auftragen der Farbe beschäftigte „Ballenmeister" hatte in jeder Hand einen Ballen, und, nachdem mit einem Farbeeisen etwas Farbe auf dem Farbetische ausgestrichen war, wurden die Ballen durch Aufdrücken auf die ausgestrichene Farbe eingeschwärzt und letztere dann durch mehrmaliges Hin- und Herwiegen, zuweilen auch durch Aufstoßen der Ballen gehörig vertheilt und verrieben. Beim Auftragen auf die Druckform bewegte man die Ballen in wiegen-artigem Aufdrücken von Columne zu Columne, bis die ganze Form mit Farbe versehen war. Wurde dabei so unregelmäßig aufgetragen, daß einzelne Schriftstellen keine oder ungenügende Farbe erhielten und nach dem Druck fast unleserlich grau erschienen, so nannte man dies „Mönche schlagen."

Die Ballen verursachten überhaupt so viel Schwierigkeiten, daß es als ein sehr großer Fortschritt für das ganze Gebiet des Buchdrucks angesehen werden muß, als endlich im Jahre 1815 oder 1816 zwei Engländer, Forster und Harrild, die runden, elastischen, aus Leim und Syrup bestehenden Auftragwalzen erfanden, die zunächst in England bald noch mehr vervollkommnet wurden. Durch den Engländer Heaveside kamen ungefähr im Jahre 1818 die ersten derartigen Walzen nach Deutschland und zwar soll Frankfurt a. M. die erste deutsche Stadt gewesen sein, in welcher mit solchen Walzen gedruckt worden ist. Aber nur sehr langsam kam dieses neue Material in Gebrauch, bis im Jahre 1823 J. F. Flick in Leipzig seine „Beschreibung der elastischen Auftragwalze in den Buchdruckereien, deren Anfertigung und Behandlung" herausgab, wodurch für die allgemeine Einführung der Walzen entschieden Bahn gebrochen wurde.

Die Auftragwalze besteht aus dem Walzengestell, dem Walzenholz und der, das letztere rings umgebenden Walzenmasse.

Der Hauptbestandtheil des Walzengestells ist eine flache, viereckige Eisenstange, etwa 2 Centimeter breit, 4—6 Millimeter stark und von verschiedener Länge (30—60 Centimeter), je nachdem die Walze besonders zu kleinen oder größeren Druckformen gebraucht werden soll. An beiden Enden ist diese Stange winkelrecht umgebogen, die Schenkel dieser Umbiegung, ungefähr 8 Centimeter lang, haben an ihrem Ende ein rundes Loch zum Durchstecken der eisernen Achse des Walzenholzes, während auf der Oberfläche der Gestellstange, je 7—10 Centimeter vor den beiderseitigen Umbiegungen, zwei Holzgriffe angebracht sind. Mitten zwischen diesen beiden Griffen und demnach auch mitten an der Gestellstange ist meistens noch ein kleines, 10—12 Centimeter langes, flaches, geschweiftes Eisen angenietet, auf welches das Walzengestell sich stützt, wenn die Walze in den Arbeitspausen auf den Farbetisch gelegt wird. Die eiserne, runde und durchgehende Achse des Walzenholzes hat an einem Ende einen kleinen runden Kopf, an dem anderen ein Schraubengewinde, so daß sie durch beide Löcher der Gestellumbiegung gesteckt und an der einen Seiten durch eine Mutterschraube festgemacht werden kann, jedoch in der Weise, daß die Achse in den Löchern des Gestelles genügend freien Spielraum zum Herumdrehen behält.

Sitzen die Achsen fest am Walzenholze, so ist der eine Schenkel des Walzengestells zum Abschrauben eingerichtet.

In diesem Fall hat man den Schenkel beim Einsetzen der Walze so weit zu lockern, daß sich die Achse hineinstecken läßt, worauf man denselben dann wieder festschraubt. Fig. 21 wird diese Construction vollkommen verdeutlichen. a g zeigt den abnehmbaren Schenkel gelockert, so daß man c die Schraube an dem Hauptgestell und b die Schraubenmutter erkennen kann. e stellt die Handgriffe, d die Stütze, f das Walzenholz dar. In jedem Falle muß zwischen den Gestellschenkeln und der Walze noch ein kleiner Zwischenraum bleiben, damit sich die letztere leicht und frei drehen kann.

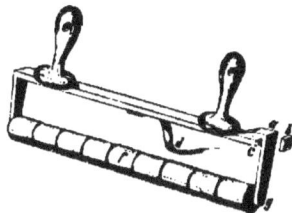

Fig. 21. Walzengestell mit festen Agen am Walzenholz.

Es giebt auch verstellbare Walzengestelle, deren Eisenstange zweitheilig ist und welche eine Vorrichtung haben daß sie länger oder kürzer gemacht werden können. Zu Walzenhölzern mit festsitzenden Achsen sind allerdings die verstellbaren Walzengestelle sehr gut anwendbar, weil hier der zweite Schenkel keiner besonderen Vorrichtung zum Einschrauben der Achse bedarf. Fig. 22 und 23 verdeutlichen zwei verschiedene Constructionen solcher Walzengestelle. Bei dem einen ist die Verschraubung oben, bei dem anderen an der Seite angebracht.

Fig. 22. Verstellbare Walzengestelle. Fig. 23.

Ferner benutzt man zu kleinen Druckarbeiten auch oft kleine Walzen, die etwa 12 bis höchstens 20 Centimeter lang sind und dann am Gestell nur einen Handgriff haben. Ersichtlich ist deren Construction an Fig. 6, Seite 14.

Das Walzenholz ist ein cylinderförmig gedrehtes Stück Buchen- oder ähnliches Holz, etwa 5 Centimeter im Durchmesser dick und von der Länge, welche die Walze erhalten soll; es ist mit Einschnitten versehen (siehe Fig. 21), damit die Walzenmasse fester daran haften kann. Walzenhölzer zu durchgehenden Achsen müssen selbstverständlich in ihrer ganzen Länge durchbohrt und an beiden Ausgangspunkten mit metallenen Beschlägen versehen (ausgebüchst) sein, damit die Durchbohrung sich nicht übermäßig erweitern kann. Bei Walzenhölzern mit feststehenden Achsen sind letztere tief in das Walzenholz eingelassen. Ob die Walzenhölzer mit feststehenden Achsen denen mit durchgehender Achse vorzuziehen sind, läßt sich schwer entscheiden. Die ersteren geben der Walze entschieden einen ruhigeren Gang und sind auch unseres Wissens jetzt am meisten eingeführt.

Dritter Abschnitt.

Materialien und Utensilien

welche für die Presse, wie für die Maschine erforderlich.

Wir wollen nun zunächst diejenigen Utensilien und Materialien in das Bereich unserer Besprechung ziehen, welche sowohl als Zubehör und zum Gebrauche an den Hand- wie an den Schnellpressen erforderlich sind.

Walzenmasse.

Der wichtigste und hauptsächlichste Bestandtheil der Walze ist die **Walzenmasse**. Es ist dies eine Verbindung von Leim und Syrup, welche gekocht und dann in einer besonders dazu eingerichteten metallenen Gußflasche über das Walzenholz gegossen wird. Leim und Syrup müssen dabei stets von bester Qualität sein und auch die Temperaturverhältnisse sind in Bezug auf die Verbindung dieser Stoffe wohl zu berücksichtigen. Das Mischungsverhältniß zwischen Leim und Syrup ist für gewöhnlich wie 3:5 oder 5:7. Im Winter wird man vorzugsweise mit Walzen arbeiten, die etwas mehr Syrup enthalten, während man im Sommer wie auch für gewisse Arbeiten, z. B. für Farbendruck, härtere Walzen mit weniger Syrup benutzt, demnach wohl gleiche Theile von beiden Materialien oder sogar etwas mehr Leim wie Syrup nimmt.

Aber selbst die besten Sorten von Leim und Syrup weichen öfters in der Qualität von einander ab und deshalb ist ein ganz zuverlässiges Mischungsverhältniß derselben anzugeben nicht möglich.

Als Ersatz für den Syrup kann man auch krystallisirten Zucker, in Wasser aufgelöst, oder auch Honig nehmen. Nimmt man Syrup, so muß derselbe sehr zuckerreich sein und deshalb ist nur indischer Zuckersyrup anwendbar. Als besten Leim wählt man gewöhnlich den Kölner Leim. Zu näherer Beurtheilung beider Substanzen diene noch Folgendes, welches wir der vortrefflichen Schrift: „Der Buchdrucker an der Handpresse" von J. H. Bachmann, Verlag von Alexander Waldow in Leipzig, entnehmen.

„Der Zuckersyrup ist eine innige Verbindung von Zucker und Wasser und besitzt die Eigenschaft, nicht zu krystallisiren, sondern immer flüssig oder schleimig zu bleiben. Seine Güte, wie er in den Handel kommt, zu prüfen, d. h. sich zu überzeugen, ob er verfälscht sei oder nicht, ist für den Buchdrucker, der keine chemischen Analysen anstellen will und kann, sehr schwer. Einestheils verlasse man sich daher auf seine Zunge und beachte, daß sein Geschmack ein vorherrschend süßer sein muß, der alle andern Bestandtheile, die noch in ihm vorhanden, vollständig maskirt. Ein weiterer Prüfstein wäre noch die Ermittelung des specifischen Gewichts. Mit dem Baumé'schen Aräometer gemessen, muß der Zuckersyrup auf demselben circa 40 Grad anzeigen.

Da die meisten Fälschungen durch Zusatz von flüssigem Stärkezucker geschehen, so ist es ziemlich leicht, eine solche, wenn sie grob ausgeführt wurde, zu ermitteln. Außer dem mehligen Geschmack desselben, der im Zuckersyrup sogleich hervortreten würde, müßte auch die Süßigkeit eine bedeutende Reduction erfahren, da die Süßigkeit des Stärkesyrups nur etwa ½ von der des Zuckersyrups beträgt. Zudem zeigt die specifische Schwere des Stärkesyrups auf dem Aräometer nur etwa 30 Grad an. Er ist also lange nicht so gehaltvoll an Zucker. Der Zucker im Syrup ist aber diejenige Materie, welche für unsere Walzenmasse die größte Bedeutung hat und die den ersten Hauptfactor in derselben bildet.

Der Leim, wie er in den Handel kommt, besteht nach der angewandten Chemie im Wesentlichen aus dem gelatinirenden Bestandtheil, d. h. aus dem Bestandtheil, der zur Gallerte wird, enthält aber beträchtliche, obwohl wechselnde Mengen von in Wasser löslichen, extractiven Theilen, die meistens Umwandlungsproducte jenes ersteren sind; ferner phosphorsauren Kalk und andere Salze, nebst sonstigen fremden Stoffen, die im rohen Leimgut schon vorhanden waren, außerdem auch Feuchtigkeit. Diesen fremden, also den nicht gelatinirenden Bestandtheilen verdankt der Leim seine mehr oder minder dunkle Farbe und die Eigenschaft, Feuchtigkeit anzuziehen. Guter Leim besitzt diese Eigenschaft nur im geringen Grade, und wenn eine Sorte in feuchter Luft erweicht oder gar klebrig wird, so ist dies ein Beweis, daß sie im Sud verdorben ist. Nach der Farbe aber den guten oder schlechten Leim unterscheiden zu wollen, ist für den Buchdrucker sehr unsicher: der sogenannte Patentleim z. B. ist gelblichweiß, dabei trübe und undurchsichtig, woran der fremde Bestandtheil, mit welchem er versetzt ist, das Bleiweiß, die Schuld trägt. Daß dieser fremde Stoff die Bindekraft des Leims erhöht, kann für den Tischler nur von Interesse sein; daß aber die gelatinirende Eigenschaft desselben dadurch befördert wird, kann man entschieden in Abrede stellen. Eine gute Leimgallerte bildet aber den zweiten Hauptfactor in der Walzenmasse.

Alle guten Leimsorten, d. h. diejenigen, von denen vorhin gesagt wurde, daß sie in feuchter Luft nur in geringem Grade Feuchtigkeit anziehen, ergeben aber ihrer hygroskopischen Natur nach ganz bedeutende Differenzen, sobald sie in Wasser eingeweicht werden. Es giebt Leim, von welchem 1 Gewichtstheil 3½ Gewichtstheile Waſſer verſchluckt, während von einer anderen Sorte 1 Gewichtstheil Leim 16 Gewichtstheile Waſſer verſchlucken kann. Ich habe hier nur die niedrigſte und die höchſte Ziffer angeführt; daß zwiſchen 3½ und 16 noch manche Waſſerſtation für den Leim liegt, iſt ſelbſtverſtändlich.

Die Gallerte, die aus verſchiedenen Leimſorten im Waſſer entſteht, iſt in ihrer Güte faſt ebenſo verſchieden; dennoch iſt es auffallend und für uns Buchdrucker namentlich beachtens-werth, daß es eine Leimſorte (weißer Knochenleim von Burxwiller) giebt, die 12 bis 13 Gewichtstheile Waſſer verſchluckt und dennoch eine ausgezeichnet zähe Gallerte liefert, während der kölniſche Leim (aus Wildhaut-Abfällen) nur 3½ Gewichtstheile Waſſer aufnimmt und dabei ein nicht minder gutes Product erzielt.

Fragt man nun, welcher Leim für die Walzenmaſſe der beſte ſei? ſo iſt die Antwort: derjenige, welcher bei nur geringer Waſſeraufnahme eine gute, zähe Gallerte liefert.

Um beim Einkauf des Leimes ſicher zu gehen, weiche man vorher von verſchiedenen Sorten je 1 oder 2 Loth ein. Man achte genau darauf, wie langſam oder ſchnell eine jede Sorte Waſſer zieht. Nachdem man ſie aus dem Waſſer genommen und eine Zeit lang hat durchliegen laſſen, muß jede einzelne Sorte wieder gewogen werden. Derjenige Leim nun, welcher am langſamſten Waſſer gezogen hat, wird auch am wenigſten in ſich aufgenommen haben und in ſeiner Gallerte am zäheſten geblieben ſein, für dieſen hat man ſich beim Einlauf zu entſcheiden.“

Seit einiger Zeit iſt dem Buchdrucker die Herſtellung der Walzen dadurch ſehr erleichtert worden, daß ſich Walzenmaſſe-Fabriken etablirten und fertige Maſſe in den Handel brachten. Dieſe Buchdruck-Walzenmaſſe, auch Compositions-Walzenmaſſe genannt, beſteht aus Leim und rohem, mit Zucker vermiſchtem Glycerin. Um die Maſſe dunkel zu machen, wird häufig etwas Zuckercouleur beigemiſcht und um bei längerem Aufbewahren das Schimmeln der Maſſe zu verhüten, ein wenig Carbolſäure hinzugegoſſen. Das Miſchungsverhältniß dieſer Maſſe iſt etwa folgendes: 2 Kilogramm Glycerin werden mit 2 Kilogramm Zucker geſättigt. Es iſt gut, wenn man das Glycerin etwas erwärmt, damit die Sättigung beſſer von ſtatten geht. An Leim werden circa 3 Kilogramm hinzugefügt und iſt dabei zu beachten, daß wenn das mit Zucker geſättigte Glycerin dem Leim zugeſetzt werden, die Maſſe 4—5 Stunden bei tüchtigem Feuer im Waſſerbade kochen muß, weil dieſe Materialien ſich ſonſt nicht innig genug verbinden.

Beim Walzenkochen wird die in großen Stücken vorräthig gehaltene Maſſe in kleine Stücke zerſchnitten, aber nicht eingeweicht, ſondern nur auf die unter „Walzenkochen“ angegebene Art geſchmolzen, was gewöhnlich ſchon in einer halben Stunde geſchehen kann.

Dieſe fertige „Buchdruck-Walzenmaſſe“ iſt zwar etwas theurer als die ſelbſtbereitete Maſſe aus Leim und Syrup, bietet aber neben manchen Erleichterungen noch die Vortheile, daß die daraus gegoſſenen Walzen ſchnell in Gebrauch genommen werden können und ſehr dauerhaft ſind.

Die vorſtehend beſchriebenen Walzenmaſſen ſind jedoch auch bei uns in Deutſchland ſeit 1873 ganz in den Hintergrund gedrängt worden durch die ſogenannte „engliſche Walzenmaſſe“, die, wenn wir recht berichtet sind, bereits im Jahre 1869 von Harrild & Sons zusammengestellt wurde. Die Typographie verdankt dieser Firma höchst wichtige Erfindungen, denn wie bereits auf Seite 30 angegeben, war es ein Harrild und zwar Robert Harrild in London, welcher im Jahre 1815 die Walzenmasse überhaupt erfand, während seine Nachfolger, nach mehrfachen Verbesserungen während der Zwischenzeit, im Jahre 1869 die neue, jetzt fast ausschließlich in Gebrauch kommende Walzenmasse zusammenstellten. Auch diese Masse wird jetzt in Deutschland fabricirt und sind es hauptsächlich die Firmen: H. Bullow in Pirna, J. A. Lischke und A. Baldow in Leipzig, Gebrüder Jänecke in Hannover, G. Werther in Schkeuditz, Friedrich Frank in Köln, Karl Lieber in Charlottenburg u. a. m., deren Fabrikate Beachtung finden.

Diese Walzenmasse, aus bester chemisch reiner Gelatine hergestellt, vereinigt alle vorzüglichen Eigenschaften, die sich nur an eine Walzenmasse stellen lassen.

Sie bleibt von unveränderter Elasticität und Plasticität, verliert also weder ihre Zugkraft, noch wird sie trocken, noch rissig, noch filzig.

Das lästige Waschen, diese zeitraubende und Doubletten erfordernde Arbeit fällt fort. Die Walze wird nie mit Wasser gewaschen. Sie wird nur, je nach der Qualität des verarbeiteten Papieres, nach einer bis mehreren Wochen mit etwas Terpentinöl gereinigt und vermittelt einen saubereren Druck bei sparsamem Verbrauch von Farbe, zu welcher Ersparniß also noch die an Zeit, an Arbeit und an Walzenmasse kommt.

Die Zusammensetzung dieser Masse bürgt für ihre unveränderte Wirksamkeit, und das ist der wesentlichste Vortheil. Während die bis dahin gekannte und gebräuchliche Masse, zur Hauptsache aus Leim (der ja stets schon Zersetzungsproducte enthält) und Zucker bestehend, mit der Zeit unbrauchbar werden mußte, da Zucker den Leim allmälig in eine schmierige Substanz ohne Bindekraft verwandelt, so ist diese Masse gegen jede Zersetzung gesichert, ihre Dauer daher eigentlich unbegrenzt.

Der Preis dieser Masse ist zwar ein wesentlich höherer, als der der früheren Sorten, doch wiegt ihre Güte denselben vollkommen auf. Obgleich ihn die Concurrenz schon wesentlich geregelt hat, so ist gute Masse doch immer noch mit 40—60 Thlr. bezahlt. Dafür sind Walzen aus dieser Masse aber auch 6—8 Monate und noch länger ununterbrochen zu gebrauchen. Ueber das Schmelzen und Gießen, wie über die Behandlung nach dem Guß folgt in den nächsten Abschnitten Specielleres.

Walzenkochapparate.

Ehe wir zu dem Schmelzen der Walzenmasse und dem Gießen der Walzen übergehen, haben wir noch derjenigen Apparate zu gedenken, welche zur Bereitung der Masse dienen. Es sind dies die sogenannten Walzenkochapparate.

Bei kleinerem Betriebe wird man sich darauf beschränken, einen einfachen derartigen Apparat mit einem practisch construirten kleinen Herde in Verbindung gebracht, zu benutzen, bei größerem Betriebe der Druckerei mittelst Dampf wird man sich dagegen entweder eines direct mit Dampf zu heizenden Apparates bedienen, oder man wird einen solchen benutzen, in welchem das Wasser mittelst Dampf erhitzt wird.

Wir wollen, unserer Aufgabe getreu, unseren Lesern Alles so vollständig wie möglich zu bieten, nachstehend eine größere Anzahl solcher Kochapparate beschreiben und in Abbildung vorführen. Dieses Capitel mit seinen Illustrationen soll zugleich ein Maßstab dafür sein, was man von dem Inhalt des Werkes ferner zu erwarten hat.

Für den kleinen Buchdrucker, welcher nur hie und da eine Pressenwalze zu gießen hat, ist neuerdings von der Waldow'schen Utensilienhandlung in Leipzig und zwar vornehmlich zum Gießen der Walzen für die amerikanischen Tiegeldruckmaschinen und für die Handpressen ein höchst einfacher und billiger Kochapparat zusammengestellt worden, der ganz Vortreffliches leistet und auf jedem Küchenherde, oder in jeder Küchenmaschine, auch auf einem Dreifuß mit Holzfeuerung zu benutzen ist.

Er besteht, wie Figur 24 zeigt, aus einem größeren und einem kleineren starken blechernen Casserol. Das kleinere, zur Aufnahme der Masse bestimmte, ist an seiner oberen Hälfte mit 3 aus Eisenblech gefertigten Armen versehen, welche über den Rand des größeren, für das Wasser bestimmten Gefäßes fassen und so ein Kochen der Masse im Wasserbade ermöglichen. Für den kleinsten Betrieb des Druckereigeschäftes ist dies ein ganz brauchbarer Apparat.

Fig. 24. Einfacher Walzenkochapparat.　　Fig. 25. Walzenkochapparat für Herdfeuerung.

Ein zweiter Apparat ist der in Fig. 25 abgebildete. Derselbe ist aus Weiß- oder Eisenblech, mitunter auch aus Kupfer verfertigt. Die letztere Ausführung ist jedenfalls die solideste aber auch die theuerste.

Der Apparat besteht aus drei Abtheilungen, deren unterste auf die später beschriebene Weise in einen Herd eingesetzt wird. Dieses Gefäß nun wird soweit mit Wasser gefüllt, daß letzteres bis zum Rande steigt, wenn die zweite Abtheilung des Apparates eingesetzt wird. Von dem Rande der ersten Abtheilung führt eine Blechröhre in das Innere. Diese Röhre dient dazu, das Nachfüllen des Wassers zu erleichtern, wenn es durch längeres Kochen verdampft sein sollte.

Man hat diesen Theil auch häufig mit einem einfachen Wasserstandzeiger versehen, um stets eine Controlle über die in dem Apparat befindliche Wassermenge zu haben.

Die zweite Abtheilung, zur Aufnahme der Walzen-Composition bestimmt, hat einen geringern Umfang als die erste, und ruht mit ihrem Rande gut schließend auf dieser, damit die Dämpfe nur in geringem Maße entweichen und so ein schnelles Zergehen der Masse bewerkstelligen können.

Da dieses zweite Behältniß im Wasserbade steht, so ist man sicher, daß die Masse beim Kochen nicht verbrennen und Nichts von ihrem Zuckerstoffe verlieren kann. Man ist deshalb auch nicht genöthigt, fortwährend in der Masse zu rühren, da ein Ansetzen an die Wände des Apparates unmöglich ist; öfteres Nachsehen und Prüfen der Geschmeidigkeit der Masse ist jedoch unerläßlich, da man während des Kochens noch von einer oder der andern der erforderlichen Ingredienzien zusetzen kann, um ein genügendes Resultat zu erreichen.

Der dritte Theil des Apparates ist ein Durchschlag; auf seine Benutzung kommen wir später zurück.

Für das Kochen der Walzenmasse in einem Apparat nach Fig. 25 ist ein einfach aus Ziegelsteinen aufgemauerter kleiner Herd mit einer gewöhnlichen Feuerung nothwendig. Dieser Herd muß oben eine rund ausgemauerte Oeffnung haben, in welche das große, äußere Gefäß hineinpaßt. Damit dasselbe eine Stütze hat, wird direct über der Feuerung eine Schicht der Steine etwas nach der Oeffnung hinein vorstehend gemauert, so daß das Gefäß mit seinem Rande darauf ruhen kann, oder aber es werden 4—6 Stücke 3—4 Millimeter starkes Flacheisen derart mit eingemauert, daß sie 2 Zoll in die Oeffnung des Herdes hineinragen und so dem Gefäß eine Stütze bieten. Oft auch hat das Gefäß einen Rand, welcher auf dem Herde ruht.

Die passendsten Dimensionen eines solchen Herdes, berechnet für einen Apparat in dem man circa 20—25 Pfund Masse kochen kann, sind folgende:

Gesammthöhe . . . . 75 Centimeter.
Breite . . . . 59 „
Tiefe . . . . 50 „
Entfernung der unteren Kante der Feuerthür vom Boden 34 „
Entfernung der oberen Kante der Feuerthür vom oberen
    Rande des Herdes . . . . 26 „
Höhe der Feuerthür . . . . 15 „
Breite der Feuerthür . . . . 20$^{1}_{2}$ „

Es ist nicht rathsam, das Rauchabführungsrohr sehr lang einzusetzen, man läßt es am besten dicht über dem Herde oder sogar gleich direct aus demselben in den Schornstein führen.

Wir kommen nun zu den Dampf-Kochapparaten für Walzenmasse. Es giebt deren zwei verschiedene Arten und zwar eine, bei welcher der heiße Dampf in den äußeren Behälter eingeführt wird und die Masse direct kocht, eine andere, bei welcher in dem äußeren Behälter ein kupfernes Schlangenrohr liegt, in welches der Dampf geführt wird und durch seine Hitze das in diesem Gefäß befindliche Wasser zum Kochen bringt, also so zu sagen indirect zum Schmelzen der Masse dient.

Fig. 26. Dampfkochapparat für Walzenmasse. (Modell Hoyenloch.)

Fig. 27. Dampfkochapparat für Walzenmasse. (Modell Jäwede.)

Fragen wir uns, welche dieser zwei Constructionen die practischere ist, so müssen wir entschieden diejenige empfehlen, bei welcher der Dampf indirect zum Kochen der Masse benutzt wird, sonach die Apparate, bei welchen das Wasserbad der gewöhnlichen Apparate nach Fig. 25 beibehalten worden ist.

Gründe für diesen Vorzug giebt es mehrere und zwar folgende:

1. Das Wasserbad macht ein Anbrennen der Masse unmöglich, sei der das Wasser erhitzende Dampf auch noch so heiß. Bei directem Kochen mit Dampf ist dagegen ein Anbrennen der Masse möglich, wenn die Dämpfe zu heiß in den Mantel eingeführt werden. Man muß bei solchen Apparaten deshalb auf häufiges Rühren der Masse bedacht sein.

2. Hat man bei den Apparaten mit Schlangenrohr schon Vorsicht anzuwenden, so ist bei directem Kochen mit Dampf mit der Einführung desselben erst recht behutsam zu verfahren, soll der Apparat bei starkem Dampfdruck nicht gesprengt werden. Der Abführungshahn muß am besten so gestellt werden, daß der Dampf in kleinen Quantitäten entweichen kann, demnach eine zu starke Spannung in dem Gefäß verhindert.

Wie erwähnt, hat man auch bei den Apparaten mit Wasserkochung wohl darauf zu achten, daß die Schlangenrohre nicht zu viel Spannung haben; doch ist eine Zerstörung derselben weit weniger möglich, weil ein solches Rohr an und für sich einen weit stärkeren Druck verträgt, wie die Kesselwände der anderen Apparate.

3. Die Apparate mit Wasserkochung werden, wie aus dem Vorstehenden ersichtlich, lange nicht so vom Dampf angegriffen, wie die mit directer Dampfheizung; sie werden sich deshalb entschieden länger bewähren, wie die letzteren.

Fig. 27. Dampfkochapparat für Walzenwaare und Dampfformwaschapparat.

Die in Abbildung vorliegenden Apparate der Herren A. Hogenforst in Leipzig (Fig. 26) und Fritz Janecke in Berlin (Fig. 27) sind meines Wissens solche mit directer Dampfkochung, ebenso der auf Figur 28 neben dem Waschapparat dargestellte. Auf die Einrichtung solcher Apparate mit Schlangenrohr kommen wir später zurück.

Die äußeren Gefäße (Mäntel) der Apparate Fig. 26 und 27, wie auch die inneren Wände derselben sind aus Kupfer gefertigt und, wie Herr Hogenforst betreff des seinigen angiebt, auf 6 Atmosphären Druck berechnet. Die an beiden Apparaten oben links ersichtlichen Hähne vermitteln die Zuführung, die unten rechts befindlichen die Abführung der Dämpfe. Der unten in der Mitte befindliche Hahn ermöglicht ein directes Einlaufenlassen der geschmolzenen Masse in die Matrize.

Aus diesem Grunde werden die Apparate direct an einer Wand und zwar so hoch befestigt, daß man die in der Druckerei vorhandene größte Matrize darunter stellen kann.

Auf den ersten Blick erscheint dieser Auslaufhahn für die Masse als höchst practisch, er ist es jedoch in der That nicht in jeder Hinsicht und zwar aus folgenden Gründen:

Beschäftigt man große Maschinen, so hat man auch lange Walzen nöthig, die Höhe der erforderlichen Matrize bedingt demnach, daß der Kochapparat auch angemessen hoch befestigt wird und dadurch verliert derselbe ganz bedeutend an Bequemlichkeit. Es kann unter solchen Umständen nöthig werden, daß der das Kochen der Masse Besorgende sich auf einen hohen Tritt stellen muß, um die gehörige Controle ausüben zu können.

Ein zweiter Uebelstand ist der, daß die Masse nicht schnell genug aus diesem Hahn auslaufen kann, der Rest derselben nach erfolgtem Gießen auch in und über dem Hahn erkaltet und womöglich erst entfernt werden muß, wenn man wieder deren neue kocht.

Was den auf Fig. 28 abgebildeten Apparat betrifft, so bemerken wir, um Mißverständnissen vorzubeugen, daß hier nur der eigentliche Kochapparat, nicht aber der zum Schmelzen der Masse bestimmte Einsatz abgebildet ist. Der letztere hat einfach die Form, welche der in Fig. 25 abgebildete Apparat zeigt; er ist am besten aus Kupfer gefertigt und mit einer Schneppe und zwei Handhaben zum bequemen Anfassen und Ausgießen der Masse versehen. Soll Masse geschmolzen werden, so wird dieser Einsatz mit derselben gefüllt, in den eigentlichen Kochapparat gestellt und der Dampf in den letzteren in der später zu beschreibenden Weise eingelassen.

Fassen wir nun die Dampfheizung noch etwas specieller ins Auge. Man kann dieselbe mit directem Dampf oder mit dem abgehenden Dampf, d. h. dem Dampf, welcher bereits zum anderweitigen Betriebe gedient hat, bewerkstelligen. Das letztere wird jedenfalls häufiger stattfinden, wie das erstere, denn diese Dämpfe werden immer noch genügende Hitze besitzen, um ein schnelles Kochen möglich zu machen. Vor Herstellung der ersten Anlage ist jedoch wohl ins Auge zu fassen, ob die abgehenden Dämpfe nicht bereits für andere Zwecke, z. B. zur Heizung der Localitäten rc. starke Verwendung finden werden oder gefunden haben, demnach zum Kochen vielleicht nicht mehr ausreichen.

Will man ganz sicher gehen, so lasse man außer der Leitung für den abgehenden Dampf noch eine solche für den direct zu entnehmenden Dampf anlegen; man ist dann und besonders im Winter, wenn der abgehende Dampf, wie dies ja meist geschieht, stark für die Heizung der Localitäten in Anspruch genommen ist, für alle Fälle gesichert.

Unsere Abbildung Fig. 28 verdeutlicht das Röhrensystem einer solchen Anlage, die, wie erwähnt, auch noch zum Waschen der Formen in erhitzter Lauge dient.

Das obere, starke, mit „Zufluß" bezeichnete Rohr a führt die abgehenden Dämpfe direct in den Walzenkochapparat B und bringt dort die Masse zum Kochen; dieses Rohr vermittelt zugleich durch die Abzweigung c die Dampfzuführung in den Waschapparat; b und d sind Regulir- resp. Abstellhähne. Will man den Walzenkochapparat heizen, dabei aber dem Waschapparat nicht auch Dampf zuführen, so sperrt man den Hahn d ab und öffnet den Hahn b. Will man dagegen den Waschapparat heizen, nicht aber den Walzenkochapparat, so sperrt man bei b ab, öffnet dagegen den Hahn bei d und bei k. An den Hähnen muß die Zuführung des Dampfes gleich so regulirt werden, daß solcher nicht ein zu starker ist.

Die mit Abfluß bezeichneten Röhren f und g ermöglichen die Abführung des Dampfes aus den Apparaten. Die Röhre g führt aus dem Waschapparat in die vom Kochapparat ausgehende Hauptröhre f. Bei l und g sind Hähne angebracht, mittelst welcher man den Abgang des Dampfes reguliren kann.

Um nun eventuell auch mit directem Dampf das Schmelzen der Masse in kürzester Zeit bewerkstelligen zu können, finden wir noch ein rechts seitwärts von der großen Röhre a unter dem Hahn b einmündendes directes Dampfrohr an unserem Apparat Fig. 28. Auch an diesem Rohr läßt sich die Dampfzuführung durch einen Hahn e reguliren.

Selbstverständlich kann auch der Waschapparat mit einer directen Zuführung versehen werden, doch dürfte dies seltener nothwendig sein, da der abgehende Dampf die in dem Behälter D befindliche Lauge genügend erhitzen wird, während eine immerhin feste Masse, wie die Walzenmasse, schon einer höheren Temperatur bedarf um zum Schmelzen gebracht zu werden.

Zum Ablaufen des sich im Apparat bildenden Wassers dient der mit „Wasser-Abgang" bezeichnete, mit einem Hahn versehene Auslauf.

Fig. 29. Walzenkochapparat mit Schlangenrohr.

Wie erwähnt, sind für Dampfheizung diejenigen Apparate vorzuziehen, welche mittelst eines Schlangenrohrs, in welches der Dampf geleitet, das Wasser zum Kochen bringen, die Masse demnach im Wasserbade geschmolzen wird. Nach den Erfahrungen von Fachgenossen auf deren Urtheil man mit Recht Gewicht legen kann, sind diese Apparate entschieden die besten und zwar aus den Gründen, welche bereits auf Seite 39 und 40 angegeben wurden.

Die Construction solcher Apparate ist nur in sofern eine andere, als jene, welche die in Abbildungen gebrachten Apparate mit directer Dampfkochung zeigen, daß z. B. an dem Apparat Fig. 28 B die Zuführungsröhre a im Innern desselben im Kreise herum fort- und durch das Rohr f wieder herausgeführt ist.

Der Mantel B wird in diesem Fall durch eine oben angebrachte Oeffnung mit Wasser gefüllt, letzteres auch wieder durch das auf der Abbildung ersichtliche Wasserablaßrohr leicht abgelassen. Um den Lesern die Construction eines Apparates mit Schlangenrohr noch verständlicher zu machen, brachten wir vorstehend noch einen solchen. Das Rohr ist hier vollkommen deutlich durch Punktlinien angedeutet. Auch der Waschapparat kann eine ähnliche Einrichtung erhalten.

Auf die Benutzung dieses Waschapparates kommen wir in dem Capitel über das Waschen der Formen specieller zurück.

Betreff des Walzenlochapparates sei noch bemerkt, daß derselbe nicht unbedingt, wie Fig. 28 und 29 zeigen, auf Füßen stehen muß, er kann gleichfalls, wie die Apparate Fig. 26 und 27 mittelst eines eisernen Reifens an die Wand befestigt werden, oder aber frei hängend in einem Holzbod, auch auf einem Fundament von Ziegelsteinen seinen Platz finden. In allen Fällen muß er jedoch genügend befestigt werden. Auch bei den Apparaten Fig. 26 und 27 führt man den Dampf am besten durch ein an den betreffenden Hahn angeschraubtes Rohr nach außen ab.

Walzengußflaschen.

Die zum Walzengießen erforderliche Gußflasche, auch Walzenhülse, Walzencylinder, Matrize, Walzenform genannt, besteht für die Handpressen in einer colindrischen Hülse aus Zinkblech, Messingblech, Messingguß oder Gußeisen, für die Maschinen stets aus Gußeisen. Die Matrizen für Pressenwalzen haben eine Länge von 55—75 Centimeter und eine Weite (Durchmesser) von 9 Centimeter; bei den Maschinen-Matrizen ist ihre Länge stets der vollen Formatbreite der Maschine angemessen, während die Weite bei den Auftragwalzen eine solche von circa 11 und bei den Hebern und Reibern eine solche von 6 Centimeter im Lichten ist. Bei den Tischfärbungsmaschinen haben die Auftragwalzen gewöhnlich einen etwas geringeren Umfang als vorstehend angegeben.

Um bei den für die Pressenwalzen bestimmten Blechhülsen die sogenannte Naht zu vermeiden, dürfen die Endtheile nicht übereinandergelegt sein, sondern es müssen dieselben genau zusammengestoßen und zur Verbindung ein Streifen Blech auf die Außenseite der Naht gelöthet werden. Die Naht läßt sich jedoch auch in der Weise vermeiden, daß die beiden Enden scharf zugefeilt und dann aneinander gelöthet werden.

Die gußeisernen Hülsen sind meist zu zwei Hälften getheilt, welche durch Nieten und Schrauben zusammengehalten werden; sie haben den großen Vorzug vor den Blechhülsen, daß sie sich viel besser einölen und reinigen lassen und die Walze bequemer herausgenommen werden kann.

Um nämlich das Ankleben der Walzenmasse an die Hülse zu verhindern und später das Herausziehen der fertigen Walze zu ermöglichen, ist das Einölen der Walzenhülse im Innern nothwendig. Es geschieht dies, indem man einen mit Oel getränkten Lappen um einen Stab bindet und damit die ganze innere Fläche der Hülse gleichmäßig bestreicht, was aber mit großer Vorsicht geschehen muß, damit ja kein Punkt unberührt bleibt; es darf aber auch nicht übermäßig eingeölt werden, weil sonst Unebenheiten, sogenannte Luftschlangen und Blasen in der Walze entstehen.

Betrachten wir uns nun zunächst die **Gußflaschen für Handpressenwalzen.** Die Walzenhülse ruht in einem Fußgestell, das entweder von Holz-, Blech oder von Eisen gefertigt ist.
Eine Oeffnung in demselben muß das Hineinstecken der Hülse ermöglichen; die letztere muß jedoch
fest und dicht umschlossen sein. Fig. 30 zeigt das Modell einer solchen Gußflasche.

Genau im Centrum der Oeffnung steht ein runder eiserner Stab, etwas länger als die
Hülse und häufig oben mit einem Schraubengewinde versehen. Auf diesen Stab wird das Walzenholz aufgesteckt, wenn dasselbe eine durchgehende Oeffnung für die Walzenachse hat. Für

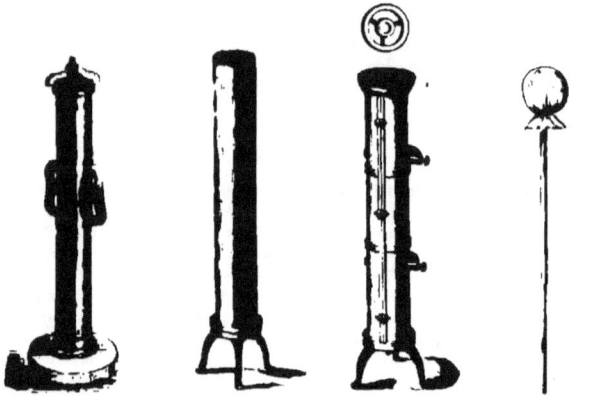

Fig. 30.	Fig. 31.	Fig. 32.	Fig. 33.
Walzengußflasche für die Hand-presse.	Eiserne Gußflasche für die Ma-schine aus einem Stück.	Zweitheilige, zusammengelegte eiserne Gußflasche für die Maschine.	Kolben zum Oefen der Gußflaschen.

Walzenhölzer mit festen Achsen muß im Mittelpunkt der Oeffnung des Fußgestells ein Loch
vorhanden sein, in welches die eine Achse des Walzenholzes eingesteckt werden kann.

Das Walzenholz ist bereits unter „Walzengestell" beschrieben. Doch sei hier noch
erwähnt, daß es ganz trocken und nicht fettig sein darf, wenn es zum Walzengießen auf das
Fußgestell gesteckt wird; auch hat man streng darauf zu achten, daß es genau in die Mitte der
Hülse zu stehen kommt.

Wie das untere Ende des Holzes, so gilt es nun, auch das obere desselben zu befestigen und
die Hülse dort mit einem Schluß zu versehen, durch welchen hindurch zugleich das Eingießen der
Masse erfolgen kann. Wie bereits erwähnt, ist für Walzenhölzer mit durchgehender Oeffnung
der in der Matrize befindliche Stab oben oft mit einem Schraubengewinde versehen und ragt

damit über die Hülse hinaus. Auf diesen Stab wird nun ein schwaches, eisernes Kreuz oder Kreuzrad (siehe das Kreuzrad über Fig. 32), aufgesetzt und, wenn ein solches vorhanden, an dem darüber hinausragenden Gewinde des Achsenstabes eine kleine dazu gehörige Flügelschraube eingedreht, so daß dann auch von oben das Walzenholz einen Haltepunkt hat und seinen Stand genau in der Mitte der Hülse beibehält.

Diese Schraube ist jedoch nicht unbedingt nöthig, denn ein exact gearbeitetes Kreuz oder Kreuzrad hält Stab und Holz schon genügend sicher in der Mitte der Matrize.

Bei Walzenhölzern mit festen Achsen wird das Kreuz oder Kreuzrad einfach auf die obere Achse auf- und die Hülse dann darübergesteckt.

Benutzt man Hölzer mit durchgehenden Achsen, demzufolge auch dafür eingerichtete Matrizen, so kann man leicht mehrere kleine Walzen mit einmal gießen, wenn die Höhe der Matrize dies erlaubt. Man steckt in diesem Fall mehrere Hölzer übereinander auf den Stab auf.

Meistentheils ist die Gußflasche nach oben mit einem trichterförmigen Rande umgeben, um das Eingießen zu erleichtern, auch müssen die Oeffnungen zwischen den Speichen des auf die Achsen aufzusetzenden Rädchens weit genug sein, um das leichte Durchfließen der Masse zu gestatten.

Betrachten wir uns nun die zu den **Maschinenwalzen** bestimmten **Gußflaschen**, so zeigt uns Fig. 32 eine aus zwei Theilen bestehende, während Fig. 31 aus einem Stück gegossen ist. Bei Fig. 32 werden nach erfolgtem Guß und gehörigem Erkalten der Masse die Stifte aus den Verbindungsstücken herausgeschlagen, die schraubzwingenartigen Bügel abgeschraubt und die eine, auf dem Fuße lose aufgesteckte Hälfte der Hülse behutsam abgehoben, die Walze dann etwas gehoben, dabei gleichzeitig von der feststehenden Hälfte der Matrize abgezogen und so nach und nach ganz aus derselben entfernt.

Bei den aus einem Stück bestehenden Matrizen Fig. 31 faßt man die Walze oben an der hervorstehenden Spindel und zieht sie behutsam und in gerader Richtung heraus. Bei ganz großen Walzen wird man gut thun, durch eine zweite Person die Matrize in schräger Richtung halten zu lassen, während man sie langsam herauszieht. Erklärlicher Weise müssen diese Gußflaschen ganz besonders sorgfältig eingeölt werden, soll das Herausziehen der Walze leicht und gut von Statten gehen.

Wie bereits erwähnt, bedient man sich zum Einölen der Matrizen am besten eines Wischers, wie wir solchen in Fig. 33 abbildeten.

Im Winter hat man wohl zu beachten, daß die Matrizen erwärmt sein müssen, soll die Masse gut herunterfließen und eine vollkommene Walze bilden.

Zubereiten, Kochen und Gießen der Walzenmasse.

Nachdem wir die Zusammensetzung der Walzenmasse, die verschiedenen Arten derselben wie die zum Kochen und Gießen bestimmten Apparate besprochen haben, wollen wir nunmehr zu der eigentlichen Zubereitung der Masse übergehen.

Wie wir bereits am Schluß des Capitels über Walzenmasse erwähnten, benutzt man jetzt fast in allen Druckereien die in Fabriken hergestellte gußfertige Masse, welche man nur einfach zu schmelzen braucht. Nichtsdestoweniger wollen wir an dieser Stelle der alten Manier, die Masse aus Leim und Syrup selbst zu bereiten, gedenken.

Der Leim wird zunächst und zwar womöglich einen Tag vor dem Gießen der Walzen in Wasser eingeweicht. Es geschieht dies in einem beliebigen, angemessen großen, hölzernen Gefäß. Er muß so lange im Wasser liegen, bis er alle Sprödigkeit und alle Härte verloren hat, was bei manchen Leimsorten schon nach 2—3 Stunden erfolgt. Zu langes Wässern ist zu vermeiden, da der Leim durchaus nicht breiig werden darf. Hierauf nimmt man den eingeweichten Leim aus dem Wasser und breitet ihn auf einem Bret aus, damit das Wasser ablaufen kann, derselbe aber noch Zeit hat, vollends zu erweichen. (Siehe auch Seite 33 u. f.)

Hat der Leim seine genügende Geschmeidigkeit erhalten, so wird er in den zum Schmelzen bestimmten Einsatz der von uns in Abbildung gebrachten Apparate geworfen.

Nehmen wir an, wir hätten uns auf einem gemauerten Herde zu benutzenden Apparates Fig. 25 zu bedienen. Wir setzen zu dem Zweck das äußere, größte Gefäß in die Oeffnung des Herdes, füllen es so weit mit Wasser, daß wenn der Einsatz hineingehangen wird, das Wasser ziemlich bis an den oberen Rand des äußeren Gefäßes steht und machen das Feuer in dem Herde an. In den Einsatz werfen wir nunmehr den erweichten Leim und lassen ihn zu einer flüssigen Masse zergehen, ehe wir das entsprechende Quantum Zucker-Syrup oder Glycerin-Syrup (Verhältniß sehe man auf Seite 33 u. f.) zusetzen, dabei aber die Masse mit einem Rührscheit gehörig durchrühren.

Die aus Zucker-Syrup mit Leim gemischte Composition ist gußreif, wenn sich beide Ingredienzien gehörig mit einander verbunden haben und eine breiige Masse ohne alle Stücken bilden. Fährt man mit dem Rührscheit in diese Masse hinein und zieht es langsam wieder heraus und in die Höhe, so muß die Masse förmliche Fäden ziehen.

Bei derjenigen Masse, welche man mit Glycerin-Syrup herstellte, ist dieses Kennzeichen jedoch nicht maßgebend, weil diese Composition im erhitzten Zustand überhaupt weit dünnflüssiger ist, als die mit Zucker-Syrup versetzte. Herr J. H. Bachmann empfiehlt in seinem, bei Joh. Heinr. Meyer in Braunschweig erschienenen „Leitfaden für Maschinenmeister an Schnellpressen" ein paar Tropfen dieser Masse auf ein Blech zu gießen, sie erkalten zu lassen und dann zu prüfen, ob die Masse die angemessene Consistenz besitzt.

Benutzt man nun aus Fabriken bezogene fertig zum Schmelzen zubereitete Masse, so hat man dieselbe vorher nicht einzuweichen, sondern nur in kleine Würfel zu schneiden und ohne allen weiteren Zusatz in dem Apparat zu schmelzen.

Bei allen den Apparaten, welche ein Schmelzen resp. Kochen der Masse im Wasserbade zulassen, ist ein fortwährendes Rühren nicht nothwendig, man hat hier nur mitunter einmal die innigere Verbindung der beiden Materialien oder das Zergehen der fertigen Masse durch flüchtiges Umrühren zu befördern. Bei Benutzung von Gefäßen ohne Wasserbad dagegen ist ein fortwährendes Rühren nöthig, soll die Masse nicht anbrennen.

46

Auch bei den Dampfkochapparaten mit directer Dampfheizung ist häufiges Rühren nothwendig, während die, mittelst Dampfrohr das Wasser kochenden, weniger sorgfältig beobachtet werden brauchen.

Ist die Walzenmasse nun gutreif, so läßt man sie eine kurze Zeit abkühlen und schreitet dann zum Gießen. Die Matrize ist, wie bereits erwähnt, zu diesem Zweck von allem Schmutz und Staub gereinigt und dann leicht und gleichmäßig geölt worden, die Spindeln aber sind sauber, trocken und ohne Fett in dieselben eingesetzt und das Kreuz oder Kreuzrad aufgesteckt worden.

Sind die Gußflaschen zum Zusammensetzen eingerichtet, so müssen sie durch die kleinen Bolzen und die Klammern gehörig geschlossen worden sein.

Wir nehmen nun das Gefäß mit der geschmolzenen Masse zur Hand und lassen die erstere langsam vom Schnabel des Gefäßes ab in die Matrize gelangen. Am besten ist es, wenn man die Masse nicht an einer Stelle einlaufen läßt, sondern mit dem Schnabel eine langsam kreisende Bewegung um die Achse der Walzenspindel herum macht, so daß die Masse nach und nach durch alle Oeffnungen des Kreuzes oder Kreuzrades einläuft. Dabei ist weiter noch zu beachten, daß man die Matrize reichlich bis oben voll füllen muß, denn die Masse setzt sich nach und nach und man würde keine vollständige Walze erhalten, wenn man nicht in dieser Weise vorsorgte.

Gießt man kleine Pressenwalzen in einer größeren Matrize, so hat man selbstverständlich nicht nöthig, in gleicher Weise, wie vorstehend beschrieben, zu verfahren, man muß nur reichlich bis über das Walzenholz weggießen, braucht also nicht die ganze Matrize zu füllen.

Bei den Dampfkochapparaten Fig. 26 und 27 erfolgt das Einlaufen der Masse in die Matrize wie erwähnt gleich durch den großen, unten angebrachten Ablaufhahn. Die Benutzung desselben bedarf wohl weiter keiner näheren Beschreibung.

Zu bemerken ist noch, daß man sich möglichst hüten muß, die verschiedenen Sorten von Walzenmassen untereinander zu vermengen.

Will man **alte Walzen umgießen**, so reinigt man sie vorher gut, schneidet sie der Länge nach auf, zieht die Masse dann vom Walzenholze ab und zerschneidet sie in kleine Stücke. Die gewöhnlich sehr vertrockneten und schmutzig gewordenen Endstücke der Walze werfe man weg. Die geschnittenen Stücken **alter Masse und Syrup** werden leicht gewässert und dann nach und nach in den über dem Feuer siedenden Kochapparat gethan. Unter fortwährendem Umrühren geht das Auflösen der Masse meist gut von statten, sollten sich aber nach langem Kochen dennoch Klumpen darin zeigen, so ist es gerathen dieselben herauszunehmen und wegzuwerfen. Erst nachdem die alte Masse vollständig aufgelöst ist, setze man etwas neues Material hinzu und zwar zuerst den eingeweichten Leim und dann den Syrup oder gleich die sogenannte weiche Zusatzmasse, welche bekanntlich die Walzenmassefabriken liefern. Das weitere Verfahren ist nun wie oben bei der neuen Masse beschrieben.

Beim **Umgießen alter Walzen aus englischer Masse** beobachtet man ein ähnliches Verfahren, nur darf man dieselbe nicht einwassern. Auch bei dieser Masse benutzt man einen frischen

Zusatz. Die englische Originalmasse gießt sich leider sehr schwer um, während die meisten deutschen Compositionen aus gleichem Material dies leichter ermöglichen.

Mehr als ein-, höchstens zweimal läßt sich alte Walzenmasse nicht umgießen, wenn man davon eine gute Walze erzielen will. Vor dem Eingießen in die Gußflasche ist solche alte Masse, wenn sie verhärtete Theile enthält, durch einen Durchschlag durchzugießen und dann erst zu benutzen. Zu diesem Zweck ist dem Apparat Fig. 25 ein solcher Durchschlag beigegeben.

Ueber das Herausnehmen oder Herausziehen der fertigen Walze aus den Matrizen, nach erfolgtem vollständigen Erkalten, gaben wir bereits im vorigen Capitel Seite 45 Anleitung, doch sei hier über das Herausnehmen der Preßwalzen aus in einem Stück bestehenden Matrizen noch folgendes bemerkt: da die Walzenhölzer entweder nur mit ganz kurzen oder, wenn ein durch-gehender Stab zur Anwendung kommt, mit gar keinen Achsen versehen sind, so bieten sie auch nicht genügenden Anhalt, um, wie an den langen Achsen der Maschinenspindeln daran herausgezogen zu werden. Man muß hier deßhalb mehr schiebend und ziehend zugleich verfahren und zwar so, daß man mit beiden Händen die Matrize faßt, und an derselben zieht, während man mit den beiden Daumen in entgegengesetzter Richtung auf das Walzenholz drückend und schiebend wirkt; ist die Walze einmal etwas in der Matrize gelockert, so zieht sie sich auch vollends leicht heraus. Erzielt man auf diese Weise nicht den genügenden Erfolg, so stemme man ein Stück Holz unter das Walzenholz, halte es mit der einen und die Matrize mit der andern Hand und stoße das Holz mit fest darauf gedrückter Matrize behutsam auf den Boden, so nach und nach die Walze aus derselben heraustreibend.

Die oben über die Spindel herausstehende, vom reichlichen Eingießen herrührende über-flüssige Masse entfernt man bei den Walzen am besten mittelst eines Bindfadens, den man um dieses Stück legt und dasselbe so, an den Enden ziehend, abschneidet.

Bei der alten Syrup-Masse war es nothwendig, die Walze oben und unten an den Rändern mittelst einer Scheere abzutaxten und sie dort auf der ganzen Fläche mittelst einer Lampe oder eines glühenden Eisens zu brennen.

Bei den neuen Compositionen ist dies ihres wesentlich besseren Gehaltes wegen nicht unbedingt nothwendig, wie dieselben überhaupt bei der nöthigen Aufmerksamkeit während des Kochens und Gießens eine glatte, tadellose Walze ohne Löcher und Risse geben.

Man kann zwar solche Risse und Löcher durch Eingießen frischgekochter Masse ausfüllen, und auch durch Ueberstreichen mit glühendem Eisen eine leidliche Abrundung wieder herstellen, aber von Dauer ist dieser Nothbehelf nicht.

Die herausgenommene Walze reinigt man von dem daran haftenden Oele mit einem Schwamme, den man mit etwas Terpentin versehen. Bei Preßwalzen befestigt man an die Achsen (oder statt deren an zwei in die Achsenöffnung gesteckten Holzpflöcken) einen starken Bind-faden und hängt sie vermittelst desselben in wagerechter Richtung frei an einem luftigen Orte auf. Ist sie aus der alten Leim- und Syrupmasse gegossen, so kann sie etwa 24 Stunden danach, ist sie aus der englischen Masse gegossen, so kann sie in wenig Stunden, im Nothfall

sofort in Gebrauch genommen werden, man braucht sie demnach auch nicht unbedingt zum vollständigen Erkalten zc. aufzuhängen, hat sie aber gründlich mit Terpentin von allen Oeltheilen
zu reinigen.

Von Maschinenwalzen gilt das Gleiche, doch werden sie nicht aufgehängt, sondern an
einen passenden Ort angelehnt, besser aber noch in die sogenannten Walzenständer (siehe das
später folgende Capitel) gestellt.

Alle zum Walzengießen in Gebrauch gewesenen Instrumente und Werkzeuge sind selbstverständlich sofort wieder gehörig zu reinigen. Die übrig gebliebene Masse und die Abschnitte
der Walzen können zum nächsten Guß wieder benutzt werden.

Man hüte sich, die neue englische Masse an einem feuchten Ort aufzuheben; sie darf
mit Wasser, wie wir später sehen werden, durchaus nicht in Berührung kommen.

Ueber die Quantitäten an Masse, welche man zu den Walzen braucht, sei noch folgendes bemerkt.

Eine kleine Pressenwalze von etwa 30 Centimeter Länge erfordert ein Quantum von
$1^3/_4$ 2 Kilogramm, eine große von etwa 48 Centimeter Länge ein solches von $2^1/_2$—3 Kilogramm.

Für Maschinenwalzen wird, wenigstens annähernd das erforderliche Quantum Masse in
der Weise ermittelt werden können, daß man auf je 10 Centimeter Walzenlänge $3/_4$ Kilogramm
Masse rechnet. Zu einer Walze von 80 Centimeter wäre demnach 8 mal so viel = 6 Kilogramm
Masse erforderlich.

Daß das nöthige Quantum mit vorstehenden Angaben nicht immer ganz genau stimmen
wird, ist erklärlich durch den Umstand, daß die eine Fabrik ihren Walzen einen größeren
Umfang gegeben, wie die andere, oder daß sie Spindeln von geringerem Umfange lieferte, demnach
auch mehr Masse erforderlich ist, um die Matrize zu füllen.

Schließlich sei noch bemerkt, daß die Spindeln der Auftragwalzen für die Maschinen mit
Holz umkleidet sind, während die der Reiber und Heber massiv aus Eisen gedreht und mit Riesen
versehen sind, damit die Masse besser an ihnen haftet.

Reinigen und Behandeln der Walzen.

Bei den aus Leim und Syrup, häufig auch bei den aus Compositionswalzenmasse hergestellten
Walzen ist es nothwendig, sie Mittags und Abends bei Schluß der Arbeit zu reinigen. Es
geschieht dies, vorausgesetzt, daß man nur gewöhnliche schwarze Farbe verdruckte, am besten
mittelst Sägespähnen, von denen der das Waschen Besorgende mehrere Hände voll nach und
nach über die ganze Walze verreibt, die Spähne mittelst Wasser abspült und die Walze dann
mit einem Lappen oder Schwamm vollends reinigt.

Diese Manipulation ist zwar ganz gut in der Weise ausführbar, daß man die **Maschinen-**
walzen in senkrechter Richtung vor sich an dem oberen Spindelende haltend an einem Ort reinigt,
an welchem das zum Waschen benutzte Wasser und die Sägespähne gleich weggespült werden können;
besser und auf eine weit sauberere Weise läßt sich das Waschen jedoch in dem sogenannten
Walzentrog oder auf einem **Walzenwaschtisch** vornehmen.

Der Trog hat meist dieselbe Construction wie die transportablen Futtertröge, welche die Fuhrleute an den Dorsschenken zum Füttern ihrer Pferde vorfinden und benutzen; in der Mitte der oberen Kante der beiden Seitentheile eines solchen Troges ist eine runde Vertiefung eingeschnitten, in welche man die vorstehenden Spindeltheile der Walze legt und sie nun mit Leichtigkeit in dem Troge dreht, dabei mit Sägespähnen mittelst eines Lappens überreiben und später abspülen und mit Lappen oder Schwamm abwischen kann. In großen Druckereien hat man diese Tröge und zwar mehrere neben einander aus starkem Zinkblech gefertigt in Gebrauch. Um diesen Trögen mehr Halt zu geben, ruht die Zinkeinlage in einem Eisengerippe, oder das letztere ist gleich von dem Zink umkleidet.

Der Walzentisch muß eine rauhe Holzplatte haben, auf die man Sägespähne streut und auf der man die Walze hin- und herrollt.

Am besten befindet sich die Walzenwäscherei in einem eigenen Raum oder mit der Form-wäscherei zusammen. Der Boden ist möglichst mit Cement oder Asphalt auszulegen und ein Abfluß für das Wasser herzustellen.

Pressenwalzen reinigt man am besten auf einem Tisch, wie eben beschrieben oder auf einem rauhen Bret, auf welches man reine Sägespähne streut und auf dem man dann die Walze gehörig hin- und herrollt. Zuletzt wird auch sie, wie die Maschinenwalze, mit einem feuchten Lappen abgerieben und mit einem Schwamm vollends von allen Unreinlichkeiten befreit.

Die aus den genannten älteren Compositionen gegossenen Walzen müssen, bevor sie in Gebrauch genommen werden, noch auf eine ganz eigene Weise behandelt werden. Man muß sie nämlich stets, ehe man sie auf den Farbtisch der Presse bringt, oder in die Maschine einsetzt, mit einem nassen Schwamm anstreichen.

Diese, im Grunde genommen so einfache Manipulation ist es hauptsächlich, von welcher die Güte des späteren Druckes abhängt und mancher Drucker scheitert mit allen seinen sonstigen Fähigkeiten, wenn er hierin nicht das Rechte trifft.

Eine aus Leim und Syrup oder Leim und Glycerin gegossene Walze muß nämlich eine gewisse Zugkraft haben; wenn man z. B. die flache Hand um sie legt, so muß diese gewisser-maßen auf der Walze leicht kleben bleiben. Durch das Anstreichen mit Wasser wird die Zugkraft mehr oder weniger geweckt und hierin gerade das Rechte zu treffen, also nicht zu viel und nicht zu wenig zu thun, auch einen Unterschied zwischen harten Walzen, welche mehr, und weichen, welche weniger angestrichen werden müssen, zu machen, darin liegt zum großen Theil die Kunst, saubere Drucke zu liefern.

Bei den Pressenwalzen hat man die Möglichkeit, etwa zu frische, d. h. zu feuchte Walzen auf den richtigen Grad zurückzuführen, indem man sie mittelst des Gestelles in der Luft hin und her schwenkt. Bei den Maschinenwalzen ist ein solcher Ausweg natürlich nicht möglich, da sie zu schwer sind; man kann sie höchstens an der Luft drehen.

Aller dieser Umstände und aller der Schererreien, welchen man besonders an heißen Sommertagen durch diese Walzen ausgesetzt war, ist man überhoben, wenn man die englische Walzenmasse benutzt. Eine aus solcher Masse hergestellte Walze braucht man nur dann und zwar nur mit Terpentin zu reinigen, wenn sie durch schweren Papierstaub rc. unrein geworden ist und in Folge dessen nachtheilig auf den Druck einwirkt. Es kommt vielfach vor, daß diese Walzen über zwei Monate in ununterbrochener Thätigkeit sind, ohne nur ein einziges Mal gereinigt und angestrichen worden zu sein, und dennoch einen sehr gut gedeckten und reinen Druck zeigen.

Das Durchlassen von Papier zwischen die Walzen ist zu leichter Reinigung derselben von Zeit zu Zeit anzurathen.

Hat man eine zu unrein gewordene Walze mit Terpentin gereinigt und ist im Begriff, dieselbe gleich darauf in die Maschine zu bringen, so scheint es, als habe dieselbe nicht die gehörige Zugkraft und man möchte sie lieber mit dem Schwamme anstreichen, so, wie man es früher gewöhnt war; dies darf aber durchaus nicht geschehen, denn die Walze bekommt die alte Zugkraft wieder, sobald sie in die Farbe kommt.

Es ist, wenn man doppelten Satz Walzen hat, gut, den Reservesatz stets mit der Farbe in einem Walzenständer stehen zu lassen und erst dann zu reinigen, wenn man ihn in Gebrauch nehmen will.

Den Walzen, als einem der edelsten Theile der Maschine muß der Maschinenmeister die allergrößte Sorgfalt und Aufmerksamkeit schenken und streng darauf halten, daß auch seine Leute beim Heraus- und Hineinheben, wie beim Waschen und Aufbewahren die größte Vorsicht gebrauchen.

Bei diesen unter Umständen täglich mehrmals nöthigen Verrichtungen wird fast am meisten gesündigt und der Maschine der empfindlichste Schaden gethan. Besonders muß man den Arbeitern auf das Strengste anbefehlen, daß sie die Walzen, wenn sie dieselben zum Waschen tragen, nicht an dem einen Ende allein fassen und mit dem anderen auf der Erde hinschleifen; sie müssen vielmehr von zwei Personen getragen werden, deren jede ein Ende faßt, oder eine Person muß sie mit der rechten Hand an dem einen Ende, mit der linken behutsam in der Mitte fassen und so frei vor sich hertragen.

Die vorhin als unzulässig beschriebene Weise, die Walzen zu transportiren, ist sehr gefährlich, denn sowie die Spindel durch das Aufstauchen verbogen ist, so ist sie unbrauchbar und nur mit vieler Mühe und nicht unbedeutenden Kosten wieder gerade zu richten; oft auch springen Stücke von den stark gehärteten Zapfen ab, und diese sind dann ganz und gar nicht mehr benutzbar. Manchen der Herren wird es zwar nicht einleuchten wollen, daß eine Eisenspindel sich so leicht verbiege; derartige Fälle sind aber schon oft genug vorgekommen und der Fehler zeigt sich sehr bald beim Druck; haben sich die Enden gebogen, so werden sie sich einmal gar nicht an den Farbcylinder legen, während das Mitteltheil anliegt, das andere mal bei weiterem Umdrehen aber werden sie anliegen, während das Mitteltheil nicht anliegt; mindestens aber werden sämmtliche Theile eine starke Pressung erleiden, da man sie, um die Abweichung auszugleichen, sehr fest anstellen und so den Gang der Maschine erschweren muß.

Gleiche Vorsicht hat man beim Einsetzen der Walzen in die Maschine und beim Herausnehmen derselben aus der Maschine zu beobachten; beides muß von zwei Personen bewerkstelligt werden, deren jede an einem Ende angreift. Beim Herausnehmen wird das eine Ende behutsam auf den Fußboden niedergesetzt und die Walze dann erst wieder von einer, oder von zwei Personen in der angegebenen Weise transportirt.

Walzenständer.

Wenngleich alle diejenigen Druckereien, welche jetzt die neue englische Walzenmasse benutzen und nur einen Satz Walzen für jede Maschine disponibel halten, füglich den Walzenständer entbehren können, weil die Walzen meist in der Maschine verbleiben und einfach von den Metall-cylindern (siehe später) abgestellt werden, so dürfen wir diese Apparate doch nicht übergehen, einestheils, weil wiederum viele Druckereien stets zwei Sätze für jede Maschine bereit halten, andere aber immer noch Walzen aus alter Masse benutzen, die nach dem Waschen unbedingt einen passenden Standort erhalten müssen.

Man benutzt diese Walzenständer in verschiedenen Formen, schwebend an der Wand, oder das eine Ende an der Wand und das andere am Boden angebracht, freistehend 2c.; sehr häufig sind diese Stellagen, wenn sie die Form unserer Fig. 34 haben, mit verschließbaren Thüren versehen, so daß sie vollständig vor den Händen Unberufener gesichert sind.

Nachstehend geben wir Abbildung der gebräuchlichsten Modelle solcher Walzenständer.

Fig. 34. Arber Walzenständer.

Fig. 35. Transportabler Walzenständer.

Fig. 36. Transportabler Walzenständer.

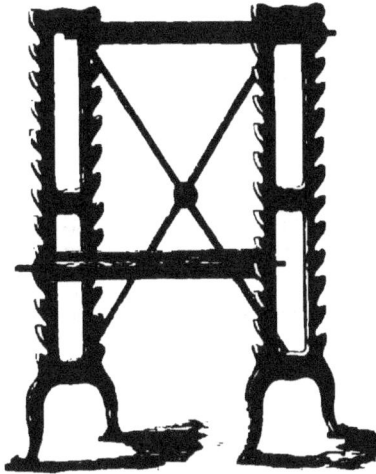

Fig. 37. Transportabler Walzenständer. (Modell Fritz Jäncke.)

Der Apparat Fig. 31 ist gebildet durch zwei an eine Rückwand befestigte und mit dieser im Winkel liegende Breter. In das obere sind Schlitze zur sicheren Aufnahme der Spindelenden eingeschnitten, in das untere aber zu gleichem Zweck Löcher gebohrt. Da die Heber und Reiber kürzer sind als die Auftragwalzen, so muß dieser Ständer nach einer oder nach zwei Seiten zu niedriger sein. Eine gleiche Abstufung ist erforderlich, wenn man Walzen von verschiedenen Maschinen, deren Formate wesentlich differiren, in einem Ständer unterbringen will.

Fig. 35 stellt einen transportablen Ständer dar, wie man ihn für eine oder für je zwei Maschinen benutzen kann. Für die kürzeren Heber und Reiber sind mehr im Innern die nöthigen Plätze angebracht.

Fig. 36 ist gleichfalls eine transportable Stellage; sie läßt sich ebenfalls für mehrere Maschinen einrichten, indem man sie höher und mit mehr Schlitzen baut, oder auch an der Rückseite eine gleiche Einrichtung anbringen läßt, die dann am besten dazu dient, die Heber und Reiber aufzunehmen. Der oben angebrachte Kasten dient zur Aufnahme kleiner Maschinentheile ꝛc. ꝛc.

Fig. 37 läßt ſich gleichfalls überall hinſtellen. Dieſer Ständer ſcheint uns jedoch verhältnißmäßig etwas zu hoch gebaut und dürfte es in Folge deſſen ſchwierig ſein, große, demnach ſchwere
Walzen ohne Umſtände und ohne Gefahr für dieſelben auf die oberen Schlitze einzulegen.

Bei Aufſtellung dieſer Walzenträger braucht man, wenn man Walzen aus engliſcher
Maſſe benutzt, nicht beſondere Rückſicht auf die Temperatur des Raumes zu nehmen, in den man
ſie ſtellen will; unter allen Umſtänden darf der Raum jedoch nicht feucht ſein; ob er im Übrigen
warm oder kühl iſt, hat keinen weſentlichen Einfluß auf dieſe Maſſe, dagegen iſt es von großer
Wichtigkeit, daß Walzen aus anderen Compoſitionen im Sommer kühl, im Winter aber in
einem erwärmten Raum ſtehen.

Mag man die Walzenträger oder Walzenſtänder nun conſtruiren, wie man will, ſtets hat
man dabei zu beachten, daß die Luft rings um die Walzen circuliren kann, damit ſie nicht
ungleichmäßig trocknen; auch muß man es vermeiden, ſie direct an feuchte Wände zu ſtellen.

Für Preſſenwalzen benutzt man nicht eigentlich einen ſolchen Walzenträger, ſondern hängt
ſie meiſt direct am Farbtiſch auf, wie dies Figur 18 zeigt, oder, iſt das Local zu warm,
demnach ein kühler Ort vorzuziehen, ſo findet ſich in einem ſolchen ſchon ein paſſender Platz,
die Walzen mittelſt der Geſtelle an Nägeln oder wie auf Seite 48 beſchrieben, mittelſt eines
Bindfadens auch ohne Geſtelle frei aufzuhängen.

Formenwaſchtiſch oder Formenwaſchapparat und Waſchmittel.

Die ausgedruckten Formen müſſen von der darauf haftenden Schwärze gründlich gereinigt
werden, ſollen die einzelnen Typen ſich gut ablegen laſſen (ſiehe I. Band Seite 172) und ſollen
ſie nach erfolgter Benutzung zu neuem Satz rein drucken.

Fig. 38. Gewöhnlicher Formenwaſchtiſch.

Formenwaschtisch.

Man verwendet als einfachste Vorrichtung zu diesem Zweck einen Tisch oder Trog, wie ihn unsere Fig. 38 darstellt. Auf vier kräftigen, unten durch Querleisten verbundenen Beinen ruht ein aus kräftigem zölligem Holz hergestellter, mit Zink ausgeschlagener und sorgfältig verlötheter Behälter, dessen Boden so eingesetzt oder so zugehobelt ist, daß das zum Waschen und Abspülen benutzte Wasser immer nach einer Ecke zu abläuft. In dieser Ecke ist ein Ableitungsrohr eingesetzt, das entweder in ein nahes Abfallrohr, direct in eine Schleuse, oder in einen Rinnstein geleitet ist. Wenn ein solcher Abfluß nicht möglich, so läßt man das Spülwasser in einen darunter gestellten Holz- oder Zinkbehälter ablaufen.

In dem Waschtisch steht ein, denselben in seiner ganzen Ausdehnung bis auf etwa 1 Centimeter nach allen Seiten füllendes, von vorn nach hinten zu schräg abfallendes Bret, zum Auflegen der zu waschenden Form bestimmt. Abfallend zugeschnitten ist dieses Bret, damit das Wasser von der Form besser abläuft.

Einen zweiten Apparat, gezeichnet nach einem in der Druckerei dieses Werkes benutzten Modell, stellt die Figur 39 dar. Derselbe dient zugleich zum Händewaschen für das Personal sowie zum Feuchten des Papiers.

Fig. 39. Combinirter Formen- und Händewaschapparat mit Feuchtapparat.

Dieser Apparat ist zumeist in allen den Officinen mit Vortheil zu verwenden, in welchen Wasserleitung zur Verfügung steht, wenngleich letztere auch durch angemessen große, über den Apparaten angebrachte Bassins ersetzt werden kann. Der rechte Theil dieses Apparates, mit einem gewöhnlichen, darüber befindlichen Wasserhahn versehen, dient zunächst zum Händewaschen für das Personal und zur Entnahme von Wasser zu sonstigem Gebrauch. Beim Feuchten von Papier*) findet der zu feuchtende Stoß in diesem Behälter seinen Platz, während das Feuchten selbst in dem Behälter links und zwar mittelst einer feinen, an einem Gummischlauch befindlichen Brause erfolgt.

Beim Formenwaschen dient diese Brause zugleich als vortrefflicher Apparat zum Abspülen, denn der nach voller Oeffnung des Hahnes sehr kräftige Strahl treibt die Laugentheile sicher aus den Vertiefungen der Form heraus. In diesem linken Behälter, der, wie auch der rechte, mit Zinkeinsatz versehen ist, steht selbstverständlich das zum Auflegen der Form erforderliche, nach hinten zu abfallende Brett, so daß das Wasser in den Einsatz ablaufen und mittelst einer Röhrenverbindung in die Schleusen oder in einen darunter gestellten Behälter abgeführt werden kann.

Die drei an der linken Seite befindlichen Behälter dienen zur Unterbringung der Waschbürste, der Lauge und eines Schwammes. Alle diese Abtheilungen des Apparates sind mittelst Klappen zu schließen. Die unteren Schränkchen dienen zur Aufbewahrung von Farben und sonstigen Geräthen.

Ein sehr practischer, nach einem von Harrild & Sons in London gebauten Modell gezeichneter Spalten-waschapparat ist in Fig. 40 dargestellt. Er bietet sogar noch den nötigen Platz, um bereits gewaschene Spalten bis zum Umbrechen darin unterbringen zu können.

Für Zeitungsdruckereien ist dieser Apparat gewiß sehr empfehlenswerth. Er kann in der Druckerei selbst seinen Platz finden.

Fig. 28, Seite 40, zeigt uns einen combinirten Dampfwaschapparat für Formen und einen Dampf-lochapparat für Walzenmasse. Wir haben an dieser Stelle nur noch den ersteren ins Auge zu fassen.

Der Behälter A besteht aus einem eisernen oder

Fig. 40 Zeitungsspaltenwaschapparat.

kupfernen Mantel mit kupfernem Einsatz D. Durch die Dampfzuführungsröhre k wird der Dampf in den Mantel eingeführt und erwärmt die im Einsatz D befindliche Lauge; ausgeführt, resp. regulirt wird derselbe durch das Rohr g und den daran befindlichen Hahn.

Man hat diese Apparate auch so construirt, daß der Dampf nicht direct wie eben beschrieben zum Kochen benutzt wird, sondern daß er in einem im Mantel befindlichen Schlangenrohre circulirt, zunächst das im Mantel befindliche Wasser zum Kochen bringt und dieses dann wiederum die Lauge erwärmt. Deutlicher wird dem Leser diese Art der Einrichtung werden, wenn er das über Dampfkochapparate für Walzenmasse Gesagte auf Seite 38—43 nachliest.

---

*) Man sehe das betreffende Capitel.

Die Form wird mittelst zweier, je mit zwei Haken versehener Halter F, die um die Rahme fassen, in die Lauge versenkt, bleibt in derselben eine Zeit lang liegen, damit sich die Farben= schicht gut löst, wird dann in den hölzernen, mit Zink ausgelegten Behälter E gehoben, gebürstet und mittelst der Brause i oder auf die gewöhnliche Weise mit kaltem Wasser abgespült.

Fassen wir nun die Arbeit des Waschens der Formen etwas näher ins Auge. Es giebt zwei Arten der Formenwäsche und zwar eine kalte und eine warme. Die erstere ist jetzt die zumeist gebräuchliche, weil sie die einfachste und vor allen Dingen die bequemste ist. Sie ist auch, entgegen der Annahme vieler alter Drucker, welche noch an der früher üblichen warmen Wäsche mit großer Vorliebe hängen, der Schrift durchaus nicht schädlich, vorausgesetzt, daß man eine gute, kalte Lauge benutzt.

Selbstverständlich ist die warme Waschweise immerhin in allen denjenigen Druckereien mit Vortheil in Anwendung zu bringen, welche Dampf zum Erwärmen verwenden können; muß man dagegen kostspielige, fast den ganzen Tag zu unterhaltende Feuerungsanlagen benutzen, dann ist die kalte Waschweise jedenfalls vorzuziehen.

Es giebt eine so große Anzahl von Recepten für die Bereitung kalter Laugen, die selbstverständlich auch erwärmt benutzt werden können, daß es geradezu unmöglich wäre, ein jedes zu prüfen und auf Grund der gemachten Erfahrungen dieses oder jenes zu empfehlen.

Es dürfte den Lesern am besten damit gedient sein, wenn ihnen an dieser Stelle die Wahl unter vielen solchen Recepten nicht schwer gemacht wird, ihnen vielmehr nur einige, aber durchaus bewährte Recepte geboten werden.

Herr J. H. Bachmann empfiehlt in seinem bei Alexander Waldow in Leipzig erschie= nenen Werk: „Der Buchdrucker an der Handpresse" folgende auch vom Verfasser eine Zeit lang mit Erfolg angewendete Lauge:

„Man thut in einen Kessel 12 Gewichtstheile Wasser und 1 Gewichtstheil krystallisirte Soda. Während diese Mischung bis zum Kochen erhitzt ist, hat man Zeit, 1 Gewichtstheil guten gebrannten Kalk (Aetzkalk) in 3 Gewichtstheilen Wasser aufzulösen und einen gut durch= gerührten Kalkbrei herzustellen. Sobald die Mischung im Kessel kocht, gießt man den Kalkbrei allmählig hinzu, entfernt dann schnell das unter dem Kessel befindliche Feuer und deckt denselben zu. Die Lauge ist fertig und zeigt sich nach dem Erkalten als eine wasserklare Flüssigkeit. Der Kalk liegt am Boden des Kessels als kohlensaurer Kalk; er hat dem Natron die Kohlen= säure genommen und die Lauge dadurch kaustisch gemacht; derselbe wird, nachdem die Lauge vorsichtig abgelassen und auf Flaschen gefüllt wurde, weggeworfen. Die gefüllten Flaschen sind gut zu verstöpseln, weil die Lauge sehr geneigt ist, Kohlensäure aus der Luft anzuziehen, wodurch die ätzende Eigenschaft derselben allmählich verloren gehen würde. — Einen Bodensatz giebt diese Lauge deßhalb nicht, weil die Gewichtstheile der dazu verwandten Stoffe in richtigem Verhältniß zu einander stehen."

Ein zweites Recept, nach welchem die Druckerei des Verfassers 11 Jahre lang ihre Lauge bereitete und welche nachweislich die Schrift auf das beste conservirte, enthält folgende Vorschrift:

Waschmittel.

1 Pfund Soda und 9 Loth Pottasche werden in 20 Pfund, womöglich weichem Wasser unter fleißigem Umrühren gelöst. Beschäftigt die betreffende Druckerei sich mit Zeitungs= oder gewöhnlichem Werkdruck, zu welchen Arbeiten fast ausschließlich schwache Farben benutzt werden, so können noch 2—3 Pfund Wasser mehr zugesetzt werden. Bei Verbrauch stärkerer, mehr mit Trockenstoffen versetzten Farben wird die oben angegebene Mischung benutzt werden müssen, um eine vollständige Reinigung der Form zu erzielen.

Während das erste Recept eine Bereitung der später auch kalt zur Anwendung kommenden Lauge auf warmem Wege vorschreibt, wird die zweite Sorte einfach unter Zusatz von kaltem Wasser gemischt. Einen Nachtheil von dieser Bereitung auf kaltem Wege ist Verfasser noch nicht inne geworden, vielmehr haben die in der Druckerei zur Verwendung kommenden Schriften, bei stärkstem jahrelangen Gebrauch eine Schärfe bewahrt, die einestheils den besten Beweis für die Güte des Materials, anderntheils aber auch für die Unschädlichkeit der Lauge giebt.

Wie die Neuzeit dem Buchdrucker so manches neue, seine Verrichtungen wesentlich verein= fachende Material gebracht hat, so ist ihm auch in der sogenannten „concentrirten Seifen= lauge" der Fabrik von C. W. Hagemann in Altona ein höchst practisches, zuverlässiges und bequemes Waschmittel geboten worden.

Diese Lauge befindet sich in hermetisch verschlossenen Blechdosen und wird einfach auf folgende Weise in Gebrauch genommen: „Man löse beide Enden der Dose und thue den Inhalt mit dem, denselben umgebenden Blech in 2 Liter kochendes Weich= oder Flußwasser. Zu dieser Auflösung gieße man ferner circa 16 Liter Weich= oder Flußwasser hinzu und die Lauge ist fertig. Für gewöhnliche Zwecke kann man die Lauge schwächer, für hart angetrocknete Farbe und für Formen, welche in großen Auflagen gedruckt werden, hingegen schärfer machen. — Die zu reinigende Form wird mit einer in der Lauge angefeuchteten Bürste leicht übergebürstet und dann mit Wasser abgespült; die Form soll nicht rein gebürstet werden, vielmehr soll die Farbe sich nur durch das leichte Ueberbürsten von der Form loslösen, um mit dem Wasser abgeschwemmt werden zu kön= nen. — Bei Buntdruck muß der zu reinigende Gegenstand den Einwirkungen einer starken Lauge circa 5, 10 oder 15 Minuten ausgesetzt werden, bevor man mit Wasser nachspült".

Diese Hagemann'sche Seifenlauge hat sich in der That als ein vortreffliches Reinigungsmittel bewährt und wird jetzt von einem großen Theil der deutschen Druckereien jahraus, jahrein benutzt.

Wie aus obenstehender Gebrauchsanweisung ersichtlich, stellt sich ein Quantum von 18 Liter dieser Lauge auf 80 Pfennige, man kann dieselbe demnach auch als eine billige bezeichnen.

Ein vorzügliches Waschmittel ist auch die 80° grüne caustische Soda, welche die Königl. Preuß. chemische Fabrik zu Schönebeck bei Magdeburg liefert. Im Verbrauch ist die daraus hergestellte Lauge mit die billigste, welche man haben kann, sie dürfte demnach großen Ge= schäften, welche dieselbe centnerweise beziehen können, ganz besonders zu empfehlen sein.

Die Herren Bär & Hermann in Leipzig, welche diese Soda seit lange benutzen, geben uns folgendes Verfahren bei deren Mischung resp. Auflösung an.

Ein Quantum Soda wird in kochendem Wasser gelöst und sodann soviel kaltes Wasser zugesetzt, bis die Mischung, mit dem Aerometer gemessen, auf 5—8° Baumé gesunken.

Was nun die eigentliche Manipulation des Formwaschens betrifft, so wird dieselbe in der Weise bewerkstelligt, daß man eine aus den besten harten oder mittelweichen Borsten her= gestellte, etwa 8—10 Centimeter breite, 18—20 Centimeter lange, eng gebundene Bürste in die Lauge taucht und die Form damit leicht überbürstet, dabei wohl beachtend, daß man alle Theile, besonders auch die Ränder der einzelnen Columnen gut trifft.

Eine gute Lauge wird die auf der Form haftende Farbe derart auflösen, daß ein kräftiges, den Typen immerhin nicht dienliches Bürsten unnöthig ist, die Bürste und das Abspülwasser vielmehr nur dazu dienen, die aufgelösten, so zu sagen verseiften Farbentheile, vollends von der Form zu entfernen.

Wie bereits zu Eingang dieses Capitels erwähnt wurde, geschieht das Waschen in einem sogenannten Trog oder Tisch, über dessen Form und Einrichtung die Leser ja bereits hinlänglich unterrichtet worden sind.

Zu erwähnen ist noch, daß man die Lauge im Winter gern in erwärmtem Zustande benutzt; man stellt sie zu diesem Zweck in einem Blech= oder Thongefäß auf den Ofen.

Sorgfältiges Entfernen aller Laugentheile durch Ueberbürsten und Abspülen mit Wasser ist deshalb zu bewerkstelligen, weil andernfalls die Schrift sich sehr schlecht ablegt, sie bleibt zu schlüpfrig und frißt auch zu sehr an den Fingern der Setzer.

Wendet man die warme Waschmethode an, ohne sich dabei der Dampfheizung zu bedienen, so muß der betreffende Einsatz D unserer Fig. 28 in einen Herd eingemauert sein. In diesem Herd ist selbstverständlich eine angemessen große Feuerung unter dem Einsatz anzubringen und von hier aus die Erwärmung mittelst Holz= oder Kohlenfeuers zu bewerkstelligen.

Bei der warmen Waschmethode darf die Lauge etwas schwächer sein, als wenn man sie kalt zur Anwendung bringt; es gilt dies sowohl für die durch Dampf, wie auch für die durch gewöhnliche Heizung zu erwärmende.

Die früher fast ausschließlich benutzte, aus Buchenasche gewonnene Lauge wird jetzt wohl nur noch sehr wenig oder fast gar nicht zur Anwendung kommen, da Buchenholz zur Heizung, demnach auch Buchenasche, in vielen Gegenden Deutschlands so zu sagen ein seltener Artikel geworden ist, den man sich vielleicht für schweres Geld nicht einmal mehr verschaffen könnte. Aus diesem Grunde ist es wohl überflüssig, an dieser Stelle auf das frühere Verfahren der Gewinnung von Lauge aus Buchenasche specieller einzugehen.

Außer der Lauge bedient sich der Buchdrucker aber noch anderer Waschmittel und zwar einestheils deshalb, weil Lauge unbedingt ein Nachspülen mit Wasser nöthig macht, was manche Formen, z. B. Holzschnittformen oder solche mit auf Holzfuß genagelten Clichés ꝛc. durchaus nicht vertragen können, anderntheils aber, weil Lauge wohl schwarze Farben, nicht aber bunte genügend löst und die Typen oder Platten von denselben nicht gehörig reinigt.

Hat man eine Schriftform mit eingefügten Holzschnitten gedruckt und will sie reinigen, so hat man entweder noch in der Maschine oder Presse, besser aber noch, um allen unnöthigen Aufenthalt zu vermeiden, auf der Schließplatte die Stöcke aus der Form herauszunehmen, die Räume, welche sie einnahmen, mittelst Blei= oder Holzstegen auszufüllen und kann dann erst das Waschen der Schrift mittelst Lauge vornehmen, während man die Stöcke mit Terpentin abreibt.

Zu der letzten Manipulation eignet sich am besten eine nicht zu große weiche Waschbürste; man taucht sie mit der Spitze in Terpentin ein, den man in ein flaches, kleines Gefäß, eine Untertasse oder einen Blumentopfuntersetzer gegossen und überreibt damit den Schnitt auf das sorgfältigste. Sind alle Farbentheile entfernt, so wird mit einem weichen Lappen behutsam nachgewischt, besser aber noch ist es, mit diesem Lappen oder einem gut ausgedrückten Schwamme den Stock nur zu betupfen, damit man sicher ist, keine der feinen Partien des Schnittes zu lädiren.

Muß man während des Druckens einmal die Form und die Stöcke reinigen, so ist gleichfalls nur Terpentin anzuwenden. Man gieße nie mehr von diesem Waschmittel in das Gefäß, wie man für die betreffende Form braucht, denn durch öfteres Eintauchen mit der Bürste oder dem Lappen sättigt sich der Terpentin mit der an diesen haftenden Farbe und wird dadurch auch ein größeres Quantum für weiteren Gebrauch unbenutzbar.

Wäscht man eine Form gleich in der Maschine, in der Presse oder auf dem Schließtisch, so ist es gut, nach erfolgter Anwendung des Waschmittels einen in Wasser getauchten aber gut ausgedrückten Schwamm oder einen feuchten Lappen zu benutzen und ihn mittelst der flachen Hand über die Form zu rollen.

Formen, welche in bunten Farben zu drucken, sind sowohl während des Drucks, wie nach dem Ausdrucken mit Terpentin zu reinigen, bestehen sie auch nur aus Schrift und nicht aus Platten. Lauge würde zur Reinigung solcher Formen nicht ausreichen, würde sie auch, wenn man während des Drucks reinigen muß, leicht fettig oder doch zu lange feucht erhalten, ein Uebelstand, der bei der Flüchtigkeit des Terpentins wegfällt.

Auch Petroleum wird häufig zum Waschen solcher Formen angewendet, doch sicher nicht mit demselben Vortheil, wie Terpentin. Petroleum enthält gleichfalls immer mehr oder weniger Fetttheile, hindert deshalb häufig die gute Annahme der Farbe durch die Form.

In allen Fällen, in welchen eine besonders schnelle und zuverlässige Reinigung von Holzschnitten, Schrift, Holztonplatten, besonders aber von geätzten und gestochenen Zink-, wie galvanisirten Kupferplatten während des Drucks nothwendig ist, bedient man sich am sichersten des Benzin. Bei der Flüchtigkeit dieses Materials werden die Platten nach erfolgtem Waschen und Nachreiben mit einem feinen reinen Lappen oder weichem Papier sofort wieder druckbar sein, während Terpentin, besonders bei Zinkplatten, welche viel tiefe Schattenpartien, demnach viel volle Flächen haben, nicht immer das gewünschte Resultat herbeiführt. Specielles darüber, wie auch über das Waschen der zum Buntdruck benutzten Walzen, findet der Leser in den, den Buntdruck behandelnden Capiteln.

Noch sei bemerkt, daß man für Werk- und Zeitungsformen Waschbürsten von härteren Borsten benutzt, während man für Accidenz- und Holzschnittformen, wie für geätzte und gestochene Platten nur solche von weicheren Borsten verwendet.

Schmiermittel.

Zum **Schmieren** der Pressen und Maschinen bedient man sich eines guten, nicht zu dünnen, säurefreien Oeles, womöglich des sogenannten Knochenöles oder Klauenfetts. Da dasselbe jetzt jedoch selten rein zu haben ist, auch zu theuer geworden, so haben besonders die vegetabilischen Oele vielfach und besonders in großen Druckereien, in denen auch an dem Preise dieses Materials möglichst gespart werden muß, Eingang und Verwendung gefunden.

Ob ein Oel gut ist, kann der Laie schwer durch den Geruch und das Verreiben zwischen den Fingern beurtheilen, es möchte dies wohl auch manchem Fachmann schwer werden. Der Buchdrucker kann demnach eine Oelsorte nur nach dem Gebrauch beurtheilen und zwar ist das sicherste Zeichen für die Güte desselben, wenn es die Lager rein erhält und in denselben keinen Schmutz und keine harte Kruste hinterläßt. Wenn man bei dem wöchentlichen Reinigen der Maschine (siehe später) auf dieses Merkmal achtet, so wird man bald wissen, ob das verwendete Oel ein gutes oder ein schlechtes ist.

Außer Oel, das vornehmlich zum Schmieren der in Lagern, Spitzschrauben ꝛc. laufenden Theile benutzt wird, verwendet man ein reines, salzfreies Schweinefett oder auch reinen Talg zum Schmieren der Zahnstangen und Zahnräder.

Als ein weiteres Schmier-, besser aber Reinigungsmittel ist Petroleum zu nennen. Schmiert man mitunter, vielleicht alle zwei Tage des Abends, 10 Minuten vor Beendigung der Arbeit mit Petroleum, so kann man sicher darauf rechnen, daß dieses sämmtliche Schmutztheile, welche das Oel hinterlassen, oder welche von außen eingedrungen, entfernt, und die Maschine nach vorherigem Schmieren mit Oel am nächsten Morgen wieder ihren leichten Gang haben wird.

Rahmenregal.

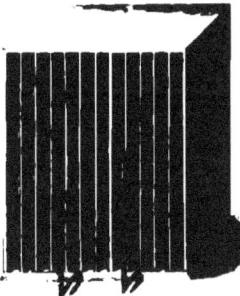

Fig. 41. Rahmenregal.

Wenngleich man die zum Schließen der Formen (siehe später) erforderlichen eisernen **Rahmen** in der Nähe desjenigen Ortes, an welchen dieses Schließen vorgenommen wird, über einander an die Wand lehnen kann, so ist es für eine gut eingerichtete, auf Schonung und Pflege des Materials bedachte Druckerei doch von Vortheil, diese Rahmen in mehr geordneter und geschützter Weise unterzubringen.

Zu diesem Zweck eignet sich ein Regal in nebenstehend abgebildeter Form.

Man kann für je zwei oder mehrere Maschinen oder Pressen ein solches Regal benutzen und dasselbe in der Nähe der Schließplatten (siehe das folgende Capitel) aufstellen.

Die Rahmen sind in demselben geschützt und übersichtlich geordnet untergebracht, so daß Maschinenmeister oder Drucker sofort erkennen können, wohin sie nach einer Rahme in der erforderlichen Größe zu greifen haben.

Benutzt man dieses Regal für je 2 Maschinen, so kann man durch Anbringung eines Schildes an dem oberen Rande leicht erkennbar bezeichnen, zu welcher Maschine die in der linken und zu welcher die in der rechten Hälfte stehenden Rahmen gehören. Beispiel:

Rahmen zur Maschine Nr. 3.   **Rahmen zur Maschine Nr. 4.**

Schließplatte und Schließtisch.

Wenngleich die für die Pressen bestimmten Formen jetzt zumeist auf dem Fundament derselben geschlossen werden, so ist doch ein sogenannter Schließtisch auch für die Pressenformen practisch. Für Maschinenformen kommt ein solcher fast stets zur Anwendung und gehört die Platte desselben auch von vorn herein zum Zubehör der Maschinen, wird demnach von allen Schnellpressenfabriken mit geliefert.

Die Schließplatte, welche man von der Fabrik erhält, ist stets in Eisenguß, mit exact gehobelter Oberplatte hergestellt, so daß man jede Form auf derselben eben so genau, ja besser justiren kann, wie dies auf dem Fundament möglich sein würde, weil man alle Theile besser zugänglich vor sich hat.

Man findet solche Schließplatten

Fig. 42. Schließtisch in Schrankform.

auch mitunter aus Marmor, Granit oder aus Solenhofener Steinen gebildet, auch sind zu gleichem Zweck oft nur starke, geschliffene Zinkplatten auf eine kräftig und exact gearbeitete hölzerne Oberplatte aufgeschraubt.

Am besten werden solche Platten auf einem Tisch mit kräftigen Beinen (ähnlich wie der Auslegetisch Fig. 16) oder auf einem Schrank derart versenkt untergebracht, wie unsere vorstehende Abbildung dies verdeutlicht.

Wenn wir die vorstehende Abbildung, von ihrer Schrankform absehend, (also eigentlich fälschlich) Schließtisch nennen, so geschieht dies, um die allgemein gebräuchliche Benennung beizubehalten. Der Schrank bietet Raum zur Unterbringung der Zubehörungen der Maschinen oder Pressen, auch wohl der Farben ꝛc., während in der oberen Schublade mit Vortheil und bequem zur Hand das Schließzeug seinen Platz finden kann (siehe das später folgende Capitel über das Schließen der Form).

Die Schließplatten sind gewöhnlich mit zwei auf unserer Abbildung deutlich hervortretenden Ansätzen versehen, bestimmt, das Formenbret (siehe später) darauf zu legen, wenn man schwere Formen vom Schließtisch sicher und bequem auf das Fundament der Maschinen befördern will.

Der Schließtisch findet immer möglichst in der Nähe derjenigen Maschine oder Presse seinen Platz, zu welcher er gehört. Entweder steht er zwischen den Fensterpfeilern oder direct vor einem Fenster zur Seite der Maschine, oder er steht zwischen je zwei Maschinen, vorausgesetzt, daß diese der Länge nach an den Fenstern placirt sind, direct vor dem Fundament derjenigen, zu welcher er gehört, selbstverständlich aber so weit von dieser ab, daß der Maschinenmeister sich sowohl daran, wie an dem Schließtisch selbst und am Auslegetisch der anderen Maschine frei bewegen kann.

Oft stellt man auch zwei solche Tische mit den Rückwänden gegen einander, damit man im Winter oder bei dunklen Localen, so oft es nothwendig, nur einer Flamme bedarf, um zwei solche Platten gehörig zu beleuchten. In allen anderen Fällen muß man nothwendiger Weise für jeden Tisch eine eigene Flamme anbringen lassen, was von vorn herein die Beleuchtungsanlage, später aber die Beleuchtung selbst vertheuert.

Auf die Stellung aller zum Betriebe gehörenden Apparate ꝛc. kommen wir in den, die Einrichtung von Druckereien behandelnden Capiteln noch specieller zurück.

Formenwagen.

Zu leichterem Transport der Formen hat man neuerdings kleine Wagen nachstehender Form construirt, doch sind dieselben nur dann benutzbar, wenn sie im Setzersaal oder im Druckersaal allein in Gebrauch kommen sollen, wenn Setzer und Druckersaal vereinigt sind, oder wenn beide, wenn auch getrennt, in einer Etage liegen und wenn durch keine Thürschwellen oder sonstige Hindernisse die leichte Fortbewegung des Wagens gehemmt wird.

Bei der Benutzung stellt man die Form aufrecht in den Einschnitt des Wagens hinein, drückt sie derart nach vorn, daß die ganze Last auf den Rädern balancirt und schiebt so den Wagen vorwärts.

Fig. 43. Formenwagen.

Die Räder dieses Wagens und die Achsen desselben sind von Eisen, erstere mitunter auch von gutem Holz mit dicken Eisenreifen beschlagen. Das Mitteltheil, in welchem die Rahme ruht, ist aus Holz gefertigt. Man hat in umfangreichen Geschäften auch oft große, auf Schienengeleisen fortzubewegende vierräderige Formenwagen. Auf diese höchst practische Einrichtung kommen wir gleichfalls erst in den, die Einrichtung von Druckereien behandelnden Capiteln zurück, weil in diesem Fall die ganze bauliche Anlage der Localitäten von großer Wichtigkeit ist.

Aus dem gleichen Grunde unterlassen wir für jetzt auch die Besprechung und Beschreibung der Aufzüge für Formen ꝛc. ꝛc.

Die Farbe.

Nachdem 400 Jahre lang die Buchdrucker ihre Farbe oder Schwärze selbst bereitet hatten, entstanden in neuerer Zeit eine Menge von Buchdruckfarbe-Fabriken, die dem Buchdrucker diese allerdings sehr umständliche Nebenarbeit abnahmen. Jetzt ist wohl kein Buchdrucker mehr zu finden, der sich seine schwarze Farbe selbst bereitet, doch ist es zum Verständniß der Sache nicht zu umgehen, über die Zubereitung dieser Farbe etwas Näheres beizufügen und zuerst das Verfahren bei deren Selbstanfertigung zu erwähnen.

Die schwarze Buchdruckfarbe besteht hauptsächlich aus Leinölfirniß und Ruß. Mögen die jetzigen Farbefabrikanten nun auch noch andere Stoffe dazu benutzen, z. B. Colophonium, so war dies doch bei der Selbstbereitung nicht der Fall. Höchstens mischte man damals ein wenig Pariser Blau und Venetianische Seife der Farbe bei, etwa auf 10 Theile Ruß 1 Theil Pariser Blau und 1 Theil Seife. Da der zur Farbebereitung nöthige Leinölfirniß ganz frisch gekocht und noch nicht völlig erkaltet sein durfte, wenn der Ruß beigemischt wurde, und auch der Ruß, wenn er nicht in calcinirtem Zustande, (d. h. durch Glühhitze von allen unreinen Theilen befreit und zu feinem Staub gebrannt) zu haben war, erst calcinirt oder gesiebt werden mußte, so war wie gesagt die Selbstbereitung der Schwärze eine sehr umständliche Arbeit.

Das Calciniren des Rußes geschah auf folgende Weise. Man nahm eine metallene, unten geschlossene Röhre oder auch einen eisernen Topf, füllte dieses Gefäß mit Ruß, drückte denselben so fest als möglich in das Gefäß, brachte dasselbe auf ein Kohlenfeuer und ließ den Inhalt völlig ausglühen. Um aber sicher zu sein, daß der Ruß ganz klar sei, und um ihn recht locker zu machen, begann dann das Rußsieben, indem man denselben durch ein feines Sieb hindurchschütteln ließ. War schon diese Arbeit eine sehr beschwerliche und unangenehme, so war das Firnißsieden nicht minder unbequem und mitunter sogar gefährlich. Dasselbe mußte bei trockenem Wetter und (wegen der mit dem Sieden verbundenen Feuersgefahr) im Freien geschehen. Man füllte eine oder mehrere kupferne Blasen zur Hälfte mit bestem Leinöl, begab sich damit hinaus ins Freie, grub ein oder mehrere runde Löcher in die Erde, halb so tief als jede Blase hoch war, und so weit, daß in der Runde einige Hände breit Platz blieb, um ringsum Feuerungsmaterial hineinwerfen zu können. In jedes dieser Löcher ward ein tüchtiges Holzfeuer gemacht, ein eiserner Dreifuß darüber gesetzt und dann die offene Blase mit Oel darauf gestellt. Sobald das Oel zum Kochen kam, wurden Brotstückchen und Semmeln an Holzspießen hineingehalten, um, wie man sagte, dadurch dem Oel die wässrigen Theile zu entziehen. Diese Oelbrote und Oelsemmeln hatten, sobald sie schön braun geworden waren, einen für Liebhaber recht angenehmen Geschmad, so daß sie nicht nur von dem Siederpersonal gern gegessen, sondern auch als besonderer Leckerbissen in die Druckerei geschickt wurden, und dadurch das Firnißsieden gleichsam einen besonderen Festtag mit sich brachte. Mit diesen Entwässern des Oeles begann aber der gefährlichste Theil des Siedeprocesses. Vor Allem mußte man ängstlich darauf sehen, daß die siedende Oelmasse nicht etwa durch hochschlagendes Feuer von selbst in Brand gerathe. Sobald die Masse anfing, an hineingetauchten Holzspachteln schwache (oder für stärkere Farbe etwas längere und stärkere) Fäden zu ziehen, war das Sieden beendet; das Feuer unter der Blase wurde durch Einwerfen von Erde und Rasenstücken gedämpft, ein gut schließender Deckel auf die Blase gethan und vermittelst Eisenstangen, die durch ein Oehr des Blasendeckels und zugleich durch die besonders dazu eingerichteten Henkel der Blase geschoben werden konnten, dieselbe endlich aus der Grube gehoben, seitwärts auf Rasenstücke oder einen Strohkranz gesetzt und nach einiger Abkühlung in die Druckerei geschafft. Dort wurde nun der noch nicht ganz erkaltete Firniß in einen starken hölzernen Bottich geschüttet und der calcinirte und gesiebte Ruß beigemischt, indem man diese beiden Bestandtheile mittelst Rührscheite tüchtig durcheinander rührte. Dann füllte man die Farbe auf Fässer und stellte sie in den Keller.

Bei den jetzigen, besonders dazu eingerichteten Farbefabriken ist die Bereitungsweise jedenfalls weniger mühsam, und die Fortschritte, welche jetzt beim Calciniren des Rußes und beim Firnißsieden, sowie bei der Farbebereitung überhaupt eingeführt sind, lassen ein weit besseres Product erzielen.

Das Verfahren der Rußgewinnung ist jetzt im Wesentlichen Folgendes:

Bei der Verbrennung an Kohlenstoff reicher Substanzen unter gehemmtem Luftzutritt entsteht Rauch und Ruß, der sich an kälteren Orten als eine lockere, glanzlose, pulverige, Flatterruß, an wärmeren als eine glänzende, dichte, schwarze Masse, Glanzruß, absetzt. Als Material dienen harzreiches Holz, Kienholz (daher Kienruß), Harze, Rückstände der Pechsiederei, Theer, Theeröle, Coaks u. s. w. Als Apparat dient ein Schwelofen, der aus einem Kanal (Rauchfang, Schlot) und der Rauchkammer besteht.

Der Kanal ist aus solider Ziegelmauerung aufgeführt und mit Bruchsteinen umgeben, damit er durch die Gluth nicht Schaden leidet. Er ist circa 7 Meter lang und im Lichten je circa $1\frac{1}{2}$ Meter hoch und breit. Kniesförmig im rechten Winkel geht er in die Höhe und mündet in die Rauchkammer. Diese besteht aus Holz oder Steinen, ist circa 5 Meter im Geviert und 3—4 Meter hoch. Wände und Boden müssen ausgetäfelt oder sehr glatt mit Gyps oder Cement bekleidet sein.

An einer Seite befindet sich eine völlig dicht schließende Thür, und an der Decke eine circa 3 Meter im Geviert große Oeffnung, über welche ein $2\frac{1}{2}$—3 Meter hoher kegelförmiger Sack aus starker, doch sehr lockerer Leinwand oder Flanell befestigt ist. Das spitze Ende des Sacks ist an den Kehlbalken des Rußhauses aufgehängt, so daß man ihn stärker oder schlaffer spannen kann.

Vor dem Beginn des Rußbrennens wird der Kanal durch ein Feuer aus völlig trockenem Kienholz angewärmt. Dann bringt man grob zerstoßenen, mit Oelabfällen gesättigten Coaks auf den Herd und zündet an. Das nahezu abgebrannte Material wird durch neues ersetzt, so lange die Operation dauern soll, die gewöhnlich circa 12 Stunden beträgt, worauf man den Ofen erkalten läßt. Die angesammelten Schlacken werden durch ein eisernes Schüreisen entfernt.

Zu beachten ist bei dem Rußbrennen, daß das Feuer nur bei unvollkommenem Luftzutritt brennen, nur schwelen darf, was durch einen Schieber regulirt wird; dann, daß der Rauch nicht nach Außen treten darf, was ein Anzeichen ist, daß der oben erwähnte Sack mit Ruß dicht bedeckt ist und die Poren des Gewebes verstopft sind. Der Rußschweler muß daher von Zeit zu Zeit gelinde auf den Sack klopfen, damit der Ruß in die Kammer fällt.

Nach dem Erkalten des Ofens wird die Thür der Rauchkammer geöffnet und der am Boden liegende, aus dem Sack herabgefallene Ruß mit einem reinen Besen separat herausgekehrt, worauf der an den Wänden und am Ende des Kanals hängende Ruß gesammelt wird.

Zur Buchdruckfarbe sollte nur der zuerst vom Boden ausgekehrte Ruß verwendet werden. Es ist jedoch fraglich, ob die Herren Fabrikanten es so genau damit nehmen.

Aus Steinkohlentheer gebrannter Ruß ist zwar tief sammetschwarz, aber auch viel schwerer. Man mengt daher gewöhnlich den Theer mit Ast- und Knorrenstücken von Kienholz, so daß die beiden Rußsorten sich ausgleichen.

Wie der Ruß aus dem Ofen kommt, ist er noch nicht rein und verwendbar. Er muß von den Nebenproducten befreit werden, was durch Ausglühen oder Calciniren geschieht, in Röhren von Gußeisen oder starkem Eisenblech. Wird diese Procedur mehrmals wiederholt, so wird der Ruß immer besser und feiner und bildet dann als ein-, zwei-, dreimal calcinirter Ruß verschiedene Sorten. Er verliert dabei allerdings ein Zehntheil bis ein Drittheil an Gewicht, erfüllt aber auch alle Anforderungen, die man an guten Ruß stellen kann: er schwimmt auf dem Wasser und hat eine fette, rein tiefschwarze Farbe.

Der feinste Ruß ist der Lampenruß. Er wird vermittelst Oellampen in einer den Luftzutritt hemmenden Vorrichtung erzeugt, gegen deren mit Wasser kalt gehaltenen Deckel die Flamme schlägt und daran den Ruß absetzt.

Der technische Chemiker Ed. Schlamp in Nierstein a. Rh. theilt mit, daß die bei der Weinsteinfabrikation aus Weinhefen abgearbeitete Hefe nach dem Trocknen nicht nur ein gutes Leuchtgas liefert, sondern daß auch die hiernach hinterbleibende Kohle eine vorzügliche Buchdruckschwärze giebt. Aus 300—350 Kilogramm Hefe werden je nach ihrer Güte 50 Kilogramm Kohlen gewonnen, die sogleich nach ihrer Abkühlung an Schwärzefabrikanten verkäuflich sind.

Um die Buchdruckfarbe herzustellen, muß, wie wir schon zu Eingang dieses Capitels erwähnten, der Ruß mit Firniß in Verbindung treten.

Der Firniß wird hergestellt, indem man altes Leinöl in Gefäßen mit festschließenden Deckeln so lange kocht, bis dasselbe die Consistenz des Syrups angenommen hat. Durch das Kochen werden die Schleimtheile niedergeschlagen, durch welche die Farbe nicht trocknen und außerdem schmieren würde. Anfangs läßt man den halbgefüllten Kessel offen, bis das in dem Oele enthaltene Wasser verdampft ist. Erst wenn die Oberfläche des Oels völlig schaumfrei ist, wird der Deckel fest aufgelegt und weiter gleichmäßige Hitze gegeben.

Diese Procedur, welche die Buchdrucker, wie erwähnt, im Freien vornahmen, wird jetzt in den Fabriken auch in einem passend angelegten Raum bewerkstelligt.

Zunächst unterscheidet man jetzt Farben mit einfach, doppelt oder dreifach calcinirtem Ruß; den feinsten Sorten wird noch ein wenig Lampenruß beigemischt.

Es giebt aber auch noch andere Mittel, um die Farbe in den verschiedensten Qualitäten herzustellen, und man bemißt die Feinheit der Farbe jetzt nicht allein nach dem darin enthaltenen
Ruß, sondern mehr darnach, wie oft dieselbe bei der Fabrikation durch die immer enger gestellten
Reibwalzen der Farbenreibmaschinen gegangen ist.   Dieses sehr wichtigen Hülfsmittels entbehrte
der Buchdrucker seiner Zeit ganz.

Die Fabriken stellen dem Buchdrucker eine große Anzahl von Farbensorten für Presse und
Maschine zur Verfügung. Die Preise derselben variiren von 18—300 Thlr. pro 50 Kilogramm,
ja man hat sogar solche bis zu 500 Thlr. fabricirt. Der Werth einer solchen Farbe dürfte
schon mehr ein eingebildeter sein, denn jeder Buchdrucker wird wohl die Erfahrung gemacht
haben, daß eine Farbe zu 80 Thlr. oft besser aussieht, wie eine solche, welche das Doppelte und
mehr als das Doppelte gekostet hat.

Die verschiedenen Feinheitsgrade kann man wiederum in verschiedener Stärke erhalten und zwar
schwach, mittelstark und stark. Für Pressendruck kann man mittelstarke und starke Farben
benutzen, während man, wie wir später sehen werden, aus gewissen Gründen für die Maschinen
meist schwache und mittelstarke, selten und nur unter gewissen Bedingungen stärkere Farben
benutzt.

Vor Allem hat man besonders bei besseren Drucksachen darauf zu achten, daß die Farbe
gut deckt, d. h. es muß schon eine geringe Menge der auf dem Farbetisch ausgestrichenen
Farbe genügen, um die Walze beim Einreiben mit einer feinen Schicht völlig zu überziehen, und
dann der Druck tief schwarz und rein erscheinen. Auch muß die Farbe auf dem gedruckten
Papier schnell trocknen, damit sie beim Wiederdruck, oder beim Glätten und Falzen nicht
abschmiert. Obwohl stets empfohlen werden kann, statt der geringeren Farben lieber eine feinere
zu wählen, da sich mit letzterer viel leichter ein besserer Druck erzielen läßt, auch der Verbrauch
ein weit geringerer ist, eben, weil sie leichter deckt, so kann man doch annehmen, daß zu mittel-
mäßigen Arbeiten eine Farbe zum Preise von 24 bis 30 Thlr. pro Centner genügt, während
zu besseren Arbeiten eine Farbe zu 50—60 Thlr., zu Prachtwerken eine solche zu 80 Thlr., für
Glacécartondruck und dergleichen aber eine solche für 100—300 Thlr. pro Centner zu wählen ist.

Die Versendung der Farbe geschieht in Fässern oder Blechbüchsen von verschiedener Größe.
Die Fässer werden meist nur für Quantitäten von 12 Kilogramm an benutzt, während man kleinere
Quantitäten und besonders solche von feinen Farben in Büchsen erhält. Um die Fässer zu
öffnen, wird ein Nagelbohrer in den Deckel gebohrt, oder auch einfach ein Nagel eingeschlagen,
die oberste Reihe der Reifen etwas gelockert und dann der Deckel mittelst des Nagels herausgehoben. Doch vergesse man nicht, die gelockerten Reifen wieder fest anzutreiben, damit keine Farbe
zwischen die Faßdauben bringen kann. Der Deckel mit Nagel wird wieder aufs Faß gelegt und
bei Bedarf mit einem Farbeisen oder Spachtel etwas Farbe herausgenommen. Man stelle die
Farbe an einen kühlen, oder wenigstens nicht von der Sonne beschienenen Ort, in strengen
Winter aber darf sie nicht in kalten Räumen stehen, oder man muß sie dann kurz vor dem
Gebrauch an eine wärmere Stelle bringen. Bei feineren, ganz starken Farben, besonders wenn
sie nicht so oft gebraucht werden, bildet sich leicht eine zähe Haut auf der Oberfläche im Gefäße;

man kann dies dadurch in etwas verhindern, daß man mitunter frisches Wasser, besser aber dünnen Firniß aufgießt.

Ueber bunte Farben wird unter „Buntdruck“ ausführliche Mittheilung erfolgen.

Fassen wir nun die Anforderungen, welche der Buchdrucker an eine schwarze Pressen- wie an eine Maschinenfarbe zu stellen hat, etwas specieller ins Auge.

Die Farbe, welche man zum Drucken auf der Schnellpresse benutzt, unterscheidet sich, wie erwähnt, von der Handpressenfarbe durch geringere Stärke und zwar deshalb, weil sie durch einen complicirten Mechanismus der Schnellpresse zur Verarbeitung kommt und diesem angemessen flüssig sein muß, wenn eine saubere und gleichmäßige Färbung erreicht werden soll. Im Uebrigen aber gilt das über die Güte und Brauchbarkeit der Maschinenfarben nachstehend Angeführte eben so gut auch von den Handpressenfarben.

Wie aus der später folgenden Beschreibung des Farbekastens der Maschine hervorgeht, wird eine größere oder weniger große Menge Farbe der Form durch das Ab- und Anstellen des sogenannten Farbemessers oder Farbelineals zugeführt. Hat man nun eine zu starke Farbe im Farbekasten, so wird dieselbe, besonders wenn man keine sehr schwarz zu haltende Form in der Maschine druckt, demnach das Messer näher an den Ductor anzustellen hat, diesem nicht die gehörige Menge Farbe zuführen können, da die starke Farbe zu wenig geschmeidig ist und nicht angemessen der Stellung des Lineals den Ductor überzieht. Man hat sonach stets darauf zu achten, daß eine geschmeidige Farbe von nicht zu großer Consistenz verarbeitet werde und daß ihre Güte derjenigen der Arbeit angemessen sei, zu welcher sie verwendet wird.

Sehr wesentlich in Betracht kommt bei der Wahl der Farbe auch die Frage, ob man die Maschinen mit der Hand oder mittelst eines Motor treiben läßt. Bei Handbetrieb würde die starke Farbe derart hemmen, daß man nur mit größter Anstrengung, meist unter Inhülsenahme eines zweiten Drehers drucken kann, während bei der anderen Art des Betriebes natürlich ein solches Hemmniß weniger in Betracht kommt, die Verreibung und Vertheilung vielmehr ohne so große Schwierigkeit von Statten geht.

Die Güte einer Farbe ist nicht nur durch die Feinheit des Rußes bedingt, der zu ihrer Fabrikation benutzt wurde, sondern auch durch die Menge desselben. Eine Farbe, deren zweiter Hauptbestandtheil, der Firniß, nicht genug mit Ruß gesättigt ist, wird immer nur ein graues, todtes Ansehen zeigen, während eine zu stark mit Ruß versetzte Farbe zwar schwarz, aber nie rein druckt und keinen Glanz zeigt.

Der zur Fabrikation verwandte Firniß muß gerade die rechte Stärke haben. Für feine Maschinenfarben wird der sogenannte mittelstarke der geeignetste sein, da er immer noch denjenigen Grad von Flüssigkeit und Geschmeidigkeit besitzt, welchen eine gute Farbe haben muß.

Ein weiterer Bestandtheil der Farbe ist neuerdings häufig der Zusatz an Harzen; dieser Zusatz ist bedingt durch die Anforderungen, welche die Zeit in Bezug auf schnelle Lieferung an den Buchdrucker stellt. Ein großer Theil der Werke, Zeitschriften und Accidenzien, welche heutzutage gedruckt werden, soll schnell zur Ablieferung gelangen, es ist also oft nicht viel Zeit zum Trocknen der Drucke vorhanden, das früher übliche Aufhängen derselben kann also meist nicht bewerkstelligt werden; damit nun ein Verschmieren des Gedruckten nicht so leicht möglich, wird der Farbe, wie wir bereits früher erwähnten, eine größere oder geringere Menge Trockenstoff (Colophonium x.) zugesetzt, der denn auch die Farbe fast augenblicklich trocken und die Drucke verwendbar werden läßt.

Dieser Zusatz macht es allerdings hauptsächlich, daß der Buchdrucker unserer Zeit wohl mehr mit Uebelständen zu kämpfen hat, welche von der Farbe herrühren, wie der Buchdrucker früherer Zeiten, dem solcher Zusatz an Harzen vielleicht kaum bekannt war.

Ist zu wenig derartiger Trockenstoff in einer Farbe enthalten, so erfüllt er seinen Zweck nicht, oder doch nur unvollkommen; ist zu viel darin enthalten, so macht er die Farbe zu stark und ungeschmeidig und zieht dann die Uebelstände nach sich, welche vorstehend erwähnt wurden.

Diese sind es jedoch nicht allein; der zu reichliche Zusatz an Trockenstoff macht die Farbe schmierig und unrein, verursacht auch ein Trocknen derselben auf den Farbcylindern und auf den Walzen, so daß man diese sehr häufig sämmtlich reinigen muß, will man rein und sauber drucken. Fast jedesmal, wenn die Maschine des Zurichtens wegen längere Zeit steht, wird die Farbe aufgetrocknet sein, sobald man zum Fortdrucken schreiten will.

In einem sehr warm gelegenen oder gar durch die Nähe einer Dampfkesselanlage stärker erwärmten Local trocknet selbstverständlich die Farbe viel leichter wie in einem kühler gelegenen, es muß deshalb also auch diesem Umstande bei der Wahl der Farbe Rechnung getragen werden, will man nicht durch das häufiger nöthige Reinigen der Walzen und des Farbeapparates unnütz die Zeit verschwenden.

Die in Deutschland am meisten zur Verwendung kommenden Farben sind die der Fabriken von Hostmann in Celle, Jänide & Schneemann in Hannover, Schramm & Hörner und Christoph Schramm in Offenbach, Gleitsmann in Dresden, Gysae in Oberlößnitz bei Dresden, Frey & Sening und Emil Berger in Leipzig.

Jede dieser Fabriken hat ihre Liebhaber, jede derselben liefert gute, mitunter aber auch weniger gute Farbe, es wäre deshalb unrecht, wollte man einige davon besonders empfehlen.

Ein Krebsschaden unserer Zeit mag bei dieser Gelegenheit erwähnt werden; es ist dies das sogenannte Schmieren der Maschinenmeister durch die Reisenden mancher Farbenfabriken, ein Manöver, das den Principal ganz ohnmächtig gegenüber seinem Maschinenmeister macht, denn die beste Farbe einer Fabrik, die keine Procente an die betreffenden Herren zahlt, ist nichts werth, wenn derselbe die Absicht hat, sie herabzusetzen. Der Principal aber muß bei dem jetzt herrschenden Mangel an tüchtigen Maschinenmeistern meist gute Miene zum bösen Spiel machen, den Herrn Maschinenmeister seine Farben wählen lassen und froh sein, wenn man derselbe mit der selbst gewählten wenigstens gut druckt.

Schließlich sei noch eine in Wild's practischem Rathgeber (Frankfurt a. M., J. D. Sauerländers Verlag) enthaltene Angabe über die Prüfung der Buchdruckerschwärze hier mit abgedruckt. Es heißt dort:

„Ob eine Schwärze fein gerieben sei, macht sich schon aus dem Aeußeren derselben bemerkbar, eine grob geriebene zeigt beim Ueberstreichen mit einem Messer oder Spachtel eine körnige Fläche.

Mischt man der Druckfarbe etwas Terpentin zu, trägt sie dick auf ein weißes Papier und setzt sie etwas der Wärme aus, so zieht solche schon nach einigen Minuten einen Rand. Ist dieser farblos, so kann man daraus auf die Güte des darin enthaltenen Rußes schließen; je mehr eine dunkle Färbung stattfindet, ist der Ruß ungenügend calcinirt. Der ordinäre Kienruß zieht einen braunen, sepiafarbigen Rand.

Ein gut calcinirter Ruß muß die Eigenschaft haben, daß ein einziger Gran eine Fläche von mindestens 50 Quadratzoll deckt, wenn man ihn, mit Gummi und Wasser angerieben, gleichförmig mit einem feinen Haarpinsel auf Papier streicht. Ein Ruß, der diese Eigenschaft nicht zeigt, hat gewöhnlich während des Brennens durch Zutritt atmosphärischer Luft gelitten, oder er ist von einer schlechten Gattung, z. B. Steinkohlenruß, oder durch Holzkohlenpulver, Mineralschwarz u. dergl. verfälscht. Von einem guten calcinirten Ruß in eben angeführter Ergiebigkeit enthalten 100 Theile Druckschwärze 25 Theile desselben. Ein geringerer Gehalt an Ruß genügt gewiß nur wenigen Druckereien, da es darauf ankommt, so wenig als möglich Schwärze aufzutragen und doch einen vollkommen satten Druck zu erzielen; ist das Verhältniß des Rußes zum Firniß zu gering, fällt der Druck grau aus, oder trägt man zu viel Farbe auf, so schmieren die Typen.

Will man die Güte des Rußes und den Gehalt desselben in einer Druckfarbe ausmitteln, so wiegt man z. B. 100 Gran davon in einem Glasbecher ab, setzt mindestens das Zehnfache an Gewicht reinsten Terpentinöls hinzu und gießt, wenn eine vollkommene Mischung geschehen, das Ganze auf ein tarirtes Papierfilter. Man wäscht mit Terpentinöl nach, läßt das Filter ablaufen und süßt schließlich mit möglichst wasserfreiem Alkohol aus. Nach dem Trocknen des Filtrums wägt man dasselbe und wird nun in dem Mehrgewicht die Menge des in der Druckerschwärze enthaltenen Rußes finden.

Um die Ergiebigkeit dieses Rußes zu prüfen, wiegt man davon 1 Gran ab, bringt ihn auf eine mattgeschliffene Glastafel mit 2 Gran pulverisirtem Gummi arabicum zusammen, reibt die Mischung unter allmähligem Zusatz von 24 Tropfen Wasser, spachtelt zusammen und überstreicht damit eine Fläche von 50 Quadratzoll, wozu man sich eines feinen Haarpinsels bedient. Ein Ruß, welcher eine solche Fläche nicht in einer Intensität deckt, wie sie der vollste Druck nachweist, müßte, außer der Eigenschaft einer großen Zartheit und Leichtigkeit, in größerer Menge in der Druckschwärze enthalten sein.

Bringt man das Schwarz von dem Filter in einen blechernen Löffel und setzt es darin dem freien Feuer aus, so wird der Ruß bald verbrennen, das sogenannte Mineralschwarz dagegen, welches nicht selten der Druckschwärze zugesetzt wird, als röthlich gefärbte thonhaltige Erde zurückbleiben.

Die Vermischung mit Knochenschwarz, Frankfurter Schwarz ist darum weniger zulässig, weil diese Farbstoffe "ein äußerst schwieriges Feinmahlen der Schwärze bewirken."

Papier.

Das hauptsächlichste Verbrauchsmaterial des Buchdruckers, das Papier, ist schon nach Qualität so überaus verschieden, daß man füglich wünschen und erwarten könnte, wenigstens in Bezug auf die gebräuchlichsten Größen desselben einen bestimmten Anhalt, ein einheitliches Format: system zu haben, wie dies z. B. in Frankreich und England der Fall ist. Leider war das bisher in Deutschland nicht so, denn bei uns waren und sind noch jetzt die Papiergrößen und die Benennungen derselben von einander oft sehr abweichend. Wie unbequem und oft nach: theilig dies für die Besteller ist, braucht wohl nicht weiter erörtert zu werden.

Wie man aus dem Bericht über die Versammlung des Vereins der deutschen Papier: fabrikanten, welcher am 29. Mai 1874 in Dresden tagte, ersieht, sind wenigstens einige Aus: sichten vorhanden, auch in dieser Hinsicht eine Einheit und Gleichmäßigkeit herbeigeführt zu sehen.

Die Bestimmungen, welche in dieser Versammlung getroffen worden, sind im Wesentlichen folgende:

1) In Zukunft, spätestens vom 1. Januar 1875 ab, rechnen die Deutschen Papierfabrikanten nach Kilogramm und Neupfennigen.

2) Die Gewichtsaufgabe pro Rieß kann nicht in kleineren Bruchtheilen als 0,25 Kilo: gramm und ebenso die Formataufgabe nur in ganzen oder halben Ctm. angenommen werden, in anderen Maßsystemen erfolgende Formataufgaben werden in Metermaß umgesetzt und dabei auf ganze, resp. halbe Ctm. abgerundet.

3) Als Maximalgewicht für Carton sind 125 Kilogramm, pro ☐Meter im Rieß, als Minimalgewichte sind:

a) für Post=, Schreib=, Concept= und Druckpapiere 25 Kilogramm pro ☐ Meter im Rieß,

b) für Affichenpapier 15 Kilogramm, pro ☐ Meter im Rieß,

c) für Packpapier 30 Kilogramm, pro ☐ Meter im Rieß, einzuhalten.

Bei Aufgaben in niedrigeren Gewichten wird in der Regel der Rießberechnung das Minimalgewicht zu Grunde gelegt oder der Preis pro Kilo entsprechend erhöht.

4) Das Minimalquantum der Aufgabe einer extra anzufertigenden Sorte muß in gleichem Stoffe, Formate und Farbe die 12stündige Production einer Papiermaschine (ca. 1000 Kilogramm) betragen. Anfertigungen in kleineren Quantitäten werden nur gegen entsprechende Preiserhöhung vorgenommen.

5) Bei Post= und anderen extra beschnittenen Papieren kommen die Gewichte der unbe: schnittenen Papiere zur Berechnung.

6) Retiré oder II. Auswahl wird mit 10 Procent, Ausschuß oder III. Wahl mit 15 Procent vergütet.

7) Bei allen Papieren von normaler Stärke, außer Packpapieren, darf ein Minder= oder Uebergewicht von 2½ Procent keinen Anlaß zu Beanstandungen geben. Bei Packpapieren muß ein Gewichtsspielraum von 4 Procent nach oben und unten vorbehalten werden.

8) Gerippte Papiere und Papiere mit Wasserzeichen werden nur gegen eine Preiserhöhung bis zu 10 Procent angefertigt.

9) Die Emballage wird berechnet, wenn nicht Brutto für Netto verkauft ist.

10) Die Preise verstehen sich, wenn Anderes nicht abgemacht ist, ab Fabrik Ziel 3 Monate vom Tage der Factura ab, oder per Cassa mit Sconto bis 2 Procent.

Folgende Zusammenstellung der in Deutschland gegenwärtig noch gebräuchlichsten Papiergrößen und deren Benennungen kann als Richtschnur gelten, obwohl in den jetzt noch gangbaren, theilweis nach altem Zollmaß gefertigten Papieren sehr verschiedenartige Abweichungen von den hier angegebenen Größen vorkommen.

Klein Propatria	21 : 34	Ctm.
Klein Doppel-Propatria . . .	42 : 68 bis 46 : 72	Ctm.
Register	39 : 49	Ctm.
Doppel-Register	52 : 78	„
Median (groß Octav)	44 : 56	„
Groß-Median	47 : 60	„
Klein-Doppel-Median . . .	55 : 84	„
Doppel-Median	56 : 91	„
Colombier	63 : 85	„
Emoisin	46 : 63	„
Klein-Royal	50 : 69	„
Royal	55 : 70	„
Imperial	60 : 80	„

Noch größere Formate nennt man dann **Doppel-Royal** (Klein Elephant), **Doppel-Imperial** (Groß Elephant) und diese steigen zu 68 — 75 Ctm. Höhe und 100 — 111 Ctm. Breite*).

*) Nach Karmarsch Mittheilungen über Papiergrößen ɾc. gab es in Deutschland (vor 1870) hauptsächlich folgende Papierformate und Benennungen derselben:

Pandectenpapier	Größe	11 : 15 1/4	hannöv. Zoll	=	circa	27 : 37	Ctm.
Klein Format	„	13—15 1/4 : 16 1/2—17 3/4	„	=	„	32—37 : 40—42	„
Propatria (Tilasterial)	„	15 1/4 : 18 1/2	„	=	„	37 : 45	„
Mittel Register	„	15 3/4 : 19 1/2	„	=	„	38 : 47 1/2	„
Schmal Register	„	16 1/4 : 20	„	=	„	39 : 49	„
Klein Median (Register)	„	16 1/2 : 21	„	=	„	40 : 51 1/2	„
Schmal Median	„	17 1/4 : 21 3/4	„	=	„	42 : 53 1/2	„
Mittel Median	„	18 1/4 : 22 1/4	„	=	„	44 : 55	„
Groß Median	„	18 1/4 : 23 3/4	„	=	„	44 : 57	„
Lexiconformat (Emoisin)	„	19 : 24 1/4	„	=	„	46 1/2 : 58	„
Klein Royal (Regal)	„	20 : 25 1/2	„	=	„	49 : 63	„
Mittel „ „	„	20 1/2 : 27	„	=	„	50 : 67	„
Super „ „	„	20 : 28 1/2	„	=	„	49 : 70	„
Groß „ „	„	21 3/4 : 30 1/2	„	=	„	53 1/2 : 74	„
Imperial	„	22 3/4 : 31 1/2	„		„	56 : 77	„
Colombier	„	24 1/4 : 33 3/4	„	=	„	61 : 82	„
Klein Elephant	„	26 : 37	„	=	„	64 : 92	„
Groß Elephant	„	27 3/4 : 42 1/4	„	=	„	68 : 108 1/2	„

Hoffen wir, daß diese Formate in Zukunft, wenigstens für das Lager, von allen Fabriken in gleicher Größe angefertigt werden. An Vorstellungen fehlt es deshalb nicht und ist es besonders der „Deutsch-Oesterreichische Buchdrucker-Verein und der Factoren-Verein zu Wien", welche sich gegenwärtig in anerkennenswerthester Weise darum bemühen, die Oesterreichischen Papierfabrikanten nicht nur zur Einführung gleichmäßiger Formate, sondern auch Stoffe und Gewichte für die Lagersorten zu veranlassen.*)

Die Franzosen besitzen, wie bereits erwähnt, schon lange einen bestimmten Maßstab für die verschiedenen Papierformate. In „Lefevre: Guide Pratique du Compositour d'Imprimerie" finden wir sie, wie folgt verzeichnet:

Grand aigle . . 68 : 103 Centimeter.	Coquille . . . 41,3 : 54 Centimeter.
Colombier . . . 63 : 86 „	Écu . . . . 40 : 52 „
Jésus . . . . 55 : 70 „	Couronne . . 36 : 46 „
Raisin . . . . 49 : 64 „	Tellière . . . 33 : 43 „
Cavalier . . . 46 : 60 „	Pot . . . . 31 : 39 „
Carré . . . 45 : 56 „	Chine . . . 70 : 130 „

Für den Buchdruckereigebrauch sind beim Papier ferner noch eine Masse von Unterschieden in Bezug auf Fabrikationsweise, Stoff, Leimung, Qualität u. dergl. zu berücksichtigen.

Zunächst kann man, seiner Herstellung gemäß, das Papier in Büttenpapier und Maschinenpapier eintheilen. Das Büttenpapier wird noch jetzt zuweilen auf alte Manier in den sogenannten Papiermühlen gefertigt. Da hierbei die flüssige, in einer hölzernen Bütte befindliche Papiermasse durch Handarbeit auf die Papierform geschöpft wird, so nennt man diese Sorte auch geschöpftes Papier. Doch kommt es jetzt sowohl als Druck-, wie als Schreib- und Zeichenpapier in Buchdruckereien nur noch so selten in Gebrauch, daß eine weitere Erwähnung desselben überflüssig erscheint.

Das Maschinenpapier dagegen wird seit fast 75 Jahren in besonderen Papierfabriken hergestellt und bei den Fortschritten, die seitdem in der Papierfabrikation gemacht worden sind, bleibt es immerhin zu verwundern, daß die Büttenpapiere geringerer Qualität noch nicht ganz verdrängt sind.

Seiner Bestimmung entsprechend, theilt man ferner die Papiere hauptsächlich in Druckpapier und Schreibpapier. Während ersteres meistens zum Druck von Büchern und Zeitungen gebraucht wird, findet auch letzteres in Buchdruckereien eine ganz bedeutende Verwendung zu Accidenzien der mannigfaltigsten Art, mitunter auch zu Werken.

Vom Druckpapier giebt es wieder zwei Hauptsorten: ungeleimtes und halbgeleimtes. Beide Sorten werden von der geringsten bis zur feinsten Qualität angefertigt. Neuerdings findet das halbgeleimte Druckpapier infolge des Schnellpressendruckes größere Verwendung als das ungeleimte.

---

*) Wenn wir an dieser Stelle des Vorgehens der genannten Vereine gedenken, so geschieht dies in der Hoffnung, daß dasselbe von Erfolg sein und auch auf die deutschen Fabriken einwirken wird, wir diesen Corporationen demnach für alle Zeit zu Dank verpflichtet sind.

Um halbgeleimtes Papier herzustellen, d. h. Papier halb zu leimen, bedient sich der Fabrikant des Harzes und der schwefelsauren Thonerde als Bindemittel, und zwar wird dem Stoffe in nassem Zustande, noch ehe er die Maschine passirt, nur die Hälfte der zu ganzgeleimten Papieren nöthigen Quantitäten dieser Bindemittel beigefügt.

Ungeleimtes Druckpapier saugt begierig die Flüssigkeit ein, halbgeleimtes Druckpapier läßt, wenn es mit der Zunge befeuchtet wird, langsam die Nässe eindringen.

Die geringeren Druckpapiere werden aus geringeren Hadern und geschliffenem Holzstoff, die mittelfeinen Papiere aus besseren Hadern, gebleichtem Strohstoff und Holzstoff, die feinen Papiere aus feinen Hadern, Strohstoff und Cellulose (chemisch gekochtes und gebleichtes Holz) oder auch, was jetzt wohl selten vorkommen mag, aus reinen Hadern hergestellt.

Kupferdruckpapier besteht aus den feinsten Hadern, ist in der Regel ungeleimt und nur in seltenen Fällen wird demselben ein kleiner Zusatz an Harz und schwefelsaurer Thonerde beigemengt.

Neuerdings wird das gewöhnliche Druckpapier, wie es aus der Papiermaschine kommt, gleich als endlose Rolle aufgewickelt, auf eigens dazu eingerichteten Schnellpressen zwischen die Feucht- und Druckcylinder geleitet und erst vor oder auch nach dem Druck von der Maschine selbst in einzelne Bogen geschnitten und dann ausgeführt (siehe unter „Schnellpressen").

Ganz geleimtes Papier nennt man **Schreibpapier**; es wird mit denselben Stoffen geleimt, wie vorstehend angegeben; zur Erzielung größerer Härte setzt man dem Stoffe in nassem Zustande ein geringes Quantum thierischen Leimes zu.

Von Schreibpapier gibt es wiederum diverse Sorten und zwar Concept in gelblicher, bläulicher und grauer Farbe und verschiedenen Qualitäten. Formate meist Propatria, Register, Median; neuerdings auch häufig in Doppelformat zu haben. Canzlei, in weißer Farbe und verschiedenen Qualitäten. Größere Schreibpapiersorten existiren sodann in den Formaten: klein Median, Median, Grandraisin, (46 : 58 Cmtr.), klein Royal, Subroyal (51 : 72 Cmtr.), Royal und Imperial. Wo vorstehend die Größen nicht angegeben, gilt die der Druckpapiere, doch finden sich auch hier wie dort Verschiedenheiten.

Ferner gibt es **Postpapier** in den verschiedensten Qualitäten, Stärken und Farben und in glatten, liniirten, gegatterten rc. Mustern. Format meist 46 : 59 Cmtr. In halben Bogen gefalzt und beschnitten nennt man es besonders Briefpapier (in Quart); ebenso in Viertel-bogen: Octavbriefpapier, (Octavpost-, Billetpapier). Die Postpapiere und besonders die englischen, zeichnen sich meist durch ihre vorzügliche Glätte aus.

Außer diesen Papiersorten kommen in Druckereien noch die sogenannten **Affichenpapiere** in großen Formaten, meist Doppelmedian, zur Verwendung. Es sind dies farbige, leicht oder kräftiger geleimte Papiere, die man in verschiedenen Qualitäten fabricirt.

Ferner gibt es **Umschlagpapiere**, gleichfalls farbige, geleimte Papiere, in verschiedenen Formaten und Qualitäten. Man fertigt sie auch durch Zusammenkleben (Cachiren) auf einer Seite weiß und auf der andern farbig an, doch nur in bester (stärkster) Qualität und benutzt diese Sorten nicht nur zu Umschlägen für bessere Werke, sondern verwendet sie auch zu billigen Adreßkarten, da sie immerhin eine ansehnliche Stärke haben.

Sehr häufig kommt auch das sogenannte **Cartonpapier** zur Verwendung; es ist dies ein gleichfalls meist durch Aufeinanderkleben mehrerer Bogen Schreibpapier erzeugtes starkes, fein satinirtes Papier (über Satiniren sehe man später). Format meist Grandraisin, doch existiren auch andere Größen; Stärke und Qualität gleichfalls verschieden. Die feinste, jetzt sehr beliebte Sorte, ist das sogenannte Bristol- oder Elfenbeincarton, ein Papier von ganz besonders schönem, festem Stoff und höchstem Glanz. Farbe gelblich oder weiß. Die Cartonpapiere existiren auch in bunt.

Eine andere Art Cartonpapier ist das sogenannte Glacé- oder Kreidecarton. Dieses Papier wird in den Glacépapierfabriken einseitig oder doppelseitig mit einem weißen oder farbigen, auch marmorartigen Kreidenüberzug (neuerdings wohl meist mit einem Ueberzug von Blei-, Zink- oder anderem Weiß) hergestellt und dann entweder matt oder polirt, also mit schönstem Glanz, in den Handel gebracht. Auch von diesem Papier gibt es die verschiedensten Qualitäten im Preise von 18 — 40 Thaler und darüber pro Ries. Glacépapier nennt man die mit einem solchen Ueberzuge versehenen Schreibpapiere, welche für Etiquetten und sonstige Arbeiten Verwendung finden; auch sie werden weiß und farbig (auch marmorirt), matt und polirt geliefert.

In Bezug auf bunte Papiere ist noch zu bemerken, daß diejenigen, bei welchen der Farbstoff gleich dem Papierstoff beigemischt ist und welche deshalb durchgängig auf beiden Seiten gleich farbig aussehen, auch naturfarbige Papiere genannt werden, während diejenigen bunten Papiere, welche erst nach der Fabrikation und doppelseitig oder nur auf einer Seite mit Farbe überstrichen sind, wie z. B. Glacépapier und Glacécarton, gewöhnlich die Bezeichnung gestrichene Papiere erhalten.

Zu erwähnen ist noch das **Rollenpapier** (sogenanntes Papier ohne Ende), in verschiedener Breite und von ganz beliebiger Länge und in diversen Stärken und Qualitäten; man benutzt es zu verschiedenen Zwecken, unter anderem auch zum Ueberziehen der Schnellpressencylinder und des Handpressen-Tympan.

Von den nach ihren Stoffen genannten Papieren, z. B. **Strohpapier**, **Hanfpapier** x., wird in Buchdruckereien fast nur das letztgenannte und zwar vorzüglich zum Druck von Cassenbillets, Actien, überhaupt von Werthpapieren verwendet. Dieses Papier wird, des darin meist anzubringenden Wasserzeichens wegen, fast noch immer geschöpft.

Alle übrigen Papiersorten, vielleicht nur noch mit Ausnahme des **Seidenpapieres**, welches sehr dünn, von verschiedener Größe, geleimt oder halbgeleimt, weiß oder bunt zu haben ist und mit Vortheil zum Zurichten der Druckformen (siehe später) gebraucht wird, bedürfen hier keiner besonderen Erwähnung.

Da die größeren Papierhandlungen ein sehr reichhaltiges Lager von Papieren aller Sorten, Qualitäten und Größen führen, so wird der Buchdrucker meist ohne Umstände seinen Bedarf angemessen befriedigen können.

Bei größerem Bedarf einer bestimmten erst anzufertigenden Sorte einigt man sich mit der Fabrik oder Handlung über Qualität und Gewicht des Papiers pro Ries. Ist dasselbe geliefert, so kann man sich mit Hülfe der bei der Bestellung gewählten Stoffprobe und durch Wiegen eines einzelnen Bogens auf der Papierwage überzeugen, ob die Lieferung dem getroffenen Abkommen gemäß ausgefallen. Die Papierwagen sind ähnlich construirt wie die Briefwagen; sie enthalten eine Gewichtsscala für Schreibpapier à 480 und Druckpapier à 500 Bogen, geben demnach genau das Gewicht eines Rieses an, wenn man einen Bogen des betreffenden Papiers darauf legt.

Um dem Leser eine Idee von der Fabrikation des Maschinenpapiers zu verschaffen, wollen wir noch eine Beschreibung der Herstellungsweise desselben folgen lassen.

Nachdem die zur Verarbeitung bestimmten Lumpen nach ihren Bestandtheilen (leinene, wollene, baumwollene) und nach ihren Farben sortirt worden sind, werden sie entweder durch Handarbeit oder vermittels einer Maschine, des sogenannten Lumpenschneiders in möglichst gleichmäßige Stücke geschnitten. Dem Zerschneiden folgt die trockene Reinigung durch das Sieben auf der Sieb= oder Staubmaschine oder auf dem Lumpenwolf, wodurch die lose an= hangenden Unreinigkeiten entfernt werden, worauf dann die Lumpen, um die fester daran haftenden Schmutztheile ebenfalls zu beseitigen, gewaschen werden; auch letztere Arbeit geschieht entweder durch Handarbeit oder mittels der Lumpenwaschmaschine.

Diese Reinigungsmethode genügt jedoch meist noch nicht; man schreitet deshalb neuerdings noch zum Kochen und Bleichen der Lumpen in großen eisernen oder kupfernen Kesseln unter Zusatz von Soda und Kalk. Die Einwirkung dieser Agentien veranlaßt zugleich eine Lockerung und Erweichung der einzelnen Fasern des Materials und ermöglicht so eine leichtere weitere Verarbeitung.

Nach dem Kochen folgt ein erneutes Waschen der Lumpen, worauf dann die Masse durch Zerschneiden oder Zerreißen mittels des sogenannten Holländers vollends zu einem Brei umge= arbeitet wird *).

Während die Lumpen im Holländer zu Brei verwandelt werden, setzt man die zur Leimung nöthigen Stoffe (siehe zu Eingang dieses Capitels) zu; bei farbigen Papieren wird auch der Farbenzusatz im Holländer beigemengt.

Der so hergestellte Brei ist nun zur Verarbeitung auf der Papiermaschine fertig und wird zu diesem Zweck in großen Reservoirs gesammelt, um daraus nach Bedarf entnommen zu werden.

Als Erfinder der zur Fabrikation des Papiers selbst dienenden Maschine ist Louis Robert, seiner Zeit technischer Director in der Papiermühle in Essonne bei Paris, zu bezeichnen. Seine erste Maschine baute er um das Jahr 1799. In Deutschland wurde die erste Papiermaschine erst im Jahre 1819 von A. Keferstein in Weida im Großherzogthum Weimar gebaut und in Betrieb gesetzt. Seitdem ist dieselbe fortwährend verbessert worden, so daß sie jetzt mit der Accuratesse arbeitet, welche wir täglich anzuerkennen Gelegenheit haben.

---

*) Auf die Unterschiede zwischen dem in den Fabriken benutzten Halbzeug= und Ganzzeugholländer einzu= geben, halten wir an dieser Stelle für überflüssig. Früher benutzte man und benutzt wohl auch jetzt mitunter noch zu gleichem Zweck wie den Holländer das sogenannte Hammer= oder Stampfgeschirr. Die sich für Papierfabrikation interessirenden Leser verweisen wir zu genauerer Orientirung auf die existirenden Fachwerke, z. B. Ernemann, Handbuch der gesammten Papierfabrikation, Weimar, B. F. Voigt.

Zur besseren Veranschaulichung geben wir nachstehend die Abbildung und Beschreibung einer Papiermaschine.

A stellt ein großes Faß oder eine Bütte dar, in welcher der Papierbrei, das Ganzzeug, vorräthig gehalten wird. In derselben ist eine kreuzähnliche Vorrichtung angebracht, welche durch ihre Bewegung den Brei in fortwährender Aufregung erhält und dadurch verhindert, daß sich auf dem Boden des Fasses dichtere Breischichten absetzen. Das tiefer als diese Bütte stehende Faß B dient dazu, den in jener befindlichen und durch einen Hahn ausfließenden Papierbrei zu verdünnen; auch hier befindet sich ein Rührkreuz. Aus dem zweiten Fasse wird durch Pumpen die verdünnte Breimasse in dem Rohre C in die Höhe getrieben und entfließt nun aus der Oeffnung derselben in einen viereckigen Kasten a. In diesem befindet sich an der Frontseite ein querverlaufender Einschnitt; durch diesen gelangt der Brei in die eigentliche Papiermaschine. Eine zum Zwecke der Regulirung angebrachte Vorrichtung bewirkt, daß eine stets gleichmäßige Menge des ersteren aus

Fig. 44. Papiermaschine.

dem Einschnitt herausläuft und diese richtet sich wiederum nach der gewünschten Dicke des zu verfertigenden Papiers. Derjenige Theil der Maschine, welcher die Breimasse zuerst aufnimmt, heißt der Sandfang b. Dieser Name rührt daher, daß die Masse sich langsam auf demselben vertheilt und ruhig einherfließt; hierbei wird dem noch vorhandenen Schmutze, besonders dem Sande Gelegenheit gegeben, sich niederzuschlagen und zu Boden zu setzen. Von hier aus gelangt nun die gereinigte Masse in einen dritten Raum c; ehe dies jedoch geschieht, muß sie eine aus Messingstäbchen bestehende Vorrichtung passiren; diese letztere hat die Bestimmung, eine Gleichmäßigkeit in dem Durchflusse des Breis zu bewerkstelligen. Der Behälter c besitzt einen Boden, in welchem feine spaltartige Oeffnungen angebracht sind. Durch diese geht nun der Brei getheilt hindurch, indem die mechanischen Beimischungen, hauptsächlich etwa vorhandene Knoten, auf dem siebartigen Boden liegen bleiben. Dieser Umstand hat dem betreffenden Theil der Maschine die Bezeichnung „Knotenfang" beigelegt. Damit nun aber die Bodenöffnungen nicht so leicht verstopft werden, ist der Knotenfang beweglich und wird durch eine sogenannte Daumenwelle in fortwährender theils sinkender und steigender, theils hin- und herrüttelnder Bewegung erhalten. Nachdem nun der Brei auf solche Weise vollkommen gesäubert ist, fließt er der ganzen Breite der Maschine nach auf die breite Fläche d. Diese besteht aus einem dichten Maschenwerke von Messingdrähten und heißt demzufolge das Metalltuch. Es läuft auf einer großen Anzahl eng aneinander sich befindender dünner Walzen und ist, wie man zu sagen pflegt „ohne Ende"; d. h. nämlich, es läuft in sich selbst bei der Umdrehung wieder zurück, gerade so, wie es bei einem Treibriemen um zwei Räder der Fall ist. Die Bewegung des Metalltuches um die Walzen geschieht in horizontaler Richtung und ist langsam und vollkommen gleichmäßig. Zu beiden Seiten desselben ist ein Rand angebracht, damit die Papiermasse nicht abfließen kann; je nach der voneinander mehr oder weniger entfernten Anbringung dieser beiden Seitenränder wird die Breite des zu verfertigenden Papieres bestimmt. Auch sie sind „ohne Ende" und laufen, wie unsere Abbildung deutlich zeigt, über an den Seiten angebrachten Rollen e. Das Messingdrahtgewebe dieses Maschinenabschnittes läßt nun einen großen Theil des in dem Papierbrei enthaltenen Wassers durch seine Maschen hindurch laufen und auch bei der Umdrehung um die Walzen wird von diesen noch eine nicht unbeträchtliche Menge davon gleichsam herausgesaugt. Die Entfernung des Wassers und die ganz gleichmäßige Vertheilung der Breipartikelchen wird weiterhin noch begünstigt durch ein angebrachtes sogenanntes Schüttelwerk f, welches das Ganze in einer steten schüttelnden Bewegung erhält. Hat jetzt das theilweise entwässerte Papierzeug diesen Theil der Maschine durchlaufen, so zeigt sich schon mehr eine gleichmäßige Beschaffenheit der Schichten; die einzelnen Fasern sind gehörig miteinander verfilzt, liegen aber noch lose über- und nebeneinander und es fehlt jetzt zur Fertigmachung des Papieres nur noch die Pressung und das Trocknen. Die erstere beginnt schon auf dem Metalltuche, indem dasselbe mit der Papierschicht erst zwischen dem Walzenpaare g hindurchgeht und hier einem mäßigen Druck ausgesetzt wird; dieser ist schon stärker auf den folgenden Walzen h. Hat das Drahtgewebe mit dem feuchten Papiere diese letzteren durchlaufen, so trennen sich beide ersteren voneinander, das Drahtgewebe geht wieder zurück, das Papier hingegen schreitet weiter vor auf Filztuch i, welches über ein System von Walzen dahinläuft und ebenso wie das Metalltuch endlos ist. Den ganzen Vorgang bezeichnet man mit dem Ausdruck die Naßpresse. Daß sich an den Walzen, durch welche das feuchte Papier geht, Fasern anheften, ist einleuchtend. Zur Entfernung derselben ist der sogenannte Doctor angebracht, welcher dieselben abschabt, und durch zufließendes Wasser werden die Fasern endlich hinweggespült und unschädlich gemacht.

Nachdem nun das bald fertige Papier mit dem Filztuche k die ganze Reihe von Walzen durchlaufen hat, ist bereits ein erheblicher Grad von Trocknik eingetreten; diese wird noch vermehrt bei der Passirung des sogenannten Trockentuches l. Nun sind wir endlich bei der letzten Procedur angelangt, welche mit dem unfertigen Papier vorgenommen wird. Demselben hängt immer noch eine Menge Wasser an und um dies zu beseitigen, wird es über 3 hohle Cylinder m, n, o geleitet.

Diese sind mittels Dampf erhitzt und veranlassen somit das vollständige Verdampfen des anhaftenden Wassers. Das in dem Hohlcylinder niedergeschlagene Wasser wird durch Rohrleitungen aus demselben herausbefördert. Hat nun das jetzt fertige Papier auch diesen letzten

Weg zurückgelegt, so wird es auf eine Walze, den Haspel p, übergeführt. Dieser dient dazu, dasselbe auf sich aufzurollen.

Es dürfte zum Schluß dieses Capitels wohl angebracht sein, auch kurz die Art und Weise zu beschreiben, wie man Papier zählt, da besonders in kleinen Officinen oft von dem Drucker und Maschinenmeister verlangt wird, daß er das zu seinen Formen nöthige Papier zum Feuchten abzählt, oder aber das ihm übergebene Quantum nachzählt. Die Art und Weise nun, wie man Papier abzählt, soll die nachstehende Abbildung verdeutlichen.

Man legt den Papierstoß vor sich hin und faßt etwa soviel davon, wie ein Buch ausmacht, derart mit Daumen und Zeigefinger der rechten*) Hand, daß der Daumen auf der rechten oberen Ecke des untersten Bogens des gefaßten Papierquantums liegt, während der Zeigefinger

Fig. 63. Abzählen des Papiers.

auf dem oberen Bogen ruht. Haben beide Finger den Stoß fest gefaßt, so macht man mit der Hand eine Wendung nach dem Körper zu, dabei das gefaßte Ende nach unten drückend; infolge dessen bildet man mit dem Papier gleichsam einen Fächer, dessen einzelne Theile, die Bogen, frei liegen und sich so ganz bequem zählen lassen. Mit der linken Hand zählt man nun, wie unsere Abbildung zeigt, also mit dem Zeigefinger und dem Mittelfinger derart, daß der erstere mit dem zweiten abwechselnd, nach Bequemlichkeit und Fähigkeit des Zählenden je 2, 3 und mehr Bogen greift und dabei also 2, 4, 6, 8, oder 3, 6, 9, 12 :c. zählt, bis ein Buch abgezählt ist.**) Dieses Quantum wird auf ein Feucht- oder Papierbret (siehe nächstes Capitel)

---

*) Viele Drucker halten das Papier auch mit der linken und zählen mit der rechten Hand.

**) Ein geübter Papierzähler wird erklärlicher Weise einen weit größeren Fächer zu machen verstehen, wie solcher auf unserer Abbildung angedeutet ist. Es ist auch nicht gesagt, daß man nicht zwei Buch hintereinander zählen und zwei Buch verschränkt auf den Haufen legen kann.

gelegt und dann in gleicher Weise fortgefahren, bis man das zur Auflage erforderliche Quantum beisammen hat.

Damit man nun eine beffere Ueberficht über das Abgezählte gewinnt, wird jedes Buch verschränkt, d. h. die abgezählten Quantitäten von einem Buch werden nicht gleichmäßig aufeinander gelegt, sondern man legt eins um das andere um ein Stück, etwa einen Zoll zurück, so daß man leicht überfehen kann, wie viel Buch man abzählte.

Ist ein Ries beisammen, so wird, vorausgesetzt, daß die Auflage größer, ein Streifen Papier als Zeichen eingelegt und dann in gleicher Weise fortgefahren, bis das erforderliche Quantum abgezählt worden.

Da in den Fabriken meist die Riefe eines jeden Ballens durch ein Zeichen voneinander getrennt werden, so begnügt man sich in vielen Druckereien auch, volle Riefe, ohne sie weiter zu zählen, dem Ballen zu entnehmen und die Zeichen wieder in gleicher Weise zu benutzen. Man kann sich bei soliden Fabriken ziemlich sicher auf die volle und richtige Bogenzahl der Riefe verlassen.

Für jede Auflage wird der sogenannte Zuschuß gegeben, d. h. eine Anzahl Bogen über die Auflage, damit für den während des Druckes einer Form entstehenden Abgang an mangelhaften Drucken stets ausreichender Ersatz vorhanden ist. Man gibt für gewöhnlich auf jedes zu verdruckende Ries ¹⁄₂ Buch Zuschuß, oder aber auf das erfte Ries 1 Buch, auf jedes folgende ¹⁄₂ Buch. Bei ganz großen Auflagen kann eine Verringerung dieses Quantums eintreten, wenn das Arbeiterperfonal ein zuverlässiges ist. Bei complicirten Arbeiten, z. B. Buntdrucken und besonders solchen in mehreren Farben, ist es rathsam, den Zuschuß noch reichlicher zu bemessen, damit man sicher ist, nach Vollendung der Arbeit mindestens einige Bogen über die volle Auflage beisammen zu haben.

Utenfilien und Apparate zum Feuchten des Papiers.

Das Feuchten des Papiers wird hauptsächlich zu dem Zweck vorgenommen, dasselbe geschmeidiger und zur leichteren Annahme der Farbe gefügiger zu machen. Der Grad der Feuchtigkeit, welchen man dem Papier geben muß, darf nur ein leichter fein, da die zu weich gewordenen, also eines gewissen Haltes entbehrenden Bogen sich fehr schlecht einzeln dem Deckel der Preffe und dem Cylinder der Schnellpreffe zuführen lassen, auch andere Uebelstände beim Druck felbst herbeiführen würden.

Der Grad der zu gebenden Feuchtigkeit darf aber auch nicht immer der gleiche fein, man muß ihn vielmehr dem Papier und der Form anpassen. Ein geübter Drucker wird schon durch Anfühlen und Einreißen eines Bogens darüber ins Klare kommen, wie er beim Feuchten zu verfahren hat. Vor allen Dingen muß er berücksichtigen, ob er es mit geleimtem, halb-geleimtem oder mit ungeleimtem Papier zu thun hat. Das letztere, das ungeleimte, befitzt erklärlicher Weise mehr wie die anderen Sorten die Fähigkeit, Wasser aufzusaugen, es wird demselben aus diesem Grunde weit weniger Feuchtigkeit zugeführt werden müssen, wie jenem.

Man hat besonders bei Druckpapier noch zu untersuchen, ob dasselbe mehr oder weniger Zusatz an Holz und anderen Stoffen (siehe das vorhergehende Capitel) enthält; Papiere aus reinem Lumpenstoff, wie solche, welche nur eine geringere Beimischung anderer Surrogate haben, fühlen sich weit geschmeidiger an wie diejenigen Sorten, zu deren Fabrikation jene Surrogate in größeren Quantitäten verwendet wurden. Die letzteren wird man, weil spröder, unzweifelhaft feuchter halten müssen, wie die ersteren.

Auch die Beschaffenheit der Form ist für den Grad der Feuchtigkeit, welchen das Papier haben muß, maßgebend. Schriften und Platten, besonders Stereotypen von Schrift, verlangen, wenn sie schon länger in Gebrauch, demnach bereits an Schärfe verloren haben, zu ihrem Druck ein feuchteres Papier, wie neuere, noch scharfe Typen und Platten.

Ferner ist beim Feuchten maßgebend, ob das Papier später satinirt werden soll (siehe das nächste Capitel), oder ob es unsatinirt verdruckt wird. Zu satinirendes Papier kann einen geringeren Feuchtgrad haben, weil seine Oberfläche durch die Satinage eine glatte, und durch die gleichmäßige Vertheilung der Feuchtigkeit infolge der Pressung durch die Satinirmaschine auch eine geschmeidigere, die Annahme der Farbe leichter vermittelnde wird. Zu feuchtes Papier würde sich auch schlecht von den Satinirplatten abheben lassen.

Aus dem vorstehend Gesagten geht zur Genüge hervor, daß auch diese Arbeit des Druckers und Maschinenmeisters*) mit einer gewissen Sorgfalt und einem gewissen Verständniß ausgeführt werden muß, soll sie ihren Zweck vollkommen erfüllen. Während zu trockenes Papier, besonders wenn es, wie dies bei den unsatinirten Druckpapieren meist der Fall, nebenbei noch eine rauhe Oberfläche hat, die Farbe schlecht annimmt und demzufolge keinen sauberen gut gedeckten Druck gestattet, auch die Schrift schneller abnutzt, bringt zu feuchtes Papier gleichfalls den ersteren Uebelstand mit sich, denn auch die Feuchtigkeit verhindert die saubere Uebertragung der Farbe auf den Bogen, das Papier legt sich außerdem, wie bereits erwähnt, schlecht an, rupft, d. h. läßt Papierfasern fahren, die dann auf der Form sitzen bleiben und bringt sonach Störungen aller Art hervor.

Feuchtet man ungeleimtes wie halbgeleimtes Druckpapier, welches nicht satinirt werden soll, so wird man in den meisten Fällen das Rechte treffen, wenn man auf je eine gefeuchtete Lage von 25 Bogen die doppelte Quantität trocknes legt; man zieht also 1 Buch durch, legt 2 trockne darauf, feuchtet wiederum 1 Buch, legt 2 trockne darauf und fährt in gleicher Weise fort. Bei zu satinirendem Druckpapier kann man auf 1 Buch feuchtes etwa 3 Buch trocknes legen. Bei geleimtem Papier, welches, wie bereits erwähnt wurde, das Wasser nicht so leicht auffangt, bringe man auf 1 gefeuchtetes Buch nur 1 Buch trocknes. Hat man ganz starkes Schreibpapier zu feuchten, so wird man gut thun, jedes Buch durchzuziehen, also nichts trocken dazwischen zu bringen. Beim Feuchten sehr starken, spröden Papiers, besonders des Hanfpapiers, soll es von Vortheil sein, ein kleines Quantum Glycerin unter das Feuchtwasser zu mischen.

---

*) In großen Druckereien wird auch das Feuchten meist von einem eigens dafür Angestellten besorgt.

Eine bessere Regulirung des Feuchtgrades ist, wie wir später sehen werden, wenn überhaupt nöthig, noch beim sogenannten Umschlagen möglich zu machen.

Der Raum, in welchem man das Feuchten des Papiers vornimmt, muß stets staub- und schmutzrein erhalten und wenn irgend möglich mit cementirtem, asphaltirtem oder steinernem Fußboden versehen sein, da gedielter Boden leicht faulen würde. Hat man Wasserleitung zur Verfügung, so läßt man einen Hahn direct über der Feuchtwanne (siehe nachfolgend) anbringen; ein Abfluß für das Wasser aus der Wanne und ein zweiter für das an dem gefeuchteten Stoß ablaufende Wasser (siehe später) werden sich leicht anbringen lassen und wesentlich zur Bequemlichkeit beitragen.

Der hauptsächlichste Apparat zum Feuchten des Papiers ist die **Feuchtwanne** oder **Feuchtmulde.** Sie ist entweder aus verzinntem Kupferblech, Zinkblech oder von Holz mit Zinkauslage angefertigt, gewöhnlich 30—35 Cmtr. tief und im Umfange dem größten Papierformat angemessen, welches man zu feuchten hat. Oft auch dient eine einfache Waschwanne zu diesem Zweck. Die Wanne steht auf einem Bock oder einer Bank; diese **Feuchtbank** ist häufig derart verlängert, daß nicht nur die Wanne allein, sondern auch das gefeuchtete und ungefeuchtete Papier auf ihr Platz finden. Da sie, wenn in dieser Weise gebaut und für große Papierformate berechnet, eine ganz bedeutende Länge erhält, demnach nicht überall zu placiren ist, so begnügt man sich meist mit 3 kleinen Bänken oder Böcken, die man sich dann nach Erforderniß stellt und auf deren mittelstem man die Wanne, links das zu feuchtende, rechts das gefeuchtete Papier auf **Feuchtbretern***) placirt. Die zur Aufnahme des gefeuchteten Papiers bestimmte Bank kann oben mit 5—6 Cmtr. überstehenden Leisten und auf ihrer Oberfläche mit eingehobelten Rinnen versehen sein, die, nach der Seite in einer Oeffnung zusammenlaufend, das Wasser dem Abflußrohre zuführen.

Ferner dienen zum Feuchten die sogenannten **Feuchtspähne,** das sind zwei einfache glatte dünne Holzleisten von etwa 1½ Cmtr. Breite.

Will man feuchten, so nimmt man von dem Stoß ungefeuchteten Papiers 1 Buch und legt es trocken auf das zur Aufnahme des gefeuchteten Papiers bestimmte Feuchtbret, ergreift dann eine zweite Lage, legt einen der Feuchtspähne auf das obere, einen zweiten auf das untere rechte Ende des Papiers, drückt mit Daumen und Zeigefinger der rechten Hand den Stoß in der Mitte fest zusammen, erfaßt in gleicher Weise mit der linken Hand das linke Ende in der Mitte und zieht nun, das rechte Ende gesenkt, das linke gehoben, das Papier in leichtem Bogen durch das Wasser, die fertige Lage dann rechts auf das Bret legend. Unsere Abbildung Fig. 46 wird diese beim Durchziehen erforderlichen Handgriffe verdeutlichen; das Durchziehen des Papiers erfolgt natürlich in vollkommen wagerechter Lage.

In ähnlicher Weise fährt man fort, stets bei Druckpapier eine Anzahl Bogen trocken dazwischen bringend, je nachdem das Papier es erfordert. Angaben darüber machten wir bereits vorstehend.

---

*) Das Feuchtbret ist ein einfaches, starkes, meist tannenes oder fichtenes Bret, welches unten, etwa 5—6 Cmtr. von den Seitenrändern ab, mit 5 Cmtr. hohen Trag leisten versehen ist.

Auf einen Umstand hat man jedoch beim Durchziehen zu achten; man findet nämlich häufig und besonders bei großen Papierformaten, daß sich das Wasser mehr nach dem Rande hinzieht und dieser demnach feuchter wird wie die Mitte der Lage. Da nun aber eine gleichmäßige Feuchtigkeit unbedingt erforderlich, so ist es rathsam, in solchen Fällen auf die Mitte der trocknen Lagen mittels einer Ruthe von geschältem, feinem Weiden- oder Birkenreisig oder einem Schwamm Wasser aufzuspritzen und so einen Ausgleich zu bewirken.

Viele Drucker lieben es überhaupt, das Papier ausschließlich durch Bespritzen mittels der in Wasser getauchten Ruthe zu feuchten oder aber je nach Erforderniß die Bogen ganz gleichmäßig mit einem Schwamm anzustreichen, ein Verfahren, welches besonders bei feinen Papiersorten zu empfehlen ist.

Fig. 44. Handgriff beim Feuchten des Papiers.

Wenn möglich setze man den gefeuchteten Papierstoß dem gelinden Druck einer Glättpresse (siehe später) oder sonstiger einfacher Schraubenpresse aus oder beschwere denselben, nach Ueber- decken mit einem Feuchtbret, durch Steine oder Gewichte. Besonders bei Papier, das man nach dem Feuchten schnell verdrucken will, ist die Anwendung eines kräftigeren Druckes, wie ihn eine Presse ermöglicht, rathsam, da die schnelle und gleichmäßige Vertheilung der Feuchtigkeit dadurch wesentlich befördert wird.

Es ist zu empfehlen, das Papier, wenn irgend möglich, 10—12 Stunden stehen zu lassen und dann zu noch besserer Erzielung eines gleichmäßigen Feuchtgrades das sogenannte Umschlagen vorzunehmen. Diese Manipulation besteht einfach in dem Umwenden der einzelnen Lagen, so daß also die Seite der Lage, welche beim Feuchten nach oben lag, nun nach unten zu liegen kommt. Findet man dabei, daß die Ränder des Papiers etwa trockner geworden sind, als die

Mitte, ſo ſtreicht man den ganzen Stoß mit einem Schwamm von Außen an; iſt die Mitte dagegen trockner, ſo kann auch beim Umſchlagen noch leicht mittels Schwamm oder Ruthe nachgeholfen werden.

Man hat beim Umſchlagen wohl darauf zu achten, daß alle Bogen glatt liegen und nicht etwa umgebogene Ecken, Falze oder ſonſtige Unregelmäßigkeiten zeigen, denn ſolche würden ſpäter

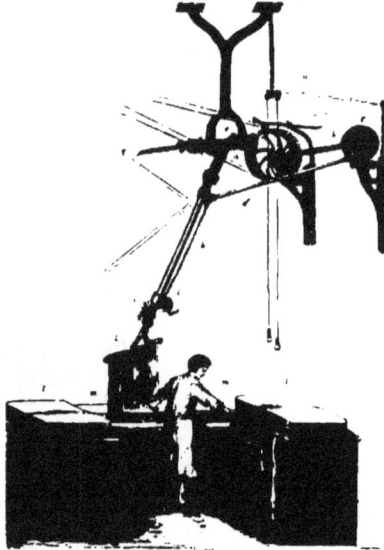

Fig. 47. Feuchtmaſchine von R. Tolmer in Paris.

beim Einlegen der Bogen zum Druck nur Aufenthalt verurſachen oder aber fehlerhafte Drucke herbeiführen. Der Stoß wird nach dem Umſchlagen aufs Neue beſchwert oder leicht gepreßt und iſt nach Verlauf einiger Stunden druckfertig.

Man hat neuerdings auch Feuchtmaſchinen conſtruirt, um dieſe bei großen Auflagen immerhin zeitraubende Arbeit einfacher und ſchneller bewerkſtelligen zu können. Wir wollen unſeren Leſern die drei bekannteſten und beſten in Bild und Beſchreibung vorführen.

Die Maſchine Fig. 47 iſt von dem Vorſteher der Druckerei des Moniteur Univerſel A. Tolmer zu Paris erfunden und von M. Tolmer, 13 Quai Voltaire für 900 Frcs. zu beziehen. Sie iſt nur durch einen Motor mit Vortheil zu treiben. a iſt die Riemenſcheibe, mittels welcher der Betrieb bewerkſtelligt wird, b eine Welle, welche die Scheibe c und durch dieſe den Arm d bewegt; g iſt das Waſſerzuführungsrohr von der Waſſerleitung oder von einem Baſſin aus, e das Rohr, welches der feinen röhrenartigen Brauſe k das Waſſer zuführt, j läßt eine Regulirung des Waſſerzufluſſes, h und i eine Regulirung der Bewegung der Feuchtbrauſe, angemeſſen dem Format des Papiers zu, l l ſind die Stöße des zu feuchtenden, m m die des gefeuchteten Papiers.

Herr Tolmer gibt an, daß ſeine Maſchine von einem Mann bedient, in einer Stunde 80 Ries Papier kleinen, 40 Ries größeren Formates feuchten kann, wenn die Stöße dem Arbeiter bequem zur Hand geſtellt ſind.

Fig. 48 Feuchtmaſchine von Harrild & Sons in London.

Fig. 48 beſteht aus einem eiſernen Unter- und zwei ſolchen Seitengeſtellen. Die beiden letzteren dienen zum Befeſtigen eines aus ſtarkem Blech gefertigten Troges, welcher zur Aufnahme des Waſſers beſtimmt iſt, ſowie zur Befeſtigung der Lager, in welchen die Spindeln der Feucht-, ſowie der Ein- und Ausführwalzen laufen. Die mittelſte und größte dieſer ſämmtlich aus Holz gefertigten Walzen iſt mit dickem, weichem Filz überzogen, während die übrigen, ſchwächeren, einfachen Holzwalzen die Leitbänder zur Ueberführung des Papiers über die Feuchtwalze tragen.

Ist der Trog mit Wasser gefüllt und hat sich der Filz gehörig mit Wasser getränkt, so wird das Papier in dünnen Lagen von der einen Seite unter die Leitwalzen mit ihren Bändern geschoben und von diesen beim Bewegen der Maschine über die Feuchtwalze weg nach der anderen Seite zu wieder ausgeführt. Die straff gespannten Bänder drücken das Papier fest auf die große mit Filz bekleidete Feuchtwalze und ermöglichen so eine ganz gleichmäßige Vertheilung des Wassers. Die Maschine kann durch einen kräftigen Knaben mit der Hand, sowie auch durch Dampf bewegt werden und liefert mit einem Einleger und einem Ausleger, bei großen Formaten mit zwei Auslegern (Knaben oder Mädchen), 20—30 Ries gut gefeuchteten Papiers per Stunde.

Der Preis dieser, von dem Herausgeber Dieses, als Agent der Herren Harrild & Sons geführten Maschine beträgt ab Leipzig 200 Thlr.

Fig. 42. Feuchtmaschine von Dev & Co. in New-York.

Diese Maschine Fig. 42 feuchtet mittels zweier mit Filz überzogener Cylinder, deren einer, der größere, in einem unten angebrachten Gefäß mit Wasser läuft; das Papier wird vor denselben auf einem Anlegebret angelegt, passirt diese Walzen, wird von einem Ausleger in Empfang genommen, dabei aus zwei feinen röhrenartigen Brausen von oben und von unten bespritzt und dann dem Auslegetisch zugeführt.

Unsere Abbildung Fig. 39, Seite 55, zeigte endlich noch einen einfachen Feuchtapparat, wie solcher in der Druckerei dieses Werkes in Gebrauch. Das Feuchten geschieht hier einfach mittels einer an einem Gummischlauch hängenden Brause, welche man nach allen Seiten über das Papier wegführt. Bei dieser Einrichtung kann man das durch die Wasserleitung zugeführte Wasser entweder nach Uebergehen jeder Lage durch Zudrehen eines Hahnes abstellen oder man legt den fortwährend spritzenden Schlauch derart, daß er, während man eine frische Lage auf den Stoß bringt, das Wasser nicht auf das Papier, sondern in den Trog fließen läßt, um zu vieles Nässen auf einer Stelle des unter der Brause verbleibenden Stoßes zu vermeiden. Es kann mit Vortheil, wie bei dem Tolmer'schen Apparat, auch eine röhrenartige Brause benutzt werden.

Endlich erwähnen wir noch einer Feuchtweise, wie sie in den Staatsdruckereien zu Wien und Berlin besonders für Werthpapiere zur Anwendung kommt. Man benutzt nämlich die Luft- pumpe, um aus einem metallenen, luftdicht verschlossenen Kasten, in welchem das zu feuchtende Papier steht, alle Luft zu entfernen, dann aber Wasser in diesen Behälter eintreten zu lassen, welches dann das Papier auf das gleichmäßigste durchzieht.

Es sei an dieser Stelle noch darauf aufmerksam gemacht, daß man in neuerer Zeit Schreib- und Postpapier fast immer trocken verdruckt, um ihnen den Glanz und die Festig- keit nicht zu benehmen.

Utensilien und Apparate zum Satiniren des Papiers.

Das Satiniren des Papiers hat den Zweck, die durch das Feuchten aufgequollenen Bogen wieder zusammenzupressen und ihnen auf diese Weise einen gleichmäßigen Feuchtgrad, eine gewisse Festigkeit, dabei aber Geschmeidigkeit und einen schönen Glanz zu geben, der sie zur Annahme der Farbe fähiger macht, wie dies bei der meist rauhen Oberfläche des unsatinirten Papiers möglich ist. Von ganz besonderer Wichtigkeit ist die Satinage bei allen Papieren, welche für Illustrationsdruck Verwendung finden sollen.

Die Arbeit des Satinirens wird auf einer Maschine vollzogen, deren Hauptbestandtheile, zwei große eiserne Walzen, mittels einer Centralstellung enger oder weiter voneinander abgestellt werden und so einen stärkeren oder schwächeren Druck auf den zu satinirenden Stoß ausüben können. Ein zweites Getriebe bewegt die Walzen in gleicher Richtung, so daß dieselben den Stoß zwischen sich durchzwängen. Unsere umstehende Abbildung wird die Construction einer solchen Satinirmaschine verdeutlichen.

Das zu satinirende Papier wird zwischen polirte, etwa Viertelpetit starke Zinkplatten gelegt. Von geringeren Sorten kommt gewöhnlich gleich ein Buch, von stärkeren, z. B. von Kupferdruckpapier, dagegen nur ein halbes Buch mit einmal zum Einlegen, denn bei starkem Papier ist erklärlicher Weise ein sehr bedeutender Druck erforderlich, wenn dasselbe glatt werden soll; ein Stoß von 26 Platten mit dem dazwischen liegenden Papier würde demnach eine Spannung der Maschine verlangen, die zwei kräftige Arbeiter kaum bewältigen können. Es kommt dabei aber noch ein zweiter Umstand in Betracht. Die in der Mitte liegenden Bogen werden infolge der Elasticität des Stoßes nicht dieselbe Glätte erhalten, wie die oben und unten liegenden, demnach dem Druck der Walzen zunächst ausgesetzten; aus diesen Gründen ist eine Verringerung der Plattenzahl bei starkem Papier dringendst geboten.

Man hüte sich beim Satiniren vor zu starker Spannung der Walzen, da eine solche das Papier fleckig und grau macht, demselben auch alle Geschmeidigkeit benimmt. Ganz starke Papiere, auf deren schöne Glätte man besonderen Werth legt, lasse man lieber zweimal unter mäßigem Druck durch die Maschine, anstatt mit einmaligem starken Druck die nöthige Glätte erzwingen zu wollen.

Satinirmaschinen aus Fabriken, welche nicht mit der nöthigen Accuratesse arbeiten, zeigen oft den Fehler, daß das darauf satinirte Papier in der Mitte oder an beiden Seiten

Fig. 50. Satinirmaschine für Handbetrieb.

stärkeren Druck erhält, daher an diesen Stellen glätter erscheint. Dies liegt daran, daß die Walzen nicht gleichmäßig genug abgedreht sind. Zeigt sich ein stärkerer Druck nur an einer Seite, so läßt sich dem Uebelstande durch Unterlegen des festen Lagers der unteren Walze an der entgegengesetzten Seite und dann vorzunehmender Verringerung des Drucks an der oberen Centralstellung abhelfen, andernfalls ist nur durch neues und exactes Abdrehen Abhilfe zu schaffen.

In England benutzt man zum Satiniren der feineren Papiere häufig polirte Messingplatten und erlangt damit einen besonders schönen Glanz. Auch hat man zu diesem Zweck

Satinirmaschinen mit durch Dampf oder Gas zu heizenden Walzen construirt. Nachstehende Abbildung stellt eine solche mit Gas beizbare Satinirmaschine für kleine Formate dar.

Die Manipulation des Satinirens selbst geschieht von 2 Personen, von denen jede vor einem der auf unserer Abbildung Fig. 50 ersichtlichen Tische steht, und von denen die eine das Papier ein-, die andere dasselbe auslegt, der ersteren dabei immer die frei werdenden Platten über die Walze weg zuschiebend. Das Papier selbst steht auf kleinen Tischen neben der Maschine. Ist ein Stoß vollgelegt, so wird er zwischen den Walzen durchgedreht.

Fig. 51. Durch Gas heizbare Satinirmaschine.

Bei Dampf- oder sonstigem Kraftbetrieb ist eine andere Einrichtung von Vortheil. Es ist nämlich für den gleichmäßigen Gang der Schnellpressen nothwendig, daß auch die Satinirmaschine immer möglichst eine gleich starke Kraft in Anspruch nimmt, nicht aber eine kurze Zeit die ziemlich bedeutende Kraft für den Durchgang der Platten braucht, während sie darauf wieder so lange leer läuft, bis ein neuer Stoß eingelegt worden.

Ganz besonders bei kleinen Dampfmaschinen, deren Regulatoren bekanntlich häufig viel zu wünschen übrig lassen, und in Druckereien, welche nur wenige Schnellpressen beschäftigen*),

---

*) Bei größeren Dampfanlagen, die demnach auch zum Betrieb vieler Schnellpressen dienen, macht sich der Uebelstand natürlich nicht so bemerkbar, denn erstens wirkt hier der vollkommenere Regulator genügend ausgleichend und zweitens vertheilt sich die disponibel gewordene Kraft auf viele Pressen. Trotzdem ist es auch bei größeren Anlagen gerathen, die Einrichtung so zu treffen, wie wir angeben.

macht ſich dieſes Leerlaufens empfindlich bemerkbar. Geht bei ſolchen Anlagen der Stoß durch die Maſchine, ſo werden die Schnellpreſſen langſam, hat er dagegen die Walzen paſſirt, ſo werden ſie ſchnell arbeiten, weil ihnen dann wieder die ganze, durch den unvollkommenen Regulator nicht gehemmte Kraft zu gut kommt. Daß ein ſo ungleicher Betrieb weder den Schnellpreſſen ſelbſt, noch dem Druck dienlich iſt, wird Jedem einleuchten.

Um dieſem Uebelſtande abzuhelfen, iſt es gerathen, den Umfang der Riemenſcheiben an der Maſchine ſelbſt und an der Transmiſſionswelle derart zu berechnen und ausführen zu laſſen, daß der Stoß ſo lange braucht, um zwiſchen den Walzen der Satinirmaſchine zu paſſiren, bis ein neuer eingelegt und gleich hinter dem erſten eingeſchoben werden kann, demnach für die Maſchine immer eine gleichmäßigere Triebkraft erfordert wird.

Aus dieſem Grunde, auch um die Arbeit mehr zu fördern, hat man bei Dampfbetrieb oder ſolchem durch irgend einen anderen Motor immer zwei Stöße Platten in Gebrauch, ſo daß in den einen eingelegt und gleich hinter dem erſten eingeſchoben werden kann, während der andere die Maſchine paſſirt. Dieſe Einrichtung bedingt, daß die Tiſche an der Maſchine ſelbſt frei bleiben, dafür benutzt man eine dicht zur Seite der letzteren ſtehende Tafel, von mehr wie doppelter Länge und Breite der Platten. In der Mitte dieſer Tafel iſt ein oben abgerundeter, etwa 25 Cmtr. hoher und die Breite der Tafel einnehmender ſtarker Klotz aufgenagelt, auf den die das Auslegen beſorgende Perſon die leeren Platten mit dem Ende ſchiebt, damit die andere, das Einlegen beſorgende, dieſelben bequem faſſen kann. Das zu ſatinirende, wie das ſatinirte Papier finden auf jeder der beiden Tiſchhälften neben den Platten Platz und kann der fertige Stoß dann leicht von hier aus auf den Tiſch der Satinirmaſchine und unter deren Walzen gebracht werden.

Man hat vor einigen Jahren auch den Verſuch gemacht, eine Satinirſchnellpreſſe zu conſtruiren, welche ähnlich wie die Druckmaſchine ein Einlegen und Glätten jedes einzelnen Bogens geſtattet. So viel wir wiſſen ging die Idee, auf dieſe Weiſe zu ſatiniren, von dem Buchdruckereibeſitzer Ferdinand Schlotke in Hamburg aus und wurden auch die erſten derartigen Maſchinen nach ſeinen Angaben und unter ſeiner Leitung in Hamburg gebaut. Später beſchäftigte ſich beſonders die Maſchinenfabrik Augsburg damit, ſolche Maſchinen zu bauen und befinden ſich deren noch heute in verſchiedenen Druckereien in Gebrauch.

Leider hat ſich dieſe Conſtruction doch nicht derart bewährt, daß ſie allgemeinere Verbreitung fand. Die Maſchine arbeitet nämlich mit zwei Cylindern, auf welche, gleich dem Filz-, Tuch- oder Papieranzug der Druckmaſchinen-Cylinder, dünne polirte Zinkplatten aufgeſpannt werden.

Dieſe Zinkplatten ſtrecken ſich jedoch in Folge der ſtarken Preſſung, welcher ſie ausgeſetzt ſind, ſehr bald, verlieren ihre Spannung, werden faltig und brechen an dieſen Stellen; ſie müſſen daher ſehr häufig erneuert werden und iſt dies eine umſtändliche Arbeit, die immerhin Geſchick erfordert.

Außerdem geht die Maſchine ziemlich ſchwer und macht beim Satiniren leicht Falten in die Bogen, ein Uebelſtand, welcher erklärlicher Weiſe wieder deren andere beim Bedrucken der Bogen nach ſich zieht.

Neuerdings nun hat es die bestens bekannte Fabrik von Gebrüder Heim in Offenbach a. M. unternommen, eine Satinirschnellpresse zu bauen, welche allen Anforderungen genügt.

Die Heim'sche Maschine unterscheidet sich zunächst wesentlich von den seither in Druckereien gebräuchlichen Satinirmaschinen dadurch, daß hier die Satinage nicht zwischen Stahl- oder Zinkplatten, sondern durch eine polirte **Hartwalze** gegen eine **Papierwalze** gepreßt, hervorgebracht wird.

Das vorzügliche Material der aufs Feinste geschliffenen, je nach ihrer Länge 20—30 Cntr. im Durchmesser starken Hartwalze und die Festigkeit der unter starkem hydraulischem Druck hergestellten Papierwalze mit durchgehender Stahlwelle, außerdem die genaue Arbeit, wodurch auf jeden Punkt des zu satinirenden Bogens ein gleich starker Druck ausgeübt wird, bilden die Ursache einer an allen Stellen des Bogens gleichmäßigen Satinage, welche allen Anforderungen entspricht.

Die Bedienung der Maschine ist eine höchst einfache und billige, da hierzu nur ein Mädchen oder ein Einleger nöthig ist.

Wie bei der Druckmaschine wird der Bogen angelegt, von einer kleinen Walze ergriffen, dem Zuführungsapparat, welcher eine Faltenbildung verhütet, übergeben, alsdann zwischen das Walzenpaar gebracht und satinirt. Der gefeuchtete Bogen, welcher an einer oder der anderen Walze leicht hängen bleibt, wird durch Abstreicher abgelöst und auf die Schnüre gebracht, welche ihn dem Ausleger zuführen, der ihn auf den Auslegetisch bringt.

Die Pression wird durch doppelte Hebelübersetzung mit entsprechender Gewichtbelastung erzeugt.

Um eine schöne Satinage zu erzielen, ist es rathsam, die vorher leicht gefeuchteten Bogen nicht zu rasch durch die Maschine gehen zu lassen, sondern sie eine gewisse Zeit dem Druck der Walzen auszusetzen. Die vortheilhafteste Geschwindigkeit dürfte diejenige sein, bei welcher 750 Bogen des größten Formats, für welche die Maschine construirt ist, per Stunde passiren.

Durch Anwendung einer polirten Hartwalze, wie einer Papierwalze ist unzweifelhaft allen den Uebelständen abgeholfen, welche die Satinirschnellpressen mit Zinkplattenaufzug auf die Cylinder mit sich brachten. Ueberhaupt ist es ein lange bewährtes System und zwar das des Calander, welches hier in angemessener Weise zur Benutzung kommt.

Die Verwendung einer Papierwalze bietet ganz besondere Vorzüge; sie ermöglicht einen elastischen, nur durch die Einwirkung von Gewichten hervorgerufenen Druck, und läßt sich, wenn durch das feuchte Papier matt geworden, durch Leerlaufen auf der Hartwalze wieder poliren.

Sehr sinnreich ist an dieser Maschine auch der Apparat zur Verhütung von Faltenbildungen an den Bogen. Am Vordertheil der Maschine, da wo an den Schnellpressen der Farbekasten befindlich, liegt eine mit Filz überzogene sich nach rechts und links schiebende Walze, welche auf diese Weise das Papier nach beiden Seiten zu glatt streicht und so ein Bilden von Falten auf vollkommen sichere Weise verhindert.

Bei den Satinirschnellpressen älterer Construction geschah das Abheben des Bogens, der durch seine Feuchtigkeit immerhin etwas an den Walzen hastet, mittelst Bürsten; hier sind es einige salzbeinartige Elfenbeinstifte, welche dies auf sichere Weise bewerkstelligen.

· Die Fabrik beabsichtigt, der Maschine in Zukunft insofern noch eine veränderte Einrichtung zu geben, als sie den Ausleger entfernen oder abstellbar machen will, damit die Möglichkeit geboten ist, kleinere Formate schneller zu satiniren; man würde in diesem Fall einen zweiten Bogen sofort folgen lassen können, wenn das Ende des ersteren die Anlegestelle passirt hat, was nicht möglich ist, wenn der Cylinder des Auslegers wegen erst seine volle Umdrehung vollendet haben muß, ehe ein weiteres Einlegen erfolgen kann.

Wenngleich der Preis dieser Maschine in Folge der Benutzung der theuren Hart- und Papierwalze, ein etwas höher, so dürfte sich dieselbe doch sicher bald Eingang in allen größeren Druckereien verschaffen.

Die Heim'sche Fabrik baut für jetzt vier Nummern solcher Maschinen, und zwar zu 750, 850, 950 und 1100 Mmtr. Glättlänge. Sie nehmen einen Platz von 2,20 : 1,90,

Fig. 52. Satinirdruckpresse von Gebrüder Heim in Offenbach a. M.

2,40 : 2,00, 2,50 : 2,15 und 2,90 : 2,30 Mtr. ein und kosten gegenwärtig je nach Format 2880, 3150, 3540 und 3960 Mark.

Wir haben schließlich noch des Satinirens nach dem Druck*) zu gedenken.

---

*) Aus häufig an den Verfasser gelangenden Anfragen betreff Satinirmaschinen geht hervor, daß so mancher mit dem Verfahren und dem Zweck des Satinirens nicht bekannte Buchdrucker glaubt, die Satinir-maschine diene, wie die Glättpresse, hauptsächlich zum Glätten aller Arbeiten nach dem Druck. Wenn es auch möglich ist, ganze Werke auf der Satinirmaschine nach dem Druck zu glätten, so wird ein solches Verfahren wohl in sehr seltenen Fällen eingeschlagen werden, denn dasselbe ist immerhin ein gewagtes. Hat man die Bogen nicht schon mit einer gut trocknenden Farbe gedruckt und sie nicht auch genügend nach dem Druck trocknen lassen, so

Diese Manipulation ist meist nur bei besonders feinen, auf Glacécarton und ganz oder theilweise in Bronce- oder Blattgolddruck hergestellten Arbeiten üblich, um dem Papier, der Bronce oder dem Blattgold höheren Glanz zu verleihen und die Schattirung, d. h. den Eindruck, welchen die Typen auf der Rückseite des Bogens hinterlassen, zu entfernen. Oft dient eine leichte Satinage bei Blattgolddruck auch dazu, das Gold besser auf dem Vordruck haftbar zu machen. Specielleres über diese Druckmanieren findet der Leser in den späteren Capiteln.

Fig. 55. Satinirmaschine mit Tisch von Gebrüder Heim in Offenbach a. M.

Zum Glätten derartiger Arbeiten benutzt man zwar auch Zinkplatten, sollen dieselben jedoch in Bezug auf schönen Glanz allen Anforderungen genügen, so kommt mindestens eine

_____

gibt sich dieser auf die Platten ab und verdirbt die folgenden Lagen, indem er sich auf diese überträgt. Man könnte diesem Uebelstande wohl vorbeugen, indem man die Platten nach dem jedesmaligen Durchgange durch die Maschine und vor dem Einlegen einer neuen Lage abputzt, doch wäre dies eine so umständliche und aufhältliche Arbeit, daß man bald davon absehen würde, in dieser Weise zu glätten.

polirte Stahlplatte zur Verwendung. Das Verfahren ist dann folgendes: die Stahlplatte ruht auf einer oder auf zwei Unterlagen von sogenanntem **Saugdeckel**, das ist eine etwa Cicero bis Tertia starke, eigens zu diesem, wie zu gewissen anderen Zwecken präparirte weiche, elastische Pappe. Die Drucke selbst, doch in den meisten Fällen blos einseitig, kommen mit der Druck-seite auf die Stahlplatte zu liegen, während eine Zinkplatte mit einem oder zwei Bogen Carton bedeckt, wiederum auf die Rückseite der Drucke zu liegen kommt. Es ist gerathen, die ganze Lage stets nur so weit vor und zurück zu drehen, daß die Stahl- und Zinkplatten sammt ihren Unterlagen mit ihrem Ende immer unter den Walzen, also stets unverändert in derselben Stellung verbleiben, denn, satinirt man z. B. Karten, so sichert man sich auf diese Weise, daß die von dem dicken, festen Papier in der Zinkplatte hinterlassenen Eindrücke immer wieder auf dieselbe Stelle treffen, sobald man nur darauf achtete, auch jede neue Lage der Karten da ein-zulegen, wo die früheren lagen. Um die ganze Arbeit noch zu vereinfachen, besonders um das jedesmalige Aufheben der Zinkplatte nach erfolgtem Satiniren überflüssig zu machen, pflegt man diese Platte noch etwas größer zu nehmen wie die Stahlplatte, sie an den beiden Enden mit je zwei Löchern zu versehen und mittelst zweier Schnüre, die man um die oberen Verbindungs-stangen der Satinirmaschine legt, halbrund zu spannen. Oft benutzt man anstatt der Zinkplatte auch einen Bogen gut satinirtes Naturcarton oder einen Bogen Glacécarton.

Will man beide Seiten eines Druckes gleich schön satiniren, so ist es gerathen, zwei Stahlplatten anzuwenden und zwar eine flache und eine gebogene, welche letztere die vorhin beschriebene Zinkplatte ersetzt.

Man hat aber auch Satinirmaschinen construirt, welche speciell für diese Zwecke bestimmt sind. Fig. 53 stellt eine solche, gleichfalls von Gebrüder Heim in Offenbach gebaut, dar. An dieser Maschine wird der Druck durch Gewichte erzeugt und ist hier ein eiserner Tisch vorhanden, auf welchem die Stahlplatte in eigenthümlicher Weise befestigt wird.

Man hat beim Satiniren gedruckter Arbeiten wohl zu beachten, daß dieselben sich nicht auf den Platten abziehen. Kommt dies vor, so muß man das Uebergedruckte mit einem weichen Lappen abreiben und mit einem feinen Lederlappen von sämisch Leder nachputzen; haftet das Uebergedruckte zu fest, so nimmt man ein wenig Terpentin oder Benzin auf den Lappen, versäumt aber in diesem Fall nicht, mit dem Lederlappen so lange nachzupoliren, bis alle Feuchtigkeit verschwunden ist.

Ein einfaches Mittel, das Abziehen der Drucke zu verhindern ist, daß man sie mit Speck-steinpulver überreibt; da die Farben dadurch jedoch an Feuer verlieren, so wende man dieses Mittel nur im Nothfall an.

Die Stahlplatten müssen nach dem Gebrauch auf das sorgfältigste polirt und nur an einem trocknen Orte aufbewahrt werden, damit sie nicht rosten. Am besten ist es, wenn man sie mit einem Bogen in Oel getränkten Papiers (siehe später unter Oelbogen) bedeckt und sodann in Papier oder in Pappe packt.

Vierter Abschnitt.

Die Schnellpresse.

I. Kurzer Rückblick auf die Erfindung der Schnellpresse.

Die eisernen Handpressen, deren wir im ersten Abschnitt eingehender gedachten, übertreffen in der Qualität ihrer Leistungen die hölzernen, doch in der Quantität
haben sie wenig vor diesen voraus; die Zahl der Abdrücke, die ein Mann täglich zu
liefern vermag, war und ist 1000 bis etwa 1500. Darauf beschränkt, hätte das
Druckwesen nimmermehr zu der Stufe der Entwickelung gelangen können, auf der
wir es heute sehen. Wie hätten z. B. die vielen tausend Bogen fertig werden sollen,
die jetzt in der Druckerei einer großen Zeitung zwischen Abend und Morgen beschafft werden
müssen? Hier half die Mechanik wieder aus und es entstand die **Schnellpresse**, gerade zu der
Zeit, wo das Bedürfniß derselben fühlbar wurde. Mit ihr begann für die Kunst des Buch-
druckes eine neue Aera. Die Drucker-Gehilfen sahen in der Schnellpresse zuerst eine Beein-
trächtigung ihres Broterwerbes, seit langen Jahren jedoch sind sie anderer Meinung geworden;
sie wissen den Werth derselben jetzt wohl zu würdigen, denn sie hat ihnen leichtere körperliche
und sehr gut bezahlte Arbeit verschafft, es dürfte demnach kaum noch einen Drucker geben,
der nicht mit Vergnügen eine Schnellpresse bediente, wenn ihm dies seine Fähigkeiten erlauben,
und der nicht gern auf das Arbeiten an der Handpresse verzichtete. Die seiner Zeit von den
Druckern gehegten Befürchtungen, ihre Existenz gefährdet zu sehen, haben sich demnach als vollständig unbegründet erwiesen, denn es ist, gegenüber der bedeutenden Production unserer Zeit,
bekanntermaßen Mangel an guten Maschinen- und Pressendruckern eingetreten.

Kurzer Rückblick auf die Erfindung der Schnellpresse.

Es sei uns erlaubt, an dieser Stelle noch einmal auf die Erfindungsgeschichte der Schnellpresse und speciell auf die ersten Constructionen derselben zurückzukommen.

Der Erfinder der Schnellpresse ist Friedrich König, geboren am 17. April 1775 zu Eisleben, wo sein Vater Ackerbürger war. Bis zu seinem sechszehnten Jahre besuchte er das Gymnasium in seiner Vaterstadt, trat dann in die Breitkopf & Härtel'sche Buchdruckerei in Leipzig ein, studirte nach Absolvirung seiner Lehrzeit und nachdem er von 1796 bis 1798 bei seinem Onkel in Greifswald den Buchhandel erlernt hatte, bis 1800 in Leipzig Mathematik und Mechanik und brachte die Idee seiner Erfindung, die ihn schon in seinen Lehrjahren beschäftigt hatte, zur Reife. Im Jahre 1800 etablirte er dann in seiner Heimath eine Buchhandlung, freilich, ohne den gehofften Erfolg von diesem Unternehmen zu haben. Nunmehr richtete sich sein ganzes Sinnen und Trachten auf die Ausführung seiner Idee, Schnellpressen zu bauen.

Da hierzu aber bedeutende Mittel erforderlich waren, so wandte er sich an eine Anzahl deutscher Regierungen um Unterstützung, wurde jedoch überall abschlägig beschieden. Infolge dieser Hindernisse, welche sich ihm in seinem Vaterlande entgegenstellten, sah er sich veranlaßt, einem Rufe der russischen Regierung Folge zu leisten und ging nach Petersburg. Auch hier warteten seiner nur Enttäuschungen, weshalb er sich 1804 nach London wandte. Dort gelang es ihm auch bald, in dem reichsten Buchdrucker Londons, Thomas Bensley, einen Unternehmer zu finden, der den Werth dieser Erfindung würdigte und mit dem Erfinder sofort einen Contract einging. Zwar liefen die ersten Versuche nicht nach Wunsch ab, doch König ermüdete nicht; 1811 im April war die erste Schnellpresse fertig, und wurde auf derselben zuerst das Annualregister gedruckt. Diese Maschine arbeitete noch mit dem flachen Tiegel, wie ihn die Handpresse führt und lieferte 800 Exemplare stündlich. 1812 folgte die zweite Maschine mit der Verbesserung des cylindrischen Drucks, 1814 wurden zwei sogenannte zweicylindrige Doppelmaschinen fertig und am 14. November (nach anderer Angabe am 29. November) 1814 wurde zum ersten mal auf diesen Maschinen die Times gedruckt.

König hatte sich zur Vervollkommnung seiner Erfindung mit dem ausgezeichneten Verfertiger mechanischer Instrumente, Bauer aus Stuttgart, verbunden. Später als Deutschland zurückgekehrt, legten beide zu Oberzell bei Würzburg eine Fabrik für den Schnellpressenbau an. 1822 wurden die vier ersten in Deutschland erbauten Schnellpressen vollendet und nach Berlin geliefert; zwei davon erhielt die Haude & Spener'sche Zeitung, zwei die Decker'sche Hofbuchdruckerei.

Friedrich König starb am 17. März 1833, verheirathet war er seit 1825.

Nach dem Tode Königs fiel seinem Compagnon Bauer die Aufgabe zu, die Fabrik allein weiter zu führen. In wie umsichtiger und erfolgreicher Weise der mit seltener Schärfe des Geistes begabte Mann diese Aufgabe löste, beweisen am besten seine Schöpfungen, auf die wir jetzt noch mit Bewunderung blicken.

Schon im Jahre 1838 vollendete die in der Entwickelung rüstig fortschreitende Fabrik die 100ste Schnellpresse. Einer der thätigsten und an Erfolgen reichsten Lebensabschnitte Bauer's fällt jedoch in die Zeit von 1840—47. Unermüdlich auf Verbesserung des Mechanismus der Maschinen bedacht, erfand er im Jahre 1840 die sogenannte Kreisbewegung.

Die Anwendung dieser neuen Bewegungsform für das Fundament der Schnellpresse war für den Pressenbau, insbesondere für den, größerer Formate, von bedeutender Tragweite.

Auch die im Jahre 1841 für die Brockhaus'sche Officin in Leipzig gebaute Greiser=Doppelmaschine war das geistige Eigenthum Bauers, während seine im Jahre 1847 erbaute vierfache Maschine mit einer Leistungsfähigkeit von 6000 Abdrücken per Stunde gleichsam den Schlußstein seines genialen, in jeder Hinsicht mit Erfolg gekrönten Schaffens bildete.

A. F. Bauer starb am 27. Februar 1860 und ruht neben seinem Freunde König auf dem Friedhof zu Oberzell, dicht am Schauplatz ihrer einstigen Thätigkeit.

Friedrich König, Erfinder der Schnellpressen, geb. 17. April 1775, gest. 17. März 1833.

Am 6. September 1873 feierte die gegenwärtig von den Söhnen des Erfinders, den Herren Wilhelm und Friedrich von König geleitete Fabrik die Vollendung der 2000. Schnell= presse. Einen vollgültigeren Beweis für die Leistungsfähigkeit und das Renommée des Hauses König & Bauer kann es wohl kaum geben.

Um das Jahr 1820 trat eine zweite Fabrik für den Bau von Schnellpressen auf; es war dies die Firma Hellsarth & Co. in Erfurt.

Sie versandte seiner Zeit ein angeblich auf einem kleinen Modell ihrer Maschine gedrucktes Circulair mit den verlockendsten Anpreisungen. Obgleich dieses Circulair unter den Buchdruckern nicht geringes Aufsehen erregte, so scheinen sich die Versprechungen der Herren Hellfarth & Co. doch sehr wenig erfüllt zu haben, denn man hörte von ihren Maschinen nichts und existirt die Firma wohl schon seit langen Jahren nicht mehr.

Unter den Schnellpressenbauern der ersten Zeit nach der Erfindung nennen wir ferner Schumacher in Hamburg, Heuschel & Sohn in Caffel, Stieber & Groß in Stuttgart, Johann Deisler in Coblenz, Dingler in Zweibrücken, Helbig & Müller in Wien ꝛc.

Als die ersten Schnellpressenbauer Englands sind Applegath und Cowper in London zu nennen, die bereits 1820 Maschinen ihrer im wesentlichen der König'schen nachgeahmten Construction in Londoner Druckereien in Betrieb setzten. In Amerika waren es Hoe & Co., welche um das Jahr 1823 die ersten Druckmaschinen bauten. In Frankreich führte Thonnellier, in Italien Bernardo Biazino, in Rußland J. B. Opiz, ein Deutscher, die Schnellpressen ein.

Wenngleich hier nun passend die Schnellpressenfabriken der Neuzeit Erwähnung finden könnten, so ist es jedoch jedenfalls besser, den Leser erst im Allgemeinen über die verschiedenen in Betracht kommenden Constructionen zu unterrichten, damit ihm die bei späterer Aufführung der Fabriken und ihrer Maschinen vorkommenden Benennungen verständlich werden.

II. Von den verschiedenen Constructionen der Schnellpressen.

Man theilt die Schnellpressen in Bezug auf ihre Leistungsfähigkeit im Wesentlichen in folgende Arten ein:

1. in einfache Schnellpressen mit einem Druckcylinder und einer Form (siehe Atlas Tafel 1, 4, 5, 7·8, 9, 10·11, 19·20, 21·22 ꝛc.); erfordern einen Einleger;

2. in doppelte Schnellpressen mit einem Druckcylinder und zwei nebeneinander liegenden Formen;*) erfordern zwei Einleger;

3. in doppelte Schnellpressen, welche mit einem vor- und rückwärts druckenden Cylinder zwei Bogen von einer Form auf einer Seite bedrucken; erfordern zwei Einleger.

4. in doppelte Schnellpressen mit zwei, zwei Bogen auf einer Seite bedruckenden Cylindern und einer Form (siehe Atlas Tafel 5, 17·18, 25·26 ꝛc.); erfordern zwei Einleger;

5. in Complett-Maschinen**) mit zwei Druckcylindern und zwei Formen hintereinander (siehe Atlas Tafel 41, 50·51); erfordern einen event. zwei Einleger;

*) Bei diesen Maschinen, die im übrigen ganz die Construction der einfachen Schnellpressen haben, lassen sich zwei kleine Formen neben einander auf dem vorhandenen einen Fundament betten und wird das Papier dann gleichfalls getheilt von zwei Einlegern angelegt. Meist sind diese Schnellpressen auch so eingerichtet, daß man eine große Form mit einem Einleger drucken kann.

** Diese Maschinen bedrucken den Bogen hinter einander auf beiden Seiten, also zuerst mit dem Schön- und dann, ohne daß derselbe neu angelegt oder punktirt (siehe später) werden braucht, mit dem Widerdruck. Sie heißen deshalb auch Schön- und Widerdruckmaschinen. Specielle Beschreibung sehe man in dem Verzeichniß der Marinoni'schen Maschinen.

6. in Schnellpressen mit zwei, von einer Form vor- und rückwärts je zwei Bogen zweiseitig bedruckenden Cylindern (Atlas Tafel 42); erfordern zwei Einleger; *)

7. in vierfache Schnellpressen mit zwei, von einer Form vor und rückwärts vier Bogen einseitig bedruckenden Cylindern (Atlas Tafel 7 8, 27 28); erfordern vier Einleger;

8. in vierfache Schnellpressen mit vier, von einer Form vor- und rückwärts vier Bogen zweiseitig bedruckenden Cylindern (Atlas Tafel 43, 52 53); erfordern vier Einleger;

9. in Schnellpressen für zweifarbigen Druck mit einem Druckcylinder und zwei Formen hintereinander (Atlas Tafel 6, 10 11, 23 24, 36); erfordern einen Einleger; hierzu kommen neuerdings

10. Schnellpressen, bei welchen kein Satz auf flachem Fundament (siehe später) sondern rund stereotypirte Platten oder aber Satz, auf Cylindern befestigt, zur Anwendung kommen, sogenannte Rotations-Maschinen (Atlas Tafel 44, 57);

11. Schnellpressen, welche wie die vorstehenden von auf Cylindern befestigten Platten drucken und denen das auf einer Rolle endlos aufgewickelte Papier von der Maschine selbst gefeuchtet zugeführt, vor oder nach dem Druck in Bogen zerschnitten und ungefalzt oder gefalzt ausgelegt wird (Atlas Tafel 29 30, 45 46, 47 48, 57 [Bond & Foster's Maschine], 58, 59, 60 [letztere für mehrfarbigen Druck]).

Die Verschiedenheiten in der Construction der Schnellpressen erstrecken sich ferner vornehmlich auf Folgendes: a. auf den Mechanismus für die Bewegung des Fundamentes (bei Flachdruckmaschinen), b. i. der Platte, auf welcher die Druckform ruht und auf welcher sie dem Druck ausgesetzt wird; b. auf den Mechanismus zur Ausübung des Druckes; c. auf den Mechanismus für die Verreibung der Farbe.

Die zu Eingang dieses Capitels aufgeführten Arten von Schnellpressen nun können haben und haben, wie die Abbildungen in unserem Atlas zeigen, mit Ausnahme der Maschinen, welche von auf Cylindern befestigten Formen drucken, entweder die eine oder die andere der nachstehend näher beschriebenen Bewegungsweisen, auch haben alle ohne Ausnahme die eine oder die andere Form der nachstehend aufgeführten Druck- und Färbungsmechanismen.

a. Mechanismen für die Bewegung des Fundamentes.

1. Kreisbewegung.

Diese, wie erwähnt, von Bauer erfundene Bewegungsweise des Fundamentes beruht auf dem Grundsatz, daß wenn ein innerer Kreis genau den halben Durchmesser eines äußeren hat, die Hypocykloide, d. h. der Weg, den jeder Punkt im rollenden Kreise beschreibt, zur geraden,

---

*) Der Unterschied der unter 4 und 6 aufgeführten Maschinen besteht darin, daß jene 2 Bogen auf einer Seite, diese 2 Bogen auf beiden Seiten, also mit Schön- und Widerdruck bedrucken. Während erstere pr. Stunde je nach Format 2500—3000 Bogen einseitig fertig machen, liefern die letzteren je nach Format 2500—4000 auf beiden Seiten bedruckt. (Siehe auch unter Marinoni.) In ähnlichem Verhältniß stehen die unter 7 und 8 aufgeführten vierfachen Maschinen. Die unter 4 und 7 genannten werden zumeist in Teutschland, die unter 6 und 8 genannten zumeist in Frankreich gebaut.

durch den Mittelpunkt des großen Kreises gehenden Linie wird. So findet sich denn auch an den Kreisbewegungsmaschinen ein äußerer, großer, nach innen verzahnter Kreis, Zahnkranz genannt und ein innerer kleiner, nach außen verzahnter Kreis, der gerade die Hälfte des Durchmessers des Zahnkranzes besitzt und den man Tanzmeister nennt, weil er, durch ein conisches Räder- getriebe bewegt, gleichsam mit seinen Zähnen in dem Zahnkranz herumtanzt. Mit diesem Tanz- meister ist das Fundament durch eine in einem Lagerzapfen gehende Stange, die Zugstange genannt, verkuppelt und wird dasselbe durch den Kreislauf des Tanzmeisters auf einer Bahn, welche der an Handpressen üblichen gleicht, vor- und zurückbewegt.

Zur Erleichterung des Ganges während der Ausübung des Druckes durch den Cylinder sind an der Stelle der Bahn, über welcher der Druck- cylinder (siehe später) ruht, meist Rollen angebracht.

Nebenstehende Figuren mögen dem Leser den Mechanismus der Kreisbewegung vollständig ver- deutlichen. Fig. 55 w zeigt uns den sogenannten Königsstock, eine in der Mitte des vorderen Theiles des Fußgestells und im Mittelpunkt des Zahnkranzes aufrecht stehende Welle, z ein auf dieser Welle befindliches größeres conisches Zahn- rad. Um dieses conische Rad in Bewegung zu setzen, sehen wir an Fig. 55 die in einem Kolben y endigende Triebwelle m, auf deren äußerem Ende entweder eine Riemenscheibe k aufgesteckt ist, die mit einer zweiten am Schwungrade be-

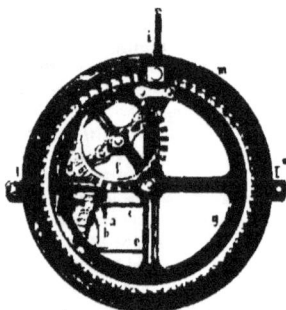

Fig. 54. Mechanismus der Kreisbewegung, von oben gesehen.

findlichen durch einen Riemen in Verbindung gebracht und so bewegt wird, oder aber, auf welcher ein Zahnrad aufgesteckt ist, das in directem Eingriff mit einem zweiten am Schwungrade befindlichen Zahnrade steht. Diese zweite Art des Antriebes ist deutlich zu ersehen im A. auf T.*) 10,11 an der Kreisbewegungs-

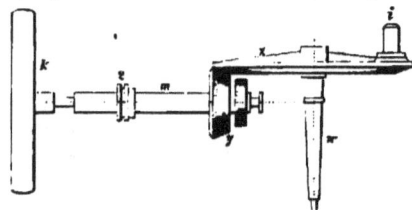

Fig. 55. Mechanismus der Kreisbewegung, von vorn gesehen.

maschine von Klein, Forst & Bohn Nachfolger, sowie auf T. 32 an der Eickhoff'schen Kreisbewegungsmaschine.

*) A. = Atlas, T. = Tafel; wir werden diese Abkürzungen auch für die Folge beibehalten.

An das conische Rad z ist durch einen Zapfen i der Tanzmeister befestigt; der wiederum am Tanzmeister befindliche Zapfen h (Fig. 54) dient, wie zu Eingang erwähnt wurde, zur Verkuppelung mit dem Fundament, hergestellt durch eine Stange, die wir gleichfalls auf Fig. 54 bei i deutlich ersehen.

Fig. 54 zeigt uns das Getriebe von oben gesehen. w ist der Zahnkranz, g das große conische Rad, c die Antriebwelle, d der Kolben, welcher in das conische Rad g eingreifend, dieses und infolge dessen den Tanzmeister f bewegt, an dem bei h die Stange i verkuppelt ist. a, b sind Zahnräder, welche andere Theile der Maschine bewegen; auf diese kommen wir in dem Capitel über das Aufstellen der Kreisbewegungsmaschinen specieller zurück.

An dieser Stelle sei nur noch erwähnt, daß man in Deutschland die Kreisbewegung für die bessere, sicherere und ausdauerndere Bewegungsweise hält; trotzdem werden neuerdings die Maschinen mit Eisenbahnbewegung (siehe nachstehend) immer beliebter, weil sie billiger sind, leichter gehen und bei solidem Bau und guter Behandlung gewiß eben so lange ausdauern wie die Kreisbewegungsmaschinen. In England, Frankreich und Amerika kommt dieser Mechanismus fast garnicht zur Anwendung. Ein Blick in unseren Atlas wird dies bestätigen.

2. Eisenbahnbewegung.

Wie schon die Bezeichnung andeutet, ist bei diesen Maschinen ein Schienengleis vorhanden, auf welchem ein vier- oder sechsrädriger Wagen läuft, der wiederum das Fundament trägt. Zur vollkommen sicheren Führung dieses Wagens sind meist nicht nur die Räder

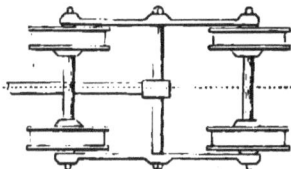

Fig. 50. Gebräuchlichste Form des vierrädrigen Wagens.

desselben mit über die Schienen fassenden Rändern versehen, es dienen auch noch Zahnräder und Zahnstangen zu gleichem Zweck. Die letztere Einrichtung ist bei den Maschinen der verschiedenen Fabriken häufig von einander abweichend. Wir bemerken z. B. an der König & Bauer'schen (A. T. 1) Albert'schen (A. T. 7 8), Augsburger Eisenbahnbewegungsmaschinen (A. T. 19 20), daß extra Zahnräder an den vorderen oder hinteren oder an allen 4 Rädern angebracht sind, die in Zahnstangen eingreifen, welche neben den Schienen und am Fundament befestigt sind. Bei den neueren Augsburger Maschinen laufen z. B. die Vorderräder in Zahnstangen, welche neben den Schienen, die Hinterräder dagegen in Zahnstangen, welche am Fundament befestigt sind. Andere Fabriken z. B. Hummel (A. T. 7/8), Klein Forst & Bohn Nachfolger (A. T. 12/13, Fig. I. II) haben (letztere bei den kleineren Formaten) nur eine Zahnstange am Fußgestell und ein Zahnrad in der Mitte zwischen den Vorderrädern; dieses Zahnrad greift in die erwähnte Zahnstange am Fußgestell und in eine unter dem Fundament befindliche ein.

Hin- und herbewegt wird der Karren mit dem Fundament an den Eisenbahnmaschinen durch die sogenannte Kurbel und durch die, mit dieser und dem Karren verkuppelten

Kurbelstange, die auch Connexions-, Zug- oder Karrenstange, Biell oder Stelze genannt wird.

Die Wirkung dieses Mechanismus sei durch die nachstehende Fig. 57 erklärt. Da die Länge der Kurbel von n bis m derart berechnet ist, daß der Punkt m (der Lagerzapfen für die Kurbel- oder Zugstange) einen Kreis beschreibt, dessen Durchmesser der Länge des Weges entspricht, den der Wagen zu machen hat, so ist die Folge, daß wenn die Kurbel auf dem Punkt a Fig. 58 steht, der Wagen mittels der Kurbelstange k am weitesten nach vorn, auf dem Punkt i dagegen am weitesten nach hinten*) gezogen resp. geschoben wird. Die Kurbel kann, wie z. B. bei den Augsburger Maschinen (A. T. 19,20) vorn, oder sie kann, wie bei den Maschinen von Hummel (A. T. 7,8) hinten (unter dem Anlegetisch) liegen; auch hat die Kurbelstange nicht immer eine geschweifte Form wie solche unsere Fig. 58 zeigt, sondern sie ist häufig eine

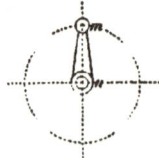

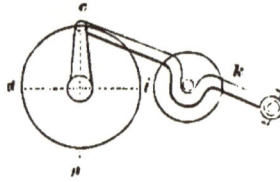

Fig. 57. Bewegung der Kurbel. Fig. 58. Bewegung der Kurbel- und Kurbel oder Zugstange.

vollkommen gerade (A. T. 19,20); in diesem Fall ist dafür meist die betreffende Radachse eine geschweifte (gekröpfte). Ebenso kann die Kurbel eine einfache sein (A. T. 19,20) oder aber eine zweitheilige (A. T. 12/13 Fig. X g b).

Zur Bewegung der auf der sogenannten Kurbelwelle oder Kurbelachse befestigten Kurbel dient jetzt wohl ausschließlich ein außerhalb des Gestells befindliches Zahnrad; in dieses Zahnrad faßt ein am Schwungrad befindliches kleineres Zahnrad ein, so die Welle mit der Kurbel im Kreise bewegend und die Hin- und Herführung des Wagens oder Karrens bewerkstelligend.

Bei allen den Maschinen, welche die Kurbel vorn haben, z. B. den König & Bauer'schen (A. T. 1) Albert'schen (A. T. 7,8) Augsburger (A. T. 19,20) ist auch das Schwungrad mit seinem Getriebe vorn angebracht, bei denjenigen Maschinen aber, welche die Kurbel hinten haben, z. B. den Hummel'schen (A. T. 7,8) und den von Klein, Forst & Bohn Nachfolger (A. T. 9, ferner T. 12/13, Fig. I a d) ist auch dieser Antrieb hinten befindlich.

3. Krummzapfenbewegung.

Die Krummzapfenbewegung, verdeutlicht durch unsere nachstehende Abbildung Fig. 59, kommt wenigstens in dieser Ausführung neuerdings nicht mehr zur Anwendung; da jedoch noch

*) Unter vorn verstehen wir den Theil der einfachen Maschine, welcher vor dem Farbenwerk, unter hinten den Theil, welcher unter dem Anlegetisch liegt.

mitunter solche ältere Maschinen im Betriebe, so sei
ihnen gleichfalls die nöthige
Aufmerksamkeit gewidmet und
da wir ihrer später nicht
weiter zu erwähnen haben,
an dieser Stelle gleich
alles Das bemerkt, was zur
Orientirung über ihren Bau
und ihre Einrichtung dem
Maschinenmeister zu wissen
nothwendig ist.

Auch bei dieser Maschine
bewirkt eine auf unserer Abbildung erkennbare Kurbel a
und eine krumme Zugstange
b die Bewegung des Funda-
mentes. Der Karren (das
Fundament) läuft nicht auf
einem Wagen, sondern wie bei den Handpressen und
Kreisbewegungsmaschinen auf einer Bahn. Behufs
leichteren Ganges sind gewöhnlich unter dem Druck,
d. h. an der Stelle der Bahn, über welcher der Druckcylinder (siehe später) ruht, zwei Rollen angebracht;
sollen dieselben ihren Zweck erfüllen, so hat der Maschinenmeister darauf zu sehen, daß diese Rollen sich immer
leicht drehen lassen, denn, sobald dies nicht der Fall,
erschweren sie eher den Gang des Fundamentes, anstatt
ihn zu erleichtern.

Ebenso hat der Maschinenmeister darauf zu achten,
daß er den Zapfen, mittels welchem die Zug- oder
Kurbelstange b bei a Fig. 50 an dem Kurbelarm
befestigt ist, wieder nach dem an diesen Theilen befindlichen Zeichen einsetzt, falls er ihn etwa einmal herausnehmen mußte, denn dieser Zapfen ist häufig nicht
rund, sondern excentrisch, d. h. etwas länglich gerundet,
damit man eventuell im Stande ist, durch Verdrehung
desselben den Arm um ein Geringes zu verkürzen oder zu verlängern und so den Weg des
Karrens zu reguliren, eine Nothwendigkeit, die in gewissen Fällen, auf die wir später zurück-

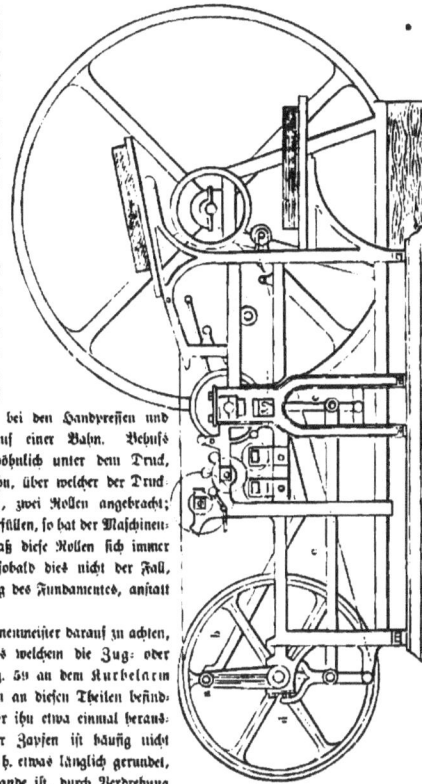

kommen werden, eintritt. Setzt man ihn, von solchen Fällen abgesehen, nicht wieder richtig so ein, wie es erforderlich, so kann es vorkommen, daß die Zähne an dem Druckcylinder und an den am Fundament befindlichen Zahnstangen nicht richtig ineinandergreifen und infolge dessen lädirt oder gar ausgebrochen werden, weil eben der Weg des Fundaments durch die veränderte Stellung des Zapfens ein falscher geworden ist. Dasselbe kann eintreten, wenn der unten an der Auffanggabel*) c befindliche, meist in einem viereckigen Loch steckende Stahlbrocken falsch eingesetzt wird, oder wenn die etwa zur Regulirung vorhandenen Unterlagen verwechselt worden, auch wenn die dort vorhandene Stellschraube los wäre.

Wie bei der Kurbelstange ist nämlich auch bei der Zugstange e für die Gabel (Gabel-stange) e mitunter wünschenswerth, deren Länge reguliren zu können. Diesem Zweck dient das erwähnte Loch mit dem in demselben befindlichen Stahlbrocken, welcher sich darin verschieben läßt und mittelst einer Stellschraube an etliche dünne Unterlagen von Carton, dünnsten Blech ꝛc., die je nach Erforderniß beigelegt werden, angedrückt wird. Durch den Brocken geht ein Loch, durch welches der Charnierstift gesteckt wird, der die Stange e mit der Gabel c verbindet. Will man die Stange verlängern, was mitunter nothwendig ist, um eine am Druckcylinder befindliche Stahlrolle ruhig und sicher in die Oeffnung der Gabel c einfallen zu lassen (siehe 1. Note), so müßte man von den Unterlagen wegnehmen und den Brocken mittels der Schraube wieder fest anstellen; wollte man sie dagegen kürzer machen, so müßte man mehr an den Stahlbrocken anlegen. Selbstverständlich handelt es sich in diesen Fällen immer nur um Differenzen von Kartenblattstärken, wenn sonst die Construction der Maschine nicht eine ganz mangelhafte ist.

Eine unrichtige Länge der Gabelstange macht sich meist dadurch bemerklich, daß die Auffang-rolle einen Schlag verursacht, wenn sie in die Gabel einfällt; sie thut dies entweder an der hinteren oder an der vorderen Ecke der letzteren. Ebenso kann diese Unrichtigkeit das schlechte Ineinandergreifen der Zähne am Fundament und am Cylinder herbeiführen. Durch Verlängern und Verkürzen der Gabelstange ist auch diesen Uebelständen abzuhelfen, freilich ist aber dabei mit der größten Vorsicht zu verfahren und das Unterlegen oder Entfernen der Unterlagen, wie erwähnt, nach und nach um Papier- bis Kartenblattstärke zu bewerkstelligen.

Bei den Maschinen neuerer Construction ist, wie uns Fig. V bei o, m, n (A. T. 12/13) zeigt, auch diese Manipulation durch Stellschrauben auszuführen.

Gleichfalls störend ist an diesen alten Maschinen häufig, daß an der zum Bewegen der Auffanggabel c dienenden großen Gabel d (Fig. 59) die auf den Excenter**) laufenden Rollen nicht

---

*) Unter Auffanggabel versteht man einen Mechanismus, welcher dazu dient, den Druckcylinder fest-zustellen, sobald er nach dem Druck seine Umdrehung vollendet hat. Verständlich wird dieser Mechanismus, auf den wir noch specieller zurückkommen, durch A. T. 12/13, Fig. V und V_A; man sieht hier deutlich den mit einer kleinen Rolle versehenen Druckcylinder und die Auffanggabel b in verschiedenen Stellungen. Sobald diese Rolle in die Oeffnung der Gabel eingefallen, ist auch die Feststellung des Cylinders bewirkt.

**) Unter Excenter oder Excentril versteht man gekröpfte Scheiben, welche zum Hin- und Herschieben, Heben und Senken gewisser Maschinentheile dienen. Ihre Form ist eine verschiedene, dem betreffenden Zweck angepaßte. Einen Begriff von ihrer Form und Wirkung erhält der Leser durch Betrachtung der Fig. V bei c, d und V_A A. T. 12/13.

verstellbar sind, was bei den neueren Maschinen fast überall möglich. Ist der Excenter, auf welchem die Rollen laufen, etwas abgenutzt, so wird die Auffanggabel keine vollkommen sichere Führung haben; man wird in diesem Fall die große Gabel d warm machen und etwas enger zusammendrücken lassen müssen, oder aber, man wird, besonders auch wenn die Rollen abgenutzt sind, was viel häufiger der Fall ist, angemessen stärkere Rollen einsetzen müssen. In beiden Fällen muß Vorsicht gebraucht werden, denn eine zu enge Gabel oder zu starke Rollen pressen zu fest auf den Excenter und erschweren so den Gang der Maschine.

Das Farbenwerk dieser Maschine ist meist ein sehr einfaches, dem gleichendes, welches wir später in dem betreffenden Abschnitt als einfaches Farbenwerk beschreiben werden.

4. Doppelrechenbewegung.

Der sogenannte Doppelrechen ist einer der ältesten Mechanismen für die Bewegung des Fundamentes. In Deutschland findet derselbe neuerdings keine Anwendung mehr und dürften auch wohl nur noch wenige deutsche Maschinen mit Doppelrechen im Betriebe sein.

Französische, englische und amerikanische Schnellpressenfabriken wenden diesen Mechanismus besonders bei Maschinen größerer Formate noch sehr häufig an. Ein Blick auf die im Atlas gegebenen Abbildungen wird dies bestätigen. Am deutlichsten ersichtlich ist der Doppelrechen an den Maschinen von Maulde & Wibart auf A. T. 52 53. Wie der Leser aus den Beschreibungen der Marinoni'schen Maschinen ersehen wird, wendet auch dieser renommirte Schnellpressenconstructeur den Doppelrechen noch vielfach an.

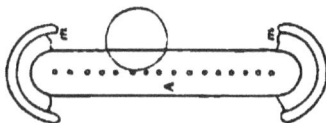

Fig. 60. Doppelrechen.

Herr A. Eisenmann, eine bewährte, vor einigen Jahren leider verstorbene Autorität im Schnellpressenbau sagt in einem bei Alexander Waldow in Leipzig erschienenen Werk: „Die Schnellpresse, ihre Construction, Zusammenstellung und Behandlung x." Folgendes über diesen und selbst nicht genügend bekannten Bewegungsmechanismus:

„Der Doppelrechen ist bis jetzt die einzige Vorrichtung, welche ganz gleichmäßig arbeitet, ob der Weg 40, 50, 60 oder mehr Zoll lang ist, welches bei kleineren sowohl als bei größeren Kurbeln nicht der Fall sein kann; je größer die Kurbel im Durchmesser wird, desto ungeschickter kann sie placirt, desto unförmiger würde die Maschine werden, während sich beim Doppelrechen Placiren und Formen immer gleich bleibt.

Sehen wir uns diesen Mechanismus an Fig. 60 etwas näher an.

A eine etwa 2,5 Cmtr. dicke Platte in der Länge des zu bestimmenden Weges und entsprechender Breite, ist in bestimmte Theile, wie ein Zahnrad, eingetheilt, und mit runden Stiften, welche die Zähne bilden, versehen; die beiden Enden sind je vom letzten Zahn nach der halben Breite zirkelrund und mit Halbzirkel m, m umgeben und das Ganze bildet so eine Zahnstange ohne Ende, in der das Rad beständig rotirend um diese herumläuft. Fig. 61 zeigt das Getriebe zu dem Doppelrechen.

A, B sind zwei Aren (Gabeln), welche in o mit einem Universalgelenke versehen sind; die Welle B läuft wagerecht in constanten Lagern i, i, die Welle A dagegen in einem Schlitzlager g.

An der Welle A ist dann das Rad d befestigt und außerhalb des Rades ist die Welle so viel länger, daß sie über den Doppelrechen reicht (siehe n). Dieser Zapfen (oder Stahlring) n muß an den beiden Enden des Doppelrechens zwischen diesem und den Halbzirkeln passend durchgehen.

Fig. 61. Getriebe des Doppelrechens.

Ist nun an der Welle B eine Riemenscheibe, welche durch einen Riemen in Bewegung gesetzt wird, so wird das Rad beständig um den Doppelrechen herumspringen, und da dieser am Karren befestigt ist, so ist dessen Bewegung hin und her leicht begreiflich. Man wird zugleich einsehen, daß es gar keinen Unterschied im Gange selbst zeigen kann, ob der Weg kürzer oder länger ist.

Es wurden besonders viele Doppelmaschinen, jedoch auch einfache, nach diesem Systeme gebaut, und die zwei Gründe, weshalb der Doppelrechen bei uns nicht mehr angewendet wird, sind folgende:

Erstens nimmt das Räderwerk mit den Gabeln viel Platz weg, zweitens aber und hauptsächlich macht es, wenn das Rad beim Wechseln steigt oder fällt, leicht einen Schlag, besonders wenn die Halbzirkel etwas abgenutzt sind.

Man hat zwar schon durch Balance, auch Puffer und Federn gegen diesen Schlag zu steuern gesucht, allein er wurde bei raschem Gange der Maschine doch nicht ganz vermieden."

5. Verschiedene neuere Bewegungsmechanismen.

Die Nothwendigkeit, dem Buchdrucker kleinere, billigere Schnellpressen zu bieten, hat in den letzten Jahren die Schnellpressenfabriken veranlaßt, die complicirtere Kreis- und Eisenbahnbewegung bei Maschinen kleineren Formats mit einem einfachen, billiger herzustellenden Bewegungsmechanismus zu vertauschen. Unser Atlas bietet die beste Gelegenheit für den Leser, sich über diese Constructionen zu orientiren. Betrachten wir uns zunächst A. T. 4 die König & Bauer'sche Accidenzmaschine mit Cylinderfärbung (über letztere siehe Seite 110). Diese Maschine hat eine Kurbel mit gerader Zugstange; das Fundament läuft in Schienen, construirt wie die an den Handpressen befindlichen, und die an den Kreisbewegungsmaschinen zur Anwendung kommenden; die Fabrik nennt diese Bewegung „Kurbelbewegung".

Die auf derselben Tafel befindliche Maschine mit Tischfärbung (siehe Seite 110) zeigt uns eine von den anderen ganz abweichende Bewegungsweise des Fundamentes. Die gleiche finden wir häufig bei den kleinen, billigen englischen Maschinen. In der Mitte zwischen beiden Seiten-gestellen (vorn am Farbekasten) auf der durch die Seitengestelle gehenden Schwungradwelle befindet sich ein kleines Zahnrad, das wiederum in ein größeres eingreift; an dem einen Arm dieses größeren Rades ist eine Zugstange befestigt, die dieses Rad mit einem aufwärtsstehenden hinten befindlichen Hebel in Verbindung bringt. Der Hebel ist wiederum mit dem in Schienen gleitenden Fundament in Verbindung gebracht. Steht der Arm des großen Rades auf dem äußersten Punkt nach hinten zu, so wird die Zugstange den Hebel mit dem Fundament gleichfalls auf den äußersten Punkt nach hinten geschoben haben, während sie, sobald der Arm bei weiterer Drehung seinen Weg nach dem äußersten vorderen Punkt zu nimmt, das Fundament nach vorn zieht. (Siehe auch A. T. 37 die Maschine von Humphrey, Hasler & Co.; hier ist der Mechanismus deutlich ersichtlich.) Betrachten wir uns ferner A. T. 33 die Eickhoff'sche Schnellpresse mit vereinfachter Eisenbahnbewegung. An dieser Maschine finden wir eine Kurbel gewöhnlicher Construction. Diese Kurbel ist durch eine Zugstange mit einem in das Fundament eingreifenden Zahnrade in Verbindung gebracht. Dreht sich die Kurbel nach vorn, so schiebt sie die Zugstange mit dem Rade und in Folge dessen das Fundament nach vorn, dreht sie sich nach hinten, so zieht sie mittels der Zugstange das Fundament nach hinten.

Eine ähnliche Bewegung zeigt A. T. 35 die Harrild'sche Maschine, nur daß hier anstatt der Kurbel wie bei der König & Bauer'schen Accidenzmaschine mit Tischfärbung auf T. 4 ein Rad zur Verwendung kommt.

Wenn wir ferner A. T. 38 die kleine Marinoni'sche Maschine betrachten, so finden wir den vorstehend oft erwähnten Hebel mit einer Kurbel in Verbindung gebracht, während diese bei den meisten anderen Maschinen durch ein Zahnrad ersetzt war.

Endlich finden wir noch besonders englische Maschinen, bei welchen das die Kurbel ersetzende Rad nicht senkrecht, sondern wagerecht vorn unter den Schienen liegt; es ist in diesem Fall ein conisches Rad, wie das an der Kreisbewegung, oft auch eine volle Scheibe mit unten angeschraubtem oder angegossenem Getriebe und wird bewegt durch ein zweites, kleines conisches, auf der Schwungradwelle befestigtes Rad.

Da auch hier die vorhandene, mit dem Fundament verkuppelte Zugstange nicht im Mittelpunkt des conischen Rades, sondern an einem seiner Arme befestigt ist, so wirkt dieses Rad je nach seiner Drehung schiebend oder ziehend auf das Fundament, es so hinter und vor befördernd.

Zu erwähnen haben wir noch, daß man in England, Amerika und Frankreich häufig diejenigen Maschinen, bei welchen der Karren (das Fundament) auf Schienen läuft, mit sogenannten Gleitrollen versieht. Diese Rollen, solidest aus Stahl gefertigt, sind mit ihren Axen zu beiden Seiten in Verbindungsstangen eingefügt; sie ruhen auf den Hauptschienen und drehen sich, wenn das durch den Bewegungsmechanismus hin und her geführte Fundament sie gleichsam mit sich nimmt; auf diese Weise wirken sie, den Gang der Maschine erleichternd. Die Anzahl der Rollen richtet sich erklärlicher Weise nach der Größe des Fundamentes.

Durch diesen Mechanismus, der jedoch erklärlicher Weise leicht der Abnutzung unterworfen ist, macht man es möglich, Maschinen ziemlich großen Formates noch mit einem Raddreher zu bewegen, kleinere Formate bis zu etwa 35:46 Cmtr. mit dem Fuß zu treten.

b. Mechanismen für die Ausübung des Druckes.*)

1. Druck mittels eines Cylinders.

Bei den Cylinderdruckmaschinen bewirkt, wie schon die Benennung andeutet, ein bei allen diesen Maschinen hohl in Eisenguß ausgeführter, auf das sorgfältigste abgedrehter Cylinder durch Ueberrollen der unter ihm auf dem Fundament weggeführten Form das Bedrucken des Bogens. Der Cylinder ist neben dem Farbenwerk der weitaus wichtigste Theil einer Schnellpresse, es muß ihm deshalb seitens des Maschinenbauers die größte Aufmerksamkeit geschenkt worden sein, denn, sobald seine Fläche nicht vollkommen cylindrisch ist wirkt er nicht in genügender Weise, kann also eventuell mit einem Theil seiner Fläche einen stärkeren Druck ausüben, wie mit dem übrigen Theil derselben.

Cylinderdruckmaschinen zeigt unser Atlas in großer Zahl, da dieser Mechanismus der in den meisten Fällen practischere ist; viele der im Atlas abgebildeten Maschinen sind sogar Cylinderdruckmaschinen im weiteren Sinne des Wortes, weil bei denselben auch die Form in Typen oder als gerundete Platte auf Cylinder gespannt zum Druck gebracht wird. (Siehe auch Seite 99 und A. T. 29,30, 44, 45 46, 47,48, 57, 58, 59, 60.)

Ueber die Lage des Druckcylinders in der Maschine belehren den Leser Fig. 1 h, A. T. 12 13 und Fig. 1 x, A. T. 14 15. Seine ungefähre Form dagegen zeigt A. T. 12 13, Fig. VIII. Ueber die Einrichtung, Stellung xc. des Druckcylinders findet man Näheres in dem Capitel: „Der Druckcylinder, sein Aufzug und seine Stellung".

Erwähnt sei an dieser Stelle noch, daß der Cylinder zugleich zur Aufnahme der sogenannten Zurichtung, bezweckend die Verbesserung und Egalisirung des Druckes, dient.

---

*) Da die in dem Nachfolgenden unter b und c genannten Theile so zu sagen die Seele der Maschine bilden, deshalb auch einer steten Beobachtung und öfteren Regulirung seitens des Maschinenmeisters unterliegen, was bei dem Bewegungsmechanismus nicht der Fall, so wird ihnen in bestimmter Reihenfolge mit den übrigen, gleich wichtigen kleineren Theilen der Maschine in besonderen Capiteln noch eingehendere Beachtung geschenkt werden.

An dieser Stelle beschränkt sich unsere Aufgabe darauf, den Leser über den Begriff Cylinder- und Tiegeldruck, Cylinder- und Tischfärbung zu belehren, um ihm die nachfolgenden Angaben über die Maschinen der verschiedenen Fabriken verständlich zu machen.

2. Druck mittels eines Tiegels.

Wie der Leser bereits auf Seite 96 erfah, führte die erste Maschine, welche König im Jahre 1811 fertig stellte, einen Tiegel, d. h. eine flache Platte, zur Ausübung des Druckes; er hatte demnach den an der Handpresse üblichen Mechanismus beibehalten und führte erst später den, eine größere Leistungsfähigkeit und einen leichteren Gang der Maschine ermöglichenden Cylinder ein. Der Tiegel ist jedoch durchaus nicht ganz durch den Cylinder verdrängt worden, man hat ihn vielmehr aus gewissen Gründen mitunter beibehalten, da er wiederum Vortheile bietet, welche dem Cylinder abgehen.

Ganz besonders hat man bei denjenigen Schnellpressen den Tiegel beibehalten, auf welchen complicirte und eine höchst saubere Färbung verlangende Drucke hergestellt werden sollen. Freilich haben solche Tiegeldruckmaschinen wenigstens bei uns in Teutschland keine große Verbreitung gefunden, obgleich auch einige deutsche Fabriken solche bauen.

Ihrer allgemeineren Einführung steht wohl hauptsächlich der schwere Gang und die gegenüber der Cylinderpresse weit geringere Leistungsfähigkeit im Wege. Zu leugnen ist jedoch nicht, daß diese, meist mit einem ähnlichen Deckel, wie der Pressendeckel versehenen Maschinen ein sehr genaues Register*) und mittels ihres vortrefflichen Farbenwerkes eine ausgezeichnete Färbung ermöglichen, sich demzufolge ganz besonders für den Ton- und Buntdruck eignen.

In England und Amerika sind die Tiegeldruckmaschinen weit mehr verbreitet und rühmt man dort besonders der von Hoe & Co. in Newyork gebauten Adam'schen Presse (A. T. 56) nach, daß sie ihren Zweck auf das beste erfülle.

In Teutschland beschäftigen sich, wie wir sehen werden, insbesondere König & Bauer mit dem Bau solcher großen Tiegeldruckmaschinen; auch Klein, Forst & Bohn bauen solche und zwar beide Fabriken zum doppelten Einlegen.

Neuerdings hat der Tiegeldruck bei kleinen Accidenzmaschinen, also bei solchen vielfach Anwendung gefunden, welche zum Druck kleiner kaufmännischer Formulare, Karten, Etiquetten zc. zc. dienen.

Es ist nicht zu leugnen, daß diese bereits seit langer Zeit insbesondere in Amerika gebräuchlichen Maschinen neuerdings auch in Teutschland ihrer großen Verwendbarkeit wegen viel Anklang und vielfache Verwendung gefunden haben, denn sie liefern meist mit einem Arbeiter je nach Format 600—1200 höchst saubere Drucke pro Stunde und kosten nur wenige hundert Thaler. Da diese Maschinen gegenwärtig so zu sagen eine Rolle spielen, so werden wir denselben später ein eigenes Capitel widmen und Proben ihrer Leistungsfähigkeit beigeben. Auf A. T. 50.51, 52.53, 54.55 findet der Leser eine große Anzahl solcher Pressen abgebildet.

*) Unter Register (Register halten) versteht man einestheils das genaue Aufeinanderstehen der Vorder- und der Rückseiten eines Druckbogens, anderntheils bei Farbendruck das genaue Ineinander- und Aufeinanderpassen der Farbenplatten resp. Formen. Wichtigeres hierüber später.

e. Mechanismen für die Verreibung der Farbe.

1. Verreibung auf Cylindern „Cylinderfärbung".

Unter Cylinderfärbung verstehen wir die Verwendung von Cylindern aus Metall in Verbindung mit Massewalzen (siehe Seite 33 u. f.), um die zum Druck dienende Farbe gehörig zu verreiben und sie dann auf die sogenannten Auftragwalzen, d. h. die Walzen, welche die Druckform schwärzen (färben), zu übertragen.

Diese Art der Verreibung ist bei uns in Deutschland die gebräuchlichere, während in England, Amerika und Frankreich mit Ausnahme der großen Rotationsmaschinen (siehe Seite 99) fast nur die Tischfärbung an den Schnellpressen zur Anwendung kommt.

Wir unterscheiden in Deutschland zwei Arten der Cylinderfärbung, die einfache und die doppelte oder übersetzte, vervollkommnete. Der Unterschied zwischen beiden besteht im wesentlichen darin, daß bei der doppelten Färbung eine größere Anzahl Reibwalzen in Thätigkeit sind, wie bei der einfachen, um die Farbe gehörig verarbeitet auf die Auftragwalzen zu bringen. Sie hat infolge dessen einen weit längeren Weg zu machen, ehe sie auf die letzteren gelangt und erzielt man auf diese Weise eine Feinheit der Verreibung, wie solche besonders bei complicirten Illustrations- und Farbendrucken unerläßlich ist, soll die Wiedergabe der Form eine vollkommene sein. Die zu diesen Arbeiten verwendeten starken (consistenten) Farben machen auch an und für sich eine solche Verreibung durchaus erforderlich.

Die doppelte, übersetzte Cylinderfärbung verdeutlichen uns am besten die Abbildungen A. T. 1 (König & Bauer'sche Kreisbewegung), 4, 7.8, 11.15 Fig. I, w, t, s, t₁, s₄, s₃. r, i. i (Doppelfärbung von Klein, Forst & Bohn Nachfolger im Detail, abweichend von allen anderen) 19.20 u. f., die einfache dagegen zeigt uns A. T. 12.13. Fig. I. w, t, s. g, r, i. i, und Fig. XI im Detail.

2. Verreibung auf einem Tisch „Tischfärbung".

Wie schon der Name andeutet, dient bei dieser Art der Färbung oder richtiger gesagt Verreibung der Farbe, eine flache (Tisch-) Platte dazu, die Farbe von der sogenannten Hebewalze direct zu empfangen und von den Reibwalzen verrieben, den Auftragwalzen zuzuführen. Zu diesem Zweck steht die Platte, der sogenannte Farbtisch mit dem Fundament in Verbindung, macht demnach die Bewegung des letzteren vor- und rückwärts mit.

Man kann mit vollem Recht auch die Tischfärbung in zwei Arten theilen, in eine einfache und eine doppelte (übersetzte, vervollkommnete).

Mit der Benennung einfache Tischfärbung bezeichnet man wohl am richtigsten diejenigen Maschinen, welche nur zwei Reib- und zwei Auftragwalzen haben (s. A. T. 4, 5, 35), dagegen mit der Benennung doppelte oder übersetzte Tischfärbung diejenigen welche mehr als zwei Reib- und drei Auftragwalzen führen, ganz besonders aber die Maschinen, bei welchen über den Auftragwalzen noch extra Reibwalzen eingelegt und dadurch eine ganz vorzügliche Verreibung der Farbe erzielt werden kann (f. A. T. 33, 34, 36, 50,51 [Maulbe & Vibart'sche Maschine zum zweifarbigen Druck]), 62, letztere ganz besonders beachtenswerth.

Die Farbeverreibung läßt sich auch bei den Tischfärbungsmaschinen anerkanntermaßen auf den höchsten Grad der Vollkommenheit bringen; Beweis dafür sind die vorzüglichen Drucke der Engländer, Amerikaner und Franzosen, welche, wie bereits erwähnt, sich fast ausschließlich dieser Färbung bedienen.

Wenn man den Werth dieser Einrichtung bisher in Deutschland nicht so recht anerkennen wollte, so glauben wir doch, daß man in letzter Zeit eine bessere Meinung von derselben bekommen hat, seitdem man die anerkennenswerthen Leistungen der fast durchgängig mit Tischfärbung versehenen Steindruckschnellpressen, die häufig ja auch gleichzeitig für Buchdruck mit zu benutzen sind, vor Augen hat. Daß sich die Verreibung und Färbung bei solchen Maschinen je nach Erforderniß und je nach Güte der Arbeit auf höchst einfache Weise einrichten resp. reguliren läßt, wird dem Leser unsere A. T. 17,18 gegebene Abbildung der Steindruckschnellpresse von Klein, Forst & Bohn Nachfolger beweisen. Durch einfaches Einlegen von mehr oder weniger Auftragwalzen in die dazu bestimmten Schlitze*) und Auflegen von mehr oder weniger Reibwalzen über denselben, hat man die Güte der Verreibung und Färbung ganz in der Hand.

Eine sehr vortheilhafte Einrichtung, welche neuerdings wohl die Steindruckschnellpressen aller renommirteren Fabriken enthalten, besteht darin, daß man sämmtliche Auftragwalzen mittels eines Hebeldrucks heben kann, so daß der Stein beim Durchgange nicht geschwärzt wird. (f. z. B. A. T. 17,18 an der Maschine von Klein, Forst & Bohn Nachfolger).

Es dürfte auch an Buchdruckmaschinen mit Tischfärbung oft sehr willkommen sein, die Walzen so weit zu heben, daß die Form, ohne sie zu berühren, darunter weggeführt werden kann. Die Besitzer solcher, sowohl für Buch- als auch für Steindruck eingerichteter Maschinen bedienen sich, wie wir häufig zu hören Gelegenheit hatten, dieses Mechanismus besonders beim Zurichten von Buchdruckformen mit großem Vortheil.

Ueber die Regulirung und Behandlung der Tischfarbenwerke findet der Leser das Nähere in dem Capitel über die Farbenwerke.

3. Verreibung auf Cylindern und einem Tisch „Combinirte Tisch- und Cylinderfärbung".

In neuerer Zeit hat man in Deutschland Schnellpressen gebaut, welche, um die Verreibung der Farbe bis zu dem höchsten Grade der Vollkommenheit zu bringen, die vorstehend beschriebenen Arten mit einander verbinden. Solche Maschinen werden mit großem Vortheil für feine Werk-, Illustrations- und Farbendrucke zu verwenden sein; man nennt sie Schnellpressen mit combinirter Tisch- und Cylinderfärbung.

---

*) In Deutschland hat man neuerdings an Buchdruckschnellpressen mit Tischfärbung die Auftragwalzen anstatt in Schlitzen, in richtigen Lagern, (wie an den Cylinderfärbungsmaschinen) gebettet (A. T. 41. Auch Eickhoff in Kopenhagen hat eine gleiche Einrichtung getroffen (A. T. 33).

111

Combinirte Tisch- und Cylinderfärbung.

Auch diese Maschinen zeigen wieder eine gewisse Verschiedenheit in der Construction, denn bei den einen ist es die Cylinderfärbung, welcher die Hauptarbeit zugewiesen, während die Tischfärbung nur ergänzend wirkt, bei anderen spielt die Tischfärbung die Hauptrolle, während die Cylinderfärbung nur mithelfend eintritt.

Betrachten wir uns die Kreisbewegungsmaschine von Klein, Forst & Bohn Nachfolger in Johannisberg (A. T. 10.11) so finden wir an derselben ein vollkommenes, übersetztes, mit drei Auftragwalzen versehenes Cylinderfarbenwerk, vorn dagegen, in einem Ansatz auf dem Grundgestell befinden sich extra noch zwei Reibwalzen von ziemlichem Durchmesser, welche dazu dienen, den am Fundament befindlichen Tisch tüchtig zu überreiben, demnach, wie erwähnt, ergänzend zu wirken.

Da ein eigentliches Farbenwerk vor diesen Reibwalzen nicht vorhanden, letztere, wie der Tisch auch ohne alle Umstände abzuheben sind, so ist das Einheben der Druckform an dieser Maschine nicht im geringsten behindert. Ebenso ist es statthaft, die hintere Anftragwalze, die erwähnten Reibwalzen und den Tisch bei allen den Arbeiten ganz wegzulassen, welche einer so vollkommenen Färbung nicht bedürfen.

Eine zweite Gattung solcher Maschinen zeigt uns die Abbildung A. T. 21.22. Es ist dies eine Schnellpresse mit Eisenbahnbewegung, combinirter Tisch- und Cylinderfärbung aus der Maschinenfabrik Augsburg. Wie die Abbildung deutlich erkennen läßt, kam bei Construction dieser Presse das der Johannisberger Maschine entgegengesetzte Princip zur Geltung, die Tischfärbung ist hier dominirend, die Reibcylinder über den drei Auftragwalzen wirken nur verbessernd, ergänzend.

Es unterliegt wohl keinem Zweifel, daß solche Maschinen bei richtiger Behandlung den höchsten Ansprüchen an exacte Verreibung und Färbung genügen, daß sie demnach insbesondere für alle die Druckereien von hohem Werth sind, welche sich speciell mit dem Druck feiner Bunt- und Tondruckarbeiten, Illustrationen rc. beschäftigen. Selbst die härtesten und körnigsten bunten Farben müssen auf diesen Farbenwerken gehörig verarbeitet auf die Form gelangen.

Auch bei einigen Nummern der König & Bauer'schen, sowie der Augsburger Zweifarbenmaschinen wurde ein Tisch zur Vervollkommnung der Verreibung herangezogen. Wir werden diesen Maschinen in einem besonderen Abschnitt specieller begegnen.

Wir glauben nunmehr den Leser so weit in die verschiedenen Constructionen und deren Benennungen eingeweiht zu haben, daß ihm Alles verständlich sein wird, was in dem Nachfolgenden über die Maschinen der verschiedenen Fabriken erwähnt ist.

Die in diesem Capitel etwa noch zu besprechenden Verschiedenheiten in der Anlage und Ausführung des Papiers bei den englischen Maschinen (s. z. B. A. T. 34) ziehen wir vor, bei Beschreibung der Maschinen solcher Construction mit zu erwähnen, um diese Beschreibung an einer Stelle vollständig zu bringen.

III. Die Schnellpressenbauer der Neuzeit und ihre Schnellpressen.

Beschäftigen wir uns zunächst mit den deutschen Fabriken und ihren Schnellpressen.

Wie schon aus dem Vorstehenden zu ersehen, sind es hauptsächlich die Kreis- und Eisenbahnbewegung und die Cylinderfärbung, welche bei deutschen Schnellpressen zur Anwendung kommen.

Fast alle unsere Schnellpressen sind jetzt mit dem so practischen mechanischen Selbstanleger versehen. Vielleicht erfüllen sich die Wünsche der Buchdrucker, auch das Einlegen der Bogen mittels eines Mechanismus bewerkstelligen zu können, bald, damit man auch für diese Verrichtung der Menschenhand entbehren kann.

Die deutschen Schnellpressen sind im Preise meist theurer, wie die englischen, französischen und amerikanischen. Es liegt dies wohl vornehmlich in dem complicirteren Mechanismus und in der umfangreicheren Benutzung schmiedeeiserner Theile, wie solcher in Messing- und Rothguß. Die deutschen Schnellpressen solider Fabriken müssen dafür aber auch bei sorgfältiger Behandlung eine lange Ausdauer bewähren, eine Eigenschaft, die man nicht allen ausländischen Schnellpressen nachrühmen kann.

1. König & Bauer in Kloster Oberzell bei Würzburg.

Die Buchdruck-Schnellpressenfabrik von König & Bauer in Kloster Oberzell bei Würzburg liefert gegenwärtig Schnellpressen von folgender Beschaffenheit:

1. Einfache Schnellpressen mit Eisenbahnbewegung und Cylinderfärbung in sechs verschiedenen Größen, deren Druckfläche zwischen 57:42 und 91½:56 Cmtr. liegt (A. T. 1).

2. Einfache Schnellpressen mit Kreisbewegung und verstärktem Farbewerk, sowie doppelter Farbeverreibung für den Druck von Illustrationen ausgestattet, in neun verschiedenen Größen, deren kleinste Druckfläche (Nr. 1) 58½:45½ Cmtr. mißt und deren größte (Nr. 9) eine solche von 117:78 Cmtr. hat (A. T. 1).

3. Accidenzmaschinen mit Kurbelbewegung und doppelter Cylinderfarbeverreibung in einer Druckgröße von 53:40½ Cmtr. (A. T. 4).

4. Accidenzmaschinen mit Tischfärbung (A. T. 4).

5. Einfache Schnellpressen mit Kreisbewegung und Tischfärbung in vier Größen mit einer Druckfläche zwischen 80:56 Cmtr. und 117:78 Cmtr. (A. T. 5).

6. Einfache Schnellpressen und Eisenbahnbewegung und Tischfärbung in drei Größen mit einer zwischen 53:42 Cmtr. und 80:52 Cmtr. liegenden Druckfläche.

7. Doppelmaschinen (besonders für Zeitungsdruck, siehe A. T. 5), mit Kreisbewegung und Cylinderfärbung, in sechs verschiedenen Größen, liefern stündlich 2500—3000 Abdrücke.

8. Zweifarben-Schnellpressen (A. T. 6), drucken mit einem Druckcylinder und zwei Formen einen Bogen gleichzeitig in zwei Farben. Vorhanden sind dieselben in drei verschiedenen Größen, zwischen 66:42 Cntr. und 85:56 Cntr. Druckfläche und jede dieser Größen in drei verschiedenen Arten: a. mit gewöhnlichem Cylinderfarbwerk, b. mit combinirter Cylinder- und Tischfärbung bei rotirendem Tisch, c. mit combinirter Cylinder- und Tischfärbung, rotirendem Farbtisch und doppeltem Farbwerk.

Außerdem fertigt dieses Etablissement Schnellpressen mit doppelt wirkendem Druckcylinder, welche zwei Bogen von einer Form auf einer Seite und in der Stunde gegen 3000 Exemplare drucken (Kreisbewegungssystem), in zwei Größen, 91:61 Cntr. und 117:71 Cntr.; ferner vierfache Schnellpressen mit zwei doppelt wirkenden Druckcylindern vier Größen, dann Doppel-Tiegeldruck-Schnellpressen (für Geld- und Buntdruck) zwei Größen und endlich Steindruck-Schnellpressen vier Größen. Man sehe auch das Capitel über das Aufstellen der König & Bauer'schen Schnellpressen.

Die Fabrik hält in Leipzig Lager bei ihrem Vertreter R. Hogenforst.

2. C. Hummel in Berlin.

Die Schnellpressenfabrik von C. Hummel in Berlin fabricirt namentlich:

1. Einfache Schnellpressen mit Eisenbahnbewegung und Cylinderfarbwerk mit doppelter Verreibung (A. T. 7,8). Von diesen Maschinen werden diverse Formate gebaut und wieder andere auf Verlangen mit einfachem Cylinderfarbwerk; die letzteren unterscheiden sich von denen mit doppeltem Farbwerk nur dadurch, daß die obere Massenwalze mit den beiden sichtbaren Metallreibern fehlt, während die Anordnung des Betriebes jener ganz gleich ist.

Bei diesen Maschinen wird die Kurbelwelle durch zwei Stirnräder von der Schwungradwelle betrieben; letztere ist zum Dampfbetrieb mit Fest- und Loßscheibe versehen. Außerhalb des Vorgelegeständers befindet sich eine Kurbel zum Handbetrieb; das Schwungrad ist zwischen dem Ständer und der Schnellpressenwand angebracht.

Der Druckcylinder ist mit dem Karren durch zwei Stirnräder und Zahnstangen, mit der großen Bandwalze durch zwei feinere, ebenfalls gefraiste Stirnräder verbunden.

Der Karren läuft auf vier Rädern. Das untere Stirnrad nebst Zahnstange sind gefraist.

Die schmiedeeiserne Kurbelstange wird unter Druck auf Zug in Anspruch genommen, ist daher weniger der Federung ausgesetzt und hat drei einen ruhigeren Gang zur Folge.

Die Cylindercenter sind bedeutend größer, als sonst üblich und von Stahlgußeisen gefertigt.

Die Excenterstange ist ein Schmiedestück aus dem Ganzen und hat in ihrem verlängerten Theile unterhalb des Anlegetisches eine solide Führung in stellbaren Stahlprismen.

Die Excenterrollen sitzen auf Stahlachsen und diese rotiren in doppelten Metalllagern. Die Führung und Absangung des Druckcylinders ist daher auch bei großer Geschwindigkeit (bis zu 1800 Abdrücken per Stunde) noch sicher und der Cylinder steht vollkommen ruhig.

Die Marken über dem Cylinder heben sich gleichzeitig, wenn die Punkturgabel herabgeht und zwar erst dann, wenn die Greifer den Bogen bereits gefaßt haben, was für genaue Arbeit, wie Buntdruck ?c. von Wichtigkeit ist. — Die Punkturgabel ist mit einem Schieber und seitlicher Schraubenstellung zur genauen Regulirung der Punktur versehen.

Der Auslegermechanismus ist gedrungen und einfach, die Bewegung des Auslegers daher sehr ruhig. Derselbe kann, wenn gewünscht, durch einen Schlüssel abgestellt werden.

Maschinen von größerem Format werden mit sechs Eisenbahnrollen gebaut und gehen ebenfalls sehr ruhig und verhältnißmäßig leicht. Sonst ist die Construction ähnlich.

2. Einfache Schnellpressen mit Eisenbahnbewegung und Tischfärbung; vier Auftragwalzen laufen mit Rollen auf Holzleisten und über diesen drei Metallreiber. Auf Verlangen wird bei diesen Maschinen eine doppelte Tischfärbung eingerichtet. Maschinen solcher Construction sind in verschiedenen renommirten Druckereien, besonders auch in der k. Staatsdruckerei zu Berlin mit großem Erfolg in Betrieb. Specielleres über die Farbenwerke folgt in dem betreffenden Capitel.

3. Doppelschnellpressen mit zwei einfach wirkenden Cylindern, mit Kreisbewegung und einfacher Cylinderfärbung, ausschließlich für Zeitungsdruck bestimmt, mit vollständiger Punktirvorrichtung und mit Selbstausleger versehen, sind befähigt, 3600 Abdrücke stündlich zu liefern.

Cylinder und Karren sind an diesen Doppelmaschinen durch zwei Paar gefraiste Stirnräder und Zahnstangen miteinander verbunden. Die Excenterbewegung ist noch solider, sonst aber nach demselben Princip wie bei den unter 1. erwähnten Schnellpressen.

Die Druckcylinder werden auf Verlangen stellbar eingerichtet, so daß auch kleinere Formate auf beiden Cylindern gleichzeitig gedruckt werden können.

4. Vierfache Schnellpressen mit zwei doppelt wirkenden Druckcylindern, Tischfärbung mit zwei Farbtischen, acht Reib- und vier Auftragwalzen, welche sämmtlich in verstellbaren Stahllagern laufen. (A. T. 7 und 8.)

Die Druckcylinder stehen durch Zahnrad und Zahnstange fortwährend mit dem Karren in Verbindung und jeder druckt sowohl hin als auch her. Die Cylinder liegen somit in festen Lagern, nicht in auf- und absteigenden wie die zwei Cylinder an anderen vierfachen Schnellpressen.

Die Bogen werden von vier Tischen a her auf den vier Einführtrommeln angelegt und durch den Fangcylinder zwischen die Bänder geführt. Greifer sind also nicht vorhanden. Das Register stimmt infolge der sicheren Bandführung vollkommen, sobald der Bogen richtig angelegt wird. Der von dem oberen Tische links kommende Bogen geht unterhalb des unteren Anlegetisches links nach dem unteren Ausleger und der von dem unteren Anlegetisch links kommende Bogen geht unterhalb des oberen Anlegetisches links nach dem oberen Ausleger.

Ebenso ist es auf der rechten Seite.

Die Einführbänder zwischen den Einführtrommeln und den Druckcylindern bewegen sich immer in derselben Richtung und Geschwindigkeit wie letztere. Eine Umschaltung, zur Umsetzung der Richtung wie bei den vierfachen Maschinen ist nicht vorhanden, der Gang daher ruhig und sicher, die Construction einfach. Die Ausführbänder, welche die Bogen nach den Auslegern führen, laufen gleichfalls immer in derselben Richtung und mit gleichförmiger Geschwindigkeit.

Sämmtliche Bandwalzen werden durch Räder betrieben, nicht durch Riemen, wodurch die Bewegung sicherer und genauer, die Instandhaltung einfacher wird. Alle Bandwalzen und Wellen laufen zwischen Körnerspitzen, nicht in gebohrten festen Lagern, und können daher stets dicht gestellt werden, wodurch der Gang der Bänder ein sicherer und genauerer wird; auch können sie leicht, und zwar jede einzelne für sich, herausgenommen werden, was bei den französischen Maschinen auch nicht überall der Fall ist.

Die Bandführung ist einfach und zugänglich, überdies so sicher, daß ein Band von 2 Ctnr. genügt und daß bei guter Behandlung jahrelang ein Auswechseln von Bändern nicht nöthig ist.

Es können verschiedene Formate gedruckt werden und ist dazu nur nöthig, die Excenter, welche die Fangcylinder bewegen, zu verstellen, was sehr leicht ist, da dieselben außerhalb der Maschine liegen.

Zur Färbung dienen zwei Farbekasten c, zwei eiserne Farbetische, acht Reibewalzen und vier Auftragwalzen, welche sämmtlich in stellbaren Stahllagern laufen. Die Färbung ist sparsam und kräftig, so daß auch Inserate mit Holzschnitten rc. vollkommen sauber und doch gedeckt zu drucken sind.

Der Karren wird durch Kreisbewegung betrieben.

Die Maschine ist nur 6½ Fuß hoch, daher überall hell, leicht zu übersehen und zu bedienen.

Die Leistung beträgt bei Formaten bis zu 63:94 Zoll circa 5200 Abdrücke pro Stunde.

3. Albert & Co. in Frankenthal.

Die Schnellpressenfabrik Frankenthal, Albert & Co. eine neue zu nennen, wäre wohl formell richtig, man würde aber in dieser Beziehung mit dem wirklichen Thatbestande in Widerspruch gerathen, da der Gründer dieser bereits dreizehn Jahre, wenn auch zeitweilig unter anderer Namensform, bestehenden Firma sich vor einem Jahre zu einer Aenderung verleiten mußte. — Der Letztere, Mechaniker A. Albert aus Oberzell, Schüler der Anstalt König & Bauer in Kloster Oberzell, begründete im Jahre 1861 in Frankenthal in Gemeinschaft mit dem Glockengießer Hamm unter der Firma Albert & Hamm eine Fabrik zur Erbauung von Buchdruckschnellpressen und anderer bei der Buchdruckerei erforderlichen Maschinen und Utensilien. Während dieser Gemeinschaft hatte die Anstalt 163 Schnellpressen und 83 Hand-, Glätt- und Satinirpressen gefertigt, gewiß ein Beweis für die Lebensfähigkeit des Unternehmens.

Hamm trat später aus der Gesellschaft und Albert errichtete nunmehr am 1. April 1873 die Schnellpressenfabrik Frankenthal Albert & Co. Als Associé fand Albert eine tüchtige kaufmännische Kraft in dem Herrn Wilhelm Molitor. Im ersten Betriebsjahre (April 1874) hatte die Fabrik Frankenthal bereits wieder 18 Schnellpressen, mehrere Handpressen, 3 Satinirwerke und 2 Glättpressen abgeliefert und im November 1874 endlich vollendete Albert die 200. Schnellpresse, welche unter seiner Leitung gebaut wurde.

Bezüglich der Construction der Maschinen dieser Fabrik sei erwähnt, daß sie sowohl mit Kreis-, als auch mit Eisenbahnbewegung gebaut werden; es will jedoch den Anschein gewinnen, als ob die Anſtalt der letzteren ihre beſondere Aufmerkſamkeit widmet. Eine Anſicht dieſer Schnellpreſſe befindet ſich A. T. 7 ж.

Der Leſer ſei noch auf das originelle Farbenwerk der Albert'ſchen Maſchinen aufmerkſam gemacht (Specielleres unter Farbenwerk); daſſelbe läßt ſich auf höchſt bequeme Weiſe als ein= faches und überſetztes benutzen.

4. Andreas Hamm in Frankenthal.

Nach dem Aufhören der Firma Albert & Hamm, deren Schnellpreſſenfabrik in den Localitäten des Letzteren betrieben wurde, ſetzte Hamm unter der Firma Schnellpreſſenfabrik von Andreas Hamm in Frankenthal das Geſchäft fort und verſandte dieſerhalb im Laufe des Jahres 1873 ein Circulair ſammt Preiscourant. In letzterem ſind einfache Schnellpreſſen mit Cylinderfärbung in ſechs Größen aufgeführt, deren Druckfläche zwiſchen 39 zu 53 Cntr. und 66 zu 92 Cntr. liegen. Außerdem ſind Accidenz=, Hand= und Glättpreſſen, ſowie Satinir= werke aufgeführt.

5. Bohn, Fasbender & Herber in Würzburg.

Bohn, Fasbender & Herber in Würzburg, Buchdruckmaſchinenfabrik und Eiſengießerei. Die Schnellpreſſen aus dieſem erſt zwei Jahre beſtehenden Geſchäft ſind im weſentlichen nach dem gewöhnlichen Syſtem gebaut (Abbildung ſ. A. T. 9). Der Antrieb liegt vorn, daher ſind beide Seiten frei, alles leicht zugänglich, doppeltes Anlegen ermöglicht, dafür aber iſt die Maſchine länger.

Verbeſſerte Eiſenbahnbewegung. Zwei Zahnſtangen an den Seiten des Wagens, in welche an den beiden Hinterrädern befeſtigte Zahnkränze eingreifen. Dadurch iſt gute Führung erzielt, die Maſchine iſt von längerer Dauer, es kann nicht ſo leicht ein Heben und Rütteln des Wagens ſtattfinden, wenn die Maſchine lange im Gange. Die Vorderräder werden durch Zahnkränze und Zahnſtangen zum beſtändigen Mitlaufen gezwungen, es kann alſo kein Gleiten ſtattfinden, wie man es bei manchen und beſonders bei älteren Maſchinen ſieht; die Bildung von Flächen, alſo Unrundwerden der Räder wird dadurch vermieden. Die Flügel= (Zug=) Stange iſt gerade, die Vorderachſe deshalb gekröpft (geſchweift).

Die Zahnſtange zum Betrieb des Druckcylinders iſt von Schmiedeeiſen gefertigt, der Beiläufer (ſiehe ſpäter) horizontal verſtellbar, daher ein ruhiger Gang zu erzielen.

Ueber das Farbenwerk wird in dem betreffenden Capitel das Nöthige folgen.

Das Anlegen der Bogen geſchieht ſeitlich an den auf= und abverſtellbaren Anlege= marken (ſiehe ſpäter), damit bei jedem Format gleich ſicheres Anlegen ſtattfindet. Die vorderen Anlegemarken werden in dem Moment durch einen Hebel angehoben, wo ſich die Greifer ſchließen, es kann daher kein Bogen an den Marken hängen bleiben, wenn die Bewegung des Druck= cylinders beginnt.

Die Bogenausführung geschieht mittels Ausführgreifern nach bekanntem System (s. unter Ausführung des Bogens).

Der Bewegungsmechanismus ist ein sehr einfacher. Die Balanciers und Gegengewichte sind hier auf andere Weise ersetzt. Greiferbewegung, Ausleger und bewegliche Punctur werden durch einen einzigen Excenter von der Kurbelwelle aus dirigirt.

6. Klein, Forst & Bohn Nachfolger in Johannisberg a. Rh.

Die Buchdruckschnellpressen-Fabrik und Eisengießerei von Klein, Forst & Bohn Nachfolger in Johannisberg a. Rh. bauen einfache Maschinen mit Cylinderfärbung und Karren in Schienen laufend (nur eine Größe 36½ : 48½ Cntr.), solche mit Cylinderfärbung und Eisenbahnbewegung in vier Größen mit einer Druckfläche von 43,2 : 63 Cntr. bis 59 : 89 Cntr., solche mit Kreisbewegung und Cylinderfärbung, resp. combinirter Cylinder- und Tischfärbung, in acht Größen mit einer Druckfläche zwischen 43,2 : 63 und 84 : 131 Cntr.; einfache Schnellpressen mit Tischfärbung, Eisenbahn- oder Kreisbewegung; Doppel-Schnellpressen mit Kreisbewegung in vier Größen; Zweifarben-Schnellpressen in zwei Größen.

Die Fabrik von Klein, Forst & Bohn Nachfolger hat das Verdienst, den Schnellpressenbau durch einige sehr wichtige Verbesserungen und Neuerungen bereichert zu haben.

Auf ursprüngliche Anregung des Buchdruckereibesitzers Brunn in Münster baut sie u. A. eine Maschine, welche, im übrigen eine einfache Schnellpresse und als solche auch jederzeit ohne Umstände benutzbar, doch die Möglichkeit bietet, doppelte Liniensätze in verschiedenen Farben zu drucken. Die Fabrik nennt diese Maschinen Querliniendruckmaschinen, obgleich dieser Name, wie wir aus dem Nachstehenden ersehen, die Leistungsfähigkeit derselben nicht vollständig genug bezeichnet.

Die Maschine enthält ein etwas weiter wie gewöhnlich vom Cylinder abgerücktes Cylinderfarbenwerk, zwischen diesem Werk und dem Cylinder aber liegt das zweite, zur Färbung der Querlinien bestimmte vereinfachte Farbenwerk.

Der Querliniendruckapparat besteht aus einer Spindel, auf welche Messing- oder Stahlscheiben in beliebiger Entfernung von einander aufgesteckt werden können, die gleich den Messinglinien entweder ein feines, fettes, doppelfeines oder punktirtes Bild zeigen. Um die Entfernung der einzelnen Scheiben in systematischer Weise regeln zu können, ist systematisch gegossener kreisförmiger Ausschluß von Viertelpetit bis Cicero vorhanden.

Die mit den Scheiben versehene Spindel ruht dicht und angemessen fest vor dem Druckcylinder; das Papier wird in der üblichen Weise angelegt, von den Greifern erfaßt und indem der Cylinder sich in der gewöhnlichen Richtung um seine Achse dreht, zieht er den Bogen zwischen sich und dem Umfange der auf der Spindel befindlichen gefärbten Scheiben hindurch und bedruckt den Bogen so nach und nach mit Querlinien, während der Zeit bewegt sich das Fundament mit der Zapform in gewöhnlicher Weise dem Cylinder zu und bedruckt den bereits mit den Querlinien versehenen Bogen, der sodann fertig durch den Ausleger auf den Anslegetisch befördert wird.

Damit man den Druck der Querlinien an jeder beliebigen Stelle des Bogens unterbrechen kann, sie auch ganz genau zu Anfang der mit dem Hauptsatz gedruckten Kopflinien beginnen, und mit ihrem Ende schließen, ebenso auch event. im Mittel- oder Kreuzsteg fehlen lassen kann, enthält der Cylinder an seinen Enden, vor den Zahnrädern, eingedrehte Nuten, an welchen Segmente von beliebiger Länge, beliebig verstellbar und über die Peripherie des Druckcylinder vorstehend angebracht werden können. An beiden Seiten der Scheibenspindel befinden sich frei um diese sich drehende Rollen in gleichem Umfange der Linienscheiben; laufen nun die Rollen auf die am Cylinder angebrachten Segmente, so wird die Spindel vom Cylinder so lange abgedrückt, bis das Segment endet und die Rollen dann wieder auf dem Cylinder laufen. Um dem Leser diesen Mechanismus erklärlicher zu machen, weisen wir auf die später beschriebene Bewegung der Greifer an den Schnellpressen hin, die durch einen Excenter an den Cylinder an- und abgeführt werden, also eine ganz ähnliche, durch die Form des Excenters bedingte Bewegung machen.

Es lassen sich auf diesen Maschinen nicht nur Querlinien mit der Tabelle zusammen drucken, man kann auch verschiedenfarbige Längenlinien in eine Tabelle hineindrucken. Eisenbahnen und Versicherungsgesellschaften benutzen meist Tabellen, in denen die Einer, Zehner 2c. der einzutragenden Summen zwischen Trennungslinien stehen, die zum Unterschiede von den Colonnenlinien blau oder roth gedruckt sind.

Um solche Tabellen zu drucken, braucht die Form nur mit dem Kopf gegen die Walzen geschlossen zu werden, während sie bei Querlinien mit dem Kopf stets in der Richtung des Mittelsteges Platz finden muß. Bei Anwendung des Querlinienapparates für den Druck von Längenlinien in anderer Farbe geschieht die Stellung und Befestigung der Linienscheiben ganz in derselben Weise, als wenn dieselben für Querliniendruck verwendet werden sollen. Ganz besonders in diesem Fall ist das beliebige Unterbrechen der mit dem Apparat einzudruckenden Linien von großer Wichtigkeit, da solche Tabellen bekanntlich oft mehrere Köpfe oder Rubriken auf einer Seite haben.

Von Druckereien, welche viel mit Tabellendruck beschäftigt sind, wird diese Maschine mit größtem Vortheil benutzt, da ihre Handhabung eine höchst einfache und ihre Leistungsfähigkeit eine bedeutende ist, wenn man in Betracht zieht, daß sie stündlich 800—1200 Bogen mit der Tabelle selbst und mit den Querlinien in anderer Farbe oder andersfarbigen Längenlinien zu bedrucken vermag, ohne daß ein zweiter Satz für diese letzteren nöthig wäre.

Es scheint uns, als wenn der Werth dieser in jeder Hinsicht vortrefflichen Maschine noch nicht allgemein gewürdigt wird, da man z. B. noch häufig die neuerdings erfundenen Zweifarben-Maschinen für gleiche Zwecke benutzt, obgleich dieselben viel theurer sind, meist weniger Druck liefern, zweier Sätze (Formen) bedürfen und mit Vortheil eben nur zum zweifarbigen Druck zu benutzen sind, während die Querliniendruckmaschine der Herren Klein, Forst & Bohn Nachfolger als eine einfache Maschine der gebräuchlichsten Construction ohne alle Umstände und ohne Beschränkung ihrer Leistungsfähigkeit als eine solche gewöhnliche Druckmaschine zu verwenden ist, da es nur der Herausnahme der Scheibenspindel und der dazu gehörigen Walzen bedarf, um sie zu einer solchen umzugestalten, eine Arbeit, die nicht viel mehr Zeit in Anspruch nimmt, als wenn man etwa die zum Anlegen des Bogens dienende Markennauge bei Beginn des Widerdrucks entfernt und die Auftragwalzen wechselt.

Eine Verbesserung an Schnellpressen, welche wir der gleichen Firma zu verdanken haben, besteht in der Erfindung eines Apparates, welcher die in vielen Fällen so lästigen oberen Bogenleitbänder entbehrlich macht. Da dieser Apparat, als ein höchst wichtiger Theil der Schnellpresse später eingehender beschrieben wird, so beschränken wir uns an dieser Stelle nur darauf, die Einrichtung kurz zu erwähnen; die bedeutenden Vortheile, welche dieselbe mit sich bringt, werden dem Leser erst klar werden, nachdem er mit dem Zweck der Bänder und demzufolge mit dem des Apparates, der sie zum Theil ersetzen soll, bekannt geworden ist.

Die Schnellpressen der Herren Klein, Forst & Bohn Nachfolger zählen zu den besten, welche in Deutschland gebaut werden und erfreuen sich deshalb einer großen Beliebtheit. Beweis dafür ist, daß die Fabrik*) zu Anfang des Jahres 1875 nach nur 28jährigem Bestehen ihre 1000. Schnellpresse fertig stellte.

Die Maschinen sind höchst durabel gebaut, haben ein vortreffliches, von den anderen deutschen Maschinen abweichendes, höchst originelles, den Gang nicht erschwerendes übersetztes Farbewerk**) und nehmen, da bei den meisten Größen die Kurbel, resp. der Antrieb hinten unter dem Anlegetische liegt, nicht viel Platz ein. Sie sind sämmtlich mit Selbstausleger und Bogenschneider versehen und noch bis zu einem Format von 59—89 Cntr. von einem Knabbreher zu bewegen. Abbildungen dieser Maschinen wie Specialzeichnungen derselben findet der Leser N. T. 9—18. Anleitung zur Aufstellung folgt in dem betreffenden Capitel.

Die Fabrik hält in Leipzig Lager bei ihrem Vertreter Alexander Waldow.

7. Maschinenfabrik Augsburg in Augsburg.

Das Etablissement wurde im Jahre 1840 von Sander in Augsburg gegründet, 1811 von C. Reichenbach und C. Buz übernommen und ging am 1. December 1857 an die jetzige Eigenthümerin, die Actiengesellschaft „Maschinenfabrik Augsburg" über. Die Fabrik baut außer Schnellpressen und sehr guten Dampfmaschinen noch diverse andere Maschinen.

Ihre Schnellpressen zerfallen in einfache mit Eisenbahnbewegung und Tisch- oder Cylinderfärbung von elf verschiedenen Größen, Doppelschnellpressen mit zwei Druckcylindern, vierfache Schnellpressen mit zwei Druckcylindern, welche vor- und rückwärts drucken, Zweifarbenmaschinen mit einem Druckcylinder und einfache Schnellpressen mit combinirter Tisch- und Cylinderfärbung (N. T. 19—28).

Die Maschinen der Augsburger Fabrik zeichnen sich durch ihren soliden und höchst accuraten Bau vortheilhaft aus und ihre Construction ist eine sehr practische. Auf die Einzelheiten derselben

---

*) Die Fabrik firmirte früher Klein, Forst & Bohn; nach Austritt des jetzt der vorstehend genannten Firma Bohn, Faßbender & Herder angehörigen Herrn Bohn nahm sie im Jahre 1871 obige Firma an.
**) In der späteren Beschreibung der Farbenwerke findet der Leser auch über dieses alles Nähere.

kommen wir in späteren Capiteln zurück. Wie der Leser aus den A. T. 19 – 28 gegebenen Abbildungen ersieht, hat die Fabrik ausschließlich das System der Eisenbahnbewegung für ihre Maschinen adoptirt.

Auch die **vierfache Schnellpresse** dieser Fabrik ist eine in Deutschland sehr beliebte, da sie einfach in der Construction, also leicht zu behandeln ist und weil sie im Verhältniß zu ihrer Leistungsfähigkeit nur wenig Raum einnimmt. Die Bänderzahl ist auf ein Minimum reducirt, die Farbenwerke sind Tischfärbung, leicht zugänglich und können an denselben nach Belieben 4 bis 6 Auftragwalzen angewendet werden. Die zwei Cylinder drucken, wie bei allen vierfachen deutschen Maschinen vor- und rückwärts 4 Bogen auf einer Seite und können auch kleinere Formate als die, für welche sie gebaut, darauf hergestellt werden. Sie liefern nach Angabe der Fabrik 5—8000 Abdrücke, es muß sonach, um dieses Resultat zu erreichen, jeder Einleger 1250—1500 Bogen anlegen, respective punktiren, eine Aufgabe, der bei einer großen Auflage wohl nur ganz besonders geübte Leute dauernd gewachsen sein dürften. Der Preis dieser Maschine ist je nach Format 4800—5600 Thaler.

Neuerdings baut die Augsburger Fabrik auch eine neue **Zeitungs-Druckmaschine**, welche mit endlosem Papier druckt, dasselbe selbst feuchtet, die Bogen nach dem Druck abschneidet und entweder gefalzt oder ungefalzt auslegt, sich auch die Farbe selbst je nach Bedarf zupumpt. Sie gehört zu den auf Seite 99 unter 11 verzeichneten Rotationsmaschinen. Diese höchst interessante, im wesentlichen der später eingehender beschriebenen Walter-Presse[*]) gleichende Maschine findet der Leser A. T. 29/30 abgebildet. Die Augsburger „**Endlose**“, wie man diese Art Maschinen am einfachsten benennt, ist bereits jetzt (Anfang 1875), nachdem sie auf der Wiener Weltausstellung von 1873 zum ersten Mal den Fachmännern vorgeführt wurde, in mehreren Druckereien in Betrieb, z. B. in der Druckerei der Dresdner Nachrichten (Liepsch & Reichardt) in Dresden, Wirth in Augsburg (Augsburger Abendzeitung), Freund in Breslau (Breslauer Morgenzeitung) und zwar alle drei mit Falzapparat, ferner im Bibliographischen Institut in Leipzig, Spaarmann in Oberhausen ꝛc. Die letztgenannten beiden Druckereien erhielten Maschinen kleineren Formats mit Selbstausleger, also ohne Falzapparat.

Es unterliegt wohl keinem Zweifel, daß diese Maschine auch in Deutschland eine Zukunft hat, um so mehr, als die, in dem Bau ihrer Maschinen so höchst sorgfältig und weit gehende Augsburger Fabrik bemüht ist, ihr die Wege noch besser zu bahnen, wie dies bisher besonders von den englischen Fabrikanten ähnlicher Maschinen geschah. Diese suchten und suchen noch heut' zu Tage den Werth ihrer Maschinen einzig und allein in ihrer einfachen und schnellen Benutzung als Zeitungspressen zu begründen, sie verzichteten deshalb von vorn herein auf eine Farbeverreibung, wie solche für einen Druck nothwendig ist, welcher allen berechtigten Anforderungen genügen soll. Die Augsburger Fabrik hat, wohl aufgefordert durch Druckereien, welche auch Werke auf einer so leistungsfähigen Maschine zu drucken wünschten, die Farbeverreibung bereits

---

[*]) Die später folgende Beschreibung der Walter-Presse wird genügen, dem Leser die Construction der Augsburger „Endlosen“ verständlich zu machen.

verbessert und unterliegt es wohl keinem Zweifel, daß es ihren befähigten Constructeuren gelingen wird, uns mit der Zeit eine Maschine zu bieten, auf der man mit guten Platten einen eben so sauberen Druck liefern kann, wie auf den Flachdruckmaschinen mit ihren vollkommenen Cylinder- oder Tischfarbenwerken. Jetzt lassen sich bereits je nach Bedürfniß zwei bis vier Auftragwalzen für jeden Plattencylinder einsetzen.

Die Maschine bietet ferner den Vortheil, daß man auf ihren Cylindern ziemlich bequem zurichten kann; sie hält genau Register, ermöglicht ein einseitiges Bedrucken des Bogens, nimmt verhältnißmäßig wenig Platz ein und benöthigt nur wenig Personen zu ihrer Bedienung. Ihr Gang ist ein leichter, daher keine bedeutende Betriebskraft nothwendig.

Ein weiteres Verdienst hat sich die Augsburger Fabrik durch Anbringung eines Falz-apparates an den Maschinen dieser Construction erworben, welche für ganz bestimmte Zwecke benutzt werden und bei denen ein solcher Apparat mit Vortheil zu verwenden. Durch denselben ist besonders den Zeitungsdruckereien die Möglichkeit geboten, jedes Exemplar bereits gefalzt auf den Auslegetisch zu bringen. Wem die Schwierigkeiten der Construction einer guten und leistungsfähigen Falzmaschine bekannt sind, der wird zugeben müssen, wie die Fabrik auch in dieser Hinsicht gezeigt hat, daß sie den Aufgaben gewachsen ist, welche sie sich stellte. Die in Dresden arbeitende Maschine falzt, wie der Herausgeber gesehen, ganz vortrefflich.

Auch der Feuchtapparat der Augsburger Maschine scheint uns ein origineller und höchst practischer zu sein. Vor allem hat er vor der Walter-Presse voraus, daß er den Bogen von beiden Seiten in vollkommenster Weise feuchtet. Die Walter-Presse feuchtete früher nur von einer Seite, neuerdings hat man aber auch an ihr eine zweiseitige Feuchtung ermöglicht, doch soll diese bei der Augsburger Maschine nachstehen.

Wie der Leser A. T. 29 30 bemerkt, befindet sich am rechten Ende der Maschine, über der Papierrolle der eigentliche Feuchtapparat, aus mehreren Walzen bestehend. Diese Walzen sind in Messing hergestellt, mit feinen Löchern versehen und mit Filz überzogen.

Das Wasser wird ihnen von einem Reservoir oder wenn eine richtige Wasserleitungs-vorrichtung vorhanden, von einer solchen derart zugeführt, daß kleine, feine Messingröhren, welche über dem am Feuchtwerk befindlichen Kasten ausmünden, je nach Erforderniß mehr oder weniger Wasser in die auf der Abbildung deutlich ersichtlichen, am Kasten befindlichen mit Mundstücken versehenen Röhren laufen oder tropfen lassen. Das so in die Walzen geführte Wasser sickert durch die feinen Löcher derselben in den Filz, tränkt ihn ganz gleichmäßig, und theilt auf diese Weise dem Papier die nöthige Feuchtigkeit mit.

Ganz besonders practisch, daher den Werth der Augsburger Maschine ganz wesentlich erhöhend ist der dazu gehörige Stereotypapparat.

Die „Endlosen" drucken, wie bereits auf Seite 99 unter 11 erwähnt, nicht von auf flachen Fundamenten gebetteten Satzformen, sondern meist von gerundet gegossenen Stereotyp-platten, die auf Cylindern befestigt werden. Die Güte des Druckes hängt erklärlicher Weise viel von der Schärfe der Platten und deren gleichmäßiger Stärke in ihrer ganzen Ausdehnung ab und kommt der exacte Guß derselben ganz besonders beim Zeitungsdruck in Betracht, da

Zeit für die Zurichtung und Regulirung solcher Platten in der gewöhnlichen Weise häufig nicht zu erübrigen ist. Manche, für diesen Zweck construirte Stereotypapparate lassen in Bezug auf exacten Guß Vieles zu wünschen übrig, der Augsburger Apparat hat sich jedoch ganz vortrefflich bewährt und wird uns von unserem Gewährsmann, welcher auch andere Apparate benutzte, als der beste bezeichnet.

Die Platten lassen an Exactität und Schärfe nichts zu wünschen übrig, ihre Bearbeitung auf der inneren Seite ist eine höchst einfache und genaue. Die schmalen je in Abständen von $\frac{1}{2}$ bis $\frac{3}{4}$ Cntr. stehenden Rippen, welche auf den inneren Seiten angegossen sind, werden nicht eigentlich abgedreht oder gehobelt, sondern durch einen eigenen Apparat so zu sagen geschabt.

Die vollständige Stereotyp-Einrichtung besteht nun aus folgenden Maschinen und Apparaten:

1. Rahmen, besonders construirt, zur Anfertigung der Matern;
2. einer Walzenpresse, zum Pressen der Matern;
3. einer Spindelpresse, zum Trocknen der Matern in gepreßtem Zustande;
4. den Eisentheilen zum Schmelzofen, sammt Trockencanal;
5. einem Gießapparat, zum Gießen der Platten;
6. einem Paar Kreissägen zum Abschneiden der Aufgüsse an den Platten;
7. einem Bohrapparat, zum Ausbohren der Platten;
8. einer Drehbank, zum Abdrehen, Hobeln und Graviren der Platten.

Die Befestigung der Platten auf den betreffenden Cylindern der Maschine geschieht derart, daß die wie bei allen Stereotypplatten schräg bestoßenen Ränder in mit conischen Schlitzen versehene, mittels Schrauben zu befestigende Halter geschoben werden.

Die Leistungsfähigkeit dieser Augsburger Endlosen wird mit Falzapparat auf 8—10,000, ohne Falzapparat mit 12—15,000 Exemplaren pro Stunde angegeben. Ihr Preis ist gegenwärtig je nach der Größe des Formates einschließlich der sämmtlichen Stereotypapparate, Farbepumpe rc., 30,000—54,000 Mark. Zu ihrer Bedienung ist, abgesehen von den Nebenarbeiten, wie Einhängen der Papierrollen, Wegnehmen der gedruckten Stöße, Putzen u. s. w., stets nur ein Mann nöthig. Der Raum, welchen diese Maschine einnimmt, beträgt 5 Mtr. in der Länge, $3\frac{1}{2}$ Mtr. in der Breite.

Wie alle renommirten Schnellpressenfabriken, so hat auch die Augsburger Fabrik ihre Vertreter in Leipzig, und zwar in der Person der als Fachmänner rühmlichst bekannten Buchdruckereibesitzer Fischer & Wittig[*]). Dem bewährten Rath dieser Vertreter hat die Fabrik es unstreitig zu verdanken, daß sich ihre Maschinen gegenwärtig eines vortrefflichen Renommés erfreuen.

---

[*]) Die Herren Fischer & Wittig sind auch die Verfasser des bereits in mehreren Auflagen erschienenen Werkchens: „Die Schnellpresse, ihre Mechanik und Vorrichtung zum Druck rc." Leipzig, Selbstverlag der Verfasser.

8. Maschinenfabrik Worms (Hoffmann & Hofhainz) in Worms.

Die Maschinen dieser erst seit einigen Jahren bestehenden Fabrik sind zumeist mit Eisenbahn-bewegung gebaut. Wie aus der Abbildung A. T. 31 ersichtlich, führen sie die Kurbel mit Antrieb hinten unter dem Anlegebret. Das Fundament läuft auf einem vierräderigen Wagen, welcher mittels Zahnstangen und Zahnräder sichere Führung findet. Das Farbenwerk ist ein übersetztes.

9. Aichele & Bachmann in Berlin.

Die Maschinenbau-Anstalt von Aichele & Bachmann in Berlin, deren Specialität im Bau von Buchdruck-Schnellpressen besteht, wurde von den Herren J. Aichele und H. Bachmann am 1. Januar 1857 gegründet und erfreute sich bald eines ermunternden Absatzes ihrer Producte, welche dem System nach den von G. Sigl in Wien erbauten Schnellpressen am nächsten stehen und sich durch möglichste Einfachheit bei allen Anforderungen der neueren Zeit auszeichnen.

Sämmtliche bis jetzt gebauten Maschinen dieser Anstalt haben Cylinder-Verreibung, sind sonst aber entweder mit sogenannter Eisenbahn- oder Kreisbewegung gebaut. Die Anstalt hat stetig zugenommen und mag sich die Anzahl der Schnellpressen, welche sie bisher in Gang gesetzt hat, auf 400 Stück belaufen, wobei sie noch viele andere Maschinen während ihres Bestehens absetzte. Ihr Leipziger Vertreter ist Herr Friedrich August Lischke in Reudnitz-Leipzig.

10. G. Sigl in Berlin und Wien.

G. Sigl gründete am 12. August 1840, angeregt durch das zu Berlin am 24. Juni desselben Jahres begangene vierte Säkularfest der Erfindung der Buchdruckerkunst, in Berlin sein erstes Etablissement zum Bau von Buchdruckschnell- und Handpressen, dem schon im Herbst 1845 ein gleiches Etablissement in Wien folgte. Im Jahre 1860 übernahm Sigl die Locomotiven-Fabrik Wiener-Neustadt und brachte dies Etablissement zu einer so bedeutenden Ausdehnung, daß jährlich über 200 Locomotiven aus der Anstalt hervorgingen. Durch Kauf und Errichtung diverser Hütten- und Bergwerksanlagen ist Herr Sigl einer der hervorragendsten Industriellen Oesterreichs geworden; aber noch eins ehrt ihn rühmlichst: G. Sigl ist der Erfinder der Steindruckschnellpresse.

Ebenso hat Sigl in Bezug auf die Vereinfachung der Buchdruckschnellpressen viel geleistet und deshalb ist es ihm auch gelungen, sein Fabrikat nach allen civilisirten und halbcivilisirten Ländern der Erde zu verkaufen.

Die Sigl'sche Fabrik baut einfache Schnellpressen mit Eisenbahnbewegung und einfacher Cylinderfärbung in fünf Größen, von 44½:62 Cmtr. bis 59:89 Cmtr., dieselben mit Kreisbewegung in acht Größen, — einfache Schnellpressen mit doppelter Cylinderfärbung und Kreisbewegung in sieben Sorten, — einfache Schnellpressen mit Tischfärbung und Eisenbahnbewegung in vier Größen, mit Gleitschienen (ohne Bandleitung, mit directer Abnahme der Bogen vom

Cylinder) in drei Größen (ähnliche f. A. T. 34). — Doppelschnellpressen zum Zeitungsdruck mit zwei Druckcylindern und Kreisbewegung in vier Größen. Sonst lithographische Schnellpressen mit Tischfärbung und Cylinderfärbung.

Auch die Sigl'sche Fabrik beschäftigt sich mit dem Bau von „Endlosen". Sie hat für diese Maschine das von uns später speciell beschriebene Marinonische System erwählt.

Sigl hat seine „Endlose" oder „Rotations=Cylinder=Druckmaschine" mit mehreren Falzmaschinen in directe Verbindung gebracht, welche die einzelnen, auf beiden Seiten bedruckten Bogen in dreifacher Lage zusammenfalten. Ob diese Einrichtung, also die Benutzung mehrerer Falzmaschinen von Vortheil ist, wollen wir dahingestellt sein lassen; die Störung an einer dieser Maschinen muß das Stillstehen der ganzen Presse mit allen vier Falz= apparaten zur Folge haben.

Für die Feucht= und Trennvorrichtung des Papiers beansprucht Sigl das Verdienst, dieselben zuerst auf dem europäischen Continent eingeführt zu haben; ob mit Recht, scheint uns zweifelhaft, Marinoni wenigstens macht Sigl dieses Verdienst streitig. (Siehe auch unter Marinoni S. 130.) Jedenfalls besaßen die Walter= und Bullock=Presse (siehe später) ähnliche Einrichtungen schon längst, waren aber allerdings nicht auf dem Continent eingeführt.

Da die Fabrik gegenwärtig beschäftigt ist, ihren sämmtlichen gewöhnlichen Maschinen eine neue, den Anforderungen der Zeit entsprechendere Construction zu geben und dabei alle die bisher gemachten Erfahrungen zu benutzen, so waren wir nicht in der Lage, Abbildungen der Sigl'schen Maschinen in unserem Atlas zu geben.

II. H. Löser (L. Kaiser) in Wien.

Im Jahre 1848 wurde in Wien unter der Firma H. Löser's Maschinenfabrik ein Etablissement zum Bau von Buchdruck=Maschinen, Hand= und Glättpressen, Satinirwerken, sowie Schriftgießereiutensilien gegründet, welche Fabrik im Jahre 1867 von dem heutigen Besitzer, L. Kaiser (Ungargasse 54), übernommen wurde. Die Fabrik liefert einfache Schnellpressen mit cylindrischem Farbenwerk mit Eisenbahnbewegung in zwei Größen, von 20:30 und 24:36 Wiener Zoll, — solche mit Schlitten= oder Schienenbewegung und Cylinderfärbung in drei Größen, 20:30, 24:36 und 30:40 Wiener Zoll (A. T. 31a und 31b). Im allgemeinen ist in Oesterreich eine gewisse Beliebtheit der Fabrikate dieses Hauses zum Ausdruck gekommen, welche auf der Einfachheit der Construction und der Bequemlichkeit beim Handbetrieb beruht. Bis Mai 1874 hatte die Anstalt 408 Schnellpressen und außerdem noch 600 Hand=, Glätt= und Buchbinderpressen fertig gestellt.

Von deutschen Fabrikanten wollen wir noch Schoop in Hamburg (beim Klostertbor), einen geborenen Lüneburger, erwähnen, der seit Anfang der fünfziger Jahre Buchdruckhandpressen und einfache Schnellpressen baut, welche letztere ihrer Solidität und Einfachheit halber in Hamburg, in den Herzogthümern Schleswig und Holstein, in beiden Mecklenburg und im nördlichen Hannover gern gesehen und in den genannten Bezirken ziemlich verbreitet sind. Specielleres über die Constructionen der deutschen Schnellpressen folgt in den spätern Capiteln.

12. J. G. A. Eickhoff in Copenhagen.

J. G. A. Eickhoff ist ein geborener Deutscher aus Mölln in Lauenburg, wo er als Schlosser lernte. Auf seiner Wanderschaft kam er nach Copenhagen, etablirte sich dort im Jahre 1848 als Schlosser und fertigte als Meisterstück eine Buchdruckschnellpresse. Bald darauf errichtete er eine Fabrik zum Bau von Buchdruckschnellpressen, Handpressen, Dampfmaschinen u. s. w. Seinen hauptsächlichsten Absatz erzielte er in Dänemark, Schweden und Norwegen, Finnland und Rußland; in Petersburg und Moskau unterhält Eickhoff Agenturen. Das Geschäft wird gegenwärtig wohl außer anderen Maschinen nahezu 220—250 Buchdruckschnellpressen fertig gestellt haben und nahm dasselbe besonders in den letzten Jahren einen großen Aufschwung, nachdem der älteste Sohn Eickhoff's, welcher in Deutschland Mechanik und Maschinenkunde studirte, zurückgekehrt war. Das Etablissement baut einfache Schnellpressen mit Eisenbahnbewegung und Cylinderfärbung, einfache Schnellpressen mit Kreisbewegung und doppelter Cylinderfärbung (beide A. T. 32), einfache Schnellpressen mit vereinfachter Eisenbahnbewegung und Tischfärbung, Doppelschnellpressen mit Kreisbewegung für den Zeitungsdruck (beide A. T. 33).

Wir kommen nun zu den französischen Schnellpressen. Wenn wir dieselben nachstehend ausführlich beschreiben, so geschieht dies, weil man in Frankreich Schnellpressen ganz besonderer, in Deutschland nicht zur Ausführung kommender Construction baut. Wir verweisen u. a. auf die Complett-Maschine (Schön- und Widerdruckmaschine), die zwei- und viercylindrigen Maschinen, welche gleichfalls Schön- und Widerdruck liefern.

Maschinen dieser Art haben neuerdings mehrfach auch in Deutschland Eingang gefunden, deshalb gebührt ihnen in diesem Werk jedenfalls eine angemessene Beachtung.

Die einfachen französischen Schnellpressen sind in ihrer gesammten Construction den deutschen ziemlich ähnlich, doch kommt bei ihnen wohl ausschließlich die Tischfärbung zur Anwendung. Als Bewegungsmechanismus ist die Eisenbahnbewegung (s. S. 101) und bei größeren Maschinen der Doppelrechen (s. S. 103) die gebräuchlichste Form. Ein Blick in den Atlas und die nachfolgenden Beschreibungen der dort abgebildeten Maschinen wird dies bestätigen. Die französischen Fabriken sind bis jetzt zum großen Theil noch dabei geblieben, auch die Auftragwalzen ihrer Tischfärbungsmaschinen mit Laufrollen versehen in einfachen Schlitzen zu lagern, während wir in Deutschland, wie wir später sehen werden, bereits seit Jahren sehr vortheilhafte Verbesserungen an diesem wichtigen Theil der Maschine besitzen.

Wenn die französischen Maschinen fast durchgängig billiger sind, wie unsere deutschen, so liegt dies zum Theil in der weit einfacher und billiger herzustellenden Tischfärbung, zum

Theil aber daran, daß man dort, wie auch in England und Amerika viele der kleineren Theile, die man bei uns in Schmiedeeisen, Rothguß oder Messing herstellt, gleichfalls einfach in Eisen gießt. Auch kommt wohl in Betracht, daß man in diesen Ländern keinen so langen Credit verlangt, respective gewährt, wie bei uns, der dortige Schnellpressenfabrikant demnach nicht nothwendig hat, seinen Preis einem langen Ziel angemessen höher zu stellen. Wir müssen den Marinoni'schen, Alauzet'schen und Maulde & Wibart'schen Maschinen, die wir aus eigener Anschauung kennen, jedoch das Zeugniß geben, daß ihr Bau, trotz des civilen Preises ein höchst sauberer und accurater ist.

13. H. Marinoni in Paris.

Von den französischen Schnellpressenfabriken behauptet das Etablissement des Herrn Hippolyte Marinoni in Paris, Rue de Vaugirard 67, noch immer den Hauptrang. Im Jahre 1849 gegründet, hat es jetzt nahezu 4000 Schnellpressen abgeliefert. Erst in letzter Zeit ist Marinoni, der 1867 in Paris die goldene Medaille, in Wien 1873 die Fortschrittsmedaille erhielt, durch Verleihung der Ehrenlegion ausgezeichnet worden. Der General-Vertreter der Fabrik für Deutschland und Oesterreich-Ungarn ist Herr J. R. Frauenlob in Wien, Mariahilferstr. 108.

Unte den Marinoni'schen Schnellpressen ist unzweifelhaft die populärste die „Indispensable", („Unentbehrliche") genannte (A. T. 38). Sie hat durch ihren billigen Preis und ihre untadelhafte Construction eine Verbreitung in Frankreich und Italien gefunden wie wenig andere Druckmaschinen; auch in Oesterreich und Deutschland ist sie mehrfach in Betrieb gekommen. Die Bewegung ist die in Deutschland durch König & Bauer bekannte sogenannte directe. Sie setzt sich von der Antriebwelle durch zwei ineinander greifende Stirnräder fort auf die einerseits am Rande des größeren dieser Räder angebrachte, andererseits mit einem Balancier verbundene Zugstange, welche etwa in der Mitte der Länge desselben mittels eines Zapfens verknüpft ist. Das untere Ende des Balanciers sitzt auf einer Welle, an welcher auch die den Farbmechanismus bewegenden Stangen angebracht sind. Das obere Ende ist mittels einer andern Stange mit dem Fundament verbunden, das durch die verkehrt pendelförmige Bewegung des Balanciers, veranlaßt durch die Umdrehung des Stirnrades, aus- und eingezogen wird.

Die Färbung ist natürlich die in Frankreich und England allein übliche Tischfärbung mit 3 Reib- und 3 Auftragwalzen und nach Belieben regulirbarer Bewegung des Ductors und der Hebwalze.

Die Maschine ist mit einem Selbstausleger versehen, erfordert nur einen Radtreiber; es ist daher der Druck auf derselben ein äußerst billiger, noch mehr, wenn sie mittels Dampf bewegt wird.

Sie wird nur in zwei Größen gebaut: 50:64 und 55:76 Cmtr.; letzteres Format kostet 3250 Frcs. oder 2600 M., ersteres 2750 Frcs. oder 2200 M., die „Indispensable" ist demnach wohl die billigste in diesem Format existirende Schnellpresse.

Anleitung zur Aufstellung dieser Maschine sehe man in dem betreffenden Capitel über Aufstellung von Schnellpressen.

Schnellpressen von H. Marinoni in Paris.

Für größere als die vorstehenden Formate, jedoch für dieselben Zwecke: Accidenzien, Werke und Illustrationen, baut Marinoni die im A. T. 39 abgebildete von ihm „Universelle" genannte Druckmaschine mit Eisenbahnbewegung, die keiner eingehenderen Beschreibung bedarf, da die Illustration dazu und die später folgende Anleitung zur Aufstellung dieser Maschine Alles erklären. Aber die neueste Erfindung Marinoni's, der Reibapparat, den er an dieser „Universelle" angebracht hat,*) verdient und erheischt eine genauere Beschreibung. Dieser Reibapparat hat die Bestimmung, die auf den Auftragwalzen befindliche, vom Durchgang des Farbtisches herrührende Farbe nochmals zu zerreiben. Er besteht aus einem eisernen Kamm auf jeder Seite der Maschine mit vier Holzwalzen, welcher durch einen nachfolgend zu beschreibenden Mechanismus eine Bewegung der Annäherung zur Form und der Entfernung von derselben erhält. Die in den Einschnitten des Kammes liegenden vier Holzwalzen, auf den vier Auftragwalzen aufliegend, werden durch diese Bewegung während der Umdrehung zugleich in longitudinaler Richtung gezogen, und zwar die einen nach rechts, die andern nach links. Auf dem einen Ende der Walzenspindeln befindet sich nämlich ein Ring oder Knopf, der außerhalb des Kammes zu liegen kommt, während das andere Ende der Spindel frei ist, so daß jede Walze der Bewegung des Kammes nach der einen Seite hin nachgeben kann. Werden nun zwei Walzen mit dem Knopf nach rechts, zwei andere nach links gelegt, so entsteht dadurch ein Spiel der Reibwalzen und eine intensive, ganz vortreffliche Verreibung.

Wir haben nun noch die Hauptbewegung des Reibapparates zu erklären. An jeder der zwei Stangen, welche die Vorder- und Hinterräder des Karrens auf jeder Seite mit einander verbinden und welche, in der Längenmitte stärker construirt, sich nach den Räderachsen verjüngen, ist ein Schienenpaar schräg so angebracht, daß es dem einen Arm eines rechtwinklichten Hebels als Führung dient. Der andere Arm des Hebels enthält den vorerwähnten Kamm. Geht nun der Karren aus und ein, so wird der durch die Führung gesteckte Hebelarm aus der horizontalen Lage in die schräge gezogen und dadurch entfernt sich der andere Hebelarm und nähert sich der Form und diese Bewegung zieht die Walzen des Reibapparates abwechselnd nach der einen und andern Seite. Der Preis dieses Apparates beträgt 400 Frcs. oder 320 M.

Die „Universelle" wird in drei Formaten gebaut: 66:91 Cmtr. à 4500 Frcs. oder 3600 M.; 68:100 Cmtr. à 5000 Frcs. oder 4000 M.; 76:110 Cmtr. à 6000 Frcs. oder 4800 M. Letzteres Format baut Marinoni auch mit Bogenausgang ohne Bänder, vermittels eines Cylinders, dessen Greifer den Bogen beim Ausgang erfassen, sobald die Greifer des Druckcylinders denselben auslassen, wie dies bei einigen deutschen Zweifarbenmaschinen geschieht.

Auf Bestellung wird die „Universelle" auch mit mechanischem Ausleger gebaut.

Wie der Leser sieht, sind die Marinoni'schen Maschinen viel billiger als die deutschen gleichen Formates; sie sind aber auch viel billiger als diejenigen anderer französischer Fabriken.

Die beste Maschine für Werkdruck, die verhältnißmäßig billigste und die in Deutschland noch am wenigsten bekannte ist Marinoni's Schön- und Widerdruckmaschine, presse à labeurs

---

*) Unsere Abbildung zeigt diesen Reibapparat noch nicht.

(A. T. 41), zum Druck von Werken, Zeitungen, Illustrationen ꝛc., an welcher der Reibapparat ebenfalls angebracht werden kann. Der Umstand, daß man zwei Formen, nämlich Schön- und Widerdruck, gleichzeitig drucken kann, daß man nur einen Schöndruckeinleger braucht, die sonst meistens beim Einlegen des Widerdruckes vorkommenden Maculaturen also verhütet werden, ferner daß die so viel wie zwei einfache druckende Maschine nur den Raum einer einfachen einnimmt und wenig mehr kostet als eine einfache deutsche, läßt diese Widerdruckmaschine als eine sehr beachtenswerthe Construction erscheinen und ganz gewiß wird dieselbe auch in Deutschland, wo sich früher Niemand um ihren Absatz bemühte, noch eine größere Zukunft haben.

Die Widerdruckmaschine druckt auf jedem ihrer beiden Cylinder die Form der entsprechenden Seite. Der Papierbogen, von den Greifern erfaßt, macht mit dem Schöndruckcylinder seinen Gang über die Form, während diese sich nach dem Farbwerke derselben Seite hin bewegt. Beim Rückgange des Karrens nach der andern Seite und der entsprechenden Rückwärtsbewegung des mittlerweile durch ein Hebelsystem gehobenen ersten Cylinders wird der Bogen an seinem hintern Ende durch die Greifer des Widerdruckcylinders erfaßt und mit dem letzteren nun ebenfalls über die zweite Form geführt. Hierauf hebt sich dieser zweite Cylinder und geht rückwärts, wobei der gedruckte Bogen frei und durch die Bänder nach dem Auslegetisch geführt wird. Man hat es früher nothwendig gefunden, bei sorgfältigem Druck Maculaturen auf dem zweiten Cylinder vor dem mit der weißen Seite nach außen sehenden Druckbogen aufzulegen, um das Abziehen des Schöndruckes auf dem Cylinderüberzug und das nachherige Abschmieren beim Widerdruck zu verhüten. Bei unsern heutigen, schnell trocknenden Farben und namentlich bei sparsamem Auftragen der Farbe ist diese Vorsicht unnöthig, drucken wir ja doch Widerdruck (bei Zeitungen) mit einer Schnelligkeit von 9000 bis 10,000 Bogen per Stunde, ohne daß die Farbe sich abzieht. Jedenfalls genügt das Aufziehen eines Oelbogens. In der Illustration zu dieser Maschine steht der Einleger der Maculaturen rechts.

Der Bewegungsmechanismus an dieser Maschine ist der Doppelrechen (siehe Seite 105), über dessen in ein Halbrund (Mondschein) auslaufendes Ende ein von der Antriebwelle aus bewegtes Gelenk mit Arourad auf- und absteigt. Bei der ausgezeichneten Härtung, welche man bei Marinoni den Zähnen des Rechens und dem „Mondschein" am Ende desselben zu geben versteht, hat dieser in Frankreich gebräuchliche Mechanismus sich bis jetzt ganz wohl bewährt und ist deßhalb der Compendiosität der Maschine zuliebe beibehalten worden.

Marinoni baut diese Maschine in sechs Größen, bei deren Angabe immer die Größe jeder der zwei Formen zu verstehen ist. Im umgekehrten Verhältniß zur Größe steht die per Stunde zu erzeugende Bogenzahl mit beidseitigem Druck, wobei wir noch extra erwähnen, daß Marinoni erwiesenermaßen bei allen seinen Angaben weniger verspricht, als er factisch versprechen könnte, weil er die zu große Ausnutzung der Maschinen in Bezug auf Geschwindigkeit verhüten will.

Die Länge der Maschine beträgt von 3 Mtr. 40 Cmtr. bis 5 Mtr. 50 Cmtr.; die Maschine muß daher als eine sehr compendiös gebaute bezeichnet werden.

Jedes der zwei Farbwerke besitzt 3 Reibwalzen beim Farbekasten, ferner 3 Auftragwalzen, über denen wieder je eine Reibwalze angebracht ist.

Format 55: 76,	1200	Bogen complett per Stunde liefernd, kostet	7500	Frcs.	=	6000 M.
„ 66: 91,	1100	„	„	8500	„	= 6800 „
„ 68:100,	1050	„	„	9500	„	= 7600 „
„ 80:115,	1000	„	„	11000	„	= 8800 „
„ 90:125,	900	„	„	12000	„	= 9600 „
„ 100:140,	800	„	„	13000	„	= 10400 „

Wir haben noch nachzutragen, daß, wie sich das eigentlich von selbst versteht, an der Schön- und Widerdruckmaschine nicht wie an zweicylindrigen Maschinen mit einer Form (deutsche Doppelmaschinen) eine zweifache Zurichtung zu machen ist, sondern auf jedem Cylinder nur die Zurichtung der zugehörigen Form gemacht werden muß und daß auf diesen Maschinen auch jedes kleine Format ohne Veränderung des Mechanismus gedruckt werden kann.

Unter den Constructeurs von Druckmaschinen speciell für Zeitungen steht Marinoni wohl obenan. Seine vierfache Reactionsmaschine, die er im Verein mit seinem ehemaligen Lehrherrn A. Gaveaux im Jahre 1847 für Herrn Emile de Girardin's „Presse" in Paris baute, war der gelungene Erstling aller unserer großen Zeitungsmaschinen, denn das System der Hoe- und Applegath-Maschinen ist verlassen, und man sucht heute die Schnelligkeit im gleichzeitigen Abdruck beider Seiten zu erreichen. Weder Hoe noch Applegath hatten dies angestrebt. Aus der vierfachen entwickelte sich 1867 die sechsfache Marinoni'sche mit cylindrischen Formen und Schön- und Widerdruck, auf welcher zuerst in Paris das „Petit Journal" gedruckt wurde. Diese sechsfache (cylindrische) wurde in dieser Beziehung das Vorbild aller späteren großen Zeitungsmaschinen: Bullock, Walter, Victoria. Als hierauf Walter mit den colossalen Geldmitteln der „Times" und für dieses Blatt die seither unter dem Namen „Walter-Preß" (A. T. 47/48) bekannt gewordene, eine Verbesserung der Bullock'schen bildende Maschine bauen ließ und damit das Princip des endlosen Papiers zum Durchbruch gekommen war, hatte Marinoni es leicht, seine sechsfache zur „Endlosen" umzugestalten; er brauchte nur die Einführung des Papiers auf einen der beiden Cylinder herzustellen, der ganze weitere Gang des Papiers blieb derselbe wie an der sechsfachen. Man hat seither gesucht die Erfindungsgeschichte dieser Presse anders darzustellen, indem man den Geschäftsleiter einer Wiener Zeitungsdruckerei als deren Erfinder bezeichnen wollte; aber für jeden Unbefangenen müßte doch das Factum, daß Marinoni bereits am 3. Juli 1872 das französische Patent auf diese Construction der „Endlosen" erhielt, während das Project Reißer-Becker erst zu Ende desselben Jahres reif wurde, einen unumstößlichen Beweis bilden.

Es ist in letzterer Zeit mehrfach, besonders aber durch den österreichischen officiellen Ausstellungsbericht die Behauptung aufgestellt worden, dem „für die graphischen Künste leider zu früh" verstorbenen Hofrath Auer, gewesenen Director der Wiener Staatsdruckerei, „gebühre der Ruhm der ersten Anwendung des Druckens von der Rolle, denn schon Ende der fünfziger Jahre druckte man in der Staatsdruckerei von einer solchen, und da uns Deutschen die Priorität so mancher Erfindung von fremden Nationen streitig zu machen versucht wird, so wollen wir hier Auer's Erfindung als eine deutsche, eine österreichische Erfindung betonen, die mittels Patent vom 17. December 1858 privilegirt worden ist."

Da unser Werk bestimmt ist, die Geschichte der Erfindungen, so weit diese die graphischen Fächer betrifft, aufzunehmen und der Wahrheit Zeugniß zu geben, so thut es uns leid, die Erzählung des officiellen Berichtes, soweit sie die Priorität der erwähnten Erfindung betrifft, anzuweifeln zu müssen.

Ein Büchlein, das im Jahre 1856 bei Ramboz & Schuchardt in Genf gedruckt wurde, „Des Arts graphiques, par J. M. Herman Hammann" (Verlag von Joël Cherbuliez 1857) erzählt uns Seite 94: „Thomas French en Amérique a établi une presse qui est en rapport avec une papeterie dont les feuilles, à peine fabriquées, sont amenées d'elles-mêmes sous la presse, imprimées des deux côtés à la fois. On y a imprimé le Juvenil Reader, ouvrage composé de 216 pages, sur une seule feuille de soixante et dix pieds de longueur."

Wir können Denen, die es interessirt, weiter sagen, daß Auer das obige Werkchen, als er an seiner Erfindung laborirte, recht gut kannte, da er mit uns zu jener Zeit selbst über dasselbe und über diesen Gegenstand sprach.*)

Wenden wir uns nun der Beschreibung der Marinoni'schen Zeitungsmaschinen zu.

Bei dem Bau der Reactionsmaschinen, die der Erfinder nur für Zeitungen, nicht für Werke empfiehlt, hat es derselbe ganz auf Erzielung der höchsten Schnelligkeit in der Production abge-sehen und auf die, wegen Kürze der dem Druck gewidmeten Zeit ganz unmögliche Zurichtung von vorn herein verzichtet. Es handelte sich für ihn also darum, ohne Zurichtung einen gleich-mäßigen und sauberen Druck schon beim ersten Abzug und durch die ganze Auflage zu erhalten. Auf Maschinen, welche eine Zurichtung absolut erfordern, wird diese Arbeit meist wegen Kürze der Zeit flüchtig gemacht. Ehe ein guter Abdruck kommt, ist mancherlei nachzuhelfen, es wird also an Zeit verloren.

Ist dies geschehen, so geht der Druck eine Weile fort; da zeigt sich oft, daß die Zurichtung weggerutscht ist, ohne daß es sofort bemerkt worden. Eine Menge Exemplare sind unbrauchbar, Papier und die viel kostbarere Zeit verloren; wenn es beim Widerdruck geschah, ist selbst der Verlust der doppelten Zeit zu beklagen. Kurz, wer solche Bedrängniß in großen Zeitungs-druckereien gesehen oder erlebt hat, wird lieber auf die gewohnte Eleganz des Druckes verzichten und für seine Zeitung gern eine Maschine verwenden, welche ihm einen gleichmäßigen, wenn auch bescheideneren Druck sichert und ihn vor all' den zeitraubenden Zufälligkeiten bewahrt, welche von höher gehenden Ansprüchen an den Druck unzertrennlich sind. Das war der leitende Gedanke Marinoni's, als er die Cylinder seiner zwei- und vierfachen Zeitungsmaschine (A. T. 42

---

*) Für die Wahrheit dieser Behauptung wird der geehrte Mitarbeiter, Herr J. R. Frauenlob, einstehen; jedenfalls kann man annehmen, daß Auer von den French'schen Versuchen, denn solche sind es, wie auch bei Auer, wohl immer nur gewesen, Kenntniß hatte, da bereits Falkenstein und Andere derselben weit eher gedenken, als das oben erwähnte Büchlein. In Abrede ist jedoch nicht zu stellen, daß wir für die wirkliche Verwendung endlosen Papieres von Seiten Auer's Beweise haben, während für die des Thomas French kaum solche beizu-bringen sein dürften.

Der Herausgeber.

und A. T..43), um auf jedem Cylinder 2000—2500 Abdrücke per Stunde zu erzielen, kleiner entwarf als die Form ist, so daß sie sich 1½ Mal drehen müssen, um über die ganze Form zu rotiren. Weiter gab er, um die Zeit besser auszunutzen, welche der Einleger zur Anlegung eines Bogens nöthig hat, und um nur fertige Exemplare zu erzeugen, der Maschine die reactionäre Bewegung, welche die soeben auf einer Seite gedruckten Bogen auf den gleichen Cylinder und gewendet zum Widerdruck zurückführt. Um auf jedem Cylinder 2000 Abdrücke zu erhalten, hat also jeder Einleger 1000 Bogen einmal einzulegen oder eigentlich bloß vorzu= schieben, eine Leistung, welche offenbar zu den leicht erreichbaren gehört.

Die Cylinder sind nicht mit Greifern versehen. Eine durch kleine Excenter auf und nieder bewegte Stange, mit ungefähr zollbreiten Kautschukringen versehen, berührt durch diese Ringe den angelegten Bogen, zieht ihn durch ihre Umdrehung hinein, worauf ihn die Bänder empfangen und über den Cylinder führen. In dem Maße wie er sich aus seiner Lage zwischen Cylinder und Form freimacht, geht er auf eine neben dem Druckcylinder rotirende hölzerne Trommel, die Registertrommel, welche mittels Schrauben vollkommen genau stellbar ist, läuft um diese Trommel herum und kommt nach vollendetem Umlauf in der bekannten Form ∝, gewendet auf den Druckcylinder zurück, um den Widerdruck aufzunehmen. Wir müssen hier, um verstanden zu werden, erwähnen, daß bei diesen Maschinen die größere Dimension des Fundamentes in der Längenrichtung der Maschine liegt.

Der Bewegungsmechanismus dieser Maschine ist derselbe wie bei der oben geschilderten Widerdruckmaschine: der Doppelrechen mit Gelenkrad. Der Karren geht auf stählernen Rollen, die in Schienen laufen und um den starken Stoß, den eine so große Form (bis 15 Ztr.) beim Uebergang in die entgegengesetzte Bewegung ausüben müßte, noch mehr zu vermindern, sind auf beiden Seiten starke Spiralfedern angebracht. So lange der am Ende des Doppel= rechens befindliche Halbmond, der sehr gut gehärtet sein muß, nicht abgenutzt ist, geht daher die Maschine möglichst geräuschlos, und nur die in dem Kamme frei auf= und abspringenden Walzenspindeln verursachen einiges Geräusch.

Schwierigkeiten macht an dieser höchst einfachen Maschine nur der Mangel an Genauigkeit im Feuchten des Papiers und das Strecken der Bänder. Es ist durchaus erforderlich, das Papier gleichmäßig zu feuchten und nachher gehörig beschwert durchstehen zu lassen. Bei dem langen Gange, den das Papier in der Maschine zu machen hat und der Größe desselben bringen ungleich feuchte Stellen Unebenheiten hervor, die den Bogen bei engen Durchgängen zwischen den Bändern zwingen, sich zusammenzuschieben, also Falten zu machen. Niemand kann dies für einen Mangel der Maschine halten, aber wenn die Maschine sprechen könnte, würde sie sich oft bitter beschweren über die Nachlässigkeit und Gewissenlosigkeit der Maschinen= meister, welche dem ersten besten Handlanger das Schmieren, das Einziehen und Revidiren der Bänder, das Feuchten des Papieres, die Besorgung der Walzen überlassen.

Bei den Marinoni'schen Maschinen wird durch die Monteurs stets der Gebrauch eingeführt, daß zuerst die Walzen eingesetzt und durch fünf Minuten Gang gehörig eingeschwärzt werden. Hierauf wird die Form eingehoben, das Papier aufgestellt und ein Abzug gemacht. Ist die Schrift leidlich gut oder sind die Clichés egal und ist an der Registertrommel nicht gerückt, die Form richtig nach der Mitte geschlossen worden, so muß Färbung, Aussatz und Register schon an diesem ersten Bogen genügend sein.

Es versteht sich übrigens von selbst, daß nur da ein gutes Resultat von diesen Maschinen zu erwarten ist, wo Ordnung und Intelligenz herrschen, und wer nicht die Energie hat, zu verlangen, daß namentlich die Bänder eine Stunde vor dem Beginn des Druckes gewissenhaft nachgeschaut, beschädigte oder schmutzige ersetzt, schlaffe mittels der mechanischen Streckrollen angezogen werden, der verzichte lieber auf diesen genialen mechanischen Apparat, wie überhaupt auf jeden, der über die Conception eines Sägebockes hinausgeht. Ebenso wichtig ist das Schmieren der Maschine. Bänderspindeln, Durchlaßstangen, Excenterrollen, der ganze Mechanismus versagen ihren Dienst, wenn man sie vernachlässigt.

Wir wollen noch anführen, daß die Cylinder mit circa 1 Linie starkem, sehr festem Filz überzogen sind, der für jeden Dienst oder jeden Tag gewechselt werden muß. Ungleich hohe Clichés werden durch starkes Papier unterhalb ausgeglichen; der Druck von beweglichen Typen hat gar keine Schwierigkeiten. Letzteres gewährt den ortweise nicht gering zu schätzenden Vortheil, daß eine Viertelstunde nach Beendigung des Satzes und der Correctur schon fertige Exemplare erzielt werden können.

Der Preis dieser Maschinen im Verhältniß zu ihrer garantirten Leistungsfähigkeit ist ein außerordentlich billiger.

Das Format 66:	95 Cmtr.,	per Stunde	4500 Abdrücke,	kostet 9000 Frcs.	= 7200 M.
„	95:134	„	4000	10000 „	= 8000 „
„	110:150	„	3000	12000 „	= 9600 „
„	114:158	„	2500	13000 „	= 10400 „

Die Maschine letztern Formats nimmt 543 Cmtr. nach ihrer Länge in Anspruch, nach der Breite 240 Cmtr. Das vorher erwähnte Format 466 Cmtr. Länge, 225 Cmtr. Breite.

Der Betrieb der Maschine erfordert kaum eine Pferdekraft.

Die vierfache Marinoni'sche Maschine (A. T. 43) ist nach dem Obigen leicht beschrieben.

Ueber den vier neben einander liegenden Druckcylindern und den zwei Registertrommeln ist eine Etage aufgebaut, zur Aufnahme zweier Einleger, zweier Papiercylinder und zweier Registertrommeln nebst Bänderspindeln ꝛc. bestimmt. Die Bogen, welche hier oben eingelegt werden, gehen nach den äußern Druckcylindern, von da zu den obern Registertrommeln, zurück zu den äußern Cylindern behufs des Widerdruckes und dann zu den obern Auslegtischen. Der Ablauf der obern Bogen wird durch die excentrischen Räder, welche in unserer Illustration an der Unterseite der obern Etage sichtbar sind, regulirt. Die ganze zweifache Maschine findet sich in der Construction dieser vierfachen wieder.

Die Preise auch der vierfachen sind billig. — Sie kostet

Format	95:134 mit 6500 Exemplaren	18000 Frcs.	= 14400 M.
„	110:150 „ 5500 „	22000 „	= 17600 „
„	118:158 „ 4000 „	25000 „	= 20000 „

Die Maschine erfordert zum Betrieb zwei Pferdekraft, das kleinste Format nimmt einen Raum in Anspruch von 550 Cmtr. Länge, 225 Cmtr. Breite, das mittlere 662 Cmtr. Länge, 260 Cmtr. Breite, das größte 694 Cmtr. Länge, 265 Cmtr. Breite.

Wir kommen nun zu der sechsfachen und der endlosen Marinoni'schen Maschine.

Unsere Illustrationen (A. T. 44, 45/46), verbunden mit der nachfolgenden Beschreibung der neuesten großen Construction Marinoni's, der „endlosen" Maschine, deren meiste Theile schon der sechsfachen angehören, enthebt uns der Nothwendigkeit einer eigenen Beschreibung der sechsfachen, und wir erwähnen bloß, daß letztere im gewöhnlichen Zeitungsformat (Times, Presse ꝛc.) 50000 Frcs. oder 40000 Mark kostet und für eine Leistung von 18000 Abdrücken per Stunde garantirt ist. Sie erfordert, gleich der „Endlosen," zum Betrieb drei Pferdekraft. Die Länge beträgt 675 Cmtr., die Breite 260, die Höhe 325.

(Gegenüber der Walter-Presse zeigt die Marinoni'sche „Endlose" folgende Eigenthümlichkeiten:

1. Das endlose Papier wird vor dem Druck geschnitten und an vier oder mehr, je nach Bedarf, verschiedenen Stellen ausgelegt, wodurch die bei den anderen Maschinen für endloses Papier zum Theil bestehende Schwierigkeit des Abnehmens der gedruckten Bogen bei dem so schnellen Gange derselben beseitigt ist.

2. Da die Maschine selbst das Papier vor dem Druck schneidet, so ist an derselben auch die Aenderung des Formates möglich ohne Aenderung der Druckcylinder, indem die bloße langsamere Abwicklung des Papiers genügt, um die Länge des Bogens zu vermindern.

3. Eine ganz ausschließlich Marinoni angehörende Erfindung sind die Theiler; sie führen die gedruckten Bogen zu den vier mechanischen Auslegern und machen es möglich, das Papier nach dem Druck auch in der Richtung der Länge der Maschine zu schneiden, nachdem es in der Richtung der Breite schon vor dem Druck geschnitten war.

Wir geben A. T. 45·46 unsern Lesern eine getreue Abbildung der Maschine mit Bezeichnung der einzelnen Theile, und lassen nachstehend eine genaue Beschreibung des Ganges folgen.

A Grundgestell der Maschine, B Seitengestell, C C' Papierrollen, D D' Feuchter, E E' e e' Cylinder und Rollen zur Abwicklung des Papiers, F F' Cylinder zum Schneiden des Papiers, G G' Cylinder, welche die geschnittenen Bogen zu den mit Filz überzogenen Cylindern J J' führen, H H' Formencylinder, J J' mit Filz überzogene Cylinder, K K' große Farbcylinder, L L' Farbzeuge, M Theiler in der Mitte, N Excenter zu diesem Theiler, O O' Theiler auf den Seiten, P P' Excenter zu denselben, Q Q' mechanische Ausleger, R R' Auslegtische, S S' Ausgangsrollen, T T' Messer, X X' Farbductor, Y Y' Hebwalzen zum Abnehmen der Farbe, Z Z' Reibwalzen, V V' Auftragwalzen.

Die Maschine ist zur Aufnahme zweier Papierrollen gebaut, wodurch ermöglicht ist, während die eine Rolle in Verwendung steht, die zweite zum Ersatz herzurichten.

Das endlose Papier, auf Wellen aufgerollt, wird in C und C' auf die Maschine gebracht. Sich abrollend, geht es über einen der Feuchter D und D' resp. d und d', kommt von da zwischen die Cylinder E E' und geht von hier an stets denselben Weg, ob es von C oder C' komme; es genügt daher den Gang der Maschine mit einer dieser Rollen, z. B. C', zu beschreiben, um auch den Gang von C aus verständlich zu machen.

Indem man das Papier von C' nimmt, läßt man es über die Walze d' gehen, welche sich über der Walze D' dreht, welche letztere in einem Wassertrog läuft. Das Wasser von D' wird von d' aufgenommen und auf dem Papier abgesetzt, welches auf diese Weise gefeuchtet wird. Das Papier geht dann von d' auf eine Walze d' d'' und von da zwischen die Cylinder E E'. Von dort über die Walzen e e nach abwärts gehend, läuft es zwischen den zwei Walzen e' e' hindurch und tritt frei zwischen die Cylinder F F', welche dasselbe schneiden.

In dem Cylinder F befindet sich eine Sägenzunge zwischen zwei metallenen, auf Federn ruhenden Stegen, welche auf dem Cylinder etwas vorstehen. Im Cylinder F' befinden sich ebenfalls zwei erhabene Stege, jedoch fest und genau auf die zwei gegenüberstehenden von F passend. Wenn letztere auf die Stege von F' treffen, werden sie gedrückt, die Säge wird frei und tritt in den freien Raum zwischen den Stegen des Cylinders F, und in diesem Augenblicke wird das Papier entzwei geschnitten.

Die Cylinder F F' machen eben so viele Umdrehungen wie die Formencylinder H H'; auf jede Umdrehung der letztern fällt daher der Abschnitt eines Bogens.

Die Cylinder E E' ziehen bei der Umdrehung das Papier und wickeln bei jeder Umdrehung einen Bogen, entsprechend ihrer Bewegung ab.

Sobald die Maschine in Bewegung gesetzt ist, wird das Papier durch die Bewegung der Walzen d' d'' E E' e e e' e' von C' abgerollt und durch die über jene Walzen gehenden Bänder zwischen die Cylinder F F' zum Abschneiden geführt.

Es ergiebt sich hieraus, daß die Länge des Bogens der Abwidlung der Cylinder E E' entspricht und daß man die Länge des Bogens durch Aenderung dieser Abwidlung oder durch die Aenderung der Verzahnung anders bestimmen kann, indem man die Schnelligkeit der Umdrehung dieser Cylinder verändert.

In der eben beschriebenen Anlage der Maschine geschieht das Abrollen des Papiers einfach durch Ziehen; man könnte jedoch diese Function dadurch hervorbringen, daß man die Papier-rollen auf Cylindern anbrächte, welche genau dieselbe Zahl von Umdrehungen wie die Druck-oder Formencylinder machen und bei jeder Umdrehung eine Papierlänge entsprechend ihrer Bewegung abrollen würden. Die Länge des Bogens würde wechseln je nach dem Durchmesser des das Papier tragenden Cylinders.

Die in F F' geschnittenen Bogen kommen zwischen die Bänder, welche über g g' und G G' gehen, und gerathen zwischen andere über G G' laufende Bänder, welche ihnen den durch den Pfeil angedeuteten Weg vorschreiben. Die über G G' laufenden Bänder gehen auch über die mit Filz überzogenen Cylinder J J' und führen alle Bogen zwischen die Wellen m m.

Die über J gehenden Bogen werden auf der einen Seite von den auf H befindlichen Formenclichés bedruckt. Indem sie von da auf den Cylinder J' gehen, werden sie umgewendet; d. h. die durch den Cylinder H bedruckte Seite des Bogens kommt auf J' zu liegen und die weiß gebliebene Seite erhält den Druck vom Cylinder H', auf welchem ebenfalls Clichés angebracht sind; nachdem die Bogen auf beiden Seiten gedruckt sind, kommen sie zwischen die zwei Wellen m m, von wo sie abwechselnd nach den vier unten beschriebenen mechanischen Auslegern geführt werden.

Die Vorrichtung zur Vertheilung der Farbe besteht aus folgenden Theilen: L und L' Farbkasten, X und X' Ductor, fortwährend in der Farbe sich drehend, YY' Hebwalzen, die nur periodisch mit X und X' in Berührung kommen, KK' die großen Farbcylinder oder cylindrischen Farbtische, in beständiger Umdrehung. Die Farbe wird also von XX' auf KK' übertragen. Die Walzen ZZZZ'Z'Z' sind Reibwalzen, die sich auf den Farbtischen KK' drehen und außerdem eine longitudinale Bewegung nach den Aren haben, behufs besserer Verreibung der Farbe. VV und V'V' sind die Auftragwalzen, einerseits in beständiger Berührung mit den Farbtischen K und K', andererseits mit den auf den Cylindern HH' befindlichen Clichés. Letztere Cylinder drehen sich in entgegengesetztem Sinn zu KK'. Die Walzen VV und V'V' nehmen daher fortwährend von KK' die vollständig verriebene Farbe auf und übertragen sie unausgesetzt auf die Clichés.

Nachdem durch vorstehende Beschreibung erklärt worden, wie das Papier in die Maschine geführt, gefeuchtet, geschnitten, auf beiden Seiten gedruckt und zwischen die zwei Wellen m m gebracht wird, bleibt noch zu zeigen, wie die Bogen zu den vier mechanischen Auslegern gelangen.

Unterhalb der Wellen m m befindet sich ein erster Bogentheiler M, bestehend aus zwei horizontalen Gleitschienen, welche die vier Wellen n n und i i tragen und eine durch den Ercenter N herbeigeführte gleitende Bewegung haben. Mittels dieser Bewegung kommen abwechselnd die Wellen n n, dann i i gerade unter m m zu stehen. In der auf der Zeichnung dargestellten Lage sind die Wellen n n den feststehenden Wellen m m gegenüber, der gedruckte Bogen geht daher zwischen die über n und n laufenden Bänder und wird durch dieselben zwischen die zwei feststehenden Wellen o o des Seitentheilers O geführt.

Wenn nun der Ercenter N die zwei Wellen i i den feststehenden Wellen m m gegenüberstellt, so geht der nächste Bogen zwischen die über i und i laufenden Bänder und wird zum zweiten Seitentheiler O', rechts, geführt. Die Bogen gehen also vermittelst des Theilers M abwechselnd nach der linken und rechten Seite der Maschine.

Der Seitentheiler O besteht aus zwei verticalen Gleitschienen mit zwei Wellen o o, über welche die von n n kommenden Bänder laufen. Diese Gleitschienen erhalten ihre verticale Bewegung durch den Ercenter P. In der auf der Zeichnung angedeuteten Stellung des Theilers O stehen die auf den Gleitschienen befindlichen zwei Wellen o o gegenüber den zwei Wellen u u, der Bogen geht daher zwischen die letzteren und von da, der Richtung des Pfeiles folgend, auf die Schienen Q des obern Auslegers, durch welche der Bogen auf den obern Auslegtisch R niedergelegt wird. Wenn dann die Gleitschienen sich senken, so kommen die auf denselben befindlichen Wellen o o gegenüber den Wellen r r zu stehen, die von n n kommenden Bogen gehen zwischen die Wellen r r und von da auf die Schienen Q, welche die Bogen auf den untern Auslegtisch R niederlegen.

Eine ganz gleiche Theilung geschieht durch den Theiler O', von welchem aus die Bogen zu den mechanischen Auslegern Q'Q' gehen.

Jeder der vier mechanischen Ausleger hat daher nur den vierten Theil der gedruckten Bogen aufzunehmen.

Die Anlage dieser Theiler macht es möglich, deren in jeder Maschine so viel zu haben, als man will. Die Vorrichtung läßt sich so oft als nöthig wiederholen.

Wenn die Bogen bei den Ausgangswellen SS und S'S' angekommen sind, so werden sie in der Richtung der Länge der Maschine durch Messer auseinander geschnitten, welche aus Stahlscheiben bestehen und durch stählerne Ringe geführt werden, die auf den Wellen SS und S'S' befestigt sind. Mittels einer leichten Auslösung sind die Scheiben so weit zu heben, daß sie die Bogen ohne zu schneiden durchgehen lassen, wenn man sie nicht geschnitten haben will.

Da die Bogen vor dem Druck geschnitten werden, so ist der Gang derselben von dem Augenblick an, in welchem sie von der Papierrolle losgetrennt sind, genau derselbe, wie wenn sie als einzelne Bogen eingelegt worden wären; diese Maschine kann daher in eine Maschine zum Einlegen mittels Handarbeit umgewandelt werden, indem man Einlegtische anbringt und die Bogen von Hand auf die Cylinder G G' F F' E E' bringt; die Cylinder F F' sind dann eben nichts anderes als Einlegecylinder. Die Maschine kann auf zwei, vier oder sechs Einleger eingerichtet werden.

Das Vorausgehende resumirend, finden wir an dieser Maschine folgende Eigenthümlichkeiten, welche ausschließlich Marinoni'scher Erfindung sind:

1. Die ganze Anlage der Maschine, und die Art und Weise, wie das vor dem Druck geschnittene, vorher endlose Papier in Anwendung gebracht wird; die Anordnung, daß das Papier vor dem Druck geschnitten wird, so daß das Format des Bogens geändert werden kann, ohne dabei die Druckcylinder zu ändern.

2. Die Anwendung und Anlage mehrerer Bogentheiler, welche gestattet, so viele mechanische Ausleger anzubringen, als nöthig scheint.

3. Die Art der Anwendung der Messer, um die Bogen in der Richtung der Länge zu schneiden, nachdem sie schon vor dem Druck durch die Maschine selbst in der andern Richtung geschnitten worden sind.

Seit Anfertigung der im Atlas enthaltenen Ansicht der Maschine hat der Erfinder, geleitet durch neue Ideen und Erfahrungen, einige Aenderungen in dem Gange des Papiers vor dem Druck angebracht, welche jedoch der Richtigkeit obiger Beschreibung keinen Eintrag thun.

Zum Schluß haben wir noch Marinoni's typo-lithographische Maschine (A. T. 40) zu erwähnen.

Diese Maschine hat im wesentlichen die Form der Marinoni'schen „Universelle", nur ist sie stärker gebaut und hat aus diesem Grunde am Karren sechs, statt nur vier Räder. Die Fundamentplatte ruht auf vier sehr starken, von einander unabhängigen Schrauben, wodurch jede Ungleichheit des Steines ausgeglichen wird und die genaue Bettung desselben gesichert ist. Der Drucker legt zu diesem Zwecke ein genaues Lineal über die Zahnstangen beider Seiten und dreht an den vier Schrauben, bis der Stein sich genau an das Lineal anlegt. Zur Verhütung der Verschiebung des Steines liegt dieser in einem eisernen Rahmen.

Zum Druck typographischer Formen ist keine weitere Veränderung erforderlich, als daß man die Fundamentplatte noch höher schraubt und die Massewalzen anstatt der Lederwalzen einlegt. Sämmtliche Auftragwalzen mit den über ihnen liegenden Reibwalzen können durch die Vierteldrehung einer kleinen Kurbel mit Excenter höher und tiefer gestellt werden.

Die Maschine wird stets mit mechanischem Ausleger gebaut. Der Gang der Bänder und des Bogens ist derart, daß der Stein leicht der Hand zugänglich ist.

Für den Farbendruck oder überhaupt für Arbeiten, welche mehrmaliges Einpassen erfordern, hat Marinoni einen Apparat erfunden, der nichts zu wünschen übrig läßt.

An der vierkantigen Stange, auf welcher die Flächen oder Tasten angebracht sind, worauf die Greifer beim Zufallen treffen, wird ein kleiner beweglicher Hebel befestigt, welcher bei der Umdrehung des Cylinders mit einer auf der Stange vor dem Cylinder befestigten Rolle zusammentrifft. So lange der Cylinder in Ruhe ist, kommen die Punkturen nicht heraus und das Papier ist einzach auf die vorderen und Seitenmarken anzulegen; sowie aber der Cylinder in Umdrehung gesetzt wird und der oben erwähnte kleine Hebel mit der Rolle in Berührung kommt, so treten die fünf Punkturen hervor und stechen in das durch die Greifer gehaltene Papier, wodurch man die für später einzupassende Abdrücke erforderlichen Punkturlöcher erhält. Braucht man weniger Löcher, so beseitigt man die Tasten von der Stange bis auf die nötige Anzahl.

Kommt man nun an die folgenden Steine oder Formen, so wird der kleine Hebel durch ein Kettchen mit dem gegenüberstehenden Greifer in Verbindung gesetzt. Wenn dann bei der Umdrehung des Cylinders die Greifer aufgeben, so wird der Hebel gerade gezogen und die Punkturen treten heraus; man legt das Papier in diese Punkturen, welche beim Zufallen der Greifer verschwinden. Es versteht sich, daß nichts hindert, eine beliebige Anzahl Löcher zu erzielen.

Die lithographische Maschine baut Marinoni in zwei Größen:

55:75 Cntr. zum Preise von 5000 Frcs. und 66:91 Cntr. zum Preise von 6000 Frcs.

Soll sie auch für Typographie verwendet werden, so sind für Zugabe der Buchdruckwalzen und Gußflächen 500 Frcs. für jedes dieser Formate aufzuzahlen.

Bis zum deutsch-französischen Kriege war Marinoni, dessen typo-lithographische Maschine auf der Pariser Ausstellung die goldene Medaille erhalten hatte, einer derjenigen Lieferanten, deren typo-lithographische Maschinen in Deutschland den größten Absatz fanden.

14. Alauzet Sohn, Heuse & Co. in Paris.

Das Etablissement Alauzet Sohn, Heuse & Co. in Paris (Rue Bréa 7 und Stanislaus-Passage 4), gegründet 1836, hat bislang meist große Zeitungsmaschinen geliefert, baut jedoch im Uebrigen auch einfache Buchdruck- und Steindruck-Schnellpressen. Die Schnellpressen dieser Anstalt sind vorzüglicher Construction und sehr elegant und solid gearbeitet. Auf der Wiener Ausstellung befand sich eine zweifache Maschine dieser Firma, für Illustrationsdruck bestimmt. Dieselbe ließ sich sowohl als Completmaschine, wie auch als Doppelschöndruckmaschine benutzen. Abbildungen der Alauzet'schen Schnellpressen wurden uns leider nicht zur Verfügung gestellt.

15. Maulde & Wibart in Paris.

Die Maſchinen der Herren Maulde & Wibart, 12 Rue de l'Arrivée-Montparnaſſe laſſen in ihrer geſammten Conſtruction das Streben ihrer Erbauer erkennen, den Anſprüchen an höhere Leiſtungen zu genügen. Die Fabrik baut nicht nur einfache Schnellpreſſen nach dem gewöhnlichen franzöſiſchen Tiſchfärbungsſyſtem, bei welchem 3—4 Auftragwalzen wirken, ſie baut auch Maſchinen, welche die Benutzung von 4—5 umfänglicheren Auftragwalzen und einer angemeſſenen Anzahl Reibwalzen möglich machen. A. T. 49 zeigt uns eine dieſer Maſchinen, während A. T. 50 51 (oben) eine zweite enthält, welche mit einer noch vollkommneren, einer überſetzten Tiſchfärbung verſehen iſt (ſiehe auch Seite 110). Bei dieſer letzteren ſind über den Auftragwalzen noch eine Anzahl meſſingene Reibwalzen gebettet, welche nicht nur in der gewöhnlichen Weiſe rotirend wirken, ſondern ſich auch durch einen Zug, ähnlich dem am großen Farbeylinder mancher Cylinderfärbungsmaſchinen, ſeitwärts hin und her bewegen und ſo eine vorzügliche Verreibung bewirken.

Dieſe Maſchine wird von der Fabrik auch ganz beſonders zum Bunt- und, obwohl nur eine einfache Schnellpreſſe, auch ſogar zum Zweifarbendruck empfohlen. Wir behalten uns vor, in dem Capitel „Farbendruck" ſpecieller zu prüfen, ob dieſe Empfehlung eine berechtigte iſt, man alſo einfache Schnellpreſſen mit Vortheil zu dem letzterwähnten Zweck verwenden kann.

Die Schnellpreſſen von Maulde & Wibart haben die neuerdings in Aufnahme gekommene verbeſſerte Einrichtung, ſämmtliche Auftragwalzen derart zu betten, daß ſie ſich beliebig verſtellen (heben oder ſenken) laſſen, eine Vorrichtung, welche den meiſten franzöſiſchen Maſchinen noch fehlt. Specielleres über dieſe Einrichtungen ſehe man in dem ſpäter folgenden Capitel über die Tiſchfarbwerke.

Ferner beſitzen die Maulde & Wibart'ſchen Maſchinen einen höchſt originellen, das Feſtſtellen des Druckcylinders bewirkenden Mechanismus. Die auf Seite 104 erwähnte, bei den deutſchen Maſchinen übliche, dem gleichen Zweck dienende Gabel iſt hier durch einen mit Zähnen verſehenen, am Seitengeſtell befeſtigten Theil erſetzt, in den ſich ein gleicher, am Cylinder befindlicher einſchiebt, wenn der Cylinder nach dem Druck in ſeine normale Lage zurückkehrt. Der Leſer erkennt dieſe Einrichtung ganz deutlich an der A. T. 49 unten und T. 50 51 oben abgebildeten Schnellpreſſe und wird wohl zugeben müſſen, daß dieſer ſichere Eingriff von mehreren Zähnen ineinander als eine ganz glückliche Conſtruction zu bezeichnen iſt.

Auch die Art und Weiſe, wie die bewegliche Punktur an ihren Schnellpreſſen geſenkt wird, hebt die Fabrik in ihrem Proſpect als eine originelle und höchſt ſichere hervor. Daß dieſem an ſich ſo kleinen Theile der Maſchine eine ganz beſondere Wichtigkeit beigelegt werden muß, wird dem Leſer erſt nach dem Studium des Capitels „Punkturen" verſtändlich werden und wird man auch dort ſpeciellere Andeutungen über dieſen Mechanismus an den Maulde'ſchen Maſchinen finden.

Wie aus den Abbildungen A. T. 50 51 und 52 53 hervorgeht, baut die Fabrik auch einfache Schnellpreſſen mit der Einrichtung, ohne Oberbänder zu drucken (ſiehe ſpäter „Bandleitungen") sowie Schön= und Widerdruck=, zwei und vierfache doppelt wirkende Maschinen; da wir die letzteren drei Arten schon eingehender bei Marinoni beschrieben haben, so brauchen wir auf deren Construction hier nicht weiter einzugehen. Was ferner die auf Tafel 50.51 abgebildete, höchst originelle Presse Sanspareille betrifft, so kommen wir auf dieselbe in dem Capitel über Tiegeldruck=Accidenzschnellpressen specieller zurück.

Von Pariser Schnellpressenfabriken sind ferner noch zu erwähnen: **Alauzet Père, Perreau, Voirin, Robourg, Jules Derriey** (Bruder des berühmten Pariser Stempelschneiders **Charles Derriey**). Jules Derriey war unseres Wissens ursprünglich Maschinenmeister, hat sich jedoch neuerdings dem Schnellpressenbau zugewendet und soll sogar sogenannte Rotationsmaschinen bauen.

Als der erste Erbauer einer Schnellpresse zum zweifarbigen Druck ist noch **Dutartre** in Paris zu nennen; er construirte bereits im Jahre 1855 eine solche Maschine.

Wir kommen jetzt zu den Schnellpressenbauern **Englands**. Die gewöhnlichen englischen Schnell-pressen haben zum allergrößten Theil eine, von der deutschen, amerikanischen und französischen ganz abweichende Construction. Ein Blick auf die Tafeln 34—37 des Atlas wird dies bestätigen. Der Druckcylinder dieser Schnellpressen liegt nämlich derart, daß die geöffneten Greifer unten an dem hinteren Theil der Maschine, mit ihren Spitzen geradeaus gestreckt, den auf einem nur wenig geneigten Arel eingelegten Bogen in Empfang nehmen und ihn, sobald der Druckcylinder zu functioniren beginnt, in geradezu entgegengesetzter Richtung über die Form führen, wie dies bei unseren deutschen, den französischen und amerikanischen Maschinen geschieht.

Damit die Bogen jedoch von den sich schließenden Greifern nicht verzogen, respective zerknittert werden, ferner das Anlegen an eine feste Marke möglich wird, so ist hier meist die Einrichtung getroffen, daß sich das Anlegebret mit seinem dem Cylinder zugekehrten Ende rechtzeitig so weit hebt, daß der Rand des Bogens an dem oberen Rande des Cylinders ruht, die Greifer sich demnach sanft dagegen legen und ihn fest halten können. Unter diesem Anlegebret ist auch die Puncturenvorrichtung angebracht, wenn eine solche überhaupt vorhanden ist, was bei den englischen Maschinen allerdings nicht immer der Fall.

Ist an diesen Maschinen kein mechanischer Auslegeapparat angebracht, wie solchen z. B. die Abbildungen A. T. 35 und 37 zeigen, so wird der Bogen von dem Cylinder mit seinem von den Greifern gefaßten Ende wieder bis zum Anlegebret herumgeführt; dann erst öffnen sich dieselben und ermöglichen der das Abnehmen besorgenden Person, dies bewerkstelligen zu können. Die Maschine A. T. 34 arbeitet in dieser Weise.

Eigenthümlich ist auch die Art und Weise, wie bei vielen dieser englischen Schnellpressen der Cylinder festgestellt wird. Es findet sich hier keine Gabel vor, auch ist das eine oder sind die zwei am Cylinder befindlichen Zahnräder nicht wie bei uns fest an demselben, sondern sie werden durch eine im Cylinder liegende bewegliche Stange, welche sich in den Kranz des Rades rechtzeitig einschiebt, mit dem Cylinder verbunden und bewirken so die Bewegung desselben über die Form. Sobald der Druck vollendet ist, löst der erwähnte Mechanismus das Rad wieder vom Cylinder ab und das Fundament tritt unbehelligt durch den letzteren seinen Weg nach dem Farbwerk an, dabei immer in Eingriff mit dem sich auf einer Axe selbständig drehenden Zahnrade bleibend (man vergleiche diesen Mechanismus mit dem auf Seite 104 und später unter Druck= cylinder beschriebenen der deutschen Maschinen).

Daß es an englischen Maschinen auch diesem Zweck dienende Mechanismen anderer Construction giebt, ist selbstverständlich, doch scheint es uns nach den gemachten Erfahrungen, als wenn der soeben beschriebene der gebräuchlichste sei.

Einen nicht zu verachtenden Vortheil bietet dieser Mechanismus dadurch, daß er eine Feststellung des Cylinders möglich macht, falls man dies, etwa durch mangelhaftes oder zu spätes Anlegen des Bogens veranlaßt, für wünschenswerth hält. Zu diesem Zwecke befindet sich an der Stelle, an welcher der Anleger steht, ein Hebel, durch dessen Niederdrücken sofort die Ver= bindung des Cylinders mit den Zahnrädern durch Ausrücken der erwähnten Stange gelöst und so der Druckcylinder an seiner weiteren Drehung verhindert wird, während die Form ruhig ihren Weg weiter nimmt. Diese Einrichtung macht es auch möglich, die Form anstatt zweimal, mehrmals unter den Walzen passiren zu lassen und so eine besonders gute Färbung zu erzielen, doch dürfte das dadurch bedingte häufige Ausrücken des Cylinders der Maschine für die Dauer doch nicht gerade dienlich sein.

Ferner ermöglicht dieser eigenthümliche Hemmapparat, den Cylinder während der Zurichtung rings herum drehen zu können, ohne daß man das Fundament mit bewegt.

Daß die auszulegenden Bogen auf einem Bret über den Auftragwalzen Platz finden, ersieht der Leser deutlich aus unseren Abbildungen, ebenso, daß hier ausschließlich einfache und übersetzte Tischfarbenwerke zur Anwendung kommen.

Die Preise englischer Schnellpressen sind infolge ihrer einfacheren Construction mit Tisch= färbung und vereinfachter Eisenbahn= oder Kurbelbewegung zum Theil wesentlich billiger, wie die unserer deutschen, als auch die der Maschinen anderer Nationen. In diesem Fall läßt die Solidität ihres Baues aber auch, wie wir aus eigener Erfahrung kennen gelernt haben, viel zu wünschen übrig und dürfte eine solche Maschine bei angestrengtem Betriebe wohl kaum den dritten Theil der Ausdauer zeigen, wie eine gute deutsche Maschine.

Diejenigen englischen Fabriken jedoch, deren Schnellpressen sich in Bezug auf Solidität, Leistungsfähigkeit und Ausdauer den guten Schnellpressen anderer Nationen ebenbürtig an die Seite stellen, wie z. B. die von Harrild & Sons in London, sind auch nur um einen geringen, durch Fracht und Zoll wieder aufgewogenen Betrag billiger als unsere besseren deutschen Maschinen, man erhält also auch von England eine allen Anforderungen genügende Schnellpresse nur für einen, der soliden Ausführung aller Theile entsprechenden Preis.

Fragen wir uns schließlich, ob die abweichende Construction der englischen Maschinen Vortheile vor der der unseren voraus hat, so müssen wir diese Frage in mancher Beziehung bejahen, in anderer wieder verneinen.

Es unterliegt wohl keinem Zweifel, daß man auf einem ziemlich wagerecht angebrachten Bret und an einer feststehenden Marke besser und sicherer anlegen kann, wie auf dem schrägen Bret und an den beweglichen Marken unserer Maschinen, doch scheint es uns nach den an einer Maschine kleineren Formats gemachten Erfahrungen, daß man beim Einlegen des Widerdrucks in die Punkturen mehr gehindert ist, wie an unseren Maschinen. Ferner zeigt sich bei den Maschinen der weniger renommirten Fabriken der Uebelstand, daß die Anfangszeilen der Form leicht schmitzen, weil der Bogen nicht wie bei unseren Maschinen vollständig glatt um den Cylinder liegend über die Form geführt wird, sondern nur, wie vorstehend erwähnt, durch das Ende des sich hebenden Bretes an denselben angedrängt und auf diese Weise so zu sagen glatt gestrichen wird.

Als ein Vortheil der englischen Schnellpressen kann betrachtet werden, daß man, wie vorstehend erwähnt wurde, meist den Druckcylinder sofort hemmen kann, wenn dies wünschenswerth erscheint, ohne daß das Fundament mit der Form in seiner Bewegung gehindert ist, ferner, daß man den Druckcylinder für sich rings herum drehen und auf allen Stellen zurichten kann, ohne daß auch hierbei das Fundament vor oder hinter gedreht zu werden braucht. Beide Manipulationen sind an unseren Schnellpressen unmöglich, hier aber sofort zu bewerkstelligen, sobald, wie vorstehend beschrieben, die die Verbindung des Cylinders mit den Zahnrädern vermittelnde Stange aus diesem Eingriff herausgebracht worden ist. Ein weiterer Vortheil, welchen diese Maschinen bieten, besteht darin, daß sie, abgesehen von denen mit Selbstausleger, gar keine Bandleitungen haben und, da das Fundament meist auf Laufrollen ruht, sehr leicht gehen.

Die vorstehenden Constructionserklärungen werden uns die im Atlas enthaltenen Abbildungen der gewöhnlichen englischen Schnellpressen leicht verständlich machen. Gehen wir deshalb zu den wichtigsten Fabriken über, welche sich in England mit dem Schnellpressenbau beschäftigen.

16. Harrild & Sons in London.

Wenn wir dieser Firma den ersten Platz einräumen, so geschieht dies, weil wir die Fabrikate derselben nicht nur aus eigener Anschauung, sondern auch in der Praxis kennen und würdigen zu lernen Gelegenheit hatten. Der Name Harrild hat unter den Buchdruckern seit jeher einen guten Klang; war es doch ein Harrild, welcher 1815 oder 1816 die Walzenmasse erfand. Seitdem ist die Firma eifrig bemüht gewesen, den Buchdruckern vorzügliche Maschinen, Utensilien und Materialien zu bieten und vereinigt dieselbe in ihren geräumigen Localitäten alles Das, was man irgend zum Betriebe einer Buchdruckerei gebraucht.

Die Harrild'schen Schnellpressen, construirt von dem genialen Leiter der Fabrik Herrn Bremner, vereinigen große Einfachheit der Construction mit Solidität des Baues und hoher Leistungsfähigkeit. In jeder Hinsicht sind sie den guten deutschen Maschinen an die Seite zu stellen, kosten aber auch fast das Gleiche, wie diese.

Herr Bremner ist insbesondere bemüht gewesen, den Harrild'schen Maschinen einen vorzüglichen Tisch-Farbapparat zu geben, sein Hauptverdienst besteht aber in der soliden Construction des Auslösungsmechanismus am Cylinder, der hier auf eine beinahe einfachere, dabei solidere und zuverlässigere Weise gebaut ist, wie an den meisten anderen englischen Maschinen.

A. T. 34 zeigt uns eine Harrild'sche Schnellpresse mit Farbapparat, die mittels einer großen Anzahl Reib= und vier Auftragwalzen ganz Vorzügliches leistet. Die Presse T. 35 zeigt einen einfacheren Farbapparat, dagegen ist sie mit einem Bogenausleger versehen. Wenngleich die zu diesem Ausleger gehörige Bänderleitung in Hinsicht auf die Breite der einzelnen Bänder das Bedenken des Fachmannes erregen muß, weil solche bekanntlich gar zu leicht Farbe von dem Druck annehmen und weiter übertragen, so glauben wir doch, daß diese Bedenken hier nicht gerechtfertigt sind, denn eine so renommirte Firma wie Harrild & Sons dürften diesem Umstande gewiß Rechnung getragen haben. Jedenfalls wird man nicht gehindert sein, anstatt des breiten Bandes dünne Schnüre einzuziehen, um so dem Abschmieren vorzubeugen.

A. T. 36 zeigt uns eine Zweifarbenmaschine dieser Firma. Auch sie hat die gewöhnliche englische Construction und ist mit einem sehr vollkommenen Farbapparat, der nach Erforderniß sieben Reib= und fünf Auftragwalzen führen kann, versehen. T. 37 zeigt uns eine Doppel= schnellpresse mit einem vor und rückwärts druckenden Cylinder bei zwei Anlegern, T. 54 55 endlich eine Tiegeldruckschnellpresse mit eigenthümlicher Verreibung (siehe später).

17. Maschinenbauanstalt der „Times" in London.

Keine Druckerei der Welt hat die Fortschritte der Mechanik auf dem Gebiete des Schnell= pressenbaues mit größerer Aufmerksamkeit verfolgt und sich dieselben allezeit zu Nutze gemacht als die Druckerei der „Times" zu London. Ja, ihrem genialen, kürzlich verstorbenen Besitzer Walter gebührt das Verdienst, in Gemeinschaft mit dem technischen Leiter der Druckerei dem Schotten J. C. Macdonald und dem Oberingenieur des Etablissements Calverd, der Erbauer einer Schnellpresse zu sein, welche in Bezug auf Leistungsfähigkeit, dabei verhältnißmäßig einfacher Construction das Möglichste leistet.

Die Walter'sche Presse[*]) (A. T. 47/48, Details 49) besitzt im Vergleich mit den früher gebräuchlichen großen Zeitungspressen bedeutende Vorzüge, indem sie einfacher und compacter ist und mit großer Sicherheit viel schneller arbeitet. Während die vorher benutzte Hoe'sche zehnfache Presse (T. 57) 16—18 Mann zur Bedienung und ein außerordentlich großes hohes Zimmer erfordert, nimmt die Walter'sche Maschine nur einen Flächenraum von 14 mal 5 Quadratfuß (engl.) ein, und erfordert zu ihrer Bedienung nur drei Burschen, welche das Wegnehmen der Bogen zu besorgen haben, während ein Aufseher leicht zwei dergleichen Maschinen überwachen kann. Die früher benutzte Hoe'sche Presse lieferte stündlich 14000 einseitige Abdrücke, die Walter'sche Presse aber in gleicher Zeit 11—12,000 zweiseitige und zwar kommt jedes Exemplar sofort mit Schön= und Widerdruck versehen, also complett aus der Maschine, was bei Hoe nicht der Fall ist.

Die neue Presse ähnelt in keiner Beziehung einer der schon vorhandenen großen, älteren, fast sämmtlich in der Times=Druckerei in Anwendung gewesenen Pressen, sondern gleicht einem

---

[*]) Die Beschreibung dieser interessanten Maschine ist dem „Mech. Mag." entnommen. Die im Atlas ent= haltene Abbildung dagegen verdanken wir der Güte des Herrn Ludwig Lott, Leiters der „Presse" in Wien, in deren Druckerei zwei Walterpressen in Thätigkeit sind.

Calander, welches Syſtem möglicherweiſe die erſte Anregung zu ihrer Conſtruction gegeben hat, wenn nicht, wie behauptet wird und wohl auch anzunehmen iſt, die ſpäter von uns beſchriebene Bullock-Preſſe es geweſen iſt, welche den Conſtructeuren der Walterpreſſe als Vorbild diente. Von der Vorderſeite her ſieht ſie wie eine Zuſammenſtellung kleiner Walzen aus. Das auf eine große Rolle aufgewickelte endloſe Papier von ungefähr 10,000 Fuß Länge ſcheint zwiſchen den Walzen durchzufliegen und entfernt ſich am andern Ende in zwei herablaufenden Strömen von Blättern, die in genauer Länge abgeſchnitten und auf beiden Seiten bedruckt ſind. Die Schnelligkeit, mit welcher die Preſſe arbeitet, erhellt aus der Thatſache, daß die Cylinder, um welche die Stereotypplatten herumgelegt ſind, beim Drucken ſich mit einer Geſchwindigkeit von 200 Touren in der Minute herumdrehen. Welchen Vortheil eine derartige Preſſe für eine große politiſche Zeitung hat, wie dies die Times iſt, dürfte ohne Weiteres klar ſein — man kann den Druck ſpäter beginnen laſſen und daher noch die neueſten Nachrichten aufnehmen, ohne daß die Ausgabe dadurch Verzögerung erleidet.

Wir gehen nun zur Beſchreibung der A. T. 40 gegebenen Detailabbildung über, von der Figur 1 den Vertical-Längsdurchſchnitt der Maſchine, Figur 2 aber eine Endanſicht zeigt, während Figur 3 und 4 den Druckcylinder darſtellen.

Aus Figur 1 wird klar, daß die Papierrolle ſich an der einen Seite (links) der Maſchine befindet; von dieſer Rolle ab wird das Papier über eine Walze t geleitet, welche mittels einer andern Walze s, die in einen Waſſertrog c eingeſenkt iſt, ſtets feucht erhalten wird. Der Betrag der Feuchtigkeit, welcher dem Papier mitgetheilt werden ſoll, kann entweder durch die verhältniß-mäßige Geſchwindigkeit der Stoßwalze s oder durch die Umſpannung des Papiers über die Walze t geregelt werden. Hierauf wird das angefeuchtete Papier über zwei weitere Walzen w und v geleitet, wodurch das Waſſer gewiſſermaßen in das Papier hineingepreßt wird. Die Spannung des Papiers muß natürlich ſo geregelt werden, daß daſſelbe keine Falten bekommt, außerdem kann aber die Einrichtung auch ſo getroffen werden, daß das Anfeuchten beiderſeits erfolgt.

Nunmehr gelangt das Papier auf die Druckwalzen B und A, auf deren Umfange der ſtereotypirte Satz befeſtigt iſt und zwar ſo, daß der auf jeder Walze befindliche Satz einer Druckform entſpricht. Das Einſchwärzen der Druckwalzen wird bei jeder derſelben für ſich auf folgende Weiſe bewirkt: a iſt der Farbetrog, von denen der eine unten, der andere oberhalb im Geſtell der Maſchine angebracht iſt; b iſt die gewöhnliche Metallwalze, welche ſich langſam in der im Troge enthaltenen Farbe herumdreht; c iſt ein an die Walze b ſtreifendes Meſſer, d eine Vertheilungs-walze, welche mit der Walze b umläuft und ſich dabei der Länge nach hin und her ſchiebt; e iſt eine Walze, welche an die Walze b anſtreicht und ſich mit derſelben Umgangsgeſchwindigkeit wie die Druckwalzen bewegt; f, g, h, und i ſind metallene Vertheilungswalzen und KK ſind die beiden eigentlichen Einſchwärzwalzen, die wie gewöhnlich mit einer weichen Compoſition über-zogen ſind. Die Walzen hh und f haben eine in der Längsrichtung hin- und hergehende Bewegung und werden mit Zahnrädern direct in Umdrehung verſetzt.

Nachdem das Papier auf dieſe Art auf beiden Seiten bedruckt worden iſt, geht es nach dem Schneidapparat, der es in Blätter von gleicher Länge zertheilt. Dieſer Apparat beſteht aus zwei Walzen k 1 und k 2, welche zu beiden Seiten mit etwas erhöhten Rändern versehen sind, so daß sie in mittleren Theile ihrer Länge einen Zwischenraum lassen. Die obere Walze, um deren Umfang das Papier sich theilweise herumlegt, ist mit einem Längsschlitze versehen, während auf der untern Walze der Länge nach ein stählernes Messer befestigt ist, welches bei jeder Umdrehung der mit gleicher Umgangsgeschwindigkeit rotirenden Walzen in den Schlitz der obern Walze eintritt; die Schneide dieses Messers wird durch ein gleichschenkeliges Dreieck gebildet und an der Stelle, wo dasselbe auf der Walze befestigt ist, laufen in gleicher Höhe mit dem erhöhten Raude zwei Leisten in der Längsrichtung der Walze, welche den Zweck haben, das Papier während des Durchschneidens zu beiden Seiten des Schnittes fest gegen die obere Walze anzudrücken und so festzuhalten.

Die Messerschneide ist nur so lang, daß sie zu beiden Seiten zwischen dem Papier noch einen schmalen Zusammenhang läßt, um die regelmäßige Führung desselben nicht zu unterbrechen. Sowie das Papier den Schneideapparat verläßt, gelangt es auf zwei Reihen endloser Bänder l l, welche sich mit größerer Oberflächengeschwindigkeit als die Walzen k bewegen; die endlosen Bänder der unteren Reihe laufen, um eine schwache Walze m, welche dicht an den Walzen k anliegt, während die Bänder der oberen Reihe um eine andere schwache Walze herumlaufen, die nahe bei n liegt; beide Reihen Bänder gehen hierauf über zwei Walzen o o', welche beide Reihen Bänder theilweise mit einander in Berührung bringen und etwas weiter von den Walzen k abliegen, als die Länge der Papierblätter beträgt, welche der Schneideapparat getrennt hat. Die beiden äußeren Bänder, so wie das mittlere Band der oberen Reihe werden niederwärts gepreßt und kommen mit den entsprechenden Bändern der untern Reihe in Berührung, was mittels der Walze o bewirkt wird; auf diese Weise werden die beiden Ränder und die Mitte des Papiers erfaßt und von diesen Bändern weiter geführt. Wenn der vordere Rand eines Papierblattes von den Bändern erfaßt worden ist, hat der Schneideapparat bereits die Trennung desselben von dem endlosen in der oben angegebenen Weise bewirkt, und da die Geschwindigkeit der endlosen Bänder größer ist als die Geschwindigkeit des folgenden Papiers, so wird das Blatt, das, wie bemerkt, nur noch durch zwei schmale Streifen mit dem nachfolgenden Papiere zusammenhängt, von demselben getrennt und als einzelner Druckbogen weiter befördert.

Die Bänder der beiden Reihen gehen, nachdem sie zwischen den Walzen o o' hindurchgegangen sind, über eine Walze p und werden alsdann respective über die Walzen r r hinweggeführt, welche in geringer Entfernung von einander im untern Theile eines an der Achse der Walze p schwingenden Rahmens liegen; bevor die Bänder der obern Reihe bis zur Walze r gelangen, gehen sie noch über eine kleine Führungswalze, welche bewirkt, daß die Bänder beider Reihen in Berührung bleiben. Nachdem die Bänder die Walzen r passirt haben, werden sie mittels Führungswalzen zurück nach den Walzen m und n geleitet.

Dicht unter dem schwingenden Rahmen befinden sich zwei andere Reihen endloser Bänder t t, welche wiederum über Walzen geführt werden, von denen die oberen dicht zusammen, die unteren aber in geringer Entfernung von einander liegen. Dem schwingenden Rahmen wird seine Bewegung durch ein auf der Welle befestigtes Excenter bewirkt, durch welche Bewegung erreicht wird, daß immer abwechselnd ein Blatt auf die links und das andere auf die rechts befindliche Reihe der Bänder t überliefert wird, welche die Blätter demnach in zwei Strömen nach unten abführen.

Zwischen den Achsen der unteren Walze der Bandreihe tt befindet sich eine Welle v, welche mit einer Anzahl von Greifern versehen ist, wie Figur 2 erkennen läßt; auf derselben Welle sind ferner Hebelarme angebracht, welche durch Stangen mit den Ringen der Excenter u' auf der Welle u verbunden sind, so daß der Welle v eine oscillirende Bewegung mitgetheilt wird und die darauf sitzenden Finger veranlaßt werden, zwischen den beiden Bänderreihen tt hin- und herzuschlagen, wobei sie die Druckbogen mit sich nehmen. Der weitere Niedergang der Druckbogen wird gleichzeitig durch die festen Anschläge w Fig. 1 verhindert. Die durch die Auslegegreifer zwischen den Bändern t hervorgezogenen Druckbogen fallen auf beiderseits aufgestellte Tische, an denen nöthigenfalls je ein Knabe sitzt, um die sich sammelnden Bogenstöße in Ordnung zu halten.

18. Foster's Prestonian-Schnellpresse.

Diese theils nach ihrem Erfinder, resp. Patentträger Foster, theils nach ihrem ersten Aufstellungsorte (Preston, in der englischen Grafschaft Lancashire) benannte Maschine ist eine von denen, welche außer großer Leistungsfähigkeit (10,000, ja sogar bis 12,000 Complettexemplare pro Stunde) noch den weiteren Vortheil bietet von „Schrift" auf endloses Papier zu drucken, während andere dergleichen Mammuthpressen, wie vor- und nachstehend beschrieben, meist blos für Stereotypplatten eingerichtet sind.

Der Abbildung A. T. 57 folgend ist d die Rolle mit dem endlosen Papier, das früher nach seinem Ablauf durch den unter der Rolle liegenden Feuchttrog geleitet wurde. a ist der Formen-, resp. der den Typensatz tragende Cylinder; c der mit seinem Filztuch überzogene erste Druckcylinder, auf welchem der erste Abdruck geschieht. Ueber den Zuführcylinder e hinweg gleitet das Papier auf den zweiten Druckcylinder f, welcher den zweiten Abdruck auf derselben Fläche des Papiers liefert. g ist der nun folgende Zuführcylinder, der das Papier unter den dritten Druckcylinder h bringt. Zuführ- und Druckcylinder sind so gestellt, daß zwischen jedem Abdruck ein entsprechend weißer Rand bleibt, welcher später traversal durchschnitten wird. Der Gang bis hierher gibt drei Schöndrucke hintereinander. Von diesem Punkte an wendet sich das Papier über einen weiteren Zuführcylinder nach dem zweiten Formencylinder b. Mittels dreier weiterer Druckcylinder erfolgt in gleicher Weise wie beim Schöndruck der Widerdruck. n und o (letzteres rechts unter b) deuten die Farbewerke an den beiden Enden der Maschine an. Reibwalzen und Tische liegen auf dem freien Raum zwischen den Formencylindern. Das Auftragen geschieht mittels zweier zwischen den Druckcylindern angebrachter Farbcylinder. Der Schneid- oder vielmehr Zertrennungsapparat ist ähnlich dem bei der Walter-Maschine. Bei p und q werden die zu trennenden Bogen perforirt (durchstochen); mittels der Bänderleitung wird das Papier zu den zwei schnell laufenden Rollen r und s geführt, von denen sie vollends auseinandergerissen werden und jedes Exemplar über t nun einzeln seinen weiteren Weg zum Ausleger und dem Auslegtisch nimmt. v, w und x, (auf der Abbildung unten rechts) iſt eine ſinnreiche Vorrichtung, mittels welcher der Ausleger jedesmal zwei Bogen zugleich annimmt, um mit der Schnelligkeit der Zuführung in Uebereinſtimmung zu bleiben.

Zum Wechſeln der Papierrolle bedarf es nur einer Minute. Der Anſchluß des Anfangs: endes der neuen Rolle an das hintere Ende des abgelaufenen Papiers geſchieht mittels Kleb: gummi. Eine Rolle von gewöhnlicher Größe liefert 4—5000 Bogen oder Exemplare, von denen jedes ebenſo lang als breit iſt. Behufs des Feuchtens wird das Papier nach einer neueren, verbeſſerten Einrichtung einige Stunden vor der Verwendung von den Reſerverollen abgerollt, durch den Feuchtapparat gezogen und dann wieder aufgerollt, ſo daß es geſeuchtet unmittelbar von der Rolle auf die Truckcylinder übergeht. Bei den anderen Endloſen liegt bekanntlich der Feuchtapparat zwiſchen der Ablaufrolle und den Cylindern. Infolge dieſes bei der Preſtonian: Preſſe angewendeten Verfahrens kann ſich das Papier ſozuſagen „unterſtehen", was bekanntlich weſentlich zur gleichmäßigen Annahme der Feuchtigkeit beiträgt.

Zum Schluß mag noch hinzugefügt werden, daß auf der Preſtonian: Preſſe Papiere und Formate jeder Größe gedruckt werden können, ohne daß irgend eine Abänderung einzelner Maſchinentheile nöthig wird, ebenſo wird ein genügendes Regiſter erzielt, indem die corre: ſpondirenden Mechanismen äußerſt genau berechnet ſind.

Foſter's Maſchine bedarf zu ihrer Bedienung nur eines Mannes. Die Größenverhältniſſe ſind: Länge 5,35 Mtr., Breite 2,50 Mtr., Höhe 2,50 Mtr.

19. Die Victoria-Schnellpreſſe der „Victory" Printing and Folding Machine Manufacturing Co. zu Liverpool.

Die Victoria: Preſſe iſt wie die Preſtonian gleichfalls eine Combination der Walter: und der ſpäter beſchriebenen amerikaniſchen Bullockpreſſe. Die Erfinder, Alexander Wilſon und George Duncan, beide Ingenieure in Liverpool, gingen von der Anſicht aus, eine insbeſondere für die Provinz zweckmäßige Zeitungspreſſe zu conſtruiren. In London iſt es nämlich Brauch, die Exemplare wie ſie aus der Preſſe kommen, in ganzen Bogen an die Verkäufer abzugeben, wogegen ſie in der Provinz die Austräger gefalzt erhalten. Das Falzen geſchah bisher theils mit der Hand, theils mittels abgeſonderter Falzmaſchinen, doch war es ſehr wünſchenswerth, daß dieſe Arbeit zu gleicher zeit und mit gleicher Schnelligkeit vor ſich gehe als der Druck.

Schon im Jahre 1870 reichte ein Mr. Lauder aus Philadelphia beim engliſchen Patentamt die Beſchreibung einer den gleichen Zweck verfolgenden Preſſe ein; doch erlitt dieſes Syſtem während jener zeit ſo mannigfache Abänderungen in Form und Thätigkeit, daß es ſchwer fallen dürfte, jene Conſtruction mit der Victoria: Preſſe in Beziehung zu bringen.

Eine mit den neueſten Verbeſſerungen ausgeſtattete Maſchine dieſer Gattung ſtellt die nachſtehende Abbildung im Längsdurchſchnitt dar. Das von der Rolle A ablaufende Papier wird auf ſeinem Wege zu den Spannſpindeln a a geſeuchtet. Dies wird mittels einer Art

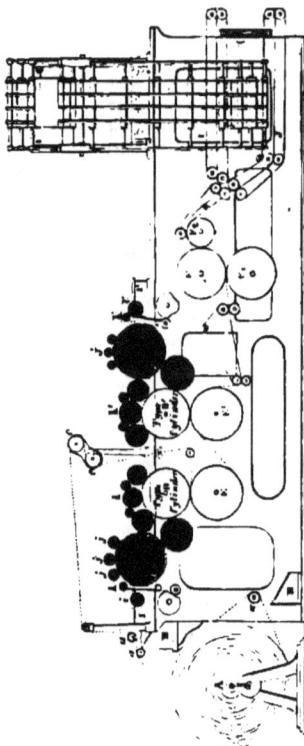

Braufe, welche das Waffer aus den einer über den hinterften Theil des Geftelles angebrachten Käften B B erhält, und daffelbe in den feinften Strahlen auf das Papier fprißt, bewirkt. Das auf beiden Seiten benetzte Papier wird über eine Leitrolle nach den hohlen, etwa 60 Mmtr. im Durchmeffer haltenden kupfernen Cylindern C C geführt. Durch diefe Cylinder zieht ein immerwährender Dampfftrom, der fie genügend erwärmt, wodurch die überflüffige Feuchtigkeit verdampft, während ein Theil derfelben durch den ausgeübten Druck in das Papier eindringt. Das foweit zum Druck vorbereitete Papier nimmt feinen weiteren Weg zwifchen den Platten- und Druckcylindern D E und D' E' hindurch, wo es den Abdruck auf beiden Seiten erhält. Der Lauf geht nun zu den Falzcylindern F und F', welche mit Meffern und Greifern verfehen find, unter welchen der erfte Falz gefchieht; hierauf wird es von dem kleinen Cylinder F'' ergriffen, welcher in gleicher Weife den zweiten Falz beforgt. Hier erfolgt zugleich der Schnitt mittels eines fägeähnlichen Meffers, das in der Mitte auf der Peripherie einer kleinen über F'' liegenden Spindel angebracht ift; correfpondirend mit dem Punkte, wo das Meffer fißt, befindet fich in der Peripherie des Cylinders eine Furche, in welche das Meffer das Papier hineindrückt und fo die Trennung bewirkt. Die einzelnen Bogen werden in der Folge von einer Bänderleitung einem Schwingrahmen übermittelt, welcher einen Bogen um den anderen auf die Bänderleitung I und J legt, welch' letztere den betreffenden Bogen mittels eines ftumpfen Meffers zwifchen zwei kleine Rollen zwängt und fo unter diefen der erfte Querfalz erfolgt. Die vom Schwingrahmen abwechfelnd nach rechts und links beförderten, an den Seiten der Preffe nun fo weit gefalzten Exemplare werden durch fernere Bänderleitungen nach dem oberen Theil des Geftells

Fig. 64. Neuefte Conftruction der Victoria-Schnellpreffe.

geführt, wo sie nach demselben Verfahren wie eben vorher dem zweiten Querfalz unterliegen. Eine letzte Leitung bringt sie auf die Ausleger, welche die nun zum Austragen bereiten Nummern in guter Ordnung in zwei Haufen nebeneinander auf den Tisch legen.

Das wohl Jedem leicht verständliche Farbewerk wird durch die mit dem Buchstaben I I', J J', i i, k k, j j, ꝛc. bezeichneten Theile genügend zur Anschauung gebracht.

Die Leistung wird von 7500 bis 10,000 Bogen per Stunde angegeben; die Raumeinnahme ist durch die Breite des Papiers bedingt.

Die im Atlas Tafel 59 enthaltene Abbildung stellt die ältere Construction der Victoria-Presse dar; seit Kurzem eingetretene Veränderungen in dem Bau dieser Maschine veranlassen uns, die vorstehende Abbildung der neuen Construction im Text abzubilden, da sie nachträglich im Atlas nicht mehr unterzubringen ist.

Das in London erscheinende Printers' Register brachte noch folgende unglaublich klingende Notiz über die Vervollkommnung dieser Maschine: „Das bedeutende Schnellpressenbau-Etablissement „Victory" Printing Machine Company hat im Auftrage einer New-Yorker Druckerei ein wahres Wunderwerk von einer Schnellpresse geliefert, das bei Bedienung von nur zwei Personen in nicht mehr als einer Stunde 6000 Exemplare eines 24 Druckseiten enthaltenden Heftes vollständig broschirt liefert. Die Länge dieser Presse ist 27 Fuß engl. Maaß, von denen jedoch ein Drittel für die Herstellung des Umschlags (nach Belieben in verschiedenen Farben), des Falzens und Einklebens erforderlich ist.

Sie hat zwei Druck- und zwei Formencylinder, ist aber wie alle Endlosen (mit Ausnahme der Bullock- und Prestoniaupresse) nur für Stereotypdruck geeignet. Das Papier wird auf seinem Wege von der großen Rolle über den obern Theil der Presse (den es ähnlich wie bei den übrigen Pressen für endloses Papier macht), mittels einer besondern Vorrichtung an den Falzstellen, welche in die innere Rückenseite des Umschlags zu liegen kommen, streifenweise gummirt. Im weiteren Lauf wird es durch die Druck- und Plattencylinder geführt und nachdem Schön- und Widerdruck erfolgt, in bekannter Weise in Bogen geschnitten. Diese gelangen in den Falzmechanismus am entgegengesetzten Ende, wo sie mit dem zu gleicher Zeit in einer anderen Abtheilung der Presse gedruckten Umschlag zusammentreffen, in diesen eingelegt und mit den gummirten Falzrändern hineingedrückt werden und so als vollständige Broschüre herausfallen. Der ganze Proceß, um vom endlosen weißen Papier ein fertiges Exemplar zu erhalten, bedarf nicht viel mehr als einer halben Secunde. Das Register soll exact und die äußeren weißen Ränder vollkommen regelmäßig sein. Wie an den meisten anderen Schnellpressen ist auch diese mit einem Zähler versehen, der die Lieferung controlirt."

20. Hopkinson & Cope, London. Schnellpresse für zweifarbigen Druck von cylindrischen Platten.

Diese Schnellpresse druckt auf einzeln angelegte Bogen zweifarbigen Druck, oder durch eine einfache Verstellung des Mechanismus Schön- und Widerdruck in einer Farbe von cylindriſchen Platten. Ihre Leiſtungsfähigkeit wird von den Erbauern auf 3000—6000 im Regiſter perfect paſſende Exemplare angegeben. Das Format iſt nur für Accidenzarbeiten berechnet. Die Fabrik liefert gegenwärtig Maſchinen dieſer Conſtruction von 10 : 8 und 24 : 18 Zoll engliſch (25,5 : 20,3 und 61 : 45,8 Cmtr.) Druckgröße.

21. Conisbee & Smale, London. Schnellpreſſe für mehrfarbigen Druck von cylindriſchen Platten auf Papier ohne Ende.

St. George's rotary multiple-colour- and perfecting-machine, oder, wie ſie künftig heißen wird, Conisbee & Smale's double Patent, ſoll in mehreren Officinen Londons arbeiten. Wie aus der obigen Bezeichnung hervorgeht, handelt es ſich um eine Mehrfarbe-Maſchine nach Rotations-Princip, welche drei Farben gleichzeitig auf eine Seite oder zwei Farben gleichzeitig auf zwei Seiten druckt. Aeußerlich bietet die Maſchine einige Aehnlichkeit mit der Bullockpreſſe und hat drei Syſteme von gußeiſernen Cylindern, eines für jede Farbe. Jeder der Formen-cylinder iſt der Länge nach von Rinnen durchfurcht, um Holzſtreifen einzulaſſen, auf welche die Platten in der bei Stereotypen üblichen Weiſe befeſtigt werden können. Die Verreibung und das Auftragen der Farbe geſchehen durch die nöthigen Metall- und vier Maſſenwalzen für jedes Farbeſyſtem. Das endloſe Papier befindet ſich auf einer Haspel und wird abgerollt und durch-ſchnitten in derſelben Weiſe, wie bei den endloſen Einfarbe-Maſchinen. Selbſtausleger kommen nicht zur Verwendung.

Die Maſchine kann ſtündlich 3000 complete Exemplare in drei Farben liefern, 4000 in zwei Farben und 5000 in einfachem Druck. Als Herr Powell, der Redacteur des Printers' Register, deſſen Beſchreibung wir dieſe Angaben entnehmen, die Maſchine arbeiten ſah, lieferte ſie eine Form von 24 Etiquetten in 3 Farben (3 Formen mit 72 Etiquetten) in einer Aus-führung und Vollkommenheit des Regiſters, die ſelbſt vor den Augen eines ſehr wähleriſchen Druckers Gnade gefunden haben würden. Die Maſchine läuft äußerſt leicht und ohne Lärm. Das Zurichten ſoll nicht nöthig, wahrſcheinlich nicht gut möglich ſein. Stereotypapparat und Abrichtemaſchine werden beigegeben. Hinſichtlich der letzteren ſagt Herr Powell, daß mit dieſer das lange geſuchte Problem, ſchnell die Curven-Platten abzurichten, gelöſt ſei. Eine gute Farbe iſt Bedingung, dagegen kann das Papier ein ſehr ſchwaches ſein, wie es z. B. nöthig iſt, wenn die Etiquetten ſpäter gummirt und aufgeklebt werden ſollen.

Die Maſchine iſt ſehr compendiös und erfordert nur einen Raum von 8 Fuß zu 6 Fuß 6 Zoll engliſch, incl. des nöthigen Platzes für die Bedienung.

Von den übrigen Firmen Englands, welche gegenwärtig Schnellpreſſen produciren, ſind noch hervorzuheben, Frederic Ullmer in London, 15, Old Bailey. Dieſes Etabliſſement, gegründet 1825, alſo bereits 50 Jahre beſtehend, liefert Alles, was von der Typographie und den ihr ver-wandten Künſten an Material gebraucht wird.

Louis Simon & Sons, London und Nottingham bauen die verschiedensten Arten von Schnellpressen, von der größten Zeitungsmaschine bis zur einfachsten Presse. Für den Bau der Bullock-Presse (siehe später) besitzt diese Firma ein Patent; auch baut sie Tiegeldruck-Schnellpressen (N. T. 54 55).

William Dawson & Sons, Buchdruckmaschinenfabrik, Otley (Ashfield-Gießerei), liefert große Zeitungsmaschinen, einfache Schnellpressen und Zweifarben-Maschinen; sie existirt (1835 gegründet) bereits vierzig Jahre. Wenn wir recht berichtet sind, so ist diese Firma durch die Herren Hughes & Kimber in London vertreten; den Letztgenannten ist es neuerdings gelungen mehrfach Maschinen in Deutschland einzuführen und haben sich dieselben im Allgemeinen die Zufriedenheit der Empfänger erworben.

H. S. Cropper & Co., Nottingham, bekannt durch eine Accidenz- und Kartenmaschine (N. T. 54 55).

Alexander Seggie in Liverpool baut die verschiedensten Hand- und Schnellpressen für Buch- und Steindrucker.

Davis & Primrose, Leith, Dukestreet, bauen einfache Schnellpressen, Schön- und Widerdruck-Schnellpressen und Doppel-Tiegeldruck-Schnellpressen. Die Firma beschäftigt sich auch speciell mit dem Bau hydraulischer Glättpressen.

Humphrey, Hasler & Co., London, bauen Schnellpressen für Buch- und Steindruck nach dem gewöhnlichen englischen System (N. T. 37). Die Maschinen sind billig, stehen dafür aber auch denen der renommirteren englischen Firmen bedeutend nach. Die Fabrik hat einen höchst originellen, auf unserer Abbildung ersichtlichen Selbstausleger construirt; derselbe bedarf jedoch der sorgfältigsten Behandlung, wenn er gut functioniren soll. Er legt übrigens die Bogen mit der bedruckten Seite nicht frei, sondern diese kommt nach unten zu liegen, was man jedenfalls als einen Mangel bezeichnen muß. Punkturen sind an dieser Maschine nicht vorhanden.

Der im übrigen höchst einfache Mechanismus des Auslegers verdient seiner eigenthümlichen Construktion wegen eine nähere Beschreibung. An zwei Armen, die durch ein Segment gehoben und gesenkt werden, sind zwei, durch Charniere an einander befestigte, die Breite des Druckcylinders habende Holzleisten angebracht. Die Arme sind hohl, und ein an ihrem Ausgangspunkt angebrachter kleiner Excenter wirkt auf eine in ihnen liegende Stange, die wiederum eine schiebende Wirkung auf die äußere Holzleiste ausübt, zu rechter Zeit eine Oeffnung $\vee$ zwischen beiden Leisten erzeugend. Nach erfolgtem Druck liegt dieser Ausleger vorn auf dem Auslegebret geöffnet vor den Greifern und sobald diese sich öffnen, fällt das von ihnen gehalten gewesene Ende des Bogens in den Ausleger hinein, die Holzleisten werden dann durch zwei Gummiringe zusammengezogen, sobald beim Weitergange der Maschine der Excenter die inneren Arme zurückzieht und der Ausleger nimmt, bewegt durch das Segment, seinen Weg nach dem oberen Auslegetisch. Damit der Bogen, während ihn die Greifer in den Ausleger gleiten lassen, gehalten werde, ist auer über den Cylinder weg eine Holzspindel mit beliebig zu verschiebenden Gummiringen angebracht. Diese Ringe liegen fest auf dem Bogen und halten ihn so lange, bis er, durch den Ausleger gefaßt, unter ihnen weggezogen und nach dem angemessen dem Format zu verstellenden Auslegetisch geführt wird. In letzter Zeit hat auch eine deutsche Fabrik und zwar die des Herrn Fritz Jänecke in Berlin dieses Auslegersystem an einer der Humphrey'schen ähnlichen Schnellpresse angewendet. Unseren Erfahrungen nach hat sie damit nicht den besten Griff gethan, wenn wir auch annehmen können, daß der Bau der ganzen Maschine ein soliderer sein wird, als der des englischen Originals. Wir sollten meinen, Herr Jänecke hätte noch ein besseres Modell für seine Presse finden können; ein Blick in unseren Atlas wird dies bestätigen. Wir haben übrigens an der in unserem Besitz gewesenen Humphrey'schen Presse eine Punkturen-einrichtung anbringen lassen müssen, da die (auch an der Jänecke'schen Maschine befindlichen) Marken allein kein genügendes Register herbeiführten.

Cobbington & Kingsley in London bauen eine A. T. 54·55 abgebildete, in vieler Hinsicht beachtenswerthe Tiegeldruck-Accidenzmaschine; wir kommen auf diese Schnellpresse später noch specieller zurück.

Von englischen Schnellpressen-Fabrikanten nennen wir ferner noch **Conisbee & Sons** in London, **John Lilly & Co.** in London und **Francis Tonnison & Son** in Newcastle-on-tyne.

———

Die **amerikanischen Schnellpressenbauer** sind in unserem Atlas durch Abbildungen von Maschinen der berühmten Firma **Hoe & Co.** in New-York, durch solche von **C. Potter jr. & Co.** in New-York, sowie der **Maschinenfabrik der Cincinnati Type-Foundry** in Cincinnati, ferner durch eine Abbildung der **Bullockpresse**, der **Degener & Weiler'schen** und der **Kelogg'schen Tiegeldruck-Schnellpresse** vertreten.

Bei Besichtigung dieser Abbildungen wird der Leser finden, daß die einfachen amerikanischen Schnellpressen den unseren mehr ähneln, wie die vorstehend beschriebenen englischen. Als Bewegungsmechanismus finden wir die vereinfachte Eisenbahnbewegung, den Doppelrechen, sowie einzelne von den Mechanismen, welche wir auf Seite 106 und 107 näher beschrieben haben. Bei den meisten amerikanischen Maschinen macht sich ein sehr umfänglicher Druckcylinder bemerklich, der bei seiner Umdrehung über das Fundament häufig auf einem zu beiden Seiten des letzteren angebrachten Schienenpaar Auflage findet, und den man durch Heben (Unterlegen) oder Senken dieser Schienen zu minderem oder stärkerem Druck auf die Form zwingen kann. Manche amerikanische Maschinen sind deshalb, da der Cylinder durch seine eigene Schwere vollständig aus-reichend wirkt, gar nicht zum Stellen (Heben und Senken) desselben mittels Schrauben eingerichtet. Auch in Amerika ist die Tischfärbung mehr verbreitet wie die Cylinderfärbung; die letztere kommt meist nur in sehr vereinfachter Weise zur Anwendung (s. A. T. 62 unten), während die Tischfärbung in einer Vollkommenheit existirt, wie man sie kaum an Maschinen anderer Nationen findet (s. A. T. 61).

22. R. Hoe & Co. in New-York.

Unter den Schnellpressenfabriken der Vereinigten Staaten Nordamerikas steht die Firma **R. Hoe & Co.** in New-York (Goldstreet 31) oben an, nicht nur weil sie die erste war, welche hier Schnellpressen baute, sondern auch weil sie noch heute die bedeutendste Fabrik in den Vereinigten Staaten ist. Dieselbe wurde im Jahre 1823 etablirt. Ihr Gründer, Robert Hoe, war ein im Jahre 1874 in Hose, Grafschaft Leicestershire geborener Engländer. Er lernte als Zimmermann, siedelte aber, neunzehn Jahr alt, nach Amerika über. Zwanzig Jahre alt, wurde er in New-York mit einem gewissen Mattbew Smith bekannt, dessen Tochter er heiratete und mit dessen Sohn, seinem Schwager, er gemeinschaftlich eine Fabrik zum Bau von Buchdruck-Handpressen und Buchdruckerei-Holzutensilien errichtete. Die Compagnieschaft trennte sich bald, Mattbew Smith associrte sich mit seinem Bruder Peter Smith und bauten beide von dieser Zeit ab Kniepressen. Beide Brüder starben im Jahre 1822 bald nach einander und ihr Geschäft ging in die Hände ihres Schwagers Robert Hoe über, welcher seinen Sohn Robert March Hoe und den Sohn seines ersten Theilhabers Mattbew Smith als Genossen unter der Firma R. Hoe & Co. aufnahm. Robert Hoe mußte sich im Jahre 1832 kränklichkeitshalber vom Geschäft zurückziehen und starb im Jahre darauf, und nachdem auch Mattbew Smith 1842 verstorben war, wurde das Geschäft von Robert March Hoe und seinen beiden Brüdern Robert Hoe und Peter Smith Hoe fortgesetzt. Die technische Abtheilung führte der erstgenannte Theilhaber nach wie vor und erweiterte sich das Geschäft, welches im Jahre 1823 noch in den Kinderschuhen steckte, von Jahr zu Jahr.

Im Jahre 1846 trat Hoe mit seiner wunderbaren Erfindung der rotirenden Zeitungsmaschine auf, welche auf diesem Gebiete der menschlichen Industrie, der periodischen Presse, einen vorher nicht geahnten Umschwung zu Wege brachte. Es war dies die Typenumdrehungsmaschine (Type Revolving Printing Machine), welche im Stande ist, in einer Stunde 15—20,000 Abdrücke zu liefern, indem — wie ihr Name besagt — die Typenform auf einen sehr umfangreichen Cylinder gespannt wird, um welchen herum sich Druckcylinder und Farbenwerke befinden. Die erste Maschine dieser Art war in der Druckerei des „Public Ledger" thätig und bürgerte sich dann bald bei allen großen Zeitungen Nordamerikas ein. 1860 schaffte auch die Druckerei der Londoner „Times" die Hoe-Zeitungsschnellpresse an. Der außerordentlichen Leistungsfähigkeit halber hat man dieses Werk nicht selten Blitz-Zeitungsschnellpresse (Lightning Rotary News Press) genannt. Das Etablissement liefert diese, R. T. 57 abgebildete rotirende Schnellpresse in fünf Größen, mit zwei, vier, sechs, acht und zehn Druckcylindern. Jetzt ist sie freilich durch die viel einfacheren, zum Theil bereits beschriebenen „Endlosen" verdrängt worden.

Während bei diesen Endlosen, sobald sie in Gang, direct kaum eine Person zur Bedienung nöthig ist, erforderte die Hoe-Maschine je nach der Anzahl ihrer Cylinder eine große Anzahl Einleger und sonstiges Bedienungspersonal, nahm einen großen Raum in der Länge und Höhe ein, bedurfte einer bedeutenden Betriebskraft und lieferte doch nur einseitige Drucke, während die neueren derartigen Maschinen alle complette, also zweiseitige Drucke ermöglichen.

Andere von dieser Fabrik gelieferte Schnellpressen sind: 1. die von Isaal Adams in Boston im Jahre 1858 erfundene Tiegeldruck-Schnellpresse (Bed and Platen Book Printing Press R. T. 56); 2. doppelcylindrige Schön- und Widerdruckmaschinen für den Zeitungsdruc, bei welchen die Formen in Gestalt von Platten um einen Cylinder gespannt werden; 3. gewöhnliche Doppelmaschinen; 4. einfache Schnellpressen in den verschiedensten Größen und Einrichtungen, mit Eisenbahn-, Kreis- und Kurbelbewegung; 5. Accidenz und Karten-Schnellpressen mit Cylinder- und Tiegeldruck (A. T. 54·55); 6. Handpressen, Glättpressen, Satinirwerke, Papierschneidemaschinen u. s. w.

Die unter 1 erwähnte, A. T. 56 abgebildete Tiegeldruck-Schnellpresse ist in Amerika und England durch ihre vorzügliche Construction sehr beliebt und findet insbesondere für feine Werk-, Illustrations- und Farbendrucke vielfache Verwendung. Das Register ist mit Hülfe eines vorzüglichen Punktirapparates und durch das einfache und sichere Anlegen auf einen flachen Deckel ganz tadellos, die Färbung durch eine große Anzahl Reib- und Auftragwalzen eine vollendete.

23. Die Bullock-Presse der Bullock Printing Press Co. in New-York.

Wollte man Bullock als den Erfinder des Druckens von der (Papier-) Rolle nennen, so dürfte man wohl, wie wir aus dem Vorangegangenen bereits wissen, manchem älteren Schnellpressenbauer großes Unrecht thun.

Bullock ist nur das Verdienst zuzusprechen, die ältere Erfindung einem neuen System des Druckens von endlosem Papier zuerst zweckmäßig angepaßt zu haben.

Die Einzelheiten des Bullock'schen Papierzuführungsapparates (A. T. 58) und die wichtigeren Theile seiner Maschine sind folgende:

Die Zapfen der directen Papierrolle a liegen in den offenen Lagern zweier am Maschinengestell befestigten gebogenen Arme b. Durch die Drehung eines Rades wird ein Hebel jedesmal so weit vorwärts gedrückt, daß das Papier von der Rolle a um die bestimmte Breite vorwärts geht. Beim momentanen Anhalten tritt der Schneideapparat (die zwei Cylinder e und f) in Thätigkeit. f ist der schneidende Cylinder und e der, über welchen sich das von der Rolle ablaufende Papier legt. Es ist dies eine dem bekannten Längsschneider unterhalb der Bogenleitung ähnliche Vorrichtung, nur daß hier der Schnitt der Quere geschieht. Der abgeschnittene Bogen wird von am Schneidecylinder angebrachten Greifern erfaßt und dem ebenfalls mit Greifern montirten Zuführcylinder g zugeführt. So gelangt der Bogen auf h, den Schöndruckcylinder. i ist der große Transportcylinder, dessen genau adjustirte Greifer den Bogen in der richtigen Lage halten und von wo er dann, ohne sich verrücken zu können, auf den Widerdruckcylinder J geführt wird. Der weitere Lauf bis zum Auslegen geschieht in der gewöhnlichen Weise. Der Hauptzug des ganzen Mechanismus besteht in der exacten Uebereinstimmung des Greifersystems bei der Ueberführcylinder, so daß sich durch denselben ein gutes Register erreichen läßt.

Von den übrigen Theilen der Presse wäre nur noch zu bemerken, daß in der Abbildung die Buchstaben k l m n o das im Allgemeinen bei allen Schnellpressen angewendete Farbewerk (Farbekasten mit Ductor und Lineal, Led-, Reib- und Auftragwalzen) bezeichnen. Daß bei diesen Maschinen auf Verlangen auch der Längsschneider angebracht werden kann, bedarf wohl keiner Erwähnung.

Von der Bullockpresse existiren zwei Größen und zwar die eine mit Druckcylindern von circa 40 Cntr. bei einer Gesammtgröße von 3,50 Mtr. Länge, 2,30 Mtr. Breite, 2 Mtr. Höhe und einem Gewicht von 9000 Kilo, die andere mit Druckcylindern von circa 45 Cntr. Größe, 4,30 Meter Länge, 2,80 Mtr. Breite, 2,10 Mtr. Höhe und einem Gewicht von circa 10,000 Kilo. Die Bullockpresse wird in etwas veränderter Construction auch für das Anlegen zweier einzelner Bogen gebaut und ist neuerdings sowohl für Stereotypendruck als auch für den Druck von Satzformen eingerichtet worden. Die Herren Louis Simon & Sons in Nottingham (England) besitzen ein Patent für den Bau dieser Maschine.

Betrachten wir uns noch den A. T. 58 unten abgebildeten Feuchtapparat zu dieser Maschine, so finden wir, daß derselbe ganz unabhängig von derselben zur Verwendung kommt. Das Papier läuft von einer Rolle ab, einer zweiten Aufwickelrolle zu; auf dem Wege dahin passirt dasselbe eine gerundete Fläche, auf welcher es einen aus mehreren regulirbaren Hähnen entströmenden mehr oder weniger feinen Wasserstrahl empfängt und so gefeuchtet wird. Die nöthige Spannung wird durch regulirbare Belastung von Gewichten hergestellt. Durch die Benutzung dieses selbständigen Feuchtapparates ist es möglich, das Papier gehörig unterstehen zu lassen, ehe es zum Druck kommt. (Siehe auch Prestonian-Schnellpresse S. 146.)

24. Maschinenbauanstalt der Cincinnati Type Foundry in Cincinnati.

Insbesondere die A. T. 61 abgebildeten Schnellpressen dieser Firma lassen das Bestreben erkennen, bei zweckmäßiger und solidester Construction eine Vollkommenheit der Färbung zu erzielen, wie solche nöthig ist, um den höchsten Anforderungen zu genügen.

Wir finden deshalb an diesen Schnellpressen combinirte Tisch- und Cylinderverreibung in einem Umfange zur Anwendung gebracht, wie solche an keiner der übrigen im Atlas enthaltenen Maschinen anderer Schnellpressenbauer irgend welcher Nation zu bemerken ist.

Eine große Anzahl Reib- und Anstragwalzen verarbeitet und überträgt hier die Farbe. Die Reibwalzen sind sämmtlich durch Züge einer seitlich ziehenden und schiebenden Bewegung unterworfen, so daß sie ihren Zweck auf das Vollkommenste erfüllen.

Die A. T. 61 oben abgebildete Presse ist speciell für den Accidenzdruck bestimmt; sie druckt ein Format von 14:22" englisch. Die Fabrik nennt dieselbe „Double Stop Cylinderpress". Wie aus der Abbildung ersichtlich, wird der zu bedruckende Bogen an dieser Maschine wie an den englischen hinten auf einem flachen Bret angelegt und durch einen höchst einfachen Auslege-apparat dem Auslegebret zugeführt, das sich dicht vor den Augen des Einlegers befindet, sonach eine sehr bequeme Controle des Druckes gestattet.

Die auf derselben Tafel unten abgebildete Maschine ist, wie bereits oben angedeutet worden, die vollkommenste, welche wohl gegenwärtig zu finden. Sie wird mit 5 und 4 Auftrag-walzen und in drei Formaten gebaut, und zwar 38½":52, 32:47, und 25:35" engl. Fundament-größe, zum Preise von 4600, 3800 und 2800 Dollars. Man kann allerdings für einen so hohen Preis auch eine vorzügliche Maschine verlangen.

Bei beiden Pressen ist der Cylinder zu hemmen (s. S. 141), auch besitzen beide keine Punkturen. Letztere sind durch ein höchst vollkommenes System von Marken und Führern ersetzt, das nach den uns vorliegenden vielfarbigen Buntdrucken zu schließen allerdings nichts zu wünschen übrig läßt und jedenfalls sehr vortheilhaft von dem bei den einfachen englischen Maschinen üblichen abweicht.

Auf A. T. 62 befindet sich noch eine Werk- und Zeitungspresse, sogenannte „Drumcylinderpress". Sie zeigt uns die gewöhnliche, in Amerika gebräuchliche Construction mit Tischfärbung.

Eine höchst originelle Maschine dieser Firma finden wir ferner A. T. 52·53; es ist eine Tiegeldruckmaschine mit einer Einrichtung zum mehrfarbigen Druck auf einmal. Eine genauere Beschreibung dieser interessanten Maschine behalten wir uns für das Capitel über „Tiegeldruckmaschinen" vor, wollen an dieser Stelle nur noch erwähnen, daß man auf derselben, selbst bei kleinen Accidenzien wie Adreßkarten ꝛc., die einzelnen Zeilen in verschiedenen Farben, ja sogar eine Zeile (etwa aus Tertia gesetzt), in zwei Farben zugleich drucken kann.

25. C. Potter jr. & Co. in New-York.

Diese Firma, von deren Maschinen wir eine mit einfacher Cylinderfärbung A. T. 62 abbilden, scheint sich speciell mit dem Bau von Werk- und Zeitungsmaschinen zu beschäftigen. Auch die Potter'schen Pressen führen den charakteristischen großen Druckcylinder und werden theils mit einer einfachen Cylinder-, theils mit Tischfärbung geliefert.

26. Degener & Weiler in New-York.

Diese Firma beschäftigt sich ausschließlich mit dem Bau von 4 Größen Tiegeldruck-Accidenz-Schnellpressen. Eine Abbildung dieser Maschinen zeigt uns A. T. 54·55. Sie sind einfach gebaut, dabei höchst leistungsfähig sowohl in Bezug auf die Qualität der Arbeit als auch in Bezug auf das Quantum, welches sie liefern. Wir werden diesen Maschinen, die seit drei Jahren von dem Herausgeber dieses Werkes in Deutschland eingeführt und bereits in hunderten von Exemplaren verkauft wurden, später wieder begegnen, da die Handhabung und Behandlung solcher Tiegeldruckschnellpressen von uns specieller beschrieben werden wird.

—

Von amerikanischen Schnellpressenbauern nennen wir ferner: Cottrell & Babcock und Campbell in New-York. Letztere Firma hat an einer ihrer für Accidenz- und Zeitungsdruck bestimmten Maschinen das gewöhnliche Princip ganz umgestürzt. Der gedruckte Bogen findet seinen Ausweg nicht am hinteren Theil der Maschine unter dem Anlegebret, sondern etwa an der Stelle, wo bei unseren deutschen Schnellpressen das Farbenwerk angebracht ist. Welchen Vortheil diese Einrichtung haben soll, ist uns unklar, wir müssen sie schon insofern als eine unpractische bezeichnen, als der gewöhnliche, gabelförmige Ausleger über dem Farbenwerk liegt, also doch sehr häufig hinderlich ist. Wir nennen ferner Whitlock in Birmingham (Conn.) und die Chicago

Taylor P. P. Company, sowie die Firmen Gordon, M. L. Gump & Co. und C. B. Houghmout & Co. in New-York, J. M. Jones in Palmyra (N.-Y.), A. & B. Newbury in Corsackie-on-the Hudson, B. F. Renik & Co. in Canton (Ohio), Globe Manufacturing Co. in Palmyra (N.-Y.), A. R. Kellogg in Chicago.

Die acht zuletzt genannten Firmen bauen fast ausschließlich die in Amerika so gesuchten Tiegeldruck-Accidenz-Schnellpressen in den verschiedensten mehr oder weniger complicirten Construc-tionen. Die einfachste derartige Presse dürfte wohl die A. T. 31 abgebildete Kellogg'sche sein, deren Mechanismus dort deutlich zu erkennen ist.

IV. Die Aufstellung einfacher Schnellpressen.

1. Was man beim Auspacken von Schnellpressen zu beobachten hat.

Bezieht man eine Schnellpresse direct von einer der Fabriken, läßt demnach auch die Aufstellung durch einen Monteur derselben bewerkstelligen, so ist es nur dann gerathen, die ange-langten Kisten vor Ankunft des Monteurs auszupacken zu lassen, wenn man ganz zuverlässige und gewissenhafte Leute damit betrauen kann. Einer der vielen kleinen Theile wird leicht ver-loren, bleibt aus Versehen im Packstroh oder wird verlegt und muß dann erst wieder von der Fabrik verschrieben werden; während dessen kann unter Umständen die Aufstellung gar nicht vor-genommen werden, mindestens aber ist die Benutzung der Maschine so lange nicht möglich, bis das Fehlende wieder ersetzt worden. Das Auspacken geschieht, wenn möglich, im Aufstellungslocal; liegt dies jedoch so, daß die schweren Kisten nicht hinein zu transportiren, oder ist dort der nöthige Platz nicht vorhanden, so benutzt man die Hausflur, den Hof, im äußersten Nothfall die Straße, um dies zu bewerkstelligen. Insbesondere hat man beim Auspacken darauf zu achten, daß alle Schrauben zusammengelegt werden; am besten ist es, wenn man eine oder mehrere flache Kisten dazu benutzt, das Heraussuchen wird dem Monteur dadurch wesentlich erleichtert.

Fundament und Cylinder sind auf das sorgfältigste zu behandeln, damit sie in keiner Weise beschädigt werden; das Heraushebn aus den Kisten muß immer je nach der Schwere von mehreren Personen geschehen. Ist der Cylinder von zu bedeutendem Gewicht, als daß ihn zwei Mann an den Zapfen herausheben könnten, so sind um diese Zapfen Seile zu schlingen, durch sie wiederum starke Hebebäume zu stecken, so daß an jedem Ende der beiden Bäume ein Mann anfassen und das Herausheben so von vier Mann in leichter und sicherer Weise bewerkstelligt werden kann.

Man trägt den Cylinder an einen passenden Ort nächst des Aufstellungsplatzes, doch ist stets zu vermeiden, daß er auf den Greifern liegt. Besonders sorgfältig müssen auch alle Spindeln behandelt werden; man lehne sie sicher an eine Wand oder in eine Ecke oder lege sie lang auf die Erde. Wie die Schrauben, so sammelt man sämmtliche Lager, Bandrollen 2c. in besonderen flachen Kisten.

Sämmtliche Theile müssen nach dem Auspacken sorgfältig von dem daranhängenden Schmutz und Staub gereinigt werden. Man bewerkstelligt dies mittels Putzlappen unter Zuhülfenahme von Terpentinöl oder Petroleum. Um die Schraubenlöcher, sonstigen Oeffnungen in den Gestellen 2c. wie die Zahnstangen gehörig zu reinigen, zieht man den Putzlappen durch dieselben durch und so lange hin und her, bis alle Unreinlichkeiten gründlich entfernt sind. Sollte die Maschine von Rost angelaufen sein, so müssen alle angelaufenen Stellen vorher eingeölt und später mit Bimstein abgeschliffen werden. Auf Schrauben und Lager ist besondere Sorgfalt beim Putzen zu verwenden; die Gänge der ersteren, die gerundeten Flächen der letzteren und die darin befindlichen Schmierlöcher dürfen nicht die geringsten Unreinlichkeiten enthalten.

Das Grundgestell ist bei einem großen Theil der Schnellpressen in ein Stück gegossen, demnach von bedeutender Schwere. Hat man dasselbe in ein Parterrelocal zu schaffen, so ist dies mit Zuhülfenahme von hölzernen Walzen (Rollen), auf die man das Grundgestell aufrecht stellt, leicht zu bewerkstelligen, ist dasselbe jedoch Treppen und besonders winkelige und gewundene Treppen heraufzuschaffen, so entstehen oft große Schwierigkeiten. Bei geraden Treppen ist es zur Schonung derselben und zur Erleichterung des Transports gerathen, ein angemessen langes und starkes Bret über die Stufen zu legen und das Gestell mittels Seilen heraufzuziehen. Selbstverständlich müssen in diesem Fall mehrere Leute zu den Seiten des Gestells bleiben, um es immer in aufrechter Lage zu erhalten und mit zu schieben.

In den meisten Fällen dürfte es gerathen sein, das Grundgestell nur im Beisein des Monteur heraufzuschaffen, da dieser ohne Zweifel, unter Berücksichtigung der localen Verhältnisse, die beste Anleitung geben und den Transport sicher und ohne Gefährdung des dabei verwendeten Personals leiten kann. Gerade beim Transportiren der Gußstücke kommen so häufig Unglücksfälle vor, daß man nicht genug Vorsicht dabei gebrauchen kann.

2. Wahl des Platzes und Anlegung des Fundamentes für die Schnellpresse.

Bei der Aufstellung einer Schnellpresse handelt es sich zuerst um die Wahl des geeigneten Platzes.

Der Boden, auf welchen die Maschine zu stehen kommt, soll so fest sein, daß nach Aufstellung derselben keine Senkungen mehr eintreten können, weil diese Senkungen gewöhnlich ungleichmäßig stattfinden und dadurch der ruhige, leichte Gang der Maschine leidet, der exacte gute Druck gefährdet wird und Biegungen und Dehnungen an den Theilen derselben eintreten, welche entweder direct oder mehr noch durch die hierdurch veranlaßte unrichtige Stellung der arbeitenden Theile gegeneinander, leicht einen Bruch der Maschine veranlassen können. Ein genaueres Fundament unter der Schnellpresse ist in allen Fällen das beste und besonders bei großen Schnellpressen sehr zu empfehlen. Da jedoch hierzu nur Parterre-Räume sich eignen, diese aber meistens nicht zu Gebote stehen, die Maschinen vielmehr größtentheils in den oberen Stockwerken aufgestellt werden, so muß man sich anderweit helfen. Die Balken, auf welche die Maschine dann zu stehen kommt, müssen so stark sein, daß sie nicht allein das todte Gewicht derselben tragen können, sondern auch bei dem Gang der Maschine in ihrer Stellung verharren und nicht in schwankende Bewegung kommen.

Ferner muß bei der Wahl des Platzes auf die Beleuchtung Rücksicht genommen werden. Die Stellung längs der Fensterseite, so, daß das Licht von der Seite kommt und die Maschine zwischen Fenster und Einleger steht, ist die beste, weil dann alle Theile der Presse, welche vorzugsweise gut beleuchtet sein müssen, wie Form, Farbewerk, Cylinder, Punkturen, Ein- und Auslegebret, gleichzeitig gutes Licht erhalten. Erlaubt jedoch der Raum eine solche Stellung nicht, so tritt die Frage auf, ob die Maschine mit der Vorderseite oder der Auslegerseite nach dem Licht gestellt werden soll. In der Regel wird die Stellung der Maschine mit der Vorderseite nach dem Fenster den Vorzug verdienen, weil dann auf Form, Farbewerk, Cylinder und Einlegebret gutes Licht fällt, und nur der Auslegetisch spärlich beleuchtet ist. In den meisten Fällen wird jedoch diese Beleuchtung des Auslegetisches genügen, besonders wenn durch weiße Wände und weiße Decken ein gutes Reflerlicht auf den Auslegetisch fällt; außerdem kann ja der Drucker mit dem bedruckten Bogen auch an das Licht geben, um denselben gehörig prüfen zu können.

Wenn auf der Maschine zumeist Farbendrucke hergestellt werden sollen, bei denen es sich um die richtige und gleichbleibende Nuancirung der Farben handelt und deshalb ein fortwährendes Beobachten des Druckes nothwendig ist, wird es vorzuziehen sein, das hintere Ende der Maschine mit dem Auslegetische dem Fenster zuzukehren.

Bei Benutzung einer mechanischen Betriebskraft wird man in den meisten Fällen die Maschinen mit den Fundamenten gegen die Fenster stellen, weil man in dieser Stellung eine lange Transmissionswelle zum Betriebe einer ganzen Reihe von Pressen benutzen kann, die Stellung längs der Fenster ist bei solchem Betriebe seltener von Vortheil.

Ist man bezüglich der Stellung der Maschine in Rücksicht auf die Beleuchtung zu einem Entschluß gekommen, hat man sich ferner überzeugt, daß der disponible Raum zur Stellung und Bedienung der Maschine genügt und daß im Falle die Maschine durch einen Riemen von einer Transmission oder einem Vorgelege aus betrieben werden soll, diesem Betriebe Nichts im Wege ist, ob sich an der der Maschinenriemenscheibe gegenüber befindlichen Stelle der Transmission die Treibscheibe (man sehe den später folgenden Abschnitt über Dampfbetrieb) aubringen läßt, oder ob sich der Anbringung eines Vorgeleges keine Hindernisse entgegenstellen, so kann mit der Vorbereitung des Fundamentes begonnen werden.

Wenn das Fundament der Maschine gemauert werden soll, so ist die Herstellung desselben aus großen Sandsteinen, wenn solche billig zu beschaffen sind, vorzuziehen, im anderen Fall kann man auch jedes andere gute und feste Baumaterial benutzen.

Man steckt dann das Fundament nach der Größe des Grundgestelles der Maschine ab, so daß das erstere nach jeder Richtung einige Zoll größer wird als das Grundgestell.

Soll die Maschine auf Gebälk gestellt werden, so ist es räthlich, quer über das Gebälk starke eichene Bohlen oder einen ganzen Rost in der Größe des Grundgestells zu legen, resp. aufzuschrauben, damit die Last sich auf eine größere Anzahl Balken vertheilt. Sind hiermit die nöthigen Vorbereitungen getroffen, so kann man mit der Aufstellung der Maschine begonnen werden.

Es ist noch zu berücksichtigen, daß die Bewegung des Karrens der Maschine rechtwinkelig mit der Transmission stattfinden muß, wenn man mechanischen Betrieb eingeführt hat, weil sonst der Riemen nicht richtig aufläuft. Die Laufbahn des Karrens muß also vollkommen rechtwinkelig zur Transmission gelegt werden.

3. Aufstellung einer Cylinderdruck-Schnellpresse mit Eisenbahnbewegung aus der Fabrik von Klein, Forst & Bohn Nachfolger in Johannisberg a. Rh.

Wenn wir von der im Atlas beobachteten Reihenfolge abgehend, die Aufstellung von Maschinen der vorstehend genannten Fabrik eher bringen als die der König & Bauer'schen und anderer Fabriken, so geschieht dies, weil wir die nachstehend abgedruckte, gewiß instructive Anleitung von den Herren Klein, Forst & Bohn Nachf. selbst erhielten und die darin gegebenen Winke in Bezug auf die Behandlung der Theile, des Stellens in die Wage x. uns der Nothwendigkeit überheben, bei anderen Maschinen noch einmal darauf zurückkommen zu müssen.

Nachdem man, wie im vorausgegangenen Capitel beschrieben worden, alle Theile der Maschine sorgfältig gereinigt hat, beginnt man mit Legung des Grundgestelles, indem man darauf achtet, daß die Längsrichtung desselben richtig zur Transmission liegt und die Füße des Grundgestelles auf die vorerwähnten starken Bohlen zu stehen kommen, legt dann das Grundgestell genau wagerecht, indem man mit einer guten Wasserwage längs und quer untersucht, wo dasselbe am tiefsten steht und unterlegt dann die Füße, bis es nach allen Richtungen genau wagerecht liegt.

Zu diesem Zwecke bedient man sich am besten nur schwach keilförmiger Keile von hartem Holz, indem man unter jeden Fuß zwei derselben in der Weise aufeinander legt, daß das dicke Ende des einen Keiles auf das dünnere des anderen zu liegen kommt. Durch Antreiben dieser beiden Keile kann leicht das Grundgestell in die gewünschte wagerechte Stellung gebracht werden.

Zur Untersuchung, ob das Grundgestell in der Querrichtung richtig liegt, bedient man sich in Ermangelung eines guten starken eisernen Lineals des Mittelsteges einer Rahme, welchen man quer auf die beiden Bahnen des Grundgestelles legt und hierauf die Wasserwage setzt.

Zur Prüfung der Längsrichtung wird die Wage einfach lang auf die Schienen gestellt.

Liegt das Grundgestell richtig, so können die Seitentheile an dasselbe befestigt werden.*) Die hierzu benutzten Schrauben sind schwach conisch gedreht, damit sie die Löcher im Seitentheil und Grundgestell gut ausfüllen und eine Verrückung der Seitentheile nicht erlauben. Die

---

*) Man sehe auch die später folgende Bemerkung über das Anschrauben nur eines und zwar des linken Seitentheiles, um das Einheben des Cylinders zu erleichtern.

Schrauben und die Löcher in den Seitentheilen sind conform mit den Figuren VI AB und VII AB A. T. 12/13 gezeichnet und müssen dem entsprechend eingesetzt werden.

Nachdem das Seitentheil an das Grundgestell geschraubt worden, wird die **Kurbelwelle** a A. T. 12/13 Fig. X in ihre Lager gelegt. Die mit k 1 gezeichneten Lager kommen in den auf das Grundgestell angeschraubten Lagerbock, während die mit k 2 gezeichneten in den an das Seitentheil angegossenen Lagerkörper kommen. Ehe die Lager eingelegt werden, müssen dieselben sorgfältig gereinigt werden und ist dann zu beachten, daß die auf die Broncelager geschlagenen Zeichen mit den an dem Lagerkörper befindlichen Zeichen übereinstimmen. In der Regel werden die **Excenter** auf der Kurbelwelle bei dem Versandt gelassen, ebenso die **Kurbel** b Fig. X A. T. 12/13, während das **Triebrad** f entfernt ist.

Man läßt am besten die Excenter auf der Kurbelwelle, reinigt dieselben nur sorgfältig, und legt die Welle in ihre vorher eingeölten Lager, setzt dann die Oberlager ein, schraubt die Lagerdeckel fest, so daß die Welle sich noch leicht in ihren Lagern dreht, aber keinen merklichen Spielraum hat.

Man zieht zu diesem Behuf beide Lagerdeckel vorerst annähernd fest an, zieht dann die Schrauben des einen Lagers so lange an, bis man bei dem Drehen an der Kurbel b spürt, daß die Welle sich schwerer dreht, dann werden die Schrauben des anderen Lagers ebenfalls so lange angezogen, bis es fühlbar wird, daß sich die Kurbelwelle in beiden Lagern schwerer drehen läßt, doch aber nicht derart gehemmt ist, daß ihre Bewegung Schwierigkeiten und besondere Kraftanstrengung verursacht.

Hierauf wird die **Beikurbel** g Fig. X an ihren Platz gebracht, indem man zuerst die Beikurbel auf den Kurbelzapfen l Fig. X steckt und festschraubt, dann den Lagerbroden k auf die Welle h Fig. X schiebt und ihn an das Grundgestell befestigt.

Alsdann wird der **Gußwinkel**, auf welchen der Lagerbock für die Schwungradwelle zu stehen kommt, an das Grundgestell befestigt, hierauf der **Ausleger-Excenter** e Fig. X, wenn er nicht schon vorher auf der Kurbelwelle befestigt war, auf dieselbe gesteckt und dann das Triebrad f an seinem Platz aufgekeilt.

Der **Balancier** a in Fig. III A. T. 12/13 wird nun auf seinen Drehzapfen b gesteckt, dann aber der Zapfen a Fig. V, um welchen die sogenannte Auffanggabel b Fig. V schwingt, an das Seitentheil befestigt, die **Auffanggabel** auf den Zapfen gesteckt und durch Scheibe und Mutter auf dem Zapfen festgehalten, hierauf wird die eine Hälfte des Gleitlagers e Fig. VC für die Zugstange e Fig. V zwischen die 2 Flügel der Doppelcenters f gelegt, darauf die Zugstange, welche dann mit dem anderen Ende durch den Stift g an die Auffanggabel b Fig. V geschlossen wird.

Jetzt wird der **untere Winkel** d Fig. VC der Zugstange an diese geschraubt, zuvor aber die untere Hälfte des Gleitlagers e eingelegt, welches durch den Winkel d in seiner Lage erhalten wird. Die richtige Verbindung zwischen Auffanggabel und Excenter ist damit hergestellt.

Hierauf befestigt man die **Zahnstange** e Fig. I und II, in welche das Zahnrad des Wagens greift, auf das Grundgestell, bringt dann den **Wagen** selbst in die Maschine und verbindet ihn mittels der Verbindungsstange b Fig. I und II mit der Kurbel d. Bei der Aufstellung des Wagens ist zu beachten, daß ein mit 1 gezeichneter Zahn des Wagenrades g mit einer gleichgezeichneten Lücke der Zahnstange e Fig. II links am Rade und an der Zahnstange in der äußersten Stellung des Wagens zusammentrifft. Stimmt dieses, so kann der Karren e Fig. II (Fundament) eingehoben werden. Auch hier ist darauf zu achten, daß ein mit 2 gezeichneter Zahn des Wagenrades mit einer mit 2 gezeichneten Lücke der unteren Zahnstange f am Karren in der äußersten Stellung des Wagens zusammentrifft. Stimmen die Zeichen sowohl unten wie oben, so ist der Karren in seiner richtigen Lage.

Man kann jetzt den **Druckcylinder** einlegen. Derselbe wird ebenfalls vorher von dem anhängenden Fett ꝛc. gereinigt; man legt dann die beiden unteren Hälften der Cylinderlager, welche bei einfachem Farbewerk mit 3 A und 3 B (s. Zeichnung der Seitentheile Fig. VI A und VI B) und bei doppeltem Farbewerk mit 4 A und 4 B (s. Fig. VII A und VII B) gezeichnet sind, in die diesen Zahlen entsprechenden Lager der Seitentheile, gießt, nachdem sie gut gereinigt sind, etwas gutes Oel in die Lager und kann dann den **Cylinder** einheben, doch muß vorher der **Greiferexcenter** a¹ Fig. III auf die Cylinderaxe aufgeschoben werden. Da das Einheben großer Druckcylinder immerhin beschwerlich ist, so befolgen viele Monteure eine andere Art und Weise bei der Aufstellung bis zur Legung des Cylinders. Sie befestigen zunächst nur das linke Seitentheil, also das an der Schwungradseite befindliche, am Grundgestell und lassen das rechte einstweilen fehlen. . Dies ermöglicht, den Cylinder leichter auf das Fundament zu heben und denselben dann derart gegen das Lager in dem linken Seitengestell zu dirigiren, daß man seine Axe bequem in dasselbe einheben kann. Sodann wird der Cylinder an der anderen Seite gehoben und so mit Stegen unterlegt, daß das rechte Seitengestell mit seinem Lager bequem unter die rechte Axe des Cylinders geschoben und befestigt werden kann.

Bei dem Einheben des Cylinders ist zu beachten, daß die Auffanggabelrolle am Cylinder richtig in die entsprechende Vertiefung der Auffanggabel kommt. Ist die Rolle an dem Cylinder in der Auffanggabel und stehen die Rollen an der Zugstange c Fig. V auf dem runden Theil des Doppelexcenters so daß bei einer Drehung der Kurbelwelle keine Bewegung der Auffanggabel entsteht, so wird der Druckcylinder nun in Schrifthöhe gelegt, indem man einen genauen schriefthohen Steg zwischen Cylinder und Fundament schiebt und untersucht, ob der Cylinder auf beiden Seiten richtig liegt, wobei zu bemerken ist, daß der Cylinder um die Dicke des Aufzuges mehr als schriefthoch von dem Fundament abstehen muß. Die Cylinder sind mittels Stellschrauben höher und tiefer stellbar, so daß damit ihre richtige Stellung justirt werden kann. Liegt der Cylinder richtig, so können die **Zahnstangen**, welche in die Cylinderräder eingreifen, an dem Karren befestigt werden. Bei der Befestigung dieser Zahnstangen ist zu beachten, daß der Theilriß der Zähne so hoch von der Fläche des Fundamentes absteht, als die Höhe der zu gebrauchenden Schrift beträgt. Nachstehende Abbildung der Zahnstange mit dem Theilriß wird dies verdeutlichen.

Da jetzt größtentheils die französische Schrifthöhe eingeführt ist, so werden die Zahn= stangen in der Fabrik auf 24 Mmtr. Höhe vom Theilriß bis zur Fundamentfläche gestellt, es sei denn daß der Besteller die Maschine für eine bei ihm in Gebrauch befindliche abweichende Schrifthöhe bauen läßt. Die Schraubenlöcher der Zahnstangen sind so eingerichtet, daß man mit der Höhe leicht einige Mmtr. variiren kann. Bei dem Anschrauben der Zahnstangen ist genau darauf zu achten, daß die Höhe mit der zu gebrauchenden Schrift stimmt und daß dieselben vorn wie hinten gleich hoch stehen. Zuerst wird die auf der Auffanggabel-Seite befindliche Zahnstange befestigt und ist besonders bei dieser zu beachten, daß die Auffanggabel in Ruhe steht, d. h. die Rollen der Zugstange Fig. V auf dem concentrischen Theile des Excenters stehen, und die an dem Cylinderrad befindliche Stelle, an welcher die Zähne theilweise entfernt sind, sich unten befindet, wenn diese Zahnstange angeschraubt wird. Ist sie angeschraubt und in richtiger Position, so kann die andere Zahnstange zu jeder Zeit und in jeder Stellung der Maschine angebracht werden. Die Räder des Druckcylinders müssen in die Zahnstangen so tief eingreifen, daß die Theillinien der Räder und der Zahnstangen zusammenfallen. Liegt die Theillinie des Cylinderrades höher, so muß der Cylinder mittels der Schrauben an den Lagern

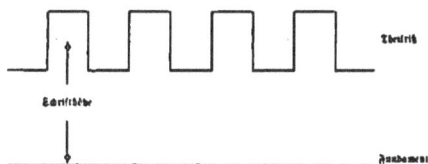

Fig. 83. Theilriß an den Zahnstangen.

tiefer gestellt werden und umgekehrt, wenn die Räder zu tief eingreifen, dies natürlich unter der Voraussetzung, daß die Theillinie der Zahnstangen genau in gleicher Höhe wie die Oberfläche der Schrift liegt.

Liegt der Druckcylinder richtig, so kann die Bogenschneiderwalze k Fig. I und III eingesetzt werden. Man legt zu dem Zweck zuerst die Bänder zur Ausführung des Bogens nach dem Ausleger um die Walze k und bringt dieselbe dann in ihre Lager, so daß das zum Betriebe der Bogenschneiderwalze k bestimmte Zahnrad am Cylinder richtig in das entsprechende Rad an der Bogenschneiderwalze eingreift, schlägt alsdann die Bänder um die hintere Holzwalze l Fig. I und III und legt diese in ihre Lager, mittels ihrer Spannschrauben die Bänder angemessen spannend, bringt dann den Auslegerrechen Fig. I über Walze l liegend an und steckt das kleine Zahnrädchen auf, durch welches mittels der von dem Excenter E Fig. III bewegten Zahnstange der Ausleger in Function gebracht wird.

Hierauf legt man die Stange n Fig. I und III, nachdem man vorher die Hängebandrollen-Gestelle aufgeschoben hat, an ihren Platz, befestigt die zur Ausführung des Bogens bestimmten

Kurbeln, ebenso das **Bogenschneidermesser,** montirt dann die **Stange** o Fig. I und III, bringt diese mittels der Stange a² Fig. III mit dem Greiferexcenter a⁴ Fig. III, ebenso mittels der Stange a³ mit dem schon früher montirten Balancier a Fig. III in Verbindung.

Hierauf steckt man auf die Stange p Fig. I das zur Aufnahme der Punkturgabel bestimmte **Gabelärmchen** q und bringt diese Stange alsdann an ihren Platz, befestigt die Punkturgabel an dem eben erwähnten Aermchen und legt sie hierauf auf den auf der Stange o befindlichen zur Hebung und Senkung der Punkturgabel bestimmten Excenter. Hiermit ist die Aufstellung der hinteren Partie der Maschine mit Ausnahme der Auflegung der Breter beendet.

Bei Montirung des vorderen Theiles fängt man zuerst mit Legung des **Reibcylinders** r Fig. I an. Nachdem dieser Cylinder sorgfältig gereinigt ist, werden die unteren Reibcylinderlager, den auf dieselben geschlagenen Zeichen entsprechend, in die Seitentheile gelegt, dann der Reibcylinder in diese Lager gebracht und zwar so, daß das **Treibrad** auf diejenige Seite der Maschine kommt, auf welcher sich die Auffanggabel befindet, man schiebt dann das Fundament in seine äußerste Stellung nach hinten, befestigt die in die **Schnecke** b Fig. IX greifende **Führung** d an das Seitentheil und dreht den Reibcylinder so lange um, bis er durch die Schnecke beinahe bis an das in Fig. IX mit e bezeichnete Lager geschoben ist; dann setzt man das **Zwischenrad** u Fig. I ein. Der Theilriß dieses Zwischenrades soll sowohl mit dem Theilriß der Zahnstange wie mit dem des auf dem Reibcylinder befindlichen Zahnrades übereinstimmen.

Bei dem Montiren in der Fabrik wird dafür gesorgt, daß das Zwischenrad richtig in das Rad des Reibcylinders eingreift, dagegen richtet sich die Stellung des Zwischenrades zu der Zahnstange nach der Höhe der zu gebrauchenden Schrift und wird deshalb das Zwischenrad in dieser Richtung stellbar gemacht und muß die Stellung bei Anstellung der Maschine regulirt werden.

Die Welle des Zwischenrades u geht durch das Seitentheil und trägt außerhalb desselben ein kleines Zahnrad, welches zur Bewegung des **Farbcylinders** dient, dasselbe befestigt man auf dieser Welle. Man drehe jetzt an dem Zahnrad der Kurbelwelle die Maschine langsam um und beobachte, ob der Reibcylinder in der äußersten Stellung des Karrens nach vorn oder hinten sich gleichmäßig zur Seite schiebt oder ob derselbe etwa so einseitig liegt, daß der Karren seine äußerste Stellung nicht einnehmen kann, weil die weitere seitliche Bewegung des Reibcylinders nicht möglich ist. Man entfernt dann den Führungswinkel d Fig. IX und dreht die Kurbelwelle so weit um, bis der Karren in seiner äußersten Stellung ist, hebt den Reibcylinder so viel aus seinen Lagern, daß er außer Eingriff mit dem Zwischenrade kommt, dreht denselben um einige Zähne rückwärts, legt ihn wieder in seine Lager und schraubt die Führung wieder an; der Reibcylinder darf dann noch nicht gegen das Seitentheil resp. Lager, das seine seitliche Bewegung vorher hinderte, stoßen, aber doch nur wenig davon abstehen, weil er sonst in der entgegengesetzten Stellung des Karrens an der anderen Seite der Maschine anstoßen würde. Stößt der Reibcylinder immer noch an, so war die Drehung zu gering und muß dann noch mehr gedreht werden, steht er dagegen zu weit ab, so daß er in der entgegengesetzten Stellung auf der anderen Seite anstößt, so war die vorgenommene Drehung des Reibcylinders zu groß, es muß deshalb etwas weniger gedreht werden. Hat man sich nun überzeugt, daß der Cylinder in den äußersten Stellungen des Karrens nicht gegen das Seitentheil anstößt und sich überhaupt aus seiner mittleren Lage gleichviel nach rechts wie nach links schiebt, so können auch die oberen Lager eingelegt und die Lagerdeckel aufgeschraubt werden. Hierauf bringt man das **Hebegestell** s Fig. I an seine Stelle, befestigt das außerhalb des Seitentheils befindliche **Aermchen** e Fig. XI des Hebegestelles, womit dasselbe in Bewegung gesetzt wird, montirt den zur Bewegung des Hebegestelles bestimmten **Balancier** und setzt diesen mittels der Stange d Fig. XI mit dem oben erwähnten Aermchen e des Hebegestelles in Verbindung.

Hierauf wird der **Farbecylinder** oder **Ductor** t Fig. I gelegt. Derselbe hat auf der Auffang- gabelseite ein kleines **Sperrrad** e Fig. XI, durch welches er mittels eines **Sperrhakens** f selbst- thätig in Bewegung gesetzt wird, während sich auf der anderen Seite ein **Handrädchen** befindet, so daß man durch Drehung an diesem Rädchen den Farbecylinder unabhängig von dem Gange der Maschine bewegen kann. Die selbstthätige Bewegung des Farbecylinders erfolgt in folgender Weise. Wie schon früher erwähnt, ist auf der äußeren Seite der Zwischenradwelle ein kleines Zahnrad befindlich, dasselbe greift in ein **Segment** b Fig. XI ein, welches sich lose um die Welle des Farbecylinders bewegt; das Segment hat wiederum einen kleinen Arm, welcher einen Sperrkegel f Fig. XI trägt, dieser greift in das auf dem Farbecylinder befestigte Sperr- rad e Fig. XI ein und bringt so den Farbecylinder in Bewegung. Da das Zwischenrad sich, je nachdem der Karren nach hinten oder vorn geht, bald rückwärts bald vorwärts bewegt, so erhält auch das Segment eine alternirende, pendelartige Bewegung, wodurch der an diesem befestigte Sperrkegel bald den Farbecylinder dreht, bald schleifend sich über die Zähne des Sperrrades zurückbewegt, um wieder zu frischem Hub auszuholen.

Es ist bei Anbringung des Segmentes wohl zu beachten, daß sich in den äußersten Stellungen desselben immer noch einige Zähne in Eingriff mit dem auf der Zwischenradwelle befindlichen Trieb befinden. Ist dies nicht der Fall, sondern kommt das Segment auf einer Seite ganz außer Eingriff, so kann dadurch leicht ein Bruch entstehen; man ziehe dann das Segment auf der Farbecylinderwelle in der Armrichtung derselben so lange nach außen, bis es außerhalb des Bereiches des kleinen Triebes ist und drehe es soviel zur Seite, daß wenn das Segment dann wieder in das Triebrad eingeschoben wird, dasselbe sich noch einige Zähne weiter bewegen könnte, bevor es außer Eingriff mit dem Triebe kommt und ebenso, wenn der Karren nach der entgegengesetzten Seite geführt wird. Ist dies in Ordnung, so befestige man den auf der Farbecylinderwelle außerhalb des Segmentes befindlichen **Stellring**, damit das Segment keine seitliche Bewegung mehr machen kann.

Hierauf schraube man das **Schutzgehäuse** über Trieb und Segment fest, hiermit die Montirung des Farbecylinders beendend und kann nun der **Farbekasten** w Fig. I gelegt werden. Damit sich das **Farbelineal** leicht bewegt, muß der ganze Kasten gut gereinigt und zu diesem Behufe auseinander genommen werden; wenn die Maschine während des Transportes naß geworden ist und sich stellenweise Rost zeigt, ist dies ganz besonders nothwendig.

Nachdem man das Lineal wieder an seinen Platz gebracht und in dem Farbekasten mittels der Schräubchen befestigt hat, wobei zu beachten ist, daß diese nicht zu fest angezogen werden, sondern die leichte Bewegung des Lineals noch erlauben, zu welchem Zweck die Schraubenlöcher schlitzförmig gestaltet sind, legt man den Farbekasten in die Maschine und justirt dann das Lineal so, daß es auf seiner ganzen Länge gleichmäßig an dem Farbcylinder anliegt.

In der Regel besteht das Lineal aus zwei Längen, manchmal ist auch die Länge in vier Theile getheilt, um es zu ermöglichen, daß die Farbengebung in einer Hälfte resp. einem Viertel stärker oder schwächer als in den andern ist. Zu diesem Zweck kann jeder Theil des Lineals für sich durch Stellschrauben gestellt werden.

Liegt das Lineal richtig, so wird der Kasten mittels 2 Griffschrauben auf die Seitentheile geschraubt. Der Farbekasten ist hier im Ganzen ebenfalls verschiebbar eingerichtet, indem die Schraubenlöcher der Griffschrauben im Farbekasten schlitzförmig sind und Stellschrauben an dieser Stelle eine Verschiebung ermöglichen.

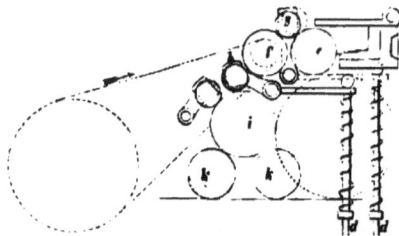

Fig. 64. Doppel Farbewerk an den Schnellpressen von Klein, Forst & Bohn Nachfolger in Johannisberg a. Rh.

Man befestigt dann die Kloben g Fig. I zur Lagerung der Reibwalzen, setzt die in Kernern laufenden Baudrollenstangen z z z Fig. III ein, wobei zu bemerken ist, daß die Körnerschrauben nur so lange angezogen werden dürfen, bis sich die Baudrollenstangen noch ziemlich leicht drehen lassen, in ihrer Längenrichtung aber nicht mehr verschiebbar sind. Liegen die Baudrollenstangen zu leicht in den Körnern, so kann es vorkommen, daß dieselben durch die Spannung der Bänder aus den Körnern gezogen werden und in die Maschine fallen, was erklärlicher Weise unangenehme Folgen hat.

Bei den Maschinen mit sogenannter doppelter Farbverreibung ist außer dem Ductor am Farbekasten selbst und dem großen Reibcylinder noch ein dritter Cylinder vorhanden. Obenstehende Figur verdeutlicht uns dieses Farbewerk.

Bei Aufstellung der Maschinen mit doppelter Farbenverreibung montirt man, nachdem der Reibcylinder richtig gelegt worden ist, die beiden Hebgestelle, legt dann den Ductor und Farbekasten in der früher angeführten Weise, dann wird der Cylinder f gelegt. Nachdem die beiden

Lager genügend fest angezogen sind, wird an den Lagerkörper die zur seitlichen Bewegung des Cylinders f dienende **Schnecke** befestigt und auf diese die **Mutter** geschraubt. Diese Mutter wird mittels eines kleinen **Gelenkes** an dem den Sperrkegel tragenden Aermchen des Segments hin- und herbewegt und damit die seitliche Verschiebung des Cylinders f erzielt. Nachdem dieses Gelenkstück einerseits mit der Mutter, anderseits mit dem Segment verbunden ist, wird die kleine **Riemenscheibe** auf dem Cylinder f befestigt und die **Riemenverbindung** zwischen dieser Scheibe und der zu diesem Zwecke auf der Schwungradwelle befestigten Riemenscheibe hergestellt.

Nachdem nun noch die Breter befestigt sind, und das **Schwungrad** mit Welle und **Zahnrad** in seine Lager gebracht worden, ist die Aufstellung beendet. Ehe die Maschine in Betrieb genommen wird, setzt man sie langsam in Bewegung, beobachtet, ob alles richtig functionirt, namentlich ob die Auffanggabel richtig den Cylinder in Bewegung setzt und wieder festhält und ob die Zähne der Cylinderräder beim Beginn der Bewegung richtig in die der Zahnstangen eingreifen. Wenn die Auffanggabel die Zähne des Cylinders zu sehr nach der Kurbelwelle hin-treibt, so ist die Zugstange c Fig. V zu lang und muß mittels der an ihr angebrachten Stell-Vorrichtung verkürzt werden, indem man die Schrauben m und o, Fig. V B lockert und die Stellschraube n rechts herumdreht, so daß sie tiefer in die, gleichzeitig als Mutter dienende Schraube m eingreift. Man zieht dann die Schrauben m und o wieder fest an und probirt, ob der Eingriff jetzt besser geworden ist. Wenn die Auffanggabel die Zähne des Cylinderrades dagegen zu weit von der Kurbel- resp. Excenterwelle weg gegen die Zähne der Zahnstange treibt, so ist die Zugstange zu kurz und muß durch umgekehrte Drehung der Stellschraube n, Fig. V B verlängert werden.

Da die Beurtheilung, ob der Eingriff richtig oder falsch und die Ermittelung der Art und Weise, wie einem etwaigen Fehler abzuhelfen, sehr schwierig ist, so sollte man die Stellung der Auffang-gabel nur durch sehr erfahrene und zuverlässige Leute vornehmen lassen.

Man untersucht nun, ob die Maschine während der Aufstellung etwa eine ungleichmäßige Senkung erfahren hat. Zu diesem Behuf stellt man jetzt unmittelbar auf das **Fundament** die **Wasserwage** und sieht nach, ob das Fundament sowohl in seiner äußersten vorderen wie hinteren Stellung genau wagerecht liegt. Etwaige Unrichtigkeiten müssen dann durch Antreiben der betreffenden Keile beseitigt werden.

Ist man nun überzeugt, daß Alles in Ordnung, alle Verschraubungen während der Auf-stellung*) ebenso alle Lager gut angezogen worden sind, daß die Maschine gut steht und keine Senkung erfahren hat, so werden noch alle Lager, Zapfen, Stiften, überhaupt Alles, wo Reibung statt-findet mit gutem Oel geschmiert, ebenso die Bahn, während man die Zähne der Zahnräder und

---

*) Ein gewisser typographischer Schriftsteller räth in seiner Anleitung zur Aufstellung von Schnellpressen, man solle alle Schrauben erst leicht und nach beendigter Aufstellung fest anziehen; dieser Anleitung zu folgen, dürfte rein unmöglich und für die Maschine von größtem Nachtheil sein, denn einestheils ist vielen Schrauben nach vollendeter Aufstellung gar nicht beizukommen, anderntheils aber werden die zuerst mühsam in die Lage gestellten Theile meist wieder eine ganz veränderte Lage einnehmen, so daß sie eben nicht mehr vollkommen wagerecht liegen.

Stangen mit gutem Schmalz versieht, dann ist der Monteur fertig und der Drucker oder Maschinenmeister kann mit Einnähen der Bänder, Herrichtung des Aufzuges, dem Einsetzen der Walzenlager rc. beginnen.

4. Aufstellung einer Cylinderdruck-Schnellpresse mit Kreisbewegung aus der Fabrik von Klein, Forst & Bohn Nachfolger in Johannisberg a. Rh.

Die Aufstellung dieser Maschine*) ist weit schwieriger als die der Maschine mit Eisenbahnbewegung, nicht allein weil sie viel complicirter ist, sondern auch weil es bei ihr viel mehr darauf ankommt, daß die zahlreichen Räder alle richtig ineinander greifen.

Man beginnt ebenfalls mit der Legung des Grundgestelles. Nachdem dieses und das damit verschraubte kleine Grundgestell B Fig. II A. T. 14 15, auf welches die Lagerböcke C und D Fig. II der Schwungradwelle, der Welle für das conische Rad und der Excenterwelle zu stehen kommen, genau wagerecht gelegt sind**), befestigt man das Fußlager a Fig. II der stehenden Welle b, befestigt dann die beiden Quer-Böcke 1 u. 2 Fig. I u. III, auf welche der Zahnkranz zu liegen kommt, legt auf diese die Brücke c Fig. I, II, III, welche als Lagerbock für die stehende Welle b (auch Königswelle genannt) sowie für die Wellen d und e Fig 1 dient. Hierauf werden die Böcke 3 u. 4 Fig. I u. III gestellt, und sodann die Seitentheile am Grundgestell und den Böcken befestigt***); ferner legt man den Zahnkranz f Fig. II unter Beachtung der Zeichen auf die Böcke 1 und 2, und befestigt nun den Zahnkranz an die Stollen der Seitentheile. Ist dies geschehen, so stellt man am besten den Königstod h Fig. II mit dem conischen Rade g Fig. I und II in seine Lager, zieht die Schrauben der Lager so fest an, daß sich das Rad noch leicht drehen läßt, ohne daß der Königstod einen merklichen Spielraum in seinen Lagern hat. Dann wird die Büchse h Fig. I an das conische Rad geschraubt und in diese das sogenannte Tanzmeister-Rad mit seinem Zapfen gesetzt. Ein Zahn des Tanzmeisters ist auf der Seite des Zapfens, an welchen die Schiebstange gekuppelt wird, mit 0 gezeichnet, dieser Zahn muß in eine mit 0 gezeichnete Lücke des Zahnkranzes an der Seite des Bockes 1 eingreifen. Dies muß bei dem Einsetzen des Tanzmeisters genau beobachtet werden. Greifen die Zähne des Tanzmeisters entsprechend den Zeichen in die des Zahnkranzes ein, so wird der Tanzmeisterzapfen mittels Scheibe und Mutter an seinem unteren Ende in der Büchse gehalten, so daß sich der Tanzmeister selbst nicht mehr heben kann. Hierauf legt man die liegende Welle d, welche das kleine conische Rad i Fig. II trägt, mit den Rädern i und k Fig. II in ihre Lager, dreht dann das große conische Rad um, so daß der Tanzmeister wie in Fig. I gezeichnet, in seine äußerste Stellung nach hinten kommt. In dieser Stellung hat das große conische Rad, wo es mit dem kleinen in Eingriff steht, ein Zeichen,

---

*) Näheres über Kreisbewegung und Benennung der einzelnen Theile derselben sehe man Seite 99 u. f.
**) Man sehe die Anleitung zum in die Wagestellen in der vorstehenden Anleitung zum Aufstellen der Eisenbahnbewegungs-Schnellpresse.
***) Siehe auch betreff Einfügung nur des linken Seitentheils Seite 162 der vorstehenden Anleitung.

ein gleiches Zeichen findet sich am kleinen conischen Rade. Ehe man die Welle d legt, schiebt man das kleine conische Rad i so viel zur Seite, daß dasselbe, wenn die Welle gelegt ist, vorerst nicht mit dem großen conischen Rade in Eingriff kommt, dreht dann die Welle so lange um, bis das Zeichen des kleinen conischen Rades i Fig. II nach oben kommt und die Zeichen beim Einrücken des Rades correspondiren. Das kleine conische Rad wird soweit eingerückt, daß die Theillinien mit einander stimmen und die Stirnflächen der beiden Räder in einer Ebene liegen. Nun schiebt man das kleine auf der Welle d befindliche Zahnrad k, welches die Excenterwelle in Bewegung setzt, zur Seite und legt die Excenterwelle e Fig. II in ihre Lager. Das Zahnrad dieser Welle e hat ebenfalls ein Zeichen, ebenso das auf der Welle d befindliche Triebrad k. Die Zähne beider Räder müssen so ineinander greifen, daß wenn die Zeichen an den beiden conischen Rädern zusammenstehen, die Zeichen dieser Räder auch correspondiren. Man dreht deshalb, wenn die beiden conischen Räder mit ihren Zeichen zusammenstehen (wenn also der Tanzmeister seine äußerste Stellung nach hinten einnimmt) das Zahnrad resp. die Excenterwelle e so lange um, bis das Zeichen dieses Rades der Welle d zugekehrt ist und schiebt dann das auf der Welle d befindliche Triebrad in Eingriff und zwar so, daß die Zeichen beider Räder correspondiren. In dieser Stellung müssen auch die Keilnuten in Trieb und Welle d stimmen. Man befestigt nun mittels des Keiles das Triebrad, überzeugt sich nochmals, ob gleichzeitig die Zeichen in den conischen Rädern und den Triebrädern der Excenterwelle stimmen und kann dann, wenn dies in Ordnung ist, die Bahn Fig. VII legen. Die Befestigungsschrauben der Bahn sind fortlaufend mit l₁ bis ₘ gezeichnet. Man bringt sodann Auflaufgabel und Zahnstange in der bei Aufstellung der Maschine mit Eisenbahnbewegung beschriebenen Weise an und legt den Karren in die Bahn, befestigt den Zapfen, durch welchen die Schiebstange an den Karren genuppelt wird an den Karren, ebenso den entsprechenden Zapfen auf dem Tanzmeister und verbindet beide durch die Schubstange, teilt das Rad m auf die Welle d, stellt den Lagerbock für die Schwungradwelle, legt letztere in ihre Lager und befestigt das Schwungrad. Es ist bei den Rädern m und n nicht nothwendig, daß dort bestimmte Zähne ineinander greifen, da dies keinen Einfluß auf den geometrischen Zusammenhang der Maschine hat, gibt reichlich Oel in die Bahn, schmiert alle übrigen Lager und Gleitflächen und probirt nun durch Umdrehen am Schwungrade, ob Alles genügend leicht und doch fest geht. Ist Alles in Ordnung, so kann der Druckcylinder, ebenso wie dieses bei der Maschine mit Eisenbahnbewegung beschrieben ist, gelegt werden. Da die Maschinen mit Kreisbewegung in der Regel größere, schwerere Druckcylinder haben, so läßt man am besten die Brettträger x Fig. I und III, welche auf die Seitentheile geschraubt sind, vorerst weg, weil dann der Druckcylinder nicht so hoch gehoben werden muß und leichter in seine Lager gebracht werden kann. Die jetzt noch übrige Montirung der Maschine unterscheidet sich kaum von der der Maschinen mit Eisenbahnbewegung, weshalb wir auf die frühere Anleitung verweisen können.

5. Aufstellung einer Cylinderdruck-Schnellpresse mit Eisenbahnbewegung aus der Fabrik von König & Bauer in Kloster Oberzell.

Ueber das Fundament resp. die Unterlage für eine Schnellpresse ist bereits vorstehend das Nöthige angegeben worden.

Die König & Bauer'schen Schnellpressen mit Eisenbahnbewegung haben kein eigentliches eisernes Grundgestell, die Seitengestelle b und c A. T. 2 sind vielmehr, ähnlich wie bei den Kreisbewegungungsmaschinen durch Quergestelle verbunden, die ihnen den nöthigen Halt geben.

Man beginne die Aufstellung indem man das Seitengestell c von einem Arbeiter halten läßt und befestige die Quergestelle d, e, f, g. Die zu diesem Zweck dienenden Schrauben und Schraubenlöcher führen die Nummern 9 bis 16; die Nummer der Schraube muß selbstverständlich mit der des Loches übereinstimmen, wenn die Schrauben gut passen sollen. Damit die noch des Gegenhaltes des vorderen Seitentheils b entbehrenden Quergestelle eine sichere und gerade Lage erhalten, unterlege man ihre freien Enden mit angemessen starken Brettern.

Nunmehr hebe man die Bahn M ein und befestige sie an die Quergestelle mit Hülfe der dazu vorhandenen längeren Schrauben Nr. 1 bis 8, verbinde dann das Seitengestell b mit den Quergestellen und entferne die Brettunterlagen, damit das in die Wagestellen vor sich gehen kann (s. S. 160). Die zum Antreiben bestimmten Theile lege man unter die Seitengestelle der Maschine.

Nunmehr wird der Querbalken h zwischen den Gestellen f und g befestigt, sodann die Auffanggabel (s. S. 161) mit ihrem Stifte an das Seitengestell c befestigt. Die zur Bewegung der Gabel dienende Zug- oder Gabelstange hat an der König & Bauer'schen Maschine eine Schweifung, weil die Kurbelwelle mit den zum Betriebe der Gabelstange nöthigen Excentern hier ihren Durchgang nimmt. Man lege diese Stange einstweilen an ihren Platz zwischen das hintere Seitengestell und die Quergestelle, mit dem einen, dem durchlochten Ende nach der Auffanggabel und dem andern nach dem Quergestell d zu.

Ferner befestigt man die Zahnstange s und sodann auf derselben Seite an der Bahn das für die Kurbelwelle bestimmte Lagergestell.

Nunmehr montirt man die Kurbelwelle u selbst, indem man zunächst den kleinen für die Punctur- und Greiferbewegung bestimmten Excenter (auf unserer Abbildung nicht sichtbar), sodann den Doppelexcenter v (s. A. T. 2) für die Bewegung der Auffanggabel und endlich die Kurbel w. Die so montirte Kurbelwelle u lege man nunmehr in ihre Lager und zwar derart, daß der Doppelexcenter v dicht an dem linken Seitentheil seinen Platz findet. Die Lager der Kurbelwelle werden mittels der gleichmäßig anzuziehenden Lagerdeckel befestigt und nunmehr die sogenannte Tasche (ein Gelenkstück, Gleitlager) in das hintere (linke) Seitengestell und in den am Quergestell d angebrachten Träger gesteckt, sodann die Gabelstange mit ihrem glatten Ende ohne Schraubenloch in sie hineingeschoben; das andere Ende der Stange lasse man mit der Gabel selbst noch unverbunden.

Die Karren- (Wagen-) Räder m, n ꝛc. werden nunmehr mittels der Verbindungsstangen zu dem das Fundament tragenden Wagen verbunden.

Hierbei ist zu beachten, daß die Räder m und n nach dem vorderen (rechten) Seitentheil b zu ihren Plaß finden und die an ihnen befestigten Zahnräder mit ihrem gezeichneten Zahn in die gleichfalls gezeichnete Stelle der Zahnstange s eingreifen.

Die König & Bauer'schen Schnellpressen haben nicht ein Zahnrad in der Mitte zwischen den gewöhnlichen Rädern (s. A. T. 12/13, Fig. 11), sondern es sind hier zwei Zahnräder an den Rädern m und n befestigt. Nunmehr setze man die **Stange** i in das Lager am unteren Querbalken h ein und verbinde sie mittels der **Zug-** oder **Kurbelstange** x mit der **Kurbel** w, montire ferner das **Fundament** (den **Karren**) r, indem man die längere **Zahnstange** p an die linke, die zwei kürzeren Zahnstangen an die rechte Seite oberhalb und unterhalb des Fundaments befestigt.

Ehe man den so montirten Karren auf den Wagen hebt, drehe man diesen nach vorn und lege an die hinteren Räder Brettchen an, damit er ruhig stehen bleibt; man hebe dann den Karren auf den Wagen, dabei beachtend, daß die gezeichneten Zähne an den Zahnstangen und Zahnrädern überall in Eingriff stehen.

Die Verbindung des Karrens r mit der Stange (Hebel) i wird nunmehr durch die vorhandene kürzere **Zug-** (Karren-) **Stange** hergestellt.

Der sodann zum Einheben kommende **Druckcylinder** wird, wenn wir nicht irren, vollständig mit den Greifern, dem Greiferexcenter 2c. 2c versehen versandt, kann deshalb nach gründlicher Reinigung ohne Umstände an seinen Plaß gebracht werden.[*]) Auch bei dieser Manipulation sieht der Karren am besten ganz vorn und hat man ferner darauf zu achten, daß die am Cylinder befindliche Gabelrolle richtig in die Oeffnung der Gabel eingreift; nunmehr wird das bisher noch nicht befestigte Ende der Gabelstange mit dieser verbunden.

Es erfolgt sodann das Einsetzen des langen **Hebels**, welcher zur Bewegung der Greifer und Punkturen dient; er wird an der inneren Seite des hinteren Seitengestells angehängt. Das eine Ende dieses Hebels hat ein kleines **Röllchen**, bestimmt, auf dem vorhin erwähnten, auf der Kurbelwelle u befestigten kleinen Excenter zu ruhen, während das andere, mit einem **Gewicht** beschwerte Ende als Balancier dienend, die Rolle fest an den Excenter andrückt, um ihr und demzufolge auch den durch den Hebel bewegten Theilen eine sichere und ruhige Führung und Bewegung zu geben. Die Verbindung zwischen dem Balancier und den Greifern wie mit der Punktur erfolgt durch Einsetzen der dazu bestimmten Spindeln und Stangen wie P 2c.

Nunmehr setze man in gleicher Weise, wie auf Seite 163 beschrieben, die **Bogenschneidewalze** mit den nöthigen **Bändern** sowie die hintere große **Holzwalze** Q (A. T. 2) ein, die Bänder auch um diese Walze legend und ihnen die nöthige Spannung gebend. Sodann werden die sämmtlichen Spindeln mit den **Hängebandrollen** eingefügt und in weiterer Folge die **Kurbelwelle** u mit dem **Ausleger-Excenter** und dem großen **Zahnrade** versehen. Beide Theile finden außerhalb des hinteren (linken) Seitentheiles c auf der Kurbelwelle ihren Plaß.

---

[*]) Das Einheben der bei diesen Maschinen nicht zu schweren Cylinder geschieht am besten in der Weise, daß man zwei Seile um ihn schlingt, diese nach oben zu mit Schlingen versieht, durch die man einen Hebebaum steckt. Zwei kräftige Männer werden den Cylinder mittels dieser Vorrichtung in die Lager zu heben vermögen. Beim Umlegen der Seile ist darauf zu sehen, daß sie nicht gerade auf den Greifern liegen.

Aufstellung einer Schnellpresse mit Eisenbahnhubbewegung aus der Fabrik von König & Bauer in Kloster Oberzell.

Ferner befestige man den **Träger** für den Lagerbock K und sodann diesen selbst. Nunmehr steckt man das kleinere, zum Eingriff mit dem größeren bestimmte **Zahnrad** L auf die Spindel y, legt dieselbe in die für sie bestimmten Lager und prüft mittels einer Wasserwage, ob die Spindel vollkommen wagerecht liegt; wäre dies nicht der Fall, so ist der Lagerbock angemessen zu unterkeilen; diese Manipulation kann besser auch erst vorgenommen werden, nachdem das Schwungrad aufgestellt ist.

Wird die Maschine mittels mechanischer Kraft betrieben, so finden auch noch die Riemenscheiben Platz auf der Spindel y.

Der eigentliche Mechanismus für die Bewegung des **Bogenauslegers** R ist auf unserer Abbildung A. T. 2 nicht ersichtlich, wird dem Leser jedoch unzweifelhaft klar werden, wenn er sich die Klein, Forst & Bohn'sche Kreisbewegungsschnellpresse A. T. 10.11 betrachtet; man wird beim Einsetzen dieser Theile wie des **Rechens** R selbst nicht fehl gehen, wenn man die erwähnte deutliche Abbildung beachtet, obzwar die an dem auf der Kurbelwelle u befestigten Excenter befindlichen Theile eine etwas andere Construction haben, wie die der Klein, Forst & Bohn'schen Maschine.

Nunmehr schreitet man zur Zusammenstellung des **Farbenwerkes**. Zuerst wird der große **Reibcylinder** Z (auch nackter, gelber oder Schneckencylinder genannt) A. T. 2 derart eingehoben, daß die Schnecke dem Seitentheil b zugekehrt ist; dann drehe man das Fundament bis auf den äußersten Punkt nach vorn und stecke das **Zwischenrad** A auf. Bei diesem Aufstecken ist zu beachten, daß die an diesem Rade, ferner an der Zahnstange p und an dem Zahnrade des großen Reibcylinders gezeichneten Zähne genau zusammentreffen. Nun wird der Reibcylinder so weit wie möglich nach dem Seitentheil b zu geschoben und die in die Schnecke eingreifende, die hin- und hergehende Bewegung bewirkende **Führung** angeschraubt (s. auch S. 164).

Ferner folgt der Farbecylinder oder **Ductor**, dann der **Farbkasten** C. Das auf Seite 165 und 166 insbesondere über das Farblineal (Gesagte ist auch hier zu beachten. Nun stecke man die beiden **Arme** D und E (der letztere Buchstabe ist auf der Zeichnung etwas zu weit nach rechts gezeichnet) mit ihren Stiften an die Seitengestelle und verbinde sie mit der Stange F, sodann den messingenen **Halter** befestigend, welcher zur Regulirung der Hebewalze dient.

Die über das hintere Seitengestell c hinausragende Achse des Ductors wird nun mit dem **Zahnrade** G versehen. Zur Bewegung dieses Rades und in Folge dessen des Ductors dient ein an der Cylinderachse aufnietendes Zahnrädchen, das wiederum durch ein auf einem verstellbaren Stift steckenden Zwischenrade mit dem Rade G in Verbindung kommt. Das Einsetzen des Zwischenrades hat zu geschehen, wenn der Druckcylinder in der Auffanggabel feststeht und wenn die beiden an der Spindel des Ductors befestigten Excenter mit ihren spitzen Theilen nach vorn stehen; besonders gezeichnet sind diese Räder nicht.

Nachdem man schließlich das Schwungrad auf die Achse y aufgesteckt und sorgfältig aufgestellt, auch die Handkurbel angeschraubt hat, befestige man das dicht vor dem Cylinder liegende **Schmutzblech**, ferner die Breter J, S und den Tritt T, um die Maschine zu vollenden.

6. Aufstellung einer Cylinderdruck-Schnellpresse mit Kreisbewegung aus der Fabrik von König & Bauer in Kloster Oberzell.

Man lege das **Fußgestell** a A. T. 3 zunächst auf Balken, damit man beim Anschrauben der zur Befestigung der Quergestelle dienenden Hakenschrauben nebenstehender Form nicht gehindert ist. Zu diesem Zweck kann man die zum Transport der Seitentheile bestimmt gewesenen Balken benutzen.

Nun befestigt man die **Quergestelle** c, d, e, f mittels der von unten nach oben durchgeschobenen Hakenschrauben, ziehe die Muttern derselben an und bette nunmehr das Fußstück nach Wegnahme der Balken auf den für die Maschine bestimmten Platz, zugleich, wie früher gelehrt wurde, die nöthigen Keilunterlagen machend.

Hierauf Einsetzen des hinteren **Seitentheils** b*) und Befestigung desselben an die Quergestelle, ferner Aufschrauben des unteren **Querbalkens** g und des oberen h auf die Quergestelle c und d.

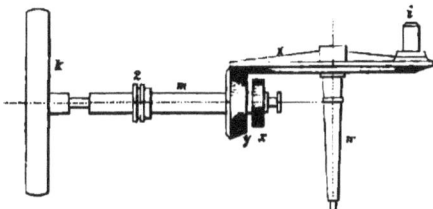

Fig. 65. Mechanismus der Kreisbewegung von vorn gesehen.

Einsetzen der **stehenden Welle** w (siehe vorstehende Figur) auch **Königstock** oder **Königswelle** genannt; Befestigung derselben im oberen Querbalken h (A. T. 3), während der untere Zapfen dieser Welle in einer offenen Pfanne des unteren Querbalkens g Platz findet (s. auch S. 168 u. f.).

Nunmehr Aufstellung des **Bock's** P A. T. 3 auf die vorspringenden Arme des Fußgestells und Befestigung des für das andere Ende der liegenden Welle bestimmten Lagers in dem oberen Querbalken h. Die unteren Lagerhälften werden wie immer sauber gereinigt und leicht geölt an ihre Plätze gebracht und nun die **liegende Welle** m gebettet. Dieselbe ist jedoch zuvor conform mit unserer vorstehend abgedruckten Fig. 65 mit den **conischen Rädern** y und x, sowie mit dem

---

*) Die Abbildung dieser Maschine auf A. T. 3 ist von der Schwungradseite aus aufgenommen, also entgegengesetzt von der auf T. 2. Leider ist auf dieser Abbildung durch ein Versehen des Zeichners auch das v o r d e r e Seitentheil mit b bezeichnet worden, unsere Leser werden jedoch kaum noch in Zweifel darüber sein, daß als h i n t e r e s Seitengestell stets das an der Schwungradseite befindliche, als vorderes das an der Einlegerseite befindliche zu verstehen ist.

Aufstellung einer Schnellpresse mit Kreisbewegung aus der Fabrik von König & Bauer in Kloster Oberzell.

Excenter 2 zu versehen. Dieser Excenter dient zur Bewegung des Ductors. Man setzt ferner bei Handbetrieb die **Riemenscheibe** k Fig. 65, bei Dampfbetrieb auch noch eine zweite, die sogenannte **Leerscheibe** auf, bestimmt, den von der eigentlichen Riemenscheibe (Vollscheibe) k durch den Ausrücker abgeschobenen Riemen aufzunehmen und, da sie lose auf der Welle läuft, eine Weiterbewegung der Maschine zu verhindern, ohne den Umlauf des Treibriemens zu hemmen. Die liegende Welle wird ferner noch am äußersten Ende mit einem kleinen zur Regelung des Ganges derselben dienenden **Schwungrade** O (s. A. T. 3) versehen. Die Riemenscheiben, auf T. 3 mit M und N bezeichnet, wie das Schwungrad O werden in gewöhnlicher Weise aufgekeilt.

Auf den früher eingesetzten Königsstock wird jetzt das **große conische Rad** z Fig. 65 so angebracht, daß es mit seinen nach unten gerichteten Zähnen in das kleinere conische Rad y eingreift. Damit der Eingriff ein richtiger sei, sind an beiden Rädern Zähne gezeichnet.

Nun folgt die Befestigung des großen **Zahnkranzes** o A. T. 3; ehe man mit der Aufstellung weiter fortschreitet, probire man durch Drehen an dem Schwungrade O, ob sich die liegende und die stehende Welle mit ihren Theilen sicher und angemessen leicht und ruhig bewegen und setze dann auf den Stift i Fig. 65 des großen conischen Rades das sogenannte **Tanzmeisterrad** derart ein, daß es mit seinen Zähnen in den Zahnkranz o eingreift. Selbstverständlich ist, daß auch hierbei die gezeichneten Zähne am Tanzmeister t (A. T. 3) mit denen am Zahnkranz o in Eingriff stehen müssen, wenn die Bewegung eine richtige sein soll. Fig. 54 auf Seite 100 zeigt uns das ganze Getriebe von oben gesehen. Man beachte auch das auf Seite 100 wie auf Seite 168, 169 Gesagte.

Nun kommen wir zur Montirung eines Theiles, der so zu sagen eine Eigenthümlichkeit der König & Bauer'schen Kreisbewegungsmaschinen bildet. Es sind dies die sogenannten **Tragrollen**; sie finden gerade unterhalb der Stelle der Maschine Platz, an welcher später der Druckcylinder ruht. Wie wir schon auf Seite 103 erwähnten, haben diese verstellbaren Rollen den Zweck, die Bewegung des Fundamentes während der Ausübung des Drucks durch den Cylinder zu erleichtern; diesen Zweck können sie jedoch nur dann erfüllen, wenn man ihnen die richtige Stellung gibt, d. h. wenn sie gerade nur so hoch stehen, daß das Fundament sich leicht, dabei genau aufsitzend und nicht bei zu hohem Stande durch sie gepreßt, über sie weg bewegt. Hier sei noch bemerkt, daß die meisten anderen Fabriken solche Tragrollen bei ihren Maschinen nicht mehr zur Anwendung bringen.

Man lege die **Rollenlager** mit den erwähnten **Tragrollen** p A. T. 3 in die Quergestelle d und e und befestige sie dort, lege dann die **Bahn** q auf die Quergestelle c, d, e, f und schraube sie mittels der dazu bestimmten Schrauben 1 bis 8 derart fest, daß sie zwischen den Tragrollen p ihren Platz findet.

Nunmehr stelle man die Maschine nach der auf Seite 160 unten gegebenen Anleitung in die Wage, etwaige Differenzen, wie dort gleichfalls angegeben, durch Antreiben oder Lockern der Keilunterlagen regulirend.

Nunmehr befestige man an das mit allen sonstigen kleinen Theilen bereits von der Fabrik aus versehene **Fundament** B die lange **Zahnstange** A, hebe dasselbe in die Maschine und

174

verkuppelt es mittels der auf K. T. 3 nicht ersichtlichen, aber in Fig. 54 auf Seite 100 deutlich erkenntlichen kleinen Zugstange mit dem am Tanzmeister befindlichen Zapfen. Man kann den Gang dieser Theile wiederum durch Drehen an dem kleinen Schwungrade O probiren.

Jetzt kommt der Druckcylinder an die Reihe. Man fährt zu diesem Zweck das Fundament bis an den äußersten Punkt nach vorn und legt ein starkes Bret darauf. Den Cylinder versieht man, wenn er zu schwer, als daß er ohne Hülfsmittel zu heben, mit Schlingen von Seilen und hebt ihn mittels eines Hebebaumes auf das Bret, dreht den Karren mit dem darauf liegenden Cylinder ein und verfährt nun wie auf Seite 162 angegeben. Daß man den Cylinder von vorn herein in die richtige Lage, also mit dem Greifercenter nach rechts, nicht aber nach der Schwungradseite zu bringen hat, ist selbstverständlich.

Auch hier wird nunmehr, wie auf Seite 162 angegeben, das rechte vordere Seitentheil mit seinem Cylinderlager unter den Zapfen des Cylinders geschoben und festgeschraubt, auch darf die Befestigung des Zahnkranzes o an das vordere Seitentheil nicht vergessen werden.

Es folgt nun, nachdem das Fundament ganz nach vorn geschoben worden, das Einsetzen der Auffanggabel, die man auf ihren Stift am hinteren Seitengestell steckt und sie mit der Gabelstange u K. T. 3 verbindet; das andere Ende dieser Gabelstange bleibt noch unbefestigt. Die obere, gerundete Oeffnung der Gabel nimmt, wie schon früher beschrieben, die am Cylinder befindliche Gabelrolle auf; zu diesem Zweck muß der Cylinder erklärlicher Weise von vorn herein so eingesetzt werden, daß die Gabelrolle nach unten zu stehen kommt.

Man lege ferner die große, die volle Breite der Maschine einnehmende und in beiden Seitentheilen zu befestigende Excenterwelle v K. T. 3 mit dem kleinen conischen, zur Bewegung des Hebers dienenden Zahnrade, dem Excenter zur Bewegung der Punktur, dem Doppelexcenter w für die Gabelstange, dem Zahnrade x und dem für die Bewegung des Auslegers sorgenden Excenter y ein. Beim Einlegen dieser Welle muß der Karren gleichfalls ganz vorn stehen und müssen die gezeichneten Zähne des Zahnrades x genau mit den ebenfalls gezeichneten Zähnen des an der liegenden Welle in befindlichen Rades l in Eingriff stehen. Durch dieses Rad l überträgt sich die Bewegung von der liegenden, den eigentlichen Antrieb bildenden Welle in auf die Excenterspindel v.

Man steckt nun das Gelenkstück oder die Tasche in das hintere Seitengestell und in den am Quergestell e befestigten Träger und schiebt das bisher noch lose daliegende Ende der Gabelstange in sie hinein.

Wenn man nun wiederum durch Drehen am Schwungrade den Gang der Maschine prüft, so muß, wenn alle Theile richtig und die Zahnräder ganz besonders streng nach den Zeichen eingesetzt wurden, auch die Gabel in richtiger Weise functioniren, d. h. sie muß die Gabelrolle am Cylinder rechtzeitig auslösen und nach vollendeter Umdrehung ohne Schlag und ohne irgend welche Hemmung wieder aufnehmen.

Nunmehr erfolgt das Aufstecken des langen Balanciers C, bestimmt, die Punktur und den Greifermechanismus zu bewegen. Die an dem einen Ende befindliche Rolle hat sich an den kleinen, hinter dem conischen Rädchen an der Spindel v steckenden Excenter zu legen, während

Aufstellung einer Schnellpresse mit Kreisbewegung aus der Fabrik von König & Bauer in Kloster Oberzell.

das andere Ende dieses Balanciers durch die **Zugstange** D eine Verbindung mit der Punktur=
spindel und dem Greiferapparat erhält.

Jetzt befestige man die fünf **Bänderspindeln**, zwei davon mit den Bandrollengestellen
versehend, ferner die große, gewöhnlich mit dem Bogenschneider versehene **Holzwalze** dicht am
Cylinder und die große unter dem Auslegerrechen T A. T. 3 liegende **geriefte Holzwalze** S.

Nunmehr erfolgt das Einsetzen der **Auslegerspindel** mit ihrem **Auslegerrechen** T. Der zu
ihrer Bewegung dienende Mechanismus besteht auch an dieser Maschine aus einem in das kleine
Zahnrad der Auslegerspindel eingreifenden **Segment**, das durch eine **Zugstange** mit dem auf der
Spindel v befestigten **Excenter** y in Verbindung steht. Zu beachten ist nur, daß an dieser
Maschine der Auslegermechanismus am vorderen Seitentheil (Einlegerseite) der Maschine seinen
Platz findet, während er sich bei den meisten anderen Maschinen am hinteren Seitentheil befindet.
Die Lage des Excenters y läßt ja auch hierüber keinen Zweifel zu.

Wir schreiten nun zur Montirung des **Farbenwerkes** und setzen nach vollständigem Heraus=
drehen des Fundaments nach vorn zuerst den **großen Reibcylinder (nackten)** E derart ein, daß
sein mit einem Zahnrade versehenes Ende nach dem hinteren Seitengestell, das mit einem Schnecken=
gewinde versehene dagegen nach dem vorderen Seitengestell zu liegen kommt.

Nunmehr wird das **Zwischenrad** F mit seinem Zapfen an das hintere Seitengestell gesteckt
und dabei wohl beachtet, daß die gezeichneten Zähne dieses Rades, des Rades am Farbcylinder
und der Zahnstange A am Fundament genau in einander greifen.

Auch hier wird nunmehr die in die Schnecke greifende **Führung** an das vordere Seiten=
gestell angeschraubt, nachdem man den Farbcylinder so weit wie möglich an dieses Seitengestell
herangeschoben hat.

Ferner folgt der **Ductor** Q mit seinem Sperrade und seinem Sperrhaken, sodann der
Farbekasten G mit dem getheilten **Farbelineal**, das sich ganz leicht und sicher bewegen lassen
muß, wenn man an den Stellschrauben des Farbekastens regulirt, ferner das **Schutzblech** über
dem Farbekasten, nachdem man die **Bleibrocken** eingelegt hat.

Nun ist die an jedem Ende mit zwei aneinanderstoßenden **Excentern** versehene **Spindel** in
ihre Lager in beiden Seitentheilen vor dem Quergestell d zu befestigen. An dem Ende dieser
Spindel, welches aus dem hinteren Seitengestell herausragt, befindet sich ein kleines **conisches
Rad**; eine zweite **Spindel**, längs des hinteren Seitengestells, also im Winkel mit der erwähnten
Spindel hinlaufend und an beiden Enden mit kleinen **conischen Rädern** versehen, greift in das
vorstehend erwähnte Rädchen, wie in ein an der großen Excenterwelle befindliches gleiches
Rädchen ein und vermittelt so die Bewegung der erst erwähnten Spindel.

An der inneren Seite der Seitengestelle werden nun auf Stiften zwei kleine **Hebel** auf=
gesteckt und zwar so, daß ihr eines Ende an den soeben erwähnten gleichen Excentern beider
Seiten anliegt; das andere schwere Ende dient zur Verbindung mit dem Hebermechanismus.

Ferner erfolgt die Anbringung des **Hebels** H zur Bewegung der Hebewalze auf den dazu
bestimmten Stiften und die Befestigung der **Zugstange** I. Ihr Ende wird mit dem schweren
Ende der soeben erwähnten Hebel verbunden und so ein Zusammenhang mit der Excenterspindel

176

hergestellt, deren verschiedene verstellbare Ercenter dazu dienen, ein einmaliges oder zweimaliges Farbenehmen der Hebewalze am Ductor zu bewirken.

Zur Seite dieser beiden Ercenter auf derselben Spindel befindet sich noch ein anderer Ercenter zur Bewegung eines dritten auf einem Stift am Quergestell d befestigten Hebels. Dieser Hebel wirkt mittels einer Zugstange auf einen an der Markenstange befestigten Arm und ermöglicht so ein rechtzeitiges Heben und Senken der zum Anlegen des Bogens beim Schöndruck bestimmten Marken (siehe später unter Marken).

Am Farbenwerk sind nunmehr noch die Träger anzuschrauben, in denen sich die Lager für die, den großen Farbcylinder E berührende, über demselben ersichtliche Zwischenwalze befinden; über dieser Walze findet ferner das Schiebegestell mit den Lagern für zwei dünne Metallreiber Platz, die bestimmt sind auf der Zwischenwalze hin- und hergehend zu reiben. Der am vorderen Seitentheil befindliche Träger dieser Reibwalzen ist mit Handschrauben versehen, damit man ihn beim Einsetzen der Zwischenwalze leicht losschrauben kann; der hintere Träger dagegen kommt zu vollständiger und dauernder Befestigung. Man hat nun noch den Hebel, welcher durch seine Verbindung mit dem großen Farbcylinder E und dem Schiebegestell das Hin- und Herschieben des letzteren bewirkt, zu befestigen, um das Farbenwerk zu vollenden.

Wird die Maschine für Handbetrieb benutzt, so ist noch hinten zur Seite des Auslegetisches der Schwungradbock in einer Entfernung von der Riemenscheibe M aufzustellen, daß der der Maschine beigegebene Riemen paßt. Das Schwungrad wird mit seiner Welle in die Lager dieses Bockes gelegt, die horizontale Lage der Welle mittels der Wasserwage geprüft und durch Unterkeilen des Bockes regulirt. Ist diese Regulirung erfolgt, so wird der Bock auf dem Fußboden befestigt.

Wird die Maschine durch mechanische Kraft getrieben, so fällt die Benutzung des Schwungrades weg, dafür aber findet, wie bereits früher erwähnt, die lose Scheibe N Platz auf der Welle m und ist ferner die Anbringung des sogenannten Ausrückers nothwendig, damit man zur Hemmung des Ganges den Treibriemen von der festen Scheibe M auf die lose Scheibe N schieben kann.

7. Aufstellung der Presse Indispensable von H. Marinoni in Paris.

Da die Marinoni'schen Maschinen seit einigen Jahren ihrer einfachen Bauart und ihres billigen Preises wegen mehrfach Eingang in Deutschland gefunden haben, so wollen wir deren Aufstellung nachstehend in Kürze beschreiben. Es dürfte dem Käufer einer solchen Schnellpresse wohl nicht schwer fallen, die Aufstellung nach unseren Angaben selbst zu besorgen und so die bedeutenden Kosten zu ersparen, welche entstehen, wenn ein Monteur der Fabrik diese Arbeit ausführt.

Man legt zuerst das Grundgestell a (s. A. T. 38), hierauf die Seitenwand b (Antriebseite), und verbindet die beiden Stücke a und b mittels der dazu gehörigen Schrauben, doch ohne diese ganz anzuziehen. Dann kommt das Seitengestell c und die Schiene d. Ehe man alle Schrauben der angegebenen Stücke fest anzieht, wird bei dem Punkte p die Punkturstange eingesetzt, indem man die Wände b und c ein wenig auseinander rückt. Nun kommen die Verbindungsstücke e und f (letzteres in der Zeichnung weggelassen), und jetzt erst werden alle Schrauben fest angezogen. Hierauf werden in der Schiene d die Rollen eingesetzt, dann das Fundament mit dem daran befestigten Farbtisch, ferner das Farbzeug h, die beiden Lager an der innern Seite von b und c (bei c'), hierauf der Balancier x in diesen Lagern, die Stange v, die Excenterwelle l, die Stange z, das Zahnrad m, der Cylinder n, dann das feingezahnte Rad am Ende der Cylinderwelle auf der Seite b. Nun folgt das kleine Antriebrad (dessen Zähne in das Rad m eingreifen), gleichzeitig wird die Welle und der Träger von Gußeisen an dem Seitengestell h nahe beim Cylinder n angeschraubt. Auf der gleichen Welle wird das Schwungrad q befestigt. Hierauf wird das Schutzblech r vor dem Cylinder befestigt, dann das Einlegebret s und das Auslegebret t. Die übrigen Stücke können keine Schwierigkeit machen. Daß man mittels der Wasserwage der Maschine eine genau horizontale Lage giebt, versteht sich von selbst. Die Bänder werden eingezogen, wenn der Cylinder überzogen ist.

Bei der Maschine befinden sich zwei Walzengußflaschen, eine kleinere (engere) und eine größere. In der ersteren werden die Reibwalzen (mit den längsten Spindeln) gegossen, in der weiteren Gußflasche die Hebewalze (mit der kürzeren Spindel) und die Auftragwalzen mit den Spindeln mittlerer Länge.

8. Aufstellung der Presse Universelle von H. Marinoni in Paris.

Man legt das Grundgestell A (A. T. 39) genau horizontal unter Benutzung der Wasserwage; hierauf folgt die Kurbelwelle B, der Karren C, die Zugstange D, welche die Kurbel B mit dem Karren C verbindet; dann das Fundament H, wobei man Acht geben muß, daß die Zeichen auf dem Zahnrad des Karrens mit denen auf der Zahnstange des Grundgestelles A und auf der Zahnstange des Fundaments einander genau entsprechen. Nun folgen die Seitengestelle F, der Cylinder G, das Farbzeug E, die kleinen Gestelle I und gleichzeitig damit die Welle K und die Punkturstange P. Hierauf das Einlegebret L, der Tisch M, der Auslegetisch N auf dem vorher anzubringenden Ständer. Die andern Stücke finden sich von selbst.

9. Aufstellung der Schnellpresse für Buch- und Steindruck von H. Marinoni in Paris.

Man legt das Grundgestell A genau wagerecht, dann die Kurbelwelle B, den Karren C, die Zugstange D, welche die beiden vorgenannten Theile mit einander verbindet; hierauf den Rahmen H, wobei wohl Acht zu geben ist, daß die Zeichen auf dem Zahnrad des Karrens den gleichen auf der Zahnstange des Grundgestelles A und auf der Zahnstange des Rahmens H entsprechen. Sodann folgt die Platte J, die Seitengestelle F, der Cylinder G, das Farbzeug E, die kleinen Gestelle I und damit gleichzeitig die Bandrollen- und Ausführwellen, die Ausleger

Stange T, die der Feder U, der Cylinder K, indem man die auf dem Rad desselben angebrachten Zeichen denen auf dem Rad des Druckcylinders G genau entsprechend stellt, das Einlegebret L, der Papiertisch M, der Auslegetisch N. Die weiteren Stücke können keine Schwierigkeiten verursachen.

Die vorstehend gegebene Anleitung zur Aufstellung einiger deutscher und französischer Maschinen dürfte es jedem denkenden Maschinenmeister möglich machen, mit Hilfe der Abbildungen im Atlas auch die Maschinen der übrigen Fabriken aufzustellen. Die Schnellpressen mit Eisenbahnbewegung unterscheiden sich, wie wir bereits auf Seite 102 angaben, durch solche, welche die Kurbel vorn und solche, welche sie hinten am Auslegetisch haben. Wenngleich wir nur die Aufstellung derartiger Maschinen mit hinten angebrachter Kurbel specieller beschrieben haben, abgesehen von den König & Bauer'schen, welche nicht blos eine Kurbel sondern noch die aufrechte Hebelstange führen, so dürfte diese umgekehrte Lage der Kurbel und der mit ihrer Welle zusammenhängenden Theile dem das Aufstellen Besorgenden keine großen Schwierigkeiten bereiten, wenn er eine Maschine mit vorn angebrachter Kurbel vor sich hat.

Hauptsache bei der Aufstellung ist die Beachtung aller irgend an den einzelnen Theilen vorhandenen Zeichen, weder zu lockeres, noch zu festes Anziehen der Schrauben und Lagerdeckel, damit einestheils kein schlodderiger Gang, anderntheils keine Hemmung eintritt, gründliche Reinigung und leichtes Einölen aller Theile vor dem Einsetzen und genau wagerechte Stellung derjenigen Theile, bei welchen dies, wie angegeben, nothwendig.

Ueber das Einziehen der Leitbänder findet man das Nähere in dem Capitel „Bandleitungen", über das Einsetzen der Walzenlager für die Auftragwalzen wird im Capitel „Farbeapparat", über das Einsetzen resp. die Benutzung der Punkturen in dem Capitel „Punkturen" die Rede sein.

V. Construction und Zweck der wichtigsten Theile einer einfachen Schnellpresse.

1. Der Druckcylinder, seine Theile, sein Aufzug und seine Stellung.

a. Der Druckcylinder und seine Theile.

Der wichtigste Theil einer Schnellpresse ist der hohl in Eisen construirte Druckcylinder. Seine Form zeigt uns Fig. VIII, A. T. 12·13 von vorn gesehen, Fig. II b dagegen im Durchschnitt.

Wie uns diese Durchschnittszeichnung erkennen läßt, ist der Umfang des Cylinders durch zwei Längseinschnitte unterbrochen, deren einer, der vordere, zur Aufnahme der Greiferstange mit ihren, zum Festhalten des Papiers dienenden 6 bis 8 Greifern sowie einer oder mehrerer Befestigungsstangen für den Aufzug (das Drucktuch, Schmutztuch rc.) und deren zweiter, hinterer, zur Aufnahme einer Spannvorrichtung für das Drucktuch dient.

Die zwischen diesen Einschnitten liegende Fläche (auf unseren Abbildungen nach oben gelehrt) ist die den Druck auf die Form ausübende, ihre Ausdehnung in der Länge und Breite entspricht demnach dem Format (der Druckfläche), welches die Maschine drucken soll und stehen Folge dessen alle übrigen Theile derselben mit der Größe und dem Umfange des Cylinders in angemessenem Verhältniß.

Als Nebentheile des Druckcylinders sind außer den vorstehend genannten noch zu betrachten, der sogenannte Greiferexcenter, ferner die Zahnräder an seinen beiden Seiten, bestimmt in die Zahnstangen am Fundament einzugreifen, die Gabelrolle an dem linken dieser beiden Zahnräder, zumeist auch ein schwaches Zahnrad zum Betriebe der großen Bänderwalze k Fig. III A. T. 12 13. An den Maschinen von Klein, Forst & Bohn Nachfolger kommt noch eine unter der gewöhnlichen Greiferstange liegende zweite derartige Stange mit den dünnen, das Ausführen der Bogen bewirkenden Stahlgreifern hinzu (siehe A. T. 12 13 Fig. VIII bei n).

Betrachten wir uns den Mechanismus und den Zweck der einzelnen Theile etwas näher.

Das Vorstehende läßt erkennen, daß der Druckcylinder mit einem weichen und elastischen Aufzuge versehen wird, damit seine harte Fläche nicht in directe Berührung mit der Schriftform kommt und sie ladirt. Zur Befestigung dieses Aufzuges dient die erwähnte Befestigungs- und Spannvorrichtung. Auf den Aufzug selbst, das dazu zu verwendende Material und die Art und Weise der Befestigung desselben kommen wir später zurück.

Die erwähnte Greiferstange, mit ihren Greifern zum Festhalten des Papiers dienend, wird durch einen A. T. 12 13 Fig. III bei a¹ deutlich ersichtlichen Excenter bewegt. Dieser Excenter steht wiederum durch Zugstangen, wie solche auf derselben Figur bei a³ und a² ersichtlich, mit dem bei der Anleitung zur Aufstellung oft erwähnten Balancier oder langen Hebel in Verbindung. Durch die schiebende und ziehende Bewegung, welcher die Stangen infolge des Hebens oder Senkens des Balanciers ausgesetzt sind, übt der Excenter mittels einer Rolle eine Bewegung auf die Greiferstange aus, so daß sich deren Greifer heben um das Anlegen rc., senken, um das Fassen resp. das Festhalten des Papiers während des Drucks zu ermöglichen. Damit die Bewegung der Greiferstange eine exacte sei, ist sie mit einem Arm versehen, der die erwähnte Rolle trägt; um diese sich fest auf den Excenter anlegen und der Form desselben folgen zu lassen, ist der Arm im Innern des Cylinders an einer starken Spiralfeder befestigt. Der ganze Mechanismus ist auf Fig. III A. T. 12 13 ersichtlich. Läßt diese Feder einmal in ihrer Spannkraft nach, was sich am deutlichsten durch das nicht genügend feste Auflegen der Greifer auf das Papier bemerkbar macht, so muß die Feder durch eine neue, dem Zweck entsprechendere, ersetzt werden.

Die Greifer erfordern, als ein sehr wichtiger Theil der Maschine, aufmerksamste Behandlung seitens des Maschinenmeisters, die Vernachlässigung dieser Regel bringt die unangenehmsten Vorkommnisse mit sich. Ihre Stellung ist, angemessen der Breite des Papiers, in einem

Längsschlitz der Greiferstange mittels einfacher Kopfschrauben möglich, meist sind sie neuerdings auch so eingerichtet, daß sie sich in diesen Schrauben um ein Geringes verlängern lassen, damit man im Fall der Noth auch einem sehr knapp bemessenen Papierrande Rechnung tragen kann. Wenn man diese Greifer jetzt häufig aus Federstahl herstellt, um ein gleichmäßiges Aufliegen auf den zu haltenden Bogen zu ermöglichen, so ist doch nicht zu verkennen, daß sie weit leichter ruinirt werden können, wie die aus Eisen gefertigten und ist es wohl diesem Umstande zuzuschreiben, daß einige und zwar sehr renommirte Fabriken bei den alten, massiven eisernen Greifern geblieben sind.

Auch diese sind allerdings unter den Händen nachlässiger und leichtsinniger Arbeiter leicht verdorben und wird ganz besonders durch das Herumklopfen und durch häufiges, unnöthiges Stellen an ihnen viel gesündigt. Zeigt sich, daß bei einer neu angeschafften Maschine die Greifer nicht gleichmäßig fassen, so veranlasse man den die Aufstellung besorgenden Monteur, diesem Uebelstande abzuhelfen. Findet sich später einmal der gleiche Fehler, so helfe man auf folgende Weise ab: Man drehe das Fundament so weit nach vorn, daß die Greifer ganz zugeben, d. h. fest auf dem Aufzuge liegen; man hebt dann die Greiferstange und probirt mittels eines dünnen Papierstreifens einen Greifer nach dem anderen, ob er diesen Streifen genügend festhält, wenn man durch Niederlassen der Greiferstange den Greifer mit ihm in Verbindung bringt. Der Greifer nun, welcher nicht genügend fest aufliegt, wird mittels einer Zange vorsichtig so viel gebogen, daß er seinen Zweck genügend erfüllt, bis also der untergelegte Streifen nur schwer hervorzuziehen ist. Der Greifer darf andererseits aber auch nicht so fest aufliegen, daß er einen förmlichen Eindruck in dem Papier zurückläßt. Das zu feste Aufliegen der Greifer hat auch häufig noch zur Folge, daß sie sich für die Ausführung des Bogens zu spät öffnen und in Folge dessen den Bogen einreißen. Die Anwendung eines Hammers bei der Regulirung der Greifer ist unter allen Umständen zu verwerfen.

Im Cylinder selbst und zwar in seiner Mitte sowie im vorderen Drittel befinden sich noch sowohl vorn an der Greiferstange wie hinten vor der Spannvorrichtung eine Anzahl Schraubenlöcher, zur Aufnahme der Punkturspitzen bestimmt. Ueber die letzteren wird der Leser in dem Capitel „Punkturen" speciellere Belehrung finden.

b. Der Aufzug des Druckcylinders.

Der Zweck des im wesentlichen aus Papier und einem weichen Stoff bestehenden Aufzuges ist, den Druck des harten Eisencylinders zu einem elastischen, die Schrift schonenden zu machen, einen guten **Ausfaß**, d. h. einen gleichmäßigen Abdruck der Typen zu erzielen und, wo dies nicht genügend erreicht wird, eine Nachhülfe, eine **Zurichtung** wie der Buchdrucker sagt, möglich zu machen.

Zur Befestigung des sogenannten **Drucktuches**, das so zu sagen den Hauptbestandtheil des Aufzuges bildet, dient eine im vorderen wie im hinteren Einschnitt des Cylinders angebrachte, zu Eingang des vorstehenden Capitels bereits erwähnte **Befestigungs**- und **Spannvorrichtung**. Die in dem vorderen Einschnitt, vor der Greiferstange liegenden Befestigungsstangen sind von den verschiedenen Fabriken auch in verschiedener Weise construirt worden. Einige Fabriken lassen das Drucktuch zwischen zwei mittels Schrauben seit auseinander zu pressende Schienen legen, während andere durch das unten umgesäumte Tuch eine Stange schieben lassen, die mit ihren durchlochten Enden mittels Schrauben auf dem Cylinder befestigt wird. Eine ähnliche Einrichtung dient zum Aufziehen des zum Schutz des Drucktuches mitunter noch zur Anwendung kommenden Schmutztuches. Eine andere Vorrichtung befindet sich an den neueren Maschinen der Fabrik von Klein, Forst & Bohn Nachfolger. Hier ist nur eine Schiene vorhanden; sie wird mittels starker, in dem Einschnitt des Cylinders angebrachter Federn fest gegen den Rand des Cylinders gedrückt. Durch einen flach zulaufenden Schlüssel läßt sich diese Schiene vom Cylinder abdrücken, der Aufzug dazwischen legen und dann wieder zurückklappen; die Spann-kraft der Federn sichert dem Aufzuge den besten Halt.

Das vorn in einer der soeben beschriebenen Weisen befestigte Drucktuch muß nun auch noch in dem hinteren Einschnitt des Cylinders befestigt und straun um denselben gespannt werden. Diesem Zweck dienen zwei mit gebogenen Stacheln, an ihren Enden mit Sperrrad und Sperrklinke versehene Stangen, um deren eine das Drucktuch gelegt wird, während die andere zur Befestigung des Schmutztuches benutzt wird, wenn ein solches zur Verwendung kommt. Sperrrad und Sperrklinke ermöglichen ein festes und glattes Aufspannen dieser Tücher.

Fassen wir das zu dem Cylinderaufzug zu verwendende Material etwas näher ins Auge.

Während man sich früher nur eines dicken Filzaufzuges bediente, weil man glaubte, ein solcher schone durch seine große Elasticität und Weichheit die Schrift am besten, ist man neuerdings, durch die gegentheilige Erfahrung belehrt, zu einem weit härteren Anzuge über-gegangen. Der dicke Filz erlaubte zwar jeder einzelnen Type, sich in ihm einzuprägen, er drollt aber vermöge seiner Weichheit über das Bild der Type weg, an den Rändern derselben herunter und rundete sie nach und nach ab, ihr so immer mehr die erforderliche Schärfe nehmend.

Die Wahl des Aufzugsmaterials muß sich im wesentlichen nach den Arbeiten und nach den Auflagen richten, welche auf der betreffenden Maschine hergestellt werden sollen; man benutzt entweder einen weichen oder einen harten Anzug, doch ist der erstere immerhin verschieden von dem früher ausschließlich gebräuchlichen weichen Anzuge. Die Grundlage aller beiden Aufzüge bilden eine gewisse Anzahl glatte Carton-, Rollenpapier-, bei Mangel an solchen auch starke Schreibpapierbogen und zwar je nach Erforderniß 2—4 solcher Bogen ersterer beider Sorten oder 4—6 der letzteren Sorte.

Bei hartem Anzuge wird über diese Bogen nur ein Schreibpapierbogen gezogen oder aber ein dünnes Shirting- oder englisch Ledertuch, auf welches dann der zur Aufnahme der Zu-richtung bestimmte Schreibbogen geklebt wird.

Bei weichem Anzuge dagegen wird über die Bogen ein dünner Filz, oder ein feines Tuch von engem und egalem Gewebe, oder ein Gummituch gezogen.

Das Aufziehen der Bogen geschieht auf zwei verschiedene Weisen. Manche Maschinen-meister überreiben den ersten Bogen auf einer Seite vollständig mit gutem Leimkleister und befestigen ihn so mit seiner vollen Fläche auf den Druckcylinder.

Die folgenden Bogen dagegen werden sämmtlich in ihrer ganzen Ausdehnung mit dünnem reinem Gummi Arabicum überstrichen und einer über den andern auf den Cylinder aufgezogen. Man nennt diesen Aufzug gewöhnlich den festen **Aufzug.**

Diese Methode hat den Uebelstand, daß wenn das Aufeinanderkleben nicht mit der größten Sorgfalt geschieht, leicht Blasen oder Unebenheiten entstehen, letztere zumeist hervorgebracht durch unaufgelöste Gummitheile, Sandkörner rc., die dann den egalen Abdruck (**Aussatz**) der Typen verhindern.

Man benutzt deshalb zumeist mit größerem Vortheil den **losen Aufzug.** Bei diesem werden sämmtliche Bogen entweder mit unter die vor der Greiferstange liegende, vorstehend erwähnte Befestigungsstange für den Aufzug geschoben und dort befestigt, der oberste, etwas längere Bogen aber wird mit einem mäßig feuchten Schwamm angestrichen, dann an dem überstehenden Theil hinten auf der Rückseite mit Kleister bestrichen und, die feuchte Seite nach oben, über die unteren Bogen weg in den hinteren Einschnitt des Cylinders festgeklebt, oder man bricht sämmtliche Bogen auch vorn um, bestreicht ihren Rand bis zum Bruch mit Kleister und klebt sie vorn in den Einschnitt des Cylinders hinein.

Viele befestigen in diesem Fall sämmtliche Bogen hinten nicht; besonders wenn ein Stoff: aufzug hinzukommt wie Shirting, englisches Leder, Gummituch, Tuch oder Filz, ist eine Befestigung hinten unnöthig, ja nicht einmal gerathen, denn der gleichsam schiebende, streckende Druck des Cylinders gestattet dann dem Aufzuge besser, sich ihm zu fügen und sich nicht, wie dies bei hinten befestigtem Papieraufzuge leicht geschieht, zu bauschen und den Druck zu beeinträchtigen. Einen einfachen Papieraufzug (also ohne Stoffüberzug) hinten ganz unbefestigt zu lassen, ist zwar in manchen Druckereien üblich, aber auch nicht gerade zu empfehlen; es ist besser den obersten Bogen, wie vorstehend beschrieben, in den hinteren Einschnitt einzukleben. In allen diesen Fällen findet ein Befestigen des Bogens an den Seitenrändern nicht statt.

Beim Aufziehen der Bogen ist zu beachten, daß man sie mit beiden Händen stramm und gleichmäßig um den Cylinder streicht, während man diesen vorwärts drehen läßt, d. h. also so, daß der hintere Einschnitt nach oben zu stehen kommt und dort die Befestigung des ganzen Aufzuges ermöglicht. Gut ist es, wenn man sämmtliche Bogen, besonders wenn sie eine rauhe Oberfläche haben, scharf satinirt, sie somit glättet, streckt, und ihnen die Möglichkeit benimmt, sich noch durch den Druck zu dehnen.

In welcher Weise der zum Aufziehen verwendete Stoff vorn und hinten befestigt und gespannt wird, haben wir schon früher beschrieben.

Wenn wir nun in Betracht ziehen, welche Arbeiten dem Maschinenmeister vorkommen und welchen, diesen entsprechenden Aufzug er zu machen hat, so ergiebt sich folgendes Resultat:

Eine Druckerei, welche gezwungen ist, auf ihren Maschinen täglich Werk- wie Accidenzformen in kleineren Auflagen abwechselnd zu drucken, ist genöthigt einen Aufzug zu wählen, der sich allen diesen Formen anpaßt, also nicht zu hart und nicht zu weich ist. Unserer Erfahrung nach eignet sich für einen solchen Betrieb am besten der Papieraufzug mit einem Ueberzug von feinem englischen Leder oder Gummituch. Das erstere wird gewiß allen Lesern als ein feiner, egaler und geschmeidiger Stoff mit glatter Oberfläche bekannt sein; über das letztere, weniger bekannte, bemerkten wir, daß es aus einem feinen Leinenstoff mit dünnem Ueber= zug von vulkanisirtem Gummi besteht und etwa die Stärke eines Cartonbogens hat. Der gleiche Aufzug dürfte sich, etwa mit Ausnahme von Plakat= und Stereotyppformen für alle anderen dann empfehlen, wenn sie in nicht zu großen Auflagen gedruckt werden.

Bei großen Auflagen und in allen den Druckereien, welche, mit mehreren Maschinen beschäftigt, auf eine vortheilhafte Arbeitstheilung sehen müssen, demnach immer gewisse Maschinen in bestimmten Arbeiten geben lassen, ist es gerathen, den Aufzug der Form noch mehr anzupassen.

So eignet sich für Zeitungsdruck besonders ein dünner Filz über der Papierunterlage, denn es ist nicht zu leugnen, daß derselbe schneller einen gleichmäßigen Abdruck — einen guten Auslaß, wie der Buchdrucker sagt — herbeiführt, wie die dünneren Stoffe. Bei Zeitungen aber ist die für den Druck bestimmte Zeit meist so kurz bemessen, daß man mit Hülfe eines solchen weichen Aufzugs schnell und ohne langes Zurichten zum Fortdrucken kommen muß.

Beim Druck von Stereotypplatten wird man den gleichen Aufzug, oder anstatt des Filzes einen dünneren Tuchüberzug (Halb= oder Daunentuch) ist am geeignetsten) mit Vortheil ver= wenden. Da eine Stereotypplatte selten eine so ebene Oberfläche hat, wie eine Schriftcolumne, so würde man sich die ohnehin umständlichere Arbeit des Zurichtens nur erschweren, wollte man für solche Formen einen harten Aufzug benutzen.

Für Plakatformen und große glatte Tonplatten ist ein Filz zu empfehlen, für Accidenz= und Farbendruckformen dagegen der härtere Aufzug mit Shirting, englischem Leder oder Gummituch. Wenn sich mancher Maschinenmeister einbildet, man könne solche Formen nur mit einem kostbaren und nur zu schnell ruinirten Seiden= oder Atlasüberzug drucken, ja wenn sogar ein sich für unfehlbar haltender typographischer Schriftsteller in seinem Handbuch einen solchen Aufzug beinahe für unentbehrlich erklärt, so ist das geradezu lächerlich. Ist die Maschine solid gebaut, der Cylinder exact abgedreht, der Aufzug gut gemacht und der Maschinenmeister ein tüchtiger Mann, dann thuen es die erwähnten Stoffe, wenn sie ohne Knoten und Fasern sind, eben so gut, wie ein Seiden= oder Atlastuch.

Der Druck von Illustrationsformen in großen Auflagen bedingt eine besondere Sorgfalt bei Herstellung des Aufzuges. Die vielen oft auf einer solchen Form befindlichen Holzschnitte oder Clichés brauchen einen bedeutenden Druck und je stärker derselbe ist, desto mehr Widerstand muß ihm die Zurichtung zu leisten vermögen, was nur durch einen guten, soliden Aufzug zu ermöglichen ist. Derselbe ist auch für diese Formen ein weicher; man zieht 2—3 scharf satinirte, also vollständig gestreckte Carton= oder Rollenpapierbogen derart auf, wie dies vor= stehend bei dem festen Aufzuge beschrieben worden, klebt also die Bogen alle aufeinander und den untersten auf den Cylinder fest.

Ueber diese Bogen befestigt man noch einen schwächeren, bestimmt, die Zurichtung auf= zunehmen. Nach vollständigem Trocknen dieses Papieraufzuges wird ein feiner Tuchstoff in der gewöhnlichen Weise darüber gezogen. Ueber das Tuch wird dann ein Oelbogen, d. h. ein mit Oel getränkter, sorgfältig abgeriebener und getrockneter Bogen gezogen, der vorn umgebrochen und unter den Greifern festgestellt wird. Bei Formen mit starkem Druck muß dieser Oelbogen möglichst mit einem erhitzten Eisen angetrocknet werden, damit er genügenden Halt bekommt.

Der aufmerksame Leser wird aus dem Vorstehenden ersehen haben, daß bei solchen Formen die Zurichtung unter und nicht über dem Tuch gemacht wird. Das letztere bildet hier den erforderlichen Schutz gegen das Verschieben und Lädiren der Zurichtung durch den starken Druck, welchen die Form auf sie ausübt. Es kann mit Recht empfohlen werden, alle diejenigen Formen in gleicher Weise, also unter dem Drucktuch zuzurichten, welche einen starken Druck erfordern und welche in großen Auflagen hergestellt werden sollen.

Zur Schonung des Drucktuches ist es durchaus nothwendig, daß man über dasselbe nur Bogen zieht, welche den vollen Umfang des Cylinders von den Greifern bis zu den Spannstangen decken. Wollte man immer nur Bogen in der Größe der zu druckenden Form verwenden, so würde das Tuch bald durch den zum Aufziehen verwendeten Kleister verdorben werden. Zulässig wäre eine solche Papierersparniß nur dann, wenn man das hintere Ende gar nicht festklebt, ein Verfahren, das allerdings manche Maschinenmeister befolgen, wie vorstehend bereits erwähnt wurde. Die Breite des Bogens kann natürlich der der Form angepaßt werden, denn derselbe wird an den Breitseiten nie befestigt.

Wir haben schließlich noch die Frage zu beantworten: Wie stark muß der Cylinderaufzug sein?

Für die **Stärke des Cylinderaufzugs** ist eine gewisse Norm zu beachten; derselbe darf nicht beliebig stärker oder schwächer gemacht werden, weil sonst die Abwickelung des Cylinders über die Form nicht mit dem vom Fundament zu machenden Wege in Einklang stehen und Uebelstände hervorrufen würde, die dem unerfahrenen Maschinenmeister viel Kopfzerbrechen machen können.

Die Maschinen älterer Construction haben zumeist im Umfange schwächere Cylinder wie die neueren, es kommt dies daher, weil sie für einen dicken Filzaufzug berechnet waren. Benutzt man einen solchen, wie bereits früher erwähnt wurde, neuerdings nicht mehr, so müssen solche schwächere Cylinder trotzdem auch nach der neueren Manier in gleicher Stärke überzogen werden wie früher, sollen sie ihren richtigen Weg über die Form machen und einen reinen Druck ausüben.

Bei den meisten Maschinen findet man an den Zahnrädern der Cylinder eine Theillinie seitlich an den Zähnen angerissen; diese Theillinie giebt den besten Anhalt für die Stärke des Aufzugs und zwar in folgender Weise: Nachdem man den Aufzug gemacht hat, legt man ein gutes Lineal auf den Cylinder und zwar derart, daß das Ende desselben durch die Zähne des am Cylinder befindlichen vorderen Zahnrades hinausragt. Liegt das Lineal, resp. die Oberfläche des Aufzuges mit der Theillinie des Zahnrades in gleicher Höhe, so kann man den Aufzug im wesentlichen als in richtiger Stärke betrachten, liegt das Lineal dagegen höher als die Theillinie, so ist er zu stark, liegt es tiefer, so ist er zu schwach.

Die vollständige Richtigkeit der Stärke des Aufzugs wird sich aber immer erst nach Einheben einer Form zeigen, da die Theillinie mitunter nicht genau genug angerissen ist und werden sich kleine Differenzen leicht durch das im nächsten Capitel beschriebene Stellen des Cylinders selbst abhelfen lassen. Ein zu starker wie auch ein zu schwacher Aufzug macht sich vornehmlich durch das sogenannte **Schmitzen**, das ist eine verschwommene Wiedergabe des Bildes der Typen, bemerklich.

Der Schmitz erscheint als ein von allen Druckern gefürchteter Feind zumeist auf dreierlei Weise und zwar bei Ansatz der Columne, d. h. an dem Rande derselben, welcher dem Cylinder zunächst zugekehrt ist, inmitten der Columne und am Ausgang der Columne. Im ersten Fall wird meist ein zu schwacher, im zweiten Fall ein loderer, sich bauschender, im letzten Fall ein zu starker Aufzug die Ursache des Schmitzens sein. Häufig ist auch die Ursache des Schmitzens, daß die Zahnräder am Cylinder mit den Zahnstangen am Fundament nicht harmoniren. Auf andere Ursachen kommen wir später zurück.

Wir haben schließlich noch die Verbesserung mangelhaft abgedrehter Cylinder durch den Aufzug ins Auge zu fassen. Es kommt häufig vor, daß die Cylinder an einzelnen Stellen schwächer aussetzen, weil sie nicht genau kreisrund sind, man demnach an diesen Stellen auf dem Zurichtbogen stets unterlegen muß. Um diese Arbeit nicht bei jeder Form wiederholen zu müssen, klebt man solche Unterlagen direct auf die betreffende Stelle des Cylinders und macht dann den Aufzug darüber.

c. Die Stellung des Druckcylinders.

Die Stellung des Druckcylinders bezweckt die Erzielung eines schwächeren oder eines stärkeren Drucks auf die Schriftform. Ersterer wird erlangt durch Heben, letzterer durch Senken des Cylinders. Wie die Stärke des Aufzugs, so wird auch die normale Stellung des Cylinders im wesentlichen durch die Theillinie am Cylinderzahnrade ermittelt. Sie muß nämlich mit der der großen Zahnstange in einer Linie liegen, vorausgesetzt das letztere vom Monteur richtig eingesetzt und die Theillinie am Cylinderzahnrade in der Fabrik richtig angerissen worden ist. Wenn letzteres nicht der Fall, so zeigt sich leicht das bereits im vorigen Capitel erwähnte Schmitzen und man muß durch versuchsweises Höher- oder Tieferstellen, schwächeren oder stärkeren Aufzug des Cylinders ein gutes Resultat zu erreichen suchen.

Wie wir bereits auf Seite 163 erwähnten, ist es Hauptbedingung, daß die Zahnstange mit ihrer Theillinie der Schrifthöhe gemäß eingesetzt wird. Oft ist dies aber nur möglich, denn wenn man eine ältere Maschine kauft, auf der bisher Schrift deutscher Höhe gedruckt wurde und an der sich, wie dies meist an solchen der Fall, die Zahnstangen garnicht verstellen lassen, so muß man, wenn man Schrift auf Pariser Höhe darauf drucken will, unter die Theillinie heruntergehen. Im umgekehrten Fall aber, wenn man mit für Pariser Höhe eingestellten Zahnstangen deutsche Höhe drucken will, muß man über die Theillinie herauf- gehen, falls ein Verstellen der Zahnstange nicht möglich.*) Beides aber hat seine Mißlichkeiten,

---

*) Das Verstellen der Zahnstangen ist eine Arbeit von so großer Wichtigkeit, daß man sie nie ungeübten Händen anvertrauen darf.

denn zu tief ineinander greifende Zähne pressen leicht und erzeugen infolge dessen häufig Schmitz, zu wenig in Eingriff stehende Zähne aber lassen solchen noch viel leichter erscheinen, weil der Cylinder eine zu lockere Führung hat und in diesem Fall, besonders bei großen compressen Formen, mehr durch die Form als durch das Zahngetriebe fortbewegt wird. Ganz besonders bei Linienformen macht sich der mangelhafte und unrichtige Eingriff der Zahnstangen am Fundament und der Zahnräder am Cylinder bemerkbar; man kann fast keine der Linien ohne Schmitz drucken.

Unter allen Umständen ist dem Maschinenmeister größte Sorgfalt bei Stellung des Cylinders anzuempfehlen; geringe Differenzen in der Druckstärke gleiche man je nach Erforderniß lieber durch Auflug eines Seiden- oder schwachen sonstigen Bogens aus, als daß man bei jeder Form am Cylinder herumstellt. Ungeübte Maschinenmeister gelangen durch fortwährendes Reguliren leicht dahin, daß sie nach und nach mit dem Cylinder zu hoch oder zu tief kommen, ohne dies zu bemerken, ja, daß eine Seite desselben anders steht wie die andere, der Cylinder also schließlich garnicht mehr wagerecht liegt. Daß unter solchen Umständen kein guter Druck möglich, wird wohl Jedem einleuchten.

Bewirkt wird das Stellen des Cylinders durch je zwei Schrauben, deren eine unter, die andere über den Achsenlagern desselben angebracht ist. Die untere dient man nach Heben und Senken, die obere zum Feststellen des Lagers nach erfolgtem Heben oder Senken durch die untere Schraube. Beide sind mit besonderen, zur Sicherung des Feststehens bestimmten Muttern, Contremuttern genannt, versehen. Einer sicheren und geübten Hand wird das Stellen an diesen Regulirschrauben weniger schwer fallen, Ungeübten ist zu empfehlen sich diese höchst wichtige Manipulation in folgender Weise zu erleichtern: man futtert den leeren Raum zu beiden Seiten der unteren Stellschrauben voll mit starkem Blech, Karten und Papierstreifen derart aus, daß, wenn man das Lager bis zur vollen und festen Auflage auf diese Unterlage herunterschraubt, auch der normale Stand des Cylinders erzielt ist. Bedarf man eines schärferen Drucks, so hebt man das Lager mittels der unteren Schraube und nimmt ein angemessen starkes Blättchen heraus, bedarf man eines schwächeren Drucks, so legt man ein Blättchen ein. Diese Abweichungen von dem normalen Stande hat man nach Vollendung der betreffenden Arbeit aber wieder zu beseitigen, denn man kann durch öfteres Herausnehmen und Hineinlegen von Blättchen eben so leicht einen falschen Stand des Cylinders herbeiführen, als wenn man die Schrauben zur Regulirung benutzt. Selbstverständlich ist, daß die erwähnten Unterlagen unter beiden Lagern ganz gleich stark sein müssen, soll der Cylinder seine genau wagerechte Lage haben.

Eine eigenthümliche Einrichtung für die Stellung des Druckcylinders befindet sich seit einigen Jahren an den Maschinen von König & Bauer. Unter dem Lager des Druckcylinders ist im Seitengestell eine runde Oeffnung angebracht, in deren unterem Theil eine mit einer Oeffnung versehene eiserne Scheibe liegt; auf dieser Scheibe ruht eine von unten mit einer Schraube versehene Schraubenmutter. Die Schraube mündet mit ihrem Ende an einer zweiten Scheibe aus, die eine starke Feder trägt; auf dieser Feder ruht wiederum das eigentliche Cylinderlager. Auch bei dieser Einrichtung ist eine obere Schraube vorhanden. Will man den Cylinder senken, so zieht man diese obere Schraube etwas an, will man ihn heben, so lockert man sie. Die starke Feder vermittelt hier auf leichte Weise diese Arbeit, doch ist Aufmerksamkeit seitens des Maschinenmeisters eben so nothwendig wie bei jeder anderen Einrichtung. Dem Uebelstande, daß die in ihrer Spannkraft geschwächten Federn dem Cylinder nicht genügenden Halt geben, ist durch messingene Träger vorgebeugt, welche das Cylinderlager in diesem Fall stützen.

Der Maschinenmeister hat ferner sein Augenmerk darauf zu richten, daß die Lager des Druckcylinders seine Achsen stets genau umschließen. Ist dies nicht der Fall, sind demnach die Lager derart ausgelaufen, daß sie einen größeren Umfang haben wie die Cylinderachsen, diese also zu viel Spielraum haben, so wird sich, wenn der Cylinder seine Function ausübt, d. h. sich über die Form bewegt, ein Poltern vernehmen lassen. Diesem Uebelstande ist durch gleichmäßiges Abschleifen der oberen Lagerhälften auf einem Sandstein leicht abzuhelfen, doch muß man sich hüten des Guten zu viel zu thun, denn sobald die Lager infolge zu starken Abschleifens nicht mehr aufeinandertreffen, üben sie nach ihrer Feststellung durch die Stellschrauben eine Pressung auf die Achsen aus und erschweren den Gang der Maschine ganz wesentlich. Sollte man aus Versehen einmal zu viel abgenommen haben, so muß man die Lager an den Stellen, wo sie aufeinandertreffen, derart mit Karten- oder Metallblättchen unterlegen, daß sie die Achsen gerade nur in der richtigen Weise umfassen.

Hinsichtlich des vorstehend erwähnten Polterns hat man jedoch zu beachten, daß sich dasselbe auch ohne Mängel an den Lagern bei großen compressen Werkformen bemerklich macht. Der Cylinder senkt sich bei solchen, starken Druck erfordernden Formen immerhin etwas, wenn er die verschiedenen Columnenreihen verläßt und aus den Stegen passirt.

Daß die eigentliche Drehung des Cylinders durch den Eingriff der an ihm befestigten Zahnräder in die Zahnstangen des Fundaments bewerkstelligt wird, dürfte dem denkenden Leser aus der Anleitung zur Aufstellung und aus den übrigen vorhergegangenen Capiteln klar geworden sein. Ueber die zu seiner Feststellung dienende Auffanggabel und deren Regulirung ist bereits auf Seite 104 und 167 alles Nöthige gesagt worden.

An dieser Stelle dürfte noch zu erwähnen sein, daß, wie bereits auf Seite 103 angedeutet wurde, die an manchen Maschinen, insbesondere älteren Krummzapfenmaschinen und den König & Bauer'schen Kreisbewegungsmaschinen unter dem Druckcylinder zu beiden Seiten der Bahn angebrachten Rollen sehr sorgfältig eingestellt sein müssen, sollen sie ihren Zweck erfüllen: den Durchgang des Fundamentes während der Ausübung des Drucks durch den Cylinder zu erleichtern, und einen guten Aussatz herbeizuführen. Das Fundament passirt diese Rollen mit ein paar flachen Schienen, die Rollen müssen deßhalb so gestellt sein, daß diese Schienen nur leicht über sie weggleiten und sie dabei in Bewegung setzen. Stehen die Rollen zu hoch, so verhindern sie den ruhigen Durchgang des Fundamentes, stehen sie zu tief, so geht ihr Zweck ganz verloren.

Frägt man schließlich, ob ein leichter oder ein schwerer Druckcylinder praktisch, so muß man sich entschieden für den letzteren entscheiden; wer das nicht einsehen will muß keinen rechten Begriff von dem haben, was ein Cylinder zu leisten hat. Daß auch die meisten Maschinenfabriken dieser Ansicht sind, geht daraus hervor, daß sie die langen Cylinder ihrer größeren Maschinen im Verhältniß weit schwerer bauen, wie die der kleinen. Der Cylinder soll nicht nur durch die Pressung, welche die Lager auf seine Achsen ausüben und durch den festen Halt, welche sie ihm geben, functioniren, seine eigne Schwere soll die Ausübung des Drucks unterstützen. Ein leichter Cylinder von großer Länge wird sich unzweifelhaft durch den Widerstand, welche eine nach dem Mittelsteg zu mit großen Holzschnitten versehene Form leistet, in der Mitte biegen, denn hier ist nicht wie an den Seiten bei den Achsenlagern ein Gegenhalt (das obere Lager) vorhanden, der leichte Cylinder wird demnach eine Abweichung von der geraden Linie erleiden und in der Mitte schwächer aussetzen wie an den Seiten; da diese Differenz oft die Stärke mehrerer Papierblätter beträgt, so entstehen allerhand Uebelstände, insbesondere das so lästige Falzenschlagen des Papiers.

2. Die Punkturen.

Wir haben bereits bei Beschreibung des Druckcylinders und seiner Theile darauf hingewiesen, daß derselbe in seiner Mitte vorn vor der Greiferstange und hinten vor den Spannstangen eine Anzahl Löcher mit eingeschnittenem Gewinde enthält, bestimmt, die Punkturspitzen oder, wie sie der Buchdrucker einfach nennt „Punkturen" aufzunehmen. Diese Punkturgewinde kommen für die gewöhnlichen Formate, wie Folio, Quart, Octav, Sedez zur Verwendung, wogegen die Löcher, welche sich im ersten Drittel des Cylinders befinden, für Duodez benutzt werden und außerdem in allen den Fällen sehr verwendbar und zweckmäßig sind, wenn man den Mittelsteg der Rahme von der Mitte an die Seite verlegen muß, was bei Accidenzarbeiten mitunter vorkommt.

Der Zweck der Punktur, deren verschiedenartige Form wir nachstehend wiedergeben, ist, ein genaues Register, d. h. ein Aufeinanderstehen des Schön- und Widerdrucks, (der Vorder- und Rückseite eines Druckbogens) zu ermöglichen; sie dienen ferner bei mehrfarbigem Druck zur Erzielung eines exacten Ineinander- und Aufeinanderpassens der verschiedenen Platten oder Formen.

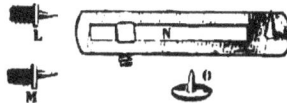

Fig. 64. Die verschiedenen Arten von Punkturen.
L. Gewöhnliche Punktur. M Punktur mit seitlich angebrachter Spitze, sogenannte Excentriquenpunktur. N. Schlitzpunktur. O. Aufliebepunktur.

Die gewöhnlichen Schnellpressenpunkturen, dargestellt durch L, sind kleine, in eine scharfe Spitze auslaufende, unten mit einem Gewinde versehene eiserne Stifte. Der in der Mitte befindliche viereckige Ansatz hat den Zweck, dem zum Einschrauben der Punktur nöthigen, mit einer viereckigen Oeffnung versehenen Punkturschlüssel den erforderlichen Gegenhalt zu geben.

Die Punkturen.

Zur leichteren Ausgleichung kleinerer Abweichungen im Register*) bedient man sich einer im wesentlichen der soeben beschriebenen ganz ähnlichen Punktur; sie weicht von derselben nur insofern ab, als ihre Spitze nicht genau im Mittelpunkt, sondern seitlich angebracht ist und je nachdem man sie einschraubt, eine Regulirung des Registers nach der einen oder anderen Seite gestattet. M zeigt uns die Form dieser Excentriquepunktur.

Größere Differenzen im Register zu beseitigen dienen die Punkturen N und O. N ist eine sogenannte Schlitzpunktur, sie besteht aus einem, mit einem Schlitz versehenen Messingblechstreifen, in dem eine Spitze eingenietet ist. Sie wird mittels einer Schraube mit dünnem, viereckigem, über den Rand des Schlitzes weggreifenden Kopf in den gewöhnlichen Punkturgewinden des Cylinders eingeschraubt und läßt sich durch ihren Schlitz sowohl herauf und herunter, wie auch seitlich stellen. Als Schraube zum Befestigen dieser Punktur benutzt man gewöhnlich eine alte Punktur wie L oder M, von der man die Spitze abfeilte.

Punktur O ist eine einfache Einsetz- oder Einklebepunktur, wie wir solche bereits auf Seite 25 erwähnten; da sie sich auf jeden beliebigen Fleck des Cylinders aufkleben läßt, so ist man auch mit ihr im Stande, das Register zum Stehen zu bringen. Beide Sorten von Punkturen finden noch häufiger hinten am Cylinder Verwendung, wenn sich an der Stelle, wo man gerade einer Punktur bedarf, kein Loch in demselben befindet.

Wegen sonstiger Punkturenvorrichtungen, insbesondere der für Buntdruck, verweisen wir unsere Leser auf Seite 26. Man findet hier Näheres über die in die Form und in die Rahme einzusetzenden Punkturen.

Sehen wir nun zunächst, in welcher Weise die Punkturen zur Verwendung kommen.

Um ein genaues Aneinanderpassen der Formen zu erzielen, wird beim Schöndruck**) sowohl vorn wie hinten eine Punktur in Form wie L eingesetzt; die Spitzen dieser Punktur stechen die für das Einlegen des Widerdrucks nöthigen Löcher in den Bogen. In welches der im Cylinder vorn und hinten enthaltenen, natürlich im Aufzuge frei liegenden Löcher man die Punktur zu schrauben hat, richtet sich zumeist nach der Größe des weißen Papierrandes, welchen der Bogen erhält und darnach, ob man beim Schließen der Form (siehe später) diesem Papierrande in richtiger Weise Rechnung getragen hat.

Um dem Einleger seine Arbeit beim Punktiren des Widerdrucks handlich und bequem zu machen, müssen die Löcher durch die Punkturen beim Schöndruck in allen den Fällen, wo es die Größe des Papiers erlaubt, immer so eingestochen werden, daß sie vom vorderen wie vom

---

*) Die verschiedenen Weisen, auf welche das Register regulirt oder, wie der Buchdrucker sagt, „Register gemacht wird", werden wir später lehren.

**) Unter Schöndruck versteht der Buchdrucker das Bedrucken der einen Seite des noch unbedruckten Bogens, unter Widerdruck das Bedrucken der Rückseite des mit dem Schöndruck bereits versehenen Bogens. Es ist üblich, beim Werkdruck die zweite Form, die Secunde, zuerst einzuheben, also als Schöndruck zu drucken, die erste Form, Prime, kommt dann für den Widerdruck zum Einheben. Als Prime ist diejenige Form zu betrachten, welche die erste Seite des Bogens mit der einfachen Ziffer als Signatur enthält, die dann auch beim Falzen obenauf zu liegen kommt, als Secunde dagegen die Form, welche die dritte Seite des Bogens mit Ziffer und Sternchen enthält.

hinteren Papierrande etwa 3 bis 5 Cmtr. abstehen; der Einleger (**Punktirer**) kann den Bogen dann bequem zwischen Daumen und Zeigefinger in nächster Nähe des Loches fassen und sicher in die Punkturen einlegen. Zu knapp oder zu weit vom Papierrande ab eingestochene Löcher erschweren das sichere Einlegen.

Für die Stellung der Punkturen beim Schöndruck kommt aber sehr wesentlich in Betracht, ob der Bogen für den Widerdruck umschlagen oder umstülpt wird.

 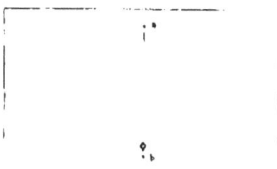

Fig. 67. Umschlagen des Bogens. Fig. 68. Umstülpen des Bogens.

Beim **Umschlagen** der mit dem Schöndruck bedruckten Auflage, wird dieselbe, wie Fig. 67 zeigt, in der Richtung von a nach b, also von rechts nach links derart umgedreht, daß die bedruckte Seite nach unten zu liegen kommt, demnach das vordere Punkturloch c, welches beim Schöndruck eingestochen wurde, auch beim Widerdruck wieder zum Einlegen in die vordere Punktur benutzt wird.

Beim **Umstülpen** dagegen wendet man die Auflage von a zu b um, so daß das beim Schöndruck eingestochene vordere Punkturloch b beim Widerdruck in die hintere Punktur, das hintere Punkturloch a aber in die vordere Punktur eingelegt wird.

Während für das Umschlagen ein verschieden weiter Abstand der Punkturen vom Rande des Papieres nicht in Betracht kommt, ja ein solcher sogar empfehlenswerth ist, damit man bei etwaigem falschen Auflagen der Auflage zum Widerdruck gleich beim Einlegen des ersten Bogens den begangenen Fehler bemerkt, erfordert eine zu umstülpende Form einen ganz gleichmäßigen Abstand derselben vom Papierrande und zwar deshalb, weil, wie vorstehend erwähnt wurde, eine wechselseitige Benutzung der Punkturlöcher eintritt. Für den Stand der Punkturen in beiden Fällen geben unsere Fig. 67 und 68 den besten Anhalt.

Die im Cylinder befindlichen Punkturgewinde treten aber der Erlangung eines gleichmäßigen Abstandes der Punkturlöcher auf dem Bogen oft hindernd in den Weg und haben in diesem Fall insbesondere die **Schließpunktur** N und die **Aufklebepunktur** O helfend einzutreten.

Wir haben zunächst noch der **beweglichen Punktur** zu gedenken. Diese Punktur befindet sich auf einem an einer Stange befestigten, unter dem Einlegebret befindlichen Arm, der wiederum durch eine zweite, mit einem kleinen Excenter versehene Stange gehoben und gesenkt wird. Sie mündet in einen langen Schlitz des Anlegebretes über dessen Oberfläche aus und ist mit Hülfe eines nach allen Richtungen verstellbaren, auf dem Arm befestigten Winkelstücks in diesem

Schlitz vor- und rückwärts, wie auch seitlich zu bewegen. Ihr Zweck besteht darin, das Punktiren des hinteren Loches beim Widerdruck zu ermöglichen.*)

Wir haben zu Eingang dieses Capitels bereits gesehen, daß beim Schöndruck durch zwei in den Cylinder selbst eingeschraubte Punkturspitzen vorn und hinten im Mittelsteg Löcher gestochen werden und daß man diese Löcher zur Erzielung eines genauen Registers benutzt, indem man beim Widerdruck den Bogen mit ihnen in zwei Punkturspitzen einlegt. Von den beim Schöndruck verwandten Punkturspitzen verbleibt jedoch nur eine, die vordere im Cylinder, die hintere dagegen wird durch die bewegliche Punktur ersetzt, damit ein sicheres Punktiren des Bogens möglich wird. Sobald dieser von dem Punktirer in beide Spitzen eingelegt und von den Greifern fest gefaßt worden ist, senkt sich die bewegliche Punktur und läßt den Cylinder mit dem Bogen ungehindert seinen Weg über die Form antreten. An manchen Maschinen functionirt diese Punktur nicht richtig, indem sie sich entweder zu früh oder zu spät senkt, was mannigfache Uebelstände herbeiführt, so daß man fast nicht im Staude ist, complicirtere, genaues Register erfordernde Arbeiten auf einer Maschine zu drucken, an der sich dieser Fehler zeigt.

Wir erwähnten bereits auf Seite 26 der Vortheile, welche die in die Form einzusetzenden Punkturen in allen den Fällen bieten, in denen man nach und nach auf Benutzung mehrerer Löcher angewiesen ist. Das dort Gesagte gilt in allen Theilen auch dann, wenn man solche Punkturen für Formen benutzt, die auf der Schnellpresse gedruckt werden. Wir kommen in dem Capitel „Farbendruck" noch specieller auf ihre Verwendung zurück, wie überhaupt selbst von den einfachen Punkturen im Capitel „Zurichten" noch mehrfach die Rede sein wird.

3. Die Bandleitungen.

Die Bandleitungen haben den Zweck, den zu bedruckenden Bogen glatt und gerade durch die Maschine und aus derselben heraus dem Ausleger zuzuführen, zugleich auch die für den Widerdruck nöthigen Löcher dadurch zu erzeugen, daß sie den Bogen während des Druckes in die Punkturspitzen drücken.

Man unterscheidet zweierlei Bandleitungen, vom Buchdrucker einfach Oberbänder und Unterbänder genannt. Beide werden entweder einfach oder doppelt benutzt und bleiben sich die für diesen Zweck vorhandenen Vorrichtungen bis auf kleine Abweichungen bei den Maschinen aller Fabriken so ziemlich gleich.

Das Band, welches man für die Bandleitungen benutzt, muß ein festes, sich nicht dehnendes Leinengewebe haben und muß man daher bedacht sein, dasselbe aus einer soliden, mit dem Zweck, welchen es erfüllen soll bekannten Quelle zu laufen. In großen Städten führen mitunter Posamentirer derartige Bänder, diese sind aber meist zu wenig haltbar gearbeitet, so daß sie

*) Ersichtlich ist diese Einrichtung A. T. 12/13 in Fig. I. p ist die eine Stange, o die zweite, das Heben und Senken besorgende, q der erwähnte Arm, F das Winkelstück mit der darin eingeschraubten Punktur; o steht, wie wir bereits in der Anleitung zur Aufstellung erwähnten, mit dem langen Hebel oder Balancier a Fig. III in Verbindung und erhält durch diesen ihre Bewegung.

leicht reißen, über die Form gehen und Schrift zerquetschen und infolge dessen nicht nur selbst einer mit Zeitverluft verknüpften Erneuerung bedürfen, sondern auch eine Erneuerung der zerquetschten Typen nothwendig machen. Das Zerreißen, ja schon das Dehnen der Bänder ist ein so störendes und im ersteren Fall das theure Schriftmaterial schädigendes Vorkommniß, daß man demselben durch die größte Sorgfalt in der Wahl des Fabrikates wie in der Benutzung selbst möglichst vorbeugen muß.

Beim Einziehen der Leitbänder kommt viel darauf an, daß die zusammenzufügenden Enden auf das sorgfältigste und sauberste mit einander vernäht werden. Dieses Vernähen geschieht mit grauem, festem Zwirn am besten derart, daß die Stiche an beiden Rändern des Bandes eng aneinander erfolgen, also so: . Bei dieser Stichweise kann sich der Zwirn nicht so leicht durchscheuern.

Zum Halten, Spannen und leichteren Bewegen der Bänder dienen kleine und größere auf quer durch die Maschine laufenden Spindeln aufgestedte Bandrollen. Die größeren Rollen sind an dem einen Ende eines winkelförmigen Messing- oder Eisentheiles befestigt, während das andere Ende dieses Theiles mit einem verstellbaren, demnach mehr oder weniger spannenden Gewicht versehen ist. Die kleineren Rollen sind direct auf den Spindeln befestigt, lassen sich aber auf denselben angemessen verschieben; da diese Spindeln in Körner- (Spitz-) Schrauben laufen, so ist ihre Bewegung und infolge dessen auch die der kleinen Rollen eine sichere und gleichmäßige, wenn das Band gut und angemessen stramm eingezogen worden ist.

Die gebräuchlichste Art der Bänderführung wird die nachstehende Abbildung Fig. 69 dem Leser verdeutlichen und man wird mit Hilfe derselben leicht im Stande sein, die einzelnen Bänder regelrecht einzuziehen.

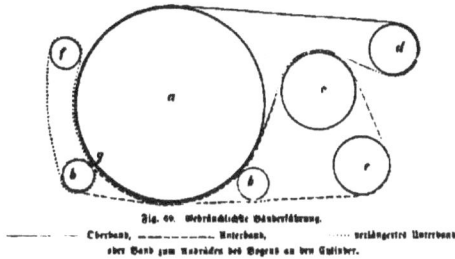

Fig. 69. Gebräuchlichste Bänderführung.
———— Oberband, — — — — — Unterband, · · · · · · · · · · verlängertes Unterband
oder Band zum Andrücken des Bogens an den Cylinder.

Auf vorstehender Figur bildet a den Druckcylinder, f, b, h sind die erwähnten in Körnerschrauben laufenden Spindeln mit kleinen Rollen; über das Einsetzen dieser Spindeln wurde bereits auf Seite 166 unten das Nähere erwähnt. c ist die große, hinter dem Cylinder liegende Holzwalze, welche jetzt meist mit einem Bogenschneideapparat versehen ist und von welcher aus eine größere Anzahl Leitbänder oder Leitschnüre zum Theil unter dem Selbst-auslger weg (wenn ein solcher vorhanden) nach einer gleichen, vor dem Auslegetisch angebrachten Walze führen. c*) wird neuerdings fast an allen Maschinen durch ein an ihr angebrachtes Zahnrädchen bewegt, welches in ein schmales Zahnrad am Cylinder eingreift. Auch sind die erwähnten Leitbänder oder Schnüre, welche von c nach der Walze am Auslegetisch führen, durch eine Vorrichtung angemessen zu spannen. d e sind die erwähnten größeren, auf Winkelstücken befestigten Rollen.

Es ist von großer Wichtigkeit, daß der Maschinenmeister die Spannung der über die Rollen d und e laufenden Bänder auf das genaueste mittels der Gewichte regulirt, denn zu straffe Bänder pressen sich in das Papier ein und hinterlassen einen förmlichen Abdruck ihres Gewebes, der bei trocknem Papier selbst durch die Glättpresse oft schwer wieder zu entfernen ist.

Das Oberband ist auf unserer Fig. 69 durch eine feine——————Linie dargestellt; es läuft endlos direct um den Druckcylinder, um die Rolle d, über die Holzwalze c weg, während das Unterband ———————— bei den meisten Maschinen von der Rolle b unter der Rolle h über die Rolle e, die Holzwalze c, unter dem Cylinder weg wieder nach b zurückläuft. Bei den Maschinen von König & Bauer hat das Unterband eine von der vorstehend beschriebenen etwas abweichende Führung. Unter der Markenstange, etwa in der Lage von f unserer vorstehenden Abbildung, ist eine Spindel mit zwei verstellbaren Rollen angebracht und ist das Unterband über diese weggeführt. In vielen Druckereien kommen diese Rollen nicht zur Verwendung, weil sie, sehr nahe an den Punkturen liegend, das Einlegen erschweren, ja der Hand des Punktirers oft gefährlich werden.

Wie wir bereits zu Eingang dieses Capitels erwähnten, haben die Maschinen die Einrichtung, mit doppelten Ober- und Unterbändern zu drucken. Zumeist benutzt man aber nur ein einfaches Ober- und ein dergl. Unterband, weil dies für die meisten Arbeiten hinreichend ist und weil die doppelten Bänder bei schmalem Mittelstege kaum den nöthigen Platz finden; die geringste Abweichung von dem geraden Lauf führt sie dann auf die Ränder der am Mittelsteg stehenden Schrift und ladirt diese, oder aber die Nähe der Schrift behindert sie in ihrer freien Bewegung, so daß Falze im Mittelsteg des Bogens und am hinteren Ende desselben erzeugt werden.

Benutzt man vier Bänder, so hat man dieselben so einzuziehen, daß die Oberbänder zu beiden Seiten der Punktur laufen; um eine Abweichung von der geraden Linie zu erschweren, müssen die Hängebandrollen sehr genau eingesetzt werden. Anzurathen ist die Benutzung zweier Bänder beim Druck von Zeitungen und von Werken in großen Auflagen, denn man hat den Vortheil, daß ein etwa reißendes Band nicht sofort wieder ersetzt werden braucht, demnach der schleunigsten Fertigstellung der Auflage kein Hinderniß entgegensteht.

Druckereien, welche viel Accidenzien und sonstige Arbeiten mit oft sehr knappem Mittelsteg drucken, werden sich am besten nur einfacher Bänder von Petit oder Cicero Breite und in

---

*) Die Holzwalze c ist auf vorstehender Figur etwas zu weit vom Cylinder abgezeichnet, sie liegt an den Maschinen ziemlich dicht an demselben.

haltbarsten Gewebe bedienen und dieselben derart laufen lassen, daß, wenn das Oberband rechts von der Punktur liegt, das Unterband links seine Führung erhält.

Um den Leser noch mit dem speciellen Zweck der Unter- und Oberbänder bekannt zu machen, sei hier erwähnt, daß das Unterband hauptsächlich dazu dient, den Bogen fest an den Cylinder gedrückt über die Form zu führen und ihn dabei in die Punkturen einzudrücken, während das Oberband bestimmt ist, ihn, nachdem er von den Greifern losgelassen worden ist, dem Ausleger zuzuführen.

Bei allen den Formen, welche keinen Mittelsteg haben, ist erklärlicher Weise auch eine Entfernung der Bänder aus der Mitte geboten. Man bringt in diesem Fall zwei Oberbänder an die Seiten und läßt sie auf dem leeren Papierrande laufen, während man das Unterband entweder ganz auf die Seite schiebt oder es heraufschneidet.

Bei splendid gesetzten und mit den Zeilen rechtwinklig gegen die Walzen gerichteten Placat-Formen ohne Mittelsteg wird man die Oberbänder häufig ganz gut zwischen zwei gerade in der Mitte stehenden Zeilen laufen lassen und so ohne Umstände eine gute und sichere Ausführung des Bogens erreichen können.

Das eigentliche Einziehen der Bänder wird auf folgende Weise bewerkstelligt:

1. Das Unterband; man nimmt das eine Ende desselben und steckt es von vorn, d. h. unter dem Farbewerk weg, und von oben zwischen b und g unserer Fig. 64 durch, zieht es unter dem Cylinder und über die Holzwalze c weg nach der Bandrolle e, wo man es mit dem anderen Ende vereinigt.

2. Das Oberband. Man befestigt das eine Ende mittels einer Stecknadel auf dem Aufzuge des Cylinders (selbstverständlich in der Nähe der Punktur, denn sonst würde das Band, in zu weiter Entfernung von derselben festgesteckt, beim Umdrehen des Cylinders die in der Maschine befindliche Form lädiren) und läßt den letzteren ganz herum drehen, bis das festgesteckte Ende wieder nach oben kommt und das Band nun um den Cylinder liegt.

Man steckt das Ende dann ab und zieht das Band über die Holzwalze c weg, um die Bandrolle d herum und vernäht es mit dem anderen Ende.

Das an den König & Bauer'schen Maschinen befindliche verlängerte Unterband wird, wenn man es benutzt, auf folgende Weise eingezogen: Das eine Ende desselben wird, wie bereits vorstehend beschrieben nach den Greifern zu gerichtet auf dem Cylinder festgesteckt, und der Cylinder herumgedreht, bis er mit dem Bandende bis über die Walze c gekommen ist. An das andere Ende des Bandes bindet man einen Quadraten und läßt denselben mit dem Bande zwischen Cylinder und Schmutzblech (siehe nachfolgend) hindurchgleiten; man legt es dabei über die Rolle f, führt es über h h und e nach g zu und verbindet es dort mit dem auf dem Cylinder festgesteckten Ende.

An neueren Maschinen finden sich mehrere derartige, nach den Greifern zu geführte Bänder, bestimmt, das früher gebräuchliche Schmutzblech zu ersetzen. Dieses Blech, wie neuerdings die erwähnten Bänder haben den Zweck, den Bogen vor einer Berührung mit den Walzen zu schützen und seine Auflage auf dem Cylinder zu vermitteln. Das letztere wurde durch das aller Elasticität entbehrende Schmutzblech in vielen Fällen nicht genügend erreicht, so daß man seine Hülfe dazu nahm, noch eine an der Markenstange (s. später) befestigte Pappe zwischen Blech und Cylinder zu schieben, so den Bogen zwingend, sich stramm an die Rundung des Cylinders anzuschmiegen.

Diese Manipulation macht sich insbesondere bei Formen mit Linieneinfassung nöthig, denn bei diesen bilden sich leicht Falten im Papier und entsteht Schmitz, wenn der Bogen nicht möglichst stramm um den Cylinder gezogen über die Form geführt wird.

Man hatte früher versucht, diesen Uebelständen durch Anbringung einer Bürste unter dem Schmutzblech dicht über der Form vorzubeugen, ist aber auch davon abgegangen, weil die Bürste leicht Staub, Schmutz und Farbe annahm und den Bogen verunreinigte, der erwähnte Fehler dadurch auch nicht immer vollständig beseitigt wurde.

Die Bänder nun, welche in neuerer Zeit häufig das Schmutzblech ersetzen, sind in einer Anzahl von drei bis sechs über zwei gewöhnliche Spindeln zu befestigen, deren eine oben, unter den Greifern, doch nicht so hoch wie f unserer Fig. 69 angebracht ist, während unten die Spindel h auch zugleich zur Aufnahme dieser Bänder eingerichtet ist. Wenn diese Bänder nun auch ihren Zweck, den Bogen fest auf den Cylinder zu drücken, besser erfüllen, wie das Schmutzblech und die Bürste, so ist auch bei ihnen sehr darauf zu achten, daß sie stets rein sind, weil sie sonst gleichfalls den Bogen verunreinigen.

Man benutzte früher häufig Gummiband für diese Leitungen, ist davon aber abgekommen, weil dasselbe sich durch die Reibung an dem Papier erweichte und infolge dessen zu schnell abnutzte.

Wir ersahen aus dem Vorstehenden, daß insbesondere das Oberband in vielen Fällen hinderlich ist, man hat sich deshalb neuerdings bemüht, dasselbe durch einen anderen nirgends hindernden Mechanismus zu ersetzen. Das Verdienst, zuerst eine wirklich practische und einfache derartige Einrichtung getroffen zu haben, gebührt unseres Wissens der Fabrik von Klein, Forst & Bohn in Johannisberg a. Rh.

Die nachstehende Fig. 70 zeigt uns diesen Mechanismus mit allen seinen einzelnen Theilen.

Um die Benutzung von Oberbändern unnöthig zu machen, sind hier an dem Druckcylinder zwei Greiferstangen mit Greifern angebracht. Die eine m arbeitet wie die bisher übliche. Die Finger der anderen n legen sich dagegen zwischen Papier und Cylinder und drücken das Papier, sobald dieses an die Holzwalze l kommt und die Greifer sich öffnen, nach der Holzwalze hin. Zwischen Holzwalze und Cylinder ist ein kleines Bandröllchen o angebracht. Ueber dieses und die Rollen p und q schlingt sich ein Band, welches den von den Fingern der Stange n abgedrückten Bogen auffängt und nach dem Ausleger leitet.

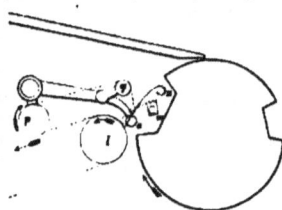

Fig. 70. Mechanismus für die Ausführung der Bogen an den Maschinen von Klein, Forst & Bohn Nachfolger.

Die Bandleitungen.

Der Leser wird leicht den großen Vortheil ermessen können, den diese so einfache Vorrichtung bietet, wenn er bedenkt, wie häufig die Bänderleitung störend auf die **Ausführung von Placat-, Tabellen- und allen sonstigen Drucken wirken, welche eine Anwendung des Mittelsteges nicht gestatten.** Kann man bei solchen Formularen, wie erwähnt, auch meist die Bandführung an die Seite des Bogens verlegen, so verursacht dies doch immer Arbeit und Zeitaufenthalt; oft aber gestattet der knappe Papierrand auch diesen Aushülfsweg nicht, und man kann dann die Arbeit auf einer Maschine gar nicht drucken, sondern muß wieder zur Handpresse greifen.

Die Maschinen mit dieser oder ähnlicher Einrichtung bedrucken den Bogen von einer Seite bis zur anderen voll aus, so daß man z. B. die Köpfe der Tabellen bis auf den äußersten Rand herauszehen lassen kann. Die Ausführung der Bogen durch die oben abgebildete Vorrichtung geschieht so sicher und exact, wie man nur wünschen kann, und mit Hülfe unserer Abbildung wird es jedem Besitzer einer solchen Maschine leicht werden, das etwa zerrissene Ausführband wieder einzurichten, da die Führung deutlich auf der obigen Abbildung zu sehen ist.

Sehr wesentlich auf das gute Ausführen des Bogens wirkt die Stellung des Röllchens o ein. Ist die Anlage so, daß das Papier weit unter die Greifer geht, so muß das Röllchen gehoben werden, da es sonst von den Ausführgreifern nicht zwischen o und l glatt eingeschoben wird. Bei dünnem Papier dagegen und wenn man normale Anlage hat, muß das Röllchen o möglichst weit heruntergebracht werden, wenn eine glatte Ausführung statthaben soll. Das Herauf- und Herunterstellen des Röllchens geschieht an einem, am rechten Seitentheil der Maschine angebrachten Hebel, der die ganze Querstange bewegt, an dem die Rollen p q o befestigt sind. Man vergesse nicht, nach dem Höher- oder Tieferstellen den Hebel wieder mittelst der Schraube zu befestigen.

Wie wir bereits auf Seite 194 erwähnten, führt eine Anzahl Bänder von der Holzwalze c nach einer zweiten am Anlegetisch angebrachten Walze, die bei Maschinen mit Selbstausleger so weit herausgerückt ist, daß sich die Gabeln dieses Auslegers bequem zwischen die Bänder und mit ihren Spitzen bis beinahe unterhalb der Walze c legen können.

An den neueren Maschinen ist ein bequem zu handhabender Mechanismus angebracht um das oft sehr nothwendige Spannen dieser Bänder ermöglichen zu können, da die untere Walze zumeist lediglich durch dieselben getrieben wird. A. T. 9 sieht man an der unten abgebildeten Maschine diese Bandleitung am deutlichsten, während eine Art der Spannvorrichtung auf T. 10 11 bei der oberen Maschine, rechts neben dem Ausleger zu ersehen ist.

Die Bewegung der Holzwalze c wird bei älteren Maschinen noch meist durch eine um den Cylinder laufende Darmseite oder starke Schnur bewirkt; dieser Mechanismus ist freilich ein sehr unzuverlässiger und mangelhafter, besonders wenn sich die Schnur nicht spannen läßt, sobald sie sich gedehnt hat, da in diesem Fall die Walze c nicht bewegt wird, demnach eine Stockung in der Ausführung der Bogen eintritt, die nur durch strafferes Zusammenstecken oder Nähen der Schnur zu beseitigen ist, eine Arbeit, die immerhin Zeitverlust und Mühe verursacht.

An neueren Maschinen ist, wie bereits auf Seite 194 erwähnt wurde, ein eigenes Zahngetriebe zur regelmäßigsten Bewegung der Holzwalze c angebracht. Betreff der Bandleitung, welche von der Walze c nach dem Auslegetisch führt, sei noch bemerkt, daß man dieselbe in den meisten Druckereien durch dünne, aber feste Schnüre erfetzt, weil sich der frische Druck auf ihnen weniger leicht abschmieren kann wie auf den breiten, rauhen Bändern. Es kommt vor, daß letztere die fetten Zeilen eines jeden Bogens verwischen und so die Reinheit des Drucks beeinträchtigen. In Fällen, wo dieser Uebelstand eintritt, ist es gut, die Bänder und Schnüre mit Spediteinpulver einzureiben; sie erhalten dadurch eine glatte Oberfläche und nehmen infolge dessen die Farbe nicht so leicht an.

Diesem Uebelstande begegne man vor allem auch durch die Benutzung von möglichst wenig Schnüren; bei den meisten Formen werden 4—6 genügen, obgleich die Wellen zu Aufnahme einer weit größeren Anzahl eingerichtet sind. Diese wenigen Schnüre lassen sich auch in den meisten Fällen so führen (auf den Wellen verschieben) daß sie den Druck nicht treffen.

4. Der mechanische Ausleger.

Der mechanische Bogenausleger, auch Selbstausleger genannt, ist erst seit etwa 20 Jahren in Deutschland eingeführt worden und hat, weil man ein gewisses Vorurtheil gegen ihn hegte (zum Theil noch jetzt hegt), in größeren Druckorten z. B. Leipzig erst seit etwa 8—10 Jahren Eingang gefunden.

Man wandte gegen den Selbstausleger ein, daß er nicht, wie der Knabe oder das Mädchen, von welchem man früher das Auslegen besorgen ließ, während des Druckes entstehende Fehler anzeigen könne. Läßt sich auch gegen die Wahrheit dieser Behauptung nichts einwenden, so liegt doch in vielen Druckereien der Beweis vor, daß die Sache nicht so schlimm ist, wie sie aussieht.

Man sorge nur dafür, daß die einzubebende Form vor dem Schließen gut justirt und nach allen Regeln exact geschlossen werde; ist das geschehen, hat man nicht gar zu nachlässige, schlecht ausschließende Setzer und ist der Maschinenmeister ein zuverlässiger und aufmerksamer Mann, so werden nicht allzuviele Fehler vorkommen, während durch den Ausleger nach jetzigem Lohn doch immerhin 100—125 Thlr. jährlich erspart werden. Die zum Auslegen angestellten Leute pflegen heut' zu Tage ihre Pflicht auch nicht mehr mit der Gewissenhaftigkeit zu erfüllen wie früher, es ist daher garnicht selten, daß trotz ihrer Aufsicht die gröbsten Fehler während des Druckes einer Form vorkommen.

Der Selbstausleger besteht aus einer Anzahl geschmeidiger Holzstäbe, die auf einer Eisenspindel befestigt sind. An älteren Maschinen sind diese Stäbe fest auf der Spindel angebracht, bei neueren dagegen lassen sie sich einzeln verstellen und mittels einer Schraube befestigen. Dieses Verstellen der Leisten ist insofern von großem Vortheil, als man dadurch häufig ein besseres Auslegen der Bogen erreichen kann.

Fig. 71. Arm des mechanischen Auslegers.

Der Mechanismus, welcher den Ausleger bewegt, ist in seinen einzelnen Theilen sehr verschieden construirt, immer aber ist es ein Excenter, von welchem die Bewegung zur Hauptsache ausgeht, mag er nun direct unter dem Ausleger selbst, oder an anderer passender, durch die Construction der Maschine bedingter Stelle angebracht sein.

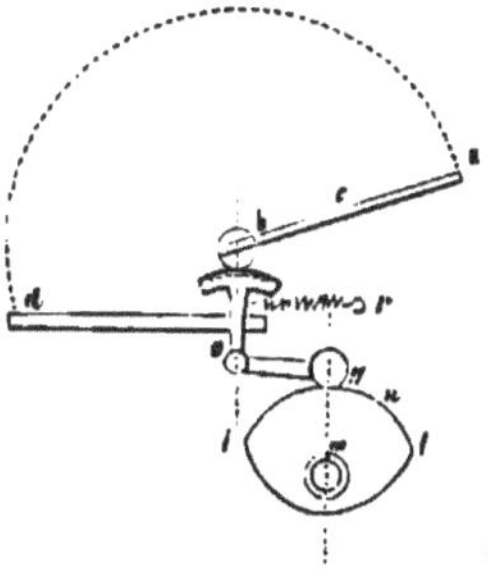

Auf nebenstehender Figur bildet d den Auslegetisch, a b c den Ausleger, o ein Segment das in das Zahnrädchen b der Auslegerspindel eingreift, g einen Arm mit einer auf dem Excenter m laufenden Rolle. So lange nun die Rolle g auf dem erhöhten Theil n des Excenters läuft, liegt der Ausleger ruhig mit seinen Spitzen nach der großen Bänderspindel am Cylinder zugekehrt; kommt die Rolle dann bei weiterer Umdrehung des Excenters auf den Punct i desselben, so fällt der Ausleger durch die Feder r angezogen, denn das Segment o dreht sich und legt ihn derart um, daß seine Spitzen a bei d den Auslegetisch leicht berühren, und so den von den Bändern bis b bereits geführten Bogen mit dem Druck nach oben auf seinen Platz legen.

Fig. 72. Aelterer Mechanismus zur Bewegung des mechanischen Auslegers.

Eine neuere Bewegungsweise des mechanischen Auslegers zeigt uns Fig. III A. T. 12/13. E bildet hier den Excenter neben dem eine in eine Gabel auslaufende, oben gezahnte Stange Z, befestigt ist. Hier wirkt der Excenter durch eine auf ihn laufende Rolle der Gabel schiebend und ziehend auf die mit einem Gewicht beschwerte Stange Z, die wiederum durch ihre obere Zahnung das kleine Zahnrädchen l der Auslegerspindel bewegt und so den Ausleger selbst functioniren läßt.

Einen anderen derartigen Mechanismus zeigt uns ferner die Kreisbewegungsmaschine A. T. 10/11. Hier sieht man deutlich ein ähnliches Segment wie auf unserer vorstehenden Fig. 72; bewegt wird dasselbe von einem auf der Haupttriebwelle aufgesteckten Excenter aus durch eine Zugstange, die gleichfalls auf unserer Abbildung deutlich ersichtlich, eigentlich nur einen verlängerten Arm bildet wie ihn unsere Fig. 72 im Kleinen zeigt. Viele der übrigen Abbildungen im Atlas zeigen uns die verschiedenen Constructionen des Auslegers.

Einige der Schnellpressenfabriken haben verstellbare Marken auf den Stäben des Auslegers angebracht, die man der Größe des zu bedruckenden Papiers angemessen reguliren kann. Ob diese Einrichtung von Vortheil, wollen wir dahingestellt sein lassen, glauben jedoch, daß wenn andere Fabriken ein ganz vorzügliches Resultat ohne solche Marken erzielen, an ihren Maschinen demnach jeder Bogen, jede Karte bis an die untere Leiste des Auslegers geführt wird, bis sich dieser umlegt, diese einfachere Einrichtung mit Recht doch wohl der anderen vorzuziehen ist.

Die Stäbe des Auslegerrechens müssen, wenn sie mit ihren Enden zur Aufnahme des Bogens dem Cylinder zugekehrt sind, zwischen den Bändern und tiefer wie diese liegen, denn der Bogen muß durch den Lauf der Bänder bis zur Leiste des Auslegers geführt werden und darf sich bis dahin nicht auf den Leisten stauchen oder durch sie gehemmt werden, da er in diesem Fall leicht in eine schiefe Lage kommt und in gleicher Weise ausgelegt wird.

Auch der mechanische Ausleger bedarf einer sorgsamen Behandlung, wenn er richtig functioniren und die Bogen glatt aneinander legen soll. Der Maschinenmeister hüte sich wohl, an dem, die Bewegung des Auslegers bewerkstelligenden Excenter herumzustellen oder ihn durch irgend welchen anderen Fehler, den er begeht, aus seiner richtigen Lage zu bringen, denn ist letzteres der Fall, so hebt sich der Ausleger entweder zu früh oder zu spät und bringt die auszuführenden Bogen in die größte Unordnung.

5. Der Bogenschneider.

Dieser, allerdings nicht an allen Schnellpressen angebrachte Apparat dient dazu, den nach erfolgtem Widerdruck aus der Maschine zu führenden Bogen beim Passiren der Holzwelle c Fig. 69 im Mittelstege zu theilen.

Wenn er auf der einen Seite die Arbeit des Zählens und Glättens um das Doppelte vermehrt, so ist er doch auf der anderen Seite für gewisse Arbeiten von überwiegendem Vortheil, so daß seine Anschaffung nur zu empfehlen ist.

Druckt man z. B. eine als halben Bogen zum Umschlagen ausgeschlossene Zeitungsform, so kann man nach Beendigung des Schöndrucks durch Benutzung des Bogenschneiders gleich zum Falzen und zu sofortiger Ablieferung fertige Exemplare erlangen, hat demnach nicht erst nöthig, die weit umständlichere Theilung mittels eines Messers oder einer Schneidmaschine zu bewerkstelligen.

Ebenso ist der Bogenschneider für alle die Arbeiten von Nutzen, welche einen schmalen Mittelsteg haben und die demnach dem Buchbinder das Durchschneiden in größeren Lagen erschweren; desgleichen bei allen kleineren Auflagen, die einer schnellen Ablieferung bedürfen; man kann in solchen Fällen das Papier vor dem Druck von allen Seiten genau beschneiden lassen, die Theilung dann beim Druck in der Maschine bewerkstelligen, die Drucke glätten und zur Ablieferung bringen, während man sie andernfalls doch erst nach dem Druck und nach dem Glätten zum Buchbinder geben müßte, um sie theilen und beschneiden zu lassen, was immer noch einige Zeit in Anspruch nimmt und die Ablieferung verzögert. Selbstverständlich ist die Anwendung des Bogenschneiders immer nur dann gestattet, wenn man zwei oder mehr Exemplare auf dem Bogen hat, und denselben wenigstens in der Mitte theilen will.

An den meisten alten Maschinen, welche diesen Apparat führen, bestand der zum Schneiden selbst bestimmte Theil aus einem kreisrunden dünnen Messer, das auch als solches den Bogen auf der Holzwalze durchschnitt. Der neuerdings zur Anwendung kommende Bogenschneider arbeitet mehr wie eine Scheere und verhütet so weit eher, daß der Bogen schlecht geschnitten und an den Rändern gefasert aus der Maschine kommt, was bei der alten Einrichtung sehr oft geschah und besonders, wenn das Papier sehr weich und feucht und wenn das Messer nicht ganz exact geschliffen und ohne Scharten war.

Es ist jedoch auch bei dem neuen Apparat Haupterforderniß, daß die obere scharfkantige Stahlrolle gut geschliffen ist, doch kann sich an dieser die Schneidfläche weniger leicht abnutzen, weil die Rolle meist eine Stärke von 3 Mmtr. hat und nur nach dem einen Rande zu scharf angeschliffen ist, also keine dünne Schneide hat wie ein Messer, sondern mehr eine solche wie sie der Schenkel einer Scheere zeigt.

Der Bogenschneider ist meist auf der oberen Bandrollenspindel, bei den neueren Klein Forst & Bohn'schen Maschinen aber gleich an dem vorhin beschriebenen, die Bänder ersetzenden Apparat angebracht.

Im ersterwähnten Fall geht ein Arm von der Bandrollenspindel in schräger Richtung nach der Holzwalze zu. An diesem Arm befindet sich das scharfkantige Stahlröllchen und läßt sich der Arm heben und senken; letzteres geschieht, wenn das Röllchen das Schneiden bewirken soll. Die zweite scharfe Kante dieses Apparates hat die Form eines Ringes und ist in die Holzwalze ein-gelassen; beim Senken der beweglichen Rolle ist zu beachten, daß dieselbe sich mit ihrer Kante an die des Ringes legen muß, sie muß deshalb leicht in die Oeffnung geschoben werden, welche sich zwischen dem eigentlichen Schneidering und dem ihm gegenüber angebrachten, als Gegenhalt dienenden Ringe befindet.

Selbstverständlich ist, daß dieser Bogenschneider immer nur im Mittelsteg, nicht aber der Quere zu schneiden vermag; bei den meisten Maschinen läßt er sich beim Druck von Duodezformen auch angemessen nach der Seite verschieben, so daß er den äußeren Streifen abschneidet.

Schließlich sei hier noch darauf aufmerksam gemacht, daß bei Benutzung des Bogen-schneiders der Lauf der Bänder ein ganz gerader sein und diese möglichst nahe am Bogenschneider gehen müssen. Es wird dies stets der besonderen Aufmerksamkeit des Maschinenmeisters bedürfen, denn laufen die Bänder bei ihrer Nähe am Messer schief, so werden sie unfehlbar von demselben zerschnitten und man hat die nicht unwesentliche Mühe und den Zeitaufenthalt, welchen das Ein-ziehen neuer Bänder erfordert. Ebenso ist bei häufigem Gebrauch des Bogenschneiders ein tägliches Oelen desselben zu empfehlen, d. h. natürlich nicht an dem Messer selbst.

6. Das Fundament.

Das Fundament dient, wie der Leser bereits in früheren Capiteln kennen gelernt hat, zur Aufnahme der Druckform. Dasselbe besteht aus einer reinen, nicht porös gegossenen und exact abgerichteten Eisenplatte, deren Hin- und Herbewegung durch die verschiedenen auf Seite 99—108 beschriebenen Mechanismen bewerkstelligt wird.

Um eine Befestigung der Form auf dem Fundament zu ermöglichen, befinden sich an dem letzteren mehrere, diesem Zweck dienende Einrichtungen, die allerdings von den einzelnen Fabriken häufig eine von den anderen abweichende Construction erhalten haben.

Einige Fabriken haben die zum Schließen der Druckform bestimmten Schließrahmen an ihrer hinteren Wand mit einer Nase versehen, die in einem am Fundament befindlichen Schlitz eingeschoben wird und so die ganze Form in eine nach den Seiten unverrückbare Lage bringt. Fig. 73 verdeutlicht uns bei 2 die Form und Stellung der Nase. Andere Fabriken dagegen haben ihre Rahmen mit zwei Nasen versehen, die sich gleichfalls in zwei Schlitze am Fundament einschieben oder gegen zwei am Fundament befindliche Backen (siehe a und b unserer Fig. 73) anlegen lassen.

Eine dritte Einrichtung besteht ferner darin, daß nur eine Nase an der einen, meist der rechten Seite der Rahme angebracht ist, die wiederum in einem Schlitz der rechten am Fundament angeschraubten Backe sichere Lage erhält, während die Rahme sich links einfach gegen eine Backe lehnt.

Zur genaueren Kontrolle der richtigen Lage der Rahme auf dem Fundament sind meist auf demselben noch in der Richtung des Mittelsteges zwei Linien eingerissen; diese Linien müssen sich nach Einheben der Form genau zu beiden Seiten des Mittelsteges befinden.

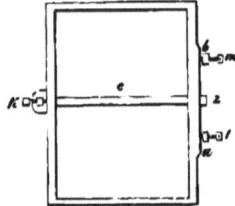

Fig. 73. Befestigung der Form auf dem Fundament.

Sind die Rahmen mit ihren Backen genau gearbeitet, so muß die Mitte des Mittelsteges c, Fig. 73, genau in die Mitte des Cylinders resp. der Punkturen fallen. Ist dies nicht der Fall, so hat man freilich beim Widerdruck, insbesondere aber bei Benutzung verschiedener Rahmen zu den zu einem Bogen gehörigen Formen, viel Umstände beim Registermachen und muß durch Einlegen von Durchschuß oder Kartenspähnen die nötige Regulirung herbeiführen.

Wie auf unserer Figur 73 bei a und b ersichtlich, sind manche Maschinen an den erwähnten Backen mit Stellschrauben versehen, damit man der Form beim Einheben die genaue Lage nach vor- oder rückwärts geben und auf diese Weise das Registermachen erleichtern kann.

Dieses Stellen ist freilich eben so heiklich, wie das viele Stellen am Druckcylinder, denn man verliert schließlich jeden Anhaltspunkt über die Lage der Rahme gegenüber der Druckfläche des Cylinders und weiß nicht mehr, wie viel zwischen Schrift und Rahme zu legen ist, um dem Druck seinen richtigen Stand auf dem Papier zu geben. Stehen die Schrauben zu weit vor, so müßte man erklärlicher Weise weniger anlegen als wenn sie weiter zurückgeschraubt sind, man würde auch beim Einheben jeder Form erst wieder zu prüfen haben, ob die Schrauben gleichmäßig stehen, demnach der Mittelsteg die Punkturen genau scheidet.

Diesen, durch ungeschickte Hände so leicht eintretenden Uebelständen haben einige Fabriken dadurch vorgebeugt, daß sie derartige Stellschrauben gar nicht anbringen, es vielmehr dem denkenden Maschinenmeister überlassen, sich im Nothfall auf weit einfachere und sichere Weise zu helfen. Wie? werden wir in dem Capitel „Registermachen" kennen lernen.

Zur sicheren Befestigung der Rahme dient endlich die an einem beweglichen, meist geschweiften Arm angebrachte Schraube k, die, weil sie vor dem Einheben gesenkt liegend, kein Hinderniß bietet, wenn man eine Form in die Maschine bringt. (S. auch das Capitel „Einheben".)

Wir haben endlich noch zu erwähnen, daß einige Fabriken ihre Fundamente größer bauen, um ein Vorziehen selbst der größten Form während der Revision durch den Setzer zu ermöglichen, falls derselbe gerade hinten an den Walzen etwas zu verbessern hat; ferner, daß jede Fabrik außer den, für das größte auf der betreffenden Maschine druckbare Format bestimmten

Schließrahmen noch solche auf kleineres Format beigiebt, um bequemer handliche Formen zu ermöglichen, wenn es sich nur um den Druck kleinerer Formate handelt. Um diese kleineren Rahmen mittels der Schraube genügend befestigen zu können, ist den Maschinen ein eiserner, breiter Spannsteg oder sonstiges Ausfüllstück beigegeben, das zwischen Rahme und Schraube k eingelegt wird.

Der Maschinenmeister hat beim Anziehen dieser Befestigungsschraube k stets darauf zu achten, daß die ganze Form sich nicht durch zu festes Anschrauben hebt, steigt, wie der Buch-drucker zu sagen pflegt.

Bei allen den Maschinen größeren Formats, welche zum gleichzeitigen Anlegen zweier Bogen eingerichtet sind (f. Seite 98 unter 2), sind alle vorstehend erwähnten Einrichtungen doppelt vorhanden, weil zwei schmale Rahmen zur Anwendung kommen.

Schließlich sei noch erwähnt, daß sich an den Fundamenten der meisten Eisenbahnmaschinen entweder zwei lange, freistehende oder durch ein Quertheil verbundene Arme befinden, bestimmt, beim Einschieben der Form mittels des Formenbretes (f. Einheben) diesem Bret als sichere Anlage zu dienen. Bei den Kreisbewegungsmaschinen befindet sich eine diesem Zweck dienende einfachere Einrichtung an dem vorderen Quergestell.

7. Das Farbewerk.

Ueber die verschiedenen Constructionen des **Farbewerkes** gaben wir dem Leser bereits auf Seite 110 u. f. im Allgemeinen die nöthigen Belehrungen, haben uns in diesem Capitel deshalb insbesondere mit den einzelnen Theilen des Farbewerkes zu beschäftigen.

a. Das Cylinderfarbewerk.

Einzelne Theile des **einfachen Farbewerkes**: Farbekasten f (umstehender Figur 74) mit Farbemesser oder Farbelineal, Ductor d, Heber oder Springwalze l, Reibwalzen k k, großer Farbecylinder a b, Auftragwalzen x, Auftragwalzen a b.

Einzelne Theile des **doppelten Farbewerkes** (übersetzten, vervollkommneten*): Abgesehen von den eigenartigen Constructionen mancher Fabriken (f. später) besteht das Doppelfarbewerk außer den Theilen, welche das einfache enthält, noch aus einer großen Massenwalze d, Fig. 75 und aus zwei Stahlreibern c e, auf deren einen der Heber b zunächst die vom Ductor a ent-nommene Farbe abgiebt. Die letztere hat somit weit mehr Walzen zu passiren und wird weit feiner verrieben, bis sie zu dem Farbecylinder c und den Auftragwalzen f f gelangt wie bei dem einfachen Farbewerk. Aus diesem Grunde wird das Doppelfarbewerk jetzt für bessere Arbeiten fast ausschließlich in Anwendung gebracht.

---

*) Näheres über die Unterschiede zwischen einfachem und doppeltem Farbewerk sehe man auf Seite 110. Da wir die Fig. 74 und 75 früher bereits zu gewissen Zwecken einzeln anfertigen ließen, so wolle der Leser sich nicht dadurch irre machen lassen, daß die Dimensionen der einzelnen Walzen beider Figuren nicht über-einstimmen. In der Wirklichkeit stimmen bis auf kleine Abweichungen die Durchmesser der Walzen ganz überein.

Das Cylinderfarbewerk.

Die zu verdruckende Farbe findet ihren Platz in dem sogenannten Farbekasten f (l. Fig. 74) und zwar auf dem Farbemesser oder Farbelineal, welches
mit der vorderen Wand des Kastens einen stumpfen Winkel bildend, sich gegen
eine Eisenwalze d legt; diese Walze wird Ductor (nicht Doctor, wie viele
Maschinenmeister fälschlich sagen) genannt.

Fig. 74. Anordnung
des einfachen Farbe-
werkes.

Je mehr man nun das Farbemesser mittels der an der Vorderwand des
Kastens angebrachten, auf dasselbe wirkenden Stellschrauben an den Ductor
anpreßt, desto weniger Farbe wird sich auf den Ductor übertragen,
weil derselbe sich fortwährend gegen das Messer bewegt und die
Farbe demnach durch die scharfe Kante desselben mehr abgestrichen
wird. Je weiter man dagegen das Messer von dem Ductor entfernt, mit desto mehr Farbe kann er sich überziehen und desto
mehr Farbe kann er demnach auch an die anderen Walzen und
schließlich an die Form abgeben.

Während ältere Schnellpressen nur Farbemesser aus einem
Stück führen, findet man an den neueren nur getheilte Farbemesser.

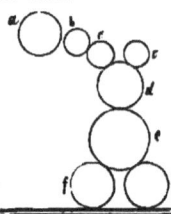

Fig. 75 Anordnung des doppelten
(überlegten) Farbewerkes (l. auch Fig. 77).

Der Vortheil dieser Einrichtung liegt darin, daß man ohne
große Umstände, wenn nöthig, die eine Hälfte der Form kräftiger
in der Farbe halten kann, wie die andere, eine Nothwendigkeit, die ja häufig genug eintritt.
Kommt bei Maschinen mit ungetheiltem Farbemesser eine Form zum Druck, welche z. B. auf
ihrer einen Hälfte compressere Columnen, kräftige Holzschnitte ꝛc. enthält, so kann man sich im
Wesentlichen nur durch Absperrung der Farbe mittels der Bleibrocken (s. später) an der
anderen, weniger Schwärzung verlangenden Seite helfen, eine Manipulation, die jedoch kein
vollkommenes Resultat erlangen läßt.

An den älteren Maschinen mit ungetheiltem Farbemesser findet man nur zwei, an den
neueren Maschinen mit getheiltem Farbemesser vier Stellschrauben, welche sich, wie erwähnt,
an der äußeren Seite des Farbekastens befinden und von denen je zwei auf jeden der Theile des
Messers wirken. Außer diesen vier auf das Messer wirkenden Stellschrauben findet man noch
zwei andere an den beiden Endpunkten des Farbekastens angebracht. Sie haben den Zweck, das
gleichmäßige Ab- und Anstellen des ganzen Kastens mit dem Farbelineal in seiner ganzen Breite
zu bewirken, überheben also den Maschinenmeister der Mühe, an den vier einzelnen Schrauben
reguliren zu müssen, wenn die Form in ihrer ganzen Breite gleichmäßig einer stärkeren oder
schwächeren Färbung bedarf.

Die zum Ab- und Anstellen des Farbemessers dienenden Stellschrauben werden von den
verschiedenen Fabriken in abweichender Weise gefertigt. Einige derselben bedienen sich nicht
der Schrauben, sondern haben außer diesen noch starke Spiralfedern zum Andrücken des Messers
angebracht, andere bedienen sich nur der Schrauben und haben dieselben meist durch einen an
dem Farbekasten befindlichen Riegel geführt und zum sicheren Feststellen nach erfolgter Regulirung

mit einer Gegenmutter versehen. Diese Gegenmutter muß natürlich jedesmal erst gelöst werden, bevor die innere Schraube gedreht werden kann. Wenn z. B. mehr Farbe gegeben werden soll, so ist die Schraube durch die Mutter nach auswärts zu schrauben, wodurch das Messer vom Farbecylinder abgezogen wird, und wenn weniger Farbe nöthig, umgekehrt.

Ungeübten Maschinenmeistern oder solchen Druckern, welche sich erst zum Maschinenmeister ausbilden, ist anzurathen, sich genau über diesen Mechanismus zu orientiren. Sie üben sich am besten und sichersten, wenn sie die Farbe aus dem Farbekasten entfernen, so daß das Messer frei liegt und dann das Ab- und Anstellen versuchen, indem sie genau beobachten, wie die Schrauben auf das Messer wirken, d. h., wie weit eine kleinere oder größere Umdrehung derselben das Lineal vom Cylinder ab- oder andrückt. Haben sie sich dies eingeprägt, so wird es ihnen in der Praxis, also auch wenn der Kasten mit Farbe gefüllt ist und sie den durch das Schrauben entstehenden größeren oder kleineren Spalt zwischen Lineal und Ductor nicht sehen können, nicht schwer fallen, das richtige Maß zu halten. Wer es nicht gleich im Gedächtniß behalten kann, nach welcher Richtung er die Schrauben zu drehen hat, wenn er ab- und wenn er anstellen will, der möge sich eine Notiz darüber machen.

In dem Farbekasten befinden sich ferner in der Mitte und an den Seiten die beweglichen **Farbebroden**, zumeist vier Stück, die an ihrer inneren Seite der Rundung des Ductors angemessen geschweift sind, und mittels deren man die Farbe in einzelne, von den Broden gebildete Behälter abtheilen kann. Die Lage dieser Broden richtet sich nach der jedesmaligen Breite der Form und dürfen dieselben, wenn die Form an den Seiten richtig gefärbt sein soll, nicht breiter aber auch nicht schmäler stehen. Diese einfache Einrichtung trägt, wie erwähnt, einigermaßen zur Erleichterung des Farbegebens bei; man kann z. B. die Farbe von Stellen der Form, wo sie weniger oder gar nicht erfordert wird, fern halten, indem man sie durch Broden von denselben mehr oder weniger absperrt. Je accurater die Broden gearbeitet und je besser sie an dem Farbekasten und dem Ductor schließen, desto mehr werden sie zur Regulirung der Färbung mit beitragen können. An den Farbekasten der neueren Maschinen haben die meisten Fabriken die practische und wesentlich zur Reinlichkeit beitragende Einrichtung getroffen, daß an beiden Enden des Farbekastens zwei in den Ductor eingreifende dünnere Eisen- oder Messingbroden aufgeschraubt sind, so daß die Farbe nicht an den Seiten des Ductors herunterlaufen kann.

Der Farbekasten wird entweder durch einen lackirten Deckel von starkem Eisenblech oder durch einen solchen von polirtem Messingblech geschlossen, damit die Farbe vor Staub geschützt ist, weshalb der Deckel auch immer zugehalten werden soll.

Als einen weiteren Theil des Farbewerkes ist der bereits mehrfach erwähnte **Ductor** d, Fig. 74, zu bezeichnen. Derselbe wird von einer massiven Eisenwalze gebildet, die auf das Genaueste gearbeitet sein muß und welche den Zweck hat, die für die Schwärzung der Form nöthige Quantität Farbe aus dem Farbekasten zu entnehmen und sie der **Heberwalze** zuzuführen, die sie dann wiederum auf die anderen Walzen überträgt.

Der Ductor wird durch einen, an den Maschinen sehr verschiedenartig construirten Mechanismus dem Farbemesser entgegengedreht und reibt sich das letztere sonach, wie bereits erwähnt wurde, je nachdem es fester oder locker an ihn angedrückt wird, mehr oder weniger an ihm und überzieht sich demzufolge mit einem größeren oder kleineren Quantum Farbe.

Der diesen Ductor bewegende Mechanismus ist in der verschiedensten Weise construirt; wir kommen darauf bei Beschreibung der Farbewerke der einzelnen Fabriken zurück, wollen hier jedoch insbesondere darauf aufmerksam machen, daß an allen neueren Maschinen die Einrichtung getroffen ist, den Ductor, unabhängig von dem Bewegungsmechanismus, mittels eines kleinen, an seiner rechten verlängerten Axe aufgesteckten Handrädchens bewegen, respective drehen zu können, so daß ihn der Maschinenmeister in dem Augenblick, wo der Heber von ihm die Farbe abnimmt, schnell drehen, den Heber rings herum mit Farbe überziehen und so der Form schnell mehr Farbe zuführen kann.

Der bereits mehrmals genannte Heber (Springwalze, Leckwalze) ist eine Massewalze geringeren Umfanges.

Das Auf- und Niederbewegen des Hebers l (f. Fig. 74) bewirken excentrische Scheiben, die theils direct am Ductor, theils auf der Kurbel- oder Excenterwelle befestigt sind und letzteren Falls durch einen Balancier und eine oder zwei Verbindungsstangen auf den Heber wirken. Durch diese excentrischen, wenn unten angebracht, leicht verrückbaren Scheiben wird das öftere oder weniger öftere Farbenehmen des Hebers bewerkstelligt, je nachdem man die verschieden abgestuften excentrischen Scheiben auf den Heber wirken läßt. Man kann den Heber mittels dieser Scheiben bei jedem Bogen, oder alle zwei, drei und vier Bogen Farbe nehmen lassen, je nachdem sich mehr oder weniger solcher Scheiben an der Maschine befinden.

Zum besseren Verständniß dieser sehr wichtigen Einrichtung mögen die nachstehend abgebildeten Formen solcher Excenter beitragen.

Nehmen wir an, der Excenter bestehe aus den fünf Scheiben a b c d e und drehe sich alle vier Bogen einmal um, so wird, wenn der für die Bewegung des Hebers bestimmte, von uns in dem Capitel über Aufstellung von Schnellpressen hinlänglich beschriebene Balancier mit seiner Rolle

Fig. 74. Formen verschiedener zur Bewegung des Hebers dienender excentrischer Scheiben.

auf der runden Scheibe a läuft, der Heber sich nicht bewegen um Farbe zu nehmen, weil der Balancier nicht fallen, demnach auch die Heberarme mittels der Verbindungsstangen nicht nach unten ziehen und infolge dessen den Heber an den Ductor anpressen kann. Schiebt man den Excenter dagegen derart weiter, daß die Rolle auf der Scheibe b mit vier Einschnitten läuft, so wird der Balancier bei jedem Bogen, auf der Scheibe c einen Bogen um den andern, bei d alle drei und bei e alle vier Bogen den Heber heben und Farbe vom Ductor abnehmen lassen.

Bei neueren Maschinen, z. B. denen von Klein, Forst & Bohn Nachfolger ist die weit einfachere Einrichtung getroffen, daß der Heber immer nur bei jedem Bogen Farbe nimmt. Da wir der Meinung sind, daß eine einfachere Einrichtung, wenn sie ihren Zweck vollkommen erfüllt, einer complicirteren, wie die vorhin beschriebene, vorzuziehen ist, so können wir diese wohl mit Recht als eine empfehlenswerthe bezeichnen. Andere Fabriken haben diesen Mechanismus zum Theil dahin modificirt, daß man den Heber bei jedem Bogen und alle zwei Bogen Farbe nehmen lassen kann. Die Excenter haben selbstverständlich nicht immer genau die Form unserer Fig. 76, die eben nur erläutern soll, welchen Mechanismus der Maschinenbauer anwendet, um einen Maschinentheil in der verschiedensten Weise wirken zu lassen.

Sind die excentrischen Scheiben, wie wir bereits vorstehend erwähnten, am Ductor selbst angebracht, so läuft meist eine auf der Heberwalzenspindel aufgesteckte, verstellbare Rolle auf ihnen und bewegt auf diese Weise den Heber auf und ab.

Das einfache Anlegen des Hebers genügt jedoch noch nicht für eine vollkommene Färbung, weßhalb jede Maschine die Einrichtung enthält, daß man den Heber fester oder weniger fest auf den Ductor aufliegen lassen kann, wenn er Farbe abnimmt; in dem ersteren Fall wird er, da aus elastischer Masse gefertigt, ein größeres, in letzterem Fall ein kleineres Quantum ablecken und auf die übrigen Walzen übertragen.

Die Mechanismen, welche diese Manipulation möglich machen, stehen selbstverständlich mit dem ganzen Heberapparat in innigster Verbindung, ja sind an diesem Apparat selbst angebracht. Betrachten wir uns z. B. A. T. 3 die König & Bauer'sche Kreisbewegungsmaschine, so finden wir an der zum Heben und Senken des Hebers bestimmten Stange I zwei Köpfe, deren einer sich unter, der andere über der Oeffnung des Hebels H befindet, durch welche die Stange I hindurchgeht. Schraubt man den oberen Kopf herunter, so wird derselbe, wenn der früher erwähnte Balancier die Stange I zieht, fester auf den Hebel H drücken, dadurch aber zugleich den Heber fester an den Ductor anpressen; je höher dagegen der Kopf steht, desto weniger fest wird er auf den Hebel drücken und desto leichter wird der Heber sich an den Ductor anlegen.

Die Maschinen mit einfachem Farbwerk führen ferner zumeist zwei Reiber von Walzenmasse k k, Fig. 74, in gleichem Umfange wie der Heber I; diese Reiber liegen in kleinen Lagern, die auf jeder Seite in einem Hebelarm ruhen und in demselben verstellbar sind. Bei den Schnellpressen mit doppeltem Farbwerk dagegen kommen meist Metallreibwalzen in Verbindung mit Massewalzen zur Verwendung. In welcher Weise werden wir später sehen.

Ein bei einfacher wie bei verbesserter (doppelter) Farbeverreibung vorhandener Haupttheil des Farbwerkes ist noch der sogenannte nackte Cylinder (gelbe, große Reib- oder Farbe-Cylinder), eine hohle Walze, die entweder aus starkem, geschlagenem Messing oder aus sauber abgedrehtem Gußeisen besteht. Das Eisen ist insofern das practischere Material zur Herstellung dieser Walze, als es nicht so empfindlich ist wie Messing und bei Farbendruck nicht zersetzend auf die Farben einwirkt.

Ein Zinnoberroth auf einem Messingcylinder zu drucken, ohne der Farbe das Feuer zu nehmen, ist fast unmöglich.

Ueber den, diese nackte Walze bewegenden Mechanismus haben wir bereits auf Seite 164, 172 und 176 das Nöthige erwähnt und zeigt ihn uns auch A. T. 2 bei A und Z, T. 3 bei F und E, T. 12.13 Fig. IX bei a b c d; hier ist auch das Schneckengetriebe für das Hin- und Herschieben der nackten Walze, wie solches meist zur Anwendung kommt, deutlich erkennbar.

Ebenfalls gemein haben beide Arten der Farbeverreibung, die einfache wie die verbesserte, die zwei Auftragwalzen, welche in unseren Figuren 74 und 75 mit a und b resp. mit f f

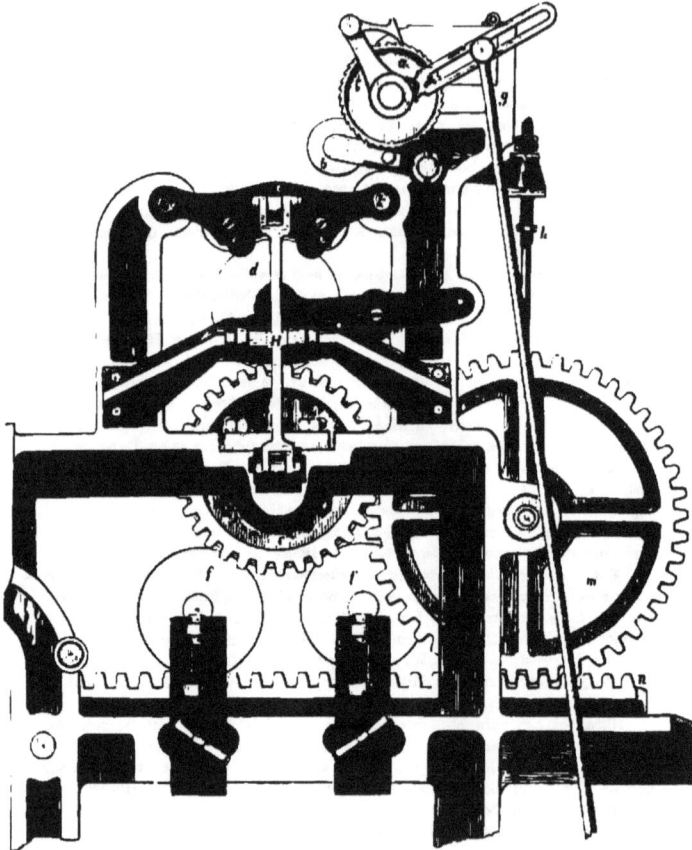

Fig. 77. Anordnung des hohen Zeppelfarbewerks mit allen innern Theilen und seiner Lage in den Seitengestellen.

bezeichnet sind und sich zu beiden Seiten des großen Cylinders befinden, sich an ihm reiben und von ihm die Farbe zur Uebertragung auf die Form erhalten. — Diese beiden Walzen (auch in Fig. 78 durch c c dargestellt) liegen in vier verstellbaren Lagern a a, Fig. 78, von denen zwei an dem rechten, zwei an dem linken Seitengestell der Maschine mittels einer bequem faßbaren Schraube f befestigt sind. Diese Schraube geht durch einen bei f sichtbaren Schlitz und ermöglicht ein Verschieben der Auftragwalzen nach rechts und nach links, infolge dessen sie sich mehr oder weniger an den nackten Cylinder anlegen. Um diese Manipulation zu vereinfachen, ist an der Seite jedes Lagers eine Schraube d d angebracht, die sich mit ihrem Kopf an eine am Seitengestell befestigte Backe e legt und, wenn richtig regulirt, das jedesmalige gleichmäßige Einsetzen der Walzen

Fig. 79. Lager der Auftragwalzen des Cylinderfarbewerkes.

und Anstellen derselben an den nackten Cylinder ermöglicht. Mehrere Fabriken haben eine, von dieser abweichende Einrichtung eingeführt; es befindet sich bei ihren Maschinen nicht eine Backe in der Mitte zwischen den Auftragwalzen, sondern je eine solche an der äußeren Seite eines jeden Lagers. Diese Backen sind mit einem Schlitz versehen, in den sich ein am Lager seitlich angebrachter, mit einer Stellschraube versehener Stift einlegt. Mittels dieser Schrauben kann man das festere oder weniger festere Anliegen der Auftragwalzen an den großen Farbcylinder reguliren. Gehoben sowohl als gesenkt werden können diese Walzen durch die Schraube g,

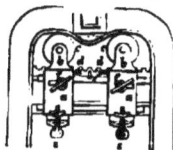

Fig. 79. Walzenlager mit Kopfschrauben.

Fig. 78, die entweder unten einen bequem mit den Fingern zu fassenden Flügel hat oder aber einen durchbrochenen Kopf, in dessen Oeffnungen man einen Stift= schlüssel schieben, die Schraube eine angemessene Drehung machen lassen und so den ganzen Theil b bewegen kann. Das Heben der Auftragwalzen wird sonach ein Ent= fernen von der Form, das Senken ein festeres Anliegen auf dieselbe zur Folge haben.

Um den Lesern ein verständlicheres Bild von der Anwendung des hohen Doppel= farbewerkes zu geben, zeigten wir vorstehend, Fig. 77, eine größere Illustration desselben. Man sieht auf derselben deutlich die Art und Weise, wie die sämmtlichen Walzen in den Seiten= gestellen gelagert sind und wie sie bewegt werden. n zeigt uns die in das große Zwischenrad m eingreifende, am Fundament befindliche Zahnstange; das Zwischenrad m greift wiederum in den großen Farbcylinder o ein und bewirkt seine rotirende Bewegung, während seine seitlich hin= und hergehende Bewegung, wie erwähnt, zumeist durch ein Schneckengetriebe bewerk= stelligt wird. Ueber dem großen Farbcylinder o liegt die Massewalze (Ulmer genannt) d, über ihr ein Schiebegestell k k, in welchem die Stahlreiber c c gebettet sind. Um diesem Schiebegestell seine hin= und hergehende Bewegung nach den Seitengestellen zu geben, ist dasselbe mittels eines Zuges H mit dem großen Farbcylinder o verbunden. Bewegt sich der letztere nach dem rechten Seitengestell, so wird der Zug H das Schiebegestell mit den Reitern nach dem linken zu bewegen und auf diese Weise eine ganz vortreffliche Farbevereibung bewerkstelligen.

Selbstverständlich kann man bei gewöhnlichen Arbeiten den linken Reiber c ganz weglassen, während der rechte nicht entfernt werden kann, weil der Heber b die Farbe auf ihn abgiebt.

Das Cylinderfarbewerk.

Die Auftragwalzen sind meistentheils in Lagern gebettet, welche die Einrichtung unserer Fig. 79 zeigen.

Wir bemerken ferner auf Fig. 77 deutlich das Sperrrad a mit seiner durch die Stange g bewegten Sperrklinke, bestimmt, den Ductor zu drehen. Ein einfaches Zurückschlagen des Sperr= habens verhindert die Drehung des Ductors und, da sich der Heber in diesem Fall immer an dieselbe Stelle des Ductors anlegt, an welcher er zuletzt Farbe abnahm, so führt er auch so lange den Reibern keine Farbe weiter zu, wie die Sperrklinke ausgeschaltet bleibt. Es ist dies sonach eine höchst einfache und practische Einrichtung.

An älteren König & Bauer'schen Maschinen findet man die von der obigen abweichende Einrichtung, daß sich ein Ansatzstück in die mit Schlitzen versehene verlängerte Achse des Ductors ein= und ausrücken läßt. Ist dieses Ansatzstück, das außerhalb des Seitentheils mit einem Rade und mit einem nach der unteren Welle führenden Riemen versehen und so bewegt wird, ein= gerückt, so dreht sich der Ductor, rückt man es dagegen aus, so steht er still. Die Lagerung der Massereibwalze d unserer Fig. 77 ist bei König & Bauer eine andere; diese Walze ruht nicht in einem Arm, sondern sie ruht in einem Ansatz, ähnlich dem, an welchem der Zug H befestigt ist.

Wenn wir dieses Farbewerk, Fig. 77, als hohes Doppelfarbewerk bezeichnen, so deutet dies wohl hinlänglich an, daß es auch ein „niederes" giebt. Die Augsburger Fabrik, Klein, Forst & Bohn Nachfolger, Bohn, Fasbender & Herber z. B. bauen, wie wir sehen werden und schon aus den Illustrationen im Atlas erkennen können, ihre doppelten Farbe= werke weit niedriger und ermöglichen hierdurch, daß mehr Licht auf den Cylinder fällt, wenn die Maschinen mit den Fundamenten gegen die Fenster gestellt werden. Daß dies insbesondere beim Zurichten sehr wichtig ist, wird Jedem einleuchten.

Gehen wir nun zur Beschreibung der Farbewerke der wichtigsten jetzt existirenden Maschinen= fabriken über, dabei Angaben zu Grunde legend, welche uns die Fabriken selbst für das Handbuch, wie früher für „Künzel: Die Schnellpresse ꝛc." zur Verfügung stellten.

1. Aichele & Bachmann in Berlin versehen ihre Maschinen mit einfacher Verreibung mit einem Farbewerk wie solches Fig. 74 zeigt. Der große Farbecylinder alternirt auch hier in seiner rotirenden Bewegung mit dem Vor= und Rückgange des Schriftsatzes, während er gleichzeitig eine hin= und hergehende Bewegung in der Richtung seiner Achse macht. Die Maschinen sind am Ductor mit der vorstehend beschriebenen Einrichtung versehen, um denselben jederzeit umdrehen und so der Form schneller Farbe zuführen zu können.

Bei der verstärkten (doppelten) Verreibung, die vollkommen unserer Fig. 75 entspricht, giebt der Heber b die Farbe an eine Reibwalze c ab. Diese, sowie die zweite Reibwalze c machen nun während ihrer Rotation eine dem Reibcylinder e entgegengesetzte Hin= und Herbewegung, und indem zwischen ihnen und dem Reibcylinder e noch eine blos rotirende Massewalze d eingeschaltet ist, verreiben sie die Farbe in verstärktem Maße, bis dieselbe durch die Auftragwalzen f f an den Schriftsatz abgegeben wird. Auch hier findet sich die Vorrichtung zur Umdrehung des Ductors a angewendet.

210

2. Albert & Co. (Schnellpressenfabrik Frankenthal). Diese Firma hat es sich zur Aufgabe gemacht, ein Farbewerk zu construiren, das sowohl als einfaches wie als doppeltes (übersetztes, verbessertes) zu benutzen ist, demnach der zu druckenden Arbeit angepaßt werden kann. Da das doppelte Farbewerk den Gang der Maschine immerhin erschwert, so hat man hier den Vortheil, dasselbe nur dann zur Anwendung zu bringen, wenn die Güte der zu liefernden Arbeit resp. die Zusammensetzung der zu druckenden Form dies nöthig macht.

Nebenstehende Zeichnung mag die Manipulation veranschaulichen. a ist der Ductor- oder Farbecylinder, b die Hebewalze, c die Stahlwalze, d die Reibwalze, e die nackte oder Schneckenwalze, f sind die Auftragwalzen.

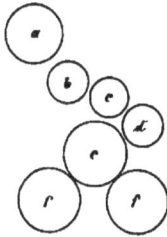

Fig. **.**. Farbewerk von Albert & Co. in Frankenthal.

Die Hebewalze b, durch welche die ganze Veränderung erzielt wird, hängt in zwei excentrischen Zapfen; steht deren Höhepunkt oben, so geht die Hebewalze vom Ductorcylinder auf die Stahlwalze c, wobei sie Farbe abgiebt und gleichzeitig zur Verreibung der Farbe mithilft.

Wünscht man nun einfache Färberei, so wird durch Umdrehen einer Griffschraube der Höhepunkt der excentrischen Zapfen nach unten verlegt und die Hebewalze geht dann direct auf die nackte Walze e, ohne die Stahlwalze zu berühren; das Farbewerk kann übrigens auch noch dadurch erleichtert werden, daß die Reibwalze ganz abgestellt oder so gerichtet wird, daß die Reibung nur auf der nackten Walze geschieht. Auch der Fall, daß man einen Mittelweg nöthig hätte, so daß hohe Färberei zu viel und niedere zu wenig wäre, ist mit in Betracht gezogen: die mehrfach erwähnte Griffschraube wird einfach blos halb umgedreht, wodurch die Hebewalze zwischen die Stahl- und nackte Walze gestellt wird, wobei sie gleichzeitig die Farbe abgiebt und bei deren Verreibung mithilft.

3. Bohn, Faßbender & Herber in Würzburg. Das Farbewerk ist gleichfalls ein doppeltes. Der Heber wird durch drei Excenter dirigirt und kann durch eine verstellbare Rolle mehr oder weniger stark an den Ductor angestellt werden, so daß also durch drei Abstufungen in allen möglichen Graden Farbe entnommen werden kann. Der Heber giebt die Farbe an eine Stahlwalze ab, welche sie im Verein mit einer zweiten solchen, unter gleichmäßigem Hin- und Herreiben auf eine Massenwalze überträgt. Diese berührt wieder die stets in entgegengesetzter seitlicher Richtung wie die Stahlwalzen reibende nackte Walze, von welcher in gewöhnlicher Weise die Auftragwalzen die Farbe auf die Schrift bringen.

Das verschiedene Stellen oder gänzliche Abstellen des Farbewerks geschieht mittels eines sehr einfachen Mechanismus an dem auf der Ductorspindel sitzenden Handrädchen. Der Ductor hat continuirliche Drehung und kann während des Ganges stillgesetzt werden. Der Heber ist zur Erzielung genau gleichförmigen Anlegens verstellbar. Die Stahlwalzen sind genau regulirbar, ebenso die darunterliegende Massewalze. Die Lager der Auftragwalzen sind vertical und horizontal verstellbar und sehr leicht abzunehmen. Der Antrieb des Farbewerks mit Reiberei geschieht von der Schwungradwelle aus, mit gänzlicher Vermeidung von Lederriemen. Die Anordnung ist derart frei, daß alle Theile des Farbewerks leicht zukömmlich sind.

4. A. Groß, früher in Stuttgart. Obgleich diese Fabrik bereits seit einigen Jahren nicht mehr besteht, so halten wir es doch für gut, auch Specielleres über deren Farbewerke zu geben, da immerhin eine große Anzahl ihrer Schnellpressen noch in Gebrauch sind.

Die Groß'sche Fabrik baute ihre größeren Cylinderfärbungsmaschinen mit dem verbesserten Farbewerk, welches unsere Fig. 77 darstellt. n zeigt uns den Ductor mit seinem Sperrrade und dem in dasselbe eingreifenden Sperrhaken; durch das Herauf- und Heruntergehen der Stange g wird der Sperrhaken bewegt und schiebt, in die Zähne des Rades eingreifend, mittels dieses den Ductor herum. Der Heber b liegt in einem verstellbaren Lager, und seine Bewegung wird, wie wir früher bereits beschrieben, durch eine Stange h vermittelt, die mit einem Balancier in Verbindung steht. Der Heber giebt die Farbe auf den rechts befindlichen Metallreiber ab. Die beiden Metallreiber c c ruhen mit ihren verstellbaren Lagern auf beiden Seiten der Maschine in dem Theil i, das mit seinem Gegenüber durch die Stangen k k verbunden in dem Seitengestell hin- und hergezogen wird und zwar durch den mit der Achse des gelben (nackten) Cylinders verkuppelten Hebel H. Der Massereiber d, auch Ulmer genannt, ruht in dem Arm l, und auf ihm schraubt sich der Zug mit den rotirenden Metallreibern c c, unter ihm die rotirende nackte Walze e hin und her, die Farbe gründlich verrieben auf die Auftragwalzen f f übertragend. Die nackte Walze e wird, wie wir bereits früher erklärten, durch das in die Zahnstange n eingreifende Zwischenrad m vor- und rückwärts bewegt.

Bei der einfachen Färbung dieser Fabrik giebt die Hebewalze b die Farbe direct auf die Massewalze d ab; doch kann noch ein zweiter Massereiber eingesetzt werden, während die Metallreiber hier in Wegfall kommen.

5. C. Hummel in Berlin. Bei den Hummel'schen Maschinen wird der Ductor von der Kurbelwelle aus durch eine schrägliegende Welle mittels conischer Räder und Sperrklinke continuirlich bewegt, so daß man die Walze im Gange mit dem kleinen Handrade beliebig vordrehen und auch im Stillstande der Maschine Farbe geben kann.

Das getheilte Stahlmesser befindet sich auf einem durchgehenden eisernen Winkel und kann daher in Hälften und auch im Ganzen gestellt und mit besonderen Klemmschrauben festgestellt werden.

Der Arm zur Bewegung des Hebers kann während des Ganges so gestellt werden, daß mehr oder weniger Farbe abgehoben wird. Die Farbe wird auf einen der beiden oberen Metallreiber aufgetragen, welche eine hin- und hergehende Bewegung, entgegengesetzt derjenigen des großen Metallcylinders, haben. Zwischen diesem und jenen Metallreibern befindet sich eine Massewalze, welche in ihrer Längsrichtung bequem herausgezogen werden kann, nachdem man das Seitenlager mit Kurbelschraube entfernt hat, ohne daß man nöthig hat, die oberen Reiber herauszunehmen. Es genügt, dieselben mit ihren Stellhebeln ein wenig nach oben zu wenden. Die Befestigung dieser geschlitzten Stellhebel geschieht sehr bequem mit Klemmschrauben.

Der Betrieb des großen Metallcylinders geschieht auch hier durch ein großes seitliches Leitrad.

Das Cylinderfarbewerk.

6. **Klein, Forst & Bohn Nachfolger in Johannisberg a. Rh.** Das einfache Farbewerk dieser Fabrik ist durch die Figur XI (A. T. 12/13) dargestellt. Der Ductor erhält mittels des Sperrrades e und des am Segmente b befindlichen Sperrhakens f seine Bewegung, welche ruckweise stattfindet. An den Kreisbewegungsmaschinen dieser Fabrik greift ein an einem Zahnrad befestigter Sperrhaken in das Sperrrad des Ductors, wodurch derselbe sich in stetiger Bewegung befindet. Bei beiden Constructionen ist an der Verlängerung der Farbecylinderachse das schon oft erwähnte kleine Handrädchen angebracht. Die Bewegung der Hebewalze geschieht mittels der an einem Balancier befestigten Stellschraube d, durch deren Verlängerung oder Verkürzung die Zeit, während welcher die Hebewalze mit dem Ductor in Contact ist, also auch die Menge der Farbabnahme beliebig verändert werden kann. Die Hebewalze nimmt bei jedem Bogen Farbe. Die Stellschraube d wird durch einen Balancier und dieser wieder durch einen auf der Kurbelwelle befestigten Excenter gehoben und gesenkt. Durch das Gewicht des Balanciers hebt sich die Hebewalze und durch die an der Stellschraube d befindliche Spiralfeder wird sie gesenkt. Durch diesen Mechanismus ist die Bewegung der Hebewalze keine gezwungene und deshalb ein Bruch des Hebegestelles durch unrichtiges Stellen nicht möglich. Ein großes Zwischenrad giebt dem nackten Cylinder seine drehende und eine Schnecke mit eingreifendem Zahn die Bewegung in der Längsrichtung.

Das doppelte Farbewerk unterscheidet sich von dem einfachen durch die Anbringung eines zweiten nackten Cylinders, welcher durch Riemen oder Räder von der Schwungradwelle aus in sehr rasche drehende Bewegung versetzt wird. Derselbe empfängt mittels einer Hebewalze s (Fig. I A. T. 14/15) die Farbe von dem Ductor in mehr oder weniger schmalen Streifen. Durch die rasche Bewegung des nackten Cylinders t¹ wird die Hebewalze s, sobald sie in Contact mit diesem Cylinder kommt, in schnellste Drehung versetzt, wodurch die Farbe sehr gleichmäßig auf dem Cylinder t¹ vertheilt wird. Eine zweite Hebewalze s² bewegt sich zwischen den Cylindern t¹ und r. In Berührung mit dem Cylinder t¹ dreht sich die Hebewalze s² oftmals um sich selbst und erhält dadurch auf ihrem ganzen Umfange eine außerordentlich gut vertheilte und verriebene Farbe, welche dann beim Herabsinken auf den Cylinder r auf denselben übertragen wird. Eine angebrachte Reibwalze bewirkt noch eine größere Verreibung. Die Auftragwalzen i i übertragen die Farbe auf die Schrift.

Die Vortheile dieser Anordnung sind:

1. Das Farbewerk liegt sehr niedrig und nimmt deshalb dem Druckcylinder wenig Licht.
2. Da der nackte Cylinder t¹ durch Riemen oder Räder getrieben wird, so werden die Massewalzen, da sie nichts zu treiben haben, weniger angestrengt als bei den bisher üblichen hohen Farbewerken (s. Fig. 77) und ist auch die Betriebskraft geringer.
3. Die Bedienung der Maschine ist leichter als an den ebenfalls mit hohen Farbewerken versehenen Maschinen anderer Fabriken, da nur mehr oder weniger Farbe zu stellen ist, sonst Nichts, während bei den anderen Farbewerken eine sehr genaue Stellung der einzelnen Walzen gegeneinander erforderlich ist, was viele Zeit und Mühe beansprucht.
4. Die Farbeverreibung ist eine höchst vollkommene.

213

Der Text dieses Werkes, wie der größte Theil der Farbenproben sind auf einer solchen Maschine von Klein, Forst & Bohn Nachfolger gedruckt worden.

7. **König & Bauer in Kloster Oberzell bei Würzburg.** Das Farbewerk dieser Fabrik ist am Farbekasten mit denselben Schrauben und Gegenmuttern zur Bewegung des getheilten Farbenmessers versehen, wie wir solche bereits bei den Farbewerken anderer Fabriken mehrfach beschrieben haben. Die Bewegung des Ductors wird an den neueren Maschinen durch Sperrrad und Sperrklinke besorgt. Fig. 77, die eine ganz ähnliche Einrichtung zeigt, ebenso das dort Gesagte wird genügen, den Leser über diesen, wie auch den früher von König & Bauer ange-wendeten Mechanismus (Ausrücker an der Ductorachse) zu orientiren. Erwähnt sei an dieser Stelle nur noch, daß sich der den Sperrhaken tragende, mit einem Schlitz versehene Theil, durch Verstellen der Stange g in diesem Schlitz derart bewegen läßt, daß das Sperrrad sowohl um einen Zahn, wie um mehrere Zähne, also mehr oder weniger fortgerückt wird. Die übrigen Theile des Doppelfarbewerkes der Kreisbewegungsmaschinen stimmen mit unserer Fig. 77 überein.

8. **Maschinenfabrik Augsburg.** Die Maschinen der Augsburger Fabrik haben auf einer durchgehenden, die volle Breite einnehmenden Unterlage, die durch zwei seitlich angebrachte Schrauben regulirt wird, ein zwei- oder vierfach getheiltes Lineal; jeder dieser Theile wird durch zwei Schrauben regulirt. Die Ductorwalze hat außerhalb der Seitenwand an ihrer linken Seite einen verstellbaren Excenter, an welchem sich, wie wir bereits vorher bei der allge-meinen Erklärung des Farbewerkes erwähnten, eine auf der Heberwalzenspindel befindliche verstell-bare Rolle anlegt. Durch festeres oder weniger festeres Anstellen dieser Rolle an den Excenter kann man den Heber einen breiten oder einen schmalen Streifen Farbe nehmen lassen; leichter jedoch wird dies durch eine dicht unter dem Ductor laufende Stange bewerkstelligt, welche mit dem Farbenexcenter in Verbindung steht; durch genannte Stange kann man an der rechten Seite des Ductors mittels eines Knopfes dem Heber das verschiedene Farbeholen zuertheilen.

Der Excenter ist so eingerichtet, daß man den Heber bei jedem Bogen, alle zwei Bogen, alle vier Bogen Farbe nehmen lassen kann, auch durch Ausrücken des Excenters ganz und gar vom Farbeholen zurückhalten kann. Die Einrichtung ist eine ähnliche, wie sie die nachstehenden Darstellungen des Sigl'schen Farbewerkes zeigen.

Bewegt wird die Ductorwalze durch einen Riemen. Das Farbewerk ist ein verbessertes (doppeltes). Es können zwei Metallreiber eingesetzt werden, die auf einer über dem nackten Cylinder liegenden einfach rundlaufenden Walze in der Größe einer Auftragwalze reibend sich nicht nur rundum, sondern auch nach rechts und links bewegen. Diese Reiber machen stets eine der Bewegung der nackten Walze entgegengesetzte; geht also z. B. die letztere nach links, so machen die Reiber ihren Weg nach rechts. Durch das Lösen einer Schraube kann man andrer-seits aber die Hin- und Herbewegung der Reibwalzen verhindern, dieselben durch die Stellung eines Hebels auch eine größere oder kleinere Seitenbewegung machen lassen. Auch diese Ein-richtung ist im Wesentlichen dieselbe, wie unsere Fig. 77 zeigt. Die Reiber, in verstellbaren Lagern gebettet, werden an die oben erwähnte Auftragwalze durch feintheilige, bequem zu fassende Schrauben an- und abgestellt.

9. G. Sigl in Berlin. Alle mit neuem Farbewerk versehene Schnellpressen dieser Fabrik erhalten getheilte Farbelineale und ist auch hier die Einrichtung so getroffen, daß der ganze Farbekasten mittels zweier an den Enden befindlicher Schrauben mit Gegenmuttern gegen den Farbecylinder verstellt werden kann, und daß ebenso jede einzelne Hälfte des Lineals in gleicher Weise stellbar ist.

Die Anordnung der zwei Verreibewalzen, in stählernen, verstellbaren Lagern oberhalb des Messingcylinders ist derart, daß sie sich von oben angemessen gegen denselben anstellen lassen. Der Heber giebt die Farbe wie bei den einfachen Farbewerken auf den Messingcylinder (großen Farbecylinder) ab.

Die Bewegung der Hebewalze erfolgt durch einen doppelten Excenter a, Fig. 81, der auf dem nach der Arbeitsseite hinaus verlängerten Zapfen des Ductors befestigt ist. Auf dem Excenter läuft eine Stahlrolle b, die in dem Schlitze eines Hebels verstellbar ist und dieser ist mittels Feder und Nuth auf einer Achse verschiebbar, die aber durch die Maschine geht und zwei Hebel d zur Aufnahme der Hebewalze trägt.

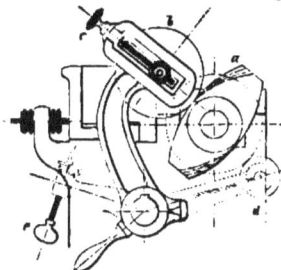

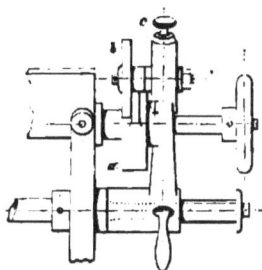

Fig. 81. Seitenansicht. Bewegung des Hebers an den Sigl'schen Maschinen. Fig. 82. Vorderansicht.

Für den Zapfen der Hebewalze sind in den Hebeln längliche Löcher gebohrt, damit sie sich bei etwa ungleichmäßiger Schwindung oder Abnutzung der Walzenmasse doch der ganzen Länge nach gleichmäßig, sowohl an den Ductor als auch an den Messingcylinder, anlegen kann.

Regulirt wird dieses Anlegen durch eine mit feinem Gewinde versehene Flügelschraube e mit Gegenmutter, die durch den einen Hebel gehend sich gegen den Farbekasten stützt.

Der Excenter ist mit drei Abstufungen versehen, auf welche die Stahlrolle durch Verschiebung des Hebels gestellt werden kann; in jeder dieser Stellungen wird er durch eine Feder festgehalten. Wird die Rolle auf einen kreisrunden Ansatz am Excenter gestellt, so wird die Farbeholung ganz unterbrochen.

Mittels des an der Ductorachse befestigten Griffrädchens kann der Ductor auch beliebig mit der Hand gedreht werden, um, wenn nothwendig, mehr Farbe zu nehmen. Die Verbindung des

Ductors mit dem treibenden Rade ist durch Sperrrad und Sperrklinke hergestellt, durch Aus-
werfen derselben kann die Drehung auch ganz abgestellt werden.

b. Das Tischfarbewerk.

Indem wir den Leser auf die allgemeinen, dieses Farbewerk betreffenden Bemerkungen auf
Seite 110 und auf die verschiedenen Abbildungen im Atlas hinweisen, wollen wir uns auch
diese Art der Farbeverreibung näher ansehen.

Während es an der Cylinderfärbungsmaschine zur Hauptsache der große Farbcylinder
(Reibcylinder, nackte oder gelbe Cylinder) ist, auf welchem die übrigen Walzen die
Verreibung der Farbe bewerkstelligen, so ist als Ersatz für diesen so wichtigen Theil an der
Tischfärbungsmaschine der Farbetisch angebracht und zwar direct am Fundament, so daß er sich
dessen Vor- und Rückbewegung anschließt.

In der nachstehenden Fig. 43 sehen wir eine seitliche Darstellung des Tischfarbewerkes.
d zeigt uns die Ductorwalze, e den
Heber, f g h die Reib-, i k l die
Auftragwalzen, m den Druckcylinder, o das Fundament, u p den
Farbetisch. Fig. 44 zeigt uns die
ganze Lage der Walzen von oben
gesehen.

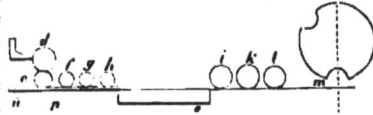

Fig. 43. Das Tischfarbewerk von der Seite gesehen.

Wie der Leser bemerkt, liegen die Reibwalzen f g h nicht gerade in ihren Lagern,
resp. parallel mit dem Heber und den Auftragwalzen, sondern sie liegen schräg in denselben
und zwar die Walze h in entgegengesetzter Richtung von f und g; dies hat zur Folge, daß
wenn sich f und g während ihrer Reibung z. B.
rechts seitlich auf dem Farbetisch verschieben,
h sich links verschiebt und alle drei Walzen
zusammen auf diese Weise eine vortreffliche Verreibung ermöglichen.

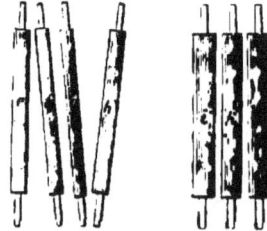

Fig. 44. Lage der Walzen am Tischfarbewerk von oben gesehen.

Für gewöhnlich führen die Tischfärbungs-
maschinen drei Auftragwalzen von etwas geringerem Umfange wie die der Cylinderfärbungsmaschinen, doch hat man ihre Anzahl an neueren und für bessere Arbeiten bestimmten Maschinen
mitunter um eine oder zwei vermehrt. Auch die von den Franzosen, Engländern und Amerikanern
zumeist noch beibehaltene Einrichtung, diese Auftragwalzen in einfachen Schlitzlagern zu betten
(s. A. T. 30) ist von deutschen Fabrikanten durch verstellbare Lager ersetzt worden, so daß man
auch an diesen Maschinen die Anlage der Walzen auf die Form reguliren kann. Diese verbesserte

Einrichtung war noch vor drei Jahren von größerer Wichtigkeit wie gegenwärtig, denn die aus der alten Leim- und Syrupmasse hergestellten Walzen waren bekanntlich dem Schwinden und dem leichten Weichwerden ausgesetzt, was bei der neuen, sogenannten englischen Masse (Gelatine und Glycerin) weniger der Fall ist.

Eine so geschwundene Walze aber lag dann, da sie an manchen Maschinen nicht tiefer gestellt werden konnte, gar nicht oder nicht mehr genügend auf der Form auf und erfüllte sonach ihren Zweck nicht.

Bei vielen derartigen Maschinen ist allerdings trotz der fehlenden verstellbaren Walzenlager eine Regulirung der Walzen insofern möglich, als man die an den Seiten des Fundamentes angebrachten Laufstege, auf denen die zu beiden Seiten der Auftragwalzen an die Spindeln gesteckten Laufrollen Führung finden, heben und senken kann. Freilich werden auf diese Weise alle Walzen in Mitleidenschaft gezogen, während sich eine Veränderung oft nur bei einer derselben wünschenswerth macht.

Das Heben und Senken des Laufsteges wird durch Unterlegen mit Durchschuß oder Karten-spähnen bewerkstelligt, oft auch ist über denselben ein Lederriemen gespannt, unter dem man beliebig mittels Karten- oder Papierstreifen reguliren kann. Die vollkommenste Vorrichtung ist natürlich die, daß man den Laufsteg mittels Schrauben heben oder senken kann.

Eine andere Einrichtung besteht darin, daß die Auftragwalzen selbst mit ihrem Fleisch auf den Laufstegen Führung finden, sonach erhalten, auch wenn sie etwa geschwunden sind, eine richtige, angemessen feste Auflage auf der Form haben. Auch in diesem Fall finden sie ihre Lagerung in Schlitzen oder in festen Lagern, die Laufrollen kommen aber in Wegfall.

Kommen über den Auftragwalzen noch besondere Reibcylinder zur Anwendung, um eine noch gründlichere Verreibung der Farbe herbeizuführen, so kann man diese Einrichtung wie bei der Cylinderfärbung wohl mit Recht als doppelte, verbesserte Verreibung bezeichnen.

Der Bewegungsmechanismus für diese Walzen ist ein sehr verschiedener. Betrachten wir uns z. B. die Eickhoff'sche Maschine A. T. 33 oben, so finden wir, daß ein großes Zahnrad, ähnlich dem, welches den großen Farbcylinder der Cylinderschnellpressen bewegt, auch hier ange-bracht ist. Es wird auch hier durch die eine Zahnstange des Fundamentes bewegt und bringt die Reibcylinder über den Walzen mittels Zahneingriff in rotirende Bewegung.

Eine zweite, von der vorstehenden abweichende Einrichtung zeigt die Presse A. T. 35; hier bemerken wir zwischen den beiden Auftragwalzen eine in einem kleinen Lager gebettete Reibwalze.

Vollkommnere Einrichtungen für diesen Zweck zeigen uns die Maschinen von Maulde & Wibart, insbesondere die auf A. T. 50/51 oben abgebildete. Hier kommt eine große Zahl solcher Reibwalzen zur Verwendung, deren Wirkung noch durch eine seitliche Bewegung, bewerk-stelligt durch zwei Züge, erhöht wird. Die vollkommenste derartige Färbung infolge vorzüglicher Verreibung der Farbe besitzen wohl die Maschinen mit „combinirter Cylinder- und Tischver-reibung". Wir kommen am Schluß dieses Capitels auf dieselben zurück.

Der Farbekasten der Tischfärbungsmaschinen mit dem Farbelineal und den für die Regulirung desselben dienenden Stellschrauben besitzt zumeist ganz dieselbe Construction, wie an den Cylinderfärbungspressen, es ist über diese Theile deshalb hier weiter nichts zu erwähnen. Ein Gleiches gilt von dem Mechanismus zur Bewegung des Ductors und des Hebers.

Der Heber giebt hier jedoch die Farbe nicht auf eine der Reibwalzen, sondern direct auf den Tisch ab und da dieser der Bewegung des Fundamentes folgt, so bringt er die abgegebene Farbe zunächst unter die Reibwalzen, um sie auf seinem weiteren Wege den Auftragwalzen zuzuführen.

Die eigentlichen Reibwalzen, also nicht die vorstehend erwähnten, über den Auftragwalzen liegenden, sondern die vor dem Farbekasten befindlichen, sind gleichfalls entweder in Schlitzen oder in kleinen Lagern gebettet.

Der Tisch selbst, zumeist leicht von dem Fundament abnehmbar und verstellbar eingerichtet, besteht entweder aus Holz oder aus Holz mit aufgeschraubter Messing- oder Eisenplatte; häufig aber ist dazu eine sauber gehobelte Eisen- oder aber eine fein geschliffene Marmorplatte verwendet. Den Platten von Eisen dürfte der größeren Haltbarkeit und der Möglichkeit leichter Reinigung wegen der Vorzug zu geben sein, auch fällt bei ihnen der Uebelstand fort, dem Holztische leicht unterworfen sind, das Verziehen oder Werfen.

Die Einrichtung mit dem Farbetisch giebt allen den Maschinen, welche einen solchen führen, eine größere Länge und macht das Fundament weniger leicht zugänglich, wie an den Cylinderschnellpressen. Man muß bei diesen Maschinen von der Seite einheben, weil vorn Farbewerk und Tisch hinderlich sind. Selbstverständlich ist auch bei ihnen die Möglichkeit geboten, nach Entfernen des Farbetisches, was zumeist leicht zu bewerkstelligen ist, die Formen mittels des sogenannten Formbretes einschieben zu können, ja, man wird ein solches bei den Tischfärbungsmaschinen noch weit besser verwenden können, wie bei den bequemer liegenden Fundamenten der Cylinderfärbungsmaschinen.

Die weniger bequeme Zugänglichkeit des Fundamentes trägt viel dazu bei, daß die Tischfärbungsmaschinen bei uns nicht so viel Anklang finden wie in anderen Ländern.

Ohne Zweifel ist die Tischfärbung aber eine ganz gute und man ist, wenn das Farbewerk den Anforderungen an Exactität genügt und die erforderliche Verreibung ermöglicht, im Stande, ganz Vorzügliches damit zu leisten.

Diese Maschinen bieten insofern gewisse Vortheile gegenüber der Cylinderverreibung, daß sie z. B. billiger sind und bei gleich guter Verreibung leichter gehen wie die letztere, ferner, daß ihre Walzen für den Maschinenmeister sichtbarer, deshalb besser controlirbar liegen, der Cylinder beinahe auch mit seiner ganzen Druckfläche frei liegt, da Schmutzbleche selten, vielmehr zumeist Schnüre zum Schutz und zum Andrücken des Bogens vorhanden sind.

e. Das combinirte Cylinder- und Tischfarbewerk.

Ueber diese entschieden vollkommenste Farbenverreibung haben wir bereits auf Seite 111 im Allgemeinen gesprochen, brauchen an dieser Stelle deshalb nur noch die einzelnen Theile des Farbenwerkes im Auge behalten.

Wie wir bereits erwähnten, kann man diese Maschinen in solche theilen, bei denen die Tischfärbung die Hauptverreibung bewerkstelligt, während die Cylinderverreibung nur unterstützend wirkt, und in solche, bei denen umgekehrt die Cylinderverreibung dominirt.

Eine Maschine ersterer Construction ist die Augsburger A. T. 21/22, ferner die Cincinnati-Maschinen A. T. 61. Wenn wir uns die Augsburger Maschine näher betrachten, so finden wir vorn das richtige, tief liegende Tischfarbenwerk. Der Heber giebt die Farbe auf den Tisch ab, auf dem sie von 3 in Schlitzen und kleinen Lagern gebetteten Reibern verrieben und den 3—4 Auftragwalzen zugeführt wird; Metallcylinder, welche über den Auftragwalzen ruhen und mit ihnen so zu sagen die Cylinderverreibung bilden, tragen noch wesentlich zur besseren Verreibung der vom Tisch zugeführten Farbe bei.

Bei der Johannisberger Maschine dagegen ist die Einrichtung, wie unsere Abbildung T. 1011 zeigt, eine entgegengesetzte. Wir haben es hier mit einer richtigen Cylinderfärbungsmaschine zu thun, deren übersetzte (doppelte) Cylinderverreibung mit 3 Auftragwalzen noch durch einen Tisch und 2 auf diesem reibende Walzen ergänzt resp. verbessert wird. Da das Farbenwerk an der gewöhnlichen Stelle liegt, der Tisch und die in Schlitzen liegenden Reibwalzen auch leicht entfernt werden können, so ist das Fundament bei der Johannisberger Maschine leichter zugänglich, wie bei der Augsburger, da bei dieser, wie erwähnt, der Farbekasten am äußersten vorderen Theil der Maschine liegt. Aus diesem Grunde kann daher die Augsburger Maschine nie ohne den Tisch arbeiten, während dies bei der Johannisberger sofort möglich ist, sobald eine weniger difficile Arbeit die doppelte Verreibung unnöthig erscheinen läßt.

Wenn wir uns schließlich noch die beiden Maschinen der Cincinnati Type-Foundry mit combinirter Färbung (A. T. 61) betrachten, so finden wir an denselben dieses System zur allergrößten Vollkommenheit gebracht. Ueber 4 Auftragwalzen sind eine größere Anzahl Reibcylinder und über denselben wiederum Reibwalzen gebettet, denen sämmtlich durch Züge eine seitlich hin- und hergehende Bewegung gegeben ist. Gleiche Züge finden sich auch an den, dem Farbenwerk zunächst liegenden Reibern. Vollkommner ist wohl keine Verreibung zu denken, doch mögen diese Maschinen schwerer gehen und ihrer complicirten Einrichtung wegen nur für die feinsten Arbeiten von Vortheil sein.

Erleichtert wird jetzt dem Buchdrucker die Benutzung solcher, viele Walzen führenden Maschinen gegen früher allerdings durch die neue sogenannte englische Walzenmasse. Wäre man genöthigt, die große Anzahl der zur Verwendung kommenden Walzen wie früher täglich zwei- und mehrmal waschen zu müssen, so würde ihre Benutzung zu umständlich sein. —

Wir haben in dem vorstehenden vierten Abschnitt sämmtlicher existirenden Schnellpressen-Constructionen im Allgemeinen, der einfachen Cylinderschnellpresse mit Cylinder- und Tischfärbung aber speciell in allen ihren Theilen gedacht. Da die Doppelmaschinen, Zweifarbenmaschinen, Tiegeldruckmaschinen meist dieselben Theile in anderer Anordnung oder doppelt enthalten, so brauchen wir an dieser Stelle nicht auf diese zurückzukommen, behalten uns dies vielmehr, soweit nöthig, für die im Abschnitt: „Vom Druck selbst" gegebenen Anleitungen vor.

Fünfter Abschnitt.

Vom Druck selbst.

I. Das Drucken auf der Handpresse.

I. Das Formatmachen für die Druckform.

elche Stellung die Columnen eines Bogens angemessen ihrem Format (Folio Quart, Octav ꝛc.) zum Zweck des Schließens erhalten müssen, ist im I. Bande, Seite 151—160 gelehrt worden, ebenso haben wir bereits erwähnt, daß das Formatmachen und Schließen entweder direct in der Presse oder auf dem Schließ- tisch vorgenommen wird (s. S. 62 des II. Bandes).

An dieser Stelle haben wir uns deshalb zunächst mit dem **Formatmachen** zu beschäftigen. Unter Formatmachen versteht man das der Größe des Papiers entsprechende Stellen einer jeden Columne auf dasselbe.

Eine Hauptregel bei dieser höchst wichtigen Arbeit, die, wenn nicht mit Ueberlegung und Kenntniß gemacht, einem Buch oder einer Accidenzarbeit ein sehr häßliches Ansehen geben kann, ist, daß eine jede Columne an der Seite nach dem Bundstege zu und am Kopfe über dem Columnentitel etwa eine bis zwei Cicero weniger weißen Raum erhält, wie nach den anderen Seiten und zwar im ersten Fall deswegen, weil der Buchbinder beim Binden des Buches circa eine Cicero vorn wegschneidet, im zweiten Fall aber die Columne selbst zu weit herunter hängen würde, wollte man den Columnentitel, der dem Auge nur in geringerem Maße entgegentritt, als voll zur Columne gehörig mitrechnen und dieselbe der ganzen Länge nach genau in die Mitte des Papiers stellen. Auch bei breiten lebenden Columnentiteln muß oben immerhin etwas weniger weißer Raum vorhanden sein, wie unten.

Ehe wir in unserer Erklärung weiter gehen, haben wir den Lesern noch über die Benennung und Lage der verschiedenen Stege zu belehren, zu welchem Zweck wir nachstehend die Gruppirung der 8 Columnen einer Octavform darstellen.

Das Formatmachen für die Druckform.

Wir finden hier die Benennung **Mittelsteg** als den die Mitte der Form von oben nach unten bezeichnenden Steg angegeben. Als Mittelsteg dient zumeist und zunächst der eiserne Steg, welcher in der Mitte der Schließrahme befestigt ist (s. c, Fig. 73, S. 202). Diesen Mittelsteg führen alle Rahmen der Maschinen und Pressen, welche zum Befestigen der Form mittels Keile oder anderen beweglichen und selbstständigen Vorrichtungen eingerichtet sind, nur die früher für Pressendruck zur Anwendung gekommenen **Schraubrahmen** führten einen solchen Mittelsteg nicht. Die angemessene Breite dieses Steges wird, wenn der eiserne nicht zureichend ist, durch Anschlagen von Holz-, Blei- oder Eisenstegen herbeigeführt; ist dagegen der eiserne Steg zu breit,

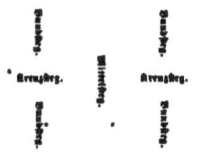

Fig. 85. Eine Octavform mit Bezeichnung der Stege.

so wird er herausgenommen und es finden angemessen schmälere, einfach zwischen die Columnen gelegte andere Stege für ihn Platz.

Kreuzsteg (auch **Kopfsteg**) heißt dagegen der Steg, welcher mit dem Mittelsteg im rechten Winkel liegt, mit ihm gleichsam ein Kreuz bildet; mit **Bundsteg** endlich bezeichnet man die, wiederum den Kreuzsteg kreuzenden Stege. Unter **Anlegestege** versteht man ferner alle die Stege, welche nach Außen zu, also den Rahmenwänden zugekehrt, Verwendung finden; die oben gegen die Rahmenwand zu liegen kommenden bezeichnet man gewöhnlich mit dem Ausdruck **Capitalstege.**

Betrachten wir uns nun die verschiedenartigen Methoden, wie man sich die Stellung der Columnen auf dem Formatbogen genau angeben und sie danach auch in der Form selbst placiren kann.

Die einfachste dieser Methoden ist, sich die Länge derselben unter Nichtberücksichtigung des Unterschlages, wohl aber des Columnentitels, mittels eines Zirkels zu nehmen und dieselbe unter Beobachtung der zu Eingang gegebenen Regel auf dem gefalzten Formatbogen durch kräftiges Einstechen mit den Spitzen des Zirkels zu markiren und zwar derart, daß die Stiche auf allen Blättern des Bogens deutlich sichtbar werden. In derselben Weise wird dann auch die Breite markirt; schlägt man dann den Bogen auf, so wird man, unter Berücksichtigung der eingestochenen Punkte, jeder Columne leicht den richtigen Stand geben können.

Eine zweite, diese wichtige Arbeit gleichfalls leicht und sicher erledigende Methode ist, einen Bogen des richtigen Papiers zu falzen und sich den knapp an der Schrift hin beschnittenen Abzug einer vollen Columne auf die vordere, erste Seite so aufzukleben, wie sie unter Berücksichtigung der oben erwähnten Hauptregeln auch beim Druck auf dem Papier stehen muß. Hat man dies bewerkstelligt, so sticht man die vier Ecken der Columne mit einer Ahle durch, so auf jeder der folgenden Seiten genau die Stellung der Columnen markirend, diese dann auf der Schließplatte den Markirungen angemessen placirend und die Räume mit einem Blei-, Eisen- oder Holzformat ausfüllend.

Eine der gebräuchlichsten und von geübteren Druckern und Maschinenmeistern zumeist befolgte Manier, Format zu machen, ist die folgende: Nehmen wir als Beispiel, es sei das

Format für einen halben Bogen Octav zu machen; wir falzen zu diesem Zwecke einen Auflagebogen genau in Octav und legen ihn zur Ermittlung des Standes der Columnen nach oben
und unten zu mit dem oberen Bruch bei a (s. vorstehende Fig. 85), also am Kopf der oberen
Columne an; der Fuß b der unteren Columne muß nun circa eine bis zwei Cicero vom Rande
des Papiers abstehen; dem angemessen wird also der Formatsteg, der sogenannte Kreuzsteg, gemacht.
Man achte jedoch wohl darauf, daß man diesen Steg, wenn die Columnen noch ausgebunden
sind, um die zwei Schnurenstärken breiter nehmen muß, sonst würde derselbe nach dem Auflösen
der Columnen (Ablösen der Schnüre) wieder zu schmal werden. Die Bundstegbreite c wird auf
ähnliche Weise ermittelt; man legt den in Octav gefalzten Bogen bei c an den Rand der zweiten
Columne und stellt die vordere so, daß ihr äußerer Rand d eine bis zwei Cicero vom Rande
des Papiers absteht, wenn die Schnüre entfernt sind. Die Breite des Mittelsteges ermittelt
man, wenn man den Bogen so aufschlägt, daß er nur noch in Quart gefalzt ist. Der gefalzte
Rand bei c über den Mittelsteg der bereits um die Form befindlichen Rahme angelegt, bedingt
die Stellung der vorderen Columne mit ihrem Rande d eine bis zwei Cicero vom Rande des
Papiers und demzufolge einen angemessen breiten Anschlag an jede Seite des Mittelsteges.

Hat man einen Theil der Columnen auf diese Weise regulirt, so bleibt nur übrig, die
anderen mit den gleich breiten Stegen zu versehen.

Beim Schließen aller großen Formen für die Handpresse ist wohl zu beachten, daß
dieselben stets möglichst genau in die Mitte des Fundamentes zu liegen kommen, damit der
Tiegel der Presse immer, ohne nach einer Seite zu kippen, den Druck ausüben kann. Unter
Berücksichtigung dieses Umstandes muß man die vorstehend bereits erwähnten Anlegestege
derart breit wählen, daß die Form wenigstens annähernd in die Mitte der Rahme zu stehen
kommt. Außer den Anlegestegen findet noch nach den unteren, sowie den rechten und linken
Seite zu, der zum Befestigen, Schließen der Form dienende Mechanismus Platz.

Ist das Format in der vorstehend beschriebenen Weise gemacht, so werden die Schnüre
der Columnen gelöst und zwar beginnt man damit bei den Columnen, welche am oberen Rande
der Rahme und am Mittelsteg stehen, zum Schluß die übrigen vornehmend.

Die besten und exactesten Formate lassen sich aus den gewöhnlichen Bleistegen, die man
neuerdings auch auf mehrere Concordanzen Breite und Längen bis zu 10 und 12 Concordanzen
anfertigt, wie durch die leichten, haltbaren und höchst exacten Eisenstege mit galvanischem
Zinnüberzuge herstellen. Wem solche nicht zur Verfügung stehen, der benutze Holzstege, die von
einem genau arbeitenden Tischler möglichst auf systematische Breiten und Längen geschnitten
sind. Läßt man derartige Formate aus Mahagonyholz anfertigen, so wird man auch Holzstege lange benutzen können, da diese Holzart sehr dauerhaft und insbesondere dem Werfen nicht
so ausgesetzt ist, wie die anderen Holzarten.

Der Drucker hat beim Formatmachen sein Augenmerk darauf zu richten, daß alle Stege,
welche er benutzt, seien es nun Holz- oder Bleistege, nicht etwa mangelhaft und ungleich stark
sind. Von Holzstegen ist oft ein Stück abgesplittert, oder sie stimmen nicht ganz in der Breite
überein, man muß deshalb alle gleichartigen Stege, z. B. alle Bundstege ꝛc. zusammen legen

und prüfen, ob ihre Breite stimmt, denn ist dies nicht der Fall, so hat man unangenehme Differenzen im Register. Bei Bleistegen wiederum kommt es häufig vor, daß sie an den Seiten mit der Ahle angestochen sind und dadurch, wie durch Aufschlagen aufeinander, oder auf harte Gegenstände einen überstehenden Grat bekommen haben. Auch dieser stört die gerade Linie der Columnenränder und beeinträchtigt das Register.

Die Länge der Stege ist genau so zu bemessen, daß sie sich nicht miteinander spannen, d. h. beim Antreiben der Form und dem vollkommenen Schließen nicht aufeinander gedrängt werden und so die Wirkung der Keile oder Rollen auf die Schrift selbst beeinträchtigen. Es entstehen hierdurch viele Uebelstände, die Form hält schlecht, so daß leicht Buchstaben, ganze Worte, Quadraten ꝛc. herausfallen, oder es heben sich der Ausschluß und die Quadraten während des Druckens, weil die Schrift nicht gehörig aneinander gepreßt ist.

Auch das Schiefstehen einzelner Zeilen und ganzer Columnen an den Rändern, das nicht Liniehalten von Titel- und Textzeilen ꝛc. ist der Nichtbeachtung dieses Umstandes zumeist zuzuschreiben.

Aus diesem Grunde ist es gerathen, daß der Drucker, wenn er die Form angetrieben und halb geschlossen hat, ein recht genaues Holzlineal, doch zur Schonung der Schrift nie ein eisernes benutzt, um zu ermitteln, ob Kopf, Fuß und Seiten aller in einer Reihe stehenden Columnen genau in einer Linie stehen. Ist dies nicht der Fall, so muß ermittelt werden, wo der Fehler liegt; ist eine Columne oder sind deren mehrere zu lang oder zu kurz, so müssen sie vom Setzer regulirt werden, liegt es an den Stegen, deren einer etwa zu breit ist oder sich spannt und so die Columne aus der geraden Linie bringt, so muß auch dies vorher abgeändert werden, damit nach dem Einheben keine derartigen Fehler mit größerem Zeitverlust verbessert werden brauchen und die Erzielung eines guten Registers von vornherein angebahnt wird. Je genauer das Format gemacht ist, desto sicherer wird das Register stimmen.

Bei umfangreicheren Werken wird es stets gerathen sein, sich, wenn man Holzformate benutzt, solche gleich in richtiger Stärke und Länge der einzelnen Stege machen zu lassen und nur für das betreffende Werk zu reserviren. Auch Formate in Metall reservire man sich von Bogen zu Bogen.

Der Drucker hat ferner zu beachten, daß das Fundament seiner Presse vollkommen rein von Schmutz und Rost ist; sobald dies nicht der Fall, setzen sich die Unreinlichkeiten an den Fuß der Schrift fest und beeinträchtigen den Aussatz.

Damit er sicher ist, daß ihm solche Zufälle nicht seine Arbeit erschweren, bürste er jede Form, ehe er sie auf das Fundament bringt, nochmals an der Rückseite sorgfältig mit einer Bürste ab, während er die Vorderseite schon nach beendetem Schließen mit der Bürste reinigte; zumeist auch wird die Form auf der Schließplatte oder dem Fundament leicht mit kalter Lauge gereinigt. (Siehe auch später bei Einheben der Form.)

In dem Vorstehenden haben wir alles Das gegeben, was man beim Formatmachen zu beobachten hat. Dieses Formatmachen ist selbstverständlich nicht nur bei Werk- und Zeitungsformen, es ist auch bei allen den Accidenzformen nothwendig, welche aus zwei und mehr Columnen bestehen; daß es, je geringer die Zahl der Columnen, desto einfacher zu bewerkstelligen ist, bedarf wohl keiner weiteren Erklärung.

Wie man ferner beim Formatmachen und Schließen einzelner Accidenzformen, z. B. Rechnungen die man mit den Querlinien zugleich druckt, zu verfahren hat, haben wir bereits im I. Bande angegeben, verweisen den Leser auch noch auf die folgenden Capitel.

Ueber das nur wenig abweichende Formatmachen für den Maschinendruck werden wir später das Nöthige nachtragen; hier sei darüber nur erwähnt, daß innerhalb der Form in ganz gleicher Weise Format gemacht wird, wie für die Presse und die eigentliche Abweichung nur darin besteht, daß man von der Mittelstellung der Form in der Richtung von vorn nach hinten absieht, sie vielmehr in eine, dem Papierrande angemessene Entfernung von der hinteren Rahmenwand abstellt.

Wir haben hier noch der mitunter an Pressen benutzten Rahmen mit festen Mittel- und Kreuzsteg zu gedenken. Bei solchen findet natürlich der feste Kreuzsteg beim Formatmachen gleiche Berücksichtigung wie der Mittelsteg und die Befestigung der Form erfolgt hier von allen vier Rahmenwänden aus, ist demnach eine achtfache, während sie bei den gewöhnlichen Formen nur vierfach ist.

Einen besonderen Nutzen gewähren unseren Erfahrungen nach solche Rahmen nicht, sie werden von den Fabriken zumeist auch nur auf besonderes Verlangen geliefert.

2. Das Schließen der Druckform.

Unter **Schließen der Form** versteht der Buchdrucker das Zusammenpressen, Befestigen der zu einer Form gehörigen Columnen in einer eisernen Rahme vermittels mechanischer Vorrichtung, so daß die Form sich als ein Ganzes heben und transportiren läßt.

Die ältesten, für Pressendruck gebräuchlichen Rahmen waren die sogenannten **Schraub-rahmen;** sie bestanden aus Eisen und hatten an der vorderen und rechten Wand mit durchlöcherten Köpfen und Gegenmuttern versehene Schrauben, die wiederum auf zwei Eisenstege wirkend, die ganze Form gegen die linke und die hintere Rahmenwand preßten. Das Antreiben der Schrauben geschah mittels des **Schließnagels**, eines runden Stiftschlüssels, den man in die durchbohrten Köpfe der Schrauben steckte und diese so nach und nach immer fester stellte. Heut zu Tage werden nicht allzu viele solcher Schraubrahmen mehr in Gebrauch sein, man bedient sich viel-mehr der sogenannten **Keilrahmen,** die nur aus vier angemessen starken, eisernen Wänden gebildet, in der Mitte von hinten nach vorn den Mittelsteg führen.

Die eigentliche Schließvorrichtung bestand früher in einfachen **Keilstegen** und **Keilen** von hartem Holz, mitunter erstere auch von Eisen, neuerdings dagegen hat man fast ausschließlich eine mechanische Schließvorrichtung eingeführt, die aus kleinen gezahnten, keilförmig zulaufenden Eisenstegen und aus gezahnten Rollen besteht, die, in die Zähne der Stege eingreifend und mit einem Schlüssel nach und nach gegen das stärkere Ende derselben getrieben, einen sich steigernden Druck ausüben und die Befestigung der Form in ganz sicherer Weise herbeiführen.

Es sind zu diesem Zweck noch sehr viele andere Einrichtungen erfunden worden, keine aber hat sich in der Praxis bewährt; eine Ausnahme machen vielleicht die eisernen Keilstege der

Herren Harrild & Sons in London, deren einfache Form wir in der nachstehenden Abbildung wiedergeben; auch sie werden, wie die Holzkeile einfach mit einem Hammer und Keiltreiber (f. später) angetrieben.

Fig. 26. Eine mit eisernen Keilstegen von Harrild & Sons geschlossene Form.

Gehen wir nun etwas näher auf die zwei bewährtesten Schließmethoden ein und betrachten wir uns zunächst die gewöhnlichen Keil- oder Schließstege und die Keile. Erstere wie letztere aus gutem hartem Holz gefertigt, haben eine gerade und eine abgeschrägte, also nach einem Ende schwächer zulaufende Seite; ein Schießsteg würde demnach die nebenstehende Form haben, während die Keile, einfach aus solchen Schieß-

Fig. 27. Form des Schießsteges.

stegen in Längen von 4—5 Cmtr. geschnitten, so zu sagen gleichfalls kleine Schießstege bilden. Die Schießstege finden mit ihrer geraden Seite Platz an den Anlegestegen der Form, die Keile dagegen mit der geraden Seite gegen die Rahmenwand, während die abgeschrägten Flächen beider, entgegengesetzt aufeinander treffend, beim Antreiben einen sich mehr und mehr steigernden Druck auf die Form ausüben.

Solcher Schießstege und Keile bedarf man in verschiedenen Stärken, also erstere z. B. am dünnen Ende 1 Cicero, am dicken 2 Cicero stark, oder 4:2 Cicero, 6:3 Cicero u. s. f. Die aus solchen Stegen geschnittenen Keile haben dann auch die entsprechende Steigerung in ihrem Stärkeverhältniß. Außer verschiedenen Stärken muß man für kleine und große Formen auch verschiedene Längen von Schießstegen haben.

Ihre Anwendung ist nun folgende: Die Form mit angemessen breiten Anlegestegen versehen, wird an der rechten und linken Seite mit zwei längeren, an den beiden Vorderseiten rechts und links vom Mittelsteg mit zwei kürzeren Schießstegen versehen, die mit ihrem stärkeren Ende, wenn es der Umfang der Form irgend erlaubt, zwei bis drei Cmtr. von den Rahmenwänden abliegen, demnach eine Verwendung von breiteren Keilen in sich abstufender Stärke gestatten. Von diesen Keilen finden bei kleineren Formaten je zwei an jeder der vorderen zwei Seiten und je drei an der rechten und linken Seite der Rahme Platz; ist das Format der Rahme und des Satzes größer, so finden deren drei vorn und etwa vier an jeder der Seiten Verwendung.

Es ist zu rathen, daß man zuerst immer die schmäleren Keile an den breiten Seiten des Keilstegs einsetzt und dann erst die diesen zunächst stehenden, so daß man an allen vier Seiten mit dem Einsetzen der breitesten Keile schließt. Die dicken Enden des Keilstegs müssen bei den vorderen Seiten der Form am Mittelsteg, an der rechten und linken Seite aber an der oberen Wand der Rahme liegen.

Wenn das Format der Form es irgend erlaubt, ist es nicht rathsam, zu schmale Keile zu verwenden, denn diese erschweren das Auf- und Zutreiben und sind die hauptsächlichste Ursache zum Ruiniren der Rahmen, da der Drucker mit einem Keiltreiber oder Keilzieher schwer zwischen Keilsteg und Rahme gelangen kann, deshalb zur Benutzung anderer Hülfsmittel, z. B. der zugespitzten Seite des eisernen Hammers, gezwungen ist und dann leicht einmal daneben und auf die Rahme oder das Fundament ꝛc. schlägt. Ebenso nöthig ist es, daß wenn man die Keile wählt, man sie immer etwas stärker nimmt, wie es anscheinend die Oeffnung zwischen Keilsteg und Rahme gestattet, denn, benutzt man die hintere abgeschrägte Seite des Hammers als Hebel, indem man sie in diese Oeffnung schiebt und gegen den Keilsteg wirken läßt, so preßt man die Form schon etwas zusammen und vermag in Folge dessen auch einen etwas stärkeren Keil in sie hineinzubringen.

Es ist darauf Bedacht zu nehmen, daß die Keile möglichst in gleichen Entfernungen von einander stehen, damit jeder die gehörige Kraft ausübt und nicht einer die des anderen aufhebt; der letzte Keil an den Vorderseiten muß mindestens 3 Cmtr. vom Mittelsteg abstehen, wenn er angetrieben ist; steht er weiter daran, so wird wiederum das Aufschließen erschwert, weil man in die dann gebildete kleine Oeffnung mit dem Keiltreiber oder Keilzieher nicht hinein kann und deshalb oft wieder den die Rahme so leicht und in diesem Falle hauptsächlich am Mittelsteg ruinirenden eisernen Hammer allein zu Hülfe nehmen muß. Auch die Keile an den Seiten müssen angemessen von der oberen Wand der Rahme abstehen.

Das Antreiben der einzelnen Keile mittels eines Hammers und Keiltreibers (f. später) darf von vorn herein nicht zu stark geschehen; man treibt erst alle in der Form befindlichen nach und nach leicht an, klopft die Form, treibt dann stärker und zuletzt ganz stark an, dabei jedesmal oder wenigstens beim letzten Mal jeden Keil auf seiner oberen Seite durch einen leichten und vorsichtigen Hammerschlag auf die Schließplatte herunterklopfend.

Sind die Keile von vornherein zu stark angetrieben worden, so steigt die Form, d. h. die zusammengepreßte Schrift hebt sich meist zunächst der Keile von der Schließplatte ab und bildet oben keine horizontale Fläche mehr. Ein Steigen der Form kann aber auch bei vorsichtigem und ganz allmäligem Antreiben der Keile vorkommen; um dies auf jeden Fall zu verhüten, dient das vorhin erwähnte Herunterklopfen aller Keile, am besten auch der Anlegestege.

Es ist nicht rathsam, sich immer eines eisernen Hammers zu bedienen, besser ist es, einen hölzernen in Gebrauch zu nehmen, weil mit einem solchen Rahme und Fundament viel weniger lädirt werden können. Dasselbe gilt von den eisernen Keiltreibern; man benutze lieber solche von Holz, die etwa 16—20 Cmtr. lang selbst wiederum einen Keil bilden und deren zugespitztes Ende zum Ansetzen an den Keil, das obere breite Ende aber zum Daraufschlagen mit dem Hammer bestimmt ist. Auch zu den Keiltreibern muß gutes hartes, nicht leicht splitterndes Holz verwendet werden.

Die zweite, vorstehend erwähnte, jetzt gebräuchlichste Schließmethode mit gezahnten keilförmigen eisernen Stegen und kleinen gezahnten Rollen, schlechtweg „mechanische oder französische Schließstege" genannt, letzteres weil sie aus Frankreich zu uns kamen (unseres Wissens war Marinoni in Paris der Erfinder), stellen wir in nachstehender Abbildung dar.

Fig. 88. Einfacher mechanischer Schließsteg nebst Schließrolle.

Die gezahnten Stege hat man in den verschiedensten Längen; die kleinste, etwa 11 Cmtr. lange Sorte bildet einen einfachen Keil, wie ihn die vorstehende Abbildung Fig. 88 zeigt; die übrigen Sorten bilden dagegen einen Doppelkeil in der Form, wie ihn die beiden Seitenteile unserer Abbildung Fig. 89 zeigen; je kleiner diese Doppelteile werden, desto mehr nähern sich die Zähne von beiden Seiten in der Mitte des Steges, desto kürzer wird also die gerade Fläche.

Fig. 90. Eiserner Schlüssel zu
den Schließrollen.

Fig. 91. Gezahnte Schließrolle.

Fig. 89. Eine mit mechanischen Schließstegen und Rollen geschlossene Form.

Die Zähne der Rollen befinden sich, wie der Leser leicht erkennen wird, in ihrer Mitte und sind oben und unten durch eine kreisförmige Fläche a, Fig. 88, in gleichem Umfange wie ihre äußersten Spitzen gedeckt. Zum Antreiben dieser in Eisenguß, noch besser aber in Rotbguß ausgeführten Rollen dient ein eiserner Schlüssel in Form unserer Figur 90, oder in Form eines Winkels, also so, als wenn an unserer Abbildung die eine Hälfte des Querstücks weggelassen wird. Dieser Art von Schlüssel ist insofern für die Benutzung an der Maschine der Vorzug zu geben, weil die letzte Rolle oft sehr nahe an den Walzen steht, man daher bei etwaigem Aufschließen auf dem Fundament mit dem doppelwinkligen Schlüssel nicht gut dazu kann.

Das Schließen einer Form mit den mechanischen Schließstegen wird auf folgende Weise bewerkstelligt.

Die gezahnten Stege werden durch Ausfüllung mit Formatstegen so nahe an die Rahme herangebracht, daß wenn man die Röllchen einsetzt, diese nur in 2—3 Zähne des Steges einge= griffen haben, man also, will man die Form antreiben, schon den Schlüssel zur Hand nehmen muß. Sind die Rollen eingesetzt, so legen sich die kreisförmigen über und unter der Zahnung des Röllchens liegenden Theile **a**, Fig. 88, gegen die inneren Flächen der Rahme sowie die glatten Flächen **b** des Steges und lassen sich die Rollen nun mittels des Schlüssels, dessen viereckiger Dorn in die Oeffnung des Röllchens paßt, nach und nach dem starken Ende des Steges zu= drehen, die Form auf diese Weise immer mehr und mehr zusammenpressend. Wie bei den Keilen ist auch hier das Antreiben nur nach und nach und bei allen Rollen gleichmäßig zu bewerkstelligen; das Klopfen der Form geschieht, wenn alle Rollen nur erst leicht angetrieben worden sind.

Treibt man von vorn herein zu stark an, so steigt auch bei dieser Schließmethode die Form sehr leicht und man hat beim Einheben einen schlechten, ungleichen Aussatz. Rathsam ist es, bei Anwendung der Rollenstege möglichst Formate von Bleistegen zu benutzen, da Holzformate nach dem Urtheil von Druckern, welche viel mit diesen Schließstegen und Rollen arbeiten, das Steigen der Formen wesentlich leichter herbeiführen. —

Wenn man schließlich fragt, welche Schließvorrichtung die practischere ist, so müssen wir erwidern, daß jede in ihrer Art, also sowohl die mit hölzernen Schießstegen und Keilen, wie die mit den mechanischen Schließstegen, Vorzüge hat. Während die letzteren die Benutzung eines Hammers und Keiltreibers überflüssig machen, demnach ein Ruiniren der Rahmen und Fundb= mente durch Hammerschläge rc. verhindern, außerdem leicht und sicher anzuwenden sind, hat man genannte Werkzeuge bei den Keilstegen unbedingt nöthig und führen dieselben in ungeschickten Händen leicht Defecte an den erwähnten Theilen herbei. Dagegen ist nicht zu verkennen, daß man Keil= stege bei allen den Arbeiten mit Vortheil verwendet, welche eines genauen Registers bedürfen. Man kann, wenn man nothwendiger Weise während der Zurichtung und während des Fort= druckens aufschließen mußte, die Keile wieder genau in dieselbe Lage zurückführen, welche sie vor dem Aufschließen hatten, indem man sich mittels der Ahle ein Zeichen über Schießsteg und Keil einritzt und den Keil immer wieder genau bis an dieses Zeichen antreibt. Man kann mittels der Keile auch die Zusammenpressung der Form um ganz geringe Differenzen bewerkstelligen, was insbesondere bei Satz mit Linieneinfassung sehr wichtig ist, während die mechanischen Schließstege stets nur um einen vollen Zahn stärker anzutreiben sind; dies ist bei so difficilen Formen oft zu viel. Was den Halt der Form mittels der Keile betrifft, so läßt auch diese Methode nichts zu wünschen übrig.

Nachstehend geben wir noch einige Abbildungen von Schließvorrichtungen, welche zumeist in England erfunden und anscheinend recht einfach in ihrer Handhabung, unseren Erfahrungen nach dennoch nicht den vorgenannten gleichzustellen sind. Sie leiden alle drei an dem Uebel= stande, daß mit ihnen zu schließende Formen sehr leicht steigen.

Fig. 92 zeigt uns einen einfachen Eisensteg in dem zwei, event. auch mehr Kopfschrauben mit ihren Gewinden eingefügt sind. Der Steg selbst wird mit seiner glatten Fläche gegen die

Stege der Form, die Schrauben dagegen gegen die Rahmenwände gerichtet eingefügt. Schraubt man mit einem dazu gehörigen Schlüssel die Schrauben nach und nach aus dem Steg heraus, natürlich ohne daß sie ganz oder zu viel aus dem Gewinde herauskommen, so wirken sie nach und nach immer kräftiger auf die Form und dienen so zu deren vollständiger Befestigung. Fig. 93 zeigt uns eine auf demselben Principe beruhende Schließvorrichtung, nur daß die

Fig. 92. Schließsteg mit Schrauben.

Fig. 93. Schließvorrichtung mit Schrauben.

Fig. 94. Schließvorrichtung für Accidenzformen, mit Zahntrieb.

Schraube hier auf zwei Stege wirkt, also nicht direct ihren Druck gegen die Rahme richtet. Fig. 94 endlich ist eine hauptsächlich zum Schließen von Accidenzformen bestimmte Vorrichtung. Die deutlich erkennbare kleine Zahnstange läßt sich in dem Haupttheil mittels eines Schlüssels herausschrauben und übt dann den erforderlichen Druck auf die Form aus. —

Bei allen Schließmethoden ist es unerläßlich, daß man nach erfolgtem Schließen die Form ruckweise von der Schließplatte oder vom Fundament kurz aufhebt, um zu sehen, ob sie genügend fest ist. Einzelne kleine lockere Theile steche man mittels der Ahle an, größere lasse man vom Setzer in Ordnung bringen.

Daß jede Form vor dem Einheben gewaschen und auch auf der Rückseite abgebürstet werden muß, haben wir bereits früher angedeutet. —

Bei all das Fundament der Presse nicht füllenden oder ungleichen Druck erfordernden Formen wendet man mit Vortheil Schrifthöhen, das sind schrifthohe Blei- oder Eisenklötze von etwa 4 Cmtr. Länge und 2 Cmtr. Breite an, indem man sie in die vier Ecken der Rahme einsetzt oder mit einschließt, wenn Platz, auch außerhalb der Rahme auf die vier Ecken des Fundamentes stellt. Der Tiegel erhält durch diese Schrifthöhen einen gleichmäßigen Aufsatz in seiner ganzen Ausdehnung. Dieses Aufsetzen läßt sich jedoch, was häufig sehr wichtig ist, zu einem auf der einen Seite der Form stärkeren reguliren, wie auf der anderen. Druckt man z. B. eine Rechnung mit den Querlinien zugleich, so bedarf die Rechnungscolumne meist eines stärkeren Druckes, wie die Querliniencolumne. Um nun den vollen Druck von dieser letzteren abzuhalten, ihn an dieser Seite zu schwächen, unterlegt man die Schrifthöhen, je nachdem nöthig, mit Papier- oder Kartenspähnen, wodurch sie also höher werden, wie auf der anderen Seite, demnach den vollen, kräftigen Druck des Tiegels etwas hemmen.

Da es beim Pressendruck Regel ist, die Form mit ihrer Mitte immer genau unter die Mitte des Tiegels zu bringen, so kann man die Schrifthöhen bei kleinen Formen, die man stets an der linken Seite des Mittelsteges, also zunächst dem Tiegel placirt, mit Vortheil benutzen, um sich das volle Einfahren des Fundamentes zu ersparen, und so schneller und mit weniger Anstrengung zu drucken.

Man schließt, um ein kürzeres Einfahren des Fundamentes zu ermöglichen, die Schrifthöhen in die vier Ecken der linken durch den Mittelsteg gebildeten Abtheilung der Rahme und braucht in Folge dessen nur so weit einzufahren, daß die Mitte von Schrifthöhe zu Schrifthöhe ■—— I ——■ genau in die Mitte des Tiegels fällt. Kleine nach vorn geschlossene Formen ohne Schrifthöhen kürzer einzufahren, ist der Presse auf die Dauer nicht gerade günstig, wenn man die Formen auch genau unter den Mittelpunkt des Tiegels bringt; je größer die Fläche ist, auf die dieselbe aufzusetzen hat, desto besser und dauernder wird sich seine exacte Functionirung erhalten.

Die Anwendung der Schrifthöhen bei kleinen Formen überhebt den Drucker auch der Mühe, diese letzteren stets nach allen Seiten genauest in die Mitte zu schließen. —

Um das gleichmäßigste und sicherste Auftragen der Form insbesondere bei kleineren, feinen Accidenzien zu ermöglichen, hat man neuerdings die sogenannten Aufwalzstege zur Anwendung gebracht. Fig. 95 zeigt uns die Form und Einrichtung eines

Fig. 95. Aufwalzsteg.

solchen Steges.

Diese Stege, deren je einer zu beiden Seiten der Form mit eingeschlossen wird, bestehen zumeist aus einem von Eisen gefertigten Steg, auf dem man an ihren hochstehenden Enden einen schwächeren Steg tragende Feder befestigt ist. Der ganze Apparat entspricht der in der Druckerei üblichen Schrifthöhe, läßt sich aber, wenn nöthig, durch Unterlegen mit Papier- oder Kartenspähnen gerade so viel erhöhen, daß die Walze, wenn sie mit ihrem Fleisch auf den oberen schwachen Stegen ruhend über die Form geführt wird, mehr oder weniger feste Auflage auf der letzteren findet, sonach die peinlichste Einschwärzung bewirkt. Uebergeht man die Form mit der Walze ohne eine solche Führung, so wird selbst die geschickteste und sicherste Hand nicht ganz verhindern können, daß die Walze in die Vertiefungen der Form hineinfällt und so mitunter eine weniger exacte Färbung herbeiführt.

Da man diese Stege im Rähmchen nicht ausschneidet, so können sie das Papier auch nicht beschmutzen und da sie sich event. durch ihre Federkraft mit senken, wenn der Tiegel seinen Druck ausübt, so beeinträchtigen sie den Aufsatz der Form nicht im Mindesten. —

Frägt man schließlich, in welcher Richtung eine kleinere Accidenzform am besten in der Rahme, respective in der Presse placirt wird, so ist es, wenn das Format der Columne es erlaubt, zumeist am gerathensten, sie mit den Zeilen gegen den Mittelsteg laufend zu schließen, so also, daß sie in ihrer Breite parallel mit der oberen Rahmenwand stehen. Man hat nämlich beim Auftragen mit der Handwalze die Möglichkeit, größere und fettere Zeilen oder mehr Farbe verlangende Partien der Form (Illustrationen) 2c. öfter mit der Walze zu übergehen, anzuhalten, wie der Drucker sagt, und in dem Fall wird es den Händen immer leichter werden, diese Arbeit sicher zu bewerkstelligen, wenn man die Walze von der Brust aus in gerader Richtung von vorn nach hinten führt, als wenn man sie der Quere, also parallel mit dem Tiegel, aufsetzt und nach dem Deckel zu über die Form führt. Daß man bei den meisten Formen trotzdem in beiden Richtungen, wenn auch in der letzteren nicht so oft, aufwalzt, werden wir später sehen.

Selbstverständlich muß von der soeben erwähnten Stellung abgesehen werden, sobald die Größe der Columne es nicht erlaubt, oder wenn man es mit mehreren nicht zu kleinen Columnen, z. B. mit deren vier zu thun hat, die man wiederum zumeist so placiren wird, daß sie je zu zweien mit den Köpfen gegen den Mittelsteg stehen, demnach mit ihren Zeilenbreiten nicht parallel mit der Brust des Auftragenden, resp. mit den Längenseiten der Rahme laufen.

Das Einschließen der erwähnten Aufwalzstege wird aber von den meisten Druckern immer parallel mit dem Mittelsteg erfolgen. Specielleres über das Auftragen (Aufwalzen) der Farbe folgt in einem späteren Capitel.

Falls, wie dies üblich, zwei Rahmen als Zubehör der Presse, eine große für das volle Format und eine kleinere für etwa zwei Drittel desselben vorhanden sind, so schließt man selbstverständlich kleine Formen möglichst immer in die kleine, bequemer zu handhabende Rahme.

3. Das Einheben der Druckform.

Unter Einheben der Form versteht der Drucker das Betten und Befestigen derselben auf dem Fundament. Daß das Letztere, wie auch die Form selbst (auf der Kopf- und Fußseite) gehörig gereinigt (abgebürstet) sein muß, ehe eingehoben wird, erwähnten wir bereits, machen aber hier nochmals darauf aufmerksam, daß man es mit dieser Arbeit genau nehmen muß, denn alle auf dem Fundament oder am Fuß der Form verbliebenen Sandkörner, Papierknötchen 2c. erhöhen die Stellen der Form, unter denen sie liegen, und führen so einen weit stärkeren Druck dieser Stellen herbei, unter Umständen ihr vollständiges Lädiren bewirkend.

Die erwähnten, zu den Pressen gehörigen großen Rahmen füllen stets das Fundament der Presse derart aus, daß es höchstens zweier zwischen Rahme und Backen des Fundamentes geschobener, respective leicht eingekeilter Holzstückchen bedarf, um der Form die erforderliche feste Lage auf dem Fundament zu geben. Auf unserer Abbildung der Washington-Presse Fig. 7 auf Seite 17 sieht man deutlich die Lage einer großen Form auf dem Fundament und zwischen den vier seitlich an demselben angeschraubten, nach oben etwas überstehenden Backen.

Bei in kleinen Rahmen geschlossenen Formen werden oben, unten und an beiden Seiten angemessen breite Stege eingelegt und die Form dann gleichfalls leicht eingekeilt.

Damit in diesem Fall die Mitte der Schrift möglichst genau in die Tiegelmitte fällt, befestigt man die Form erst dann auf dem Fundment, wenn man das Letztere ein Stück unter den Tiegel eingefahren und sie durch Messen und angemessenes Verschieben in die richtige Lage gebracht hat. Bei Benutzung der großen Rahme ist dieser Ausweg erklärlicher Weise nicht möglich; wenn man nicht schon beim Schließen die Mittestellung herbeiführte, muß dies noch nachträglich geschehen.

Daß und wozu man Schrifthöhen mit Vortheil benutzt, haben wir bereits im vorstehenden Capitel erwähnt.

Ist die Form nun richtig eingeteilt, so wird sie aufgeschlossen und noch einmal geklopft, nach dem Klopfen und nach erfolgtem Zuschließen auch möglichst noch einmal abgebürstet.

4. Das Zurichten der Druckform.

Unter Zurichten, Zurichtung machen versteht man, wie bereits früher erwähnt worden, das Reguliren und Verbessern der Wiedergabe der Typen, Illustrationen ꝛc. auf dem Papier durch Unterlegen der zu schwach und Herausschneiden der zu scharf kommenden Partien.

a. Vorbereitungen für die Zurichtung.

Im zweiten Abschnitt und zwar auf Seite 21—25 sind wir bereits über die Construction des zur Aufnahme der Zurichtung bestimmten Deckels der Presse, wie über die Construction des an ihm befestigten Rähmchens genauest orientirt worden, ebenso darüber, wie beide vor dem Einheben hinsichtlich ihres Ueberzuges, wie ersterer auch hinsichtlich seiner Einlagen beschaffen sein müssen.

Desgleichen sind wir im zweiten Abschnitt über die Stellung des Farbetisches und der Auslegebank wie über ihre Verwendung belehrt worden, kennen auch die Construction des Walzengestelles und die Walze selbst.

Als Vorbereitung für die Zurichtung haben wir die dem Fundament zugekehrte Oberfläche des Deckels mit einem glatten Bogen Zurichtpapier zu überziehen und uns zu überzeugen, daß die im Deckel selbst befestigt gewesene Zurichtung einer früheren Form in allen Theilen entfernt worden ist.

Als Zurichtpapier im weiteren Sinne wird zumeist ein halbgeleimtes, möglichst glattes und weder zu starkes noch zu dünnes Druckpapier verwendet, der erwähnte Aufzugbogen wird demnach einer solchen Sorte, die immer in größerem Quantum am Lager sein muß, entnommen.

Der Aufzugbogen wird vor dem Befestigen leicht mit dem Schwamm angestrichen, an den 4 Rändern etwa 1—1½ Cmtr. breit mit gutem Kleister bestrichen und dann auf dem Deckel festgeklebt. Nach dem Trockenwerden wird der Bogen fest und vollkommen glatt auf dem Deckel sitzen.

Es sei an dieser Stelle gleich das Nöthige über den zur Verwendung kommenden Kleister gesagt. Man benutzt für die Arbeiten an der Presse und Maschine, d. h. für das Befestigen der Bogen, der Zurichtung und das Beziehen des Rähmchens einen Stärkemehlkleister, wie solchen die Buchbinder verwenden. Hergestellt wird derselbe einfach in der Weise, daß man für ein Quantum von etwa ½ Kilogramm Stärke ½ Liter Wasser kocht und die pulverifirte Stärke während des Kochens darin ein, und gehörig durchrührt. Insbesondere für die Arbeiten an der Maschine ist es vortheilhaft, etwas Leim in das Wasser zu thun, denselben durch Kochen vollkommen in dem Wasser zu lösen und dann die Stärke zuzusetzen. Der Kleister erhält auf diese Weise erhöhte Bindekraft und widersteht so besser den Einflüssen, welche insbesondere an den Maschinen der gleichsam schiebende Druck des Cylinders auf die befestigten Bogen und die Zurichtung ausübt. Um den Kleister vor dem Verderben (Sauerwerden) zu schützen, hat man ihm neuerdings mit Vortheil einige Tropfen Karbol= oder Salicilsäure zugesetzt.

Wir walzen jetzt die Form mit der gut eingeriebenen Walze ein, klappen den Deckel zu und reiben behutsam auf der oberen Seite desselben mit der flachen Hand hin und her, damit sich die Umrisse der Form auf dem, selbstverständlich gut befestigten Rähmchen markiren. Viele Drucker suchen dies durch Einfahren der Form und leichtes Herunterziehen des Tiegels mittels des Bengels zu erreichen; wenn wir davon abrathen, so geschieht dies im Interesse der Schrift, denn sie wird durch leichtes Ueberstreichen mit der Hand weit mehr geschont. Das rauhe und knotige Papier, welches häufig zum Ueberziehen des Rähmchens (s. auch Seite 23) genommen wird, kann durch unvorsichtiges Druckgeben mittels des Tiegels sofort die zarten Partien einer Accidenz= oder Illustrationsform lädiren.

Hat man sich die Umrisse der Form auf diese Weise markirt, so klappt man den Deckel wieder auf und schneidet nun jede einzelne Columne etwa rings herum eine Cicero weit vom Rande ab aus dem Rähmchen heraus.

Drucken wir eine sehr splendide Accidenzform mit größeren, weit auseinander stehenden Titelzeilen oder eine Plakatform, so schneiden wir sogar die einzelnen Zeilen aus dem Rähmchen heraus; drucken wir eine Rechnung, so lassen wir im Rähmchen auch den ganzen Theil des Papiers stehen, welcher die zum Eintragen der Posten bestimmte große Colonne deckt. In gleicher Weise verfahren wir bei Tabellen, ja, wir gehen bei diesen noch weiter und lassen sogar schmälere Colonnen bedeckt. Da nun solche Deckstreifen des Rähmchens des nöthigen Haltes nach der oberen Seite zu entbehren, so hilft man sich mit Vortheil damit, lange, dünne Holz= spähne, am besten von sogenanntem Schusterspahn darauf und angemessen weit herunter auf den nicht ausgeschnittenen Theil des Rähmchens zu kleben und diesen Deckstreifen so genügenden Halt zu geben.

Bei Formen, welche sehr fette, viel Farbe verlangende Titelzeilen haben (also insbesondere bei Plakatformen), und bei denen zwischen den Zeilen nicht so viel Raum vorhanden, daß man einen Streifen des Rähmchens stehen lassen kann, hilft man sich, dünnen Bindfaden oder Zwirn straff einzuziehen. Diese Manipulation ist deshalb oft unerläßlich, weil die fetten Zeilen das Papier nach dem Druck derart auf der Form festhalten, daß es förmlich heruntergezogen werden muß; dieses Herunterziehen aber wird ohne große Mühe, ohne Zeitverlust und ohne daß sich der Drucker die Hände beschmutzt, durch diese Fäden ermöglicht.

Auf dem Rähmchen finden ferner noch die sogenannten Träger oder Bauschen Platz; druckt man z. B. Tabellen oder sonstige Formen mit Linien, so muß man verhindern, daß das

Rähmchen an den großen, tiefliegenden Flächen nicht so tief einsinkt, weil dies die Güte des Drucks beeinträchtigt und leicht das sogenannte Schmitzen, von dem wir bereits früher gesprochen, herbeiführt.

Diesem Einsinken des Rähmchens beugt man auf verschiedene Weisen, deren jede ihre Liebhaber zählt, vor. Die Einen heben die Stege der Form und des Anschlags an solchen Stellen, indem sie dieselben durch Unterlegen mit Quadraten oder Gevierten um etwa eine Cicero erhöhen; Andere benutzen die an manchen Sorten von Bleistegen in gewissen Abständen vorhandenen Löcher, um in dieselben Korkstücken zu stecken und das Rähmchen so höher zu betten, wenn es niedergelegt ist; die gebräuchlichste Manier aber ist und wird solche meist auch noch bei den vorstehend beschriebenen Methoden zur gründlichen Nachhülfe Anwendung finden müssen, daß man flache, angemessen starke Stücken Korkstöpsel, Holz oder zusammengefaltetes Papier an die gefährdeten Stellen klebt und so dem Rähmchen nicht nur eine höhere Lage giebt, sondern ihm auch eine elastischere, den Druck verbessernde Auflage sichert.

Nachdem das Rähmchen in der vorstehend beschriebenen Weise ausgeschnitten worden, walzt man die Form ein und macht einen Abzug auf Zurichtpapier, dabei zunächst ermittelnd, ob alle Theile der Form drucken und nicht etwa Ränder derselben oder einzeln stehende Zeilen im Rähmchen unausgeschnitten geblieben sind, sich schreiben, wie der Drucker sagt, und deshalb nicht mitdrucken.

Bei größeren Formen, insbesondere bei Werkformen, bei Arbeiten in mehrfarbigem Druck, wie bei allen sonstigen complicirteren Formen, ist es gerathen, ja nothwendig, vor dem Zurichten die Punkturen zu setzen und Register zu machen; denn hat man bereits zugerichtet und verändert, wie dies oft nöthig, des Registers wegen am Stande der Form, so ist die Zurichtung häufig verloren. Wegen der verschiedenen Arten von Punkturen verweisen wir die Leser auf das Seite 25 Gesagte und bemerken noch, daß man die in Schlitzen anschraubbaren und darin verschiebbaren Punkturen zumeist für große Werk- und Tabellenformen, die übrigen aber deshalb vornehmlich für Accidenzformen benutzt, weil man sie an jeder beliebigen Stelle des Deckels befestigen, also der Form besser anpassen kann, wie die großen Federpunkturen. Bei Werkformen setzen wir also z. B. eine Federpunktur oder auch die gleiche Art ohne Federn in einer Länge ein, daß sie mit ihren Spitzen bis etwa 3—4 Ctmr. vom Rande des Papiers in den Mittelsteg und genau in dessen Mitte hineinragen. Man kann sich zu dem Zweck die Mitte leicht auf den Deckel durch einen Bleistiftstrich markiren. Das Einstechen der Punkturlöcher muß auch in diesem Fall ganz so erfolgen, wie dies unsere Fig. 67 und 68 Seite 191 zeigen und ist auch beim Pressendruck gerade wie beim Maschinendruck ganz dieselbe Rücksicht hinsichtlich des Standes der Punkturen zu nehmen, wenn man Formen zum Umschlagen und wenn man solche zum Umstülpen druckt. Näheres darüber sehe man gleichfalls Seite 191.

Sind die Punkturen genau in dieser Weise gesetzt worden und man zieht einen Bogen ab, ihn dann je nach Erforderniß umschlagend oder umstülpend, so muß das Register stimmen. Kleine, sich seitlich ergebende Differenzen werden durch Verschieben der Punkturen in den Schlitzen, nach oben oder unten zu bemerkliche dagegen durch leichtes Herauf- und Herunter-

angemessener Form unterlegen, so würde sich die Stelle, welche man auf diese Weise regulirte, auf dem nächsten Abdruck sehr genau markiren.

Zur Geschichte der Holzschneidekunst.

Die Geschichte aller Künste führt zurück auf unbedeutende und rohe Anfänge, von denen aus sich — zumeist erst im Laufe von Jahrhunderten — eine reinere und geläuterte Kunstform entwickelte. Wie sehr auch an künstlerischem Werthe die Venus von Milo von dem plump behauenen Baumstamm verschieden ist, der in grauer Vorzeit, in der Vorgeschichte des hellenischen Alterthums irgend ein Götterbild darstellen sollte — immerhin haben wir diesen als die nothwendige Vorstufe einer höheren Kunstentwickelung zu betrachten und bei der historischen Darstellung von ihm Notiz zu nehmen.

Was nun speciell die Geschichte der graphischen Künste betrifft, so muß bemerkt werden, daß sie einen wesentlich anderen Bildungsgang genommen haben, als die bildenden Künste. Denn während Sculptur, Baukunst und Malerei im griechisch-römischen Alterthume zu einer so herrlichen Blüthe gelangten, daß die Werke dieser Zeit immer als unvergleichliche Muster reiner Schönheit gedient haben und die

A.

Zur Geschichte der Holzschneidekunst.

Die Geschichte aller Künste führt zurück auf unbedeutende und rohe Anfänge, von denen aus sich — zumeist erst im Laufe von Jahrhunderten — eine reinere und geläuterte Kunstform entwickelte. Wie sehr auch an künstlerischem Werthe die Venus von Milo von dem plump behauenen Baumstamm verschieden ist, der in grauer Vorzeit, in der Vorgeschichte des hellenischen Alterthums irgend ein Götterbild darstellen sollte — immerhin haben wir diesen als die nothwendige Vorstufe einer höheren Kunstentwickelung zu betrachten und bei der historischen Darstellung von ihm Notiz zu nehmen.

Was nun speciell die Geschichte der graphischen Künste betrifft, so muß bemerkt werden, daß sie einen wesentlich anderen Bildungsgang genommen haben, als die bildenden Künste. Denn während Sculptur, Baukunst und Malerei im griechisch-römischen Alterthume zu einer so herrlichen Blüthe gelangten, daß die Werke dieser Zeit immer als unvergleichliche Muster reiner Schönheit gedient haben und die

B.

Ein gerade abgeschnittenes Blatt behält erklärlicher Weise an den Rändern die volle Stärke des Papiers, wirkt in Folge dessen mit seiner vollen Fläche ohne seine Wirkung nach und nach abzustufen. Um einen richtigen, unmerklichen Ausgleich zu bewirken, benutze man deshalb nur schräg gerissenes Papier in angemessener Form, da dieses an den Rändern schwach verläuft. Beim Ausschneiden beachte man, daß der Schnitt nicht gerade herunter erfolgt, sondern man führe das Messer schräg, damit es die Papierlage schräg, also gleichfalls schwach verlaufend durchschneidet. Alle zum Unterlegen benutzten Papiertheile befestige man solid aber nur dünn mit Kleister bestrichen. Welche Art Messer man am besten für Werkzurichtungen benutzt, haben wir schon vorstehend erwähnt.

2. **Werke mit Linieneinfassung.** Deckeleinlage am besten aus Papier oder Glanzpappe. Bei Formen mit Linieneinfassungen stellt sich das sogenannte Schmitzen, von dem wir bereits genügend gesprochen, um so leichter ein, weil meist zwischen Einfassung und Text ein leerer, durch den Zwischenschlag entstehender Raum vorhanden ist, das Papier demnach beim Druck in denselben hineinsinkt und auf der geringen Fläche der Linie keinen Halt findend, leicht verzogen wird und dem Druck auf diese Weise etwas Unbestimmtes, Verwischtes giebt.

Der Grad der Feuchtigkeit des Papiers trägt auch wesentlich zur Erzeugung des Schmitzens bei. Bei trockenem Papier zeigen sich die genannten Uebelstände am leichtesten und zwar wohl deshalb, weil demselben die Geschmeidigkeit fehlt, welche das Feuchten doch zweifellos hervorbringt.

Als Hülfsmittel nun, welche dem Drucker gegen das lästige Schmitzen der Linien zu Gebote stehen, sind in erster Linie die vorhin erwähnten Träger oder Bauschen zu betrachten und sind solche in angemessener Stärke an den Seiten der Linien auf dem Rähmchen zu befestigen. Daß die Zurichtung eine exacte sein und der Text einen schärferen Druck erhalten muß, wie die Linien, vorausgesetzt, daß es feine oder doppelfeine sind, ist selbstverständlich. Der erstere wird deshalb zumeist in seiner ganzen Ausdehnung unterlegt werden müssen.

Ueber das Zurichten der Linien selbst wird der Leser noch bei Beschreibung der Zuricht-weise von Accidenzformen mit Linien eingehender belehrt werden. Haben Formen mit Einfassung große Ueberschläge oder Unterschläge an einer oder mehreren Columnen, so werden, da Bauschen in diesem Fall und auf diese Stellen treffend nicht am Rähmchen anzubringen sind, solche Bauschen oder Träger in die leeren Stellen der Form eingelegt, zu welchem Zweck sie mit einer kleinen, weichen, nicht über die Schrifthöhe hinausragenden Handhabe zu versehen sind. So zeitraubend dieses Ein- und Auslegen der Bauschen ist, so giebt es doch keinen andern Weg, den Uebelständen vorzubeugen, welche solche leere Räume mit sich bringen. Außer dem Schmitzen schmieren solche größere Stellen leicht, weil sie infolge der Einfassung nicht durch das Rähmchen selbst bedeckt werden.

3. **Tabellen.** Deckeleinlage am besten aus Papier oder Glanzpappe. Von Tabellen gilt so ziemlich das, was wir vorstehend angaben. Hier spielen die Bauschen und Träger jedoch, wie auf Seite 233 erwähnt wurde, eine noch größere Rolle. Fette Kopf- und Längenlinien werden zumeist unterlegt werden müssen.

4. **Stereotypformen.** Deckeleinlage am besten weich, also von dünnem Filz. Bei der Zu-richtung von Stereotypformen findet das vorhin erwähnte Unterlegen von unten ganz besonders vortheilhafte Anwendung, ja, dasselbe ist hier sogar ganz unerläßlich; theils ist mangelhaftes und unegales Abtreten oder Abhobeln der Platten Schuld, theils war das Verziehen der Matrize der Grund, daß die Oberfläche im Guß nicht vollkommen plan und eben wurde, somit an einzelnen Stellen weder von der Walze richtig getroffen und geschwärzt werden kann, noch auch an den tiefer liegenden Stellen trotz aller Zurichtung den richtigen Druck des Tiegels empfängt.

An solchen Platten zeigt sich ganz besonders häufig der Uebelstand, daß die Seitenränder wie die Columnentitel zu scharf kommen. Den gemachten Abzug nehmen wir auch hier zum Maßstab für die Zurichtung und beginnen zunächst mit der Regulirung unter den Platten, zu diesem Zweck eine nach der anderen von ihren Unterlagen lösend und sie in der erforderlichen Weise unterlegend. Wäre z. B. eine Platte an der rechten Seite um ein dünnes Papierblatt schwächer als an der linken, so wird ein dünnes Blatt unter die schwache Seite geklebt und ihr so die richtige Höhe gegeben; wäre die Differenz dagegen eine größere, betrüge sie beispielsweise die Stärke eines Kartenspahnes, so klebt man am besten mehrere dünne Blätter über einander und zwar stets nur schräg wellenförmig eingerissene, damit die Unterlage verlaufend wirkt, nicht aber sich schroff auf dem Abzug markirt, was unzweifelhaft geschehen würde, wenn man einen zu dicken Cartonstreifen glatt abschneidet und als Unterlage benutzt.

Das nachfolgende Beispiel möge dem Leser zeigen wie deutlich sich solch mangelhaftes Unterlegen auf dem Druckbogen markirt und wie wenig man sonach seinen Zweck, eine Regulirung des Aufsatzes zu bewirken, erreicht.

> Die Geschichte aller Künste führt zurück auf unbedeutende und rohe Anfänge, von denen aus sich — zumeist erst im Laufe von Jahrhunderten — eine reinere und geläuterte Kunstform entwickelte. Wie sehr auch an künstlerischem Werthe die Venus von Milo von dem plump behauenen Baumstamm verschieden ist, der in grauer Vorzeit, in der Vorgeschichte des hellenischen Alterthums irgend ein Götterbild darstellen sollte — immerhin haben wir diesen als die nothwendige Vorstufe einer höheren Kunst!en!

Bei dem Unterlegen mit dünnen Papierblättern, welche man auseinanderlegt, darf man aber auch wieder nicht zu weit gehen, denn eine zu große Zahl der Blättchen bilden eine so elastische Unterlage, daß sie wiederum einen guten Druck unmöglich machen.

Häufig sind es aber nicht die Ränder der Platten, welche zu schwach kommen, sondern es befinden sich schwächere Stellen in den anderen Theilen derselben; auch diese müssen sorgfältig in der vorstehend beschriebenen Weise unterlegt und so zum scharfen Drucke gebracht werden.

Sind sämmtliche Platten auf diese Weise regulirt worden, so beginnt man mit der eigentlichen Zurichtung von oben, d. h. im Deckel. Das Verfahren ist in diesem Fall ganz dasselbe, wie beim Schriftsatz. Ueber die Art und Weise, auf welche man die zumeist Corpus oder Cicero stark gegossenen Stereotypplatten auf die erforderliche Schrifthöhe bringt und was man beim Schließen derselben zu beobachten hat; werden wir in einem späteren Capitel specieller behandeln und zwar in dem Capitel über das Schließen der Formen für die Schnellpresse, da man ja heut zu Tage Stereotypformen zumeist auf der Maschine druckt.

5. Accidenzien.[*]) Accidenz-Arbeiten sind, wie dem Leser bekannt ist, meist aus den verschiedensten Schriften, Linien &c. zusammengesetzt und, da nicht alle diese Schriften gleichmäßiger Abnutzung unterworfen waren oder aber nicht aus einer und derselben Gießerei hervorgingen und, wenn dies auch der Fall, nicht immer so genau gehobelt sind, daß ihre Höhe vollkommen mit einander übereinstimmt, so hat hier der Drucker die Aufgabe, mittels einer sorgfältigen Zurichtung diese Mängel zu heben und alle Zeilen der betreffenden Arbeit in gleich klarem Druck wiederzugeben. Man wird deßhalb mit den verschiedensten Papiersorten zu unterlegen haben, wird dünnstes Seidenpapier, Florpost, dünnes Post- und stärkere Papiersorten zu verwenden, bei zu großen Differenzen wohl auch mit starkem Papier hier und da eine Zeile von unten zu unterlegen haben, damit sie nicht nur den gehörigen Druck bekommt, was allenfalls auch durch das

---

[*]) Wir folgen hier der in Kürze!: Die Schnellpresse, Verlag von Alexander Waldow in Leipzig gegebenen, auch für Laien sehr verständlich geschriebenen Anleitung zum Zurichten.

Unterlegen auf dem Deckel erzielt werden kann, sondern vielmehr, damit sie auch von der Walze richtig getroffen und geschwärzt wird und infolge dessen auch gut gedeckt druckt.

Es giebt viele Drucker, welche stets durch Unterlegen von unten nachhelfen und dadurch besonders bei Formen, welche kräftige, fette Zeilen zwischen dergleichen zarten stehen haben ein sehr gutes Resultat erzielen, da die von unten unterlegte, also höher stehende fette Zeile einigermaßen die zarten Zeilen vor dem übermäßigen Schwärzen schützt, während sie selbst die gehörige Deckung und den gehörigen Druck empfängt.

Breitere und schmälere Papierstreifen in verschiedenen Stärken erhält der Drucker leicht von dem für die Druckerei arbeitenden Buchbinder.

Bei einer Zurichtung von Accidenzien, welche allen Anforderungen an Sauberkeit des Druckes genügen soll, ist es nicht nur Aufgabe des Druckers, jede Zeile klar und ihrem Schnitt angemessen kräftig oder zart wiederzugeben, er hat auch die Zeichnung der Schriften zu beachten und selbst bei den einfachsten derselben darauf zu sehen, daß Grund- und Haarstriche regelrecht ausdrucken, die Grundstriche kräftig, die Haarstriche aber fein. Erklärlich ist es, daß bei größeren Schriftgraden die Mängel der Schriften, beruhen diese nun auf weniger exactem Schnitt, größerer Abnutzung oder schlechter Zurichtung, mehr hervortreten, wie bei kleineren, es ist daher die Aufgabe des Druckers, den mangelhaften Schnitt oder die größere Abnutzung einer Schrift größeren Grades durch eine gute Zurichtung zu verbessern.

Die sogenannten Egyptienne-, Grotesque- und Steinschriften, also die Schriften, welche keine eigentlichen Haarstriche haben, bedürfen gewöhnlich weiter keiner Zurichtung, als daß man sie angemessen unterlegt, wenn sie nicht kräftig kommen. Anders ist dies dagegen bei den gewöhnlichen Fractur- und Antiquaschriften, den Albine-, Elzevir- ꝛc. sowie den Gothischen und Canzlei-Schriften, also bei allen denen, welche Haarstriche haben.

Bei diesen Schriften muß der Drucker sehr häufig durch Ausschneiden der Haarstriche nachhelfen, sollen dieselben sich zart im Druck wiedergeben.

Dies zu erzielen, schneidet man dieselben auf einem Zurichtbogen sorgfältig in der Weise heraus, wie das nachstehende Ra und Za zeigt:

Ra   Ra   Ra

Za   Za   Za

Unzugerichtet.   Ausgeschnitten auf dem   Zugerichtet.
                  Zurichtbogen.

Vorstehende linke Beispiele zeigen die Schrift unzugerichtet, die Beispiele rechts zugerichtet, nachdem der Ausschnitt in der durch das mittlere Beispiel gezeigten Weise bewerkstelligt worden ist.

Es ist besonders wichtig, die Zurichtung in dieser Weise herzustellen, wenn man z. B. einen ganz aus Antiqua-Versalien gesetzten Titel, ein Diplom oder eine sonstige ähnliche Arbeit druckt, denn Nichts sieht schlechter aus, als wenn der Unterschied der Druckstärke zwischen Grund- und Haarstrichen sich nicht genügend markirt.

Ganz in derselben Weise muß auch die Zurichtung der Zierschriften bewerkstelligt werden. Wir besitzen z. B. deren, welche den kräftig und fett gehaltenen Buchstaben von einer feinen Linie oder feiner Schraffirung umgeben zeigen.

Wenn man hier nicht auch durch die Zurichtung nachhelfen wollte, so würde oft die geschmackvollste und zarteste Schrift an Ansehen verlieren. Beispiel:

Unzugerichtet.   Ausgeschnitten auf dem   Zugerichtet.
                  Zurichtbogen.

Das linke Beispiel zeigt die Schrift unzugerichtet; die feine Linie, welche den Buchstaben umgiebt, kommt zu dick, während dieser in seiner Fette nicht genügend hervortritt. Dem abzuhelfen schneiden wir, wie das mittelste Beispiel zeigt, die feine Linie aus einem Zurichtbogen heraus und in Folge dessen wird sie einen weit schwächeren Druck erhalten wie der Haupttheil des Buchstabens der dann kräftig wiedergegeben wird.

Mit diesem Verfahren ist aber nicht immer vollkommen abgeholfen; wenn z. B. die feine Linie einer solchen Zierschrift an einer Stelle tiefer liegt wie an den übrigen Theilen, so daß sie nicht, oder nicht genügend mitdruckt, so würde man falsch verfahren, wollte man dieselbe an dieser Stelle auch mit herausschneiden; die tiefer liegende Stelle würde dann erst recht nicht kommen; man darf die Linie mithin nur bis an diese Stelle hin ausschneiden, sie selbst aber wird man unterlegen müssen. Beispiel:

Unterlegt ─
und

Unzugerichtet.   ausgeschnitten.   Zugerichtet.

An der oberen Ecke des R bemerken wir eine Lücke, während die anderen Theile der den Buchstaben umgebenden Linie zu scharf, dieser selbst aber zu matt kommt. Wir schneiden deshalb, wie das mittlere Beispiel zeigt, die feine Linie aus einem Zurichtbogen heraus, auf den nicht genügend druckenden Theil aber legen wir ein angemessen starkes Blättchen und erhalten nun ein Resultat, wie es das rechts stehende Beispiel uns verdeutlicht.

Um den, insbesondere mit dem Fach nicht genügend vertrauten Lesern die Manipulation des Zurichtens in solchen Fällen recht deutlich und verständlich zu machen, haben wir die Mängel an unseren Beispielen etwas stärker hervortreten lassen, wie solche zumeist in der Wirklichkeit vorkommen.

Zum Unterlegen einzelner seiner Theile eines Buchstabens einer Verzierung, Linie ꝛc. benutzt der Drucker am besten mehr oder weniger spitz zugeschnittene Seidenpapierstreifen ∨; mittels dieser Spitzen kann er die feinsten Theile sicher treffen, ohne daß das daneben Stehende, welches eines Unterlegens nicht bedarf, darunter zu leiden hat.

Alle aufzuklebenden Papierstücke oder Streifen müssen gut mit Kleister bestrichen werden, damit sie halten und sich nicht während des Druckes verschieben, sich auch nicht zum Theil loslösen und auf andere Theile zu liegen kommen, deren Aufsatz also beeinträchtigen resp. verstärken, oder aber sich ganz loslösen und so die Zurichtung illusorisch machen.

Linien und Verzierungen bilden meist auch einen wesentlichen Bestandtheil der Accidenzien. Von ersteren kommen feine, fette, punktirte und Wellenlinien oder die aus diesen Sorten zusammengesetzten Arten in Betracht. Die Aufgabe des Zurichtenden besteht darin, diese Liniensorten ihrem Bilde angemessen druckend zu machen; eine feine Linie demnach fein, eine fette kräftig und gut gedeckt.

Manche Druckerei hat ihre feinen Linien von vorn herein um ein Seidenblatt niedriger hobeln lassen, wie die eigentliche Schrifthöhe, es wird demnach dem Drucker viele Mühe gespart, da wohl alle auf richtige Höhe gehobelten feinen Linien zu scharf kommen, zumal wenn sie, was bei Accidenzien ja meist der Fall ist, frei stehen. Bei den fetten Linien, welche ja überhaupt eines kräftigeren Druckes bedürfen, um voll auszudrucken, ist eine niedrigere Höhe selbstverständlich nicht angebracht, zumeist wird sogar ein Unterlegen derselben erforderlich sein.

Nachstehende Beispiele mögen dem Leser die falsche und die richtige Druckstärke verdeutlichen.

Zu scharf druckende Linien.   Richtig druckende Linien.

Um die richtige Druckstärke zu erzielen muß der Drucker also eventuell ganz oder aber nur theilweis unterlegen oder herausschneiden, je nachdem sich die Linie im Druck zeigt. Einer Nachhülfe verlangen gewöhnlich die Stellen, an welchen zwei zusammengesetzte Linien aneinander treffen.

Die beiden Enden eines Linienstückes nutzen sich erklärlicher Weise sehr leicht ab, die Oberfläche desselben senkt sich infolge dessen und druckt dann nicht mehr deutlich aus. Beispiel:

Zusammengesetzte Linie, unzugerichtet.

Das Zurichten der Druckform.

In diesem Fall ist es nun die Aufgabe des Druckers, durch accurate Zurichtung nachzu=
helfen. Ist nur eine der Linien mangelhaft, so muß die mangelhafte Stelle mit einem zuge=
spitzten Seiden= oder Postpapierblättchen unterlegt werden; zeigen beide Linien diesen Mangel,
so muß das Unterlegen über beide weg geschehen. Der Erfolg dieses Zurichtens wird, sobald
die Linie nicht zu schlecht ist, folgender sein:

$$- - - - \qquad - \quad -$$

Zusammengelegte Linien, zugerichtet.

Bei dem Beispiel auf Seite 244 erkennt man ganz deutlich die Stelle, an welcher beide
Linien zusammentreffen; bei dem oben stehenden dagegen hat die Zurichtung diese Stelle voll=
kommen geebnet, so daß die Linie, wenn man sie nicht ganz genau betrachtet, erscheint, als bestände
sie nur aus einem Stück.

Ein Uebelstand, welcher sich sehr häufig einstellt und welcher sich besonders auch während
des Druckens selbst zeigt, ist das sogenannte Steigen der Linien; die Linie hebt sich in diesem
Fall von dem Fundamente ab, steigt in die Höhe und druckt infolge dessen ganz oder theil=
weise kräftiger.

Als Ursache für diese Erscheinung ist zum Theil mit die Elasticität des, aus so vielen
kleinen Theilen gebildeten Materials eines Schriftsatzes zu betrachten, oft aber ist der Fehler
wo anders zu suchen und zwar entweder in der schlechten Regulirung des Satzes seitens des
Setzers oder in dem mangelhaften und unrichtigen Schließen des Druckers.

Ist der Satz schlecht regulirt, z. B. bei einer Rechnung die leeren Räume zwischen den
Linien nicht richtig und zwar nicht hinreichend ausgefüllt, so daß die Linien länger sind, wie
die zwischen ihnen liegende Ausfüllung von Bleistegen oder Quadraten, so erleiden die Linien
durch das Schließen eine größere Pressung wie die Ausfüllung und drängen sich nach der
Höhe zu.

Auch bei genau regulirtem Satz muß der Drucker das zu feste Schließen vermeiden, denn
sobald die compacteren Theile der Form so zusammengepreßt sind, daß ihre Elasticität auf=
gehoben ist, so wirkt das Schließen dann vornehmlich auf die Linien und drängt sie nach oben.

Endlich ist in manchen Fällen noch Ursache des Steigens, daß die Linie oder die sie ein=
schließenden Quadraten oder Bleistege schlüpfrig sind.

Einen weiteren Bestandtheil der Accidenzien bilden häufig Einfassungen und Verzierungen
aller Art zum Theil in zarter, zum Theil in kräftigerer Zeichnung oder auch beide in sich ver=
einigend. Bei ihnen muß natürlich auch darauf Bedacht genommen werden, daß sie sich ihrer
Zeichnung entsprechend wiedergeben, also zarte, in feinen Linien ausgeführte, zart, dabei aber
vollständig scharf und rein, kräftig gehaltene dagegen auch angemessen kräftig.

Kommen Einfassungen in Form von Ecken und Mittelstücken zur Verwendung, deren Ver=
bindung mittels Linien hergestellt ist, so hat auch hier der Drucker seine Aufmerksamkeit darauf

zu lenken, den Anschluß der Linien an die Zeichnung der Ecken und Mittelstücken gehörig heraus: zuheben. Zumeist läuft die Zeichnung solcher Ecken in feinen oder halbfetten Linien aus; sind diese Ausläufer nun abgenutzt, so vereinigen sie sich nicht genügd mit den angesetzten Linien, zeigen vielmehr auf dem Druck Lücken und beeinträchtigen das gute Aussehen der Arbeit. Der Drucker muß demnach auch hier mit der Zurichtung nachhelfen und geschieht dies in derselben Weise, wie wir vorhin bei den zusammengesetzten Linien beschrieben haben.

Die Einfassungen sind oft mangelhaft geschnitten, oft auch seitens des Schriftgießers mangelhaft gehobelt, so daß die einzelnen Stücke nicht aneinanderschließen und keine ununter: brochen fortlaufende Verzierung bilden. Auch hier muß die Zurichtung verbessernd wirken, indem man die tiefer liegenden Anschlußpunkte unterlegt, damit sie vollständig ausdrucken. Beispiel:

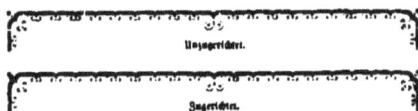

Unzugerichtet.

Zugerichtet.

Ganz besondere Sorgfalt hat der Drucker auf die Zurichtung der jetzt so vielfach zur Anwendung kommenden Züge und Verzierungen zu verwenden. Diese zeigen meist auch zarte und kräftigere Linien, man muß deshalb auch hier die zarten zumeist herausschneiden. Beispiel:

Unzugerichtet.   Zugerichtet.

6. **Illustrationen.** Deckeleinlage hart, am besten aus Papier oder Glanzpappe. Unter Illustrationen oder richtiger Illustrationsplatten versteht der Buchdrucker Holzschnitte, auch neuer: dings Chemitypien, Phototypien, Zinkhochätzungen x. x. Derartige Illustrationsplatten können im Original oder in von diesem genommenem Bleicliché*) und Galvano**) zugleich mit und in dem Text eines Werkes, oder aber selbstständig zur Verwendung kommen.

Beim Druck einer Form mit Illustrationen kommt es ganz besonders darauf an, diesen die zu ihrer reinen und scharfen Wiedergabe richtige Höhe möglichst schon vor dem Einheben zu geben, man nimmt ihre Regulirung deshalb am besten auf der Schließplatte vor.

Wie man beim Schließen der Form ein hölzernes Lineal an die Seiten der Columnen anlegte, um ihren richtigen Stand zu ermitteln, so thut man dies hier auch auf der Oberfläche,

---

*) Bleicliché sind die mittels Stereotypie gewonnenen Copien einer Platte. Für Illustrationsplatten wird fast ausschließlich die Gypsstereotypie verwendet, weil diese die feinen Linien scharf und die tiefsten Schattenpartien glatt wiedergiebt, was bei der Papierstereotypie nicht in gleichem Maß der Fall ist.

**) Galvanos, auch Galvanotypen, Electrotypen oder Kupferclichés genannt, sind die mittels der Galvanoplastik gewonnenen Copien.

um zu sehen, welche der Stöcke*) zu niedrig sind. Man nimmt dann einen nach dem anderen heraus und unterlegt, resp. unterklebt ihn mit Papier von angemessener Stärke, bis er die richtige Höhe bekommen hat.

Dieses Verfahren würde jedoch nur dann zulässig sein, wenn die Stöcke schon für den Satz wenigstens bis auf eine geringe Differenz auf richtige Höhe gebracht worden sind, sei es nun, daß z. B. das Holz des Holzschnittes schon ursprünglich annähernd Schrifthöhe hatte, oder sei es, daß eine Unterlage von Holz seitens des Tischlers aufgenagelt, oder in der Druckerei eine Lage Quadraten oder Durchschuß darunter befestigt wurde. Bei Holzschnitten wird das letztere Verfahren sehr oft nöthig sein, denn das Buchsbaumholz hat selten die richtige Höhe und zumeist scheut der Auftraggeber auch die Kosten, die Stöcke vom Tischler auf Höhe bringen zu lassen.

Das Aufnageln von Bretchen unter einen nicht die richtige Höhe habenden Stock ist unzweifelhaft dem Unterlegen mit Quadraten vorzuziehen, doch kann man das erstere nur mit Vortheil bei allen den Stöcken anwenden, welche mindestens eine Nonpareille zu niedrig sind. Zu dünne Bretchen werfen sich leicht und beeinträchtigen den Aussatz, man thut daher besser, bei geringeren Höhedifferenzen angemessen starken Durchschuß zu nehmen und damit die untere Seite des Stockes zu belegen, einen möglichst dicht an den anderen. Man hüte sich aber stets, falsche, stärkere Stücke irrthümlicher Weise mit zu verwenden, weil dies schwer wieder gut zu machende Folgen haben würde; auch vermeide man zweierlei Quadraten oder Durchschuß über einander zu legen, weil solche sich sehr leicht verschieben und dann dieselbe Wirkung auf den Stock ausüben, wie ein Quadrat stärkeren Grades.

Die sicherste Befestigungsweise solcher Unterlagen ist die, daß man unten auf den Block ein Stück dünnes Papier mit Kleister befestigt, das Papier auf der unteren Seite wieder mit Kleister oder feinem Gummi bestreicht und die Quadraten dann darauf legt, so daß sie fest kleben; man verhütet auf diese Weise alles Verschieben, hat dafür allerdings die Pflicht, das benutzte Material nach dem Ausdrucken von dem anhängenden Kleister und Gummi zu reinigen.

Hüten muß man sich besonders, derart verunreinigte Quadraten ohne vorherige Reinigung wieder zu dem gleichen Zweck zu benutzen, den die darauf sitzende Kleister- oder Gummischicht würde eine ganz ungleiche Unterlage geben.

Ein zweites Verfahren, die Stöcke einer Form genau zu justiren, ist, jeden Stock herauszunehmen, ihn zwischen zwei schrifthohe Metallstege zu stellen und durch ein über diese gelegtes Lineal zu ermitteln, wie viel man noch zu unterlegen hat. Dieses Verfahren ist jedenfalls das zuverlässigste.

Ein Unterlegen ist jedoch sehr oft nicht für die ganze untere Fläche des Blockes nöthig, sondern häufig nur für eine oder die andere Ecke oder aber für die Mitte desselben. Dies zeigt sich am besten, wenn man den Stock auf die Schließplatte setzt und nun auf zwei entgegengesetzte Ecken mit den Fingern tupft. Macht derselbe eine wiegende Bewegung, so beweist dies,

---

*) Wenngleich der Ausdruck Stock für Clichés und Illustrationen in Metall wohl nicht ganz richtig ist, so wollen wir ihn hier doch auch beibehalten, da er allgemein gebräuchlich, demnach auch am besten verständlich ist.

daß er unegal ist und man hat nun zu ermitteln, ob man es auch mit einer verzogenen Bild-fläche zu thun hat, oder ob nur die untere Fläche allein nicht regelrecht ist. Dies ist am leichtesten dadurch zu ermitteln, daß man mit dem Holzlineal ganz leicht über die Bildfläche hinfährt und dabei beobachtet, ob und an welchen Stellen sich Vertiefungen im Bilde zeigen.

Während man einen unegalen Fuß sehr leicht durch Abraspeln der zu hohen, oder durch Unterlegen der zu niedrigen und unegalen Stellen verbessern kann, bedarf es, zeigt sich auch die Bildfläche unegal, einer umständlicheren Behandlung bei der Regulirung; diese Behandlung muß sich nach dem Material richten, woraus der zu regulirende Stock besteht.

Handelt es sich um einen diesen Fehler zeigenden Originalholzschnitt, so muß derselbe gezogen werden. Man macht dies auf folgende Weise: Mittels eines in kaltes Wasser getauchten Schwammes betupft man die tiefer liegenden Stellen des nicht gewaschenen Stockes, stellt denselben dann aufrecht an einen mäßig warmen Ort und ermittelt nach einigen Minuten, ob die Operation die erforderliche Wirkung ausübte. Wäre dies nicht der Fall, was allerdings häufig vorkommt, da nicht ein Holz gleich empfänglich wie das andere ist, so wird das Benetzen und nachherige Aufrechtstellen so lange wiederholt, bis man seinen Zweck erreicht hat.

Wir sagten vorhin nicht ohne Absicht: „den nicht gewaschenen Stock". Der gewaschene, also von den Fetttheilen der Farbe befreite Stock ist zu empfänglich zum Aufsaugen des Wassers und die Folge davon wäre, daß noch andere Theile, welche in Ordnung waren, in Mitleiden-schaft gezogen werden.

Wenn man es mit einem aufgenagelten Gleichclé oder Galvano zu thun hat, so ist das Reguliren der Bildfläche einfacher wie bei dem Holzschnitt; man hebt das Cliché mit einem Messer oder schwachen Meißel ab und legt auf die Rückseite der Stelle, wo sich die Vertiefung befindet, ein Blatt Papier, das man dem Umfange dieser Stelle angemessen groß riß, nicht schnitt. Wie wir bereits vorstehend bei Stereotypen beschrieben, würden auch hier, wie überhaupt beim Unterlegen aller Arten von Platten, geschnittene Blättchen einen nicht verlaufenden Ansatz erzeugen und sich leicht markiren, bei schräg gerissenem Papier ist dies nicht der Fall, da hier die Ränder nach und nach schwächer werden.

Das Wiederbefestigen des Clichés auf dem Klotz ist mit großer Vorsicht vorzunehmen und hat man möglichst etwas stärkere Stifte zu verwenden, damit die von den früheren herrührenden Löcher wieder vollständig ausgefüllt werden und die Platte wieder genügende Besestigung findet.

Man kann, erlaubt es die Größe des Holzklotzes, das Cliché auch etwas verschieben, so daß man also nicht in die alten Löcher zu nageln braucht, oder man bohrt sich behutsam ganz neue Löcher in die Platte um ganz sicher zu sein, daß diese fest auf ihrer Unterlage ruht und nicht von der Walze verschoben oder losgerissen werden kann.

Wir rathen es hiermit insbesondere beim Druck auf der Schnellpresse sehr genau zu nehmen, denn eine gelockerte Platte schiebt sich leicht auf andere Platten oder auf die Schrift, kommt dann unter den Cylinder und ruinirt leicht diesen, sicher aber die Form.

Auch die Holzklötze solcher Platten werfen sich, besonders wenn sie aus nicht vollkommen trockenem Holze gefertigt sind oder feucht gestanden haben, ganz in derselben Weise wie die

Portrait, ohne Zurichtung gedruckt.

4. Ausschnitt.

1. Ausschnitt.

Darstellung der aufeinandergeklebten Ausschnitte für die Zurichtung des Portraits.

Portrait, mit Zurichtung gedruckt.

Portrait in Kreidemanier, zugerichtet.

LA VIERGE DE ... ...AIDE

Druck von einer Ämelhochdruckplatte.

Holzschnitte. Man verfährt, um dies Werfen zu beseitigen, wie vorhin beschrieben wurde. Ein sehr praktisches Verfahren, verzogene Holzplatten wieder gerade zu richten, ist auch, sie leicht mit dem Schwamm anzustreichen oder aber, was noch besser ist, ein feuchtes Papier darauf zu legen und den Stock dann zu beschweren; das behutsame Einschrauben zwischen zwei Bretern in eine oder mehrere Schraubzwingen ist gleichfalls, anstatt des Beschwerens, zu empfehlen.

Manche Stereotypengießereien liefern ihre Platten auf Unterlagen, die der Länge und der Quere nach von unten mit einer feinen Säge eingeschnitten sind, so daß die Einschnitte Quadrate bilden. Dies ist eine nicht zu verachtende Einrichtung, besonders bei größeren Unterlagen, denn das Ziehen wird dadurch fast unmöglich gemacht oder mindestens doch bedeutend gemildert.

Zum Beklotzen von Clichés eignet sich am besten das Mahagony-Holz, weil es der Feuchtigkeit am nachhaltigsten widersteht und große Festigkeit besitzt; in neuester Zeit wird es deshalb fast ausschließlich zu diesem Zweck verwendet.

Alles, was vorstehend über die Behandlung der Clichés gesagt worden ist, gilt auch von den galvanischen Platten, sowie von allen in Metall hergestellten Illustrationen.

Auf einen sehr wichtigen Umstand möchten wir unsere Leser noch aufmerksam machen und zwar darauf, daß die Stöcke einer Form ganz genau winkelrecht und sehr exact ausgeschlossen sein müssen, wenn man nicht fortwährend mit Spießen zu kämpfen haben will.

Sobald ein Stock nicht rechtwinklig ist und der Setzer hat die Differenz nicht wenigstens so genau wie möglich ausgeglichen, so kann es vorkommen, daß man aller 10—20 Bogen Spieße zu entfernen hat, welche sich infolge dieses Fehlers zeigen. Daß aber viel Zeit durch das oftmalige Anhalten und Niederdrücken der Spieße verloren geht, wird sich Jeder sagen können und deshalb dafür Sorge tragen, daß ihm nur genau rechtwinklige Stöcke übergeben werden.

Die Unegalität des Stockes ist aber nicht immer Ursache, daß sich Spieße zeigen, oft liegt der Fehler daran, daß der Stock nicht fest genug ausgeschlossen ist, deshalb federt und nach und nach den Ausschluß herausdrückt; oft aber ist wiederum zu festes Ausschließen schuld; der Stock spannt sich dann seitlich, während die Schrift und der Durchschuß oben und unten locker stehen, so daß von der Walze Durchschuß und Ausschluß heraufgezogen werden können. Ferner kann es vorkommen, daß der Anschlag, welchen der Setzer von Durchschuß oder Quadraten an den Seiten des Stockes machte, zu lang ist und spannt. Aus diesem Grunde ist es durchaus unnöthig, daß der Stock auf das Genaueste von Quadraten oder Durchschuß eingeschlossen ist; liegen nur oben und unten zwischen Text und Stock Durchschuß oder Quadraten, welche das Verschieben der Schrift verhüten, so ist durchaus nicht nothwendig, daß die Seiten der ganzen Höhe des Stockes nach genau ausgefüllt sind; es kann ohne Gefahr eine Viertel- oder Halbpetit nach oben oder unten zu fehlen, weil der Anschlag ja von den Seiten genügende Spannung erhält.

Man sehe stets auf der Schließplatte auch danach, ob an der Seite des Stockes nicht etwa viel kleiner Durchschuß angeschlagen ist, denn dieser ist am gefährlichsten. Ist solcher vorhanden, so lasse man ihn vom Setzer entfernen und nur große Stücke anlegen. Kleinere Quadraten und kleineren Durchschuß anzulegen, ist allerdings oft nicht zu vermeiden; in diesem

Fall wird es von Vortheil sein und Spießen vorbeugen, wenn man anstatt vier Cicero breiter Concordanzstücke solche auf drei Cicero nimmt und sie legt, so daß sie also von der Walze nicht so leicht heraufgezogen, oder durch die Erschütterung und die Unegalität des Stockes nicht so leicht heraufgedrückt werden können. Daß schlüpfrige Bleitheile gleichfalls Spieße herbeiführen, ist schon früher gesagt worden.

Ist einmal gegen eine dieser Regeln gefehlt worden und zeigen sich beim Drucken öfter Spieße an einer Stelle, so thut man immer besser, man läßt den Setzer die Columne in der Presse untersuchen und justiren, als daß man aller Augenblicke hält um sie niederzudrücken.

Ueber Mittag und Abends bei Beendigung der Arbeit muß die Form sorgsam mit Papier oder einer Glanzpappe zugedeckt, die Platten womöglich auch befeuchtet werden, besonders wenn man sie gewaschen hat; man beugt dadurch dem Verziehen vor, ein Uebelstand der besonders leicht eintritt, wenn die Sonne auf das Fundament scheint oder wenn die Presse sich zu nahe an einem Ofen befindet.

Eine in vorstehender Weise von unten regulirte Form heben wir, falls dieses Reguliren nicht in der Presse vorgenommen wurde, nunmehr ein und schreiten zu der eigentlichen Zurichtung.

Beantworten wir uns zunächst die Frage, worin besteht und was bezweckt die Zurichtung einer Illustrationsplatte?

Die Zurichtung einer Illustrationsplatte besteht darin und bezweckt, das Bild, welches sie darstellt, den Anforderungen der Kunst und den Gesetzen der Natur (denn auf diese basirt sich ja auch die Kunst, indem sie dieselbe nachzuahmen sucht) entsprechend im Druck erscheinen zu lassen.

Ein geschickter Zeichner wird dem Bilde zwar schon durch seine Arbeit die richtige Perspective, das Plastische geben, oft aber trägt ein ungeschickter Holzschneider, Zinkograph x. oder ein anderer Umstand dazu bei, daß das druckfertige Stock nicht den Anforderungen der Kunst entspricht.

In diesem Fall ist es nun Sache des Druckers, dem möglichst abzuhelfen, eine Aufgabe, der leider Wenige gewachsen sind, weil sie kein Verständniß für diese Arbeit haben.

Sie wissen meist sehr wohl, daß wenn sie z. B. eine Gebirgslandschaft in der Wirklichkeit in weiter Ferne sehen, diese sich nur in leichten, duftigen Umrissen ihrem Auge zeigt, während die ihnen näher stehenden Häuser, Bäume x. sich deutlich und kräftig von der Landschaft abheben; kommt ihnen aber die Copie einer solchen Landschaft zum Druck unter die Hände, so fällt es ihnen kaum ein, daß es ihre Aufgabe ist, das Bild der Natur entsprechend zu machen, also den Hintergrund duftig abzutönen, dadurch gleichsam in die Ferne zu rücken und den Vordergrund kräftig hervorzuheben.

Dasselbe gilt auch von figürlichen Darstellungen; diese werden meist noch fehlerhafter behandelt. Der Drucker denkt selten daran, daß alle die Theile, welche im Schatten liegen, tief dunkel drucken, die anderen sich mehr oder weniger licht hervorheben, alle diese Töne aber weich verlaufen müssen und daß so erst ein wirkungsvolles Bild entsteht.

Zur Zurichtung selbst übergehend, machen wir einige Abzüge der Form auf möglichst glattes, satinirtes Zurichtpapier und sehen nun zu, an welchen Platten die Höhe noch nicht ganz richtig ist.

Wir schließen dann die Form auf und unterlegen die nicht richtigen Blöcke mit Papier von angemessener Stärke, doch immer so, daß sie nicht zu scharf kommen, weil sie sonst leicht lädirt werden und auch den Deckelaufzug, wie seine Einlagen lädiren, geben zugleich aber auch, wenn nöthig, an die Zurichtung unter dem Stock.

Eine Zurichtung unter dem Stock wird, wie wir bereits früher andeuteten, in allen den Fällen nothwendig sein, wo die Bildfläche eine nicht vollkommen ebene ist, oder wo es darauf ankommt, den tiefen Schatten einen ganz besonders kräftigen, den übrigen Partien einen angemessen schwächeren Druck zu Theil werden zu lassen.

Hat man mit Quadraten unterlegte Stöcke, so muß man selbstverständlich diese Unterlage einstweilen entfernen und die Zurichtung direct auf den Fuß bringen; bei aufgenagelten Metall-platten dagegen bringt man sie möglichst gleich direct unter die Platte selbst, also nicht an den Fuß derselben an.

Um dieses Unterlegen von unten genau zu bewerkstelligen, benutzt man einen vorher von der Form gemachten Abzug, um sich die betreffende Illustration herauszuschneiden. Man klebt dieselbe, mit dem Druck nach unten, genau den Umrissen der Bildfläche des Stockes folgend, auf den Fuß, bei Metallplatten, wie erwähnt, aber möglichst direct unter die Platte und ist nun in der Lage, unter dem Stock in ganz ähnlicher Weise unterlegen zu können, wie wir es nachstehend für die eigentliche Zurichtung im Deckel, die immerhin als die Hauptzurichtung zu betrachten ist, beschreiben.

Ist das Reguliren der Stöcke und das Unterlegen von unten derart bewerkstelligt, daß sie sich bei einem neuen Abzuge klar und deutlich zeigen, so kann man mit der oberen Zurichtung beginnen, zu welchem Zweck man sich auf ein ganz dünnes, ein mittelstarkes und ein starkes Papier etwa je zwei Abzüge macht.

Um dem Leser nun die Art und Weise, wie man die Ausschnitte für eine Illustrations-zurichtung herstellt und wie man sie dann übereinander auf den Margebogen klebt, möglichst deutlich zu machen, haben wir das sich auf Beilage 1 als unzugerichtet zeigende Portrait*) auf Beilage 2 in einzelnen Ausschnitten abgedruckt, während Beilage 3 die auf dem Margebogen übereinandergeklebten Ausschnitte darstellen soll. Wir müssen den Leser hiermit ausdrücklich darauf aufmerksam machen, daß es nicht möglich war, das Uebergängige, Verlaufende der Töne, wie solches bad schräge Reißen der Ränder der Ausschnitte in der Wirklichkeit zur Geltung kommt, auch auf den von uns gegebenen einzelnen Ausschnitten deutlich zu veranschaulichen, wenngleich man auch hier bemerken wird, daß diejenigen Ränder, welche einen Uebergang zu lichteren Partien bilden, im Druck schwächer verlaufend gehalten sind. Unsere Darstellung der Ausschnitte ist auch mehr darauf berechnet, den mit dem Zurichten weniger Vertrauten zu lehren, welche Partien er als Lichttöne, Mitteltöne und Schatten zu betrachten hat und dies läßt sich gerade an unserem schön abgetönten Portrait ganz besonders gut verdeutlichen.

---

*) Wir verdanken dieses schöne Portrait der Güte des Herrn Ernst Keil, des Verlegers der beliebten Gartenlaube. Dasselbe ist dem genannten Blatt entnommen und uns von Herrn Keil aus besonderem Interesse für die Darstellung der Zurichtweise von Illustrationen zur Verfügung gestellt worden.

Unsere erste Figur auf Beilage 2 zeigt uns den für die lichtesten Töne bestimmten Ausschnitt. Wenn man ihn insbesondere dem zugerichteten Abdruck auf Beilage 4 gegenüber betrachtet, so wird man finden, daß hier nur die zartesten Linienpartien herausgeschnitten worden, z. B. die feinen Schattirungen an der Nase, unter den Augen, am Munde, Kinn und den Backen, im Turban 2c. Es ist rathsam, diesen Ausschnitt nur aus einem der auf dünnes Papier gemachten Abzüge herzustellen und da, wo eine ganz besonders weiche Abtönung nöthig ist, wie z. B. an der ganzen Schattenpartie vom Kinn an bis zum rechten Ohr herauf alle Ausläufer einfach schräg abzureißen oder aber beim Schneiden mittels des Zurichtmessers die Klinge schräg und nicht in ganz gerader Linie zu führen, so daß sie das Papier gleichfalls schräg durchschneidet und nicht die volle Stärke desselben stehen läßt.

Viele Drucker ziehen es, wie erwähnt, vor, anstatt des Messers eine feine, spitze Scheere für die Zwecke der Zurichtung zu benutzen.

Betrachten wir uns den zweiten Ausschnitt auf Beilage 2, so finden wir, daß auf demselben die lichtesten wie die lichten Töne weggeschnitten, die Mitteltöne dagegen, also diejenigen Töne, welche so zu sagen die Mitte zwischen den lichten und den Schattenpartien halten, ebenso die Schattenpartien, das sind die kräftigsten, schwärzesten Partien des Stockes, stehen geblieben sind. Daß man in der Wirklichkeit keinen Zusammenhang der seitlich stehenden kleinen Unterlagen mit dem Haupttheil haben wird, brauchen wir wohl nicht specieller zu erklären, daß man aber diese kleinen Theile sorgfältig mit dem Haupttheil des Ausschnittes bei Seite legen muß, um sie beim Aufkleben zur Hand zu haben und zu verwenden, darauf sei hier extra aufmerksam gemacht. Zu diesem zweiten Ausschnitt kann man schon einen stärkeren Abzug benutzen.

Der dritte Ausschnitt endlich zeigt uns nur die tiefsten Schattenpartien des Stockes; alle übrigen Partien sind sorgsam entfernt. Um eine genügende Kräftigung der Schattenpartien zu erzielen, mache man diesen Ausschnitt aus einem der stärkeren Bogen, welche man dazu abzog.

Diese drei Ausschnitte werden nun benutzt, um auf den zum eigentlichen Zuricht- oder Marzebogen bestimmten Abzug aufgeklebt zu werden.

Das Aufkleben geschieht in der Weise, daß Ausschnitt 1 an verschiedenen Stellen dünn mit Kleister oder ganz feinem, dünnflüssigem Gummi bestrichen und genau auf dem Marzebogen befestigt wird. Auf Ausschnitt 1 kommen dann in gleicher Weise die Ausschnitte 2 und 3. Beim Aufkleben geben die Conturen jedesmal den sichersten Anhalt.

Durch dieses Aufeinanderkleben der Ausschnitte auf dem Marzebogen erhält man nun folgende Druckwirkung auf den Stock: Vier Papierstärken wirken auf die Schattenpartien, drei auf die Mitteltöne, zwei auf die lichten und nur eine auf die lichtesten Töne.

Unsere Beilage 3 ist bestimmt, dem Leser das Aussehen einer so übereinandergeklebten Zurichtung wenigstens annähernd zu verdeutlichen. Wir druckten zu diesem Zweck die auf Beilage 2 gegebenen Ausschnittplatten über die eigentliche, hier in ganz lichter Farbe gehaltene Portraitplatte weg und zwar jeden Ausschnitt seinem Zweck gemäß in angemessen dunklerer Farbe, so daß sich also unser Ausschnitt 1 etwas dunkler wie die volle Portraitplatte, Ausschnitt 2 dunkler wie 1 und Ausschnitt 3 wiederum dunkler wie 2 auf dem Druck markiren. Wer diese Beilage mit Aufmerksamkeit betrachtet, wird die Begrenzung der einzelnen Ausschnitte sehr leicht zu erkennen vermögen. Erwähnen möchten wir aber noch, daß wir bei dieser Beilage noch einzelne kleine Partien, welche Ausschnitt 2 der Beilage 2 zeigt (z. B. unter der Nase) wegließen, weil sie sich bei der eigentlichen Zurichtung als nicht unbedingt nothwendig erwiesen.

Auf vorstehend beschriebene Art wäre die normale Zurichtung einer Illustration vollendet und man hat nun, nachdem man alle etwa vorhandenen in gleicher Weise behandelte, nur noch nöthig, die Schrift, wenn vorhanden, in der früher angegebenen Weise zuzurichten und den Zurichtbogen dann, wie gleichfalls früher beschrieben worden, im Deckel zu befestigen.

Beim Zurichten der Schrift muß man in Betracht ziehen, ob die mit ihr zusammen zu druckenden Stöcke etwa sehr kräftig gehalten sind und deshalb vieler Farbe zur Deckung bedürfen. In diesem Fall darf man die Schrift nicht zu stark unterlegen, denn sie würde, da sie der Stöcke wegen schon reichlich mit Farbe versehen wird, zu dick und nicht rein im Druck erscheinen; man muß sie deshalb lieber mit weniger Schattirung drucken, um so einen zu scharfen Aussatz und demzufolge die zu kräftige Wiedergabe zu verhüten.

Man zieht nun einen Bogen ab und ermittelt, ob die Zurichtung eine genügende ist, d. h. ob alle Partien des Stockes sich angemessen abtönen und dabei klar und deutlich hervortreten, insbesondere, ob alle seinen Ausläufer vollkommen zart und alle Schattenpartien kräftig gedeckt kommen.

Wäre eines oder das andere noch nicht ganz der Fall, so kann man auf dem Zurichtbogen und zwar gleich im Deckel je nach Erforderniß durch Herausschneiden oder Unterlegen mit angemessen starkem Papier leicht Abhülfe schaffen.

Eine zu dicke und aus zu vielen Unterlagen bestehende Zurichtung ist zu vermeiden, da sie zu elastisch ist und den Druck beeinträchtigt; man hüte sich deshalb vor dem nachträglichen Unterlegen mit vielen einzelnen Papierstücken, suche vielmehr von vorn herein durch richtige Wahl stärkerer oder schwächerer Ausschnitte eine der Nachhülfe möglichst nicht bedürftige Zurichtung herzustellen.

Bei vielen Illustrationsplatten wird man sogar häufig nur zweier Ausschnitte und zwar eines für die Mittel- und eines für die Schattentöne bedürfen, um sie genügend zur Geltung zu bringen. Wenn wir bei unserem Porträt drei solcher Ausschnitte verwandten, so geschah dies, um in den lichten Partien eine noch weichere Abtönung zu ermöglichen, ein Verfahren, das man bei feinen Portraitschnitten stets wird zur Anwendung bringen müssen.

Man kann aber einen Stock vollkommen regelrecht zugerichtet und sein Bestes daran gethan haben, während ein Kenner die Zurichtung oder richtiger gesagt den Aussatz des Stockes trotzdem verwirft. Viele Drucker versehen es nämlich mit der Druckstärke, d. h. sie geben dem Stock über seine ganze Fläche einen zu schwachen, oder, was noch öfter vorkommt, einen zu kräftigen Druck, der sich dann insbesondere an den zarten Linienpartien ganz besonders bemerkbar macht. Im ersten Fall ist der Stock zu schwach, im zweiten Fall zu stark unterlegt.

Umstehende Illustration mag dem Leser diese Fehler einigermaßen verdeutlichen.

Wenn man die etwa 4 Cmtr. breite äußere linke Partie des umstehenden Bildes betrachtet, so wird man finden, daß hier der Druck entschieden ein zu schwacher ist, deshalb sogar die seinen Linien zu matt kommen und auch die Schattenpartien ganz der Kraft entbehren. Die gleich breite Partie an der äußeren rechten Seite dagegen zeigt zu starken Druck, die seinen Linien kommen deshalb viel zu kräftig. Die Partie in der Mitte dagegen zeigt die richtige Druckstärke.

Zu schwacher Druck   Richtiger Druck   Zu scharfer Druck.

Fig. 100. Fehlerhafte und richtige Druckstärke einer Illustration.

Insbesondere bei figürlichen Darstellungen und vor Allem bei Porträts ist es durchaus nothwendig, es mit der Druckstärke äußerst genau zu nehmen, denn nichts sieht häßlicher und nüchterner aus, als wenn die einzelnen Partien im Gesicht zu hart oder aber zu matt kommen; eines wie das andere bringt eine vollständig falsche Wirkung hervor und beeinträchtigt bei Porträts insbesondere die Aehnlichkeit ganz wesentlich.

Wir haben nun noch über Illustrationen zu sprechen, welche in anderer Weise hergestellt sind als durch den Stich in Holz. Es sind dies mit der Nadel, der Feder, dem Pinsel oder mit Kreide auf Zink gefertigte Zeichnungen oder aber Ueberdrucke der in diesen Manieren auf Stein x. hergestellten Bilder auf Zink, die dann geätzt werden; ferner photographische Uebertragungen auf Zink, die gleichfalls geätzt werden.

Bei allen solchen Platten, die man, wie wir schon früher erwähnten, mit dem Namen Chemitypien, Zinkhochätzungen, Zinkographien, Photozinkotypien bezeichnet, ist die Zurichtung von unten beinahe als Hauptsache zu betrachten, denn diese Platten bedürfen weit mehr einer directen

Einwirkung der Zurichtung auf die verschiedenen Tone, wie der Holzschnitt, die Ausschnitte müssen deshalb die Platte von unten direct kräftigen. Ferner bedürfen sie eines weit härteren Druckes, wie die Holzschnitte und die von diesen gewonnenen Galvanos oder Clichés und zwar deshalb, weil

Fig. 101. Portrait in Kreidemanier, zugerichtet.

die Aetzung die nicht mitdrucken sollenden Stellen nicht so tief legt, daß sie nicht leicht mitkommen, wenn das Papier von der weichen Deckelinlage zu scharf in die Platte eingedrückt wird.

Vorstehend abgedruckte, in Kreidemanier hergestellte Portraitplatte mag dies verdeutlichen. Wie der Leser bemerken wird, druckt dieselbe in unvollkommenster Weise und so, wie dies bei einen Holzschnitt nie der Fall ist. Die Schattenpartien kommen gebrochen, die lichtesten Töne dagegen zu hart und an den Rändern förmlich dick, auch schmieren einzelne vertieft geätzte Stellen. Unsere Beilage 5 zeigt dieses Bild zugerichtet und zwar zur Hauptsache von unten; der Leser wird zugeben müssen, daß dasselbe nun wohl kaum etwas zu wünschen übrig läßt. Um zugleich zu zeigen, welche Wirkung ein Druck auf dem jetzt so beliebten gelblich getönten Papier zeigt, druckten wir das Portrait auf solches Papier.

Im Uebrigen machen auch solche Illustrationsplatten weiter keine Umstände bei der Zurichtung und beim Druck, ausgenommen, daß man häufig keine genügend kräftige Deckung der Schattenpartien erreicht, auch wenn man die beste bei Holzschnittdruck bewährte Farbe nimmt. Ob hier die Verschiedenartigkeit des Zinkes bezüglich seiner Reinheit die Schuld trägt, haben

Fig. 102. Ansicht des Museum und des Dom zu Berlin in Chemitypie dargestellt.

wir noch nicht ermitteln können. Gefunden haben wir jedoch häufig, daß solche Zinkplatten eine graue, dünne Flüssigkeit absondern, die möglicherweise gerade in die fette Farbenschicht der Schattenpartien eindringt, weil diese mit kräftigem Druck auf die Platte gepreßt werden. Wie gesagt, haben wir diese Bemerkung nicht bei allen Platten gemacht, haben uns auch bei denen, welche diesen Uebelstand zeigten, mitunter durch Verstählen geholfen.

Damit der strebsame Drucker auch die in den verschiedenen Manieren hergestellten Illustrationsplatten kennen lerne und über das Nothwendigste betreff der Art und Weise ihrer Herstellung orientirt sei, wollen wir noch einige solche Platten zum Abdruck bringen.

Das vorstehende Bild, Fig. 102 zeigt uns eine in Chemitypie hergestellte Platte. Die Chemitypie ähnelt sehr dem Kupfer- oder Stahlstich oder der Radirung und wurde dieselbe von dem Dänen Piil um das Jahr 1843 erfunden.

Das Verfahren ist im Wesentlichen Folgendes: Auf einer sauber geschliffenen, polirten und grundirten Zinkplatte wird die Radirung von dem Kupferstecher in der gewöhnlichen Weise mit der Nadel gemacht und die Platte sodann geätzt, damit die Radirung sich zur weiteren Behandlung für die **Chemitypie** vertiefe.

Ist dies geschehen, so wird eine Mischung von 7 Theilen Wismuth, 16 Theilen Zinn und 13 Theilen Blei auf die Platte gegossen, so daß dieselbe sich in die vertiefte Zeichnung hineinsetzt; alsdann wird mit einem Schaber alles überflüssige Blei bis auf die Oberfläche der Platte glatt weggeschabt und dieselbe wieder von Neuem geätzt. Die Aetze nun löst das Zink auf, während sie die eingegossene Mischung von Wismuth, Zinn und Blei garnicht angreift, demnach bleibt die Radirung erhaben stehen und kann nun so gut wie ein Holzschnitt auf der Buchdruckpresse gedruckt werden.

Es ist einleuchtend, daß eine so freie, zarte und weiche Zeichnung, wie sie mittels der

Fig. 103. Platte in Photo-Zinkotypie von Karl Haack in Wien.

Nadel möglich, einen für manche Arbeiten unschätzbaren Vorzug vor dem Holzschnitt gewährt und daher wohl für gewisse Zwecke erst ihrer eigentlichen Zukunft entgegen geht, denn bisher wurde dieselbe, wenigstens in Deutschland, nur von einigen Firmen benutzt unter denen besonders A. H. Payne in Leipzig, Isermann in Hamburg, Perthes in Gotha, Jsleib & Rietschel in Gera (die letzteren Firmen benutzen die Chemitypie besonders für Herstellung von Landkarten*) hervorzuheben sind.

Eines der gegenwärtig vollkommensten Verfahren zur Wiedergabe von Illustrationen in allen Manieren auf Zink ist das von Aubel & Kaiser in Lindenhöhe bei Cöln a. Rh. Die Erfinder benennen dasselbe „**Aubeldruck**". Dieses Verfahren, dessen eigentliche Ausführung noch ein Geheimniß der genannten Firma ist, ermöglicht eine Vergrößerung und Verkleinerung von Stahl- und Kupferstichen, Lithographien, Holzschnitten, Federzeichnungen ꝛc. in ziemlich vollkommener Weise. Unsere Beilage 6 zeigt uns den Druck von einer Aubelhochdruckplatte.

---

*) Der Leser wolle die im Capitel „**Buntdruck**" gegebene Landkarte beachten.

Wie erwähnt, wird die Photographie auch für die Zinkätzung nutzbar gemacht, indem man mit ihrer Hülfe die Vergrößerung und Verkleinerung der Originale auf ein beliebiges Format bewerkstelligt.

Fig. 104 und 105. Federzeichnungen, in Zink geätzt von R. Hans in Berlin.

Daß, wenn eine Verkleinerung vorgenommen wird, bei allen Manieren das Original zur Verkleinerung geeignet sein muß, ist wohl selbstverständlich. Hat dasselbe zu enge Strichlagen und wird bedeutend verkleinert, so geben diese so zu sagen in einander über und zeigen sich im Druck beinahe als eine volle, verschwommene Fläche, die rein wiederzugeben für den Drucker unmöglich wird, so viel Mühe er sich auch mit der Zurichtung und mit dem Druck giebt.

Die vorstehende, mit Fig. 103 bezeichnete Platte ist mittels der **Photo-Zinkotypie** hergestellt, und hervorgegangen aus der rühmlichst bekannten Anstalt für Photo-Zinkotypie und

Photo-Lithographie von Carl Haad in Wien. Der Leser hat hier die beste Gelegenheit, sich von der Schärfe der Wiedergabe zu überzeugen.

Von den Zinkhochätzungen drucken die Federzeichnungen (siehe Fig. 104 und 105) wohl am leichtesten, weil ihre meist offen und weitgehaltenen Strichlagen sich besser und reiner wiedergeben, wie die anderen Manieren, z. B. die von Stahl- und Kupferstichen sowie von Steingravuren übertragenen Platten.

Die Federzeichnung wird neuerdings vielfach zur Herstellung von Illustrationen für Zeitungen humoristischen Inhalts benutzt und eignet sich, in freier, skizzenhafter Ausführung auch ganz besonders gut für diese Zwecke. Der Künstler bringt seine Zeichnung entweder direct auf die Zinkplatte oder er führt sie mit autographischer Tinte auf Papier aus, so daß sie sich auf Zink überdrucken und ätzen läßt; auf diese Weise geht nichts von der Originalität der Zeichnung verloren, was beim Holzschnitt leider sehr häufig der Fall war, der Künstler sieht seine Zeichnung vielmehr direct in treuester Weise durch die Presse wiedergegeben. Die Fig. 104 und 105 sind gezeichnet von dem Maler A. Dombi in Berlin, geätzt von L. Hans in Berlin.

Die Zinkhochätzung, deren einzelne Manieren wir vorstehend dem Leser zeigten, ist für den Buchdruck von weitgehender Bedeutung, sie eröffnet demselben ein Feld der Thätigkeit, welches ihm bisher verschlossen war und welches insbesondere von der Lithographie cultivirt wurde.

Druckt man doch jetzt schon Farbendrucke von geätzten Zinkplatten in sehr vollkommener Weise auf der Buchdruckpresse und es wird sicher eine Zeit kommen, wo der Buchdruck der Lithographie erfolgreich entgegentreten kann.

Wir verweisen den Leser noch auf die im Capitel „Buntdruck" gegebenen, von Zinkätzungen gedruckten Beilagen.

Nachdem die Druckform in vorstehend beschriebener Weise zugerichtet worden ist, man auch die nöthigen Punkturen gesetzt hat, bleibt noch übrig, sich auf dem Deckel eine dem Format des Papiers entsprechende Anlage zu machen. Der Bogen wird zu dem Zweck derart auf den Deckel gelegt, daß er sowohl nach oben und unten, wie auch nach rechts und links überall gleichmäßig über den Druck hinaussteht. Da sich auf dem Deckel die Schattirung der Form markirt, man auch häufig einen blassen Abzug derselben auf den Aufzugbogen des Deckels macht, so wird es nicht schwer fallen, durch Messen mit dem Zirkel die richtige Lage des Bogens zu bestimmen, sie durch einen Bleistiftstrich zu markiren und nun unten die sogenannten, zum Halten des Bogens dienenden zwei Frösche, an der linken Seite des Deckels aber eine Marke anzukleben, damit jeder Bogen auch seitlich immer in dieselbe richtige Lage kommt.

Die vorstehend erwähnten Frösche bildet man ganz einfach aus etwa 3—4 Cmtr. breiten und 5 Cmtr. langen, starken Cartonstreifen, welche man etwa ³⁄₄—1 Cmtr. vom oberen Rande genau in gerader Linie etwas einbricht, den unteren Theil mit Kleister bestreicht und an der unteren, markirten Stelle des Deckels befestigt. Sie dürfen natürlich nicht ganz nahe aneinander stehen, sondern der eine muß so weit vom anderen entfernt werden, daß der Bogen, wenn er in die überstehenden leicht abgebogenen Ränder eingelegt wird, einen festen Halt bekommt. Eine ähnliche Einrichtung erhält die seitlich anzuklebende Marke, sie besteht gleichfalls nur aus einem solchen Cartonstreifen, dessen Ende man etwa ½ Cntr. breit im rechten Winkel ▬▬▬▬█ zu dem übrigen Theil umbricht und gegen den nun der Bogen angelegt wird. Diese Marke findet am besten in der Mitte des Bogens Platz. Eine andere Art solcher Marken besteht in einem, in dieser Form (⌐‾‾) zusammengebrochenen Cartonstreifen; der Bogen wird hier gegen die durch das Zusammenlegen gebildete Annbung angelegt.

5. Das Fortdrucken.

Wenn eine Handpresse voll besetzt ist, so arbeiten zwei Personen daran, deren eine das **Verreiben und Auftragen (Aufwalzen)** der Farbe besorgt, während die andere **am Deckel** steht und die zu bedruckenden Bogen ein- und auslegt.

Wenngleich beide Verrichtungen, also sowohl das Auftragen der Farbe, als auch das Ein- und Anlegen am Deckel Aufmerksamkeit und Sorgfalt erfordern, so hängt doch zumeist von der gewissenhaften Auftragung der Farbe der gute Druck ab. Es ist deshalb Pflicht sowohl des Auftragenden, wie auch des am Deckel Stehenden von Zeit zu Zeit den bedruckten Bogen zu controliren und je nach Erforderniß mehr oder weniger Farbe zu nehmen.

Einem gewissenhaften und aufmerksamen Drucker wird es nicht schwer fallen, bald zu ermitteln, nach wie viel Bogen er wieder Farbe zu nehmen hat und es wird ihm infolge dessen gelingen, die ganze Auflage in gleichmäßigster Färbung herzustellen. Im Auftragen also liegt, vorausgesetzt daß die Walze gut und eine gute Zurichtung gemacht worden ist, zumeist die ganze Kunst, gut zu drucken.

Einen Wink wollen wir dem Drucker bezüglich des richtigen Aufwalzens geben. Mit dem gleichmäßigen Auftragen ist es nicht allein abgemacht, denn man kann, wenn man nicht das richtige Verständniß dafür hat, entweder die ganze Auflage, wenn auch gleichmäßig, doch aber zu schwarz oder zu blaß drucken. Ein guter Druck muß jede Type rein und deutlich wiedergeben, die Haarstriche müssen sich zart, die Grundstriche kräftig aber nicht etwa dick mit Farbe gedeckt wiedergeben.

Dies zu erreichen ist nothwendig, daß man mit nicht zu schwacher Schattirung druckt, die Walze nicht übermäßig mit Farbe versieht und die Schwärzung der Form durch mehrmaliges Uebergehen mit der Walze bewerkstelligt. Wer sie nur wenig, dagegen mit vieler Farbe auf der Walze übergeht, wird nie einen schönen und reinen Druck erzielen.

Daß man bei einfachen Arbeiten, wie Zeitungen, gewöhnliche Werke, Cataloge ꝛc. bei denen es auf schnelle Ausführung ankommt, nicht viel Umstände machen, sich demnach auch nicht lange mit dem Aufwalzen aufhalten kann, ist wohl selbstverständlich, bei besseren Arbeiten, insbesondere Accidenzarbeiten und Illustrationen ist es jedoch unerläßlich, in der Weise aufzutragen, wie wir soeben angaben.

Das Fortdrucken.

Das Drucken auf den Handpressen hat vor dem Drucken auf der Maschine den Vorzug, daß man mit der Handwalze einzelne fette Zeilen öfter übergehen oder bei ihnen anhalten kann (wie der Drucker sagt). Man kann sie auf diese Weise besser decken und infolge dessen auch kräftiger zum Druck bringen.

Was man beim Farbendruck hinsichtlich des Auftragens der Farbe zu beachten hat, werden wir in dem Capitel „Farbendruck" specieller angeben.

Wie man die zu verdruckende Farbe auf dem Farbetisch ausstreicht, haben wir bereits auf Seite 29 ganz genau angegeben. Hier sei noch über das Farbenehmen folgendes bemerkt. Wenn die Walze nicht mehr mit dem Quantum Farbe überzogen ist, welches erforderlich, um eine Form zu decken, so muß der Drucker frische Farbe von dem auf dem Tisch ausgestrichenen Streifen entnehmen und dieselbe vor dem weiteren Auftragen gehörig auf dem Tisch verreiben. Dieses Nehmen frischer Farbe geschieht, indem man die Walze in die auf dem Farbetisch ausgestrichene Farbe hineinrollt, so daß sie (die Walze) sich an einer Stelle, ihrer ganzen Länge nach, mit einem dickeren Streifen Farbe überzieht. Dieser Farbestreifen wird durch Zurückrollen der Walze auf die Reibfläche des Tisches übertragen und dort durch kräftiges und schnelles Hin- und Herreiben mittels der Walze über die ganze Fläche derselben gleichmäßig vertheilt. Gut ist es, wenn der Drucker die Walze dabei öfter von rechts nach links wendet, also den Griff des Gestelles, welchen er jetzt in der rechten Hand hat, in die linke nimmt und umgekehrt.

Ungeübten Druckern passirt es mitunter, daß sie zu viel Farbe nehmen und demzufolge darauf bedacht sein müssen, solche wieder von der Walze zu entfernen. Dies geschieht entweder dadurch, daß man sie mit dem Rücken eines Messers behutsam immer der Länge der Walze nach abstreicht, oder, indem man einen Bogen Papier nimmt und denselben mit der Walze übergeht; die Farbe überträgt sich dann auf das Papier, das sich vermöge der Zugkraft der Masse um die Walze legt und das man dann wieder von derselben abzuziehen hat.

Bei Formen, insbesondere bei compressen Formen, welche einen Widerdruck erhalten, ist es rathsam, nach Beendigung des Schöndrucks einen Oelbogen auf den Deckel zu befestigen, damit sich der frische Druck nicht abzieht. Diese Oelbogen fertigt man sich derart, daß man etwa sechs Bogen Druckpapier übereinander legt, etwas Rüböl auf den obersten Bogen gießt und dieses mit der Hand oder mit einem Lappen gleichmäßig über die ganze Oberfläche vertheilt.

Läßt man die so getränkten Bogen einige Stunden, gleich dem gefeuchteten Papier beschwert liegen, so vertheilt sich das Oel ganz gleichmäßig. Selbstverständlich darf man kein so großes Quantum Oel verwenden, damit die Bogen nicht zu fettig werden.

Unter allen Umständen ist es gut, jeden einzelnen Oelbogen, nachdem er richtig durchzogen ist, mit trockenem Papier von beiden Seiten abzureiben und ihn so von allen Fetttheilen zu befreien.

Zum Schluß dieses Capitels wollen wir noch erwähnen, daß wenn hier und da eine kleine Nachhülfe in der Zurichtung nöthig ist, was sich häufig erst beim Fortdrucken zeigt, man im Nothfall auch eine Verbesserung auf dem Aufzugbogen des Deckels vornehmen kann. Zu weit darf dies jedoch nicht gehen, vielmehr müssen alle wichtigeren Verbesserungen im Deckel auf dem Marzebogen gemacht werden.

6. Winke über die Ausführung des Drucks auf den verschiedenen Papiersorten.

Der Druck wird bekanntlich auf den verschiedensten Papiersorten ausgeführt, man druckt auf ungeleimtem und halbgeleimtem Druck- und Kupferdruckpapier, ferner auf (ganz) geleimtem Papier, als Schreib- und Postpapier, auf Naturcartonpapier, mattem Kreidepapier, polirtem Kreidepapier x.

Die einfachen Druckpapiersorten machen, da man sie zumeist feuchtet, wenig Schwierig-keiten, sie nehmen die Farbe gut an und geben desshalb, wenn das Auftragen derselben sonst in richtiger Weise erfolgte, auch einen guten Druck. Ein Gleiches gilt noch von den Kupferdruck-papieren. Mehr Schwierigkeiten verursacht dagegen das geleimte Papier, das insbesondere als Schreib- und Postpapier häufig zur Verwendung kommt. Man hat in neuerer Zeit zumeist ganz davon abgesehen, diese Sorten zu feuchten, um ihnen ihre Festigkeit und ihren Glanz nicht zu benehmen, muß desshalb, um einen reinen und scharfen Druck zu erzielen mit ziemlich scharfer Schattirung drucken und möglichst wenig Farbe verwenden. Die Farbe selbst muß stark und schnell trocknend sein. Das Gleiche gilt vom Naturcartonpapier.

Es ist bei den glatten, scharf satinirten Papieren meist schwer, einen satten, schwarzen Druck zu erzielen; ganz besonders macht sich dies bei dem jetzt so vielfach zur Verwendung kommenden Bristol- oder Elfenbeincarton und bei den Haufpapieren bemerklich; der Druck erscheint auf diesen Papieren immer etwas grau. Bei den spröden Haufpapieren kann man sich durch leichtes Feuchten desselben einigermaßen helfen; dasselbe soll durch einen Zusatz von Glycerin zum Feuchtwasser auch geschmeidiger werden, und sich infolge dessen besser verdrucken.

Die meisten Schwierigkeiten verursacht dem ungeübten Drucker das polirte Kreidepapier, da der Druck auf diesem Papier sehr leicht grau, unrein, und flatschig erscheint. Eine gute, ganz starke Farbe und eine harte Walze sind für einen solchen Druck unerläßlich. Wer keine so starke Farbe besitzt kann sich leicht helfen, indem er etwas feinen Ruß, etwas trockenes Milori- oder auch gewöhnliches Pariserblau unter die schwächere Farbe reibt und sie so consistenter macht. Das Schwarz erhält mit einem kleineren Zusatz von Blau auch einen schönen, bläulichen Schimmer. Ferner kommt beim Druck auf polirtem Kreidecarton alles auf das Papier selbst an. Ist dasselbe schwach geleimt, so darf man die Farbe schon etwas schwächer nehmen und muß mit wenig Schattirung drucken, damit die Farbe die Kreideschicht nicht herunterzieht. Ist das Papier gut geleimt, so ist eine ganz starke Farbe und ein kräftigerer Druck gut.

Häufig hat man damit zu kämpfen, daß die Farbe auf solchem Papier garnicht haften will, sondern sich, auch wenn man die Drucke längere Zeit liegen und trocknen lassen wollte, herunterwischen läßt. Ein geübter Drucker wird schon beim ersten Abzuge sehen, ob das Papier die Farbe gut und dauernd annimmt, und wird, wenn dies nicht der Fall, sofort eine Messer-spitze Siccativ- oder Copallack zusetzen um sie besser zum Halten zu bringen. Zuviel von solchem Lack zuzusetzen, ist nicht gut, da die Farbe dann zu sehr klebt und die Schrift verschmiert.

Mattes Kreidepapier verdruckt sich zumeist besser wie das polirte, weil die elastische, weniger glatte Kreideschicht den Druck sehr gut annimmt. Auch hier muß man jedoch aufpassen, daß man mit zu starker Farbe und zu scharfem Druck die Kreideschicht leicht geleimter*) Papiere nicht ablöst.

Beide Sorten, also sowohl das matte, wie auch das polirte Kreidepier verdrucken sich besser, nehmen die Farbe besser an, wenn man sie einige Stunden an einen feuchten Ort stellt, so daß sie etwas Feuchtigkeit anziehen, doch ist auch hierin Maaß und Ziel zu halten, will man ihnen den Glanz und die Festigkeit nicht nehmen.

II. Das Drucken auf der Schnellpresse.

1. Das Formatmachen für die Druckform.

Die Art und Weise, wie man das Format einer Form für die Schnellpresse macht, ist ganz dieselbe, wie für die Handpresse, es gilt deshalb zur Hauptsache alles Das, was wir auf den Seiten 220—224 sagten. Wie wir dort bereits andeuteten besteht eine Abweichung nur darin, daß man beim Schließen der Formen für die Maschine von der Mittelstellung absieht, sie vielmehr in eine, dem Papierrande angemessene Entfernung von der hinteren Rahmenwand abstellt.

Die größere oder geringere Breite der zu diesem Zweck hinten anzulegenden Stege richtet sich zunächst darnach, welche Lage die Rahme auf dem Fundament der Maschine einnimmt. Man hat Maschinen mit der Einrichtung, daß die Schrift im Nothfall bis dicht an die Rahme geschlossen werden kann und man hat solche, bei denen ein bis zwei Cicero an die Rahme angelegt werden müssen, will man nicht die Schrift durch das Anstetzen der Greifer ruiniren.

Es ist deshalb dringendst anzurathen, daß wenn der Maschinenmeister an eine neue Maschine oder überhaupt an eine solche kommt, deren Einrichtung er nicht kennt, er sich darüber orientiren muß, wie die Lage der Rahme auf dem Fundament ist und wie weit die Greifer etwa über den Rand der Rahme hinweggreifen, damit er weiß, wie viel er oben anzulegen hat.

Um dies genau zu ermitteln, legt er eine leere Rahme auf das Fundament, befestigt sie und läßt nun den Karren so weit herein drehen, bis die Greifer genau über dem Rande der Rahme stehen, läßt dann halten, sieht, wie weit sie über den inneren Rand derselben hinweggreifen, und richtet nun bei jeder Form seinen Anschlag darnach.

Die Breite der hinteren Anlegestege ist nebenbei auch durch das Format des Papieres bedingt, welches zu der betreffenden Form verwendet werden soll. Hat dasselbe einen breiten weißen Rand nach Außen, so muß man den Anlegesteg angemessen breiter nehmen. Versäumt man dies, so müssen die Marken bedeutend gesenkt werden, der Bogen kommt dann sehr tief

---

*) Wenn wir bei Kreidepapieren von Leimung sprechen, so ist selbstverständlich der Leimzusatz zur Kreidemasse gemeint, denn der zu diesen Sorten verwendete Rohstoff ist ja bekanntlich stets geleimt.

unter die Greifer zu liegen und es entstehen daraus vielfache Störungen während des Drucks, die hauptsächlich darin bestehen, daß die Bänder die Bogen einreißen.

Eben so wenig rathsam ist, zu viel anzulegen, denn dann haben die Greifer nicht Auflage genug auf den Bogen und fassen ihn nicht sicher genug. Man trage daher Sorge, daß die Greifer mindestens eine Cicero und höchstens deren drei vom Rande des Bogens aufliegen.

Im Uebrigen verweisen wir nochmals auf das Seite 220 — 224 Erwähnte, möchten aber an dieser Stelle noch darauf aufmerksam machen, daß es für einen Maschinenmeister in Werk-druckereien bringendst gerathen ist, ein sogenanntes **Formatbuch** zu führen.

Man notirt sich in demselben die genaue Breite aller Stege der betreffenden Werke um jedem Irrthum vorzubeugen. Oft ähneln sich die Formate zweier Werke so, daß eine Ver-wechslung im ersten Augenblick leicht möglich, man prüfe daher jede Form genau, nachdem das Format umgelegt ist, ob dasselbe mit dem der früher gedruckten Form übereinstimmt.

Die Einrichtung des in Quart anzufertigenden und dauerhaft zu bindenden Formatbuches kann etwa folgende sein:

Name des Werkes.	Auflage.	Breite des								Bemerkungen.
		Mittel-steg.	Steg.	Kreuz-steg.	Bund-steg.	Steg.	Mittel-Kreuz-steg.*)	hintern Aufgehend.	Abschnit-steg bei Drucks.	
		Cicero	Cicero	Cicero	Cicero	Cicero	Cicero			Hier ist einzutragen, was beim Druck jedes Werkes zu beachten ist, so z. B., wenn neben der Auflage auf gewöhnliches Papier noch Exemplare auf feines Papier zu drucken sind; ob das Auflagepapier satinirt wird ꝛc.

2. Das Schließen der Druckform.

Für das Schließen der Form gelten alle die Regeln, welche wir auf Seite 224 — 228 gaben. Hier sei zunächst noch auf einen Apparat zum Aufschließen mit Keilen befestigter Formen hingewiesen. Das Aufschließen solcher Formen in der Maschine selbst bewerkstelligt man möglichst mit dem Keilzieher, einem circa 2 Cmtr. starken und 35 Cmtr. langen Eisen nachstehender Form; a bildet den Griff, an welchem man denselben faßt, c einen flachen, etwas zugespitzten

Haken, der an das Ende des Keils gelegt wird, und b eine mit den übrigen Theilen im Winkel liegende Fläche, gegen die man mit dem Hammer schlägt, so daß die Spitze c also ziehend wirkt.

---

*) Die Benennung Mittelkreuzsteg findet nur bei Sedez Anwendung, weil man unter Sedez zwei neben-einander geschlossene Octav-Formen versteht; in Folge dessen wird, was bei Octav der Mittelsteg ist, bei Sedez der zweite Kreuzsteg oder richtiger Mittelkreuzsteg, weil bei Octav schon ein Kreuzsteg vorhanden ist.

Das Schließen der Druckform.

Wir haben an dieser Stelle noch specieller des **Schließens von Stereotypformen** zu gedenken. Stereotypplatten sind, wie dem Leser schon einigermaßen bekannt sein wird, durch Abformen des Schriftsatzes in Gyps oder Papier und dann folgendes Gießen dieser Matrizen in Blei gewonnene Platten. Man benutzt zur Befestigung solcher Platten hölzerne oder bleierne, meist zusammensetzbare, daher jedem Format anzupassende Unterlagen für die Platten, die man **Facetten** nennt.

Die hölzernen Facetten sind gewöhnlich aus Mahagonyholz gefertigt und bestehen aus zwei oder drei Theilen; in ersterem Fall sind an jeden dieser Theile an der langen Seite zwei kleinere oder ein großer, an der oberen schmalen Seite des einen und der unteren Seite des andern aber nur je ein kleinerer Halter von Messing angeschraubt; diese Halter liegen über dem schräg zugehobelten Rande der Platte und halten sie fest, so daß sie sich, wenn sie gut justirt ist, weder heben noch senken, noch auch verschieben kann, da sie an allen Seiten unter den gebogenen Haltern liegt. Besteht die Unterlage aus drei Theilen, so erhält das Mitteltheil oben und unten meist nur zwei gerade Halter gegen die sich die Platte legt, und die sie vor dem Verschieben bewahren, während die gebogenen Seitenhalter sie auf die Unterlage selbdrücken.

Diese Art von Facetten läßt sich durch Zwischenlegen und Anschlagen von Bleistegen, Quadraten oder Regletten leicht verbreitern und verlängern. Bei einer anderen Sorte wiederum sind die meist genau Viertelpetit starken Halter nicht an den Unterlagen selbst befestigt, sondern werden zwischen Format der Form eingeschlossen. Da diese Halter meist nur 2 Concordanzen breit sind, so müssen sie den Längen und Breiten der Columnen gemäß zwischen Durchschuß ausgeschlossen werden. Es giebt ferner hölzerne Eckfacetten mit Haltern, von denen je vier, mit Bleistegen zu solchen Unterlagen vereinigt, Verwendung finden.

Die aus systematisch gegossenen Bleistegen zusammengesetzten Unterlagen sind jedenfalls die praktischsten, denn, wenn sie nicht mehr gebraucht werden, legt man sie ab und benutzt die einzelnen Stege wieder zum Satz und zum Formatmachen, nur die Stücken mit den angeschraubten Haltern*) aufhebend. Formen mit solchen Bleiunterlagen steigen nicht so leicht, wie die mit Holzunterlagen und bieten alle sonstigen, sich durch ihren systematischen Guß ergebenden Vortheile.

Der Maschinenmeister hat bei Benutzung solcher Facetten zunächst die Platten zwischen die Halter einzuschieben und sich zu überzeugen, ob diese auch fest genug auf dem schräg gehobelten Rande der Platten aufliegen, diese letzteren sich also nicht heben und senken können, wenn die Walzen darüber gehen; ebenso hat er darauf zu achten, daß die, die Facette selbst bildende Unterlage in der gehörigen Größe zusammengesetzt wurde, demnach auch den erforderlichen leichten Druck von den Seiten aus auf die Platte ausübt, und ihr so eine feste Lage sichert.

Der Maschinenmeister erhält oft sehr schwach gegossene Platten, die dann nicht fest unter den Haltern liegen; ein Herunterklopfen der letzteren ist aber unstatthaft und das einzige Mittel zur Abhülfe dieses Uebelstandes nur ein Unterlegen jeder Platte mit einem Stück Cartonpapier, so daß sie fester unter die Halter zu liegen kommen. Sehr praktisch ist es, wenn die Halter an

*) Diese Halter sind entweder gleichfalls von Messing gefertigt, alle denen der Holzfacetten ähnlich, oder sie sind gleich von Schriftmetall an den Steg angegossen.

284

der Stelle, wo die Befestigungsschraube durch sie hindurchgeht einen kleinen Schlitz haben und sich in demselben heben und senken lassen, wenn man die Schraube etwas lockert. Bei dieser Einrichtung ist es möglich, jeder Plattenstärke Rechnung zu tragen.

Hat man sämmtliche zu einer Form gehörige Platten auf die Unterlagen gebracht, so wird das Format in der von uns früher angegebenen Weise hergestellt, dann aber ganz besonders das Lineal zur Hülfe genommen, damit alle Platten genau in Linie stehen, was oftmals von vorn herein nicht der Fall sein wird, da man es hier ja nicht mit streng systematisch justirten Columnen zu thun hat.

Da das Verrücken einzelner Platten zur Erzielung eines genauen Standes unerläßlich ist, so ist es gerathen, alle Formatstege so zu nehmen, daß man noch einige Regl.etten anlegen kann;

Fig. 106. Facetten für Stereotypplatten mit verstellbaren Haltern.

auf diese Weise ist es möglich, die Breite der Stege zu verringern oder zu vergrößern und so einen geregelten Stand aller Platten herbeizuführen.

Ist das Justiren erledigt und die Form leicht angetrieben, so überzeugt man sich durch leichtes Aufschlagen auf die Platten mit der geballten Faust, ob dieselben auch fest, also nicht hohl auf den Unterlagen liegen. Jede nicht fest aufliegende Platte wird sich durch den hohlen Klang verrathen, den das Daraufschlagen verursacht und eine Abhülfe dieses Uebelstandes durch Unterlegen der ganzen Platte von unten leicht zu bewerkstelligen sein.

Die in Papiermatrizen gegossenen Platten sind oft sehr seicht, wenn die Matrize nicht tief genug geschlagen wurde. Solche seichte Platten drucken sich sehr schlecht, weil sie leicht schmieren, und man wird häufig durch vorsichtiges Wegstechen oder Schaben sich schmierender Stellen nachhelfen müssen. Werden auf solche Platten große Auflagen gedruckt, so wird sich dieser Uebelstand noch weit leichter einstellen und je mehr sich die Platte abnutzt, desto mehr hervortreten.

Eine sehr hübsche und sichere Befestigung von Stereotypplatten ermöglicht die vorstehend unter Fig. 106 abgebildete, aus Bleistegen zusammengesetzte Facette. An der einen Längsseite sind Stege mit angeschraubten Haltern a a a eingefügt. Die beweglichen Halter b b b der anderen Seite dagegen lassen sich mittels eines kleinen gezahnten Schraubenkopfes und eines Gewindes vor und rückwärts bewegen und so angemessen fest an die Platte anpressen.

Eine andere Methode, Platten zu befestigen verdeutlicht uns der unter Fig. 107 abgebildete Mechanismus. Derselbe besteht aus einer großen starken eisernen Platte, welche in schräger Richtung mit einer größeren Anzahl schmaler Ausschnitte versehen ist. Die Druckplatten nun werden in angemessenen Entfernungen auf die eiserne Platte gelegt und dann mittels kleiner eiserner Halter befestigt. Die Form dieser Halter haben wir gleichfalls auf Fig. 107 verdeutlicht.

Wir haben hier noch zweier neueren Methoden zum Schließen von Stereotypplatten zu gedenken, deren erste französischen, die andere englischen Ursprunges ist.

Fig. 108, 1, stellt den Plattenklotz dar; dieser muß nach allen Richtungen 24 oder 12 Punkte (Doppelcicero oder Cicero) kleiner sein als die auf ihn zu

Fig. 107. Platte zur Befestigung ganzer Stereotypformen.

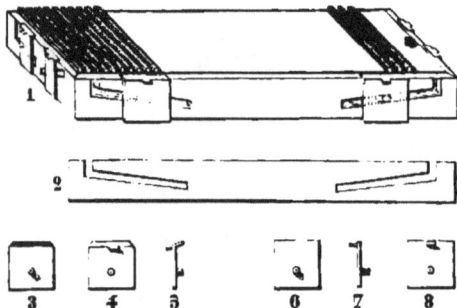

Fig. 108. Neue Befestigungsweise von Stereotypplatten.

legende Stereotypplatte; an alle vier Seiten des Klotzes werden Eisen oder Holzlinien von ebenfalls 24 oder 12 Punkte Stärke angelegt, von denen jede einen Falz oder Einschnitt von der Form der Fig. 108, 2, hat. Jeder Greifer (3 und 4 äußere Ansicht, 5 Profil) ist mit einem kleinen

Bolzen versehen, der in den Falz der Linie tritt. Nun wird der Greifer von oben nach unten so weit in den Falz hinabgeschoben, bis er sich auf die Abschrägung des Plattenrandes legt. Der kleine, am obern Theil des Greifers befestigte Bolzen, der mit der Höhe des anliegenden Steges genau übereinstimmt, hat den Zweck, letzteren in seiner Lage festzuhalten.

Für den Gebrauch dieser Greifer sind eigene gerade Köpfe und Füße für die Köpfe und Füße der Klötze vorgesehen; diese Köpfe haben gleicherweise innere und äußere Bolzen, wie dies durch 6, 7 und 8 dargestellt ist.

Aus dem bisher Gesagten ist leicht zu ersehen, daß eine in dieser Weise geschlossene Form gewissermaßen einen einzigen Block bildet und die Anwendung der neuen Erfindung hat, wie das französische Fachblatt Typologie Tucker meldet, dem wir diese Beschreibung entnehmen, schon jetzt die günstigsten Resultate ergeben.

Höchst einfach und schnell geht das Auswechseln der Platten vor sich: die Greifer am Kopf oder am Fuß werden hinweggenommen und die übrigen Greifer ein wenig gehoben, wobei die Platte so weit frei wird, daß sie leicht herausgezogen und die andere eingeschoben werden kann.

Der Erfinder dieser neuen Greifer ist ein noch junger Arbeiter in der Buchdruckerei von George Jacob in Orleans, welch Letzterer sich lebhaft für die Sache interessirt und ein Patent darauf für seinen Schützling ausgewirkt hat.

Hervorgehoben sei noch der gegenüber der soliden Ausführung dieser Greifer sehr mäßige Preis, welcher 12 Frcs. das Hundert nicht übersteigt. —

Obwohl das Verfahren, die zu einer vollen Form gehörenden Stereotypplatten mittels Cements zu befestigen, in England schon früher angewendet wurde, so tritt doch gegenwärtig ein Hr. Richard Clay in London mit einer wirklich neuen, höchst sinnreichen Methode in dieser Richtung auf, nach welcher Rahmen, Keile, überhaupt alles Schließen, Schnbe, Stege ꝛc. in Wegfall kommen.

Sollte sich dieses Verfahren in der That so vorzüglich bewähren, wie es in der englischen Fachzeitschrift Printing Times hervorgehoben wird, so wäre es nicht allein bezüglich der Zeit= ersparniß an Schließen und Unterlegen, sondern auch bezüglich der Beschädigung der Facetten, besonders wenn diese sehr schmal sind, gegen das gegenwärtig übliche Verfahren von hohem Werth.

Die Einzelheiten der neuen Befestigungsweise der Platten werden von der oben angegebenen Quelle in Folgendem beschrieben.

„Statt der Schuhe für jede einzelne Platte wird eine vollkommen ebene eiserne Platte von der Größe, wie sie das Fundament der Maschine zuläßt, und der Stärke der gewöhnlichen Stereotypplattenschuhe angewendet. — An der einen Seite des Fundaments einer Handpresse von der die Deckel weggenommen, wird ein Dampfkasten*) so angebracht, daß dieser mit der Fläche des Fundaments in gleicher Linie steht. An der andern Seite des Dampfkastens, (der von gleicher Größe wie das Fundament sein muß) wird die den Stereotypplattenschuh bildende eiserne Platte

---

*) Dieser Dampfkasten wird dem Untertheil einer Dampf-Trockenpresse für Papierstereotypie gleichen; man wendet ja auch für letzteren Zweck Dampf an. Auch Erwärmung durch Gas dürfte anzuwenden sein.

so aufgestellt, daß sie leicht über den Dampfkasten geschoben werden kann. Ist dies geschehen und die Platte dort genügend erwärmt worden, so wird sie mittels einer Bürste mit einem eigens zubereiteten Cement überstrichen.

Ist dieser geschmolzen, so wird die Platte behufs des Abkühlens auf ihr Gestell zurückgezogen. Nach vollständiger Abkühlung werden die Stereotypplatten auf dem trockenen Cement gelegt und in die dem Format entsprechende Richtung gebracht. Am sichersten wird die genaue Entfernung der Platten von einander getroffen, wenn ein mit Fäden kreuzweis überspannter Holzrahmen auf die Schußplatte gelegt wird; die Fäden liegen so weit von einander, als die Columnen auseinander stehen sollen. Ist dies in Ordnung, so wird die Schußplatte wieder auf den Dampfkasten und nach dem vollständigen Schmelzen des Cements auf das Pressenfundament geschoben. Die Stereotypplatten werden mit einigen Bogen Papier bedeckt und der Karren eingefahren. Beim Ziehen muß so lange angehalten werden, bis der Cement erkaltet ist, welcher nun eine sich über die Facetten legende, luftdichte Verbindung bildet.

Die Erfahrung hat gezeigt, daß auf diese Weise befestigte Platten in Tiegelsowohl, wie in Cylinderdruckmaschinen unverrückbar fest liegen. Es erklärt sich dies dadurch, daß der flüssige Cement auch unter die schwächeren Stellen der Platten läuft und somit alle Theile der Form fest mit einander verbindet.

Der Maschinenmeister hat nun weiter nichts zu thun, als die Schußplatte mit den Stereotypplatten wie jede andere geschlossene Typenform in die Maschine zu legen und mit dem Zurichten zu beginnen.

Der zu diesem Verfahren zu verwendende Cement besteht aus: 1 Pfund Bienenwachs, 1 Pfund Colophonium und ¹⁄₄ Pfund Burgunderpech. Sollte diese Zusammensetzung als zu hart befunden werden, so ist noch Wachs oder Pech hinzuzufügen.

Wird es für nöthig befunden, eine einzelne Platte herauszunehmen, so bedient man sich in der Tiegelmaschine hierzu eines kleinen Gasrohres, mit welchem die betreffende Platte insoweit erwärmt wird, bis sie sich vom Cement leicht ablöst. Beim Wiedereinsetzen wird die untere Fläche der Platte abermals erwärmt, auf die Cementfläche gelegt und drei oder vier Mal unter den Tiegel gebracht, worauf sie mit den anderen Platten wieder gleiche Ebene annimmt. Ob dies bei Cylindermaschinen anwendbar sein mag, dürfte dahingestellt sein und wäre eher zu rathen, gleich die ganze Form herauszunehmen und sie in die mit dem Apparat versehene Handpresse zu bringen, besonders da dies verhältnißmäßig wenig Umstände verursacht.

Ist eine Form ausgedruckt, so werden die Platten mittels eines, mit ein wenig Geschick gehandhabten starken und breiten Messers abgelöst, die Schußplatte mit dem anhaftenden trockenen Cement auf den Dampfkasten gebracht und wenn dieser glatte Ueberzug trocken ist, wird die Schußplatte zu fernerem Gebrauch bei Seite gestellt".

Daß diese Methode nur für solche Druckereien von Vortheil sein kann, welche viel mit dem Druck von Stereotypformen beschäftigt sind, wird dem Leser einleuchten. —

Auch bezüglich des **Schließens von Tabellen** haben wir noch Einiges zu bemerken. Beim Druck von großen Tabellen kommt es nämlich häufig vor, daß der Kopf derselben bis ziemlich an den äußersten oberen, die Längenlinien aber bis auf den unteren Rand des Papiers herausgehen sollen, man sonach oft sehr wenig oder aber gar keinen Raum für die Greifer hat. In solchen Fällen schließt man die Tabelle am besten mit dem Fußende gegen die hintere Seite der Rahme, also so, daß das Ende gegen die Walzen steht, macht auch nicht die gebräuchliche Anlage an die Rahme, stellt vielmehr die Greifer so, daß sie in die breiteren Colonnen der Tabelle hineingreifen. Das Stellen der Greifer muß natürlich mit großer Vorsicht geschehen, denn fallen sie nicht in solche Colonnen der Tabellen, deren Breite mindestens eine Petit mehr als die des Greifers beträgt, so treffen sie auf die Linien und ruiniren dieselben. Selbstver= ständlich kann dieser Weg, Raum für die Greifer zu schaffen nur bei denjenigen Maschinen zur Anwendung kommen deren Greifer über den hinteren Theil der Rahme wegfassen.

Beim Schließen von Tabellen, welche keinen Mittelsteg erhalten können ist der eiserne Steg mit größter Vorsicht herauszunehmen. Viele der Maschinenfabriken fertigen ihre Rahmen so, daß der Mittelsteg einzuschrauben, andere aber so, daß er mit seinen, der nachstehenden Figur entsprechenden Enden in einen dem entsprechenden Einschnitt der Rahme eingelegt wird.

In diesem Einschnitt muß er zur Vermeidung von Differenzen im Register ganz fest liegen, man muß ihn also, wird er in oben erwähntem Fall überflüssig, sehr vorsichtig und gleichmäßig mit einem Holzhammer herausschlagen, damit seine Seiten nicht beschädigt werden. Ebenso müssen beim Wiedereinsetzen die Enden genau in den ihnen bestimmten Einschnitt der Rahme gelegt werden, dürfen also nicht etwa ver= tauscht, d. h. das untere Ende in den oberen und das obere Ende in den unteren Einschnitt gelegt werden, was man, da die Enden zumeist gezeichnet sind, ganz leicht vermeiden kann.

Das Schließen der kleinen Accidenzformen bewerkstelligt man meist auf der rechten Seite des Mittelstegs, damit das doppelt so groß und für je zwei Exemplare geschnittene Papier bequem angelegt werden kann, auch in der Mitte der genügende Raum für die Bänder bleibt. Man schließt in vielen Accidenzdruckereien in die andere, leere Hälfte der Rahme gern ein größeres Holzvacat, damit durch das häufige Antreiben des Mittelsteges von einer Seite kein Ver= ziehen desselben möglich, vielmehr durch das Mitschließen der leeren Seite ein Gegenhalt hergestellt werde.

Auch insofern ist dem Schließen von Accidenzarbeiten noch besondere Aufmerksamkeit zu schenken, als die Sätze häufig nicht die dem Papierformat entsprechende Größe haben, es folglich Sache des Maschinenmeisters ist, den regelrechten Stand durch angemessenen Anschlag an die Rahme zu erzielen. Nöthig ist dies besonders bei splendiden Circulairen, die der Setzer, um Bleistege zu sparen, oder weil ihm, wie das ja oft der Fall, das Papierformat nicht zur Hand war, nicht mit dem entsprechenden Ueberschlage versah.

Wenn der Maschinenmeister das Circulair nun so schließen wollte, wie der Setzer es ihm überliefert, so würde er selten den richtigen Stand auf dem Papiere erzielen; er messe deshalb stets vor dem Schließen mit Hülfe des zur Auflage bestimmten Papiers aus, wie viel er Anschlag an die Rahme zu machen hat, damit der Haupttext des Circulairs je nach seinem Umfange etwa 6—8 Cicero mehr nach oben wie nach unten steht, dabei aber auch die Datumzeile den richtigen

Stand erhält und nicht etwa nur 2 Cicero vom Rande des Papiers entfernt ist und, wenn das Circulair später beschnitten wird, ganz oben am Rande steht. Dem modernen Geschmack nach ist es erforderlich, daß bei einem splendiden Circulair die Datumzeile mindestens 4 bis 8 Cicero vom oberen Papierrande absteht.

Der Maschinenmeister hat ferner darauf zu achten, daß das Circulair an dem vorderen offenen Rande einen Cicero bis Tertia breiteren Papierrand erhält, wie an der hinteren, linken Seite, damit, wenn dasselbe nach dem Druck beschnitten wird, der Stand auf dem Papier immer noch ein richtiger, d. h. genau in der Mitte befindlicher ist. Auf Veranlassung des Bestellers wird allerdings mitunter ein Stand des Circulairs ganz nach der vorderen, rechten Seite zu nöthig, also in der Weise, wie man einen Brief schreibt; in diesen Fällen muß natürlich der Anschlag an den Mittelsteg oder die Anlage auf dem Cylinder diesem Stande Rechnung tragen. Bei allen einseitigen Circulairen braucht man es mit dem Anschlage an die Rahme nicht genau zu nehmen, man kann den Stand vielmehr auf dem Cylinder selbst durch angemessene Stellung der Seitenmarken reguliren. Ist das Circulair dagegen mehrseitig, so muß ein genauer Anschlag (genaues Format) gemacht werden.

Wie alle anderen kleinen Formulare so werden jetzt auch Adreß- und Visitenkarten häufig auf der Maschine gedruckt und lassen sich solche bei der Vollkommenheit unserer neueren Maschinen auch wirklich eben so gut drucken wie auf der Presse. Bei derartigen Drucksachen hat man nun häufig weder den nöthigen Raum, um die Bänder, noch auch um die Greifer mitwirken zu lassen. Man schließt sie deshalb mit Vortheil so, daß der Druck bei aufgeklapptem Einlegebret gerade auf den obersten, dem Punktirer*) zunächst liegenden Theil des Cylinders zu stehen kommt, der Punktirer also bequem einlegen kann. Formulare dieser Art werden dann in Frösche (siehe Seite 259) gelegt oder es werden feine Stecknadeln derart in den Aufzug des Cylinders gesteckt, daß von ihnen so viel frei bleibt um den leeren Rand der Karte darunter zu legen und sie dadurch auf dem Cylinder festzuhalten. Viele Maschinenmeister ziehen es vor, die Karten vorn und hinten in Frösche oder Nadeln zu legen, so daß die Karten fest und rund auf dem Cylinder ruhen; dieses Verfahren hat insofern manches für sich, weil der Druck auf dem steifen Papier bei fester Lage um den Cylinder weniger leicht schmitzt, als wenn das Ende der Karte frei hängt. Die Karte bleibt auf diese Weise auch nicht so leicht auf der Form liegen, was bei weniger guter Befestigung sehr leicht eintritt, insbesondere wenn fette Zeilen im Satz befindlich sind und man mit ganz starker Farbe druckt.

Das Abnehmen der Karten erfolgt entweder durch den Punktirer selbst, sobald der Cylinder den Druck beendet hat und die Karte bedruckt wieder oben angelangt ist, oder noch besser und schneller ist diese Arbeit zu erledigen, wenn eine zweite Person, vielleicht der Maschinenmeister selbst das Abnehmen besorgt, damit der Punktirer schneller wieder einlegen kann.

---

*) Punktirer wird der das Einlegen des Bogens Besorgende genannt und zwar schreibt sich diese Benennung daher, weil derselbe den Widerdruck in die Punkturen einzulegen hat. Da diese Arbeit neuerdings zumeist von weiblichen Personen besorgt wird, so gilt für diese die Benennung Punktirerin.

271

Für das Schließen von Illustrationsformen gelten alle die Regeln, welche wir auf den Seiten 246 u. f. angaben.

3. Die Vorbereitung der Maschine zum Druck.

Haben wir den Cylinder unserer Schnellpresse in der Weise überzogen, wie dies auf Seite 181—186 gelehrt wurde, haben wir ferner das Papier angemessen gefeuchtet und die Form geschlossen, so schreiten wir zum Einsetzen und Einreiben der Walzen in die Maschine.

Das Einsetzen ist von zwei Personen derart zu bewerkstelligen, daß jede derselben ein Ende der Walzenspindel ergreift und in das Lager schiebt. Die Lager an der linken Seite der Maschine, also an der Schwungradseite, läßt man gewöhnlich fest stehen, die der anderen lockert man dagegen, um das Ende der Spindel bequem einschieben zu können. Nach dem Einschieben der Spindel werden auch diese Lager leicht befestigt, dann aber die Anlage der Walzen an den großen Farbcylinder (nackten, gelben oder Reibcylinder) sowie ihre Auflage auf die Form regulirt.

Ueber den hierbei in Frage kommenden Mechanismus an den Walzenlagern belehrten wir den Leser bereits auf Seite 209 oben, es bleibt uns an dieser Stelle nur übrig zu erwähnen, wie man bei der Regulirung zu verfahren hat.

Es ist, wie erwähnt, die Aufgabe des Maschinenmeisters, den Walzen die zu guter Färbung und Reibung erforderliche Lage zu geben, d. h., sie so zu richten, daß sie leicht über die Form gehen, und daß sie in der gehörigen Weise am Farbcylinder reiben. Ersteres regulirt man mit Hülfe eines langen, genau schrifthohen und etwa 4—6 Cmtr. breiten Steges, den man an der rechten und linken Seite, wie in der Mitte des Fundamentes unter die zuerst eingesetzte hintere Walze schiebt und nun sieht und fühlt, ob dieselbe leicht und ohne sich zu zwängen auf dem Stege läuft, wenn man denselben vor und hinter schiebt und so die Walze in Drehung versetzt. Fühlt man, daß sie zu fest auf dem Steg liegt, so muß das Lager in dem Lagergestell gehoben werden. In gleicher Weise wird dann auch die vordere Walze eingesetzt und regulirt.

Was dagegen das Anstellen beider Auftragwalzen an den Farbcylinder betrifft, so muß dies derart geschehen, daß sie ebenfalls nur leicht an demselben anliegen und sich an ihm reiben. Bei starken Farben wird man dieses Anstellen allerdings etwas schärfer bewerkstelligen müssen, wie bei schwachen, weil erstere eine kräftigere Verreibung nöthig haben, will man eine saubere und dabei doch gesättigte Schwärzung der Form erzielen.

Daß fest angestellte Walzen und besonders recht frische, daher kräftig ziehende, aus der alten Leim- und Syrupmasse hergestellte, den Gang der Maschine wesentlich erschweren und die Arbeit des Maschinendruckers zu einer recht anstrengenden machen, wird dem Leser erklärlich sein; man muß deshalb ein zu festes Anstellen der Walzen an den Farbcylinder vermeiden, und darauf Bedacht nehmen, nur Farben solcher Fabriken zu benutzen, die durch Verwendung feinen Rußes, Herstellung des richtigen Stärkegrades und feinste Verreibung eine leichtere Verwendbarkeit ermöglichen.

Bei der neuen Gelatinewalzenmasse, der sogenannten „englischen Masse" ist die Sache weniger gefährlich, da diese keinen so starken Zug hat. Trotzdem wird es oft vorkommen, daß der Maschinendreher heimlich die Walzen abstellt oder sie an den Rändern mit Oel versieht, um sie leichter gehend zu machen. Diesen Vorkommnissen hat der Maschinenmeister mit aller Energie entgegen zu treten, da die Güte des Drucks unbedingt darunter leidet.

Das Einsetzen des Hebers geschieht durch einfaches Einlegen in die dafür bestimmten Lager; sein festes oder weniger festes Anlegen und das öftere oder weniger öftere Nehmen der Farbe vom Ductor wird zunächst nach dem Augenschein, angemessen der Zusammensetzung der Form, gestellt. Die Reiber werden bei einfacher Färbung nur in ihre Lager gelegt, bei doppelter Färbung, wie solche die König & Bauer'schen, Augsburger, Hummel'schen zc. Maschinen haben, ist jedoch meist ein ähnliches Anstellen der vorhandenen Metallwalzen gegen die Massewalzen bedingt, wie bei den vorhin erwähnten Auftragwalzen; man lese Specielleres darüber in dem Kapitel über die verschiedenen Farbenwerke, Seite 203 u. f. nach, beachte auch insbesondere das dort über die Regulirung der Walzen an den Tischfärbungsmaschinen Gesagte.

Hat man zuerst die Reiber und den Heber einer Schnellpresse eingesetzt, so schreitet man zum Einreiben derselben. Man läßt zu diesem Zweck, bevor die Form eingehoben worden ist, die Maschine ein paar Minuten drehen, darauf achtend, daß sich die Farbe gleichmäßig und angemessen dem größeren oder geringeren Bedarf, den die Form in Folge ihrer Zusammensetzung nöthig hat, auf diesen Walzen, wie insbesondere auf dem großen Farbcylinder vertheilt. Ist dies geschehen, so setzt man die Auftragwalzen, wie vorhin beschrieben, ein und läßt nun wiederum so lange drehen, bis auch sie vollständig und genügend mit gut verriebener Farbe versehen sind.

Geprüft wird dies durch mehrmaliges Betupfen der vorderen Walze an mehreren Stellen mit dem Daumennagel. Ueberzieht sich derselbe nur schwach und unregelmäßig mit Farbe, wenn man ihn auf die Walze drückt, so ist noch nicht Farbe genug vorhanden und es muß deshalb am Farbekasten mehr Farbenzufluß zugeführt werden; überzieht sich aber der Nagel gleichmäßig und zwar bei gewöhnlichen Werkformen und Accidenzien mit einer dünneren, bei Plakaten und allen Formen mit größerer Schrift mit einer dickeren Schicht, sonach stets angemessen dem Verbrauch, so ist auch diese, dem eigentlichen Einheben der Form vorangehende Arbeit gethan. Daß man später den Farbenzufluß noch genauer zu reguliren hat, ist erklärlich.

4. Das Einheben der Druckform.

Wir setzen voraus, daß der Cylinder der Maschine angemessen bezogen und alle sonstigen Vorbereitungen, wie wir früher lehrten, getroffen worden sind.

Der Maschinenmeister schreitet nunmehr zum Einheben der Form. Dieselbe ist jedoch, wie bereits beim Druck auf der Handpresse erwähnt worden, vorher von allem Schmutz und von der durch das Abziehen der Correcturen an ihr haftenden Farbe zu reinigen. In manchen Druckereien geschieht dies in dem zur Formenwäsche bestimmten Local, in den meisten aber wohl gleich auf dem

Schließlich. Wäscht man die Form kurz vor dem Einheben, so darf sie selbstverständlich nicht mit Wasser überschwemmt werden. Bei einfachen Werkformen taucht man die Spitze der Bürste in die Lauge und überreibt die Oberfläche der Form gehörig damit, bürstet mit der vollen Fläche der Bürste nach und überrollt sie dann noch einmal mit einem großen, etwas feuchten Schwamm und schließlich mit einem weichen Lappen, wozu man sich der flachen Hand bedient; auf diese Weise wird die Schrift am meisten geschont und am besten gereinigt und getrocknet. Bei Illustrationsformen, die man nur mit Terpentin oder Benzin reinigt, ist es durchaus unzulässig, mit einem Lappen zu reiben, bei solchen Formen darf man mit demselben nur tupfen oder ihn darüber rollen, da man andernfalls die feinen Partien des Schnittes leicht lädirt, so daß sie, anstatt zart, dann hart oder gebrechen drucken.

Nach dem Reinigen von oben hebt man die Form, wenn es ihre Größe irgend erlaubt, in die Höhe und bürstet sie mit einer trockenen, harten Bürste auch von der Rückseite ab, damit keine Schmutztheile ꝛc. daran hängen bleiben. Auch das Fundament muß vor dem Einheben vollständig gereinigt werden. Wenn die einzuhebende Form ein Format hat, daß sie von einer Person nicht gut zu tragen ist, so bedient man sich mit Vortheil des zu jeder Maschine gehörenden Einschieb- oder Formenbretes, zieht die Form darauf, trägt sie mit Hülfe des Drehers oder einer sonstigen Person an die Maschine, legt sie auf die dazu bestimmten an jeder Maschine angebrachten Träger und schiebt sie behutsam von dem Bret auf das Fundament der Maschine, darauf achtend, daß der Mittelsteg genau mit den meist auf dem Fundament eingerissenen Linien abschneidet, die Nase oder die an vielen Rahmen vorhandenen zwei Nasen an der hinteren Seite der Rahme aber in die dafür am Fundament angebrachten Schlitze oder gegen die dort befindlichen Backen zu liegen kommen.

Ist die Form eine leichtere, so hebt der Maschinenmeister sie gewöhnlich ohne Benutzung des Bretes ein; selbstverständlich muß in diesem Fall das Hinschieben auf dem Fundament so vorsichtig bewerkstelligt werden, daß die an der Rahme befindlichen Nasen keine Risse auf demselben machen.

Bei den Tischfärbungsmaschinen ist die Benutzung des Bretes unerläßlich, denn bei denselben werden bekanntlich alle Formen entweder von der Seite oder neuerdings nach Abnahme des Tisches unter dem Farbkasten weg von vorn eingeschoben.

Nach erfolgtem Einheben schraubt man die Form, wenn sie die richtige Lage auf dem Fundament hat, mit dem vorn an demselben befindlichen Halter fest, dafür Sorge tragend, daß sie sich nicht etwa durch zu festes Anschrauben desselben hebt, also steigt. Die Oberfläche derselben wird nun noch einmal vorsichtig überbürstet, damit nicht der geringste Schmutz, etwa vom Setzer zurückgelassener Ausschluß oder herauscorrigirte Buchstaben darauf liegen bleiben und später beim Darübergehen des Cylinders die Schrift ruiniren. Sodann wird sie aufgeschlossen, d. h. die Keile oder Rollen werden gelockert, mit Klopfholz und Hammer geklopft und wieder sorgfältig, doch nicht zu fest zugeschlossen.

5. Das Zurichten der Druckform.

Die für das Zurichten auf der Handpresse gegebenen Anleitungen gelten auch für das Zurichten auf der Schnellpresse; eine Abweichung findet nur insofern statt, als man hier den Margebogen genau der Rundung des Cylinders anzupassen und dabei natürlich ebenfalls zu beachten hat, daß jeder Theil der Zurichtung dahin kommt, wo er hingehört und wo er ver= bessernd auf die Form zu wirken hat. Daß, um diesen Zweck zu erreichen, ein Abzug auf den Cylinder gemacht wird, dürfte dem denkenden Leser wohl selbst bereits klar geworden sein.

Ehe man jedoch die Zurichtung auf der Schnellpresse vornimmt, bleibt, wie auf der Handpresse, das sehr wichtige Registermachen übrig; dies ist freilich eine etwas schwierigere Arbeit, da man es hier beim späteren Widerdruck nicht mit zwei feststehenden, sondern mit nur einer feststehen= den und einer beweglichen Punktur zu thun hat. Specielleres darüber, wie man die Punkturen einzusetzen hat, lehrten wir bereits auf Seite 189 u. f.

Hat man also zunächst die Punkturen angemessen der Größe des zu verdruckenden Papiers eingesetzt, auch darauf geachtet, daß wenn die Form zu umstülpen ist, beide Punkturen gleich weit von den Rändern der Form abstehen müssen (s. Seite 191) so legt man einen Bogen des Auflagepapiers ein, läßt ihn durchdrehen, stellt dann die bewegliche Punktur genau in das durch die hintere feste Punktur vorgestochene Loch, umschlägt oder umstülzt den Bogen, je nachdem die Form es erforderlich macht und sieht nun, den Bogen gegen das Licht haltend, zu, ob die Columnen der Vorder= und Rückseite genau aufeinanderstehen.

Wenn das Register vollkommen stehen soll, muß das beim Schöndruck durch die hintere feste Punktur gestochene Loch, welches beim Widerdruck in die bewegliche Punktur gelegt wurde, genau wieder in die einstweilen noch im Cylinder befindliche Punktur hineintreffen, wenn der Bogen zum Widerdruck durchgedreht wird.

Ergeben sich Differenzen im Stande des Schön= und Widerdrucks, so müssen solche nun beseitigt werden und geschieht dies am besten durch Verrücken der hinteren, beweglichen Punktur auf die Weise, daß man sie um die Hälfte der sich zeigenden Differenz nach der Seite hinrückt, welche vorschlägt.

Ist ein Ausgleich mittels der Punktur nicht bequem zu erzielen, so kann man sich auch damit helfen, daß man die Form selbst ein wenig verrückt, indem man an die eine oder andere Backe des Fundamentes gegen welche die Rahme gelegt wird, einen angemessen starken Durch= schuß oder einen Kartenspahn legt.

Hat man als Widerdruck eine zweite Form einzuheben, so werden sich bei dieser möglicher= weise andere Differenzen im Register zeigen, wie solche beim Einheben der ersten Form zu Tage traten, besonders wenn man sie mit einem zweiten Format und mit einer zweiten Rahme ver= sehen einhob, denn die geringste Abweichung in der Stärke des Formates und jede Ungenauigkeit der Rahme gegenüber der zur ersten Form benutzten, werden eine Abweichung des Registers herbeiführen, die dann wieder beseitigt werden muß.

Auch in diesem Fall ist, vorausgesetzt, daß die Differenz im Stande nicht zu groß, auf die eben beschriebene Weise leicht zu helfen, außerdem aber bieten die früher beschriebenen für solche Zwecke bestimmten Punkturen (Seite 189 u. f.) die Möglichkeit Abhülfe zu schaffen.

In der Regel werden die sich im Stande des Registers zeigenden Differenzen einfach durch Verstellen der beweglichen Punktur auszugleichen sein und ist dies jedenfalls auch der richtige Weg, welchen man einzuschlagen hat; an den Maschinen neuerer Construction ist diese Punktur mittels einer sehr feintheiligen Schraube stellbar, so daß man die kleinsten Abweichungen nach oben und unten, rechts und links reguliren kann.

Häufig wird noch, nachdem eine Weile fortgedruckt worden, eine kleine Veränderung der verstellbaren Punktur nothwendig sein, weil die beim Schöndruck vorgestochenen Löcher dem Punktirer das Einlegen in die verstellbare Punktur nicht so ganz bequem erscheinen lassen und ihm in Folge dessen ein gleichmäßiges Einlegen erschweren. Es kann sich in diesem Fall immer nur um ganz geringe Differenzen handeln, doch aber ist es nothwendig, daß dem Punktirer Alles bequem und handlich liege, damit er in der Schnelligkeit und Exactität des Einlegens nicht behindert werde.

Sobald man nach Regulirung des Registers einen Abzug erlangt, der alle Buchstaben rc. deutlich erkennen läßt, zieht man den sogenannten **Revisionsbogen** ab, der dann mit der letzten Correctur dem Corrector oder Revisor übergeben, von diesem mit der Correctur verglichen und dem Setzer zur Verbesserung etwa noch vorgefundener Fehler übergeben wird. Wenn irgend möglich, muß die Revision der Form in der Maschine*) und noch vor Beendigung der Zurichtung besorgt werden, damit das Fortdrucken keinen Anschub erleidet. Bei schwierigeren Revisionen wird freilich oft ein Herausheben auf die Schließplatte nothwendig sein.

Betrachten wir uns nun die Art und Weise der Befestigung der Zurichtung auf dem Schnellpressencylinder.

Bei dieser Arbeit wird von den Maschinenmeistern eine abweichende Methode befolgt; während Einige Seite für Seite auf einem zu diesem Zweck abgezogenen Bogen unterlegen und ausschneiden, wo dies erforderlich, dann aber jede so regulirte Seite einzeln aus dem Bogen herausschneiden und genau auf diejenige Stelle des auf dem Cylinder befindlichen, gleichfalls mit dem Abdruck der Form versehenen Bogens aufkleben, wohin sie gehören, schneiden andere, ähnlich wie beim Preßleudruck, die Seiten nicht einzeln aus und kleben sie auf den Cylinder, sondern bringen den ganzen Bogen, auf welchen sie die Zurichtung machten, darauf, indem sie diesen Margebogen in die Punkturen einlegen und dann, genau Columne auf Columne passend, auf dem Aufzugbogen mittels Kleister vorn, oder auch vorn und hinten befestigen.

Die eine dieser Methoden ist gleich gut wie die andere, immer aber vorausgesetzt, daß sie exact ausgeführt wird.

Hinsichtlich der Druckstärke des Zurichtbogens weisen wir auf das hin, was wir auf Seite 238 bezüglich des Preßeudruckes sagten; ein zu scharfer Abzug ist für die Zurichtung unbrauchbar, denn

---

*) Es wird mitunter nothwendig sein, daß man die vordere Auftragwalze entfernt, um dem Setzer Correcturen an dem, den Walzen zugekehrten Ende der Form zu erleichtern.

man hat keinen richtigen Maßstab, wo man anzuschneiden oder zu unterlegen hat, abgesehen davon, daß sich die Form gleich von vorn herein zu scharf in den Aufzug einprägt, auch die Schrift schneller ruinirt wird. Empfehlenswerth ist es, den Cylinder so zu stellen, daß er einen mittelstarken Druck ausübt, so daß man die ganz schwachen Stellen in der Regel nur einmal zu unterlegen, zu starke dagegen nur einmal auszuschneiden hat.

Aus Vorstehendem wird man ersehen haben, daß es unter allen Umständen besser ist, den Druck lieber zu schwach als zu stark zu stellen; das erstere läßt sich leicht verbessern, indem man noch einen Bogen aufzieht, wenn dies der Ueberzug des Cylinders erlaubt, derselbe also nicht etwa zu stark dadurch wird und in Folge dessen Schmitz entsteht, oder man regulirt den Druck, indem man den Cylinder in seinen Lagern etwas senkt.

Es ist auch insofern ein schwächerer Druck vor der Zurichtung gerathen, als der Marge-bogen, nachdem er auf den Cylinder gebracht worden, den Aufzug verstärkt, also einen schärferen Druck herbeiführt.

Wir haben bei dieser Gelegenheit noch des Oelbogens zu gedenken, der ja beim Fortdrucken oder mindestens doch beim Widerdruck einen Einfluß auf die Druckstärke ausübt.

Zweck des Oelbogens ist, wie schon früher erwähnt wurde, den beim Widerdruck auf den Cylinder zu liegen kommenden Schöndruck vor dem Abziehen zu hüten. Ein gewöhnlicher Bogen würde hierzu nicht genügen, weil er den Druck annehmen, und dem nächsten Bogen wieder mittheilen würde. Der geölte Bogen nimmt die Schwärze nicht so leicht an und braucht nur bei großen Auflagen mehrmals erneuert zu werden.

Wenn man beim Schöndruck sonach einen solchen Oelbogen nicht braucht, denselben auch meist deßhalb lieber wegläßt, weil er auf die noch vollkommen weiße Papierseite leicht eine, wenn auch kaum bemerkbare Fettschicht absetzt, die den reinen Widerdruck erschwert, so wird vor Beginn des Schöndrucks von vielen Maschinenmeistern doch schon auf diesen Bogen Rücksicht genommen, um eine spätere nochmalige Regulirung des Druckes zu ersparen. Manche ziehen deßhalb vor Beginn des Schöndrucks einen weißen Bogen in der genauen Stärke des Oelbogens, Andere den Oelbogen selbst auf; in ersterem Falle wird vor Beginn des Widerdrucks der weiße Bogen mit einem Oelbogen vertauscht und die Druckstärke bleibt somit unverändert, im zweiten Falle bleibt sie ja ohnedies dieselbe. Andere wieder verfahren weder auf die eine, noch auf die andere Weise, sondern ziehen, was jedenfalls das gebräuchlichste ist, den Oelbogen erst bei Beginn des Wider-drucks auf und heben dann den Cylinder um die Stärke desselben.

Daß man bei großen Auflagen und insbesondere beim Druck von Illustrationsformen in großen Auflagen den Margebogen unter das Drucktuch bringt, haben wir bereits auf Seite 184 erwähnt. Hier sei noch beschrieben, wie man dabei verfährt.

Die für die Zurichtung erforderlichen Abzüge werden in der gewöhnlichen Weise, doch vor der Abnahme des Tuches vom Cylinder gemacht, das Tuch dann abgenommen, ein gewöhnlicher Zurichtbogen auf die Cartonlage gezogen, die unteren Cylinderschrauben ein wenig gelockert, so daß der Cylinder tiefer zu stehen kommt, der Karren nun langsam durchgedreht und so ein Abzug auf dem Anzugbogen gemacht. Der Karren darf jedoch nicht eher wieder vorgedreht werden, bis der Cylinder wieder angemessen gehoben, sonst kann derselbe leicht mit seinem abgeplatteten Untertheil auf den Zähnen der Zahnstange schleifen und Zahnstange wie die Form lädiren, auch sonstige Uebelstände herbeiführen.

Die Zurichtung wird nun entweder in einzelnen Ausschnitten oder Columnenweis fertig auf den Cylinder gebracht*) und das Tuch dann wieder aufgezogen. Ueber dasselbe kommt der gewöhnliche Papieraufzug, auf dem eine etwaige kleine Nachhülfe in der Zurichtung nachträglich noch zu bewerkstelligen ist. Zu umfangreich darf diese Nachhülfe jedoch nicht sein, denn auch das hier Unterlegte würde während des Druckes leiden. Umfangreiche Verbesserungen müssen demnach gleichfalls unter dem Tuch gemacht, und dieses zu dem Zweck hinten gelöst und nach vorgenommener Verbesserung wieder vollkommen stramm und glatt über die Zurichtung gezogen werden.

Bei allen den Manipulationen, welche ein Vorwärtsdrehen des Cylinders, Drehen auf den zweiten Satz, wie der Maschinenmeister zu sagen pflegt, erfordern, also z. B. beim Aufkleben der Zurichtung auf die hintere Seite des Cylinders, beim Lockern des Drucktuches ꝛc. muß man stets einen Maculaturbogen, sogenannten Schwarzen, einlegen, damit die Form nicht auf den Aufzugbogen des Cylinders druckt.

Ist die Zurichtung nun in richtiger Weise auf den Cylinder gebracht worden, so haben wir schließlich noch die Vorder- und Seitenmarken zu stellen, welche dazu dienen, dem Bogen die richtige Lage der Form gegenüber zu geben und zu erzielen, daß dieselbe nach allen Seiten in die Mitte des Bogens zum Abdruck kommt.

Die Vordermarken, durch x auf Fig. I der Tafel 1213 des Atlas deutlich dargestellt, sind durch zwei, auf einer Stange verstellbare, zu verlängernde und zu verkürzende Arme gebildet, deren winkelförmig umgebogene Enden ziemlich dicht auf dem Cylinder aufliegen. Gegen diese Enden nun wird der Bogen angelegt, nachdem die Marken selbst der Größe des Bogens resp. der Größe der Form angemessen eingestellt worden sind.

Da diese Marken, wie auch aus der oben erwähnten Fig. I bei x ersichtlich, zwischen den Greifern liegen, so ist die Markenstange, auf welcher sie befestigt sind, dicht vor der Greifer-stange in die Zeitengestelle der Maschine leicht einlegbar angebracht. Ein mit dem einen Ende der Markenstange verbundener, mit ihr im Winkel liegender Arm findet Anlage an dem rechts-seitigen Mechanismus des Cylinders und wird von diesem aus gehoben, wenn der Bogen angelegt ist und der Greifer zugeben, so daß der Cylinder den Bogen bequem unter den Marken weg der Form zuführen kann. Kommt der Cylinder nach vollendetem Uebergange über die Form wieder in seine normale Lage zurück, so senken sich die Marken, um das Einlegen eines neuen Bogens zu ermöglichen. Beim Widerdruck wird die Markenstange, weil hier unnöthig, entfernt.

Die Seitenmarke befindet sich auf dem schrägen Einlegebret der Maschine und gleicht einem Winkel. Der eine Schenkel ist auf dem Bret verstellbar, so daß der andere, dem Punktirer

---

*) Bei einer Form mit großen Illustrationen dürfte es noch gerathener sein, die Zurichtung nicht auf einen dünnen Bogen, sondern gleich auf den obersten Cartonbogen zu bringen; man beugt so auf ganz sichere Weise dem Verschieben der Zurichtung vor.

zugekehrte Schenkel der Größe des Bogens angemessen gestellt und der Bogen dann gegen ihn in sicherer Weise angelegt werden kann.

Um die Seitenmarke einzustellen genügt es, einen Bogen genau in der Mitte zu brechen, den Bruch gegen die Punkturen, die offene Seite gegen die Marke gerichtet auf das Einlegebret zu legen, die Marke nun gegen diese offene Seite anzurücken und sie dann zu befestigen.

Die Vordermarken stellt man ein, indem man mit einem Zirkel genau die Breite des Papierrandes ermittelt und auf dem Cylinder durch Einstechen mit dem Zirkel markirt, dann einen Bogen genau den Stichen entsprechend anlegt und die Marken bis an den Papierrand heraufbringt, sie sodann gehörig mittels der Schrauben befestigend. Sticht man die Anlage gleich über den Vordermarken ab, so kann man diese auch, ohne einen Bogen anzulegen, gleich bis zu den Stichen herausstellen und auf diese Weise gleichfalls eine richtige Anlage erzielen. Bei un= gleichem Papier ist es am besten, die Marken nach einem kleinen Bogen einzustellen.

Außer den Marken sind auch die Greifer der Größe des Papiers entsprechend einzustellen. In welcher Weise die Greifer auf der Greiferstange zu verschieben sind, lehrten wir bereits auf Seite 180 und 181, haben deshalb an dieser Stelle nur auf den Zweck des Verstellens hinzu= weisen. Für das sichere Halten und spätere Loslassen, resp. das gleichmäßige Ueberliefern der Bogen an die Ausführbänder ist es durchaus nothwendig, daß die Greifer in möglichst regelmäßigen Abständen über die ganze Bogenbreite vertheilt sind; eine Ausnahme davon machen nur die beiden äußeren Greifer, denn während der dem Punktirer zunächst stehende so weit abgestellt werden muß, daß der Punktirer den Bogen beim Schöndruck an seinem vorderen Ende fassen und ohne Gefahr für seine Finger anlegen kann, muß der äußere Greifer des anderen Cylinderendes ziemlich nahe an den Rand des Bogens herausgestellt werden. Die beiden Mittel= greifer dürfen gleichfalls nicht zu nahe aneinander und zu nahe an beiden Seiten der Punktur stehen, denn erstens würde hierdurch das Einlegen des Widerdrucks, bei dem der Punktirer den Bogen in der Mitte faßt, erschwert werden und zweitens würde hierdurch leicht ein Einreißen des Bogens bei seinem Uebergange auf die Ausführbänder herbeigeführt werden.

Bei älteren Maschinen bleiben die Greifer zumeist offen stehen, nachdem sie den Bogen abgegeben haben; diese Einrichtung bedingt, das Einlegebret vorn mit Ausschnitten zu versehen, damit die offenen Greifer ohne anzustoßen passiren können; bei den neueren Maschinen ist eine solche Einrichtung nicht nothwendig, da die Greifer derselben sich während des Passirens unter dem Einlegebret schließen und erst wieder aufgehen, wenn der Cylinder seine richtige Lage erreicht hat.

Wie wir bereits auf Seite 196 erwähnten, führen die Maschinen der Fabrik von Klein, Forst & Bohn Nachfolger ein zweites Greifersystem, bestimmt, anstatt des Oberbandes den Bogen vom Cylinder abzuführen. Dem auf der fraglichen Seite betreff der Stellung dieser Greifer Gesagten haben wir noch hinzuzufügen, daß der eine der in der Mitte befindlichen Greifer möglichst dicht an der Punktur stehen muß, um den Bogen aus derselben herauszudrücken und seine weitere Abführung zu erleichtern.

6. Das Fortdrucken.

Nachdem die Revision gemacht, die Form wieder geklopft, sorgfältig geschlossen und die Zurichtung vollständig erledigt worden ist, läßt man einige schwarze Bogen und zuletzt einen Auflagebogen durch und sieht nach, ob alles gut kommt und ob die Anlage nach allen Seiten eine richtige ist. Kleine etwa nöthige Verbesserungen der Zurichtung wie der Anlage werden nun noch vorgenommen, auch die Farbeproden angemessen der Größe der Form eingestellt (f. Seite 205) und sodann nach wiederholtem Durchlassen von Maculaturbogen mit dem Fortdrucken begonnen.

Im Anfange wird der Maschinenmeister seine ganze Aufmerksamkeit zunächst darauf zu richten haben, ob die Färbung eine richtige und gleichmäßige ist. Ein Ab- und Zugeben wird in den meisten Fällen nöthig sein, besonders wenn man Formen von verschiedener Zusammensetzung und verschiedener Größe hintereinander druckt.

In welcher Weise man Farbe stellt, lehrten wir bei Beschreibung der verschiedenen Farbewerke auf den Seiten 203—219, ebenso erwähnten wir bereits auf Seite 275 und 277 das Nöthige über die Verwendung der beweglichen Punktur und des Oelbogens beim Widerdruck. Daß man vor Beginn des Widerdrucks die hintere Punktur und die Marken entfernt, sei hier noch einmal zur Beachtung empfohlen.

Fassen wir zum Schluß dieses Capitels noch die Vorkommnisse ins Auge, welche sich während des Drucks einer Form einstellen können.

1. Uebermäßig schwarzer Druck. Es kann vorkommen, daß der Maschinenmeister es mit dem Farbestellen versieht und nun nach dem Druck weniger Bogen übermäßig schwarze Bogen erhält. In diesem Fall, vorausgesetzt, daß der Farbezufluß nicht ein ganz abnormer ist, hilft am schnellsten und einfachsten das Durchlassen eines oder mehrerer Bogen zwischen den Auftragwalzen und den großen Farbecylinder und das sofortige angemessen festere Anstellen des Messers an den Ductor. Das Durchlassen der Bogen wird derart bewerkstelligt, daß man den Karren zurückdrehen läßt, den vorderen Rand des Bogens auf die vordere Auftragwalze legt, dann den hinteren Rand mit beiden Händen ergreift und den Karren langsam vordrehen läßt. Der Bogen wickelt sich nun um die Walzen, nimmt ihnen die überflüssige Farbe ab und läßt sich beim Zurückdrehen leicht wieder abziehen. Auch die Form muß durch das Durchlassen von Maculaturbogen von der überflüssigen Farbe befreit werden. Ist man gar zu tief in die Farbe gefahren, was eigentlich nur einem Anfänger passiren sollte, so wird auch dieses Mittel nicht genügen, man muß dann die Walzen herausnehmen und waschen, oder mit dem Rücken eines Messers abkratzen, muß ferner die Form ausheben und waschen, auch die Metallwalzen reinigen, wie sämmtliche Walzen nach dem Einsetzen wieder frisch einreiben.

Ist die Schwärzung nur ein wenig zu verringern, so regulirt man dies an den neueren Maschinen einfach durch zeitweises Ausrücken des zur Bewegung des Ductors dienenden Sperrhakens, bei den älteren König & Bauer'schen Maschinen durch Abziehen des Ausrückers an der Ductorachse (f. Seite 214), bei anderen älteren Maschinen durch gänzliches Abstellen des Hebers.

Infolge diefer Manipulation wird dem Heber, alfo auch der Form in den erften zwei Fällen keine weitere Farbe zugeführt, da der Ductor ftehen bleibt, alfo keine Farbe aus dem Farbekaften entnimmt und, da der Heber fich immer an ein und diefelbe Stelle des feftftehenden Ductors anlegt, fo erhält auch er keine frifche Farbe mehr; im dritten Fall wird durch vollftändiges Abftellen des Hebers erft recht ein Zuführen von Farbe verhindert.

2. **Zu blaffer Druck.** Kleinere Differenzen laffen fich an allen Mafchinen dadurch reguliren, daß man durch angemeffenes Stellen der dafür angebrachten Vorrichtung den Heber fich länger und fefter an den Ductor anlegen, demnach einen breiteren Streifen, alfo ein größeres Quantum Farbe abnehmen läßt. Schneller noch gelangt man zum Ziel, wenn man, fobald der Heber am Ductor anliegt, diefen mittels des auf feiner Axe angebrachten Handrädchens fo lange in der Richtung gegen das Farbmeffer herumdreht, bis fich der Heber theilweis oder feinem ganzen Umfange nach mit einer frifchen Farbefchicht überzogen hat; diefe Schicht theilt fich dann fchnell und in wirkfamfter Weife den übrigen Walzen mit. Wie wir aus der Befchreibung der Farbewerke erfehen haben, ift eine folche Drehung des Ductors aber nur bei den Mafchinen neuerer Conftruction wie bei älteren König & Bauer'fchen Mafchinen möglich, da die meiften älteren Mafchinen anderer Fabriken den Ductor durch feftftehendes Zahngetriebe bewegen.

Zur Hauptfache und insbefondere, wenn nur eine Seite der Form zu blaß oder zu fchwarz kommt, wird aber immer eine angemeffene Stellung des Farbmeffers nothwendig und von dauerndem Erfolg fein.

3. **Spieße.** In welchen Fällen Spieße ▊ kommen, haben wir zum Theil bereits auf den Seiten 223 und 249 erwähnt. Daß ferner hauptfächlich fchlecht ausgefchloffener und bezüglich der Länge der Columnen mangelhaft juftirter Satz Anlaß zu Spießen giebt, wird dem Lefer erklärlich fein. Hier ift nicht anders abzuhelfen, als daß man die Mängel des Satzes fofort durch den betreffenden Setzer verbeffern, alfo die zu fchwach ausgefchloffenen Zeilen ftärker, etwa fich fpannende, zu ftarke Zeilen aber angemeffen fchwächer ausfchließen läßt. Ein bloßes Anftechen mit der Ahle ift nur Nothbehelf, auch in fofern zu verwerfen, als dadurch die Schrift und der Ausfchluß lädirt werden.

Es giebt freilich Druckereien, in denen bezüglich des genauen Juftirens oft alle Mühe vergebens ift und zwar deshalb, weil das Schriftmaterial nicht in allen Theilen fyftematifch übereinftimmt, fonach dem Setzer ein genaues Berichtigen garnicht möglich ift.

Eigenthümlich ift, daß fich Spieße weit eher bei denjenigen Formen zeigen, welche mit ihren Zeilenenden gegen den Cylinder gerichtet find (Quart, Sedez) als bei denen, deren Zeilen parallel mit dem Cylinder laufen, (Octav in zwei einzelnen Formen) man hilft fich deshalb, vorausgefetzt, daß die Druckgröße der Mafchine und das Papier dies erlaubt, mitunter dadurch, daß man fo widerfpänftige Formen in veränderter Weife fchließt.

Große Hinderniffe bereitet oft der fteigende Durchfchuß der Columnen; dies rührt davon her, daß der Setzer feinen Winkelhaken dem Durchfchuß gegenüber zu eng geftellt hatte, fo daß beim Schließen der Form die Stege zu feft auf den Durchfchuß, weniger feft auf die Zeilen felbft drücken. Ein Aushülfsmittel bei diefem Vorkommniß ift, einen oder mehrere dicke, in

Waffer erweichte Cartonstreifen an die eine Seite jeder Columne anzulegen und wieder fest zu schließen. Der Durchschuß preßt sich nun in die Cartonstreifen hinein, während sich der an den Zeilen selbst ruhende Papierstoff fest gegen diese legt und ihnen besseren Halt giebt.

Oft erscheint der nämliche Spieß, ein Halbgeviert, Spatium oder Quadrat immer an der gleichen Stelle, auch wenn der Satz bestens justirt und die Form gut geschlossen ist. So oft man in einem solchen Fall den Spieß auch herunter drückt, in kurzer Zeit kommt er doch immer wieder zum Vorschein. Hier ist meist eine Stelle im Satz, wo durch das Waschen der Form Feuchtigkeit zurückgeblieben ist, etwa ein wenig Lauge oder Terpentin, ist ist das betreffende Ausschließungsstück auch ölig und gleitet um so leichter nach oben; hier hilft nur das Herausnehmen und sorgfältige Reinigen des betreffenden Stückes wie seiner Nachbarn oder aber das Ersetzen derselben durch neue Stücke. Spieße können ferner entstehen, wenn Erschütterungen der Maschine durch zu harten Druck hervorgebracht werden und der Cylinder mit Geräusch über die Form poltert. Dieses Poltern kann, wie bereits früher erwähnt wurde, aber auch davon herrühren, daß die Cylinderlager zu sehr ausgelaufen sind; in beiden Fällen führen diese Fehler leicht Spieße herbei, wie auch zu elastischer Fußboden, zu schwaches Fußtheil oder zu schwaches Fundament der Maschine selbst durch das fortwährende Vibriren den gleichen Uebelstand hervorrufen.

Wie wir bereits früher erwähnten, trug die alte, scharf ziehende, daher auch saugend auf die Form wirkende Walzenmasse viel dazu bei, daß sich Spieße zeigten, zumal wenn man mit starker Farbe druckte. Die neue Gelatinemasse besitzt, trotzdem sie noch besseren Druck vermittelt, weniger Zugkraft wie die alte Masse, sie ist demnach auch hinsichtlich der Spieße günstiger verwendbar; doch auch bei ihr wird man sich mitunter helfen müssen, indem man dünnere Farbe zum Druck nimmt um Spießen vorzubeugen.

4. Steigen von Linien, Einfassungen ꝛc. Dieser Fehler, der sich durch zu scharfes Drucken der fraglichen Theile zeigt, beruht auf den gleichen Ursachen, wie die Spieße, man hat demnach zu prüfen, ob schlechtes Ausschließen Schuld ist oder ob die fraglichen Stücke etwa schlüpfrig sind. Daß solche einzeln stehende Theile der Form (Columnentitel, Linien, Signaturen ꝛc.) überhaupt immer etwas schärfer drucken, haben wir bereits früher erwähnt, auch in dem Capitel über die Zurichtung bereits angegeben, wie man hier verbessernd zu verfahren hat.

5. Das Schmitzen. Die verschwommene Wiedergabe der Typen nennt der Buchdrucker, wie wir bereits auf Seite 180 und 239 erwähnten, Schmitzen. An der gleichen Stelle erwähnten wir auch bereits, daß die Ursache für diese Erscheinung häufig in zu starkem oder zu schwachem Cylinderaufzuge zu suchen ist. Fassen wir deshalb an dieser Stelle noch die übrigen Ursachen des Schmitzens ins Auge, und dabei an die zuverlässigen Winke haltend, welche der verstorbene Andreas Eisenmann in seinem Werke: „Die Schnellpresse, ihre Construction ꝛc." (Verlag von Alexander Waldow in Leipzig) giebt.

„Wenn einzeln stehende Buchstaben, Ziffern, z. B. Columnentitel, Signaturen ꝛc. schmitzen, so ist dies in den meisten Fällen der Beweis, daß sie nicht fest ausgeschlossen sind, sondern hin- und herwackeln, und unreinen gequetschten Druck geben. Stehen sie fest und ist auch der Aufzug vollständig in Ordnung, d. h. zeigt nirgends Falten, bauscht sich nicht, was sehr häufig auch der

Grund des Schmitzens ist, so muß der Cylinder zu viel Spielraum in seinen Lagern haben, in Folge dessen holprig über die Schriftfläche gehen und kann dadurch Schmitzen am Anfang, am Ende und am Bundsteg der Form verursachen. Dem Uebelstande ist bald abgeholfen, indem man die Lagerkapseln am Cylinder abnimmt und so lange auf einem glatten Sandstein abschleift, bis sie die Zapfen des Cylinders wieder so umschließen, daß er sich nicht mehr nach oben bewegen kann. Der Maschinenmeister sollte, sobald er an dem Poltern des Cylinders merkt, daß derselbe nicht fest in seinen Lagern läuft, augenblicklich in der angegebenen Weise Abhülfe schaffen, denn eine Vernachlässigung dieses Fehlers hat schon häufig genug den Grund zu weiteren Fehlern an andern damit in Verbindung stehenden edlen Theilen der Maschine gelegt. (Man beachte auch das auf Seite 188 Gesagte.) Das Schmitzen am Ausgange rührt ebenfalls gleichsam von dem Schlottern des Cylinders her, jedoch hat man noch zwei andere Ursachen bemerkt, welche Veranlassung dazu geben.

Die erste, welche sich besonders an älteren Maschinen zeigte, ist die, daß der Cylinder so knapp berechnet ist, daß man, um das größte Format drucken zu können, mit der Druckfläche kaum einen Zoll vom Mittelpunkt des Cylinders entfernt bleibt, daher auch meistens die Bogen von der rückwärts gehenden Form angestreift und beschmutzt werden, das Schmitzen aber eben dadurch herbeigeführt wird, daß der Cylinder noch drucken muß, während die Zähne am Rad schon abgeplattet sind, also nicht mehr in Eingriff stehen und die letzten Zellen gleichsam durch die Gabel gedrückt werden; hier wäre eine große Exactität der Erenter nöthig, wenn es nicht an diesem Punkt schmitzen sollte. In diesem Falle ist nicht leicht zu helfen, außer man druckt eben kleiner, so daß der Druck beendet ist, bevor die Gabel einfällt.*) Eine zweite Ursache hat man darin gefunden, daß das Fundament am Ende des Drucks und bei schnellem Gange aufknupst (aufkippt), was aber meistens nur bei allzuschnellem Gange der Maschine geschieht; bei langsamerem hört es sicher auf.

Stehen die am Fundament befestigten Zahnstangen nicht ganz richtig, drängen und quetschen sich demnach die am Cylinder befindlichen Zähne in dieselben, so schmitzt es ebenfalls häufig. Da diese Zahnstangen ein wenig nach rechts oder links versetzt werden können, so ist auch hier mit der nöthigen Vorsicht leicht abzuhelfen. (Man beachte auch das auf Seite 186 Gesagte.)

Beim Druck von mit Linien eingefaßten Columnen kommt es häufig vor, daß eine oder die andere der nach dem Cylinder zu stehenden Linien sich schmitzen. Es ist auch hier oft das schlechte Justiren der Columnen seitens des Setzers Schuld, denn eine Linie, die nicht ganz fest steht, schmitzt in den meisten Fällen. Zuweilen aber liegt es auch daran, daß die Linie zu stark, zuweilen daran, daß sie zu schwach unterlegt ist; ein Seidenblättchen ab oder zu hilft oft.

Sehr häufig und besonders bei gefeuchtetem Papier bauscht sich der Bogen, wenn er über die Form geführt wird und entsteht auch dadurch Schmitz. Wie dem abzuhelfen, finden wir in dem Nachfolgenden.

---

*) Wir müssen bemerken, daß wir, wenn wir von älteren Maschinen sprechen, hauptsächlich diejenigen meinen, welche in den vierziger Jahren als neue Systeme an verschiedenen Orten aufgetaucht sind.

6. Das Falzenschlagen. Es kommt häufig vor, daß die mit Linien oder Einfassungen umgebenen Sätze, (Plakate, Umschläge, Werkformen mit Linieneinfassung um die Columnen) ebenso auch größere splendid gesetzte Stellen in gewöhnlichen Formen während des Druckes kleinere oder größere Falzen im Bogen hervorbringen; es ist dies nicht minder als das Schmitzen eine böse Calamität, die zu bekämpfen dem Maschinenmeister oft viele Mühe macht.

Das Falzenschlagen rührt lediglich von der Luft her, welche sich zwischen Cylinder, Bogen und Form aufhält, und die, wenn der Druck geschieht, nicht völlig entwichen ist, sich daher auf splendideren Stellen drängt und Blasen in Papier hervorbringt, welche, durch den Druck zusammengequetscht, an solchen Stellen Runzeln und Fälzchen bilden.

Es handelt sich also darum, diese Luft kurz vor dem Druck zu beseitigen und dies kann nur geschehen, wenn der Bogen sehr glatt am Cylinder anliegt, damit sich zwischen beiden keine Luft aufhalten kann.

Dieses glatte Anschließen des Bogens am Cylinder kann am besten durch Bänder geschehen, welche bereits unter den Anlegemarken beginnend, den Bogen fest auf den Cylinder drücken und so die Luft entfernen. Specielleres über diese Einrichtung, wie auch einige Bemerkungen über das Falzenschlagen selbst findet der Leser auf Seite 195 und folgende; die Lage dieser Bänder aber verdeutlicht uns Fig. 69 f b auf Seite 193.

Trotz dieser Bänder aber und trotz anderer auf Seite 196 erwähnter Hülfsmittel sind die Falzen nicht immer ganz zu beseitigen; durch Umkehren der Form ist es indeß schon oft gelungen, dieselben los zu werden, auch durch trockneres Papier, auch schon durch Versetzen von Greifern auf andere Stellen; es ist, wie oben gesagt, dies ein eben so kitzliches Ding wie das Schmitzen und erfordert Nachgrübeln; thäten dies aber alle Maschinenmeister, so würde der eine die, der andere jene Entdeckung machen, welche dem Maschinenbauer mitgetheilt, von demselben verfolgt und nutzbar gemacht, die günstigsten Resultate hervorrufen würden.

Ein wesentlicher Punkt, welcher zum Falzenmachen oft viel beiträgt, ist der, wenn nicht ein Greifer so gut wie der andere den Bogen festhält, daher nicht vergessen werden darf, sobald sich Falzen zeigen, vor allem die Greifer zu untersuchen und zu justiren.

Oft genügt es auch, um das Falzenschlagen zu verhüten, wenn der Punktirer den Bogen, sobald ihn die Greifer halten, mit beiden Händen glatt ausstreicht; man wird demnach, zeigt sich ein derartiger Uebelstand beim Druck, am besten thun, mit dem einfachsten hier angegebenen Hülfsmittel zu beginnen und, hatte dies keinen Erfolg, nach und nach die anderen zu versuchen.

7. Grobe und aufgerissene Punkturlöcher. Wie viele Unannehmlichkeiten zu grobe Punkturlöcher herbeiführen, wird jedem Maschinenmeister bekannt sein.

Sie erschweren schon beim einfachen Druck ein gutes Register, wie viel mehr aber bei complicirten Drucken, als Tabellen, die meist mit Querlinien versehen 3 Mal punktirt werden müssen, oder gar bei Farbendrucken, die noch öfter ein und denselben Weg machen müssen. Dieser Uebelstand rührt meist vom unrichtigen Lauf der Bänder her. Laufen die Bänder nicht mit der gleichen Geschwindigkeit, wie der Druckcylinder, so schiebt sich der Bogen zusammen und es giebt besonders an der hinteren Punktur nicht nur große Löcher, sondern sogar oft Schlitze, die dann das Registerhalten geradezu zur Unmöglichkeit machen, weil der Bogen keine feste Lage erhält, sondern sich in der Punktur hin- und herzieht.

Der ungleiche Lauf der Bänder gegenüber dem Cylinder ist meist darin zu suchen, daß irgend einer der Theile, welcher die Bänder trägt, (die Rollen, Spindeln 2c.) sich nicht ganz in Ordnung befindet, also vielleicht klemmt, und so verhindert, daß sich die Bänder gleichmäßig und leicht mit dem Cylinder zugleich umdrehen. Sind z. B. die Spitzschrauben, in welchen die Rollen-spindeln laufen, zu stark angezogen, oder gar eingerostet, so erschweren sie das leichte Umdrehen, zerren den Bogen und in Folge dessen reißen die Punkturlöcher aus.

Es giebt Maschinenmeister, welche anstatt der Mittelbänder, die oft allein die Brückenwalze treiben müssen, einfache Columnenschnuren einziehen; auch dies kann der Grund für das Auf-reißen der Löcher sein, weil die Schnure sich eher dehnt wie ein festes Band und demnach den Bogen nicht mehr so glatt führt, wie das Band.

Daß man vor allen Dingen Sorge tragen muß, nur fein zugespitzte Punkturen zu ver-wenden, braucht wohl nicht erwähnt zu werden.

Hat man gute Bänder und Punkturen in der Maschine und erhält trotzdem zu große Löcher, so muß man vor allen Dingen nachsehen, ob sich die Bänder etwa gedehnt haben, demnach zu locker laufen und dem Bogen zu viel Spielraum lassen; ist dies der Fall, so beschwere man die Gewichte etwas mehr, oder wie es an vielen Maschinen möglich, verstelle sie, daß sie schwerer ziehen, schnüre die Spitzschrauben überall, und man wird dem Uebelstande bald abgeholfen haben. Oft aber ist gerade das Gegentheil die Schuld, also wenn die Bänder zu fest ziehen; in diesem Fall erleichtert man die Gewichte oder verstellt sie ebenfalls, natürlich nach dem ent-gegengesetzten Ende wie vorhin.

Jedenfalls ist die bei vielen Maschinen zu findende, früher erwähnte Einrichtung, die Punk-turen in den Mittelsteg der Rahme zu setzen, sehr empfehlenswerth, da, wie gesagt, die von unten eingestochenen Löcher meist kleiner werden als die von oben gestochenen. Besonders für solche Arbeiten, welche oftmals punktirt werden müssen, sind sie sehr vortheilhaft, da man wenigstens beim ersten Druck ganz tadellose kleine Löcher erhält.

8. Am Rande eingerissene Bogen. Außer in den, schon in Vorstehendem erwähnten Fällen reißen die Bänder den Rand des Bogens leicht ein, wenn man sie an den Vereinigungspunkten zu dick und zu lang übereinander nähte, ferner, wenn die Form dem Format des Papiers gegenüber so unvortheilhaft geschlossen ist, daß der leere Rand des Bogens zu weit unter die Greifer kommt (s. auch Seite 263 unten).

Die Maschinen von Klein, Forst & Bohn Nachfolger in Johannisberg führen bekanntlich anstatt der Oberbänder einen eigenthümlich construirten Ausführapparat (s. Seite 196). Dieser Apparat bedingt, wie Seite 197 angegeben worden ist, eine genaue Regulirung, wenn der Bogen glatt und ohne einzureißen ausgeführt werden soll. Ganz besonders nothwendig ist eine Regulirung bei stärkerem Papier, wenn man vorher schwächeres druckte, oder wenn das Umgekehrte der Fall war.

9. **Matte Stellen oder vollständiges Wegbleiben einzelner Stellen der Form im Druck.**

Abgesehen von den Fällen, in welchen mangelhafte Zurichtung oder ein Fehler in der Form selbst Ursachen dieser Uebelstände sind, kommt es mitunter vor, daß durch Unvorsichtigkeit des Maschinenmeisters oder eines der an der Maschine beschäftigten Arbeiter etwas Oel auf die Walzen und durch diese wieder auf die Form kommt. Ganz besonders leicht kann dies bei großen Formen an den Rändern vorkommen, denn diese liegen ja solchen Theilen der Maschine, welche gut in Oel gehalten werden müssen (z. B. Schnecke am großen Farbcylinder, Walzenspindelzapfen x.) so nahe, daß, wenn man nicht große Vorsicht beim Schmieren beobachtet und vor Allem mit Maaß schmiert, leicht einmal ein Tröpfchen Oel auf die Walzen kommt. In diesen Fällen hilft nur gründliches Waschen der Form und der Walzen mit Terpentin.

Der sich auf dem Auslegebret sammelnde Stoß des Gedruckten, wird, wenn er die normale Höhe erreicht hat, von diesem entfernt, auf ein Feuchtbret gesetzt und so nach und nach die ganze Auflage auf diesem Bret gesammelt. Insbesondere bei den mit Ausleger versehenen Maschinen ist das rechtzeitige Entfernen des Stoßes geboten, da sonst der Ausleger in seinen Functionen gehindert wird. Rathsam ist es, vorausgesetzt, daß das leere Papier nicht bereits vom Maschinenmeister gezählt wurde, vor dem Ausheben der Form die Auflage noch einmal zu zählen, damit man sicher ist, dieselbe vollständig an die Bücherstube abliefern zu können. Es macht erklärlicher Weise sehr viel Umstände, eine bereits ausgehobene Form wieder einzuheben, zuzurichten und die Defecte nachzudrucken.

Oft werden von Werken außer den gewöhnlichen Exemplaren auch solche auf besseres Papier gedruckt; diesem Fall muß der Maschinenmeister ganz besondere Beachtung schenken, da ihm durch Vergessen des Druckes der feinen Exemplare große Unannehmlichkeiten und Kosten erwachsen können, denn er würde sogar den Neusatz des betreffenden Bogens zu tragen haben, wenn der Fehler erst nach dem Ablegen der Formen bemerkt wird.

7. Das Ausheben der Form.

Ist eine Form ausgedruckt, so wird sie mittels des Schließzeuges noch fester geschlossen und entweder vom Maschinenmeister, Formenwäscher oder Dreher allein herausgehoben oder sie wird, wie beim Einheben (s. Seite 274) auf das Einschiebbret gezogen und so zur Waschküche transportirt.

Ueber das freie Tragen der Form auf dem Arm seien hier noch einige Winke gegeben. Man richtet die Form senkrecht auf dem Fundament auf, indem man sie bei ihrem vorderen Ende faßt, zieht sie dann behutsam, ohne mit den an der Rahme befindlichen Nasen das Fundament zu ladiren mit ihrer linken Seite etwas von dem Fundament herunter und legt eine unten kurz umgebrochene starke Pappe um den linken Rahmenrand und die hintere Seite der Form, legt dann den linken Arm derart um den Rahmenrand, daß dieser auf dem Unterarm ruht; nunmehr faßt man die rechte Seite der Form in der Mitte mit der rechten Hand, und giebt ihr, sie vom Fundament abhebend, einen angemessenen Schwung, so daß sie senkrecht auf dem linken Unterarm ruht, während ihre Rückseite sich leicht gegen den Oberarm und die Schulter lehnt. Bei leichteren Formen hat man, nachdem man sie so gefaßt, nicht einmal nöthig, den rechten Arm weiter zum Halten zu verwenden, während dies bei schwereren Formen allerdings unerläßlich ist. Immer aber hat man darauf zu achten, daß man die Form nicht zu fest an die Schulter lehnt, denn ist sie nicht ganz gut geschlossen, so drückt man sie leicht aus der Rahme heraus.

Ganz kleine und leichte Formen trägt man auch einfach nach unten hängend in der Hand, indem man mit derselben um die Rahme faßt, größere Formen aber transportirt man, wenn die Wäsche in der gleichen Etage liegt und keine Schwellen Hindernisse bieten, auch auf kleinen Formen-wagen, wie solche Fig. 43 auf Seite 63 vergegenwärtigt. Diese Wagen haben, wie dort bereits specieller angegeben, oben einen der Stärke der Rahme entsprechenden Einschnitt; in diesen stellt man die Form aufrecht hinein, faßt sie am oberen Ende und rollt sie leicht auf dem Fußboden hin.

Neuerdings hat man größere derartige Wagen aus Amerika eingeführt, deren Höhe an-nähernd mit der Höhe der Fundamente und Schließplatten stimmt. Auf diesen Wagen wird die Form wagrecht gebettet und dann leicht an den Ort der Bestimmung gefahren. Die Räder sind ziemlich hoch und häufig mit Gummi umgeben, so daß die Form ohne jede Erschütterung gefahren werden kann. Selbst Schwellen sind mit diesen Wagen leichter zu passiren, wenn man vor ihnen abgeschrägte Breter nageln läßt, so daß die Räder ohne Hinderniß auf die Schwelle und von ihr herunter geführt werden können. Endlich giebt es noch auf Schienengeleisen fortzubewegende Wagen (s. Seite 63).

Ueber die zum **Waschen der Formen** erforderlichen Vorrichtungen haben wir den Leser bereits auf Seite 54 belehrt, ebenso über die Art und Weise des Waschens selbst.

Bemerken wollen wir jedoch noch ganz besonders, daß wenn man die Schrift von Illustrationsformen in Lauge waschen will, die Holzschnitte selbst unbedingt vorher aus der Form entfernt und an ihrer Stelle Bleitege eingefügt werden müssen. Es wird der Form bei dieser Waschmethode zu viel Feuchtigkeit zugeführt, so daß sich die Stöcke unzweifelhaft sämmtlich verziehen und sogar häufig springen würden.

Wie wir bereits auf Seite 60 bemerkten wäscht man solche Formen neuerdings sehr viel mit Benzin oder Terpentin und überrollt sie dann nur mit einem feuchten Schwamm.

Daß Illustrationsplatten in Zink, wie Galvanos und Clichés eher in der Form mit Lauge gewaschen werden können ist erklärlich, trotzdem aber ist es rathsam, dies nur zu thun, wenn die Platten mit Metallfuß versehen oder auf Mahagonyholz genagelt sind, da dieses sich nicht leicht zieht, während alle übrigen Holzarten in dieser Hinsicht durchaus nicht zuverlässig sind.

Die gewaschene Form wird auf ein Setzbret von angemessener Größe gelegt, aufgeschlossen und nach Abnahme der Rahme und des Schließzeuges auch von dem Format befreit. Die vom Waschen herrührende Feuchtigkeit bindet die Columnen hinlänglich, so daß sie sich, wenn die nöthige Vorsicht beim Transport beobachtet wird, ohne zusammenzufallen nach dem Setzerlocal tragen lassen.

Zur Aufnahme einer neuen Form wird der Cylinder der Maschine wieder in der früher beschriebenen Weise vorgerichtet.

8. Das Schmieren der Maschine.

Ueber die Schmiermittel ersehe man das Nötbige auf Seite 61.

Wichtig ist ein gewissenhaftes und gutes Schmieren aller Maschinentheile, doch ist ganz besonders auch darin Maas zu halten. Uebermäßiges Schmieren führt nur einen unnützen Verbrauch der Schmiermittel herbei und nützt der Maschine ganz und gar nicht, ja, wenn z. B. das verwendete Oel ein schlechtes, sich leicht verhärtendes ist, so kann zu reichliches und zu häufiges Schmieren nur den Gang der Maschine erschweren und den einzelnen Theilen derselben schaden.

Das Schmieren muß unter genauester Beachtung aller vorhandenen Schmierlöcher mittels eines passend geformten Schmierkännchens, am besten eines sogenannten Spritzkännchens, (siehe Fig. 109) stets in einer gewissen Reihenfolge geschehen, da man auf diese Weise sicher ist, keinen Theil zu übersehen. Die offen liegenden Theile werden dann ebenfalls der Reihe nach vorgenommen.

Fig. 109 Schmierkännchen.

Man versehe vor allem nicht das Schmieren der sogenannten Spitzschrauben, wie solche zum Halten der Bandspindeln ꝛc. angebracht sind, denn nur, wenn die fraglichen Spindeln leicht laufen kann man auf ein zuverlässiges Functioniren der Bänder, dieses wichtigsten Theiles der Maschine rechnen. Gleiche Beachtung muß auch den großen Bandrollen geschenkt werden. Bei den Kreisbewegungs- und Krumm-zapfenmaschinen, also bei den Maschinen, deren Fundament (Karren) in Schienen läuft, muß immer reichlich Oel in den letzteren vorhanden sein, damit der Karren leicht gleitet. Verdicktes Oel darf man in diesem Theil nie dulden, denn es erschwert den Gang der Maschine ganz wesentlich.

9. Das Reinigen der Maschine.

Während man gewöhnlich Sonnabends 1—2 Stunden vor Schluß der Arbeitszeit die Maschinen in Stillstand versetzt und nun mittels Putzlappen zunächst alle Theile sauber abwischen, die angerosteten Theile aber mit Bimstein oder Schmirgelpapier abreiben, die Messingtheile mit passendem Putzpulver blank putzen läßt, so bedarf es beim Fundament doch auch während der Woche einer öfteren Reinigung, resp. eines Abreibens mit Bimstein oder Schmirgelpapier. Ein schlecht gereinigtes, etwa gar mit Rost überzogenes Fundament beeinträchtigt den guten Ausatz der Form, darf deshalb absolut an keiner Maschine zu finden sein.

Daß man mittels Petroleum auch eine Reinigung der inneren, verdeckt liegenden Theile vornehmen kann, lehrten wir bereits auf Seit 61; es dürfte deshalb gerathen sein, 10 Minuten vor Beginn des eigentlichen Putzens, also noch während des Ganges der Maschine, alle ver-deckt liegenden Theile durch die Schmierlöcher mit Petroleum zu schmieren. Man halte sich zu diesem Zweck auch ein Schmierkännchen mit Petroleum.

Von den zum Farbenwerk gehörenden Metallwalzen müssen mindestens der große Farb-cylinder, wie etwa sonst noch vorhandene Metallreiber vollständig von der Farbe gereinigt und

troden gerieben werden. Zu dieser Reinigung verwendet man am besten Terpentin. Der Farbekasten und der Ductor sollten von Zeit zu Zeit gleichfalls vollständig entleert und gründlich
gereinigt werden, damit das Farbemesser sich leicht bewegt und die Farbestellung in jeder
Richtung ohne Umstände ermöglicht.

Die Farbetische der Tischfärbungsmaschinen müssen selbstverständlich auch öfter gereinigt
werden und geschieht dies in der Weise, daß man die Farbe mit der Ziehklinge möglichst rein abzieht
und dann mit Terpentin vollends nachwäscht. Gerathen ist es, die Tische über Nacht und den
Sonntag über mit einem Bret oder einer Pappe zuzudecken, da sich der Staub auf einer so
großen, ebenen Fläche erklärlicher Weise sehr leicht festsetzt und die Farbe verunreinigt.

Ueber das Reinigen der Massewalzen findet der Leser alles Nöthige auf Seite 49 u. f.

10. Die Buchführung des Druckers und Maschinenmeisters.

Außer der Führung des auf Seite 264 erwähnten Formatbuches wird dem Drucker und
Maschinenmeister obliegen, jede der gedruckten Arbeiten in ein Buch einzutragen und dasselbe an
einem bestimmten Tage, etwa Sonnabends oder Montags zur Durchsicht und Controle dem
Factor, in kleineren Druckereien dem Principal selbst zu übergeben.

Die Einrichtung dieses Buches ist etwa folgende:

Maschine (Presse) Nr.

Datum.	Bezeichnung der Arbeit.	Auflage.	Signatur.	Druck Stunden.	Bemerkungen.

Die Maschinen oder Pressen sind, der einfacheren Bezeichnung wegen, der Reihenfolge ihres
Standes angemessen nummerirt, so daß der Drucker oben nur seine Nummer einzuschreiben hat.
Daß man an deren Stelle auch den Namen des Druckers eintragen lassen kann, ist selbstverständlich. In manchen Officinen enthält das Buch auch noch Rubriken für das Eintragen der
Stunde, zu welcher man einhob und der Stunde zu welcher man ausdruckte. In diesem Fall
wäre zwar die Rubrik „Druck Stunden" unnöthig, sie kann der besseren Uebersicht wegen aber
auch zur Eintragung der Gesammtzahl der Stunden stehen bleiben.

Eine sehr vortheilhafte Einrichtung für die Berechnung von Accidenzarbeiten besteht in den,
in Band III. folgenden Umlaufzetteln. Außer in seinem Arbeitsbuch hat der Maschinenmeister
(wie auch alle übrigen Arbeiter, welche zur Ausführung des fraglichen Auftrages mitzuwirken haben)
auf diesem Zettel in der dafür bestimmten Rubrik genau die Zeit anzugeben, welche er zum
Druck der betreffenden Arbeit brauchte. Der Umlaufzettel wird dann, auf einem guten Exemplar
der Arbeit befestigt, zuletzt dem Factor übergeben; diesem wird es nun auf Grund der Vermerke

eines jeden Arbeiters möglich, seine genaue Calculation zu machen, event. zugleich den Fleiß der Arbeiter zu controliren.

Sehr practisch ist auch die Benutzung sogenannter Ablieferungsscheine für die Auflagen an die Bücherstube. Es ist in größeren Geschäften von Wichtigkeit, daß jeder der sich Hand in Hand Arbeitenden auch immer den Beweis beibringen kann, seine Schuldigkeit gethan zu haben. Der Drucker und Maschinenmeister führt deshalb ein Ablieferungsbuch nachstehender Form. Die Scheine füllt er doppelt aus, reißt den rechten ab und übergiebt ihn dem Vorsteher der Bücherstube; der linke Schein verbleibt im Buch und auf ihm hat der Vorsteher der Bücherstube seine Quittung zu schreiben, wenn er sich von der Vollzähligkeit der ihm übergebenen Auflage überzeugt hat. Wir haben der Deutlichkeit wegen einen solchen Schein ausgefüllt als Schema abgedruckt.

Nr. der Maschine (Presse): 2.		Nr. der Maschine (Presse): 2.
Datum: 3. Januar 1877.		Datum: 3. Januar 1877.
Name des Werkes: Waldow Buchdruckerkunst.		Name des Werkes: Waldow Buchdruckerkunst.
Signatur: 18.		Signatur: 18.
Auflage: 3500 Expl.	Perforirt.	Auflage: 3500 Expl.
Ueberschuss: 65 „		Ueberschuss: 65 „
Feine Expl.: —		Feine Expl.: —
Ueberschuss: — „		Ueberschuss: — „

Auflage richtig empfangen:

Polz.

Auf diese Weise haben sowohl der Maschinenmeister wie auch der Vorsteher der Bücherstube Belege über Das, was abgeliefert und in Empfang genommen wurde und allen Differenzen ist dadurch am sichersten vorgebeugt. Selbstverständlich muß die Auflage sofort nach der Ablieferung in der Bücherstube gezählt und darf erst nach Richtigbefund Quittung ertheilt werden.

Ganz ähnliche Zettel lassen sich mit Vortheil auch bei Ablieferung des zu bedruckenden Papiers an den Maschinenmeister benutzen; hat der letztere auch häufig nicht Zeit, nach Empfang des Papiers vom Papierverwalter das Zählen selbst vorzunehmen, so kann dies, während er zurichtet, doch sehr gut von einer seiner, meist im Papierzählen geübten Punktirerinnen geschehen; er würde nur dann selbst nachzählen müssen, wenn die Punktirerin eine Differenz vorfand.

Sechster Abschnitt.

Schnellpressen besonderer Construction und ihre Behandlung.

I. Die Zweifarbenschnellpresse.

1. Die Construction der Zweifarbenschnellpresse.

Eine Zweifarbenschnellpresse ist, wie wir bereits auf Seite 99 unter 9 kurz andeuteten, eine Maschine, welche mit einem Cylinder (bei dessen zweimaliger Umdrehung) von zwei, auf zusammenhängenden Fundamenten gebetteten Formen, deren jede durch ein selbständiges Farbenwerk gespeist wird, einen Bogen in zwei Farben bedruckt.*)

Fragen wir uns weiter, welchen Zwecken diese Maschine dienen soll, so ist die Antwort:

Man soll darauf zunächst alle diejenigen Druckarbeiten liefern können, welche eine Ausstattung in zwei verschiedenen Farben erhalten sollen, die demnach auf dieser Maschine mit einmal und auf das Accurateste ineinander gedruckt werden können, weil, wie oben erwähnt, der Cylinder mit dem durch die Greifer fest gehaltenen Bogen über beide Formen rollt, das Register somit weit vollkommener stehen muß, als wenn der Bogen für die zweite Form wieder neu und in eine Punctur eingelegt werden muß.

Wenn wir vorstehend das Wort „ineinander" besonders hervorhoben, so geschah dies, um dem noch vielfach verbreiteten Irrthum zu begegnen, als könne man auf dieser Maschine auch in vollendeter Weise Farben aufeinander, z. B. also Bilder, drucken. Möglich ist dies natürlich in gewisser Weise und in Bezug auf das Aufeinanderpassen der Platten mit ganz derselben Genauigkeit, wie bei gewöhnlichen Formen, welche man nur ineinander zu drucken hat.

---

*) Die Grundlage für dieses Capitel bildet ein im Archiv für Buchdruckerkunst Band XI enthaltener, von dem Maschinenmeister G. Werther begonnener und nach dessen Tode von dem Buchdruckereibesitzer J. Brückner in Leipzig und dem Verfasser dieses Werkes fortgesetzter Artikel. Die Vervollständigung desselben für das Lehrbuch, insbesondere in Bezug auf die Behandlung der Zweifarbenschnellpresse beim Druck, verdanken wir gleichfalls Herrn Brückner.

Einen vollkommenen Bilderdruck in bunten Farben kann man aber aus folgenden Gründen auf dieser Maschine kaum erzielen.

Wie erwähnt, geht ein und derselbe Cylinder über die Formen, eine etwa nöthige Zurichtung ist demnach auch auf diesem einen Cylinder zu machen. Bei Formen, welche ineinander zu drucken sind, als z. B. bei Kalenderformen in rothem und schwarzem Druck, bei Werken mit farbiger Linieneinfassung rc., treffen auf die Stellen des Cylinders, wo rothe Zeilen oder Linien stehen, keine schwarzen, man kann demnach beide Formen auf einem Cylinder eben so sorg-fältig und exact zurichten, als wenn man nur mit einer zu thun hat.

Anders dagegen ist es bei einem Bilde; bei einem solchen sind die Farben ja nicht nur in-, sondern auch aufeinander zu drucken. Hat man nun in der einen Farbe zarte Schattirungen auszuschneiden müssen, während auf der anderen volle Flächen einen kräftigen Druck verlangen, so wird die ausgeschnittene Fläche der einen Form die exacte Wiedergabe der vollen Fläche der anderen Form beeinträchtigen und aufheben. Es ist bei solchen Formen deshalb lediglich ein Zurichten der Platten von unten möglich; daß dies aber bei Buchdruckplatten meist nicht genügt, wird jedem Fachmann bekannt sein.

Fragen wir uns am Schluß dieser Vorbemerkungen noch, wem die Erfindung der Zwei-farbenmaschine zuzuschreiben ist, so können wir wohl ohne Bedenken die Herren König & Bauer in Oberzell bei Würzburg als Erfinder bezeichnen, wenngleich Dutartre in Paris mit denselben zugleich auf der Pariser Weltausstellung von 1867 eine Zweifarbenmaschine ausstellte.

Jetzt bauen fast alle deutschen Schnellpressenfabriken von Bedeutung, z. B. die Herren Klein, Forst & Bohn Nachf. in Johannisberg a. Rh. wie die Augsburger Maschinenfabrik zu Augsburg derartige Maschinen nach bewährter, eigener, zum Theil von der König & Bauer'schen abweichender Construction.

Betrachten wir uns nunmehr den Mechanismus der Zweifarbenmaschine eingehender. Die Construction dieser Maschine ist von der der gewöhnlichen augenscheinlich nur durch eine größere Complicirtheit im ganzen Betriebe unterschieden. Betrachtet man sich dieselbe etwas näher, vor allem den Mechanismus, wie er in seinen verschiedenartigen Wirkungen zur Anwendung gebracht ist, so wird man leicht herausfinden, wie sinnreich und practisch die ganze Construction dieser Maschine ist. Der Druck wird durch einen Druckcylinder ausgeübt, welcher zwei unmittelbar auf einander folgende Umdrehungen macht und dabei einen Abdruck zweier, in verschiedenen Farben gefärbten Formen bewerkstelligt, aber während dem Vorwärtsgehen des Wagens mit den beiden Formen zum Stillstand gebracht wird. Die Construction des Druckcylinders sowohl, wie auch der zu demselben gehörenden Nebentheile ist eine weit complicirtere und verschieden-artigere als bei den gewöhnlichen einfachen Maschinen.

Betrachten wir uns zunächst die König & Bauer'sche Maschine (A. T. 6). Das auf der linken Seite des Cylinders befindliche Zahnrad mit 42 Zähnen besteht nicht aus einer, sondern aus zwei Scheiben. Die erste Scheibe, 3 Cmtr. breit, sitzt fest an demselben, wie dies bei gewöhnlichen einfachen Maschinen der Fall ist, und dreht sich nur mit dem Cylinder, während sich die zweite 2 Cmtr. breite Scheibe in steter Umdrehung befindet. Dieselbe ist also ringsherum mit Zähnen versehen, während bei der ersteren an der Stelle, welche sich bei normalem Stande der Maschine unten befindet, 6 Zähne fehlen. Der zwischen dem Cylinderzahnrad und dem Seitengestell befindliche Theil der Cylinderachse ist mit einer starken eisernen Umhüllung versehen, welche aus zwei halbrunden Theilen besteht und oben wie unten mit je zwei, durch beide Theile hindurchgehende Schrauben zusammengehalten wird.

Diese beiden Theile werden durch eine, oben in der Mitte durchgehende, 2 Cmtr. breite Vertiefung getrennt.

Diese Vertiefung geht auch durch die äußere Cylinderscheibe bis in die zweite hinein. Die Umhüllung der Cylinderachse wird wieder von einem breiten Reifen umfaßt, an welchem ein Riegel befestigt ist, welcher in der Vertiefung liegt und durch beide Cylinderzahnradscheiben hindurchgeht. Der Reifen ruht mit einem, an jeder Seite befindlichen Zapfen in einem, einen Halbkreis nach unten bildenden, breiten Bügel. Der Bügel ist mit vier in verschiedener Richtung laufenden Armen versehen, von welchem der erste, auf dem der Bügel ruht, nach unten geht und sich mit einem nach rechts und einem nach links gehenden Arme verbindet. Diese beiden letzteren Arme ruhen in starken Spitzschrauben, welche wiederum in Lagern sitzen, die durch das Seitengestell gehen und von außen befestigt sind. Der vierte Arm geht von der Mitte der beiden letzterwähnten gerade nach vorn durch eine im Seitengestell befindliche, bis zum Grundgestell reichende schmale Oeffnung, und ist an seinem Ende mit einer langen, nach unten zu gehenden Stange durch eine Schraube verbunden. Das Ende dieser Stange ist mittels Schraube mit einem 85 Cmtr. langen, nach vorn gehenden starken Balancier verkuppelt. Der Balancier liegt in wagerechter Lage zwischen dem Grundgestell und einem, an demselben in 18 Cmtr. breiter Entfernung befestigten zweiten Seitengestell. In seiner Mitte ruht der Balancier in einer breiten und starken Achse, welche im Grundgestell sowohl wie auch an dem erwähnten zweiten Seitengestell in Lagern ruht.

Vermittels eines auf dieser Achse angeschraubten Reifens, der dicht neben dem Balancier sitzt, ist ein Verrücken desselben nach den Seiten hin unmöglich. Vorn an dem Balancier befindet sich eine große, einen Halbkreis bildende Gabel, welche mit zwei Excenterrollen versehen ist. Zwischen diesen beiden Excenterrollen läuft ein großer Excenter, auf einer, über dem Grundgestell querliegenden Achse angebracht, in steter Rückwärtsumdrehung. Dieser Excenter hat eine hohe und eine tiefe Hälfte. Hat sich nun der Excenter so weit rückwärts gedreht, daß die an der erwähnten Gabel obensitzende Excenterrolle von der höheren Hälfte herunter auf die tiefere fällt, so senkt sich der Balancier nach vorn und hebt sich hinten mit der an ihm befestigten, nach oben gehenden Stange.

Durch diese Bewegung des Balanciers und der Stange werden die beiden nach rechts und links und der nach oben gehende Arm, sammt den auf letzterem sitzenden Bügel nach innen, dem Cylinderzahnrad zu, gerückt; dadurch wird wiederum der in dem Bügel ruhende, die Cylinderachsenumhüllung umspannende Reifen mit dem an demselben befestigten Riegel in der erwähnten Vertiefung ebenfalls nach Innen geschoben und zwar so weit, daß derselbe durch die lose Cylinderzahnradscheibe hindurchgeht, und bis in die zweite feste Scheibe eingreift.

Auf diese Weise werden die beiden Scheiben des Cylinderzahnrades mit einander verbunden, so daß es den Anschein hat, als ob dasselbe überhaupt nur aus einem Theile besteht, und machen nun gemeinschaftlich die zweimalige Umdrehung des Druckcylinders. Während nun diese Umdrehung stattfindet, dreht sich die tiefere Hälfte des Excenters um die obere Excenterrolle, während sich die erhabene Hälfte des Excenters um die untere Excenterrolle dreht.

Hat der Druckcylinder seine zweimalige Umdrehung vollendet, so hat sich auch der Excenter so weit gedreht, daß die obere Excenterrolle auf die erhabene Hälfte desselben steigt, die untere Excenterrolle dagegen auf die tiefere Hälfte übergeht. Dadurch hebt sich der Balancier vorn nach oben, hinten sammt der nach oben gehenden Stange nach unten.

Die vier Arme sammt dem Bügel, sowie der Reifen sammt dem Riegel werden nach außen, dem Seitengestell zu, gerückt, der Druckcylinder steht still, die äußere Scheibe des Cylinderzahnrades ist wieder lose und wird durch Eingriff in den großen Rechen oder die große Zahnstange, wie man diesen Theil auch nennt, fortbewegt, bis der Augenblick kommt, wo dieselbe auf die beschriebene Weise vermittels Einschiebens des Riegels mit dem festen Theile des Cylinderrades von Neuem verbunden wird.

Im Druckcylinder befinden sich keine Puncturgewinde. Die für den Widerdruck nöthigen Löcher werden durch Puncturen gestochen, welche während des Schöndrucks in den Mittelsteg der Rahme gesetzt werden.

In der Mitte der ersten Vertiefung im Druckcylinder, welche sich bei normalem Stande der Maschine vorn befindet und zur Aufnahme der beiden Spannstangen so wie der Greiferstange dient, sitzt unterhalb der letzteren ein am Cylinder eingesugter und mit einer Schraube befestigter Metallarm, welcher unter der Greiferstange weg schräg nach oben geht. Auf das Ende desselben ist ein Metallstückchen in der Breite in Fugen und nach unten in einem Zapfen ruhend, in schräger Lage aufgestellt, so daß der Arm durch dasselbe eine um die Greiferstange gebende Biegung macht. Mittels einer auf der rechten Seite des Armes angebrachten Schraube kann der in demselben ruhende Zapfen des aufgesteckten Stückchens befestigt werden.

Auf dem letzteren wird wieder ein zweites, in der Mitte mit einer langen, schlitzartigen Oeffnung versehenes kleines Metallgestell mit einer Schraube befestigt. In der Mitte desselben befindet sich ein rückwärts nach oben gebender Arm, welcher mit dem Anfang der den Druck ausübenden Cylinderfläche abschließt. Auf diesem Arme endlich wird eine sogenannte Schlitzpunktur mittels Schraube angebracht. Diese Schlitzpunktur befindet sich also an derselben Stelle, wo an gewöhnlichen einfachen Maschinen die ersten drei Puncturgewinde placirt sind. Während des Schöndrucks kann diese Punktur zum Stechen des vorderen Puncturloches benutzt werden. Beim Widerdruck kann man sich sehr leicht helfen, indem die Punktur herauf- und heruntergerückt werden kann. Ein Verschieben derselben nach den Seiten hin kann nicht stattfinden, da sie auf dem erwähnten Arme genau in Fugen eingepaßt sitzt. Durch die schlitzartige Oeffnung des Gestelles aber kann dasselbe mit der Punktur beliebig nach rechts und links gerückt werden.

Die bereits erwähnte Vertiefung im Druckcylinder ist 15 Cntr. breit und offen, so daß man bequem in das Innere des Cylinders fassen kann, während die zweite Vertiefung, welche zur Aufnahme der zum Anspannen des Druck- und des Schmutztuches dienenden beiden Stangen vorhanden ist, nur 8¹⁄₂ Cntr. breit ist.

Die beiden vorderen Spannstangen sind in einem, unterhalb am Beginn der Cylinder-druckfläche angebrachten Winkel mit länglichschmalen Kopfschrauben übereinander liegend befestigt. Die beiden durch die offene Vertiefung getrennten vorderen Cylinderflächen sind durch einen auf beiden Seiten befindlichen Stahlbügel verbunden. In der Mitte dieses Stahlbügels ist die Greiferstange mit 8 verschiebbaren, sowie zum Verlängern und Verkürzen eingerichteten Greifern angebracht.

Im Innern des Druckcylinders befindet sich eine starke Feder, welche um eine lange eiserne Spindel läuft und an ihrem Anfangs- und Endpunkte mit einer Schraube an der letzteren befestigt ist. Diese Federspindel liegt zwischen der Cylinderachse und der oberen Cylinder-fläche in wagerechter Lage und ruht mit ihrem Endpunkte in einem am oberen Cylindertheile inwendig eingeschraubten Lager. Der Anfangspunkt dieser Federspindel geht auf der rechten Seite des Druckcylinders, wo sich an gewöhnlichen Maschinen der Greiferexcenter befindet, durch eine im Cylinderkreuz befindliche runde Oeffnung und ein unmittelbar vor derselben ruhendes Sperrrad mit 12 Sperrzähnen, 16 Cntr. im Umfang. In dieses Sperrrad greift ein oberhalb desselben etwas seitwärts angebrachter Sperrhaken ein. Durch dieses Rad wird das feste Anziehen der Federspindel ermöglicht und durch das Eingreifen des Sperrhakens ein Rückwärtsgehen der beiden letzteren verhütet.

In der Mitte dieses Sperrrades sind mittels konischen Verschlusses zwei in ver-schiedener Richtung liegende, 6 Cntr. lange Arme angebracht. Der erste, welcher dicht an dem Rade placirt ist, geht in wagerechter Richtung nach vorn, wo sich die Greiferstange befindet. An diesem Arme ist ein zweiter von gleicher Größe und Stärke mittels zweier kleiner Schrauben befestigt, welcher an seinem Endpunkte in ziemlich gerader Linie laufende Zähne (oder ein Segment) hat. Diese Zähne greifen wiederum in ein an der Greiferstange befindliches Sperrrädchen mit 15 Zähnen. Der zweite Arm macht eine halbrunde, nach oben gehende Biegung. An seinem Endpunkte befindet sich die Greiferrolle. Die Greiferrolle läuft um einen ziemlich halbrunden, sichelartig geformten Excenter. Neben demselben befindet sich noch ein zweiter, ganz ähnlich geformter Excenter. Derselbe steht aber in entgegengesetzter Richtung und ist etwas mehr gerundet als der erstere. Zwischen beiden Excentern ist ein Zwischenraum von 1¹⁄₂ Cntr. und vergegenwärtigt die Stellung derselben deutlich das Bild zweier im Rücken zusammengestellter Sicheln. Dieser zweite Excenter dient einer, unmittelbar hinter dem Druck-cylinder angebrachten hölzernen Trommel.

Diese Trommel ist also von gleichem Umfange, wie der Druckcylinder selbst und auch im Uebrigen demselben ganz ähnlich construirt. Es befinden sich an derselben eine Greiferstange mit 6 verstellbaren Greifern, welche auf dieselbe Weise angebracht, befestigt und verschoben werden können, wie diejenigen am Druckcylinder.

Der obere Theil eines jeden Greifers ruht auf einem Messinglager, welches von der-selben Breite wie der Greifer ist und mittels kleinen, länglichen Kopfschrauben, welche unterhalb der Lager angebracht sind und sich also im Innern der Trommel befinden, festgehalten werden. Auch diese Messinglager können beliebig gerückt werden, was durch die erwähnten Schrauben und vermittels eines hierzu vorhandenen Schlüssels bewerkstelligt werden kann. Selbstverständlich müssen die Greifer mit den Messinglagern parallel stehen, damit der Greifer vollständig in seiner ganzen Breite auf denselben ruht. Warum diese Greifer nicht, wie dies am Druckcylinder der Fall ist, direct auf der Rundung der Trommel, sondern auf vorgeschobenen Messinglagern ruhen, werden wir später sehen.

Das Auf- und Zugehen, so wie Festhalten der Greifer wird auf dieselbe Weise bewerkstelligt wie am Druckcylinder. Wir finden dieselben beiden kleinen, nach rechts und links laufenden Arme, nur in entgegengesetzter Richtung liegend. Der kleine Arm, an welchem sich das Segment befindet, welches in das an der Greiferstange befindliche Rädchen eingreift, ist hier noch mittels einer Spiralfeder, ähnlich wie die in den Druckcylindern einfacher Maschinen, befestigt.

Was nun die Lage dieser Trommel anbelangt, so müssen wir uns einen zweiten Cylinder, welcher dicht hinter dem Druckcylinder liegt, vorstellen, nur in umgekehrter Lage. Der Greiferexcenter befindet sich hier trotzdem ebenfalls auf der rechten Seite.

Die Trommel ruht mit ihrer Achse, gleich der des Druckcylinders, in zwei großen, im Seitengestell angebrachten Lagern und erhält ihre Umdrehung auf folgende Weise: Auf der linken Seite der Maschine geht die Achse des Druckcylinders sowohl als auch die der Trommel um ein Stück über das Seitengestell hinaus. Am Ende jeder Achse befindet sich ein großes Rad. Jedes dieser beiden Räder ist mittels Schrauben an der, durch den Mittelpunkt der Räder gehenden Cylinder- resp. Trommelachse befestigt. Die Zähne dieser Räder greifen in einander ein. Dreht sich nun der Druckcylinder mit dem an seiner Achse befindlichen Rade vorwärts, so wird die Trommel mit dem an ihrer Achse befindlichen Rade rückwärts getrieben. Wir ersehen also daraus, daß der Gang des Druckcylinders mit dem der Trommel auf das Vollständigste harmonirt und daß die beiden Letztgenannten in directester Verbindung mit einander stehen.

Wir kehren nun zunächst zu dem bereits erwähnten, der Trommel dienenden Greiferexcenter zurück. Der Greiferexcenter des Druckcylinders und der der Trommel, welche sich, wie bereits erwähnt, mit dem Rücken gegenüberliegen, sind mittels eines vom ersteren Excenter ausgehenden, nach unten einen Bogen bildenden Armes mit einander verbunden. Die Excenter selbst sind nicht aus einem, sondern mehreren Stücken zusammengesetzt, welche theils am inneren Seitengestell, theils an dem erwähnten, nach unten gebogenen Arme sitzen und verschiedenartig auf ihrer Oberfläche construirt sind. Der Excenter des Druckcylinders besteht aus zwei, der der Trommel dagegen aus drei Theilen. Der Arm, welcher beide Excenter verbindet, ist mit der Punkturstange, welche vom oberen Theile des Seitengestelles bis zum Grundgestell reicht, verkuppelt. Das Ende der Punkturstange aber ist mit einer Excenterrolle versehen, um welche ein im Innern des Grundgestelles befindlicher Excenter läuft. Durch die Verkuppelung des Excenterarmes mit der Punkturstange wird einem doppelten Zwecke entsprochen. Erstens wird dadurch das Steigen und Sinken der Punktur bewirkt, zweitens aber auch einzelne Theile der beiden Greiferexcenter an die Greiferrollen an= oder abdrückt.

Wenn nun der Druckcylinder zum Druck einsetzt, geben die beiden Excenter etwas zurück, die Greifer des Cylinders schließen sich, während die der Trommel schon geschlossen waren und bleiben an beiden so lange geschlossen, bis Cylinder und Trommel ihre zweite Umdrehung zu zwei Drittel gemacht haben. Hier stehen sich zu gleicher Zeit Cylinder und Trommel mit geöffneten Greifern gegenüber. Die Greifer des Cylinders lassen den nun zweimal bedruckten Bogen fahren, welcher sodann auf die kleinen Messinglager unter den Greifern der Trommel zu liegen kommt. In demselben Augenblicke aber wird derselbe von den Greifern der Trommel erfaßt, welche sich sofort wieder schließen, und den Bogen so lange festhalten, bis die Trommel ihre zweite Umdrehung ziemlich vollendet hat. Kurz vor Vollendung derselben öffnen sich die Greifer nochmals und übergeben den bedruckten Bogen den zur Ausführung desselben bestimmten Bändern.

Nachdem die Greifer den Bogen abgegeben, schließen sich dieselben und bleiben geschlossen, während sich die Greifer des Cylinders, nachdem sie den Bogen abgegeben, ebenfalls wieder schließen, kurz vor Vollendung der zweiten Umdrehung des Cylinders aber wieder öffnen und auch so lange offen stehen bleiben, bis der Moment wieder kommt, wo der Cylinder zum Druck einsetzt.

Zur Ausführung des Bogens nach dem Auslegetisch dienen zehn endlose Bänder, von denen acht über eine dicht hinter der Trommel und zwar oberhalb derselben angebrachte Bandspindel und endlich noch um eine zweite, unmittelbar vor dem Auslegetisch angebrachte Spindel laufen.

Auf Letzterer befinden sich acht verstellbare kleinere Ringe, welche mittels Schrauben befestigt werden. Außer diesen finden wir noch einen um das Doppelte größeren Ring, welcher sich links an der Seite der Spindel befindet und um welchen ein breiteres Band läuft. Dieses Band läuft nur um die ersterwähnte Bandspindel und trägt zur gleichmäßigen Umdrehung dieser beiden Spindeln bei.

Außer den acht Bändern finden wir noch zwei, welche zwar ebenfalls um die hinter der Trommel befindliche Bandspindel laufen, von da aber um messingene Bandröllchen gehen, von denen auf jeder Seite eins auf einer unter dem Anlegetische angebrachten Spindel befestigt, und mit einem Gegengewicht zum Beschweren versehen ist. Diese beiden letzteren Bänder sind also bedeutend kürzer als die acht ersterwähnten, indem ihr Umlauf um ein Drittel kürzer ist. Die acht unteren Bänder tragen den druckfertigen Bogen auf seiner unteren Fläche, während die zwei oberen Bänder oberhalb des Bogens liegen und zur Ausführung desselben behülflich sind. Die ersteren sowohl, wie auch die letzteren, können dem Formate des zu druckenden Bogens entsprechend gestellt werden, und ist dies ganz besonders bei den oberen beiden Bändern in Berücksichtigung zu ziehen. Da wir nun einmal bei den oberen Theilen der Maschine sind, wollen wir gleich noch die mit der bereits erwähnten Punkturstange in directer Verbindung stehende Punktur in Erwägung ziehen.

Das Steigen und Fallen der oberen Punktur wird allerdings auf dieselbe Weise bewerkstelligt, wie an jeder anderen gewöhnlichen Maschine. Die Verbindung der Punktur mit der Punkturstange ist indeß eine ganz andere. Die Punkturstange reicht nicht ganz bis oben, sondern macht einen nach den Greiferexcentern gebenden Bogen. Inmitten dieses Bogens befindet sich eine kleine Vertiefung, in der ein Bügel sitzt, durch welchen die Querstange, auf der bekanntlich der Arm mit der Punkturstange liegt, gehoben und gesenkt wird.

Die Punktur selbst kann man, je nach Bedürfniß, in drei neben einander stehende Löcher einschrauben. Außerdem kann dieselbe auf die alte bekannte Weise mittels Seitengewinde nach rechts und links gedreht werden.

Betrachten wir nun die unteren Haupttheile der Zweifarbenmaschine, so kommen wir auf den Mechanismus für die Bewegung des Fundamentes gegenüber dem Druckcylinder. Die Bewegung besteht aus einer Combination von Kreisbewegung und Eisenbahnbewegung und zwar einer doppelten Bewegung aus dem Grunde, weil bei der bedeutenden Wirkung des doppelt belasteten schweren Fundamentes ein ruhiger und sicherer Gang desselben nothwendig und in Folge dessen diese Art der Bewegung von den Herren König & Bauer vorgezogen worden ist.

Die Schraube, welche wir am vorderen Theile des ersten Fundamentes wahrnehmen, dient dazu, die auf dem letzteren angebrachte Keilplatte um circa $\frac{1}{2}$ bis $\frac{3}{4}$ Mmtr. höher oder tiefer stellen zu können. Der Zweck dieser Stellung liegt darin: hat man eine compresse und eine splendide Form zu drucken, so kann man sich auf die Art helfen, daß man z. B. die splendide Form, welche man auf dem ersten Fundamente hat, so viel tiefer bringt, als sie weniger Druck braucht der compressen Form gegenüber ꝛc.

An einigen von König & Bauer in neuester Zeit verfertigten Zweifarbenmaschinen ist eine Vervollständigung des Farbenwerkes auf folgende Art erreicht worden: Zwischen dem großen gelben Cylinder und dem Farbebehälter ist noch ein zweiter Reibcylinder mit einer zweiten Hebwalze, nach Art und Weise der neueren Johannisberger Farbenwerke (s. A. T. 14.15 Fig. 1), eingesetzt worden, es gelangt die Farbe, welche durch die Hebwalze von dem Ductor entnommen wird, dadurch vollständig verrieben und gleichmäßig vertheilt auf sämmtliche Walzen.

Die Zweifarbenmaschinen der Augsburger Fabrik und die der Herren Klein, Forst & Bohn Nachfolger in Johannisberg a. Rh. haben im Wesentlichen dieselbe Construction, doch ist die Art und Weise, wie das Fundament und wie der Cylinder bewegt und zeitweise festgestellt wird, zum Theil eine etwas andere.

Die Augsburger Fabrik hat auf der Schwungradseite der Maschine gleichfalls ein zweites Zahnrad, die sogenannte Auslösung am Cylinder angebracht; dieses zweite Zahnrad ist nicht wie die beiden feststehenden am Cylinder der gewöhnlichen Maschinen an der unteren Seite mit abgeschliffenen Zähnen versehen, sondern vollständig kreisrund und wird dadurch die zweimalige Umdrehung des Cylinders bewirkt; dieses Rad wird mittels eines Excenters, der wiederum mit der Kurbelachse in Verbindung steht, an den Cylinder an- und wieder von demselben abgeführt. Es geschieht dies jedesmal beim Eingreifen des Cylinders in die Zahnstangen und zwar nach und nach, so daß, wenn sich der Cylinder das erste Mal halb umdreht, das Rad fest an ihm verbleibt, dann aber wieder abgeht und bis der Cylinder sich ganz umgedreht hat, außer dem Bereich der Zahnstange verbleibt.

Dieser Mechanismus vermittelt zugleich die Bewegung der Greiferstange.

Die Johannisberger Maschinen (A. T. 10.11) haben einen ähnlichen Mechanismus; bei ihnen ist die sogenannte Auffanggabel beibehalten. Die Ausführung des Bogens geschieht bei diesen Maschinen ganz in derselben Weise, wie bei den einfachen Schnellpressen genannter Fabrik. Man findet das Nähere darüber auf Seite 196. Das Fundament wird durch Kreisbewegung getrieben. Die Farbenwerke sind reine Cylinderfarbenwerke von großer Vollkommenheit.

Die Augsburger Fabrik hat ihren Maschinen (A. T. 23.24) eine ganz ähnliche Ausführeinrichtung gegeben, doch außerdem noch an der Holzwelle, in der Nähe des Puncturhebels, eine Stange angebracht, an welcher sich mit Holzröllchen versehene Bügel befinden. Die Bügel mit den Röllchen, auf denen ein breites Band läuft, werden so regulirt, daß die Röllchen möglichst weit zwischen Cylinder und Holzwelle hineinfassend, an denjenigen Stellen des Bogens laufen, wo sich kein Druck befindet und so die Ausführung desselben nach den Brückenbändern erleichtern. Noch sei erwähnt, daß diese Ausführungsbügel in ihrer Stellungsweise mit den Greifern in engster Verbindung stehen, d. h. so gut wie die beiden verschiedenen Greifer (große und kleine) nach jedem zu druckenden Format zu stellen sind, so gut müssen auch die Bügel nach den Greifern (hauptsächlich nach den kleineren) gestellt werden, um eine sorgfältige Ausführung des Bogens zu ermöglichen. Die Bewegung der Augsburger Maschine ist die Eisenbahnbewegung und führt dieselbe combinirte Cylinder- und Tischfärbung.

Eine ganz andere Construction haben die englischen Zweifarbenmaschinen. Wir geben (A. T. 36) die Abbildung einer solchen Maschine aus der berühmten Fabrik von Harrild & Sons in London.

Wie bei fast allen englischen Schnellpressen, so ist auch bei dieser die horizontale Anlage des Bogens beibehalten worden; er wird, wie die betreffende Abbildung verdeutlicht, auf einem ziemlich horizontal vor dem Cylinder liegenden Bret angelegt und wenn dieses sich gehoben und den Rand an den Ausschnitt des Cylinders gepreßt hat, von den Greifern erfaßt, worauf der Cylinder seine zweimalige Umdrehung macht, den Bogen aber erst dann durch Oeffnen der Greifer fahren läßt, wenn er wieder seine normale Lage vor dem Einlegebret erreicht hat. Ein mechanischer Ausleger ist nicht vorhanden, der Bogen wird vielmehr von einer zweiten Person abgenommen. Die Maschine arbeitet mit sehr vollkommenen, auf unserer Abbildung deutlich sichtbaren Tischfarbenwerken. Auch die Bewegung des Fundamentes ist wie bei den gewöhnlichen englischen Maschinen eine höchst einfache. Leitbänder enthalten diese Maschinen gar nicht.

Die Harrild'schen Maschinen zeichnen sich vor allen anderen englischen Maschinen besonders auch durch eine sehr vollkommene Führungs- und Hemmungsvorrichtung des Cylinders aus, ein Mechanismus den der geniale Constructeur dieser Fabrik, Herr Bremner, erfunden und neuerdings an allen Harrild'schen Maschinen angebracht hat.

2. Die Behandlung der Zweifarbenschnellpresse.

Hauptbedingung bei Benutzung einer Zweifarbenmaschine ist, daß die zum Druck bestimmten Formen vom Setzer aus mit der größten Accuratesse behandelt worden sind; man darf demnach nur gut justirte Formen zum Einheben bringen, will man nicht von vorn herein die ohnehin schwierige Zurichtung, respective das Registermachen erschwert sehen. In Fällen, wo die Formen diesen Anforderungen ganz und garnicht entsprechen, wird allerdings der Maschinenmeister den Setzer zu belehren haben, wo der Fehler liegt und wird mit ihm berathen müssen, wie demselben abzuhelfen ist. Kleinere Differenzen muß der Maschinenmeister selbst reguliren können.

Betrachten wir uns beispielsweise ein Werk in Octav, dessen Text schwarz mit rother Linieneinfassung und rothen Initialen gedruckt werden soll. Bei dieser Arbeit bildet die Linieneinfassung mit den Initialen die eine, der Text die andere Form. Bei der Linienform ist genau darauf zu achten, daß bezüglich der Linieneinfassung eine Columne der anderen gegenüber in vollkommen gleicher Weise justirt sein muß, d. h. die Ausfüllung des inneren Raumes muß überall vollkommen übereinstimmend sein und die Initialen müssen möglichst genau an ihrem richtigen Platz stehen. Um ein etwaiges Verrücken der Initialen zum Zweck der Erzielung des richtigen Standes derselben zu ermöglichen, muß der Setzer an allen Seiten derselben schwächeren Ausschluß, auch Kartenspahn gelegt haben, damit seine weitere Mithülfe beim Einrichten der Form nicht erforderlich ist, der Maschinenmeister sich vielmehr alles Nöthige selbst besorgen kann.

Der Cylinderaufzug der Zweifarbenmaschine ist bei kleineren Auflagen am besten der sogenannte harte, bei großen Auflagen kann jedoch auch hier ein feines Tuch oder ein schwacher Filz zur Anwendung gebracht werden.

Bezüglich der Ergänzung des Aufzuges sei noch folgendes bemerkt: Da es sehr wichtig ist, daß der Cylinder nach vorgenommenem Registermachen und nach erlangter richtiger Druckstärke beider Formen durch Aufkleben der Zurichtung keinen stärkeren Aufzug resp. keinen größeren Umfang erhält, so ist es am besten, man zieht von vorn herein so viele Bogen über den Hauptaufzug, wie man zur Erlangung einer guten Zurichtung nöthig zu haben glaubt, also z. B. einen schwachen Bogen zur Hauptzurichtung, einen zum Ausbessern und einen als Deck- oder Oelbogen. Ist in dieser Weise verfahren worden, so kann man vor dem Registermachen und vor der Zurichtung den Cylinder wie das bewegliche Fundament so einstellen, daß der Druck angemessen kräftig erscheint; wenn man dann erst Register macht, wird man sich beim Fortdrucken ein gleich gutes Resultat sichern; verabsäumt man dies aber und zieht später mehr oder weniger auf, so wird auch leicht der Stand des Registers beeinträchtigt. Zum Zweck der Zurichtung werden dann, nach Abzug der erforderlichen Zurichtbogen, die beiden oberen Bogen entfernt und später zur Ergänzung resp. Vollendung der Zurichtung wieder darauf gebracht.

Erhält man, ehe man die Druckstärke am Cylinder und beweglichen Fundament genau regulirte, aus Versehen zu scharfe Schattirung auch auf den unteren Bogen des Aufzuges, so ist es rathsam, diese vor der Zurichtung gleichfalls durch neue, gleich starke Bogen zu ersetzen, denn nichts hindert eine gute Zurichtung mehr, als ein durch scharfen Ausatz mangelhaft gewordener Aufzug. Ganz besonders bemerklich macht sich dieser Fehler bei zweifarbigen Formen, welche übereinander gedruckt werden, also z. B. wenn eine Schriftcolumne auf eine glatte Tonplatte zu stehen kommt. In diesem Fall würde die scharfe Schattirung der Schriftcolumne eine reine und egale Wiedergabe der glatten Fläche der Tonplatte unmöglich machen, weil letztere ja ihren Druck von derselben Stelle des Cylinders aus empfängt, welche auch auf die Schriftcolumne wirkt.

Wir setzen voraus, daß der Aufzug des Cylinders in Ordnung ist, ferner, daß die Walzen gestellt und mit der zu verdruckenden Farbe eingerieben sind und schreiten nun zum Einheben der beiden Formen.

Bei der vorstehend als Beispiel aufgeführten Arbeit, ein Werk in schwarz mit rother Linieneinfassung und Initialeneindruck, würde man die schwarze Form auf das hintere, die rothe Form auf das vordere Fundament nehmen; unter hinteres Fundament ist dasjenige zu verstehen, welches, wenn herausgedreht ist, am Cylinder liegt, welches ferner unverstellbar ist.

Als Grund dieser Formenstellung ist anzugeben: weil die schwarze Form leichter zu reguliren ist als die rothe und weil man die bunte Färbung dadurch besser zur Hand hat, denn das vordere, bequemer zugängliche Farbenwerk nimmt in diesem Fall die rothe Farbe auf.

Die Formen sind, wie bei den anderen Maschinen, nach den in der Mitte des Fundamentes eingerissenen Richtungslinien zu legen; außerdem sind bei diesen Maschinen an der hinteren Knale nicht blos Schrauben zum Hinter- und Vorbewegen der Form, sondern auch zum Herüber und zum Hinüberbewegen derselben vorhanden.

Nach dem hinteren, unverstellbaren Fundament ist auch der Druck des Cylinders entsprechend der, im Geschäft eingeführten Schrifthöhe zu reguliren und hiernach das vordere verstellbare Fundament einzurichten.

Schreiten wir nun zum Registermachen der als Beispiel gewählten Arbeit. Zuerst ist zu beachten, daß die Linienform ins Register kommt und zwar so, indem man möglichst die ganze Form bewegt, doch dabei im Auge behält, daß das Fassen des Papierrandes durch die Greifer in richtigem Verhältniß bleibt. Differenzen, welche sich nicht durch das Verrücken der ganzen Form reguliren lassen, müssen natürlich an der betreffenden Stelle berichtigt und zu dem Zweck die Form angeschlossen werden. Das Auf- und wieder Zuschließen muß aber vorsichtig geschehen, damit man nicht alle Theile der Form in Mitleidenschaft zieht.

Als die beste Schließmethode für die Formen der Zweifarbenmaschine wird von vielen Maschinenmeistern das alte Schließzeug mit Schließstegen und Keilen empfohlen und wir sind darin ganz ihrer Meinung; man kann mit den Keilen unzweifelhaft die kleinsten Differenzen durch Antreiben oder Lockern derselben reguliren, sich auch, wenn man darauf bedacht sein muß, immer gleich stark anzutreiben, durch einen Kreidestrich oder Riß mit der Ahle über Keile und Schießsteg weg ganz genaue Merkmale machen, wie weit jeder Keil beim späteren Zuschließen wieder angetrieben werden muß.

Sind Initialen in der Form vorhanden, so beachtet man deren Stand am besten zunächst noch nicht, sondern schreitet vorher zur Regulirung der schwarzen Form. Hier hat man nun darauf zu sehen, daß dieselbe sowohl genau in die vorgeschriebene Stellung zwischen die rothen Linien kommt, als auch darauf, daß alle schwarzen Columnen, wie bei den gewöhnlichen Formen, miteinander Register halten; dies wird möglichst durch Verrücken der ganzen Form erzielt. Die rothe Form muß dabei vollständig unberührt bleiben.

Hierbei sei nochmals bemerkt, daß man an der Zweifarbenmaschine als vordere Punktur nur die sogenannte Schlitz- oder Riegelpunktur anwendet, um Kleinigkeiten, welche sich während des Druckes im Register zeigen, mit leichter Mühe beseitigen zu können, ohne das so nachtheilige Rücken der Formen nöthig zu haben; die hintere Punktur bringt man dagegen in dem Mittelsteg der Form an, welche auf dem verstellbaren Fundament liegt.

Der Grund für das letztere Verfahren ist folgender: Schraubt man, wie an den gewöhnlichen Maschinen, die Punktur in den Cylinder, so erscheinen durch das zweimalige Umdrehen desselben und Ueberrollen der Form die Löcher leicht länglich, ja, bei schwachem Papier würde es sogar häufig zwei Löcher dicht hinter einander geben, weil sich das Papier immerhin leicht etwas streckt. Daß derart mangelhafte Punkturlöcher für den gleichfalls zweifarbigen Widerdruck ganz und gar unbrauchbar sind, wird dem Leser einleuchten, denn sie geben ja dem Bogen beim Punktiren eine ganz unsichere, schlechtes Register herbeiführende Lage auf dem Cylinder.

Sind die beiden Formen ineinander gepaßt, so kommen wir nun zum Rücken der Initialen, vorausgesetzt, daß ein solches infolge mangelhaft justirten Satzes überhaupt noch nothwendig ist. Ein guter Maschinenmeister besorgt sich diese Arbeit mit Hülfe der an und über den Initialen liegenden Durchschußstücke möglichst selbst.

Es ist dem Maschinenmeister ferner dringendst anzurathen, auch das Abziehen der Bogen während des Registermachens immer selbst zu besorgen, nicht aber die Punktirerin damit zu beauftragen. Die letztere pflegt diese, gerade beim Zweifarbendruck höchst wichtige und genauest zu bewerkstelligende Arbeit selten mit der nöthigen Accuratesse auszuführen und das Resultat der vorgenommenen Regulirung läßt sich deshalb nie so recht sicher ermitteln. Man hat dabei wohl zu bedenken, daß es immerhin schwieriger ist, Zeit zu Zeit einzelne Bogen genau einzulegen, wie später, wo alles gehörig in Ordnung ist, eine ganze Auflage hinter einander. Beim regelmäßigen Einlegen während des Fortdruckens erlangt auch die Hand einer geübten Punktirerin die nöthige Gleichmäßigkeit und Genauigkeit beim Punktiren, so daß dann leicht ein vollkommen gleichmäßiges Register erzielt wird.

Die Zurichtung solcher ineinander zu druckender Formen ist ganz in derselben Weise zu bewerkstelligen, wie an der einfachen Maschine, blos mit dem Unterschiede, daß, da die schwarze Schriftform mehr Druck verlangt als die rothe Linienform, man, wie bereits erwähnt wurde, schon vor Beginn der Zurichtung die Druckstärke genau regulirt und zwar erstere durch den Cylinder, auf letztere durch das bewegliche Fundament wirkt, d. h. will man der Schriftform mehr Druck geben, so zieht man entweder noch einen Bogen auf, oder was noch besser ist, man senkt den Cylinder etwas; da nun aber bei beiden Methoden zugleich auch die Linienform mit betroffen wird und nun zu viel Druck erhält, so muß man sie vermittels der Stellvorrichtung am Fundament angemessen senken.

Es giebt freilich einen dritten Weg, einer der Formen kräftigeren Druck zuzuführen, ohne daß man Cylinder und Fundament verstellt. Wir meinen das bei ineinander zu druckenden Arbeiten ja mögliche Unterlegen der mehr Druck brauchenden Partien der einen Form. Dieser Weg ist aber nur dann mit Vortheil einzuschlagen, wenn die Form nicht gar zu complicirt in ihrer Zusammensetzung ist, also wenn nur größere Partien derselben zu unterlegen sind, nicht aber wegen der häufigen Unterbrechung durch die andere Farbe viele kleine Partien. Dies wäre entschieden weit zeitraubender und umständlicher als das Verstellen von Fundament und Cylinder.

Hat man während des Registermachens, worunter hier also auch das Rücken der Form selbst zu verstehen ist, viel Abzüge zu machen, ehe man in Ordnung kommt, so reinige man die Form öfter; insbesondere trocknen die bunten Farben leicht auf, der durchgehende Bogen klebt dann und verzieht sich leicht, so daß man keinen sicheren Anhalt für das Register hat.

Im Gegensatz zu den Formen, welche ineinander gedruckt werden, giebt es, wie bereits angedeutet worden, auch häufig solche, welche übereinander gedruckt werden, also z. B. Umschläge, Circulaire, Karten und Etiquetten mit Tonunterdruck und andersfarbigem Aufdruck.

Bei diesen Arbeiten muß erklärlicher Weise die Platte resp. Form, welche von der anderen bedruckt wird, auch auf das Fundament gebracht werden, welches den ersten Druck des Cylinders erhält, also auf das unverstellbare hintere. Thäte man dies nicht, so würde ja die Tonplatte nicht unter, sondern über die Schrift weggedruckt und man würde in diesem Falle ein höchst mangelhaftes Resultat erzielen. Ferner muß man bei solchen Arbeiten die Formen selbst zumeist, ja fast ausschließlich, von unten justiren, da es ja nur einen Cylinder giebt, man demnach, sobald man an der einen oder anderen unterlegt oder ausschneidet, immer beide Formen in Mitleidenschaft zieht.

Aus dem Vorstehenden wird der Leser zur Genüge erkennen, daß insbesondere bei den Arbeiten letzter Art eine sorgfältige Zurichtung unter den Formen die ganze Kunst des guten Druckes auf einer Zweifarbenmaschine ausmacht. Bedenkt man dies und scheut keine Mühe, die kleinsten Fehler soweit möglich, auf diese Weise zu verbessern, so wird man auch immer ein ganz gutes Resultat erzielen.

Der complicirten Construction der Zweifarbenmaschine wegen ist es gerathen, daß der Maschinenmeister immer selbst das Schmieren übernimmt, denn sowie einer der wichtigen Theile mangelhaft functionirt, so wird auch das Register und der Druck darunter leiden. Dem bei diesen Maschinen vorhandenen unteren Bande (ein Oberband ist ja nicht angebracht) ist immer große Aufmerksamkeit zu schenken, denn wenn es nicht angemessen straff gespannt ist, wird der Bogen leicht verzogen und dadurch gleichfalls das Register beeinträchtigt.

Daß die Farbenwerke, wie alle sonstigen Theile, ganz ebenso behandelt werden, wie an den einfachen Maschinen, ist wohl selbstverständlich.

Ueber die Farben, Farbenmischung und Behandlung, wie über die Ausführung von Farbendrucken ersehe der Leser das Nöthige in dem später folgenden Capitel: „Der Farbendruck".

II. Die Doppelschnellpresse.

1. Die Construction der Doppelschnellpresse.

Eine Doppelschnellpresse der Construction, welche wir hier zu beschreiben haben[*]), ist eine Maschine, welche mit zwei, zwei Bogen auf einer Seite bedruckenden Cylindern dagegen nur einem Fundament arbeitet und zwei Einleger erfordert. Ihre Construction ist sonach gerade entgegengesetzt von der der vorstehend beschriebenen Zweifarbenmaschine, welche mit einem Cylinder und zwei Fundamenten versehen ist.

Durch die Verwendung zweier Cylinder ist es möglich, mit diesen Maschinen pro Stunde 2400—3000 Abdrucke zu liefern und sind sie deshalb ganz besonders gut zum Druck von Zeitungen zu verwenden.

Die Construction dieser Maschine ist so zu sagen die zweier mit einander verbundener einfacher Maschinen mit gemeinschaftlichem Farbenwerk und Karren.

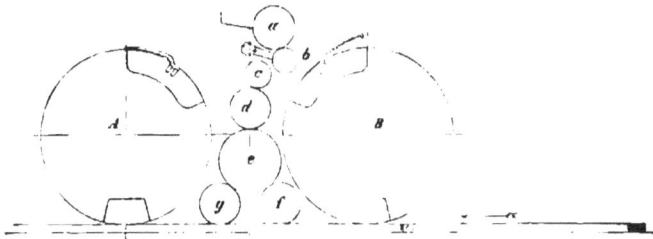

Fig. 110. Lage der Cylinder und des Farbenwerkes an den Doppelschnellpressen.

Von den beiden Cylindern ist der eine stets in Ruhe, während der andere arbeitet; die Thätigkeit derselben ist sonach eine wechselseitige.

Die vorstehende Abbildung möge zunächst die Lage der beiden Cylinder und des Farbenwerkes veranschaulichen. Das letztere, zwischen beiden Cylindern liegend, entspricht auf unserer obigen Figur in seiner ganzen Anordnung den an den Johannisberger Doppelmaschinen aus

---

[*]) Die Unterlagen für die Bearbeitung dieses Capitels verdanken wir zum Theil den Herren Klein, Forst & Bohn Nachfolger in Johannisberg a. Rh., zum Theil Herrn Pfeiffer, Maschinenmeister der B. G. Teubner'schen Officin in Leipzig.

der Fabrik der Herren Klein, Forst & Bohn Nachfolger angebrachten, sehr guten und leicht zugänglichen Farbenwerken. a ist der Ductor, b der Heber, c ist ein Metallreiber auf den der Heber b die Farbe abgiebt, d ist eine Massewalze, o der große Farbcylinder, f, g die Auftragwalzen. Wir haben also auch an dieser, zumeist für einfachen Zeitungsdruck bestimmten Maschine eine sehr gute Verreibung der Farbe.

Betrachten wir uns auch noch die übrigen Theile der sehr practisch gebauten Johannisberger Doppelmaschine und die Grundsätze, welche überhaupt bei der Construction solcher Maschinen maßgebend sind.

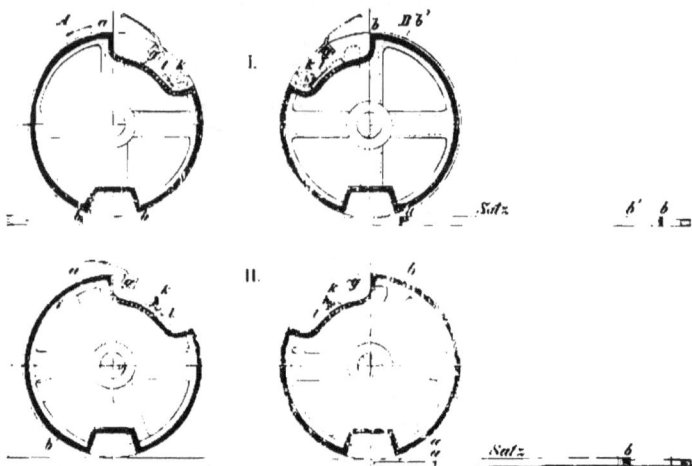

Fig. 111. I. Stellung der Greifer an der Johannisberger Doppelschnellpresse für das größte Format.
II. Stellung der Greifer für das kleinste Format.

Der Druckanfang des Cylinders A unserer vorstehenden Fig. 111 correspondirt mit dem Druckende des anderen Cylinders B. Der Punkt a des Cylinders A trifft beim Druck mit dem Punkt a und der Punkt b mit dem Punkt b des Satzes zusammen. Ebenso ist es mit dem Cylinder B. Der Unterschied besteht nur darin, daß bei Cylinder A die Stelle a den Greifern zunächst liegt, während bei B diese Stelle a den Greifern entgegengesetzt sich befindet und die Stelle b dicht an den Greifern ist.

In diesem Umstande liegt die Ursache, daß bei Doppelmaschinen nicht kleiner als bis zu einem gewissen Minimum gedruckt werden kann. Würde der Satz in der Weise verkleinert, daß der Punkt a an seiner Stelle bliebe und die Veränderung bei b im Satz stattfände und hätte der letztere nur die Höhe von a bis b', so würde der Druckanfang auf Cylinder B nach b' (siehe oben hinter B) fallen und der weiße Rand des Papiers müßte, wenn die Greifer in der Stellung I verbleiben, um das Stück b b' (bei B) größer werden, damit die Greifer das Papier noch fassen.

Zur Vermeidung einer solchen Papierverschwendung werden die Greifer verstellbar gemacht, so daß sie den Bogen direkt am Druckanfang fassen. Natürlich tritt diese Veränderung der Greifer an beiden Cylindern ein und zwar an jedem derselben um die Hälfte der Vergrößerung, respective Verkleinerung des Satzes.

Da die Greifer das Papier aber bei zu großer Länge nicht mehr ordentlich festhalten und um so länger werden müssen, je mehr dieselben verschoben werden sollen, so hat die Verschiebung ihre Grenzen. Gewöhnlich macht man die Greifer um $7\frac{1}{2}$ Cmtr. verschiebbar und kann demzufolge der kleinste Satz um 15 Cmtr. kleiner sein als der größte auf der Maschine druckbare.

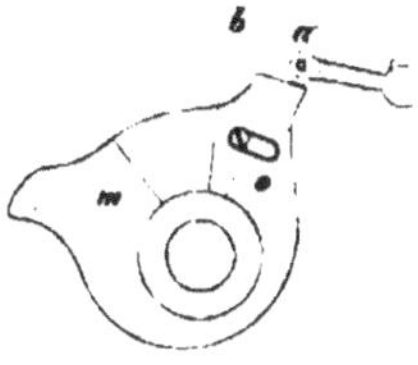

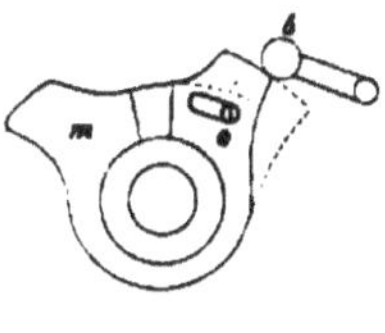

Fig. 111. Stellung des Greiferexcenters für großes Format.   Fig. 112. Stellung des Greiferexcenters für kleines Format.

Die Verschiebung der Greifer an der Johannisberger Maschine geschieht auf folgende Weise. Die Greiferstange g, Fig. 111, ist in zwei Scheiben, welche um die Achse des Cylinders drehbar sind, gelagert. Diese Scheiben werden durch die Stange h, welche an ihren beiden Enden in die drehbaren Scheiben greift, vorwärts und rückwärts bewegt, indem diese Stange h nahe an ihren beiden Enden Zahnräder hat und diese Zahnräder in Zahnsegmente l, welche auf dem Cylinder befestigt sind, eingreifen.

Durch Vor- oder Rückwärtsdrehen der Stange h werden nun die Scheiben, in welchen die Greiferstange lagert, genau parallel vor- oder zurückgeschoben. Wenn die Greifer auf ihre richtige Stelle geschoben sind, wird die Stange h durch eine Bremse arretirt und die Greiferstange würde dann richtig functioniren, wenn nicht gleichzeitig der Excenter, welcher das richtige Schließen der Greifer kurz bevor der Cylinder in Gang kommt bewirkt, auch verstellt werden müßte. Zu diesem Behuf ist der sogenannte Greiferexcenter aus zwei Theilen zusammengesetzt; wenn das größte Format gedruckt werden soll, hat der Excenter die in Fig. 112 angegebene

Stellung, werden die Greifer aber für kleineres Format gestellt, so käme die Rolle a in die Stellung b und die Greifer würden sich zur unrichtigen Zeit schließen. Es muß deshalb der bewegliche Theil o des Excenters etwas mehr dem Theil m genähert werden, wie dies Fig. 113 zeigt, damit die Greifer im richtigen Moment zugehen.

Bei dem Druck des größten Formates beginnt sonach der Druck dicht an dem, den Greifern am nächsten liegenden Rande der Cylinderdruckfläche und endet an dem anderen Rande der Druckfläche, wie dies deutlich aus Fig. 111 I ersichtlich ist. Bei dem Drucke kleiner Formate beginnt der Druck auf der Cylinderdruckfläche später und endet früher und zwar nach jeder Richtung um die Hälfte der Verkleinerung des Formates, wie dieses durch Fig. 111 II klar wird. Der Veränderung des Formates entsprechend müssen deshalb auch die Greifer und ebenso die Greifer-excenter in der früher angegebenen Weise verstellt werden.

Angenommen, die Stellung der Greifer und Excenter ist entsprechend dem Druck einer Satzhöhe von 67 Cmtr. und es soll nun ein Satz von 60 Cmtr. Höhe gedruckt werden, so sind in der Regel die Greifer um die Hälfte der Verkleinerung also 3½ Cmtr. zu verschieben.

Wenn jedoch das Papier in dem einen Fall reichlicher bemessen ist, als in dem andern Fall und es also bei dem einen Druck nöthig ist, wegen des zu kleinen weißen Randes mit den Greifern bis dicht an den Druck zu gehen, während der andere weiße Rand breit ist und die Greifer das Papier nicht dicht an dem Drucke zu fassen nöthig haben, so richtet sich auch danach die Stellung der Greifer. Angenommen bei dem Satz von 67 Cmtr. Höhe wäre ein sehr knapper weißer Rand, dagegen bei dem von 60 Cmtr. Höhe ein breiter weißer Rand vorgesehen, so ist die Verschiebung um 3½ Cmtr. nicht nöthig, sondern z. B. nur um 2½ Cmtr., wenn die Greifer bei dem Druck des kleineren Formates um 1 Cmtr. von dem Druckanfang entfernt das Papier fassen. Umgekehrt muß die Verschiebung der Greifer größer sein, wenn bei dem Druck des Formates von 67 Cmtr. Satzhöhe die Greifer das Papier nicht dicht an dem Druck sondern z. B. 1 Cmtr. davon entfernt fassen, während es bei dem Drucke des kleineren Formates nöthig ist, daß die Greifer den Bogen dicht an dem Drucke festhalten. In diesem Falle müssen die Greifer dann 4½ Cmtr. verschoben werden.

Wenn die Greifer richtig stehen, stellt man den Excenter genau ein und zwar so, daß die auf diesem Excenter laufende Greiferstangenrolle bei dem Stillstand des Cylinders und geöffneten Greifern dicht an dem Rande der Excenterkante steht, so daß nur eine kleine Drehung des Excenters nöthig ist, um die Schließung der Greifer zu bewirken.

Betrachten wir uns nun die Construction der Cylinder an den König & Bauer'schen Doppelmaschinen. Abbildung sehe man A. T. 5.

Während bei den Maschinen von Klein Forst & Bohn Nachfolger nur seitlich an den Cylindern angebrachte Scheiben und mit ihnen die Greiferstangen verstellt werden, ist bei König & Bauer der Cylinder selbst, oder, wie man sagt, sein Mantel auf der Achse verstellbar.

Fig. 114 zeigt uns das Bild eines solchen Cylinders, von oben gesehen. Seitlich an der Greiferstange d d bemerken wir neben dem Zahnrade des Cylinders bei a eine Maßeintheilung, auf welche ein am Zahnrade angebrachter Zeiger hinweist.

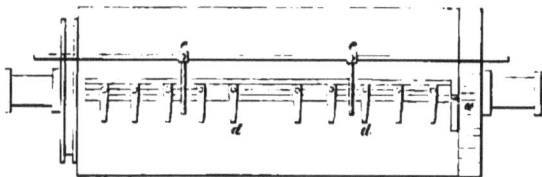

Fig. 114. Cylinder der König & Bauer'schen Doppelschnellpresse.

Die Fig. 115 verdeutlicht uns die Stellvorrichtung für die verschiedenen Formate. Bei kleinem Format wird der Cylindermantel rückwärts d. h. nach dem Anlegebret zu, bei großem Format vorwärts, also ganz entgegengesetzt verstellt. Bei diesen Stellungen giebt das erwähnte Maß bei a Fig. 114 den genauen Anhalt. Soll z. B. der Cylinder die volle Druckfläche von 64 Cmtr. drucken, so muß der Zeiger auf den äußersten vorderen Punkt der Maßeintheilung zu stehen kommen, was dann die angemessene Stellung des Cylinders zur Folge hat. Soll dagegen ein kleineres Format gedruckt werden, so muß man sich bei Verstellung des Cylinders sowohl nach der Satzgröße als auch nach der Papiergröße richten.

Fig. 115. Stellung des Cylinders.

Ueber die hierbei in Frage kommenden Regeln haben wir bereits bei Beschreibung der Johannisberger Maschine alles Nöthige erwähnt. Wie wir dort bemerkten, giebt 1 Cmtr. Stellung immer eine Veränderung von 2 Cmtr. der Druckfläche, was also wohl beachtet werden muß.

An unserer Fig. 115 sieht man nun die Einrichtung, mittels welcher das eigentliche Verstellen und das wieder Feststellen des Cylinders nach vorgenommener Regulirung bewerkstelligt wird. Man stellt demgemäß unter Beachtung der vorstehend erwähnten Maßeintheilung den Cylindermantel mittels der Schraube a dem Format angemessen ein und befestigt ihn dann mittels der Schlitzschrauben b b so, daß er in seiner veränderten Lage vollkommen sicher verbleibt.

Da nun dieser veränderten Stellung auch der Greiferexcenter angepaßt werden muß, sollen die Greifer und die Marken mit der neuen Stellung harmoniren, also rechtzeitig auf- und zugehen, resp. sich heben und senken, so ist an der entgegengesetzten Seite des Cylinders der Greiferexcenter mit einer Einrichtung versehen, die der ganz ähnlich ist, welche wir vorstehend bei Beschreibung der Johannisberger Maschine erwähnten und abbildeten.

Noch ist darauf aufmerksam zu machen, daß man an den neuen Doppelmaschinen von König & Bauer auch mit einem Cylinder arbeiten kann. Für diesen Zweck ist eine Vorrichtung an dem einen, an der Maschine selbst gezeichneten Cylinder angebracht, daß derselbe in Stillstand gebracht werden kann. Man zieht zu diesem Zweck den Bolzen, in welchem sich die Auffanggabel bewegt, heraus und schraubt ihn in die dazu vorhandene Vorrichtung, der Cylinder A bleibt dann stehen und mit dem andern Cylinder kann man alle Drucksachen herstellen, wie auf einer einfachen Cylinder-Maschine.

Durch Entfernung des Drucktuches läßt sich die Johannisberger Maschine leicht ebenfalls als einfache Maschine benutzen. Hinsichtlich ihrer Cylinder sei noch erwähnt, daß dieselben außer durch die Auffanggabel noch durch eine vorzügliche Bremseinrichtung festgestellt werden.

Die Maschinenfabrik Augsburg baut ihre Doppelmaschinen in gleicher Weise wie die Johannisberger Fabrik, sie hat also nicht den Cylinder, sondern die Greiferstange x. mittels Scheiben beweglich gemacht.

Die Fabrik von G. Sigl in Berlin baut ihre Doppelschnellpressen derart, daß eine Formatänderung von circa 75 Mmtr. in der Höhe möglich ist und wird der Cylinder mit den Greifern x. (ähnlich wie bei König & Bauer) gegen die beiden Cylinderscheibenräder verstellt, ebenso auch der Greiferexcenter. Für kleinere Differenzen in der Formathöhe reicht eine Verlängerung der Greifer und die dem entsprechende Verstellung der Anlegemarken aus.

Wenn nur ein Cylinder drucken soll, so muß der außer Thätigkeit zu setzende in seinen Lagern durch starke Stellschrauben so hoch gehoben werden, daß die kleine Rolle (Gabelrolle) für den Stillstand aus dem Schlitz der Auffanggabel herausgehoben wird, ein Einfallen des Cylinders in die Zahnstangen am Fundament also nicht mehr möglich ist. Zur Erleichterung dieser Stellung sind passende Zeichen an den Cylinderlagern angebracht; ebenso sind auch für die Formatstellung Zeichen an den Zahnrädern des Cylinders vorhanden.

2. Die Behandlung der Doppelschnellpresse.

Bei den Doppelmaschinen ist es Bedingung, daß alle Formen genau nach der Mitte der Rahme zu geschlossen werden.

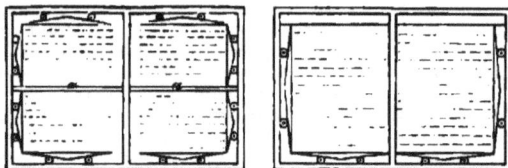

Fig. 116. Eine Octavform   Fig. 117. Eine Folioform
für die Doppelschnellpresse geschlossen.

Hat man demnach eine Octavform zu schließen, so müssen die Köpfe der Columnen sämmtlich gegen den, in der Rahme befindlichen Kreuzsteg (Fig. 116 u. a) geschlossen werden, die Form wird demnach von acht Seiten aus mit dem Schließzeug befestigt. Hat man dagegen eine

Quartform, so sind die Köpfe selbstverständlich gegen den Mittelsteg zu schließen, während bei Folio der Kreuzsteg a a entfernt wird und die beiden Columnen mit den Köpfen gegen die hintere Rahmenwand Platz finden (siehe Fig. 117). Mag man nun ein Format drucken, welches es auch sei, stets muß man also Bedacht nehmen, die Form genau in die Mitte der Rahme zu bringen, wofür ja bei Quart und Octav schon der an den Rahmen vorhandene Kreuzsteg a a den besten und bequemsten Anhalt giebt.

In gleicher Weise muß auch die Form genau in die Mitte des Fundaments placirt werden, zu welchem Zweck sich nicht nur der gewöhnliche Vorriß des Mittelsteges, sondern auch ein solcher des Kreuzsteges auf dem Fundament befindet, so daß man die Form genau danach placiren und befestigen kann.

Vor dem Einheben einer Form in die Maschine muß, da ja jedes Ende derselben mit Auslegebret, Ausleger, Bandspindeln und Bändern versehen ist, an dem einen, dafür extra vorgerichteten Ende der Auslegetisch entfernt, der Ausleger ausgerückt und mit seinen Spitzen nach unten umgelegt werden; sodann wird die große, am Ausleger befindliche Bandspindel ausgehoben und oben am Tisch aufgestellt, ferner ein zu diesem Zweck vorhandener Bock in der Maschine ausgerichtet und auf diesen wiederum die Form mit dem Einschiebbrete placirt.

Von diesem Bret aus wird die Form in gewöhnlicher Weise auf das Fundament geschoben und festgeschraubt, zuletzt aber der Bock und die Bandrolle, der Ausleger und der Auslegetisch wieder in ihre richtige Lage gebracht. Bezüglich des Registers ist zu bemerken, daß man nur mit den Punkturen, nicht aber mit der Form agiren soll; deshalb ist es auch räthlich, vorn eine Schlitzpunktur anzubringen, weil man sich mit dieser stets helfen kann, wogegen dies mit der Form sehr beschwerlich wäre.

Der große Farbcylinder muß, wenn man ihn zur vollständigen Reinigung herausnimmt auf einen extra dazu bestimmten Holzrahmen gelegt und dann langsam und behutsam herausgezogen werden; beim Wiedereinsetzen muß er auf dem gleichen Rahmen in die Maschine eingeschoben und wieder in den Kuppelmuff gelegt werden, welcher von dem Wendungsrade getrieben wird; dann steckt man das vordere Messinglager auf und zieht den Holzrahmen heraus.

Von den übrigen Walzen wird man am besten zunächst die große Oberwalze ohne weitere Vorrichtung über dem großen Farbcylinder eingeschoben und in ihre Lager gelegt, ferner einer oder alle beide Stahlreiber (bei den Johannisberger Maschinen nur einer, s. Fig. 110 c) und dann die Hebwalze. Zuletzt werden die zwei Auftragwalzen in die Maschine gebracht; auch sie finden zum Einsetzen am besten Platz auf einer Vorrichtung, mittels welcher sie eingeschoben werden. Haben sie Platz in ihren Lagern gefunden und sind diese festgeschraubt worden, so wird die Vorrichtung wieder herausgezogen. Die Ausführbänder dieser Maschinen haben an jedem Cylinder denselben Lauf, wie an den einfachen Schnellpressen. Bogenschneider ist zumeist auch vorhanden.

Alle übrigen Manipulationen als: Zurichten, Farbestellen rc. werden in der gewöhnlichen Weise bewerkstelligt. Abbildungen von Doppelmaschinen sehe man A. T. 5, 17 18 und 25 26.

III. Die Rotationsschnellpresse.

1. Die Construction der Rotationsschnellpresse.

Alles Nähere über die Construction der Sigl'schen Rotationsschnellpresse wurde bereits auf Seite 125, über die ältere Marinoni'sche Seite 134, die Walter-Presse Seite 143, die Prestoniau-Presse Forster's Seite 146, die Victoria-Presse Seite 147, die Bullod-Presse Seite 154 gegeben. Abbildungen sehe man A. T. 45/46, 47/48, 57 und 58.

Es sind aber in neuerer Zeit noch einige Maschinen dieser Art gebaut worden, die sich von den früher beschriebenen zum Theil durch einfachere und wesentlich practischere Construction auszeichnen und deshalb der Vollständigkeit wegen hier noch kurz beschrieben werden müssen, während die perspectivischen Ansichten derselben dem Atlas angefügt werden.

Da die Augsburger Rotationsschnellpresse später zur Belehrung über die Behandlung derartiger Maschinen beim Druck dienen soll, so findet dieselbe an dieser Stelle ebenfalls eingehendere Beschreibung unter Beifügung einer Durchschnittszeichnung.

Marinoni's neueste Rotationsschnellpresse. Außer der auf Seite 134 beschriebenen großen Rotationsmaschine baut Marinoni gegenwärtig noch eine neue, weit practischere derartige Maschine. Der näheren Beschreibung derselben, die wir dem renommirten englischen Fachjournal „Printers' Register" entnehmen, lassen wir Angaben über ihre Raumverhältnisse vorangeben. Von der Papierrolle bis zum Ende des Auslegetisches mißt sie 3 Mtr. 60 Cmtr., im Querschnitt 2 Mtr. 27 Cmtr. und in der Höhe 2 Mtr. 44 Cmtr.

P (auf der Vollansicht im Atlas sichtbar) ist die Papierrolle, von welcher das Papier durch die mit den Stereotypplatten belegten Formencylinder A B und A' B' (siehe Fig. 118) und nach erfolgtem Schön- und Widerdruck unter die Schneidcylinder k k' geführt wird. Die von denselben geschnittenen Bogen werden dann mittels Bänderleitung und Ausleger auf den Auslegtisch gebracht. Anordnung der Formen- und Druckcylinder, sowie des Schneidapparates sind wie ersichtlich, ähnlich wie bei der Walterpresse.

Die Hauptschwierigkeit bei sehr schnell laufenden Zeitungsmaschinen bestand nicht etwa in der Schnelligkeit des Druckens, sondern darin, die gedruckten Bogen ebenso schnell auf den Auslegtisch zu befördern. So lange bei der Hoe'schen Lightning Press die vorher geschnittenen Bogen mit der Hand eingelegt wurden, mußten ebenso viel Ausleger oder Auslegerinnen angestellt werden, aber bei dem endlosen System, wo die Bogen in Zwischenräumen von höchstens 3 bis 4 Zoll mit erstaunlicher Schnelligkeit aufeinander folgen, wurde es für die Ingenieure eine gerade nicht leichte Aufgabe, einen Auslegeapparat zu erfinden, der mit der Schnelligkeit des Druckapparates übereinstimmte. Bei den verschiedenen Endlosen ist diese Aufgabe in verschiedenen Weisen gelöst worden: bei der Marinoni-Maschine wird der gedruckte Bogen zwischen der Bänder-

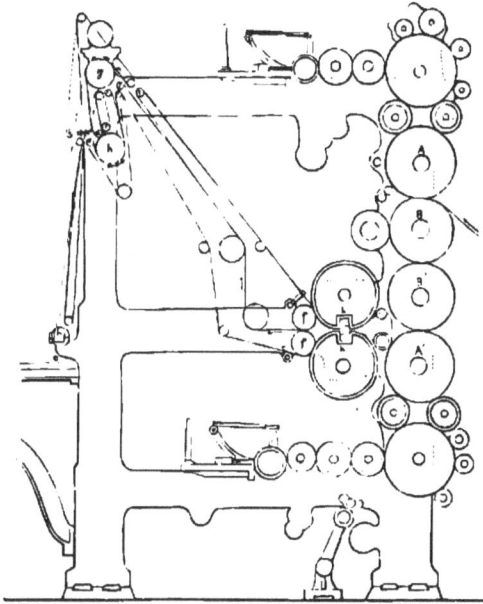

Fig. 118. Durchschnittszeichnung von Marinoni's neuester Rotationsschnellpresse.

leitung nach der Rolle g gebracht, über welche herab er sich auf einen Schwingrahmen legt. Letzterer endigt in zwei kleinen Rollen a a, zwischen welchen der Bogen unmittelbar nach der Rolle h und so fort wieder nach der Rolle g geleitet wird. In dem Augenblick, wo der erste Bogen an dieser Stelle ankommt, legt sich ein soeben von den Schneidecylindern kommender auf ihn. Beide Bogen nehmen nun wieder ihren Lauf über h nach g zurück, wo sich ein dritter Bogen auflegt und so fort, bis sich in dieser Weise eine gewisse Zahl gesammelt hat. Nun treten der Schwingrahmen und die Rollen a a in Thätigkeit (durch die punktirten Linien angedeutet), welche die gesammelten Bogen dem Ausleger zuführen und von diesem endlich auf den Auslegetisch gelegt werden.

Unsere Figur zeigt eine Maschine mit nur einem einzigen Ausleger. Soll ein zweiter solcher Apparat angefügt werden, so läßt sich die Schnelligkeit der Maschine bedeutend erhöhen, indem Gestell und Rädergetriebe genügend stark sind, um eine beinahe unbegrenzte Schnelligkeit auszuhalten. Für doppeltes Auslegen wird auf dem Boden direct unter dem in der Abbildung ersichtlichen Auslegtisch ein zweiter befestigt und der zweite Ausleger arbeitet an seiner Achse am Fuße des Gestelles. Die Sammelrollen g und h, sowie die entsprechenden Bänder und Schwingrahmen sind ebenfalls am Gestell ungefähr in gleicher Ebene mit dem oberen Auslegtisch angebracht. Die beiden an die Schneidcylinder k k' anstoßenden Bänderrollen f f werden durch vier kleinere ersetzt, welche am Gestell halbwegs zwischen den Schneidcylindern und dem Ausleger übereinander zu befestigen sind. Das obere Paar gehört zu dem oberen Sammel- und Ausleg-apparat und das untere zu dem unteren. Zwischen den beiden Rollenpaaren und den Schneid-cylindern befindet sich ein Schwingrahmen oder Theiler mit zwei in Größe und Stellung mit den Rollen f f und zwei anderen, mit jedem der oben erwähnten Rollenpaare correspondirenden Rollen. Sowie die Bogen zwischen den Schneidcylindern hervorkommen, werden sie von dem Theiler abwechselnd nach dem einen oder dem anderen Rollenpaar geführt, so daß die Auslegeoperation zwischen jeden der beiden Apparate getheilt ist.

Dieses Theilungssystem ist in dem Fall von besonderem Vortheil, wenn eine Falzmaschine damit verbunden ist. Es ist dann keine weitere Abänderung am gewöhnlichen Auslegapparat nöthig, als die Schwingrahmen in die durch die punktirten Linien bezeichneten Stellungen zu bringen. In Folge dieser Anordnung fallen die Bogen, statt gesammelt zu werden, einer nach dem anderen in den Falzapparat.

Die Construction der neuen Marinoni'schen Endlosen scheint uns eine sehr glückliche, denn sämmtliche Cylinder liegen so übersichtlich und bequem zugänglich übereinander, daß man wohl annehmen kann, sie eignet sich nicht nur für den gewöhnlichen Zeitungsdruck, sondern auch für den Werkdruck. Damit der Leser sich in dieser Hinsicht ein richtiges Urtheil zu bilden vermag, verweisen wir auf das folgende Capitel: Die Behandlung der Rotationsschnellpresse. In diesem Capitel sind die Anforderungen für den Werkdruck specieller auseinandergesetzt und wird man daraus ersehen, daß die Augsburger und die Marinoni'sche Maschine sich am besten dazu eignen.

Terrier's Rotationsschnellpresse. Die A. T. 6364 gegebene Zeichnung stellt den äußeren Anblick der Maschine des bekannten Schnellpressenbauers Jules Terrier in Paris dar; der nachfolgend abgedruckte Durchschnitt soll die Beschreibung verdeutlichen.

Die Rolle T besteht aus einem Papierbogen von ungefähr 5 Kilomtr. Länge.

Der Maschinenmeister nimmt den Anfang des Bogens und läßt ihn unter die Rolle a laufen, bestimmt, ihn auf dem Druckcylinder B, sowie zwischen den Cylindern B und T auszubreiten.

Da die Platten auf dem Cylinder T angebracht sind, so erhält der Bogen den ersten Druck im Durchlaufe zwischen dem Plattencylinder T und dem Druckcylinder B.

Das Papier läuft hierauf auf den Spannrollen b und c, damit es gut ausgespannt den Druckcylinder B' erreiche und sich um ihn drehe.

Im Durchlaufe der Cylinder H' und T' erhält der Bogen den Druck der Platten des Cylinders T' und findet sich dadurch auf beiden Seiten bedruckt; hierauf läuft er auf den Cylinder C, um auf die Rollen f und f' herabzugehen, welche, mit Bändern versehen, den Bogen auf die Rollen g und g' führen.

Der Cylinder C' besitzt eine Säge d, welche er in einem auf dem Cylinder C gelassenen Raume sich entfalten läßt. Der Umfang dieser beiden Cylinder hat die genaue Länge eines Zeitungsexemplares, und der Abschlag der Säge begegnet hier das durch die Bänder f und f' ausgespannte Papier. Diese Säge durchschneidet das Papier, das seinerseits durch den Lauf der Rollen f und f' fortläuft.

Wenn der Bogen die Rolle g erreicht und sie umlaufen hat, geht er senkrecht herab, um die Rolle g zu umdrehen und auf seinen Auslaufpunkt g' zurückzukehren.

Da die durchlaufene Entfernung genau die Länge eines Bogens mißt, folgt, daß das um diesen Umkreis gelaufene erste Exemplar gerade in dem Augenblick auf seinen Auslaufpunkt zurückkommt, wo sich das zweite Exemplar vorführt.

Die zwei derartig vereinigten Exemplare folgen denselben Lauf, um dem dritten Exemplar zu begegnen und so fort bis zum fünften. Wenn die fünf Exemplare auf diese Weise vereinigt sind, hebt sich der Abschläger h und leitet die Bogen zwischen die Rollen i und j, wo sie senkrecht vor dem Selbstanleger k herabgehen.

Ein auf jedem Ende angebrachtes Band läuft vor diesen Bogen herab, damit sie der Luftdruck nicht aufschlage.

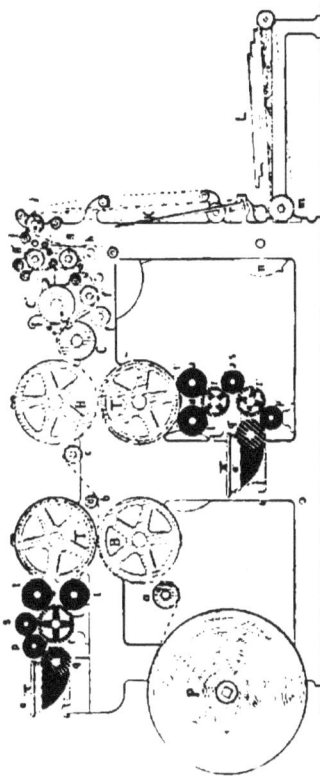

Fig. 112. Durchschnittszeichnung der Derriey's Rotationsschnellpresse.

Auf der Achse des Selbstauslegers K befindet sich ein Zapfen, welcher das Rad n bewegt und auf dem die Tafel befestigt ist.

Diese Tafel besitzt wiederum einen Zahn, welcher bei jeder Umdrehung sich in ein auf der Rolle m befestigtes Rad einlegt.

Jedes Mal, wenn der Zahn des Tisches n dem Rad der Rolle m begegnet, bewegt sich letztere auf gewisse Weise und läßt die sie umlaufenden Bänder verlaufen, das heißt, die Maschine gibt dadurch das Zeichen, daß hundert Exemplare gedruckt sind, was sie durch das Vorschieben des Auslegetisches bewerkstelligt.

Die Pariser Zeitungen werden bekanntlich in Pacieten von 100 Exemplaren verkauft, weswegen der Ausleger so eingerichtet worden, um fünf Exemplare auf einmal auszulegen. Das Rad n macht eine Bewegung für zwanzig Ausschlagungen des Selbstauslegers; die Rolle m dreht sich also auf eine gewisse Weise nach zwanzig Bogenauslagen, welches, jede zu fünf Exemplaren, gerade ein Pacet von 100 Zeitungen ausmacht.

Die Färbung des Schöndrucks übt sich folgendermaßen aus:

Die Farbe befindet sich im Kasten o und wird durch den Farbenehmer p von dem Farbecylinder q entnommen. Der Farbenehmer übermittelt sie einem eisernen Farbecylinder r, welcher sich mit dem Reiber s und den Walzen t t umdreht. Dieser Cylinder bewegt sich nicht allein fortwährend um sich selbst, sondern läuft auch stets seitwärts, damit sich die Farbe auf allen Walzen gut verreibe und den Walzen t t gut verrichten übermittelt werde.

Die Färbung des Widerdruckes ist nur mit dem Unterschiede die gleiche, daß anstatt nur einem eisernen Cylinder r, deren zwei r' r' angebracht sind und daß der Reiber s sie zu gleicher Zeit berührt. Das Vor- und Rückwärtslaufen der Cylinder führt sich hier in entgegengesetzter Weise aus.

Derriev hat auch eine Maschine für verschiedene Formate gebaut. Die zweite Zeichnung A. T. 63 64 stellt die gleiche Maschine vor, für alle kleineren Formate geeignet, für welche sie bis jetzt besonders gebaut wurde.

Wenn man diese Zeichnung mit der ersten vergleicht, wird man bemerken, daß sich über der Papierrolle eine gewisse Anzahl Zahnräder befinden.

Das erste und ganz rechts sich befindende Zahnrad ist auf dem Schneidecylinder (welcher die Säge besitzt) befestigt, weil auf dieser Maschine der Schnitt vor dem Drucke erfolgt. Der unter ihm befindliche Cylinder besitzt den für den Schnitt der Säge nöthigen Raum.

Das ganz links sich befindende Zahnrad ist auf einem Cylinder befestigt, welcher das Papier zieht; über ihm befindet sich ein zweiter, welcher mit seiner ganzen Schwere auf ihm ruht.

Der Umlauf dieser zwei Cylinder ist so berechnet, daß die dem Formate entsprechende Quantität von Papier sich bei einer Umdrehung der Schneidecylinder abwidelt. Genannte Cylinder berühren sich nur an der Stelle der Säge und zwar so, daß, wenn das nöthige Papier durchgelaufen, der untere Theil des Cylinders es fest hält und schneidet.

Dieser derartig abgeschnittene Bogen wird durch Bänder bis auf den Schöndruck- und Widerdruckcylinder geführt, in Bogen vereinigt und dem Ausleger übermittelt, welcher vollständig dem der erst beschriebenen Maschine gleich ist.

Zur Veränderung des Formates genügt eine Veränderung der Zahnräder über der Papierrolle, um je nach Bedarf den Lauf der Bogenhalter mit den Schneidecylindern zu reguliren.

Eine in der Pariser Nationaldruckerei arbeitende Maschine ist für acht Formate eingerichtet. Jene in der Buchdruckerei des Moniteur universel können zwei oder drei verschiedene Formate drucken.

Die Dimensionen der Maschinen für einen Druckbogen von 1 Mtr. 30 Cntr. auf 94 Cntr. und alle kleineren Formate sind folgende: Länge 4 Mtr. 20 Cntr., Breite 2 Mtr. 50 Cntr., Höhe 1 Mtr. 55 Cntr. Der Preis beträgt 28,000 Frcs.

Das Papier für alle diese Maschinen ist mittels eines besonderen Apparates gefeuchtet und sichert dem Papier einen durchaus gleichen Ablauf, welches auch der Diameter der Papierrolle sei.

Das Wasser befindet sich in einem Becken, das zwischen dem sich aufrollenden Papier angebracht ist. In diesem Becken bewegt sich ein metallener Cylinder mit geringerer Schnelligkeit als die Papierrolle; der trockene Bogen läuft über diesen metallenen Cylinder und nimmt von ihm eine gewisse Quantität Wasser auf. Je nachdem das Papier mehr oder weniger gefeuchtet werden soll, braucht nur die Schnelligkeit des metallenen Cylinders regulirt zu werden. Außerdem sind noch Rollen vor und hinter dem Feuchtcylinder angebracht, welche das Papier nöthigen, den Cylinder abzuwischen. Das derartig gefeuchtete Papier kann 24 Stunden nachher verdruckt werden.

Hoe's Rotationsschnellpresse. Ueber die, im Schnellpressenbau berühmte Firma Hoe & Co., die man als eigentliche Erfinderin der Rotationsmaschine bezeichnen kann, ist bereits auf Seite 152 u. f. alles Nöthige erwähnt worden, es bleibt an dieser Stelle nur übrig, über die, beim Druck der erwähnten Notizen noch nicht bekannte Rotationsmaschine der genannten Firma für endloses Papier nachstehend speciellere Angaben zu machen.

Die perspectivische Ansicht findet der Leser A. T. 63/64, während wir nachstehend die Durchschnittszeichnung zum besseren Verständniß der gegebenen Beschreibung*) folgen lassen.

P ist die Papierrolle, welche sich frei um ihre Achse dreht. T ist der erste mit den Stereotypplatten belegte Formencylinder und I der entsprechende Druckcylinder, über welchen das Papier läuft; T 2 die zweite Formencylinder und I 2 der zweite Druckcylinder, welche beide letztere den Widerdruck ausführen. Von hier geht das Papier nach den Schneidecylindern C, C 2 und die nun theilweise getrennten Bogen werden von den Bändern G, G 2 aufgenommen, über die Rolle H und nach dem Sammelcylinder S geleitet, von wo sie endlich über die Rolle K über die fast senkrechten Bänder L dem Ausleger zugeführt und von diesem auf den Auslegetisch gelegt werden.

Auch die Hoe'sche Maschine hat keinen Feuchtapparat. Die Papierrollen, wie sie von der Fabrik kommen, werden ab- und auf andere Rollen gewunden, wobei das Papier seinen Weg durch eine Feuchtmaschine nimmt. Es mag dies umständlicher erscheinen, als das unmittelbare automatische Feuchten; doch zeigt dies bei sehr schnell gehenden Maschinen bisweilen fast

---

*) Auch diese Beschreibung geben wir an der Hand der in Printers' Register über die Hoe'sche Maschine enthaltenen Notizen.

unüberwindliche Schwierigkeiten, und um keinen Mißgriff zu begehen, hielt es Hoe für gerathener, von dem mit der Maschine verbundenen Feuchtapparate abzugeben.

Formen- und Druckcylinder sind, je nach der Länge der zu druckenden Bogen, im Durchmesser verschieden, während die Breite derselben der größten Papierbreite entspricht. In der Mitte sind die Formencylinder mit einem Ring umgeben, der wieder mit einem darüber zu jeder Seite hinausstehenden Ring überdeckt ist; unter den auf diese Weise gebildeten Vorsprung werden die unteren Ränder der Stereotypplatten geschoben. Die äußeren Ränder der Platten werden durch verstellbare Klemmer festgehalten, welche je nach der außergewöhnlichen größeren oder minderen Breite der Platte vorgeschoben oder zurückgezogen werden können.

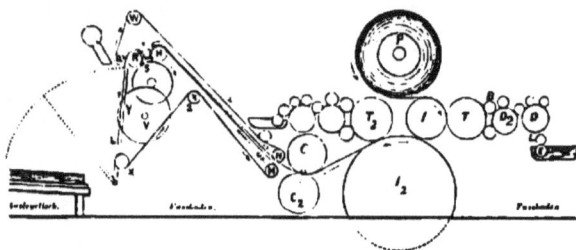

Fig. 180. Durchschnittszeichnung von Hoe's Rotationsschnellpresse.

Die Färbung zu beiden Enden der Formencylinder erklärt sich durch einen Blick auf vorstehende Figur. F ist der Farbekasten, E der darin rotirende Farbeductor, L die Leckwalze, welche die Farbe von E an den Vertheilungscylinder D abgiebt; über diesen sind drei Reibwalzen angebracht, von denen der eine die Farbe auf den zweiten Vertheilungscylinder D 2 überträgt; und von diesem endlich empfangen die Auftragcylinder B die Farbe für den ersten Formencylinder T. Ganz gleich ist die Anordnung für den Formencylinder T 2. Der erste Druckcylinder I hat, wenn er mit dem Drucktuch überzogen ist, den gleichen Durchmesser, wie der correspondirende Formencylinder T, sowie er sich auch mit ihm mit gleicher Geschwindigkeit dreht. Der zweite Druckcylinder I 2 dagegen hat einen dreimal größeren Umfang als der erste. Das Drucktuch, mit welchem er überzogen ist, hat hier nicht allein den Zweck des guten Aufsatzes des Drucks, sondern auch zugleich den, die Abziehfarbe des Schöndrucks aufzunehmen. Da nun erst jeder dritte Bogen auf dieselbe Stelle des Umfangs trifft, so hat die sich auf den anderen beiden Dritteln abgezogene Farbe Zeit zu trocknen. In dieser Weise können 200,000 Abdrücke gemacht werden, ehe ein Wechsel des Drucktuches nöthig wird. Es soll sogar die enorme Auflage der „Lloyd's News" (600,000) ohne Drucktuchwechsel gedruckt werden.

Die Schneidecylinder C und C 2 haben denselben Durchmesser wie die Formencylinder. Einrichtung und Vorrichtung derselben ist genau so wie bei der Victory Press. Die gezahnte Schneide in der Mitte des oberen Cylinders tritt in eine entsprechende Ruth des unteren; zu jeder Seite des Messers befindet sich eine Art Puffer von Jamaicaholz, deren Druck die Bogen etwas auseinander zerren. Diese Operation trennt die Bogen jedoch noch nicht vollständig; diese wird erst durch die Bänder G, G 2 bewirkt, wo diese über die Rolle H gehen. Indem diese Bänder schneller laufen als der Haupttheil der Maschine, zerren sie den einen Bogen von dem andern ab, wodurch sich ein Zwischenraum bildet. Hier gelangen wir an den Punkt, wo die Hoe'sche Maschine sich von allen anderen wesentlich unterscheidet.

Nachdem die Bogen über die Rolle H gegangen, werden sie durch die Bänder in der Richtung des Pfeiles um den Cylinder S geführt. Dieser hat einen bei weitem größeren Durchmesser als jener der Schneidecylinder, und ist gezahnt, sodaß die Spitzen gewisser beweglicher Schienen, deren Achse unter der Rolle O liegt, in diese Zähne eintreten. Da dieser Cylinder einen um einige Zoll größeren Umfang hat, als der Bogen lang ist, so bleibt ein beträchtlicher Zwischenraum zwischen dem hinteren Rande des vorhergehenden und dem vorderen Rande des nachfolgenden Bogens. Unmittelbar, nachdem nun der erste Bogen sich auf den Cylinder gelegt hat, legt sich der zweite mittels der gleichen Operation auf den ersten und so fort bis zu einer gewissen Zahl, welche der Besteller der Maschine bei der Fabrik vorher zu bestimmen hat, damit diese die bezügliche Einrichtung treffen kann. Angenommen, diese sei neun; sowie diese auf dem Sammelcylinder übereinanderliegen, werden die oben erwähnten beweglichen Schienen durch einen an der Welle W befindlichen Hebedaumen in die Zähne oder Vertiefungen des Cylinders S gedrückt und in Folge der drehenden Neigung der Bogen gehen sie über die Rolle R und von dieser herab zu den Bändern L, von welchen sie von dem Ausleger aufgenommen und auf den Tisch gelegt werden. Der Lauf der Bänderserien ist in Kurzem folgender: die obere Serie, von der Rolle N ausgehend, nimmt ihren Weg um H, O, R, Q und W zurück zu N, die untere, von M ausgehende Serie geht um den Sammelcylinder S, über R, X und X 2 zurück zu M. Wie aus dem Obigen hervorgeht, tritt der Ausleger nur erst bei jedem neunten aus der Maschine kommenden Bogen in Thätigkeit und somit (in Folge der ruhigeren Arbeit) schichtet sich der Haufen auf dem Tisch äußerst regelmäßig.

Schließlich hat Lloyd noch eine höchst sinnreiche Zählmethode erfunden, welche er an seiner Maschine hat anbringen lassen: Nach je drei Schlägen des Auslegers (in diesem Falle also 27 Bogen) wird der Tisch durch Hebedaumen um 2 Zoll nach links und später nach rechts bewegt, wodurch ein Verschränken Buch um Buch (zu 27 Bogen) erzielt wird.

Die mittlere Geschwindigkeit der Hoe'schen Maschine ist 12,000 vollständige Exemplare per Stunde, doch ist sie schon bis zu 18,000 gesteigert worden. Es ist dies jedenfalls eine sehr bedeutende Leistung.

Campbell's Rotationsschnellpresse. Die Abbildung findet der Leser A. T. 65/66; sie läßt die der Walterpresse ziemlich ähnliche Construction deutlich erkennen, auch wird der Leser finden, daß sie einen Falzapparat führt. Die Druck- und Plattencylinder liegen an der Campbell-Presse, ehe das Papier eingeführt ist, ziemlich frei, so daß ihre Behandlung vor dem Druck, also das Befestigen der Platten und die Zurichtung (soweit nöthig und möglich) wohl leichter zu bewerkstelligen sind, wie an der Bullockpresse und anderen der beschriebenen Rotationsschnellpressen.

Der eigentliche Druckapparat dieser Maschine wird nur durch den großen, rechts liegenden Theil gebildet, während alle übrigen, sehr umfangreichen Theile nur zum Zweck der Ein- und Ausführung wie dem Zweck des Falzens des Papiers vorhanden sind.

Ueber die Leistungsfähigkeit der Campbell-Presse liegen dem Herausgeber noch keine zuverlässigen Berichte vor, so daß an dieser Stelle davon abgesehen werden muß, bezügliche Angaben zu machen.

Die **Rotationsschnellpresse der Maschinenfabrik Augsburg.** Fig. 121 zeigt uns die Rotationsmaschine mit Auslegeapparat. Das endlose, in der Rolle a aufgewickelte Papier, welches vor dem vorderen Ende der Maschine in Lagern ruht, läuft zunächst über die Führungswalze b nach den sechs, paarweise übereinanderliegenden Feuchtwalzen c, welche durch Einströmen von Dampf die zum Druck erforderliche Feuchtigkeit erhalten und diese an das Papier abgeben. — Da bei der hohen Geschwindigkeit und kurzen Entfernung von den Feuchtwalzen bis zu dem unteren Form- und Druckcylinderpaar der Lauf des Papiers ein zu kurzer ist und infolge dessen die Feuchtigkeit nicht genügend eindringen kann, leitet man dasselbe, um mehr Zeit für das Eindringen zu gewinnen, nochmals abwärts über die drei Führungswalzen b' b'' b'''. Die letztere dieser Walzen ruht in Lagern mit Zugfedern, um dadurch etwaige durch schlechte Wickelung rc. herbeigeführte Ungleichheiten in der Papierrolle auszugleichen.

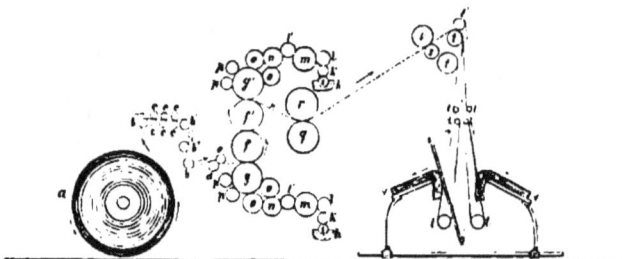

Fig. 121. Durchschwitzungszeichnung der Rotationsschnellpresse mit Auslegapparat aus der Maschinenfabrik Augsburg.

Von hier aus wird das Papier durch die beiden Einführungswalzen d und e nach dem unteren Druck- und Formcylinderpaar f und g geleitet, empfängt hier den Schöndruck, geht dann in S-förmiger Bewegung aufwärts nach dem oberen Druck- und Formcylinderpaar f' und g', um

daselbst den Widerdruck zu empfangen, und läuft dann nach dem aus den Cylindern q und r
bestehenden Schneidapparat. — Im Cylinder q befindet sich zwischen zwei auf Federn ruhenden
Schienen ein Perforirmesser, welches mit einer in dem Cylinder r befindlichen Rute correspondirt,
in diese bei jedesmaliger Umdrehung einfällt und dabei das Perforiren des Papiers bewirkt. —
Der perforirte Bogen wird nun durch Bänderleitung nach den höher liegenden Abreiß-
walzen s und s' gebracht, woselbst die Trennung durch schnelleren Gang der letzteren erfolgt.
Noch eine ganz kurze Strecke aufwärts und der Bogen erreicht die beiden Bänderführungs-
walzen t und t'. Hierauf läuft er senkrecht abwärts und wird durch den nach rechts und
links sich bewegenden Ausleger u auf die zu beiden Seiten befindlichen Auslegetische v
placirt.

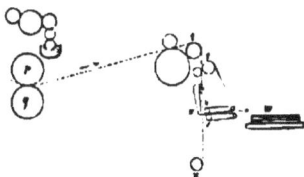

Fig. 122 stellt die von der vorstehend
beschriebenen Maschine abweichende Führung
des Papiers auf der Rotationsmaschine
mit Falzapparat dar. Die Abweichungen
der Rotationsmaschine mit Falzapparat von
der ersteren bestehen darin, daß der Bogen,
sobald er die Bänderführungswalze t erreicht
hat, senkrecht bis zur untersten Bänderführungswalze x in seiner ganzen Länge
läuft und dadurch mit seiner Mitte zwischen
das Falzmesser u und die beiden Falz-
walzen v zu stehen kommt. Das Falzmesser
führt dann den Bogen mit einem kurzen
Schlag, wobei derselbe in der Mitte
gebrochen wird, in das Falzwalzenpaar

Fig. 122. Führung des Papiers bei der Augsburger Rotationsschnellpresse, wenn sie mit Falzapparat arbeitet.

ein, diese bilden den Bruch aus und stoßen den gefalzten Bogen mittels Bänderleitung auf den
Auslegetisch w aus.

Bei dem Farbewerk der Rotationsmaschine ist besondere Rücksicht auf den kontinuirlichen
Druck genommen. Der Constructeur hat die Einrichtung getroffen, daß auch kontinuirlich, nicht
in einzelnen Streifen, Farbe genommen, dieselbe durch eine entsprechende Anzahl Walzen in der
auf unserer Fig. 121 ersichtlichen Zusammenstellung durch ununterbrochene abwechselnde seitliche
Verschiebung auf das beste verrieben, aufgetragen und auf den Platten ausgeglichen wird.
Das Farbewerk selbst besteht aus dem Farbekasten h, in welchem der Ductor i sich befindet.
Auf diesem liegt eine Stahlwalze, der sogenannte Heber k, welcher die Farbe ununterbrochen vom
Ductor wegnimmt und an die darüber liegende Reibwalze l (Massewalze) abgiebt. Neben dieser
liegt der Farbcylinder m mit einer zweiten Reibwalze l'. Diese verbindet sich mit einer dritten
Reibwalze n (Nacktwalze), an welche sich schließlich die beiden Anstragwalzen o anreihen. Außerdem
liegen noch vorne auf dem Formcylinder zwei Walzen p, welchen die gleichmäßige Vertheilung
der Farbe obliegt.

Pardoe & Davis' Rotationsschnellpresse. Diese Maschine arbeitet nicht mit endlosem Papier, sondern mit einzeln angelegten Bogen. Abbildung derselben findet der Leser A. T. 65/66. Nach Angaben der Erfinder druckt sie 5000 complette Exemplare pro Stunde, ihre Leistungsfähigkeit kann jedoch bis zu 9000 Exemplaren erhöht werden; sie soll geeignet sein, auch Illustrationen zu drucken, die, auf galvanischem Wege hergestellt, nichts an Schärfe und sauberer Wiedergabe zu wünschen übrig lassen. Der Vertreter der Herren Pardoe & Davis ist der Ingenieur Davis, Lower Kennington Lane, London, S. E.

Newsum's Rotationsschnellpresse für zweifarbigen Druck. Außer den Rotationsschnellpressen welche Hopkinson & Cope (s. S. 149) und Conisbee & Smale (s. S. 150) für den gleichen Zweck bauen, ist neuerdings eine in ihrer ganzen Construction höchst originelle Maschine von Newsum hergestellt worden.

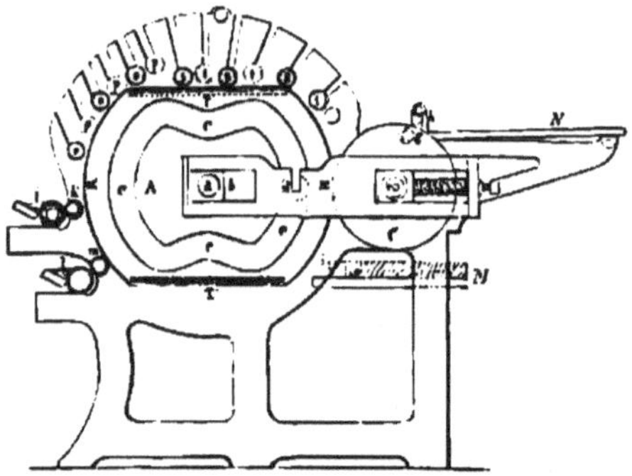

Fig. 123. Durchschnittszeichnung von Newsum's Rotationsschnellpresse für zweifarbigen Druck.

Newsums Zweifarbenmaschine unterscheidet sich auffallend sowohl in äußerer Form wie im Princip von den meisten anderen Maschinen dieser Gattung. Obwohl der Formencylinder rotirend ist, so kann sie doch nur geschnittene Bogen drucken, die in gewöhnlicher Weise mit der Hand angelegt werden. Sie hat keinen Ausleger und doch legt sie selbstthätig aus und das ohne Bänder oder irgend welche andere Führung.

Die perspectivische Ansicht findet der Leser A. T. 65/66 während Fig. 123 die Durchschnittszeichnung zeigt.

A ist ein Cylinder mit zwei abgeplatteten Flächen T' T", auf welche die Formen festgeschlossen werden. Der übrige Theil ist convex. Angenommen, T' sei für den Schwarz- und T" für den Rothdruck bestimmt, so ist die convexe Fläche B der schwarze und R der rothe Farbetisch. Dem entsprechend besorgen die Walzen s die schwarze und die Walzen t die rothe Färbung.

o sind die schwarzen und p die rothen Vertheilungswalzen; die Stellung dieser Walzen ist, wie ersichtlich, abwechselnd. Mit dem schwarzen Farbebehälter und der Ductorwalze i steht die vibrirende Leckwalze k und mit dem rothen l die Leckwalze m in Verbindung. Während des Drehens des Cylinders A um seine Achse a kommen die convexen Flächen mit den correspondirenden Auftrag‑walzen in Berührung. Wenn der rothe Farbetisch lt sich in der in Fig. 123 angegebenen Stellung befindet, so giebt die rothe Leckwalze etwas Farbe an jenen ab, welche von den rothen Vertheilungs‑walzen verrieben werden; während dessen nimmt die schwarze Leckwalze Farbe am schwarzen Ductor und die schwarzen Vertheilungswalzen ziehen sich in ihren Führungen zurück. Selbstverständlich wechselt dieses Spiel der Farbewalzen bei jeder vollen Umdrehung des Formencylinders A zwei Mal. Zu bemerken ist hierzu noch, daß zwei der Vertheilungswalzen eine ähnliche seitlich hin‑ und hergehende Bewegung haben, wie sie bei den Farbewerken anderer Maschinen zu finden ist.

C ist der mit Greifern versehene Druckcylinder, welcher sich während einer einmaligen Umdrehung des Cylinders A zwei Mal dreht; die Greifer sind deshalb so angeordnet, daß sie sich nur nach jeder zweiten Umdrehung öffnen. Es wird dies in der Weise bewirkt, daß der Excenter, welcher die Greifer niederdrückt und wieder losläßt, erst bei jeder abwechselnden Umdrehung aus dem Wege tritt, so daß die Greifer den Bogen so lange festhalten, bis er mit beiden Farben bedruckt ist. Der Excenter tritt dann in seine ursprüngliche Stellung zurück, die Greifer lassen den Bogen los und dieser fällt auf den Auslegetisch.

Das für den Mechaniker so schwierige Problem des exacten Aufeinandertreffens eines Cylinders mit runden und flachen Flächen mit einem vollkommen runden ist in folgender Weise gelöst: Die Achse a des Cylinders A ist in eine viereckige Büchse eingelegt, welche wieder in einem durch zwei Stangen gebildeten Schlitz b gleitet. An dem Cylinder ist ein Hebling c von eigenthümlicher Form angebracht; die Achse des Druckcylinders C gleitet nur zwischen den Stangen, so daß eine Spiralfeder sie wirkt und in dieser Weise dem Druckcylinder einen zwar elastischen, aber immer genügend starken Druck gegen die Schriftformen auf dem Cylinder A giebt. An jeder Stange ist ein in den Hebling c passendes Laufrad d befestigt, so wie nun der Cylinder A sich dreht, so setzt der Hebling c seinen excentrischen Theil dem auf die Stange wirkenden Laufrad entgegen und stößt ihn mit sammt dem Druckcylinder abwechselnd vor‑ und rückwärts, je nachdem eine der flachen Formen oder der convexen Farbeflächen ihm entgegentritt. Diese Bewegung giebt zugleich dem gedruckten Bogen einen leichten Vorwärtsstoß, so daß er mit der bedruckten Seite von selbst auf den Auslegetisch fällt.

Nach dem von Newsum angewendeten Princip eignet sich diese Maschine sowohl für Buch‑ wie für Steindruck, in welch' letzterm Falle nur eine Abänderung in der Befestigungsweise des Steines nöthig wird.

Durch Verstellung eines Stiftes können die Greifer so gestellt werden, daß sie sich bei jeder Umdrehung des Druckcylinders öffnen. Es geschieht dies, wenn zwei verschiedene Accidenzen gedruckt werden sollen, wo dann jede einzelne Form auf T' und T'' gelegt wird.

Schließlich noch einige Worte über die Regulirung der Färbung. Die Achse in jedem Farbebehälter ist mit einem lose darauf sitzenden Stirnrad versehen, das mittels einer Sperrklinke mit derselben verbunden ist; befindet sich die Sperrklinke in einem der Zahneinschnitte des Stirnrades, so dreht sich die Walze, so wie die Klinke jedoch aus dem Rade herausgeworfen wird, steht die Walze still.

Die Leistung von Newsum's Maschine wird nach Printers' Register pro Stunde auf 800 bis 1000 angegeben.

2. Die Behandlung der Rotationsschnellpresse.

In welcher Weise die Rotationsschnellpresse vor dem Druck und während desselben zu behandeln ist, gaben wir zum Theil bereits bei den einzelnen Maschinen an. Bei aufmerksamer Durchsicht der Constructionsbeschreibungen wird dem Leser wohl klar geworden sein, daß diese Maschinen hauptsächlich zum Zeitungsdruck bestimmt sind und die Lage der Druck- und Plattencylinder zumeist eine derartige ist, daß man von vorn herein von einer Zurichtung absehen, vielmehr einen sauberen Druck nur durch exacte Herstellung der Platten, guten weichen Filzaufzug und genaues Reguliren der Cylinder wie der Farbenwerke zu erreichen suchen muß.

Da es nun jedoch wünschenswerth ist und jedenfalls auch in Zukunft häufig verlangt werden wird, daß man Werke mit großen Auflagen auf solchen Rotationsmaschinen drucken, demnach auf ihnen auch die erforderliche Zurichtung der Platten in der für Buchdruck üblichen Weise vornehmen kann, so werden diejenigen Maschinen, deren Cylinder bequem zugänglich liegen, gewiß mehr Verwendung finden, als die, deren Construction dies so zu sagen unmöglich macht.

Als eine in dieser Hinsicht besonders vortheilhaft construirte Rotationsschnellpresse ist die vorstehend beschriebene Presse der Maschinenfabrik Augsburg zu bezeichnen und hat sich dieselbe, wie schon früher erwähnt wurde, auch bereits seit Jahren bestens beim Druck des Meyer'schen Conversationslexikons (Verlag des Bibliographischen Instituts in Leipzig) bewährt.

Es liegt deshalb sehr nahe, daß unsere deutschen Leser eine Anleitung zur Benutzung dieser gegenwärtig einzigen deutschen Rotationsmaschine für endloses Papier erhalten, und ist der Herausgeber in der Lage, eine solche, gleich der vorhergegangenen Beschreibung aus der Feder des verdienstvollen technischen Dirigenten des Bibliographischen Instituts, Herrn S. Brückner, hervorgegangen, nachstehend zu geben.

1. Allgemeine Anforderungen an die Construction. Um Rotationsmaschinen zu Werkdruck verwenden zu können, muß vor Allem die Construction derartig sein, daß sämmtliche beim Zurichten und während des Druckens nöthig machenden Manipulationen leicht auszuführen sind. Die Druckcylinder dürfen nicht versteckt liegen und die Farbenwerke sowie der Perforirapparat müssen so placirt sein, daß man während des Ganges der Maschine leicht daran hantiren kann, ohne dabei Gefahr zu laufen, irgendwelchen Schaden zu nehmen.

Constructionen, bei welchen die beiden Druckcylinder senkrecht unter den nebeneinander liegenden Plattencylindern sich befinden oder die eine Druckcylinder unter, der andere über dem Plattencylinder liegt, eignen sich nicht für Werkdruck. Durch diese ganz unpraktische Stellung der Cylinder ist der Maschinenmeister, um die Druckcylinder mit Aufzügen zu versehen oder die Ausschnitte aufzukleben oder das Papier, sei es beim Anlassen der Maschine oder bei etwaigem Abreißen, wieder einzuführen, gezwungen, durch eine Oeffnung der Seitengestelle unter die Maschine hinein= zukriechen und in zusammengekauerter Stellung oder auf dem Rücken liegend erwähnte Arbeiten zu verrichten. Es ist dies nicht nur zeitraubend, sondern sogar gefahrbringend für den Maschinen= meister und gestaltet überhaupt eine Zurichtung auf den beiden Druckcylindern nicht in der Art, wie sie für besseren Druck unbedingt, selbst bei der besten Ausführung der cylindrischen Stereotyp= platten, erforderlich ist. Gerade der Umstand, daß bei der vorstehend beschriebenen und im Durch= schnitt abgebildeten Augsburger Maschine (perspectivische Ansicht sehe man A. T. 29·30) beide Cylinderpaare senkrecht übereinander liegen und dadurch leicht zugänglich sind, ist es, welcher am meisten zu ihrer Verwendung für Werkdruck beiträgt.

Unentbehrlich ist ein Feuchtapparat, es müßte denn sein, daß die Rolle vorher auf einem eigens dazu construirten Apparat gefeuchtet wird. Das Feuchten mit Wasser hat sich als unpraktisch erwiesen und ist die neuere Methode, mit Dampf zu feuchten, der gleichmäßigeren Vertheilung wegen der ersteren unbedingt vorzuziehen.

2. **Anfertigung der cylindrischen Stereotypplatten.** Auch die Anfertigung der cylindrischen Stereotypplatten, worauf allerdings der Constructeur sein Augenmerk hauptsächlich mit gerichtet hat und für welche die von der Fabrik gelieferten Apparate wenig zu wünschen übrig lassen, erfordert größtmöglichste Sorgfalt. Schon das Schließen des Satzes kann, da immer mehrere Columnen, 2, 4 oder 8, zu einer Platte gehören und infolge dessen behufs Registermachens dieselben nicht einzeln, wie dies bei Formatmaschinen der Fall ist, verstellbar sind, nicht genau genug gemacht werden. — Die Schließvorrichtung ist eine außerordentlich correcte und dabei doch einfache. Sie besteht aus einem schiefbohen Rahmen, der Größe des Gießapparates entsprechend, mit vier beweglichen Facetten=, zwei oder vier eisernen Bund=, zwei oder vier eisernen Kopf= und vier Keilstegen, wovon je zwei nebeneinander liegen und der nach außen liegende durch eine Schraube, welche in demselben läuft, seitlich verstellbar ist.

Um die Matrize leicht biegsam herzustellen, sodaß sie sich in dem halbrunden Gießapparat recht gleichmäßig auflegen läßt, nimmt man ein Blatt halbgeleimtes kräftiges, aber stark gefeuch= tetes Papier, streicht dieses mit einer aus 40 Neuloth Weizenstärke, 12 Neuloth Gummi und 3 Pfund ganz fein geriebener trockener Schlemmkreide (gelöst in ca. 3½ Liter Wasser, verbunden mit ½ Liter Spiritus) bestehenden dünnen Masse schwach an, legt auf dieses nach einander 6 bis 7 Blatt Seidenpapier, wovon das letzte unbestrichen bleibt. Diese Lage wird, indem man sie umdreht, mit dem oberen unbestrichenen Seidenblatt auf das Schriftbild gelegt und nun in mäßigen Schlägen mit einer harten, aber ganz dichten Bürste so lange geklopft, bis sich das Schriftbild überall genügend in die Papierlage eingesetzt hat. — Die dazu verwendete Bürste sei ohne Stiel, weil durch solche mit langem Stiel die Schläge zu wuchtig werden und man scharfe Gegenstände, wie Linien oder einzeln stehende Ziffern ꝛc., leicht durchschlägt und so die Matrize beschädigt. — Um der auf diese Weise abgeklopften Matrize mehr Halt zu geben, fügt man derselben, nachdem man zuvor die größeren freien Stellen mit ganz schwacher Pappe ausgelegt hat, noch zwei Blatt halbgeleimtes starkes Papier bei, wovon das erstere, gefeuchtete, ganz schwach angeklopft, während das zweite, trockene, schwach mit Masse bestrichen und mit der flachen Hand angedrückt wird. Nach dem Abklopfen läßt man die Matrize zur Ausgleichung der etwa noch vorhandenen ungleichmäßigen Stellen durch einen ebenfalls von der Fabrik gelieferten Walzapparat, welcher genau gestellt werden muß, laufen. Hierauf wird die Matrize getrocknet und schließlich durch Ankleben des Aufgußblattes sowie durch Einpinseln mit Talkstein gußfertig gemacht.

Vor dem Gießen ist der Gießapparat gehörig zu erwärmen, dann ist zunächst darauf zu achten, daß die Matrize ganz gerade zwischen, resp. unter die im Gießapparat liegenden beweglichen halbrunden Einlagen (sogen. Halter) zu liegen kommt, ferner daß der Zeug der stärkeren Abnutzung der Platten wegen ziemlich hart verwendet wird, aber seinen richtigen Wärmegrad erhält, damit die Matrize vollständig ausfließt und keine porösen Stellen entstehen. Auch muß der Zeug recht rasch eingegossen werden, damit die Platten am Kopfe gut ausfließen.

Nach dem Gießen werden die Aufgüsse auf einer eigens zu diesem Zwecke construirten Kreissäge abgeschnitten. Um Kopf- und Fußsteg der Platten unter sich übereinstimmend zu machen, feilt man eine Vertiefung in eine der Seitenwände des Apparats, wodurch das Schriftbild markirt wird. Ist die Rotationsmaschine für mehrere Formate gebaut, so sind natürlicherweise so viele Vertiefungen einzufeilen, als unter sich abweichende Platten darauf abgeschnitten werden sollen.

Dem Abschneiden der Aufgüsse folgt das Ausbohren oder, richtiger gesagt, Ausschaben der Rippen. Da von dem genauen Aufliegen der Platte auf dem Formcylinder alles abhängt, so ist dieser Manipulation die größte Aufmerksamkeit zu schenken und ist vor Allem der Schaber recht sorgfältig zu stellen. Ferner ist es empfehlenswerth, den Schaber zweimal, indem man die Platte das zweite Mal umdreht, über die Rippen laufen zu lassen.

Die folgende und letzte zur Anfertigung der Platten gehörige Arbeit ist das Ausdrehen der Bund-, Kopf- und Fußstege, was auf einer Drehbank mittels eines halbrunden Stahls mit leichter Mühe geschieht. Hiermit ist die Platte, falls dieselbe der Haltbarkeit wegen nicht noch verstählt werden soll — ein bei großen Auflagen unerläßliches und zudem leicht zu bewerkstelligendes Verfahren — fertig und wird, wenn alle Manipulationen in erwähnter Weise ausgeführt worden sind, einen guten Aussatz geben und sich leicht zurichten lassen.

Noch sei erwähnt, daß Correcturen, falls sie sich nur auf je eine Zeile, die mit der Längenare parallel läuft, beschränken, auch in diesen Platten gemacht werden können, nur erfordert ihre Ausführung, zu welcher man sich außer des Stichels noch eines Drillbohrers bedient, bedeutend mehr Zeit als in flachen Platten.

3. Die Zurichtung. Nun einige Worte über das Zurichten. Wenn dasselbe auch fast ganz in derselben Weise wie auf Formatmaschinen gehandhabt wird, so kommen doch einzelne Abweichungen vor, welche, wenn nicht ganz correct ausgeführt, große Nachtheile nach sich ziehen.

Wie auf Formatmaschinen läßt sich auch auf der Rotationsmaschine mit hartem oder weichem Aufzug drucken, doch ist der letztere dem ersteren der Schonung der Platten halber vorzuziehen. Nach allen bis jetzt angestellten Versuchen und gemachten Erfahrungen hat man gefunden, daß ein Aufzug aus zwei bis drei schwachen Cartonbogen mit darüber gespanntem dünnen aber dauerhaften Filztuch sich am besten für Werkdruck eignet, während für gewöhnlichen Zeitungsdruck ein ganz dickes Filztuch mit darüber gezogenem Schmutztuch seinen Zweck am besten erfüllt.

Das Verfahren beim Zurichten ist, kurz gefaßt, folgendes: Nachdem die beiden Druckcylinder ihre Aufzüge erhalten haben, werden die halbrunden Platten zwischen den auf den Formcylindern festliegenden Mittelstegen und den zu beiden Seiten befindlichen Spannbacken eingeschoben und letztere, welche seitlich verstellbar sind, durch in Schlitzlöchern laufende Schrauben befestigt. Aufsteigen der Platten wird dadurch unmöglich. Liegt eine oder die andere Platte hohl, so ist dies Folge des nicht exakten Ausschabens der Rippen. Nachdem sämmtliche Platten auf den beiden Formcylindern befestigt sind, wird das Papier durch Handbetrieb eingeführt, die Papierrolle gut gebremst, dann werden die Walzen angestellt und bei schnellem Gange, also mit Dampfbetrieb, ca. 20 Bogen behufs Registermachens gedruckt. Differenzen können, wenn die Matrize richtig im Gießapparat gelegen hat und die Platten genau abgeschnitten worden sind, nur in ganz geringem Maße vorkommen und sind durch Einlegen passender Gegenstände am Kopf-, Fuß- oder Mittelsteg oder durch Abfeilen oder Abschneiden der Platten leicht zu beseitigen. Zeigen sich die Differenzen auf einer und derselben Form, so daß sämmtliche Columnen gleich weit nach oben oder unten überstehen, so verstellt man nicht die einzelnen Platten, sondern der Kürze halber gleich den oberen oder unteren sowohl rückwärts als vorwärts verstellbaren Formcylinder.

Ist das Register in Ordnung und die richtige Druckstärke durch Senken oder Heben der beiden Formcylinder hergestellt, so werden die Abzüge zum Zurichten gemacht. Sind aber auch die Platten ganz sorgfältig angefertigt und ist der Ausfatz als wirklich tadellos zu bezeichnen, so zeigen sich im Druck doch immer noch Ungleichmäßigkeiten, welche gründlich zu beseitigen die Hauptaufgabe des Maschinenmeisters sein muß. Er darf deshalb nur nach der Schattirung zurichten, und zwar so genau, daß schon mit dem zweiten Ausschnitt der Druck egal wird. Dies gilt hauptsächlich aber für die Zurichtung des oberen Druckcylinders, auf welchem der Wiederdruck ausgeführt wird, denn jede durch mehrfaches Aufkleben herbeigeführte erhabene Stelle macht sich auf dem Schöndruck, da derselbe ganz frisch über den oberen Druckcylinder läuft und auf das bloßliegende Drucktuch (Oelbogen kann man hier nicht verwenden) viel Farbe absetzt, stark bemerkbar.

Das Aufkleben der Ausschnitte auf die Druckcylinder geschieht auf sehr einfache Weise: man entfernt das Drucktuch, legt unter dem oberen der darunter befindlichen Cartonbogen eine Lage Papier in der Stärke des eben entfernten Drucktuchs, bedruckt dann diesen bloßgelegten Cartonbogen bei langsamem Gang, entfernt die darunter gelegte Papierlage wieder und klebt die Ausschnitte auf. Ein anderes Verfahren, den Cartonbogen nach Entfernung des Drucktuchs behufs Aufklebens der Zurichtung zu bedrucken, ist folgendes: man senkt den oberen und hebt den unteren Formcylinder, läßt, sobald dadurch der nöthige Druck bewirkt worden ist, die Maschine langsam, also mit Handbetrieb, über den bloßgelegten Cartonbogen laufen und bringt hierauf die beiden Formcylinder wieder in ihre frühere Lage zurück. Daß durch das oftmalige und unsichere Stellen der Formcylinder viel Zeit verloren geht, bedarf keiner Erwähnung, und schon aus diesem Grunde ist das erstere Verfahren, die Cylinder in unveränderter Lage zu lassen, diesem vorzuziehen. Durch das Unterlegen mit einer Lage Papier oder durch das Verstellen der Form-cylinder kommt der Cartonbogen dem Plattencylinder näher zu liegen (bei kleinerem Cylinder-umfang mehr, bei größerem weniger) und empfängt dadurch den Druck früher; es macht sich infolge-dessen nothwendig, die Ausschnitte der Größe der Cylinder entsprechend weiter vor zu kleben. Zu erwähnen bleibt hier noch, daß die Differenz nach hinten zu immer bedeutender wird, sodaß, wenn der Ausschnitt beim ersten Satz ein bis zwei Mmtr. vorgelebt ist, derselbe beim zweiten schon drei bis vier Mmtr. vorgelebt werden muß. Will der Maschinenmeister beim Aufleben ganz sicher zu Werke gehen, so druckt er einige Bogen, um dem Papier die richtige Spannung zu geben, bei schnellem Gange, markirt nach der Schattirung des auf dem Druckcylinder liegenden bedruckten Bogens durch Stiche mit einer starken Ahlspitze die äußeren Punkte der einzelnen Columnen auf dem Cartonbogen, entfernt das Drucktuch wieder und klebt nun, indem er den Papieraufzug des unteren Druckcylinders ganz wegnimmt und den des oberen auf ein zwischen dem letzteren und den Feuchtwalzen schräg angelehntes Bret legt, seine Ausschnitte genau nach den markirten Punkten auf. Nachdem der zweite Ausschnitt aufgelebt ist, läßt man Dampf in den Feuchtapparat einströmen und druckt, sobald die Feuchtwalzen den erforderlichen Grad von Feuchtigkeit haben, fort.

Ungleichmäßigkeiten in der Zurichtung, welche sich während des Fortdruckens zeigen, sind stets unter dem Drucktuch auszugleichen. Wurde schon längere Zeit gedruckt, so ist das Tuch des oberen Druckcylinders, welches des Ausbesserns der Zurichtung wegen entfernt werden muß, nicht wieder verwendbar, weil sich vom Schöndruck viel Farbe auf demselben absetzt und dasselbe durch nochmaliges Aufziehen eine andere Schattirung bekommt. Durch diese Verspannung trifft der Schöndruck seine frühere Schattirung nicht wieder und wird deshalb durch seine darauf abgesetzte Farbe verschmiert. Das Tuch muß nunmehr durch ein neues ersetzt werden, denn gebrauchte und gewaschene Tücher geben einen anderen Ausfall und sind deshalb nur noch für den unteren Druckcylinder zu gebrauchen. Auch ist das Tuch des oberen Druckcylinders nach längerem Gebrauch, sobald sich auf dem Schöndruck das Abschmieren bemerkbar macht und durch Benzin-waschungen nicht mehr beseitigt werden kann, zu entfernen und dafür ein neues aufzuziehen.

Da bei der Schnelligkeit des Ganges schon in ganz kurzer Zeit eine bedeutende Anzahl Makulatur entsteht, so ist vor allem während des Druckens unablässig Obacht auf die Färbung zu geben. Das Reguliren derselben geschieht wie bei anderen Druckmaschinen mittels Stell-schrauben. Auch das Erwärmen der Farbe ist bei der Augsburger Maschine vorgesehen und durch ein unter dem Farbebehälter angebrachtes Dampfrohr erreicht.

Die Farbe selbst muß die Eigenschaft haben, nicht abzuschmieren und dennoch sich dabei auf den Farbcylindern frisch zu erhalten.

Beziehentlich des Verbrauchs von Walzenmasse sei noch erwähnt, daß sich auch hier die allbekannte Rentabilität der ächt englischen Walzenmasse bewährt. Den Beweis dafür giebt nach-stehende genaue Aufzeichnung. Bei einer jährlichen Production von 17,983,700 Drucken wurden die zum Druck erforderlichen zwölf Walzen dreimal umgegossen (der Zeit nach also alle vier Monate) und betrug die Ausgabe für den Zusatz von ca. 50 % neuer Masse 370 M. 50 Pf. oder

2 Pfennige für 1000 Drucke; für Rotationsdruck, welcher durch seinen außerordentlich raschen Gang und höhere Erwärmung der Walzen eine weit größere Widerstandsfähigkeit bedingt, gewiß ein günstiges Resultat.

Schließlich noch einige Worte über die Beschaffenheit des Rollenpapiers. Dasselbe muß vor allem recht fest gewickelt und von gleichmäßiger Stärke sein. Locker gewickelte Rollen verschieben sich in sich selbst, verursachen Ungleichmäßigkeiten in der Spannung und dadurch oftmaliges Abreißen. Durch den fibrirenden Lauf des Papiers über die Druckcylinder wird auch der Druck verzogen und erscheint dann verschmiert. Ferner muß das Papier den richtigen Grad von Weichheit haben und darf nur ganz schwach geleimt sein. Ist es zu hart, so läßt es sich schwer feuchten und erschwert auch das Perforiren, wenigstens kommen dadurch häufig Unterbrechungen durch Versagen des Messers vor. Ist es dagegen zu weich, so feuchtet es sich durch und reißt gewöhnlich vor dem Druck, hauptsächlich wenn das Papier schlecht gewickelt ist, sehr leicht ab. Auch zu große Glätte des Papiers ist ein Hinderniß; mehr als gute Maschinenglätte darf es nicht haben. Satinirtes Papier verdruckt sich deswegen nicht gut, weil die Farbe während der hohen Geschwindigkeit, mit welcher der Druck erfolgt, nicht sattsam eindringen kann und deshalb Abziehen vom oberen Druckcylinder sehr bald bemerkbar wird.

Indem wir in Vorstehendem auf die wesentlichsten Abweichungen, welche der Rotationsdruck im Vergleich zum Schnellpressendruck bedingt, aufmerksam gemacht haben, ist damit für jeden intelligenten Drucker der Weg vorgezeigt, auf welchem er zu einem guten Werkdruck auf der Rotationsmaschine gelangen kann. Es sind dieser Darstellung die zweijährigen Erfahrungen zu Grunde gelegt, welche mit der Augsburger Construction zu einem so befriedigenden Resultat geführt haben, daß der Druck eines der umfassendsten Werke unserer Literatur, Meyer's Conversations-Lexikon, nach diesem System ausgeführt wird.

IV. Die Tiegeldruckschnellpresse.

1. Die Construction der Tiegeldruckschnellpresse.

An der Tiegeldruckschnellpresse besteht der den Druck ausübende Theil aus einer flachen, exact gehobelten Eisenplatte, die, wie an der Handpresse, der Tiegel genannt wird.

Ueber die größeren Maschinen dieser Construction, die zumeist mit richtigen Deckeln für das Einlegen jedes Bogen versehen sind, ist bereits früher soviel erwähnt worden, wie nöthig ist, um den Leser über diese in Deutschland nur sehr wenig in Gebrauch kommenden Pressen zu orientiren. Dagegen haben wir an dieser Stelle eingehender der kleinen Tiegeldruck-Accidenzschnellpressen zum Treten mit dem Fuß zu gedenken, welche jetzt auch bei uns zu Hunderten in Gebrauch gekommen sind, daher hier nicht vergessen werden dürfen.

Die amerikanischen Tiegeldruckschnellpressen, welche in Deutschland benutzt werden, sind entweder Originalmaschinen von Degener & Weiler und Gordon in Newyork, Cobbington & Kingsley in London und Simon & Sons in Nottingham, oder es sind in Deutschland gebaute Maschinen. Abbildungen dieser Pressen findet man A. T. 54 55 und 65 66.

Drucken kann man auf allen diesen Maschinen mit Vortheil nur Formen und Platten, welche keine großen Farbenmassen zu ihrer Deckung brauchen. Man wird demnach jede Schriftform mit nicht zu großen Schriftgraden neben kleinen Schriften, zarte Unterdruckplatten mit feinen Linien sauber, rein und ohne Umstände drucken können, dagegen kaum erzielen, daß sich eine, eine volle Fläche bildende Ton- oder Farbenplatte gut und gleichmäßig deckt. Warum? Weil der geringe Umfang der Auftragwalzen dies unmöglich macht und die für solche Drucke nothwendige Verreibung der Farbe nicht in genügender Weise erzielt werden kann.

Wenn man bedenkt, daß selbst unsere einfache Cylinderverreibung an den großen Schnellpressen in dieser Hinsicht nicht ausreichend ist, so wird man sich nicht wundern, daß die drei kleinen Auftragwalzen der Tiegeldruckmaschine, die ja zumeist mit dem Heber allein, oft sogar ohne einen solchen, die Verreibung besorgen, für derartige Arbeiten erst recht nicht genügend sein können. Manche dieser Maschinen haben außerdem gar kein Farbenwerk, die Zuführung der Farbe auf den Tisch muß demnach mit einer Handwalze bewerkstelligt werden.

Es hat gewiß nicht im Willen der Erbauer gelegen, diese Maschine für alle und jede Arbeit passend zu construiren; sie wollten, wie ja auch ihre ausschließliche Verwendung in Amerika zeigt, zur Hauptsache das bequeme, schnelle und saubere Drucken von Typensätzen ermöglichen und diesem Zweck genügen die Maschinen zumeist vollkommen.

Die Hauptunterschiede in der Construction der vorstehend aufgeführten Tiegeldruckmaschinen liegen vornehmlich in der Lage des Fundamentes; die Degener & Weiler'sche Presse, wie die ihr zumeist nachgebauten deutschen Pressen führen ein nach Art unserer gewöhnlichen Hand- und Schnellpressen wagerecht, daher leicht zugängliches Fundament, die oben genannten übrigen dagegen sämmtlich ein senkrecht liegendes Fundament.

Wenn man sich fragt, ob das senkrechte, also dem Tiegel näherstehende Fundament, für die Schnelligkeit des Ganges, die größere Exactität des Registers und die weniger leichte Abnutzung der Haupttheile der Maschine vortheilhafter sei, wie das wagerecht angebrachte, so muß dies mit vollem Recht verneint werden. — Unseres Wissens haben alle deutschen Fabriken, welche neuerdings Tiegeldruckmaschinen bauen, das System mit wagerecht liegendem Fundament adoptirt; es dürfte dies ein Beweis dafür sein, daß man diese Construction bei uns für practischer hält.

Wenn das senkrecht liegende Fundament, wie mancher, mit den beiden Constructionen nicht genügend Vertraute behauptet, die quantitativen Leistungen der Maschine erhöht, weil dasselbe keinen weiten Weg zu machen hat, so ist dies eine vollständig irrige Angabe, denn sowie sich bei den Maschinen mit wagerechtem Fundament der Tiegel bewegt, so bewegt sich gleichzeitig auch das Fundament, beide treffen demnach ohne Unterbrechung ihrer Bewegung in der senkrechten Lage zusammen.

Angenommen aber, die Pressen mit senkrechtem Fundament hätten einen kürzeren Weg, ermöglichten demnach einen schnelleren Druck, so würde man gerade diesen anscheinenden Vortheil als einen Fehler bezeichnen müssen, denn welche Menschenhand wäre wohl im Stande, so schnell ein- und auslegen zu können, wie dies von einer so schnell druckenden Maschine bedingt wird. Kann aber die Hand des Einlegers dem Gange der Maschine nicht entsprechen, so ist die natürliche Folge, daß sein Fuß nach jedem Druck den Gang derselben hemmen muß, damit er das Einlegen ordnungsgemäß bewerkstelligen kann. Wie ermüdend es aber wirken muß, eine durch das Schwungrad in leichtem Gange erhaltene Maschine öfter und sei es auch mittels einer Hemmvorrichtung hemmen zu müssen, brauchen wir wohl nicht zu erklären. Maschine und Arbeiter werden ganz sicher darunter zu leiden haben.

Bei keiner Maschine kommt die Geschicklichkeit des Einlegers mehr in Betracht, wie bei der Tiegeldruckmaschine und läßt sich wohl behaupten, daß wenn man von kleinen Formaten 800—1200, von größeren 700—900 Exemplare einlegen und abnehmen kann, dies gewiß schon einer sehr gewandten Hand bedarf, und wenn man bedenkt, daß man dieses Resultat durch eine Person erzielt, so kann man dasselbe gegenüber den Leistungen unserer großen Maschinen als ein höchst befriedigendes bezeichnen. Die vorstehend angegebenen Quantitäten nun kann man ganz eben so sicher auf einer Maschine mit wagerechtem Fundament drucken, wie auf einer solchen mit senkrechtem.

Wenn man ferner meint, das senkrechte, also seinen Standpunkt gar nicht oder nur wenig wechselnde Fundament sichere ein besseres Register, so kann der Herausgeber auf Grund mehrjähriger Erfahrungen behaupten, daß das wagerechte, also bewegliche Fundament in dieser Hinsicht nichts zu wünschen übrig läßt. Von einem Registerhalten kann doch auch nur bei Drucken die Rede sein, welche zwei- und mehrmals die Presse zu passiren haben. Derartige Arbeiten sind bekanntlich meist difficiler Art; es kommt auf exactes Passen der Formen und auf saubersten Druck an. Wie oft ist es nun aber gerade bei solchen Arbeiten nothwendig, daß man, um ein gutes Register zu erlangen, im Satz nachhelfen muß. Wie oft ist es ferner nöthig, daß man die Form reinigt. Das wagerechte Fundament erlaubt diese Arbeiten, ohne daß man die Form aushebt, bei dem senkrechten Fundament dagegen muß man ausheben. Nun wird jeder erfahrene Maschinenmeister wissen, daß das Entfernen der Form vom Fundament neue Schwierigkeiten hervorruft, wenn man dieselbe in eine auch nur um ein Papierblatt andere Lage bringt, wie vor dem Ausheben; die Verbesserung im Satz kann also vollständig ihren Zweck verfehlen. Daß das so nothwendige Klopfen der Formen in der Maschine beim senkrechten Fundament ganz wegfallen muß, dürfte hier auch noch zu erwähnen sein.

Die Maschinen mit senkrechtem Fundament zeigen aber auch unter sich Verschiedenheiten. Bei der Coddington-, wie bei der Minerva- oder Excelsior-Presse (siehe Atlas) liegt das Fundament genau senkrecht, bei der Gordon-Presse dagegen hängt es schräg nach vorne (nach dem Einleger zu) geneigt. Weshalb man dieser Presse eine so wenig vortheilhafte Construction gegeben hat, wird jedem practischen Buchdrucker unerfindlich sein, denn auf einer Accidenzschnellpresse kommen oft die complicirtest zusammengesetzten Formen mit Bogenzeilen 2c. zum Druck. Hat man nun schon auf vollkommen senkrechtem Fundament häufig mit Spießen zu kämpfen, wieviel eher muß dies hier der Fall sein, wo das Fundament die senkrechte Lage verläßt und nach vorn überhängt, wenn es dem Tiegel zum Druck entgegengeht, die Schwere des Ausschlusses und der Quadraten sonach nach vorne strebt, besonders wenn dieselben bereits durch scharf ziehende Walzen und durch starke Farbe heraufgesaugt worden sind.

Die Regulirung der Druckstärke ist bei manchen dieser Maschinen am Tiegel, bei manchen am Fundament angebracht. Das Erstere dürfte conform mit unseren Hand und Schnellpressen wohl das richtigere sein, um so mehr, als in dem zweiten Falle die ganze Stelleinrichtung oft sehr verdeckt liegt und nicht mit der Zuverlässigkeit gehandhabt werden kann, wie bei der bequemen Lage am Tiegel.

Dreht man z. B. die Degener & Weiler'sche Presse derart fort, daß der Tiegel so ziemlich in die senkrechte Lage kommt, so hat man die fünf Stellschrauben bequem vor sich, kann sie reguliren und sich nach dem Zurückdrehen des Tiegels durch wechselseitiges Aufklopfen mit den Mittelfingern auf die vier Ecken desselben sofort überzeugen, ob etwa eine Differenz vorhanden, denn in diesem Fall kippt der Tiegel leicht merklich nach der zu tief gestellten Ecke zu. Eine ähnliche, bequeme und zuverlässige Prüfung dürfte wohl kaum bei den Maschinen möglich sein, welche die Stellung an dem aus der senkrechten Lage nicht zu entfernenden Fundament haben; ein richtiges Urtheil wird man hier erst nach Abzug eines Bogens erlangen.

Eine sehr vortheilhafte Stellung für den Tiegel, eine sogenannte Centralstellung enthält die Cobddington-Presse. Kleine Differenzen lassen sich an derselben mit Hülfe eines feintheiligen Maßstabes auf das Exacteste und Sicherste reguliren.

Betrachten wir uns nun den wichtigsten Theil der Schnellpresse, das Farbewerk, so werden wir mit Hülfe der A. T. 54,55 und 65,66 abgedruckten Abbildungen finden, daß die senkrechte oder wagerechte Lage des Fundamentes auch auf diesen Mechanismus eine sehr wesentliche Einwirkung ausübt. Bei den Maschinen mit wagerechtem Fundament bleiben die Auftragwalzen immer in derselben Lage und werden nur in ihren Schlitzlagern gehoben und gesenkt, wenn das Fundament unter ihnen passirt. Auch diese Einrichtung ähnelt also der unserer gewöhnlichen Schnellpressen, während die senkrechte Lage des Fundamentes eine ganz hiervon abweichende Construction bedingt. In diesem Fall müssen nämlich die Walzen eine complicirte, gleichfalls senkrechte Führung über die Form erhalten und, da hier ihre eigene Schwere nicht die nöthige Auflage auf die Form und in Folge dessen eine gute Schwärzung ermöglichen kann, so müssen sie in Lagern gebettet werden, die wiederum durch angebrachte Sprungfedern eine feste Führung der Walzen auf den Laufschienen und eine angemessene Pressung derselben auf die Druckform ermöglichen.

Betrachten wir uns nun die Farbewerke der einzelnen Maschinen etwas näher. Bei der sogenannten Excelsior- oder Minerva-Presse befinden sich an jeder Seite zwei Arme, deren einer eine, der zweite dagegen zwei Auftragwalzen in nach unten offenen Lagern trägt. Die Spiralfedern, welche, wie erwähnt und auch auf der Abbildung ersichtlich, um die Walzenlagerzapfen liegen, werden bei der auf und abgehenden Bewegung der Arme fortwährend stark gespannt und wieder gelockert, sind deshalb, wenn nicht aus ganz gutem Material gefertigt, nicht angemessen oder zu stark gehärtet, sehr schnell der Abnutzung unterworfen, ein Aus- und Einheben der Walzen aber ist durch die Federn sehr erschwert und kann kaum geschehen, ohne daß der Arbeiter sich seine Finger beschmutzt. Wenn man berücksichtigt, daß sogar während des Druckes mitunter eine Veränderung an den Walzen nothwendig, so wird man zugeben müssen, daß diese Einrichtung auch insofern eine weniger practische ist.

Ein Hauptübelstand aber ist der, daß durch Abnutzung zu locker gewordene Federn die angemessene Pressung der Walze auf die Form verhindern und so eine mangelhafte Färbung herbeiführen. Der gleiche Uebelstand tritt demnach leicht bei allen den Pressen ein, welche senkrechte Fundamente haben, mögen sie auch anstatt vier schwächeren Federn nur deren zwei stärkere führen. Sobald die Federn ungleichmäßig wirken und ihre Spannung nicht regulirt werden kann, wird auch die Färbung beeinträchtigt werden, weil die angemessen feste Auflage auf die Form fehlt.

Auch die Minerva- oder Excelsior-Presse ist neuerdings mit einem Farbekasten versehen worden, doch fehlt hier der sogenannte Heber vollständig, die Farbe wird vielmehr durch die obere Auftragwalze vom Ductor abgenommen, und, ohne daß die beiden vor ihr liegenden Walzen sie direct vor dem Uebergange über die Form mit verreiben können, der letzteren zugeführt; es fehlt sonach eine angemessene Verarbeitung der Farbe schon deshalb, weil die bei allen guten Schnellpressen mitwirkende Hebwalze hier nicht vorhanden ist.

Der runde Farbtisch, welchen diese Presse führt, ist zweitheilig und drehen sich die beiden Scheiben in entgegengesetzter Richtung, was nach Ansicht Mancher von großem Vortheil für die Verreibung sein soll, es jedoch nach unseren Erfahrungen nicht weiter ist.

Das Farbewerk der Presse von **Coddington & Kingsley** ist leider auf unserer Abbildung K. T. 54/55 nur von vorn zu sehen, so daß man die Haupttheile nicht erkennen kann. Die Coddington-Presse führt ein richtiges und zwar ein sehr vollkommenes Cylinderfarbewerk während die übrigen Pressen, wie erkennlich, zumeist einfache Tischfärbung haben. Am hinteren Theil der Maschine, etwa in der Mitte derselben liegt der offene Farbekasten, welcher lediglich durch das schwache Farbemesser gebildet wird; das letztere kann man nach amerikanischer Manier mittels vieler kleiner Schrauben mehr oder weniger von unten an den Ductor, also nicht wie bei unseren großen Cylindermaschinen leicht gegen denselben pressen. Da ungeschickte Hände das Messer durch die Schrauben vollständig verbiegen können, so ist diese Einrichtung nicht als besonders practisch zu bezeichnen.

Von dem Ductor entnimmt eine richtige Hebwalze die Farbe und überführt sie auf einen großen eisernen Cylinder; zwei kleinere eiserne Cylinder, von denen der eine sich hin und herschiebt, sowie zwei Masse-Reibwalzen verarbeiten die Farbe, ehe sie von dem großen Cylinder den drei Auftragwalzen zugeführt wird.

Dies wäre nun alles ganz gut und die Verreibung muß zweifellos eine vortreffliche sein, aber, der Constructeur hat leider einen Fehler gemacht, der das Resultat der Färbung ganz wesentlich beeinträchtigt. Die Auftragwalzen haben nämlich nur einen Durchmesser von 30 Mmtr. so daß sie ebensowenig im Stande sind, volle Platten zu decken, wie der bei der übrigen

Pressen, welche kein so complicirtes Farbewerk besißen. Man kann demnach auf der Coddington-Presse gewiß auch nicht besser drucken, hat aber dafür eine sehr complicirte Construction, schwereren Gang der Maschine und sehr unbequemes Einseßen der Auftragwalzen in den Kauf zu nehmen. Die Auftragwalzen liegen nämlich in kleinen Lagern und zwar in seitlich angebrachten Schlißen derselben. Um die Führung der Lager mit ihren Walzen vom Farbewerk aus über die Form mit genügender Preffung auf die leßtere zu bewerkstelligen, dem Walzenträgergestell auch feste Führung zu geben, ist hier jedes einzelne Walzenlager mit kleinen, dünnen Sprungfedern versehen. Will man nun eine Walze einseßen oder herausnehmen, so muß man die beiderseitigen Lager so weit herausziehen, bis die zur Aufnahme der Walzenspindel bestimmten Schlize sichtbar werden und man die Spindel einlegen kann. Diese Arbeit ist der Sprungfedern wegen keine leichte, denn erklärlicher Weise ziehen dieselben das Lager immer wieder nach unten, so daß man gehörig aufpaffen muß, sich die Finger nicht zu quetschen; ohne Beschmieren derselben mit Farbe und Oel geht es aber keinesfalls ab. Wie an allen diesen Maschinen, so erhalten auch an dieser die Walzen eine sichere Führung mittels Laufrollen, welche, auf den Enden der Spindeln aufgesteckt, sich auf angemessen hohen Laufstegen bewegen und auf diese Weise zugleich in rotirende Bewegung gebracht werden.

Von allen den genannten Tiegeldruckmaschinen ist diese die complicirteste, man wird sie deshalb nicht dem ersten besten Arbeiter übergeben können. Unpractisch an derselben ist ihr niedriger Bau und der hohe Hub des Trittes. Es ist nämlich für den Arbeiter eine wesentliche Erleichterung beim Treten, wenn ihm die Maschine mit ihrem Auslegebret bis etwa zu den Hüften reicht, so daß er sich, ohne gerade den Bauch oder die Brust in der Magengegend zu drücken, leicht auf das Auslegebret lehnen kann; der Oberkörper erhält auf diese Weise einen gewissen Stüßpunkt. Die Coddington-Presse hat nun quervor kein solches Bret, Auslege- wie Einlegebret sind vielmehr an den Seiten angebracht und der Arbeiter muß deshalb seinen Körper immer frei erhalten. Durch den hohen Hub des Trittes, gegenüber der tiefen Lage des Tiegels, entsteht ferner bei kleineren Personen leicht Ermüdung dadurch, daß das tretende Bein nicht blos bis zum rechten Winkel mit dem Körper gehoben wird, sondern so hoch herauf, daß es einen spißen Winkel mit demselben bildet.

Betrachten wir uns nun das A. X. 65,66 abgedruckte Farbewerk der Gordon-Presse, so finden wir, daß sie hinsichtlich ihrer Construction zu den einfacheren Maschinen dieser Gattung zu rechnen ist. Unsere Abbildung zeigt sie uns ohne den wohl erst in leßter Zeit angebrachten Farbe-kasten und ist auch die im Besiß des Herausgebers befindliche Maschine mit keinem solchen versehen.

Die Gordon-Presse führt, wie die Abbildung zeigt, in zwei, durch Sprungfedern gespannten Armen, an denen wiederum ein einfaches und ein Doppellager befestigt ist, drei Auftragwalzen von etwa 39 Mmtr. Durchmesser. Die Walzenlager sind nach unten offen und nur durch einfache Vorstecstifte geschlossen; ein Einseßen und Herausnehmen der Walzen ist auch bei dieser Maschine mit Schwierigkeiten verknüpft.

Das neuerdings daran angebrachte Farbewerk ähnelt in manchen Theilen dem der Coddington-Presse. Es liegt wie dieses an der Rückseite der Maschine, ziemlich tief unten, deshalb nicht bequem zugänglich. Der Farbekasten wird auch hier lediglich durch das mit vielen Schrauben auf den Ductor zu pressende Farbemesser gebildet. Ein Heber nimmt die Farbe vom Ductor ab und überträgt sie auf einen kleinen, rotirenden und sich seitwärts schiebenden Eisencylinder von dem wiederum die untere der drei Auftragwalzen die Farbe abnimmt. Die Anordnung dieses Farbewerkes ist keine üble, sie bringt jedoch die bereits früher erwähnten Fehler mit sich, daß die von der unteren Auftragwalze entnommene Farbe direct, ohne genügende Reibung, auf die Form übertragen wird, was wiederum den weiteren Uebelstand herbeiführt, daß diese Walze die entnommene Farbe schon eingebüßt hat, ehe sie auf den Tisch kommt und sonach den beiden anderen Auftragwalzen oft nicht genügende Farbe mehr zuzuführen vermag.

Denkt man sich ferner die untere Auftragwalze bei einer viel Farbe verlangenden Arbeit mit dem, doch in diesem Fall erforderlichen dicken, frisch abgenommenen Farbestreifen direct über die Form gehend, so kann man wohl annehmen, daß das Resultat kein Gutes sein wird; vollkommen wird es nur dann sein, wenn alle drei Auftragwalzen den Cylinder überreiben und von ihm die Farbe entnehmen.

Die Gordon-Presse führt häufig noch ein kleines circa 8—10 Cmtr. breites Farbewerk, das oben neben dem Tisch angebracht, beim Rückgange von der oberen Auftragwalze überrieben wird und einen Farbstreifen in gleicher Breite wie der Ductor, also von 8—10 Cmtr. auf den Farbetisch überträgt.

Die Gordon-Presse enthält ferner einen Hemmapparat, mittels welchem man, wenn man es mit dem Einlegen des Bogens versah, das Zusammengeben des Fundamentes und Tiegels verbindern kann; auch läßt sich dieser in manchen Fällen gewiß sehr practische Apparat benutzen, um das mehrmalige Uebergehen der Form durch die Auftragwalzen zu bewerkstelligen.

Bei den anderen Maschinen wird es dem Arbeiter durch Eingreifen in das Schwungrad und Entgegenstemmen mit dem Fuß auf den Tritt gleichfalls nicht schwer werden, die Maschine zum Stillstand zu bringen, wenn er mangelhaft einlegte; hüten muß man sich bei allen diesen Maschinen aber, noch nach dem Bogen zu fassen, wenn Tiegel und Fundament nahe zusammengegangen sind, da man sich sonst leicht die Finger quetscht.

Wir kommen nun zu dem Farbewerk der Liberty-Presse von Degener & Weiler. Von diesem Farbewerk gilt auch alles Das, was wir zu Anfang dieses Capitels über die Farbewerke der Tiegeldruckmaschinen sagten, insbesondere, daß man auch mit diesem nicht große, volle, viel Farbe verlangende Platten so zu decken vermag, wie es auf einer Cylinderschnellpresse mit doppelter Farbeverreibung möglich ist.

Das Farbewerk der Liberty wird den deutschen Buchdruckern insofern wohl am meisten gefallen, als es in seiner ganzen Anlage dem der Tischfärbungsmaschinen ähnelt.

Die drei Walzen der Liberty-Presse liegen, wie unsere Abbildung A. T. 54/55 zeigt, in einfachen Schlitzen, in denen sie sich bei der Fortbewegung des Fundamentes heben, durch die Laufstege und Laufrollen über die Form bewegt und auf den sich drehenden Farbetisch geführt werden. Während des Zusammengehens von Tiegel und Fundament nimmt der Farbetisch eine wagerechte Lage ein und eine richtige Leckwalze überträgt auf ihn die von der Ductorwalze abgenommene Farbe. Leckwalze und Auftragwalzen verreiben sodann die Farbe. Die wagerechte Lage des Fundamentes ermöglicht, conform mit unseren großen Schnellpressen, eine Benutzung der Walzen ohne Sprungfedern; sie haben angemessen feste Auflage auf die Form lediglich durch ihre eigene, vollkommen genügende, und sich erklärlicher Weise nie verändernde Schwere und lassen sich, wie wir aus dem nächsten Capitel ersehen werden, bei peniblen Arbeiten auf leichte Weise so stellen, daß sie die Form nur leicht übergeben.

Der Erbauer der Liberty, Herr Friedrich Otto Degener, ein Deutscher von Geburt, hat das allein richtige Princip verfolgt, sein Farbewerk so zu construiren, daß die von der Leckwalze aus dem Farbekasten, resp. vom Ductor entnommene Farbe zuerst von allen vier Walzen tüchtig auf dem sich drehenden Tisch verrieben wird, ehe sie auf die Form gelangt. Zu dem Zweck giebt der Heber die entnommene Farbe vorn am unteren Ende des Tisches anfangend auf ½ der Fläche desselben ab und macht denselben Weg in gleicher Weise zurück, ehe er wieder seine aufsteigende Bewegung antritt und neue Farbe entnimmt. Da die drei Auftragwalzen dem Heber folgen, wenn er die entnommene Farbe auf die Fläche des Tisches überträgt, mit ihm zugleich aber auch wieder die rückgängige Bewegung antreten, so ist die Farbe zweimal durch vier Walzen auf dem Tisch verrieben worden, ehe sie auf die Form gelangt.

Hierin liegt ein großer Vortheil gegenüber allen den Maschinen, an denen der Heber fehlt, das Abnehmen der Farbe vom Ductor dagegen durch die vordere Auftragwalze besorgt wird. Diese verreibt dann die entnommene Farbe nur einmal auf dem Tisch, ehe sie über die Form geht.

Der Farbekasten der Liberty ist neuerdings nach deutscher Weise derart construirt, daß man die Regulirung des Farbezuflusses mit nur zwei leicht beweglichen Schrauben bewerkstelligen kann. Der einzige Unterschied mit unseren Farbewerken liegt darin, daß hier das Messer feststeht, während der Ductor sich mittels der zwei Schrauben heben und senken läßt. Das Resultat ist erklärlicher Weise ganz dasselbe; man kann die geringsten Differenzen im Farbezufluß reguliren. Ein festeres und minder festes Anlegen des Hebers an den Ductor, demnach das Abnehmen eines größeren oder kleineren Quantums Farbe ist, wie bei unseren großen Maschinen, gleichfalls möglich, nur, daß man an der Liberty den Farbekasten mittels zweier Schrauben angemessen verstellt, während man an unseren Cylindermaschinen zumeist am Heber selbst reguliren muß.

Das ganze Farbewerk ist höchst einfach, deshalb leicht und sicher zu reguliren und für alle die Arbeiten vollkommen ausreichend, für welche diese Art Maschinen überhaupt bestimmt sind.

Die Annehmlichkeit, ein jederzeit zugängliches, wagerecht liegendes Fundament zu haben, ist bei dieser Maschine von nicht zu unterschätzendem Werth. Ein- und Ausheben, Revidiren und Waschen, alle diese Manipulationen lassen sich ganz wie bei unseren großen Maschinen ohne Entfernung der Form vom Fundament bewerkstelligen, es ist deshalb wohl diesem Umstande zuzuschreiben, daß die Liberty eine so große Verbreitung in Deutschland fand und daß deutsche Fabriken fast ausschließlich dieses System adoptirten.

Was und wie man auf der Degener & Weiler-Presse drucken kann, beweisen außer einigen der anderen Beilagen insbesondere unsere Farbendruckbeilagen 12, 13 und 15, die auf einer solchen Maschine hergestellt wurden.

Wie der Amerikaner bemüht ist, für alle Arbeiten immer eine passende Maschine zu construiren, so hat man auch solche Tiegeldruckpressen gebaut, die mehrere Farben mit einmal drucken. Die Abbildung einer solchen, construirt von der **Cincinnati Type Foundry** zu Cincinnati befindet sich A. T. 52;53.

Die Construction dieser Maschine ist im wesentlichen dieselbe, wie die der vorstehend beschriebenen Pressen mit senkrechtem Fundament, ihr Farbewerk ist jedoch ein Cylinderfarbewerk, das ebensowohl für einfarbigen Druck zu verwenden ist, wie man es andrerseits durch nachstehend beschriebene Vorrichtung zum mehrfarbigen Druck einrichten und benutzen kann.

Das Originelle an diesem Farbewerk ist ferner, daß man auch bei einfarbigem Druck den fetten Zeilen mehr Farbe zuführen kann, wie den mageren.

Ermöglicht werden diese Vortheile durch die eigenthümliche Construction der Sections=walze a A. T. 52 53 oben, eine eiserne Spindel, auf der sich kleine eiserne Scheiben von verschiedener Breite aufstecken und den zu färbenden Zeilen angemessen gruppiren lassen. Es wird dem Leser einleuchten, daß z. B. eine zwei und mehr Concordanzen hohe Schrift sich leicht vollkommen schwarz und gedeckt drucken läßt, wenn eine der Scheiben der Sectionswalze a mit ihr in einer Linie steht und mittels der vorhandenen kleinen Handwalze kräftiger mit Farbe versehen wird wie die ihr zunächst stehende Scheibe, die eine weniger große und fette Zeile zu decken hat deshalb auch nicht so stark mit Farbe versehen wird. Ebenso erklärlich ist es, daß wenn die zarteste Schrift in die Mitte, in den leeren Raum zwischen zwei Scheiben fällt, sie nur wenig Farbe erhält, demnach neben der schwärzesten Zeile rein und sauber zu drucken ist.

Die Einrichtung, daß man der Sectionswalze a eine beliebig weitgehende Bewegung nach Rechts und Links geben kann, trägt wesentlich zur Verreibung der Farbe und Ausgleichung des Färbungsgrades bei, ermöglicht somit, wenn gewünscht, auch bei der schwarzen Farbe eine über=gängige Schattirung derselben wie beim Irisdruck.

Für letzteren nun ist die Maschine ganz besonders practisch, denn mit wenig Mühe ist ein solcher herzustellen.

Die nach den Zeilen oder nach einem zu druckenden Bilde angemessen gestellten Scheiben werden jede mit einer kleinen Handwalze mit der betreffenden Farbe versehen, die Sectionswalze so gestellt, daß sie sich in erforderlicher Breite nach rechts und links bewegt und so auf die einfachste Weise der bei schattirte Irisdruck erzielt.

Ebenso leicht sind die einzelnen Sätze oder Zeilen einer Form in den verschiedensten Farben zu drucken. Dem Herausgeber liegen Karten vor, auf denen z. B. der größte Schriftgrad Doppel=mittel, der kleinste Nonpareille beträgt, zwischen diesen stehen die verschiedensten anderen Grade und jeder ist mit einer anderen Farbe, der größte, also Doppelmittel noch dazu irisartig in zwei Farben gedruckt, ein Resultat, das man unmöglich auf einer gewöhnlichen Presse erzielen kann und das nur die mit den schmälsten, den Schriftgraden angemessenen Scheiben besetzte Sections=walze ermöglicht.

Selbstverständlich müssen bei dieser Einrichtung sämmtliche Zeilen mit ihren Anfangs= oder Endpunkten gegen die Walzen geschlossen sein.

Die Führung der eigentlichen Auftragwalzen dieser Maschine ist ganz so, wie an den anderen Pressen mit senkrechtem Fundament und die beschriebene Sectionswalze dient so zu sagen nur als Farbenregulator. Im Atlas befindet sich ferner auf T. 54 55 eine Tiegeldruckmaschine von **Harrild & Sons** in London; ihre Construction gleicht der der übrigen Pressen mit senkrechtem Fundament. Eigenthümlich an derselben ist jedoch die Verwendung zweier Farbetische, zwischen welchen die Auftragwalzen sich reiben.

Die auf derselben Tafel abgedruckte Maschine von **Hoe & Co.** besitzt bei sonst wenig abweichender Construction ein Cylinderfarbenwerk.

Eine von den amerikanischen Tiegeldruckmaschinen vollständig abweichende Construction zeigt die Presse Sanspareille der Pariser Schnellpressenfabrik von **Maulde & Wibart**. Abbildung dieser Presse befindet sich A. T. 50 51.

An dieser Maschine liegt der Tiegel, in zwei Säulen Führung findend, so hoch, daß das zu bedruckende Papier bequem auf einem flach über der Form ruhenden Rähmchen angelegt werden kann. Nachdem der Druck durch den sich senkenden Tiegel erfolgt ist, verrichtet das Rähmchen sofort die Function eines Auslegers und bringt den Bogen auf einen vor dem Farbewerk befindlichen Auslegetisch. Der Tiegel ist so eingerichtet, daß die Zurichtung in einer Art Deckel, ähnlich dem an unseren Handpressen befindlichen, befestigt werden kann.

Das Fundament dieser Maschine steht fest, während die Walzen in einem Gestell über die Form geführt werden. Der Farbekasten ist in gewöhnlicher Weise construirt.

2. Die Behandlung der Tiegeldruckschnellpresse.

1. Vorbemerkungen. Mag man sich nun für die Benutzung einer Maschine mit senkrechtem oder wagerechtem Fundament entschließen, immer ist es Hauptbedingung, daß man bei Aufgabe der Bestellung von der Fabrik oder dem Agenten derselben eine genaue Regulirung des Fundamentes nach der Schrifthöhe verlangt und zu dem Zweck einige Hohbuchstaben einsendet.

Daß eine solche Regulirung, zumal durch Agenten, welche vom Druck nichts verstehen, von selbst zumeist nicht bewerkstelligt wird, trägt viel dazu bei, daß manche Druckerei durch die Leistungen der Tiegeldruckmaschine nicht befriedigt ist und sie als eine unvollkommene Presse bezeichnet.

Damit dem Leser klar wird, warum eine solche Regulirung höchst nothwendig, ja unerläßlich für den guten Druck ist, wollen wir die dabei in Betracht kommenden Umstände hier näher ins Auge fassen.

Soweit dem Herausgeber die existirenden Tiegeldruckmaschinen bekannt sind, finden sich an allen Fundamenten derselben, und zwar an den beiden schmalen Seiten Laufschienen zur Führung der Auftragwalzen vor, ähnlich denen, wie sie jede gewöhnliche Tischfärbungsmaschine besitzt. An allen den bekannten und vorstehend beschriebenen Pressen nun sind diese Schienen nicht verstellbar eingerichtet, weil man in den Ländern, wo sie gebaut werden, eine ganz bestimmte, sich überall gleich bleibende Schrifthöhe führt, was bei uns in Deutschland bekanntlich leider nicht der Fall ist.

Wer nun eine für amerikanische oder englische Höhe berechnete Maschine bekommt und damit deutsche Höhe drucken will, hat natürlich mit vielen Widerwärtigkeiten zu kämpfen. Die Walzen stauchen sich an dem Rande des hohen Satzes und werden in Folge dessen leicht lädirt; dies erfolgt erklärlicher Weise um so leichter, wenn schmale Titelzeilen oder Linien den Anfang und das Ende des Satzes bilden. Erstere werden hierbei auch leicht selbst ruinirt, während letztere in sämmtliche Walzen tief einschneiden. Zu brauchen sind so gebaute Maschinen ohne Veränderung der Laufschienen nur für Pariser Höhe; in allen anderen Fällen müssen sie durch Erhöhen der Schienen auf das genaueste regulirt, respective der Schrifthöhe angepaßt werden.

Zu hohe Schienen sind natürlich gleichfalls ein Hinderniß für den guten Druck, denn sie benehmen den Walzen die angemessene feste Auflage auf die Form.

An einer gut regulirten Maschine müssen die Walzen fest, d. h. aber ohne zu sehr zu pressen, über eine compresse Form gehen; für splendide Formen giebt es, wie wir später sehen werden einen Ausweg, sie leichter über den Satz zu führen.

2. **Das Aufstellen der Maschine.** Das Oeffnen der Kisten und Herausschlagen der zum Befestigen der Maschine dienenden Spreizen ist in vorsichtigster Weise zu bewerkstelligen. Die kleineren Nummern werden zumeist complett zusammengestellt verschickt. Höchstens ist der Tritt, das Schwungrad, die Tische nebst ihren Trägern und der Farbetisch abgeschraubt. Bei größeren Nummern, z. B. denen der Fabrik von Degener & Weiler in Newyork, sind auch die oberen Seitengestelle mit den Schlitzen für die Walzen, sowie das Farbewerk mit seinen Verbindungstheilen entfernt. Alle diese Theile lassen sich jedoch an der Hand der Abbildungen und Anleitungen, welche man für diesen Zweck mit der Maschine erhält, leicht wieder montiren.

Da die blanken Theile der Maschinen häufig zum Schutz gegen das Rosten auf dem Transport mit Talg oder Fett eingeschmiert sind, so muß man sie nach dem Aufstellen der Maschine sorgfältig reinigen, alle Schmierlöcher mit Petroleum schmieren, und die Maschine einige Minuten durch Treten bewegen, damit aller Schmutz von den verdeckt liegenden Theilen entsernt und aus den Schmierlöchern herausgeführt wird; nach Abwischen des Schmutzes ölt man mit gutem Schmieröl nach und bewegt die Maschine wieder einige Minuten.

Diese Manipulation ist sehr nothwendig, denn auf dem Transport pflegt sich immer viel Schmutz und Staub in die Schmierlöcher hinein und bis auf die beweglichen Theile hinunter zu ziehen, so deren leichten Gang ganz wesentlich beeinträchtigend. Da es sich bei diesen Maschinen zumeist doch um Fußbetrieb handelt, so muß man darauf sehen, daß die Maschine einen durch nichts beeinträchtigten Gang erhält, hat demnach auch wohl darauf zu achten, daß man an den Theilen, welche man selbst zu montiren hat, keine Schraube zu fest anzieht.

Die Maschine wird an ihrem Platz mittels Holzschrauben, für deren Benutzung die Füße zumeist die nöthigen Löcher haben, auf dem Fußboden befestigt, oder es werden, wie man dies bei den Handpressen macht, niedrige Klötze um die Füße genagelt, damit sie sich nicht verrücken kann. Selbstverständlich ist, daß sie fest und gerade stehen muß, daß also vor dem Befestigen eventuell unter einem oder dem andern Bein mittels schwacher Keile, die man angemessen antreibt, nachgeholfen werden muß. (S. Seite 160.) Prüfung mittels Wasserwaage auch hier empfehlenswerth.

Selbst wenn die Maschine durch mechanischen Betrieb bewegt werden soll, ist es rathsam, den Fußtritt daran zu belassen. Er hindert nicht weiter, macht aber beim Zurichten und wenn etwa der Motor nicht im Gange, eine leichte Bewegung der Maschine möglich.

Bezüglich der Transmissionsanlage ist es geboten, dieselbe derart zu machen, daß die Maschine ein Quantum von 700—800 Exemplaren liefert. Wir glauben, daß dies für die großen Nummern, die man ja hauptsächlich mit mechanischer Kraft treibt, ein ganz genügendes Resultat ist. Will man ein größeres Quantum drucken, so erzielt man durch Nachhülfe mit dem Fuß leicht mehr, will man dagegen von einer complicirteren Arbeit, der man größere Aufmerksamkeit widmen muß, ein kleineres Quantum drucken, so kann man den Gang der Maschine dadurch leicht zu einem langsameren machen, daß man den Treibriemen halb ausrückt, so daß er nur auf der halben Scheibe läuft und diese langsamer bewegt.

3. Der Aufzug des Tiegels. Da die Zurichtung der Form, wie das Anlegen des Papiers zum Druck auf dem Tiegel bewerkstelligt wird, so ist dieser Tiegel in ähnlicher Weise wie der Cylinder der Cylinderschnellpresse mit einem Aufzuge zu versehen, zu dem sich nach den mehrjährigen Erfahrungen des Herausgebers am besten ein feiner Shirting verwenden läßt.

Bei der Herstellung des Aufzuges ist folgendes zu beachten: Es befinden sich an den Seitenflächen desselben zwei Bügel, die, jeder mit zwei Schrauben an demselben befestigt, ganz entfernt werden können, so daß der Tiegel auch mit seinen Seitentheilen frei liegt.

Auf diesen Tiegel nun klebt man mit gutem Leimkleister ein Blatt Carton in voller Größe der Platte, auf dieses wiederum 2 weitere Blätter, dabei alle drei Blätter auf den vollen Flächen, also nicht blos an den Rändern mit dem Kleister bestreichend. Auf diesen Papieraufzug kommt ein Stück Shirting. Man schneidet dieses Material nach allen Seiten zu um einen Zoll breiter, wie die Tiegelfläche eigentlich erfordert, legt es glatt auf den Papieraufzug, steckt den hinteren Bügel auf, nachdem man an beiden Seiten soviel Stoff herausgeschnitten, daß die Schrauben der Bügel sich einschrauben lassen, und befestigt den hinteren Bügel vollständig; alsdann steckt man auch den vorderen auf, doch so, daß er nach oben gerichtet ist ⌐⌐, schraubt die Schrauben leicht hinein und senkt ihn nunmehr auf das Tuch nieder. Durch dieses Niederdrücken kommt der Bügel in seine richtige Lage und zieht dabei den Aufzug derart glatt über den Tiegel, daß derselbe allen Anforderungen entspricht. Man thut am besten, beim Niederdrücken des vorderen Bügels mit der flachen Hand über den Aufzug zu streichen; es erleichtert dies wesentlich das gleichmäßige Auflegen des Stoffes auf die Cartonunterlage; die unten überstehenden Theile des Stoffes, an welchen man vor dem vollständigen Niederdrücken des vorderen Bügels den Aufzug auch noch recht glatt ziehen kann, werden, nachdem der Stoff glatt und stramm sitzt, mit einem Messer entfernt.

Auf diesen Aufzug kommt ein glatter, dünnerer Bogen Papier und auf diesen der eigentliche Margebogen, auf dem dann unterlegt und ausgeschnitten wird.

4. Die Herrichtung des Farbewerkes. Bei den Maschinen mit Tischfärbung ist es am besten, auf den Tisch mittels einer auf einem Farbestein gut eingeriebenen Handwalze ein angemessenes Quantum Farbe aufzutragen und auch die Auftragwalzen einzeln auf einem Farbestein

einzureiben; man hat, wenn man die Maschine dann eine Weile bewegen läßt, gleich gut verriebene Farbe auf den Walzen und bekommt in Folge dessen gleich gute, deutliche Abzüge für
die Zurichtung.

Ist ein Farbkasten vorhanden, so wird derselbe gefüllt, der gleichfalls auf einem Farbstein
leicht eingeriebene Heber eingesetzt, auch das Farbmesser angemessen eingestellt.

Bei Maschinen mit Cylinderfärbung oder combinirter Cylinder- und Tischfärbung, wie solche
die Gordon-Presse neuerdings führt, füllt man den Farbkasten, stellt das Farbmesser leicht
an den Ductor und tritt die Maschine so lange, bis alle Walzen gut eingerieben sind.

5. Das Einheben der Form. Die gut und möglichst in die Mitte der Rahme geschlossene
und vorher behutsam geklopfte Form wird nun auf das Fundament gebracht und dort mittels
des an allen diesen Maschinen vorhandenen Hakens oder Daumens befestigt. Es befinden sich
ferner an diesen Maschinen zwei lange Greifer, bestimmt, sich auf die leeren Ränder des Papiers
zu legen und dasselbe auf dem Tiegel festzuhalten. Zu diesem Zweck sind die Halter, ehe man
irgendwie die Maschine bewegt, so einzustellen, daß sie, angemessen der Größe des Papiers, an
den Seiten der Form ruhen, wenn Fundament und Tiegel zum Druck zusammengehen.

Dieses Einstellen muß sehr behutsam geschehen, denn sowie man die Greifer falsch oder
nicht fest genug stellt, so gehen sie auf die Form und zerquetschen diese vollständig. Um einem solchen
Vorkommniß ein für allemal vorzubeugen, auch um das Schmieren von Stegen ꝛc. zu verhindern
und selbst dem Papier mit schmalem, knappem Rande besseren Halt zu geben, ist es rathsam,
die Greifer nach den äußersten Enden zu zu stellen, sie dann mit einem glatten, starken Papier,
einem Rähmchen gleich zu überziehen und den Satz darin anzuzuschneiden, also ganz so zu verfahren, wie an den Handpressen. Dieses Rähmchen gestattet dann die gleichen Vortheile, wie
das Pressenrähmchen; man kann Bauschen und Träger setzen, kann Schnüre ziehen ꝛc. ꝛc.

6. Das Stellen des Tiegels und das Zurichten. Nachdem das Rähmchen der Form entsprechend ausgeschnitten worden, legt man einen Bogen ein und macht einen Abzug. Hierbei ist
vorausgesetzt, daß der Tiegel vorher mindestens annähernd für die in der Druckerei übliche
Schrifthöhe eingestellt worden ist, so daß man nur kleine Differenzen zu berichtigen hat. Exactes
und gleichmäßiges Reguliren des Tiegels ist erklärlicher Weise Hauptbedingung für die Erzielung
eines guten Druckes. Wie man dabei zu verfahren hat, gaben wir bereits auf Seite 331 an,
machen aber hier nach extra darauf aufmerksam, daß die an vielen dieser Maschinen angebrachte
Centralschraube vor dem Stellen der anderen Schrauben gelockert, dagegen wieder fest angezogen
werden muß, wenn die Regulirung des Druckes zufriedenstellend erfolgt ist. Diese Centralschraube
hält dann den Tiegel unveränderlich in der richtigen Lage, was leicht nicht der Fall sein würde,
wenn man sie anzuziehen vergißt.

Ist die Druckstärke auf diese Weise, oder bei kleinen Differenzen etwa auch einfach durch
das Aufziehen eines angemessen starken Bogens auf den Tiegel, regulirt worden, so richtet man
in der gewöhnlichen Weise zu.

Als Marke für die Anlage des zu bedruckenden Papiers dient am besten eine dünne, etwa
Petit starke Holzleiste, welche man in der richtigen Lage einfach auf den obersten Bogen festklebt.

Auf dieser Leiste befestigt man wiederum kleine, ein wenig überstehende Cartonblättchen, so daß das Papier unter diesen Blättchen, gegen die Leiste angelegt wird.

Als Seitenmarke genügt ein zusammengebrochener Streifen Cartonpapier. (Siehe Seite 260 oben.)

Punkturen lassen sich auf die einfachste Weise anbringen. Man benutzt dazu kürzer gefeilte Copirzwecken, die man mit ein bis zwei Blättchen Papier auf den Tiegel klebt. Das Einlegen in die Punkturen wird dem Arbeiter bald geläufig werden. Das Einstechen der Punkturlöcher beim ersten Druck erfolgt durch die früher erwähnten langen Greifer, welche man zur Herstellung des Rähmchens benutzt; rathsam ist es jedoch auch hier, die Punkturen beim ersten Druck möglichst in der Form anzubringen.

Bei den meisten auf beiden Seiten zu bedruckenden Arbeiten dürfte, wie dies in England und Amerika sehr häufig, ja fast ausschließlich geschieht, auch beim Wilderdruck ein genaues Anlegen an die Marken genügen, vorausgesetzt, daß man das Papier vor dem Druck ganz gleichmäßig beschneiden ließ.

7. Das Fortdrucken. Einem geübten Einleger fällt es nicht schwer, mit der rechten Hand das zu bedruckende Papier ein- und mit der linken das bedruckte auszulegen. Leute, welche man dazu anlernen will, lasse man, ohne daß sich eine Form in der Maschine befindet, zunächst das taktmäßige Treten und wenn dies genügend geübt ist, mehrere Stunden lang das Ein- und Auslegen erlernen. Man gebe dazu in Quart oder Oktav geschnittenes, nicht zu schwaches Maculatur her.

Die Tiegeldruckmaschine bietet, wie bereits angedeutet wurde, die Möglichkeit, hinsichtlich der Zuführung der Farbe während des Druckens auf zweierlei Weise benutzt zu werden und zwar, indem man das etwa vorhandene Farbewerk verwendet, also die Farbe aus dem Farbekasten, respective vom Ductor abnehmen läßt, oder aber, indem man einfach mit einer kleinen Handwalze von Zeit zu Zeit die Farbe auf dem Farbetisch ergänzt.

Das letztere Verfahren, von den Amerikanern vielfach angewendet, wollte, wie den meisten deutschen Buchdruckern, so auch dem Herausgeber zuerst nicht praktisch erscheinen; die Zeit und der Erfolg lehrten ihm aber, daß dasselbe beim Druck feinerer Arbeiten und insbesondere solcher in Buntdruck viele Vorzüge besitzt, zur Hauptsache aber den, daß man immer weit besser verriebene Farbe auf den Walzen hat, auch überhaupt stärkere Farbe verdrucken kann.

Die beiliegenden Farbendruckblätter wurden ganz in dieser Weise hergestellt und, wie sie beweisen, gewiß mit keinem schlechten Erfolge.

Beim Druck kleinerer Auflagen in Buntdruck ist dieses Verfahren aber von ganz besonderem Vortheil, denn man erspart sich dadurch das zweimalige Reinigen des Farbekastens und des Ductors, während das Waschen der kleinen Auftragwalzen und des Tisches höchstens fünf Minuten Zeit in Anspruch nimmt. Aus diesem Grunde sind denn auch die Tiegeldruckmaschinen für Buntdruck ganz besonders empfehlenswerth, denn in der Neuzeit wird ja so häufig vom Buchdrucker verlangt, kleinere Formulare in bunter Farbe zu drucken und schnell zu liefern; will er dies auf einer großen Cylinderschnellpresse mit ihrem complicirten Farbewerk und ihren umfangreichen

Walzen, oder aber auf einer Handpresse bewerkstelligen, so wird er nicht viel dabei verdienen können, denn bei ersterer bedarf es vieler Zeit, um die Form nur druckfertig zu machen, auch vieler Farbe, um wenigstens einen Reiber, den großen Farbcylinder und die Auftragwalzen genügend damit zu versehen, während wiederum die geringe Leistungsfähigkeit der Handpresse bei der jetzigen Concurrenz ein günstiges Resultat nicht erzielen läßt.

Wir erwähnten zu Eingang dieses Capitels, daß man sich bei splendiden Formen, welche ein leichtes Darübergehen der Walzen verlangen, trotz einer mangelnden Stellvorrichtung leicht helfen könne. Dies geschieht ganz einfach dadurch, daß man, je nach Erforderniß, einen Streifen Papier oder Carton mit gutem Leimkleister um die Laufrollen klebt, deren Umfang so um eine Kleinigkeit erweitert und in Folge dessen die Walzen etwas mehr von der Form abbringt.

Wie wir gleichfalls bereits erwähnten, kann man die langen Greifer einem Rähmchen gleich überziehen und, wenn erforderlich, bei Liniensätzen oder wo es sonst nöthig ist, eben so leicht Träger setzen, wie an der Handpresse. Ferner kann man, wenn die Form nicht das volle Fundament füllt, die Walzen mehrmals über dieselbe gehen lassen, indem man die Maschine vor und zurück bewegt, Tiegel und Fundament jedoch einmal nicht ganz zusammengehen läßt, dies vielmehr erst nach dem zweiten Uebergange der Walzen über die Form bewerkstelligt. Bei den Maschinen mit Hemmvorrichtung tritt natürlich der Hemmapparat in Thätigkeit, wenn man die Form doppelt übergehen lassen will.

Auf den Maschinen mit wagerechtem Fundament ist die Möglichkeit geboten, selbst einmal eine Form zu drucken, für welche das eigentliche Farbwerk der Maschine nicht ausreichend ist. Man läßt dann einfach eine zweite Person mit einer Pressenwalze auftragen, nimmt zu diesem Zweck den beweglichen Farbtisch ab und stellt einen Farbestein, respective einen Farbetisch, in die Nähe des Fundamentes.

Die Maschine eignet sich auch zum Prägen von Platten, welche nicht zu starken Druck brauchen. Für diesen Zweck wird am besten der Aufzug vom Tiegel abgenommen und die Matrize direkt auf denselben befestigt.

Beim Perforiren mittels sogenannter Perforirlinien (siehe später) nimmt man gleichfalls den Aufzug ab und klebt eine Glanzpappe auf den Tiegel, damit sich die Linien scharf in dieselbe einsetzen können. Ueber diese Manipulation folgt am Schluß des Werkes noch Ausführlicheres.

Siebenter Abschnitt.

Vom Buntdruck, Bronce=, Blattgold= und Prägedruck,

sowie von den übrigen Druckmanieren.

—

I. Der Buntdruck.

1. Allgemeine Bemerkungen.

Die Hauptaufgabe des typographischen Buntdruckes wird immer die sein, Schriften und Einfassungen in gefälliger Weise, sei es nun in einer, oder in mehreren, mit einander harmonirenden Farben zu drucken.

Von einigen deutschen Officinen ist dieses Feld, erleichtert durch die Zwei= farbenmaschine und die Tiegeldruckmaschine, sowie durch die vielen, für zweifarbigen Druck geschnittenen Schriften und Einfassungen, mit großem Erfolg betreten worden und haben sich z. B. die Firmen König & Ebhardt in Hannover, Bärenstein und Gebr. Grunert in Berlin, Gebr. Kröner in Stuttgart u. A. durch ihre geschmackvollen und sauberen Buntdruckarbeiten einen großen und wohlverdienten Ruf erworben.

Wie wir in dem Abschnitt Accidenzsatz des I. Bandes zeigten, lassen sich durch das Zusammensetzen verschiedener zu einander passender Einfassungen und Linien sehr gefällige Ver= zierungen herstellen und können diese dann in schönster und effectvollster Weise auch verschieden= farbig gedruckt werden. Hierbei kommt allerdings viel auf die Wahl der Farben an und nur ein feiner Geschmack wird solche Arbeiten in zufriedenstellender Weise auszuführen vermögen.

Bei der Herstellung feinerer Drucksachen in Buntdruck ist es insbesondere auch der Ton= druck, welcher ihnen ein elegantes Aussehen verleiht und Schrift wie Einfassung, wenn sie auf einem solchen Tonunterdruck stehen, in ganz besonders effectvoller Weise hervortreten läßt. Die verschiedenen Titel unseres Werkes dürften als Beweis dafür dienen.

Ueber die Behandlung und Mischung der bunten Farben, wie über die Präparation der Tonfarben geben wir in den folgenden Capiteln alles Nähere an, ebenso über die Herstellung der selbstständigen, also nicht aus Einfassungen zusammengesetzten Ton- und Farbenplatten. —

Der typographische Buntdruck hat seit jeher, und hat auch bis zur gegenwärtigen Stunde hinsichtlich seiner Verwendbarkeit und seiner Leistungsfähigkeit im Bilderdruck eine Grenze, die sich nicht überschreiten läßt, während der lithographische Druck so zu sagen einer unbegrenzten Verwendbarkeit fähig ist, wenn Diejenigen, welche ihn ausführen einer solchen Aufgabe gewachsen sind. Liefert die Lithographie uns jetzt doch mittels ihrer zart getönten Platten die vollkommensten, dem Original kaum nachstehenden Copien von Gemälden jeden Genres, so daß gegenwärtig selbst der weniger Bemittelte seine Zimmer mit den Meisterwerken der Kunst zu schmücken und sich an denselben zu erfreuen vermag.

Dem typographischen Buntdruck ist eine so zarte Abtönung noch nicht möglich gemacht, denn wenn uns jetzt auch auf das beste in Zink geätzte Platten für den Bilderdruck zur Verfügung stehen, so hat man es doch noch nicht dahin gebracht, die allerlichtesten, so zu sagen durch die feinsten Punkte einer Kreidezeichnung erzengten Töne derart zu ätzen, daß sie in ihrer ganzen Reinheit erhalten bleiben.

Für die Herstellung guter typographischer Buntdruckplatten in Aetzmanier bleiben wir außerdem immer der Lithographie tributpflichtig, denn wenn man auch, wie unsere Beilage 15 zeigt, ganz gut direct auf Zink zeichnen lassen kann, so lehrten uns doch gerade die beim Druck dieses Blattes gemachten Erfahrungen, daß das Resultat der Aetzung und demzufolge auch das des Druckes ein weit vollkommneres gewesen sein würde, wenn wir die Platten sämmtlich auf Stein anfertigen, dann auf Zink überdrucken und ätzen ließen. Wir hätten entschieden noch zartere und reinere Töne erlangt.

Die gebräuchlichste Manier zur Erzeugung typographischer Bilderdrucke ist erklärlicher Weise die Linienmanier und finden wir denn auch in dieser Manier so manche treffliche Arbeit ausgeführt. Wir wollen nur an die Leistungen eines Knöfler in Wien erinnern, dessen Arbeiten, früher zumeist von ihm selbst und von Zamarsky in Wien, jetzt durch Lott ebendaselbst gedruckt, in vollendetster Weise durch Holzschnittplatten hergestellt werden, ferner Brend'amour in Düsseldorf und Leipzig, der wiederum für Schwann in Neuß u. A. Platten lieferte, die diese durch ganz vorzügliche Druckausführung zu höchst beachtens- und anerkennenswerthen Leistungen im typographischen Buntdruck gestalteten.

Aber nicht nur der Holzschnitt eignet sich zur Herstellung von Bilderdrucken in dieser Manier, sondern auch die in Zink geätzte Federzeichnung läßt sich in sehr vollkommener Weise dazu verwenden, wenn die Platten von einem tüchtigen Künstler gezeichnet werden. Hierbei kann in leichtester und effectvollster Weise auch die Punktmanier Anwendung finden. Das Original wird am besten auf Stein gezeichnet, auf Zink umgedruckt und dann geätzt.

Daß der typographische Farbendruck auch für Stickmuster anwendbar ist, beweist die Beilage 14 des vorliegenden Werkes.

2. Farbenlehre.

Außer Schwarz, derjenigen Farbe, mit welcher ja zumeist gedruckt wird, sind es Gelb, Roth und Blau, welche man für Buntdruck als die Haupt- und Grundfarben betrachten kann, denn durch Mischung oder Uebereinanderdruck dieser Farben in dunklerer oder hellerer Tönung sind die verschiedensten Nüancen zu erzielen. Beilage 7 wird dies zur Hauptsache verdeutlichen; 1 zeigt uns Gelb, 2 Roth, 3 Blau, 4 durch Ueberdruck von Gelb und Roth Dunkelorange, 5 durch Ueberdruck von Gelb und Blau Grün, 6 durch Ueberdruck von Roth und Blau Dunkelviolett, 7 durch Ueberdruck von Gelb, Blau und Roth eine neutrale, ins bräunliche spielende Farbe, die sogar bis zum tiefen Schwarz abzutönen ist, wenn Gelb und Blau etwas dunkler gehalten werden. Als Mischfarbe ist ferner noch Weiß zu nennen.

Beilage 9 zeigt uns alle die Nüancen, welche durch Uebereinanderdruck von je zwei der darauf enthaltenen 15 Farben erzielt werden können. An der linken Seite herunter sind unter den Nummern 1 — 15 verschiedene, dort genau benannte Farben abgedruckt. Durch Ueberdruck von Farbe 1 und 2 entstand nun Farbe 16, durch 1 und 3 Farbe 17, 1 und 4 Farbe 18 u. s. f., so daß Farbe 29 durch Farbe 1 und 15 entstanden ist. In der zweiten Reihe zeigt Farbe 30 das Resultat des Ueberdruckes von Farbe 2 und 3, 31 entstand durch Ueberdruck von 2 und 4 u. s. f. Es wird unnöthig sein, die Entstehung aller der obigen Nüancen in gleicher Weise zu erklären, da jeder denkende Leser das Resultat nach der vorstehenden Erklärung des Anfangs leicht selbst ermitteln kann. Ein Gleiches gilt von den Tonfarben auf Beilage 10. Die 6 Tonfarben zeigen sich auch hier in Ueberdruck mit einander. Ton 7 entstand also aus Ton 1 und 2, Ton 8 aus 1 und 3 u. s. f.

Bezüglich der Harmonie der Farben lassen sich folgende Regeln aufstellen:

Harmonirende Farben nennt man die sich ergänzenden Farben, welche, neben einander gestellt, bei längerem Anschauen in die contrastirende Farbe spielende oder reflectirende Strahlen werfen und dadurch gegenseitig ihren Glanz und ihre Kraft erhöhen. So reflectirt z. B. Roth grünliche und Grün röthliche Strahlen. Am auffälligsten erscheint dies, wenn zwei in dieser Weise sich ergänzende Farbenflächen in einen Winkel einander gegenübergestellt werden; je spitzer dieser, um so voller oder satter erscheint dann jede der beiden Farben, während auf einer ebenen Fläche der Reflex am schwächsten wird. Die übrigen sich ergänzenden Zusammenstellungen sind: Orange und Blau, Gelb und Violett, ferner Grau mit Roth, mit Orange, Gelb, Grün und Blau. Mit Grau sind die Strahlenreflexe jedoch anderer Art, als in den ersten drei Fällen: mit Roth sticht Grau ins Grünliche, in Folge dessen Ersteres reiner erscheint. Gegen Orange nimmt es einen Stich ins Blaue an, so daß Orange gelber hervortritt. Gelb benimmt Grau durch den feinen violetten Reflex das Schillern ins Graue. Mit Grün reflectirt Grau röthlich und erhöht so den Glanz des Erstern. Mit Blau reflectirt Grau orangefarbig und giebt jenem einen grünlich-glänzenden Schimmer. Noch intensiver treten die sich ergänzenden Farben hervor, wenn sie zwischen Grau stehen, als: Grau, Roth, Grün, Grau; Grau, Blau, Orange, Grau; Grau, Gelb, Violett, Grau.

So wie es nun sich ergänzende Farbenzusammenstellungen giebt, so giebt es im Gegensatz wieder solche, welche sich einander abstoßen und jede einzelne Farbe in eine andere Nüance schillern lassen. Derartige Zusammenstellungen sind: Orange und Roth, bei welcher das Erstere gelber erscheint und das Letztere ins Bläuliche schillert. Violett spielt ins Bläuliche, wenn es neben Roth gestellt wird, dieses dagegen ins Gelbliche. Orange schlägt gegen Gelb ins Röthliche, dagegen Gelb ins Grünliche. Grün gegen Blau ins Gelbliche und Blau ins Violette. Grün gegen Gelb schlägt ins Bläuliche und Gelb ins Orangenfarbige. Roth gegen Gelb ins Bläuliche und Gelb ins Grünliche. Violett gegen Blau ins Röthliche und Blau ins Grünliche. Gelb gegen Blau ins Rothliche und Blau ins Violette. Roth gegen Blau ins Gelbliche und Blau ins Grünliche.

Um die Disharmonie zweier einander abstoßender Farben zu mildern und sie in ihrer vollen Eigenthümlichkeit erscheinen zu lassen, muß man Grau dazwischen stellen, als: Roth, Grau, Gelb; Roth, Grau, Orange; Grün, Grau, Blau; Orange, Grau, Gelb; Orange, Grau, Grün; Grün, Grau, Violett; Orange, Grau, Violett; Gelb, Grau, Grün; Gelb, Grau, Blau; Roth, Grau, Blau; Roth, Grau, Violett. Bei Zusammenstellung von zwei verwandten Farben macht sich ebenfalls eine Veränderung jeder derselben bemerkbar. So wird z. B. Purpurroth gegen Carmin dunkler, wogegen Letzteres ins Orange schillert. Zinnober gegen Mennige dunkler und letzterer heller. Mennige gegen Gelb röther, Gelb heller, etwas ins Grüne spielend. Carmin gegen Zinnoberroth erscheint purpurfarbig, der Zinnober heller. Gelb gegen Gelbgrün orangenfarbig, das Gelbgrüne mit einem Stich ins Blaue. Gelbgrün gegen Blaugrün geht mehr ins Gelbe über und das Blaugrün wird blauer. Blaugrün gegen Blau erscheint heller, Blau nimmt einen Stich ins Violette an. Blau gegen Violett etwas grünlich und das Violett matter. Unsere Tafel 8 läßt diese Veränderungen in vielen Fällen erkennen.

Wird eine helle und eine dunkle Nüance von ein und derselben Farbe dicht neben einander gestellt, so erscheint die helle heller und die dunkle dunkler, als wenn sie von einander abgesondert sind.

Ein Gegenstand von heller Farbe erscheint auf dunklem Grunde größer als ein dunkler auf hellem, indem die hellen Farben mehr Licht ausstrahlen, als die dunklen. Am meisten ist dies der Fall bei Weiß und Schwarz, und wird am augenfälligsten, wenn man eine weiße Scheibe auf einer schwarzen und eine ebenso große schwarze auf einer weißen Fläche mit einander vergleicht.

3. Von den für typographischen Farbendruck gebräuchlichen Farben.

Auf Beilage 8 findet der Leser 15 Farben abgedruckt, die man gewiß als die gebräuchlichen und verwendbarsten bezeichnen kann. Daß natürlich für Bilderdruck oder für den Druck sonstiger von Künstlerhand gefertigter Arbeiten auch andere Farben, hauptsächlich aber besondere Farbenmischungen benutzt werden müssen ist erklärlich, denn in diesem Fall handelt es sich um genaue Nachahmung des Originals in allen seinen Farbentönen. Es sei bei dieser Gelegenheit darauf hingewiesen, daß sich für solche Arbeiten die Benutzung der jetzt so beliebten, weil schönen und feurigen Anilinfarben nicht empfiehlt, denn dieselben leiden zu schnell unter der Einwirkung des Lichtes, so daß der früher schönste Druck nach einer gewissen Zeit an Aussehen verliert. Aus diesem Grunde ist es auch nicht empfehlenswerth, Anilinfarben für Schriftdruck zu benutzen wenn die fragliche Arbeit dauernd dem Licht ausgesetzt werden soll.

Alle bunten Farben nun kann der Buchdrucker von den Fabriken sowohl trocken, als auch angerieben beziehen, ja in letzterer Zeit von einigen der Fabriken auch als sogenannte Teigfarbe. Diese Teigfarben unterscheiden sich von den, in schwachem oder mittelstarkem Firniß angeriebenen gewöhnlichen Farben dadurch, daß sie, in besonderer Weise zu einem consistenten Teig verrieben, leichter als die trockenen Farben druckfertig gemacht werden können, indem man sie, je nach Bedarf, einfach mit dünnem oder mittelstarkem Firniß durchreibt.

Die eigenthümliche Präparation dieser Farben macht es möglich, dieselben lange Zeit aufzuheben, ohne daß sie, wie dies bei den in gewöhnlicher Weise angeriebenen Farben leicht der Fall ist, durch Vertrocknen verderben. So viel Mühe man sich auch geben mag, einem solchen Vertrocknen der angeriebenen Farben vorzubeugen, in vielen Fällen wird man es doch nicht verhindern können, so daß sich unzweifelhaft für Druckereien, welche nur selten in Farben drucken, die Teigfarben, für solche aber, welche viel in Farben arbeiten, die trockenen Farben empfehlen.

Wenn man fragt, warum die Teigfarben nicht auch für den größeren Verbrauch practisch sind, so müssen wir, gestützt auf eigene Erfahrungen, erwidern, daß der geübte Drucker sich die Farbe besser selbst zu anreibt, wie sie ihm bezüglich ihrer Stärke und Nuance am passendsten, respective der zu druckenden Arbeit am entsprechendsten erscheint.

Für gewisse Zwecke, z. B. für Bilderdruck sind die Farben fast nie rein angerieben, d. h. so, wie sie aus der Fabrik kommen, zu gebrauchen; eine muß etwas lichter, eine andere etwas dunkler getönt werden, es kann demnach nur von Vortheil sein, wenn man sich die trockene Farbe nach Erforderniß mischt und anreibt.

Wir wollen, trotzdem die Erhaltung der in gewöhnlicher Weise angeriebenen Farben, wie erwähnt, meist nicht lange, mindestens aber nicht in voller Güte möglich ist, hier doch die Mittel angeben, welche man anzuwenden pflegt, um so angeriebene Farben zu conserviren. Man gießt, sobald man die Büchse nach gemachtem Gebrauch wieder aufhebt, Wasser oder dünnen Firniß auf die Farbe, dieselbe so einigermaßen vor den Einwirkungen der Luft schützend. Ueberzieht man die Büchse vor dem Aufsetzen des Deckels noch mit einer feuchten Blase oder sogenanntem Pergamentpapier, so schließt man sie sehr gut hermetisch ab, da sich die trocknende Blase fest über die Ränder der Büchse weglegt. Auch hermetisch verschließbare Büchsen sind für das Aufbewahren angeriebener Farben zu empfehlen.

Betrachten wir uns nun die einzelnen, für Buntdruck zur Verwendung kommenden Farben, als reine und als gemischte, dabei die Muster auf Beilage 8 beachtend. Wir geben die Farben hier in der dieser Beilage entsprechenden Reihenfolge, vervollständigt durch Nennung aller der Farben, welche außerdem noch hauptsächlich für Buntdruck in Anwendung kommen.

1. **Gelb, rein angerieben.** 1. **Chromgelb.** Das Chromgelb ist die für einfachen Buntdruck wohl am meisten zur Verwendung kommende Farbe. Man hat dasselbe hell, mittelhell

und dunkel. Das mittelhelle dürfte die verwendbarste Sorte sein. 2. Gelber Lack, hell und dunkel. 3. Oder, hell, mehr Chamois (siehe auch unter Tonfarben). 4. Terra de Sienna.

Gelb, gemischt. Mittels des Chromgelb lassen sich die verschiedensten Nüancirungen in Gelb herstellen. Z. B. Orange durch Mischung von 3 Theilen helles oder mittelhelles Chromgelb und 1 Theil Zinnober. Setzt man dieser Mischung noch ¼ Theil Carmin- oder Cochenillelack zu, so wird dieselbe noch lebhafter, feuriger erscheinen. Strohgelb mischt man aus 1 Theil mittles oder dunkles Chromgelb und 3 Theile Zinkweiß. Chamois erhält man durch ½ Theil Carmin, ½ Theil Zinnober, ¾ Theile helles Chromgelb, 2 Theile Weiß, oder aber durch Benutzung des Okers anstatt des Chromgelb.

2. **Braun, rein angerieben.** Man hat braune Farben in sehr verschiedenen Sorten, z. B. Mahagony-Braun, Japaneser-Braun, Vandyk-Braun c. Als ins röthliche spielende braune Farben sind die sehr verwendbaren sogenannten rothbraunen Lacke zu betrachten, die man leicht durch Zusatz von etwas Schwarz dunkler machen kann.

Braun, gemischt. Braune Farbe kann man sich je nach Bedarf und je nach der erforderlichen Nüance sehr leicht mischen. Man erzielt diese Farbe durch Mischung von Roth (meist Zinnober) und Schwarz und hat es dabei vollständig in der Hand, sie heller oder dunkler zu halten. Durch Zusatz von etwas Chromgelb erhält man das für so viele Arbeiten so verwendbare Sepiabraun. Die rothbraunen Lacke eignen sich, wie oben angegeben, gleichfalls vorzüglich zur Herstellung dunklerer Nüancen. Olivenbraun mischt man aus 1½ Theil helles Chromgelb, ½ Theil Schwarz, 1½ Theil Zinnoberroth. Helles Braun aus 1 Theil Zinnober, ½ Theil Schwarz, 2½ Theil Weiß.

3. **Blau, rein angerieben.** 1. Pariserblau. Ein dunkles, weniger hübsches Blau. 2. Miloriblau, auch Stahlblau genannt; feineres Präparat von gefälligerem Aussehen; verarbeitet sich besser und reiner, daher dem gewöhnlichen Pariserblau, wie auch dem Ultramarin vorzuziehen. Beide Farben sind durch Zusatz von Zinkweiß heller zu machen und erzielt man besonders mit Miloriblau und Weiß eine schöne lebhafte, dem Ultramarin nicht allzuviel nachgebende Farbe. 3. Ultramarin. Eine in hell, mittelhell und dunkel zu habende Farbe, doch schwer zu verarbeiten, wenn sie nicht von der Fabrik aus bereits gut zum Anreiben präparirt wurde. Ein Auflösen, resp. Geschmeidigermachen dieser Farbe in Spiritus ist gerathen (siehe später); man erleichtert sich das Anreiben dadurch wesentlich. Außer den vorstehend genannten giebt es noch eine Anzahl blaue Farben unter den verschiedensten Benennungen, dieselben kommen jedoch weit weniger zur Verwendung und werden zumeist wohl nur für den lithographischen Oelfarbendruck benutzt.

4. **Violett, rein angerieben.** 1. Anilin-Violett in röthlicher und bläulicher Nüance. Die Anilinfarben müssen, wie wir später sehen werden, sehr vorsichtig angerieben

werden. 2. Violett-Lack. Die Farbenfabriken haben in Folge der Unhaltbarkeit der Anilinfarben gestrebt, ein Violett, welches dem Erbleichen nicht ausgesetzt ist und dennoch dem Anilin-Violett an Schönheit des Tones gleichkommt, zu fabriciren, was ihnen auch gelungen ist, doch ist der Violett-Lack, unter welchem Namen diese Farbe im Handel bekannt ist, ein sehr theurer, daher für einfachere Drucksachen nicht verwendbar. Man kauft den Lack zum Preise von 60—120 Mark per ½ Kilo.

Violett, gemischt. Man mischt Violett aus Carmin oder Carminlack, Miloriblau und Weiß und zwar helles aus 1 Theil Carminlack, ⅜ Theilen Pariser- oder Miloriblau und 2¼ Theilen Weiß; dunkles aus 1 Theil Carminlack, 1½ Theil Miloriblau, 1¾ Theil Weiß. Wir wollen hier, um resultatlosen Versuchen vorzubeugen, ausdrücklich bemerken, daß sich ein Violett mittels rothem Zinnober anstatt des Carmin nicht mischen läßt. Viele Buchdrucker glauben, daß ein Roth wie das andere dazu geeignet sei, ehe sie Versuche machten und sich dann überzeugten, daß eben nicht jedes Roth zu diesem Zwecke verwendbar ist. Hochrother oder Münchner Lack, wie alle die neuerdings fabricirten, dem Carmin ähnlichen Farben (Rouge de Perse von Lorilleux fils ainé in Paris x) sind eher zum Mischen violetter Farben zu benutzen.

5. Grün, rein angerieben. 1. Seidengrün. Seidengrün ist die am meisten zur Verwendung kommende grüne Farbe; sie ist in dunkel, mittelhell und hell zu haben und verdruckt sich, wenn gut präparirt und gehörig fein gerieben, sehr rein und gut deckend; sie läßt sich auch durch Zusatz von Gelb oder Weiß leicht in jede wünschenswerthe Nüance verwandeln. 2. Chromgrün, eine meist weniger fein wie das Seidengrün präparirte Farbe, daher nicht so verwendbar wie dieses.

Grün, gemischt. Zur Mischung von Grün eignet sich insbesondere das Miloriblau und je nachdem man eine dunklere oder hellere Nüance erzielen will, helles oder dunkles Chromgelb. Wenn man nicht ein ganz dunkles Grün verwendet, so wird die Mischung von Miloriblau und hellem Chromgelb, oft auch noch ein Zusatz von Zinkweiß die beste laubgrüne Farbe erzeugen. Man hat es bei dieser Mischung auch vollständig in der Hand, dem Grün eine ins Bläuliche oder ins Gelbliche spielende Nüance zu geben, je nachdem man mehr von der einen oder anderen Farbe verwendet. Russischgrün erhält man z. B. durch eine Mischung von ½ Theil Miloriblau und 3 Theile helles Chromgelb, ¾ Theil Schwarz, ¼ Theil Weiß. Meergrün durch Mischung von 2 Theile dunkles Chromgelb, ¼ Theil Weiß, 1¾ Theil Miloriblau. Hellgrün durch Mischung von ½ Theil Miloriblau, ¾ Theile Weiß, 2½ Theil helles Chromgelb. Maigrün durch Mischung von ⅜ Theile Miloriblau ½ Theil Weiß, 3½ Theil helles Chromgelb.

6. Roth, rein angerieben. 1. Zinnober in hell, mittelhell und dunkel. Die feineren Sorten, meist in dunklerer Nüance, werden von den Fabriken gewöhnlich Carmin-Zinnober benannt. Der Zinnober ist eine der schwersten Farben und bedarf daher

besonders gründlicher Durchreibung, soll er rein drucken. Wie wir später sehen werden, verarbeitet sich diese Farbe auf Maschinen mit Messingcylindern schlecht, ebenso drucken sich Kupfercliché's nicht gut damit, weil die Farbe zersetzend wirkt und eine häßliche, bräunliche Nüance annimmt. Auf dunkleren Papieren drucke man mit der hellen oder mittelhellen Sorte. 2. Mennige. Eine röthlichgelbe, billige Farbe; meist nur für den gewöhnlichsten Etiquettendruck (Cichorienenveloppen 2c.) verwendet. 3. Carmin. Man kauft den Carmin als gewöhnlichen Carmin, wie als Carminlad zu sehr verschiedenen Preisen; es ist eine wie die andere Art gleich brauchbar und leicht verdruckbar, wenn man sie aus bewährter Hand bezog. Die Preise dieser wohl theuersten von allen Farben gehen von 18—130 Mark pro ¹⁄₂ Kilo. 4. Hochrother Lad, Rouge de Perse 2c. sind neuerdings in den Handel gekommene Farben von vorzüglicher Deckkraft und vielem Feuer. Sie sind in vieler Hinsicht vortheilhafter verwendbar, wie der Carmin, da sie bei meist billigerem Preise dessen schönen, kräftigen Farbenton fast noch übertreffen. Ob sie dauernd den Einwirkungen des Lichtes wider= stehen, ist noch nicht festzustellen, da diese Farben erst seit etwa zwei bis drei Jahren in Gebrauch gekommen sind. Für alle Druckarbeiten, welche nicht für den jahre= langen Gebrauch bestimmt sind, kann man sie unbedenklich benutzen. 5. Münchner oder Cochenillelad, eine gleichfalls carminähnliche doch etwas ins Rosa spielende Farbe. 6. Florentiner und Rothbrauner Lad. Ebenfalls carminähnlich, doch dunkel und ins Bräunliche spielend. Man hat beide Farben in hellerem und dunklem Fabrikat, und geben dieselben mit etwas Carmin versetzt, eine schöne, den reinen Carmin leicht ersetzende Farbe. 7. Magenta= oder Neuroth. Diese Farbe ist meist Anilinpräparat, daher dem Verbleichen leicht ausgesetzt. Sie druckt sich als ein schönes ins Rosa spielendes Roth. Beim Herrichten dieser Farbe wie aller Anilinfarben zum Druck ist ganz besonders zu beachten, daß man sie zuerst mit wenig Firniß zu einem dicken Brei anzureiben und erst nach vollständigem Klarreiben zu verdünnen hat.

Roth, gemischt. Feuriges Roth erhält man durch Mischung von 3 Theilen Zinnober und ¹⁄₄ Theil Carmin. Rosa erhält man durch Mischung von Zinkweiß und Carmin. Von letzterer Farbe ist, je nachdem das Rosa hell oder dunkel sein soll, mehr oder weniger zuzusetzen. Auch Münchner und Florentiner Lad eignen sich zur Herstellung von Rosa, nicht aber Zinnober.

7. **Weiß, rein angerieben.** 1. Zinkweiß. Dieses Weiß ist seiner Leichtigkeit wegen das empfehlenswerthere zum Mischen respective Abtönen anderer Farben. Es verreibt sich sehr rein und gut und dringt nicht so leicht wieder an die Oberfläche der Drucke, diesen das Feuer nehmend. Zinkweiß muß stets an trocknen Orten gut verpackt auf= bewahrt werden, da es sonst unbrauchbar wird. Es giebt allerdings ein Mittel, körnig und sandig gewordenes Zinkweiß wieder brauchbar zu machen; dieses Mittel besteht darin, daß man die trockne Farbe in einem thönernen oder sogenannten hessischen Tiegel ausglüht. 2. Kremserweiß. Das Kremserweiß (Bleiweiß)

verwendete man in früheren Zeiten fast ausschließlich zum Mischen, neuerdings aber ist man mehr davon abgekommen, weil diese Farbe zu schwer ist und sich weniger gut mit anderen Farben bindet. Es hat durch seine Schwere die Eigenschaft, sich auf der Oberfläche des Druckes nach dessen Trockenwerden als seine Staubschicht wieder abzusetzen und den Farben so ein duffes, stumpfes Ansehen zu geben. Besonders bei Tondrucken ist seine Anwendung möglichst zu vermeiden.

In Vorstehendem sind nur diejenigen Farben aufgeführt worden, welche zumeist für Bunt-druck in Anwendung kommen. Die Preiscourante der Farbenfabriken enthalten erklärlicher Weise noch eine große Anzahl anderer, hier nicht verzeichneter Benennungen für die verschiedenen Farben-nüancen, doch sind dies so zu sagen immer nur Abarten der von uns genannten; man legte ihnen andere Namen bei, weil sie entweder auf andere Weise präparirt, aus anderen Grund-stoffen oder durch Mischung gewonnen wurden.

Wie wir bereits erwähnten, ist die Benutzung von zarten Tonunterdrucken ein beliebtes Mittel zu eleganter Ausstattung von Druckarbeiten; insbesondere werden dieselben auch zu effectvollerer Wiedergabe von Holzschnitten benutzt und theils ein-, theils mehrfarbig zur Anwendung gebracht, in letzterem Falle auch so, daß zwei der benutzten Tonfarben durch Ueberdruck eine dritte bilden. Es sieht z. B. sehr hübsch aus, wenn für eine Landschaft ein dunkler Chamoiston und ein bläulicher Ton verwendet werden. Durch passenden Schnitt der Unterdruck-platten bildet dann der blaue Ton den entsprechenden Unterdruck für den Himmel und das Wasser, der Chamoiston für Häuser, Berge rc., beide Farben zusammen aber für das Laubwerk rc. rc.

Beilage 10 zeigt uns die gebräuchlichsten **Tonfarben** wie die Nüancen, welche durch Ueberdruck derselben entstehen. Wie sich diese Nüancen bildeten, erklärten wir bereits auf Seite 345.

Wir wollen nun die Mischung solcher Tonfarben näher ins Auge fassen. Man benutzt am häufigsten graue, blaue, grüne, violette, gelbe und rosa Töne und ist deren Grund-bestandtheil Weiß, am besten Zinkweiß mit einer geringen Quantität, etwa einer reichlichen oder weniger reichlichen Messerspitze voll von der betreffenden Farbe, welche die Nüance giebt.

1. **Grauer Ton**, gemischt aus Weiß, Miloriblau und Schwarz.
2. **Blauer Ton**, gemischt aus Weiß und Miloriblau.
3. **Grüner Ton**, gemischt aus Weiß und Seidengrün oder aus Weiß, Miloriblau und Chromgelb.
4. **Violetter Ton**, gemischt aus Weiß und Violettlack oder aus Weiß, Carmin oder Carminlack und Miloriblau.
5. **Gelber Ton**, mehr Chamois, gemischt aus Weiß, Chromgelb und Zinnober. Ohne Zusatz von Zinnober hat die Farbe einen mehr strohgelben Ton.
6. **Rosa Ton**, gemischt aus Weiß und Carmin oder Carminlack. Zinnober ist dazu nicht verwendbar.

Ueber Das, was beim Anreiben der Tonfarben zu beachten, folgt später weiteres.

4. Utenfilien und Maschinen zum Anreiben der Farbe.

Die unerläßlichen Utenfilien zum Mischen und Anreiben der Farben find ein Farbestein, ein guter, handlicher Farbereiber und ein paffend geformter Farbelpachtel, fei es nun ein folcher, wie ihn unfere Fig. 20 auf Seite 29 darstellt, oder fei es eine einfache fogenannte Ziehklinge.

Als **Farbestein** dient am besten ein lithographischer Stein geringerer Qualität, doch kann man ebensogut auch eine Marmor-, Granit- oder eine Cementplatte benutzen, wenn fie nur eine

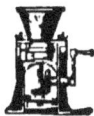

Fig. 154. Farbenmühle.

fauber geschliffene Oberfläche haben. Im Nothfall dient auch eine Eifenplatte zu diefem Zweck, doch ift eine folche weniger zu empfehlen. Der **Farbereiber**, ganz in der Art, wie ihn die Maler zum Reiben ihrer Farben benutzen, muß eine handliche Form haben, d. h., die Hände müffen ihn oben und in der Mitte bequem umfaffen können; er darf auch nicht zu fchwer fein, damit man ihn ohne große Anstrengung regiren kann. Am praktischsten find die Reiber von Marmor, Granit oder Serpentin. Wie man den Reiber handhabt, werden wir später fehen.

Für Druckereien, welche viel in bunten Farben drucken, ift außerdem die Anschaffung einer Farbenmühle oder einer großen Farbenreibemaschine empfehlenswerth.

Fig. 155. Farbenreibemaschine.

Fig. 154 zeigt uns die Con- struction einer **Farbenmühle**. Die auf einem Farbestein mit Firniß vermengte Farbe wird in den oben erfichtlichen Trichter gefüllt, und die Mühle dann mittels der Kurbel in Bewegung gefetzt. Die Farbe paffirt dann die eigentlichen Reibflächen der Mühle und läuft an der einen, unteren Seite, in ein darunter ge- stelltes Gefäß, etwa eine Farben- büchfe, fein gerieben ab. Man kann diefe Manipulation zweimal, im Noth- fall, wenn die Farbe fchwer klar wird, noch öfter wiederholen, um fie druck- fähig zu machen. Bei Ankauf einer folchen Mühle verfahre man mit Vorficht, denn nicht jede Mühle ift für unfere Farben geeignet; eine folche für Malerfarben ift in den allermeisten Fällen nicht dem Zweck

1

Die Grund-Farben:

1 Gelb, 2 Roth, 3 Blau,

und die durch Uebereinanderdruck derselben entstandenen Farben:

4 Dunkelorange, 5 Grün, 6 Dunkelviolet, 7 Neutraler Ton.

Die wichtigsten Farben.

Chromgelb hell.   Milori- oder Stahlblau.   Zinnoberroth.

Chromgelb dunkel.   Ultramarin.   Carminlack.

Ocker hell.   Violetlack.   Hochrother Cach.

Terra di Sienna.   Seidengrau hell.   Münchner Cach.

Braun.   Seidengrau dunkel.   Rosa.

Durch Aufeinanderdrucken zweier Farben gewonnene Nüancen.

Durch Auseinanderdrucken zweier Farben gewonnene Nüancen.

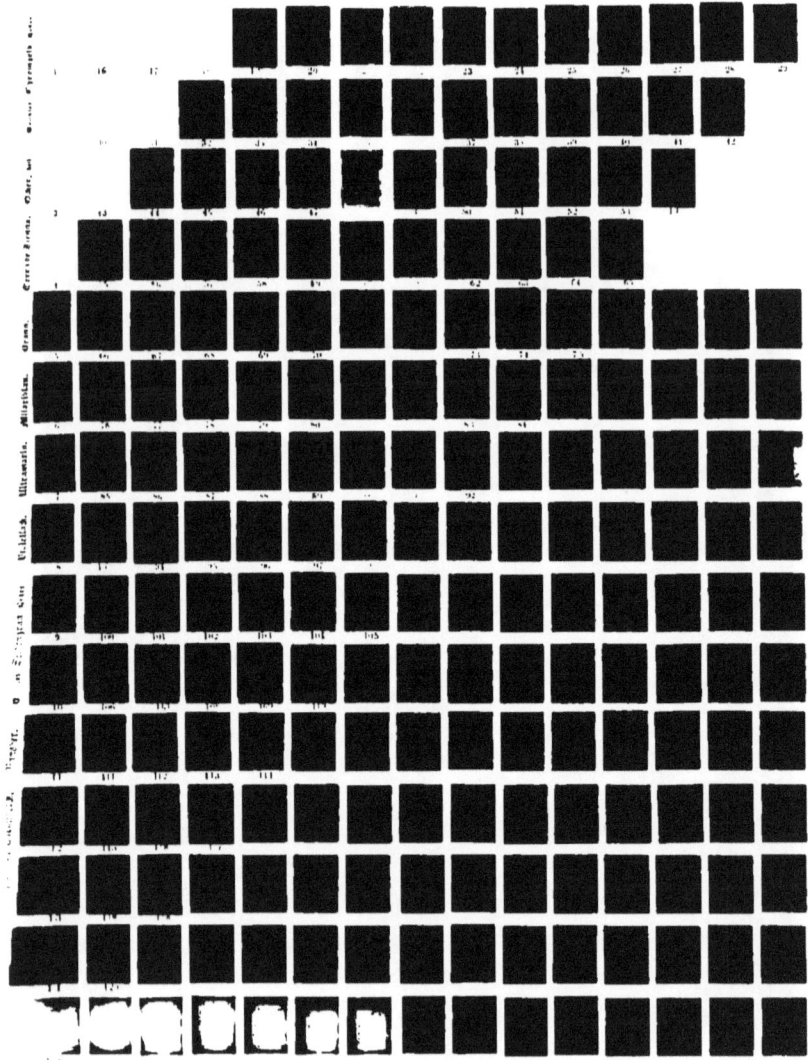

Beilage o zu Waldow: Die Buchdruckerkunst, II. Band.

Proben

von

Tonfarben.

Beilage II zu Waldow: Die Buchdruckerkunst, II. Band.

Bild mit Sommerdruck.

Das Wappen der Buchdrucker.

Beilage 15 zu Waldow: Die Buchdruckerkunst, II. Band.

Farben- und Bronzedruck von Holzschnittplatten und zugleich Prägedruck.

Farbendruck von geätzten Zinkplatten.

Wasserzeichennachahmung.

Beilage 17 zu Waldow: Die Buchdruckerkunst, II. Band.

Wasserzeichennachahmung.

Beilage 17. zu Waldow: Die Buchdruckerkunst, II. Band.

IRISDRUCK

gedruckt auf einer

SCHNELLPRESSE

von

Klein, Forst & Bohn Nachf.

zu

JOHANNISBERG A. RH.

in der Officin von

Alexander Waldow, Leipzig.

Blindendruck.

.

Beilage 16 zu Waldow: Die Buchdruckerkunst, II. Band.

entsprechend. Man läßt diese kleinen Maschinen neuerdings auch mit einem kleinen Schwungrade versehen, das gleich zum mechanischen Betriebe eingerichtet ist. Hat man also einen Motor in Gebrauch, so stellt man an passender Stelle, frei, oder an der Wand, einen kleinen Tisch auf, befestigt die Maschine darauf und treibt sie durch eine entsprechend große Riemenscheibe der Transmission. Die Arbeit macht sich dann sehr bequem; man hat weiter nichts zu thun, als die Farbe in den Trichter zu füllen.

Man verwendet ferner zum Verreiben der bunten Farben ähnliche, doch meist kleinere Farbenreibmaschinen, wie solche die Buchdruckfarbenfabriken in Betrieb haben. Diese Maschinen haben mehrere, fein geschliffene und polirte Eisen- oder Granitwalzen neben einander und die Farbe nimmt ihren Weg zwischen ihnen durch. Diese Maschinen sind für Druckereien weniger empfehlenswerth, weil ihre Reinigung eine beschwerlichere ist, dagegen verwendet man neuerdings mit Vorliebe Maschinen, wie sie Fig. 125 zeigt. Dieselben arbeiten mit einem Reiber, den sie in ähnlicher Weise über den Farbestein führen, wie man dies mit der Hand bewerkstelligt. Tisch und Reiber sind erklärlicher Weise leicht zu reinigen. Die Maschine ist nur für größeren Betrieb zu empfehlen, da sie nicht billig ist.

Es giebt selbstverständlich für diesen Zweck noch Maschinen anderer, von den vorstehend beschriebenen in etwas abweichender Construction, doch wird es überflüssig sein, dieselben hier näher zu besprechen.

5. Die Behandlung der Farben beim Mischen und Anreiben.

Verwendet man trockene Farben zum Druck, so hat man dieselben, wie erwähnt, vorher anzureiben. Dieses Anreiben besteht zunächst darin, daß man die Farbe unter Zusatz von ein wenig schwachem oder mittelstarken Firniß vollständig fein verreibt, so daß dieselbe, wenn man sie mittels des Farbespachtels ausstreicht, einen Brei ohne alle körnigen Theile bildet; es besteht ferner in zweiter Linie in dem dann folgenden Zusetzen des zum vollständigen Geschmeidigmachen erforderlichen Quantums Firniß.

Druckt man auf der Handpresse, so wird man meist mittelstarken, druckt man dagegen auf der Schnellpresse, so wird man schwachen Firniß verwenden müssen; stark auftellende Farben, wie z. B. Weiß, wird man jedoch stets mit schwachem Firniß anzureiben haben, mag man diese Farbe nun auf der Hand- oder auf der Schnellpresse verdrucken wollen.

Es giebt jedoch Farben, welche ohne vorherige Präparation nicht genügend fein zu reiben sind, soviel Mühe man sich auch geben mag. Allerdings hat man sich über diesen Uebelstand weniger zu beklagen, wenn man die Farben aus einer Quelle bezieht, welche nur fein geschlemmte und bestens präparirte Farben liefert. Bezahlt man sie dort auch um etwas theurer, als wenn man sie in der ersten besten Droguerie- oder Farbenhandlung kauft, welch' letztere fast immer nur die gewöhnlichen Malerfarben führen, so erhält man doch dafür Farben, welche sich ohne Umstände anreiben und verdrucken lassen und welche weit ausgiebiger sind, demnach den Druck eines weit größeren Quantums ermöglichen, wie die weniger fein präparirten Farben.

Eines der Hülfsmittel, Farben geschmeidig zu machen, respective sie zu lösen und zu erweichen, besteht in dem Auflösen in Spiritus. Man schüttet in diesem Fall die trockne Farbe in ein flaches Gefäß, gießt Spiritus darüber und läßt sie $\frac{1}{4}$ — $\frac{1}{2}$ Stunde stehen. Hat der Spiritus die Farbe gehörig erweicht, so gießt man ihn ab, nimmt die Farbe auf den Stein und verreibt sie darauf, doch ohne Zusatz von Firniß, zu einem feinen Brei. Ein zweites, bei Zink- und Bleiweiß, Mennige, Chromgelb, Chromgrün und grünem Zinnober anwendbares Verfahren besteht darin, diese Farben in Wasser einzurühren und die sich bildende Suppe durch ein dichtes Haarsieb zu lassen. Die gröberen Theile werden auf diese Weise entfernt. Hat sich der Farbstoff zu Boden gesetzt, so gießt man das Wasser ab, gießt schwachen Firniß auf die Farbe und vermischt beide mittels eines Spachtels gehörig mit einander. Das noch in der Farbe verbliebene Wasser sondert sich dabei immer mehr ab, so daß man die erstere dann bald auf den Stein nehmen, gehörig klar reiben und das nöthige Quantum Firniß zusetzen kann. Bezüglich der Anilinfarben sei ausdrücklich bemerkt, daß sie nicht in Spiritus gelöst werden dürfen.

Ehe wir auf die Manipulation des Mischens und Feinreibens näher eingehen, müssen wir noch auf etwas aufmerksam machen, was ganz besondere Beachtung verdient, wenn man einen reinen, die ganze Schönheit der Farbe wiedergebenden Druck erzielen will. Es ist dies das vollständige und sorgsamst auszuführende Reinigen des Farbesteins, des Reibers und des Farbespachtels von den Ueberbleibseln einer anderen Farbe. Selbst ganz festgetrocknete Theile einer solchen müssen mit Terpentin oder Benzin entfernt werden, denn sie lösen sich, wenn sie in die anzureibende Farbe kommen unbedingt mit auf und verunreinigen dieselbe leicht derart, daß sie an Ansehen verliert. Aus diesem Grunde müssen nicht nur die zum Reiben, respective zum Ausstreichen dienenden Flächen der genannten drei Gegenstände, sondern auch ihre Ränder, wie alle übrigen Theile sorgsamst gereinigt werden. Die gleiche Reinlichkeit muß sich ferner auf alles Das erstrecken, was später mit der Farbe in Berührung kommt. Die Walzen sind von der vorher benutzten Farbe sorgsamst zu reinigen; besonders wenn sie Poren und Risse haben, muß man sie am besten mit einer kleinen, weichen Bürste und gutem Terpentin an diesen fehlerhaften Stellen tüchtig überbürsten, denn die in den Poren enthaltene Farbe zieht sich beim Drucken wieder an die Oberfläche, vermischt sich mit der neuen Farbe und verunreinigt sie. Nach dem Reinigen mit der Bürste reibe man die Walzen noch einmal mit einem in Terpentin getränkten Lappen ab, lasse sie trocknen und reibe sie dann vor dem Gebrauch auf dem Farbestein tüchtig mit der zu verwendenden Farbe ein. Bei sehr porösen Walzen (die übrigens bei der neuen englischen Masse nicht vorkommen sollten) ist es gerathen, mit einem spitzen Hölzchen etwas Farbe in die Poren zu schmieren; man hat auf diese Weise einen weiteren Schutz gegen das Herausdringen etwa noch vorhandener alter Farbereste. Will man es ganz gut machen, so reinige man Walzen, die nicht ganz zuverläßig erscheinen noch einmal mit Terpentin, nachdem man sie mit Farbe eingerieben hat und wiederhole dann das Eintreiben.

An der Maschine müssen alle Metallwalzen, wie der Farbekasten (wenn man ihn überhaupt benutzt, siehe später) gleichfalls vollständig rein sein, ebenso die Form in allen ihren Theilen. Holzstege sind möglichst zu vermeiden, da sie nie so reinlich sind, wie die Bleistege.

Der Preſſen-Drucker hat ſich ferner in Acht zu nehmen, daß er beim Auftragen mit der Walze nicht ſeine etwa noch mit alter Farbe beſchmutzte Schürze berührt, was natürlich die Walze verunreinigen und ſchmutzigen Druck erzeugen würde. Am beſten thut er, einen ſtarken Bogen Papier über ſeine Schürze zu binden und denſelben bei jeder Farbe zu wechſeln.

Für das Quantum Farbe, welches man zum Druck einer gewiſſen Auflage braucht, iſt in erſter Linie natürlich die Zuſammenſetzung der Form, in zweiter Linie aber die Güte und Deckkraft der Farbe maßgebend. Der beſte Rathgeber wird hierbei immer die eigene Erfahrung bleiben. Ein geübter Buntdrucker hat das zu der ihm übergebenen Arbeit nöthige Quantum gewiſſermaßen im Griff und erſpart ſomit Material und Zeit, da er kaum viel mehr Farbe anreiben wird, als er gerade zu der Auflage nöthig hat. Selten kann man, wie wir bereits zu Eingang erwähnten, angeriebene Farbe nach längerer Zeit wieder gebrauchen, es iſt aus dieſem Grunde alſo gerathen, nur das äußerſt nöthige Quantum anzureiben und ſchadet weniger, wenn man ein wenig Farbe nachreiben muß, anſtatt viel davon aufheben zu müſſen.

Hauptregel beim Anreiben iſt: Alle Farben zuerſt mit nur wenig, aber gutem, gebleichtem Firniß ſo dick anzureiben, daß ſie an Conſiſtenz ſtarker Preſſenfarbe gleichen und ſie dann nach dem Feinreiben angemeſſen mit Firniß zu verdünnen. Das Anreiben muß aus dem Grunde zuerſt mit wenig Firniß geſchehen, weil man der Farbe alles Feuer benimmt, ſobald man ſie von vorn herein zu ſtark mit Firniß verſetzt. In der Beachtung dieſer Regel liegt zumeiſt der Erfolg des Buntdrucks, denn viele Farben, insbeſondere die Anilinfarben bekommen ſofort ein mattes, wäſſeriges Ausſehen, wenn man ſie ſo zu ſagen in Firniß erſäuft.

Für das Feinreiben iſt Folgendes zu beachten: Man reibe nie das ganze Quantum Farbe auf einmal durch, ſondern, nachdem der Firniß darauf gegoſſen, immer nur kleine Quantitäten, die man, wenn ſie gehörig durchgerieben ſind, mittels der Ziehklinge in eine Ecke des Farbeſteins ſchiebt. Wollte man das ganze Quantum auf einmal durchreiben, ſo würde man ſeine Kräfte unnöthig anſtrengen müſſen und dennoch kein genügendes Reſultat, alſo keine feingeriebene Farbe erzielen.

Sehr zu beachten iſt auch, daß man nicht blos mit der Kante des ſteinernen Reibers, ſondern immer mit der vollen Fläche deſſelben reibt.

Reibt man gemiſchte Farben an, ſo hat man folgendermaßen zu verfahren: Zuerſt verarbeitet man die einzelnen zu einer Miſchung gehörenden Farben recht fein und miſcht dann je nach Umſtänden die dunkle unter die helle oder umgekehrt, z. B. bei dunkelblau: feingeriebenes Miloriblau mit einem Zuſatz von Weiß; bei hellblau feingeriebenes Weiß mit einem Zuſatz von Miloriblau. Eine Hauptregel iſt, nie von der dunkeln Farbe zu viel auf einmal zuzuſetzen.

Bei der Miſchung mit dunkeln, harten, ausgiebigen Farben, wie z. B. Pariſerblau, Zinnober, Münchner Lack, Carmin, kann man leicht getäuſcht werden, wenn dieſelben nicht auf das feinſte zerrieben wurden, weil ſie ſich während des Druckens*) durch das

---

*) Man thut wohl daran, beim Drucken einen der erſten guten Abdrücke neben den gedruckten Stoß zu legen, um eine etwaige Veränderung der Farbe durch Vergleich der erſten Abdrücke mit den ſpäteren ſofort zu bemerken.

fortwährende Ausstreichen, resp. an der Schnellpresse durch die Bewegung des Ductors, immer mehr auflösen und die Farbe in Folge dessen dunkler wird. Man bemerkt dies auch bald auf der Form, wo sich lauter kleine Körnchen ansetzen und die seichten Stellen derselben verschmieren. Die eigentlichen Farben sowohl, wie auch die Tonfarben lassen sich leicht lichter machen, indem man bei ersteren ein wenig Weiß, bei letzteren, da ja ihr Grundbestandtheil bereits Weiß, etwas mehr davon zusetzt. Dieses Verfahren hat jedoch bei den bunten Farben seine Grenzen, denn ein zu großer Zusatz von Weiß ohne gleichzeitigen angemessenen Zusatz von Firniß benimmt ihnen das Feuer und erzeugt nach dem Trocknen, besonders wenn Kremserweiß zur Anwendung kam, auf dem Druck eine feine weiße Staubschicht, welche das Aussehen sehr beeinträchtigt. Man versäume also nicht, bei hellerem Abtönen der Farbe durch Weiß auch Firniß zuzusetzen; ist dieses Abtönen aber nur in geringem Maaße nothwendig, so ist es gerathen nur Firniß ohne Zusatz von Weiß zu verwenden.

Soll eine Tonfarbe dunkler getönt werden, so setzt man eine Kleinigkeit mehr von der den Ton gebenden Farbe hinzu, also bei blauem Ton Miloriblau 2c.

Bei Druck auf Kreidepapier ist es gerathen, den bunten Farben (den Tonfarben nicht oder doch nur sehr wenig) Canada- oder Copaiv-Balsam oder aber Siccativ- oder Copallack zuzusetzen. Auch bei den ersteren darf der Zusatz nur etwa das Quantum einer Messerspitze voll betragen, da sonst die Farben schmierig werden und unrein drucken.

Die von uns unter 3 gegebenen Mischungsverhältnisse der bunten Farben dürften mitunter wohl eine kleine Abweichung erfordern und zwar deshalb, weil die Farben der einen Fabrik nicht immer so ausgiebig und so übereinstimmend im Ton mit denen anderer Fabriken sind. Man wird deshalb mitunter genöthigt sein, bei einer Farbe ab-, bei einer anderen zuzugeben, d. h. je nach Erforderniß mehr oder weniger davon zu nehmen.

Bezüglich der Tonfarben haben wir noch Folgendes der Beachtung zu empfehlen. Man reibe solche Farbe stets lieber zu licht, als zu dunkel an, denn eine lichte läßt sich durch einen sehr geringen Zusatz der betreffenden, den Ton gebenden Farbe leicht dunkler machen, ohne daß das vorhandene Quantum vergrößert wird, während, wenn man die Farbe zu dunkel mischte, oft ein bedeutender Zusatz von Weiß und Firniß erforderlich ist, um dieselbe lichter zu tönen; durch diesen Zusatz wird das erforderliche Quantum so bedeutend vergrößert, daß sehr viel davon garnicht zum Verbrauch kommt, also für alle die Druckereien, welche nicht weitere Verwendung dafür haben, geradezu verloren ist. Wie erwähnt, ist es gerathen, das Quantum, welches man für eine Arbeit anreibt, nicht zu groß zu nehmen; reicht dasselbe für die Auflage nicht aus, so ist weiteres bald nachgerieben und die Mischung kann mit um so größerer Leichtigkeit und Sicherheit vollzogen werden, als man ja von dem zuerst Angeriebenen noch Vorrath hat, das Nachgeriebene damit also in Bezug auf die Nüance leicht in Uebereinstimmung zu bringen ist.

Bei dem Drucken von Tonfarben stellen sich häufig Uebelstände ein; es erscheint z. B. die Farbe auf dem Abdruck flockig. Der Grund dafür ist entweder zu dick und nicht genügend durchgeriebene Farbe, oder zu schwacher Druck auf der betreffenden Stelle. Zeigen sich aber schwarze Punkte oder sonstige Unreinlichkeiten, so liegt dies lediglich an den nicht genügend gereinigten Walzen. Zur Abhülfe ist, wenn sich derartige Flecke in größerem Maßstabe zeigen, nicht nur das Waschen der Auftragwalzen, sondern auch des Farbeplinders und der übrigen Walzen nothwendig, denn von den ersteren aus übertragen sich ja die Unreinlichkeiten auf alle übrigen Walzen.

Schließlich sei noch auf die venetianische Seife, als ein von manchen Buchdruckern benutztes Mittel zum Geschmeidigmachen der Farbe, insbesondere des Zinnobers, hingewiesen. Verfasser hat allerdings selbst bis jetzt noch nicht Ursache gehabt, zu diesem Hülfsmittel seine Zuflucht zu nehmen, so viel er sich auch mit Buntdruck beschäftigte.

Die Seife wird dünn auf den Farbestein geschabt und mit dem nöthigen Quantum Farbe zu einem consistenten, trocknen Brei verrieben. Hat sie die nöthige Feinheit erlangt, so wird der erforderliche Firnißzusatz gemacht. Eine so behandelte Farbe läßt sich freilich auf der Schnellpresse nur schwer verdrucken; man muß sie, um den Farbezufluß genügend zu ermöglichen, fortwährend mit dem Spachtel auf den Ductor streichen. Diese Mühe würde sich allerdings verlohnen, wenn, wie Herr A. Ihm in seinem vortrefflichen Werke: „Die bunten Farben rc." 2. Auflage, (Wien, v. Waldheim) angiebt, durch einen solchen Zusatz die Möglichkeit geboten ist, Zinnober in seiner ganzen Schönheit von Messing- und Kupferplatten, wie auf Maschinen zu drucken, bei welchen der große Farbeplinder aus Messing gefertigt ist.

Ein weiteres Hülfsmittel, schwere Metallfarben geschmeidig zu machen und das Liegenbleiben derselben auf der Form zu verhüten, ist der venetianische Terpentin. —

Bezüglich des Anreibens der Teigfarben haben wir bereits zu Eingang das Hauptsächlichste erwähnt, es sei deshalb an dieser Stelle nur noch darauf aufmerksam gemacht, daß sowohl die Teigfarben, nachdem sie den nöthigen Firniß erhalten haben, wie auch die in gewöhnlicher Weise angeriebеn vorräthig gehaltenen Farben tüchtig auf dem Farbestein verarbeitet werden müssen, ehe man sie zum Druck benutzt.

Reibt man solche Farben auf einer der vorstehend beschriebenen Maschinen, so müssen sie vorher auf einem Farbestein gehörig mit dem Firniß vermengt und dann erst in die Maschine gebracht werden.

Auch während des Verdruckens der Farben, insbesondere, wenn es sich um die Herstellung einer größeren Auflage handelt, ist es nöthig, dieselben mitunter wieder durchzureiben, da sie leicht quellen und ihre Geschmeidigkeit verlieren. Bei Tonfarben ist eine solche Nachhülfe ganz besonders erforderlich und zwar am meisten, wenn man sie auf der Schnellpresse verdruckt. Am besten geschieht das Durchreiben Morgens und Nachmittags bei Beginn der Arbeit.

6. Was man beim Drucken auf der Presse und Maschine zu beachten hat.

Für Buntdruck auf der Handpresse benutzt man am besten nicht zu frische und nicht zu weiche Walzen; in vielen Fällen ist sogar eine ältere, harte Walze meist verwendbarer, wie eine solche, welcher man, als besonders elastisch, für Schwarzdruck den Vorzug geben würde. Zu beachten ist beim Buntdruck ferner noch mehr wie beim Schwarzdruck, daß man die Walze fortwährend tüchtig auf dem Farbestein reiben muß, wenn die Farbe immer geschmeidig und gut deckend bleiben soll.

Die Anwendung von Aufwalzstegen neben der Form, entsprechend unserer Fig. 95 auf Seite 230, ist gerathen; man giebt der Walze dadurch eine sichere und leichte Führung über die Form und verhindert ihr Einsinken in die leeren Räume derselben, auf diese Weise dem Vollschmieren vorbeugend.

Wenn es beim Schwarzdruck schon nöthig ist, mit einer ganz gleichmäßig und nicht zu dick mit Farbe eingeriebenen Walze oft über die Form zu geben, um einen gut gedeckten, dabei reinen Druck zu erzielen, so ist dieses Verfahren beim Buntdruck erst recht zu beobachten, wenn man ein zufriedenstellendes Resultat erzielen will. Es giebt Buchdrucker genug, welchen es nie gelingt, Farben frisch und rein wiederzugeben und die deshalb immer bereit sind, den Lieferanten wegen schlechter Lieferung anzuklagen; der Fehler liegt aber zumeist lediglich in dem Umstande, daß man die Farben mangelhaft anrieb, mit einer schlechten, schmutzigen Walze druckte oder aber beim Auftragen in nachlässiger Weise verfuhr.

Daß man die auf der Handpresse zu verdruckenden bunten Farben gleichfalls stärker anreiben kann, wie die, welche auf der Schnellpresse Verwendung finden, wird dem Leser erklärlich sein.

Fassen wir nunmehr die beiden Arten von Druckformen ins Auge, welche zum Buntdruck zur Verwendung kommen können.

In den meisten Fällen werden dieselben gesetzt sein, demnach in Bezug auf das Schließen und Einheben derselben Behandlung bedürfen, wie jede andere Form. Daß bei gesetzten Formen der Stand der, für die verschiedenen Farben nöthigen Sätze auf das Genaueste vom Setzer regulirt sein muß, ist gleichfalls Hauptbedingung für die gute Ausführung eines Buntdruckes.

Feste Platten für Buntdruck erleiden in Bezug auf das Schließen, Reguliren der Höhe, Zurichten, im Wesentlichen dieselbe Behandlung, wie wir solche in dem Capitel über den Druck von Illustrationen beschrieben. Zu beachten hat man jedoch von vornherein, daß jede derartige Platte oben und an der Seite, welche nach dem Mittelstege zu steht, mit einem Anschlag von 2—3 Reihen dünnen Durchschusses etwa Achtelcicero, Viertelpetit und Viertelcicero, am besten auch mit einem oder zwei Kartenspähnen versehen wird, damit man im Stande ist, dieselbe nach allen Richtungen zu verrücken und so ein schnelleres Reguliren des Registers bei mehrfarbigem Druck zu ermöglichen. Druckt man mehrere Platten mit einmal und insbesondere Platten, die zu einer in vielen Farben herzustellenden Arbeit gehören, so ist es von großem Vortheil, für jede Platte eine eigene, etwa ³⁄₄ Cmtr. starke kleine eiserne Rahme zu benutzen und die Platten hier gleichfalls mit dem nöthigen Anschlag von Durchschuß und Kartenspähnen einzutheilen. Sind diese kleinen Rahmen dann in einer großen gewöhnlichen Rahme angemessen geschlossen und das Register annähernd regulirt worden, so wird dann der vollkommene Stand jeder Platte nur noch in der kleinen Rahme regulirt. Daß dies eine sehr practische Einrichtung ist, wird Jedem einleuchten, welcher sich mit Buntdruck beschäftigt. Das Einlegen eines Spahnes an eine der Platten einer auf gewöhnliche Weise geschlossenen Form, ferner ein nur um ein geringes kräftigeres Anreiben derselben ꝛc. bringt oft alle anderen Platten aus dem richtigen Stande. Dieser Uebelstand fällt bei der beschriebenen Einrichtung vollständig weg, denn die kleinen Rahmen behalten immer ihren festen Stand und jede Platte wird, ohne die anderen in Mitleidenschaft zu ziehen, für sich regulirt.

Handelt es sich um den Druck der Platten eines Bildes, so hat der Drucker wohl darauf zu achten, daß die Farben, welche er dazu benutzt, nicht zu stark angerieben werden, nicht zu viel Körper haben, sondern mit angemessen starkem, hellem Firniß versetzt, mehr durchsichtig bleiben und in Folge dessen lasirend wirken, d. h. jede Farbe, weil durchsichtig, die andere, welche sie überdruckt, durchschimmern und noch genügend zur Geltung kommen läßt, was nicht der Fall sein würde, wenn man den Farben zu viel Körper giebt, so daß sie zu sehr zur Wirkung kommen und die überdruckten anderen vollständig verdecken.

Bei glatten, aus Buchsbaumholz gefertigten Tonplatten kommt es häufig vor, daß dieselben trotz sorgfältigster Zusammensetzung seitens des Tischlers doch auf dem Papier die Stellen erkennen lassen, an welchen das Holz zusammengeleimt wurde. In einem solchen Falle ist wohl kaum Abhülfe zu schaffen, denn eine Lücke existirt auf der Platte nicht, vielmehr liegt der Uebelstand darin, daß das Holz von verschiedener Härte ist, und die weicheren Theile sind es, welche sich den härteren gegenüber markiren. Man sorge deshalb dafür, daß derartige Platten immer möglichst von einer Sorte Holz hergestellt werden und daß sie auch möglichst wenig Jahresringe haben, denn auch diese markiren sich leicht auf dem Druck.

Bezüglich der Punkturen gilt alles Das, was wir auf Seite 26 in dieser Hinsicht angaben, insbesondere sind es die beim ersten Druck in die Form zu setzenden Punkturen, welche alle Beachtung verdienen und kann deren Benutzung nicht genug empfohlen werden. Bei complicirten Formen wird man mit Vortheil nicht nur Punkturen oben und unten, sondern auch rechts und links setzen und die Bogen also beim zweiten und folgenden Druck in vier Punkturen einlegen können.

Das Zurichten von Buntdruckformen wird ganz in derselben Weise bewerkstelligt, wie wir dies früher im Capitel „Zurichten" beschrieben haben. Bezüglich der Behandlung geätzter Platten, die fast ausschließlich von unten, d. h. unter der Platte zugerichtet werden, gaben wir auf Seite 255 alles Nähere an.

Beim Fortdrucken ist auf exactestes Punktiren zu achten, denn das geringste Verziehen des Bogens in den Punkturen führt ein schlechtes Passen der Formen herbei.

Das Reinigen von zum Buntdruck benutzten Formen während des Druckens wird, je nach deren Zusammensetzung oder Ausführung und je nach der zur Verwendung kommenden Farbe, ein mehr oder weniger häufiges sein müssen.

Aus zarten Einfassungen zusammengesetzte Unterdruckplatten, Sätze mit vielen kleinen zarten Schriften, guillochirte Platten oder Platten mit vertieft eingravirten feinen Linien werden sich eher vollschmieren, wie die in anderer und für den Druck günstigerer Weise geschnittenen Platten. Man wird die ersteren deshalb häufig, letztere weniger häufig mit Terpentin oder Benzin mittels einer kleinen, weichen Bürste reinigen müssen. Die Benutzung von Lauge ist nicht zu empfehlen. Selbst Platten, welche lange rein drucken, müssen Mittags und Abends am Schluß der Arbeit sorgfältig gewaschen, mit einem weichen Lappen trocken gerieben und, sind sie aus Holz gefertigt, während des Ruhens der Arbeit beschwert werden, damit sie sich nicht ziehen.

Platten von Zink und Blei wäscht man am besten mit Benzin und polirt sie nicht nur auf der Oberfläche, sondern auch an den Rändern wieder ganz blank; versäumt man dies, so theilen sie der Farbe einen schmutzigen Ton mit, der schwer wieder zu entfernen ist.

Es ist ferner durchaus geboten, die Walze und den Farbestein mindestens Abends zu reinigen. Man schiebt den auf dem letzteren ausgestrichenen Farbenvorrath mit der Ziehklinge sorgsam in eine hintere Ecke des Steines und wäscht den letzteren mit Terpentin ab. Ebenso nöthig ist es zumeist, die Farbe vor dem Beginn der Arbeit noch einmal durchzureiben, damit sie wieder die gehörige Geschmeidigkeit erlangt.

Druckt man Formen mit vielen kräftig in der Farbe gehaltenen Partien, so ist es durchaus nöthig, die Drucke mit Makulatur zu durchschießen, damit sie sich nicht auseinander abziehen. Man lasse sie, ehe man sie wieder ausschießt, erst vollständig zwischen dem Maculatur trocknen, denn selbst wenn sie mehrere Tage dazwischen gelegen haben, ziehen sie sich oft noch auf einander ab, wenn die Farbe nicht ganz genügend getrocknet ist.

Beim Glätten in der Glättpresse legt man solche Drucke einzeln ein, oder, sind sie nur einseitig bedruckt, so legt man zwei Exemplare mit dem Rücken gegeneinander. Die zu benutzenden Pappen müssen natürlich vollständig rein sein, auch nach dem Auslegen der Auflage wieder gehörig gereinigt werden, da die Drucke zumeist doch etwas von den Farben darauf zurücklassen. Näheres darüber sehe man in dem Capitel über die Behandlung des Gedruckten.

Beim **Buntdruck auf der Schnellpresse** ist im Wesentlichen gleichfalls alles Das zu beachten, was wir vorstehend angaben. Daß natürlich die Form anders geschlossen, doch aber nicht anders justirt wird, wie an der Presse, versteht sich von selbst. Härtere Walzen sind gleichfalls zu empfehlen, ebenso die Benutzung mehrerer Punkturen in der zweiten Druck, so daß man eventuell in der Lage ist, für jede folgende Farbe ein eigenes Loch zu benutzen. Bei sehr complicirten Drucken wird ebenfalls das Einlegen in vier Punkturen gerathen und auch zu ermöglichen sein, wenn der Gang der Maschine angemessen langsamer geregelt wird.

Bei kleinen Auflagen und insbesondere bei Formen, welche nicht vieler Farbe bedürfen, ist es weit vortheilhafter, den Farbekasten garnicht zu benutzen, man reinigt deshalb nur die Auftragwalzen, den großen Farbecylinder, die Reiber und eventuell auch den Heber*), reibt diesen, oder wenn die Feinheit der Farbe und die Zusammensetzung der Form seine Mithülfe unnöthig machen, nur einen Reiber tüchtig auf dem Farbestein mit Farbe ein und läßt dann die Maschine so lange drehen, bis auch der große Farbecylinder genügend mit Farbe versehen ist. Bedarf die später einzuhebende Form vieler Farbe, so wird man den Reiber vielleicht zweimal und zwar etwas reichlich einreiben müssen, um dem großen Cylinder genügend Farbe zuzuführen, oder aber, man wird mittels einer Ziehklinge direct einen Streifen Farbe auf diesen Cylinder auftragen

---

*) Benutzt man den Heber ohne den gereinigten Farbekasten und Ductor zum Farbendruck, so ist natürlich nöthig, daß man ihn abstellt, also nicht an den Ductor angehen läßt.

müffen. Ist genügend verriebene Farbe auf demfelben vorhanden, fo fetzt man die Auftragwalzen ein und reibt auch fie angemeffen mit Farbe ein. Diefes Verfahren hat übrigens noch einen ganz befonderen Vortheil: es geftattet die Benutzung weit ftärferer Farben, als wenn man den Farbefaften nebft Ductor mitwirken läßt.

Wenn fchon beim Schwarzdrud viel auf die Stellung der Auftragwalzen ankommt, um einen guten Drud zu erlangen, fo ist dies beim Buntdrud noch weit mehr Bedingung, befonders wenn man zarte Schriften und zart gemufterte, insbefondere guillochirte Platten drudt; ftehen in diefem Fall die Walzen zu tief, fo fchmieren fie alle die feichteren Vertiefungen der Form fehr bald voll und man hat fortwährend zu reinigen. Der Stand der Walzen darf fonach weder ein zu tiefer, noch erflärlicherweife ein zu hoher fein und nur glatte, volle Flächen erlauben eine Ausnahme von diefer Regel; bei ihnen dürfen die Walzen fefter anfliegen, alfo tiefer ftehen.

Das zu dem großen Farbecylinder verwendete Material bietet mitunter Hinderniffe beim Drud gewiffer Farben. Die Meffüngcylinder z. B., welche König & Bauer an ihren Mafchinen, ja felbft an den Zweifarbenmafchinen anwenden, laffen ein Zinnoberroth nie in feiner ganzen Frifche erfcheinen, es nimmt vielmehr leicht einen bräunlichen Ton an; die Cylinder bereiten fonach dem Mafchinenmeifter viele Schwierigkeiten. Abhülfe fchafft in diefem Fall das vollftändige und faubere Reinigen des Farbecylinders und das gleichmäßige Ueberzehen deffelben mit einem feinen Lad. Herr A. Ihm fagt in feinem bereits früher erwähnten Werk über Farbendrud, daß wiederum Eifencylinder, die gewiß entfchieden practifcher als Meffüngcylinder find, Carmin trüben follen; Verfaffer diefes hat eine gleiche Bemerkung noch nicht gemacht.

In gleicher Weife, wie mit dem meffingenen Farbecylinder, kann man Roth mit galvanifirten Platten, da auch das Kupfer durch Zinnober zerfetzt wird und der Farbe dann ihr gutes Ausfehen benimmt. Diefem Vorkommen wird jedoch neuerdings durch das Verftählen der Galvanos vollftändig vorgebeugt.

Was die Conftruction des gefammten Farbeapparates einer Schnellpreffe betrifft, die man zum Buntdrud benutzen will, fo ist bei Cylinderfärbungsmafchinen nur ein fogenanntes doppeltes (überfetztes, hohes) Farbewerk mit Vortheil zu benutzen, denn das einfache Farbewerk vermag die meisten Farben nicht genügend zu verarbeiten, befonders wenn man das Farbekaften benutzt und die Farbe durch den Heber vom Ductor abnehmen läßt. Der Streifen Farbe nämlich, welcher vom Heber entnommen wird, kommt direct auf den großen Farbecylinder und wird hier nur ungenügend durch die eine oder die zwei vorhandenen Reibwalzen verarbeitet. Folge davon ist, daß die Farbe nicht gehörig verrieben und zumeift ftreifenweis auf die Auftragwalzen und auf die Form gelangt und fo zu einem gleichmäßigen Drud unmöglich macht.

Bei den doppelten Farbewerken hat die Farbe einen viel weiteren Weg zu machen, weit mehr Walzen zu raffiren, bis fie an die Form gelangt, fie wird demnach weit feiner verrieben. Doch auch bei folchen Farbewerken muß man bei großen, vollen Flächen, z. B. großen glatten Tonplatten ein ganz eigenes Verfahren einfchlagen, um ftreifig erfcheinenden Drud, hervorgebracht durch das ftreifenweis ftattfindende Abnehmen der Farbe durch den Heber, zu verhindern; jedesmal nämlich, wenn der Heber am Ductor Farbe entnimmt, muß man den letzteren an seinem Handrädchen derart umdrehen, daß sich die volle Rundung des Hebers mit Farbe überzieht, von ihm also nicht bloß ein schmaler Streifen Farbe auf die übrigen Walzen übertragen wird. Diese Manipulation hat insofern manches schwierige, als man immer am Ductor bleiben und gehörig auspassen muß, daß man den Heber stets voll und genügend mit Farbe versieht; ist ein Entnehmen der Farbe bei jedem Bogen nicht nothwendig, so hat man noch dazu so lange den Heber abzustellen, bis ein Farbenehmen wieder nothwendig ist.

Bei Tischfärbungsmaschinen ist ein Verfahren, wie es vorstehend beschrieben worden, zwar gleichfalls zu empfehlen, aber nicht in dem Maß erforderlich, wie bei der Cylinderfärbung, weil die Tischfläche und die sich auf ihr hin und her schiebenden Reibwalzen immerhin mehr zur Verarbeitung des vom Heber entnommenen Farbestreifens beitragen, wie der Cylinder.

Für den Buntdruck auf der Schnellpresse ist ferner noch die Beachtung folgender Regeln zu empfehlen: Die Farben müssen, wenn der Druck nicht innerhalb des Vormittags oder Nachmittags begonnen und beendet werden kann, zumeist vor dem jedesmaligen Fortdrucken noch einmal auf dem Farbestein durchgerieben werden, da viele derselben durch das längere Stehen verdicken. Hat man volle Platten mit Zinnoberroth zu drucken, so ist es gerathen, die Farbe dünn anzureiben und etwas Fett zuzusetzen; dagegen ist es gerathen, guillochirte Platten nur mit stark angeriebener Farbe zu drucken.

Wenn es irgend möglich ist, so vermeide man, zwei Exemplare einer Form auf den Bogen zu drucken, d. h. man lasse das Papier, der besseren Führung durch die Bänder wegen, nicht doppelt groß und bedrucke nicht den halben vorderen und den anderen halben hinteren Bogen mit einem Exemplar, wie man dies meist bei einseitigen Accidenzarbeiten zu thun pflegt, weil der Bogen in diesem Fall bei jeder Farbe noch einmal mehr durch die Punkturen gehen muß, was man, wenn irgend möglich, bei mehrfarbigem Druck vermeidet; auch läßt sich ein kleiner Bogen viel regelmäßiger punktiren wie ein größerer, daher auch ein weit gleichmäßigeres Registerhalten ermöglicht wird. Für derartige Arbeiten ist es allerdings Hauptsache, daß ein ruhiger und geschickter Punktirer das Einlegen besorgt, denn eine unruhige Hand kann einen größeren Theil der Auflage unbrauchbar, mindestens aber mangelhaft machen in Bezug auf das Ineinanderpassen der Farben.

Bezüglich des Druckens auf der Zweifarbenschnellpresse gilt alles Das, was wir vorstehend angaben, während wir über die Behandlung dieser Maschine bereits früher alles Erforderliche angaben.

Dagegen bleibt uns noch übrig, die Art und Weise zu erwähnen, wie man auf einfachen Maschinen zwei Farben zugleich drucken kann.

Ohne Zweifel kann man zwei Farben mit weniger Umständen und Kosten auf einer einfachen Maschine wie auf einer Zweifarbenmaschine herstellen, wenn die erstere nur ein doppelt so großes Format druckt, wie die betreffende Arbeit erfordert und wenn sie ein gutes Farbewerk besitzt. Maschinen, welche zum doppelten Anlegen eingerichtet sind, dürften in diesem Falle insofern von Vortheil sein, als man dann getheiltes Papier anlegen lassen und sich dadurch ein noch besseres Stehen des Register sichern kann, wie bei doppelt so großem Papier, welches ein Anleger anlegen und punktiren muß.

Während im ersten Fall die beiden Sätze in gleicher Richtung geschlossen werden können, also event. beide Köpfe oder beide Fußenden der Formen gegen die Walzen, so müssen sie im letzten Fall, also wenn man mit einem Anleger Papier von doppeltem Format verdruckt, selbstverständlich von einander entgegengesetzt geschlossen werden, d. h. event. von der einen Form der Kopf, von der anderen der Fuß gegen die Walzen, da das Papier beim zweiten Druck umbreht wird.

In manchen Fällen wird dieses Verfahren jedoch Schwierigkeiten bereiten; ist das Format der Arbeit ein großes, so wird sich das große Papier sehr schwer so exact einlegen lassen, daß das Register genau steht; die geringste Verzerrung des Bogens beim Einlegen in die obere bewegliche Punktur zieht eine Differenz im Register nach sich und je höher das Papier, desto größer wird dieselbe an den oberen äußeren Rändern sein. Es giebt auch hiergegen ein Mittel, und dies besteht darin, daß man oben und unten in zwei Punkturen einlegen läßt; freilich sind für diesen Zweck eigene Punkturen nöthig, und muß der Gang der Maschine ein langsamerer sein, da sich erklärlicherweise das Einlegen in vier Spitzen nicht so leicht bewerkstelligen läßt, wie das in nur zwei.

Man benutzt mit Vortheil Punkturen, auf deren oberer, viereckiger, zum Fassen des Schlüssels bestimmter Fläche (die in diesem Fall angemessen vergrößert ist und leicht mittels einer Zange gefaßt werden kann, wenn die Punktur eingeschraubt werden soll) zwei Spitzen angebracht sind und die dann auf dem Cylinder so eingeschraubt werden können, daß die Spitzen neben, eventuell auch über einander stehen können, je nachdem man die Punktur dreht. Practischer noch ist eine solche Punktur zum Aufkleben; Verfasser dieses benutzt z. B. eine solche, da man sie bequem auf jeden Fleck des Cylinders befestigen kann.

Eine ähnliche Einrichtung, die jedoch in Bezug auf den Abstand der Spitzen genau mit der unteren festen Punktur übereinstimmen muß, erhält die obere bewegliche Punktur. Durch diese Doppelpunkturen ist dem Bogen eine weit festere und genauere Lage gesichert, wie durch zwei einfache Punkturen; es ist demnach dem Verziehen des Bogens seitens des Einlegers so ziemlich vorgebeugt, wenn man nur darauf achtet, daß sich die bewegliche Punktur leicht aus dem Bogen herauszieht, ohne ihn nachträglich zu verschieben. Auch ist es unter allen Umständen gerathen, den Bogen so lange zu halten, bis sich die Greifer geschlossen haben.

Es versteht sich von selbst, daß man beim ersten Druck auch hinten am Cylinder und zwar in ganz gleichem Abstande vom Rande des Papieres, wie vorn, eine Doppelpunktur einzuschrauben hat und daß man, wenn für diese Punktur ein passendes Loch dort nicht vorhanden, eine Doppelpunktur zum Aufkleben oder aber eine sogenannte Schlitzpunktur benutzen muß.

Diesen Punkturen sind jedoch, wie früher erwähnt, für den ersten Druck bei Weitem die in die Form einzusetzenden oder in den Mittelsteg einzuschraubenden Punkturen vorzuziehen.

Wenn wir vorhin sagten, daß das Umdrehen eines großen Bogens Schwierigkeiten mit sich, so bezieht sich dies auch auf die zu erzielenden Farbennuancen der Mischfarben. Es ist nämlich in vielen Fällen durchaus nicht gleichgültig, ob man z. B. um Grün zu erzielen, Gelb auf Blau oder Blau auf Gelb druckt; bei Benutzung großer Bogen würde durch das Umdrehen

wenigstens bei der einen Hälfte der Auflage eine von der anderen abweichende Nüancirung des
Grün eintreten, und das dürfte in vielen Fällen ein Hinderniß sein.

Bei doppeltem Einlegen dagegen ist dieser Uebelstand zu vermeiden, wenn man wenigstens
eine Anzahl Drucke der zuerst zu druckenden Farbe abzieht und dann erst mit dem Aufdruck der
anderen beginnt; freilich muß in diesem Falle Jemand bereit sein, die Stöße von dem Auslegetische wieder dem zweiten Einleger zuzustellen.

Zur Sicherung eines guten Registers kann man auch beim doppelten Einlegen die vorhin
beschriebene Punkturenvorrichtung benutzen.

Einen großen Vortheil hat die Benutzung einer einfachen Maschine zum Zweifarbendruck
vor der der eigentlichen Zweifarbenmaschine voraus, wenn man Formen druckt, welche sich
decken. Auf der einfachen Maschine kann in solchen Fällen die Zurichtung jeder der beiden
Formen in vollkommenster Weise für sich auf der betreffenden Cylinderhälfte gemacht werden,
während bei der Zweifarbenmaschine eine Zurichtung höchst schwierig ist, wenn die Farben sich
decken, denn das Unterlegen der einen bringt, wie wir früher lehrten, leicht auch das schärfere
Drucken der anderen an der betreffenden Stelle mit sich.

Daß auch für die vorstehend beschriebene Druckweise nur Maschinen mit übersetztem Farbewerk
praktisch sind, bedarf wohl keiner weiteren Begründung.

Fassen wir nun ins Auge, in welcher Weise die zwei Farbensorten in den Farbekasten
vertheilt und wie mit den Walzen selbst verfahren wird. Handelt es sich um Arbeiten, bei
denen ein breiter Papierrand bleibt, so ist das Trennen der beiden Farben in dem Farbekasten
durch die Brocken leicht zu bewerkstelligen. Ist der Papierrand dagegen ein schmaler, oder treten
die Farben überhaupt nahe nach dem Mittelsteg zu einander heran, so sind schon gewisse andere
Vorsichtsmaßregeln erforderlich, um das spätere Ineinanderlaufen beider auf den Walzen zu
verhindern. Man muß zunächst die seitliche Bewegung des großen Farbecylinders und der
Reibwalzen verhindern, was durch Auskuppeln des betreffenden Zuges, oder bei Maschinen, welche
ein Schneckengewinde am Farbcylinder haben, durch Abschrauben des in die Schnecke eingreifenden
Dornes geschieht. Damit der Cylinder nicht trotzdem aus seiner Lage verschoben werden kann,
ist es rathsam, unter jedem seiner beiden Lagerdeckel ein Stück starkes Messing- oder Eisenblech,
auch wohl einen Cicerosteg von einer Länge zu schrauben, daß derselbe an jeder Seite bis
etwa eine Halbpetit an den Cylinder heranreicht und ihm so eine bedeutende seitliche Abweichung
von seiner Lage nicht gestattet.*)

In den meisten Fällen wird dieses Verfahren genügen; treten aber die Farben so dicht
an einander heran, daß trotzdem eine Vermischung derselben stattfindet, so ist nur durch
Ausschneiden eines schmalen Ringes aus sämmtlichen Massewalzen gründlich abzuhelfen. Mitunter
wird es auch schon genügen, wenn ein solcher Trennungsring aus dem Heber herausgeschnitten
wird. Druckereien, welche den Farbendruck auf einer gewöhnlichen Maschine cultiviren wollen

---

*) Bei Tischfärbungsmaschinen ist natürlich gleichfalls die seitwärts schiebende Bewegung der Walzen
zu hemmen.

können sich ja ohne große Opfer einen Satz Walzen mit dieser Vorrichtung bereit halten; die neue, vorzügliche Gelatine-Walzenmasse hält sich bekanntlich so lange brauchbar, daß man die Walzen, ohne ihr Vertrocknen befürchten zu müssen, selbst bei weniger häufigem Gebrauch ruhig für diesen Zweck aufheben kann.

Daß man durch Herausschneiden mehrerer Ringe in der Lage ist, sogar mehr als zwei Farben mit einmal zu drucken, wird dem Leser einleuchten. So sind z. B. die zu einem Contobuch gehörigen Bogen ganz gut in drei Farben zugleich zu drucken. Dies geschieht auf folgende Weise: Die schwarz zu druckenden Worte Debet und Credit werden mit in der blau zu druckenden Querliniencolumne angebracht, während die roth zu druckenden Längenlinien einen Satz für sich bilden. Die Form wird ganz so geschlossen, wie dies bei Tabellenformen, deren Längen- und Querlinien zugleich gedruckt werden sollen, üblich ist, auch werden die Punktnren ganz in derselben Weise gesetzt und benutzt.

Damit nun die Worte Debet und Credit schwarz, die Längenlinien roth und die Quer- linien blau drucken, schneidet man zwei Ringe in dem Heber aus und zwar den einen in Linie mit dem Fuß der Worte Debet und Credit, den anderen über der Kopflinie. Wird dann die vorstehend beschriebene Vorrichtung am Farbcylinder und den übrigen sich seitwärts schiebenden Walzen angebracht und die Farben im Farbkasten durch schmale Brocken (siehe Irisdruck) von einander getrennt, so wird man diese drei Farben ganz gut mit einander drucken können. Bei großen Auflagen dürfte dieses Verfahren wohl der Mühe lohnen.

Sollte der Ausschnitt im Heber nicht genügen, um das Vermischen der Farben zu verhindern, so bleibt immer noch der Ausweg übrig, auch aus den übrigen Massewalzen derartige Ringe herauszuschneiden.

Wenn man die gleiche Arbeit auf einer Zweifarbenmaschine drucken will, so würde man bei großen Auflagen noch schneller zum Ziel kommen, wenn man beide Formen zweimal setzt, demnach eine Doppelform Längenlinien und eine Doppelform Querlinien mit eingefügtem Debet und Credit benutzt. Die Formen werden dann auf den Fundamenten placirt und in dem Heber, welcher die Farbenzuführung für die Querlinienform vermittelt, würden zwei Ausschnitte zu machen sein, damit das Debet und Credit schwarz gefärbt wird.

Wer sehr viel derartige Arbeiten druckt, dem dürfte eine Einrichtung zu empfehlen sein, wie wir sie in der Beschreibung der Tiegeldruckmaschine der Cincinnati Type Foundry auf Seite 336 erwähnten, nur daß man anstatt eiserner Scheiben solche von Walzenmasse benutzt.

Ganz ähnlich, wie vorstehend beschrieben, kann man auch auf der Handpresse zwei Farben auf einmal drucken, sei es nun, daß man großes Papier benutzt und es gleichfalls umdreht oder, indem man zwei kleine Bogen anlegt, respective punktirt. Die Farben werden, entsprechend dem Abstande der beiden Formen in der Presse auf dem Farbstein ausgestrichen, die Walze sorgfältig eingerieben und beim eigentlichen Fortdrucken dann darauf gesehen, daß man sie immer auf derselben Stelle des Steines aufsetzt und diesen in gerader Richtung überreibt, zu welchem Zweck man sich an der linken Seite des Steines leicht ein Zeichen oder eine Marke anbringen kann.

7. Der Congrevedruck.

Die vorstehend beschriebene Druckweise führt uns auf ein früher häufiger zur Anwendung gebrachtes Verfahren des mehrfarbigen Druckes, den sogenannten **Congrevedruck**, so benannt nach seinem Erfinder Congreve, der damit 1822 an die Oeffentlichkeit trat und damit viel Aufsehen erregte.

Die Art und Weise dieses Druckes ist etwa folgende: Es handelt sich hier um die Herstellung genau ineinander (also nicht aufeinander) passender Drucke, z. B. Etiquetten, bei denen ein guillochirter oder gravirter Rand eine mit eingravirter Schrift versehene Platte umgiebt. Jeder der zwei Theile eines solchen Etiquettes bildet sonach eine Platte für sich, die aber doch so gearbeitet sind, daß die in der Mitte mit dem genauen Ausschnitt der Schriftplatte versehene Randplatte, abnehmbar eingerichtet, die letztere umgiebt und die Schriftplatte sonach genau die innere Oeffnung der Randplatte ausfüllt. Nebenstehende Figur mag dies verdeutlichen. Nimmt man nun diese Platten aneinander, walzt sie einzeln verschiedenfarbig ein und setzt sie dann wieder ineinander, so kann man mit einem Druck zweifarbige Abdrücke erzielen.

Daß auf dieselbe Weise auch in mehreren Farben gedruckt werden kann, wird dem Leser einleuchten. In diesem Falle kann man auch mit großer Leichtigkeit sämmtliche Platten auf einmal mit den verschiedenen Farben einwalzen. Zu diesem Zweck ist nur nöthig, die einzelnen Platten an jeder Seite mit zwei kleinen Löchern zu versehen und sie in Zwischenräumen von etwa 4—5 Cmtr. nebeneinander auf einem in der Nähe des Farbesteines angebrachten Bret in Stifte einzulegen, welche den erwähnten Löchern in den Platten entsprechen. Mißt man sich dann die Entfernung der Platten auf diesem Bret genau ab und bringt die verschiedenen Farben in denselben Entfernungen auf den Farbestein, so kann man mit einer Walze alle Farbenplatten gleichzeitig mit der entsprechenden Farbe versehen. Eine andere Einrichtung besteht darin, daß sich auf dem Bret für jede Platte eine dem Ausschnitt und der Stärke derselben entsprechende Erhöhung befindet, um sie dann, ähnlich wie in der Form selbst, gelegt wird. In beiden Fällen muß man beim Reiben der Walze jedoch ebenfalls Sorge dafür tragen, daß man sie immer in der gleichen Richtung aufsetzt und in gerader Linie reibt. Wenngleich Congreve für sein Verfahren auch eine Schnellpresse construirt hatte, so ist dasselbe doch zumeist auf der Handpresse zur Anwendung gebracht worden. Seit Benutzung der gewöhnlichen Schnellpresse zum Farbendruck und insbesondere seit Erfindung der Zweifarbenmaschine wird die Congreve'sche Manier wohl nur selten noch zur Anwendung gebracht, denn sie erlaubt immerhin nur ein langsames Drucken und erfordert eine sehr kostspielige Bearbeitung der Platten, da eine immer genau auf die andere und in die andere passen, alle auch schließlich nach dem Zusammensetzen gleiche Höhe haben müssen.

8. Der Irisdruck.

Der Irisdruck, bei welchem mit ein und derselben Walze mehrere Farben ineinander übergehend, ineinander verschwimmend, und vom dunkeln zum hellen sich abstufend aufgetragen werden, erfordert als erste Hauptbedingung die größte Reinlichkeit der Walze, welche so viel wie möglich glatt, d. h. frei von Poren sein muß.

Das Verfahren vor und bei dem Druck ist auf der Presse folgendes: Man bringt an beiden Seiten des Walzengestelles, da wo der Zapfen der Walze in dem Gestell läuft, einen eisernen, nach unten gerichteten Dorn an, befestigt dann an beiden Seiten des Farbesteines ein Paar hölzerne oder eiserne Laufleisten, etwa in der Form der Mittelstege an Maschinenrahmen, die, wie bekannt, in der Mitte eine Rinne haben. Diese Laufleisten mit der Rinne haben den Zweck, den Dorn des Walzengestelles in sich aufzunehmen, um der Walze beim Reiben nur eine geringe Abweichung von ihrer Bahn zu gestatten und es so zu ermöglichen, daß jede Farbe wieder auf denselben Punkt trifft, den sie beim ersten Einreiben der Walze auf derselben einnahm.

Eine gleiche Einrichtung, wie die eben erwähnte, erhält auch die Form; die Laufstege werden mit in dieselbe geschlossen und haben hier denselben Zweck: die Abweichung der Walze zu verhüten und bei jedem Auftragen die Farbe auf ein und denselben Fleck der zu druckenden Platte zu bringen.

Durch dieses Verfahren wird es möglich, mehrere Farben gleichmäßig mit einmaligem Auftragen in oben erwähnter Manier zu drucken.

Hat man nun die angegebenen Vorrichtungen an dem Walzengestelle, der Form und dem Farbestein befestigt, so bringe man, nachdem man die Breite der zu druckenden Form ausgemessen, diese dann in soviel Theile getheilt, als Farben anzuwenden und sich die Breite einer jeden Farbe auf dem Farbestein mittels Bleistift angezeichnet, die gewählten, vorher sehr gut durchgeriebenen Farben der Reihe nach auf den Farbetisch, streiche jede einzelne dünn mittels eines sehr reinlich zu haltenden Spachtels so aus, daß allemal die darauf folgende Farbe etwas über den angezeichneten Raum hinaus, also in die andere übergeht.

Dieses Ausstreichen muß auch so geschehen, daß an jeder Farbe die linke Seite etwas stärker wird, wie die rechte, also auf der linken Seite a mehr Farbe enthalten ist wie auf der rechten b, sie also an dieser Seite b lichter erscheint; auf diese Weise wird eine gleichmäßigere Abstufung erzielt, die, wendet man die dazu nöthigen Farben an, z. B. dem Aussehen des Himmels bei untergehender oder untergegangener Sonne gleicht, also vom dunkleren Blau in lichtes, von diesem in's Röthliche übergeht. Am meisten wird der Irisdruck als Unterdruck für landschaftliche Darstellungen in den oben angegebenen Farben benutzt, denen sich meist noch grün ꝛc. anschließt, um auch den Bäumen und der Erde ein natürliches Aussehen zu geben.

In ähnlicher Weise läßt sich auch ein kreisförmiger Irisdruck herstellen. Die Einrichtung dafür ist eine etwas complicirtere, da eine andersgeformte Walze erforderlich ist. Die Walze muß eine spiß zulaufende Form und an der spißen Seite einen längeren Zapfen haben. An der Mitte von Form und Farbentisch ist ein eiserner Stift anzubringen, der sich etwas über die Höhe der Schrift und die Oberfläche des Farbesteins erhebt. Dieser Stift muß so angebracht sein, daß er sich unten in einer, sei es in einem dicken Bret, sei es in einer Eisenplatte befindlichen Oeffnung dreht. Oben erhält dieser Stift einen Kopf, ähnlich dem der Schrauben an den Schraubrahmen, doch muß derselbe oben offen sein, damit der Zapfen der spißen Seite der Walze hineingelegt werden kann. Diese Vorrichtung erfüllt nun denselben Zweck, wie die Laufleisten bei dem gewöhnlichen Irisdruck, sie verhindert das Abweichen der Walze von ihrer gewöhnlichen Bahn.

Wurde die Farbe bei dem erst beschriebenen Druck auf dem Farbestein oben ausgestrichen und naturlicherweise der zu druckenden Form angepaßt, so wird sie in diesem Fall in der Mitte des Farbesteines herunter von rechts nach links ausgestrichen, die Walze dann mit dem Zapfen der spißen Endes in den offenen Kopf des Stiftes gesetzt und eingerieben, indem man einen Halbkreis auf dem Farbestein beschreibt. Das Auftragen der Form geschieht ebenfalls in der Weise, daß man einen Halbkreis beschreibt.

Daß hierbei ein sehr vorsichtiges Verreiben der Farbe nöthig ist, auch das Auftragen mit vieler Vorsicht geschehen muß, ist Hauptbedingung für ein gutes Resultat.

Es ist selbstverständlich, daß der eiserne Stift, in dem der Zapfen ruht, vor jedem Abzuge nach erfolgtem Anstragen aus der Form entfernt werden muß.

Die Herstellung eines Irisdruckes auf der Schnellpresse ist, so schwierig dies auch manchem damit nicht Bekannten erscheinen mag, beinahe eine leichtere, wie auf der Handpresse.

Unsere Irisdruck-Beilage wurde auf einer Johannisberger Schnellpresse in folgender Weise hergestellt: Es wurden etwa Cicero starke Messingbroden von der Form der Fig. 127 mit breitem Fuß in den Farbekasten derart eingesetzt, daß die zwischen je zwei derselben verbleibende Oeffnung der Breite entsprach, welche jede Farbe auf der Platte einnehmen soll. Wir hatten demnach für unsere Beilage 6 Broden nothwendig und der Abstand derselben von einander betrug etwa 3 Cmtr.

Fig 127. Messingbroden für Irisdruck.

Da der große Farbeylinder der Schnellpresse sich nach den beiden Seiten hin und herschiebt, so mußte diese Bewegung verhindert, respective auf ein Minimum beschränkt werden, zu welchem Zweck ganz in der Weise verfahren wurde, wie wir dies auf Seite 364 beschrieben haben.

Die gut angeriebenen Farben wurden nun in die durch die Broden gebildeten Behälter gethan und dann sämmtliche Walzen vorsichtig eingerieben. Durch die nach jeder Seite um eine Cicero möglich gemachte Verschiebung des Farbeeylinders mischen, respective tönen sich die Farben dann übergängig ab und geben, wenn alle Walzen und die Platte gehörig rein waren, einen höchst sauberen Druck.

Die zur Beilage 18 verwendete Platte war eine Buchsbaumplatte, wie überhaupt für alle solche Drucke das Buchsbaumholz am besten geeignet ist, da Metallplatten, wie früher erwähnt, zu leicht den zarten Ton der Farben verderben.

II. Der Broncedruck.

Beim Broncedruck oder Druck mit bunten Farben, die man nicht anreibt, sondern als Pulver, der Bronce gleich benutzt, nehme man je nach der verschiedenen Bronce oder Farbe auch verschiedenfarbigen Vordruck, so daß man z. B. zu Gold- und Kupferbronce mit hellem Carminlack oder einer diesen ähnlichen Farbe, zu Grün mit Grün oder mit einer Mischung von Chromgelb und Pariserblau, zu Blau und Silber mit hellem Pariser- oder Miloriblau, zu Violett mit einer Mischung von Carminlack und Miloriblau vordruckt. Alle diese Farben müssen, wohlverstanden, hell angerieben zur Verwendung kommen.

Zum Bronciren selbst bediene man sich eines, der zu deckenden Fläche angemessen großen weichen Pinsels, dessen Haare höchstens einen Zoll lang sein dürfen, oder auch weicher, knotenfreier Baumwolle, sehe aber ja zu, daß man beim Auftragen der Bronce nicht zu stark aufdrückt, damit man nicht dadurch die Farbe verwischt und den Abzug verdirbt; beim Bronciren auf Kreidepapier hüte man sich vorzüglich vor dem Anhauchen des Papieres, vor zu starkem Reiben mit der Baumwolle, weil hierdurch leicht schwarze Streifen entstehen, und vor Speichelflecken, sehe auch darauf, daß das Papier trocken ist, denn schon ein Anflug von Feuchtigkeit würde die Schönheit des Druckes beeinträchtigen, da die Bronce auf der vollen Fläche desselben haften bleibt.

Hat man den Abzug mit Bronce überstrichen und die lose auf dem Blatt befindliche wieder leicht abgestrichen, so läßt man ihn am besten eine Zeit lang liegen und reibt alsdann leicht mit einer Hasenpfote oder weicher Watte die noch abgehende Bronce ab, sammelt sie auf einem Glacébogen und hebt sie zu weiterer Verwendung auf. Es ist nicht rathsam, solche bereits einmal benutzte Bronce zu guten Arbeiten wieder zu verwenden, denn sie verliert viel von ihrem Glanz. Zu gewöhnlichen Arbeiten läßt sie sich, mit einem gleichen Quantum frischer Bronce gemischt, eher wieder verwenden.

Noch sei bemerkt, daß man sich zu Broncevordrucken lieber des mittelstarken, anstatt des ganz starken Firnisses bedient, weil letzterer, vorzüglich bei den feineren Stellen und auf Kreidepapier zu schnell trocknet und dadurch verursacht, daß manche feine Stelle garkeine Bronce annimmt. Man setzt dem mittelstarken Firniß am besten den bereits früher erwähnten Lack zu, um die Farbe besser haltend zu machen.

Zu beachten ist, daß die Broncen und Staubfarben vollkommen trocken sein müssen, wenn sie sich gut anstragen lassen und haften sollen; man bewahre sie deshalb nur an trockenen Orten auf und sind sie feucht geworden, so breite man sie auf Glacépapier dünn aus und trockne sie auf dem warmen Ofen oder an der Sonne.

Während des Broncirens muß man die Watte öfter ausklopfen, auch von Zeit zu Zeit ganz frische nehmen; desgleichen muß man die Bronce selbst in dem Briefe oder in dem Behälter (am besten ein Blechkasten) aus welchem man sie entnimmt, umschütteln. Die Unterlassung dieser Manipulationen bringt leicht rauhe, glanzlose Drucke hervor, insbesondere wenn das Local feucht ist und Watte wie Bronce die Feuchtigkeit ansaugten.

Einzelne Stellen oder Zeilen des Abdrucks kann man nach Belieben auch mit verschiedener Bronce überstreichen, wozu man sich natürlich, der größeren Sicherheit wegen, lieber verschiedener Pinsel statt der Watte bedient. Man erzielt auf diese Weise, besonders bei kleineren Auflagen sehr leicht einen mehrfarbigen Druck.

Sobald die Abdrücke trocken sind, kann man dieselben zwischen Stahlplatten auf der Satinirmaschine (siehe Seite 93) oder auf einem polirten Stein in einer Steindruckpresse, und wenn man solche nicht hat, zwischen den gewöhnlichen Glanzpappen glätten, muß jedoch in letzterem Falle darauf sehen, daß die Pappen vollständig trocken sind, was meist nicht der Fall sein dürfte, da sie ja häufig von dem vorher eingelegten Papier Feuchtigkeit anziehen, in vielen Druckereien die Glättpressen auch in feuchten und kalten Räumen stehen, in denen sich die Feuchtigkeit dann auch leicht den Pappen mittheilt.

Sehr praktisch beim Bronzedruck sind die hierzu eigens construirten Broncirkästen, weil bei ihrer Benutzung das Verstäuben und Verschütten der Bronze verhütet wird. Diese Kästen, ganz mit Glacépapier ausgeklebt, haben einen doppelten Boden; der obere ist abnehmbar und an der vorderen Seite mit einem Einschnitt versehen. Hat man eine Weile broncirt, so hebt man den Kasten am hinteren Ende so, daß alle in demselben abgestäubte Bronce durch den Einschnitt in den zweiten Kasten fällt und in diesem ohne Verlust gesammelt wird.

In manchen Druckereien benutzt man auch Kästen, welche mit einer Glasplatte überdeckt sind. In diesem Fall befindet sich in den Seitenwänden eine Oeffnung zum Durchstecken der Arme.

Für den Broncedruck sind mit Vortheil nur sehr glatt satinirte Papiere, am besten aber matte und polirte Kreidepapiere zu benutzen. Die bunten Pulverfarben lassen sich zumeist schwer auf gewöhnlichem, wenn auch glattem Papier anwenden. Specielleres über die Papiere sehe der Leser in der später folgenden Beschreibung der Herstellung von Beilage 13.

III. Der Blattgolddruck.

Das Verfahren beim Blattgolddruck ist zwar sehr einfach, bedarf aber immerhin einiger Routine um die zu liefernden Arbeiten gut ausführen zu können. Zu beobachten ist dabei folgendes:

Zum Vordruck nehme man entweder Goldoder oder besser Grün mit einem Ladzusatz, reibe diese Farbe mit starkem, guten, alten Firniß tüchtig durch, reibe auch die Walze gut und gleichmäßig ein und trage alsdann, nachdem man die Form wie jede andere zugerichtet hat, mit der Walze auf, sehe aber ja darauf, daß die ganze Fläche der Form hinreichend und gleichmäßig mit Farbe gedeckt ist, vermeide hierbei auch die Farbe zu dick aufzutragen, damit dieselbe nicht durch das Gold durchdringt.

Hat man nun den Abzug gemacht und sich vorher zum möglichst sparsamen Verbrauch die Goldbüchelchen so geschnitten, daß ein oder mehrere Blättchen den Druck gerade bedecken (man wird oft ein ganzes und ein halbes oder ein viertel Blatt brauchen), so nehme man das Büchelchen so schnell wie möglich zur Hand, fasse es, nachdem man jedesmal das leer gewordene, zur Zwischenlage dienende Papier einfach zurückgeschlagen, beim Rücken, und fange dann an, den Abzug zu belegen, indem man das der Hand entgegengesetzte Ende des Goldblattes auf den Abzug legt und nach und nach, so schnell als möglich das ganze Blatt auf den Abzug niederdrückt, dabei vorzüglich berücksichtigend, daß man die feineren Stellen zuerst mit Gold belegt, um das schnelle Eintrocknen des Firniß so viel als möglich zu verhüten. Dieses Eintrocknen hat man am meisten bei zu wenig geleimtem Kreidepapier zu befürchten, weil bei diesem der Firniß sehr leicht einzieht. Bei der ganzen Manipulation ist Gewandtheit und Uebung die Hauptsache.

Hat man nun den ganzen Abdruck mit Gold belegt und dasselbe mit einem reinen, weichen Tuch oder Watte etwas auf der Vorderseite festgedrückt, so wende man den Abzug behutsam um und streiche denselben auf der Rückseite kräftig, damit sich das Gold überall fest anlegt, lasse die so hergestellten Abzüge gut trocknen und reibe alsdann mit weicher Watte das überflüssige Blattgold ab. Bemerken müssen wir hierbei noch, daß es, wenn man es haben kann, für den Blattgolddruck besser ist, wenn man die mit Gold belegten Abdrücke durch eine Steindruck- oder Satinirpresse (mit Stahlplatten, siehe Seite 93) gehen lassen kann, weil sich das Gold dadurch fester anlegt und mehr Glätte erhält.

Viele Drucker verfahren, um das Gold fest auf dem Abdruck haftend zu machen auch so, daß sie den belegten Bogen wieder in die Punkturen bringen, einen nach oben reinen Bogen über die natürlich nicht eingewalzte Form decken und noch einmal Druck geben.

Mit Vortheil und ohne dem Druck zu schaden, wird man dies aber nur thun können, wenn man sehr vorsichtig beim Auftragen der zum Vordruck dienenden Farbe verfuhr, denn, druckte man mit zu viel oder zu fetter Farbe, so bringt diese infolge des auf das Gold ausgeübten Druckes durch und macht das Gold blind. Wenn man irgend auf die vorhin beschriebene Weise, also durch einfaches Betupfen, das Gold zum Halten bringen kann, so ist es jedenfalls für den nicht Geübten besser, so zu verfahren, dafür aber später das Glätten auf der Satinir- maschine vorzunehmen, wenn die Drucke gehörig getrocknet sind; das Gold wird dann einen schönen Glanz bekommen, wie man ihn ohne Satinage nie zu erreichen im Stande ist.

Manche Drucker benutzen für den Blattgolddruck eine Farbe zum Vordruck, welche in folgender Weise gemischt wird: 2 Theile starker Firniß und 1 Theil venetianischer Terpentin werden gelinde über Kohlenfeuer erhitzt, sodann ½ Theil gelbes Wachs zugesetzt und so lange darin verrührt, bis es vollständig geschmolzen ist. Die Mischung wird dann vom Feuer entfernt und noch ferner so lange gerührt, bis sie vollständig erkaltet ist.

IV. Der Prägedruck.

1. Vorrichtung der Platten und der Pressen zum Prägedruck.

Will man einen Prägedruck auf der Buchdruckhandpresse ausführen, so muß die zu prägende Platte annähernd auf Schrifthöhe gebracht und demzufolge auf einem massiven Blei= oder Eisenblock befestigt werden. Dieses Befestigen kann geschehen, indem man Wachs erwärmt,

Platte und Block damit bestreicht und dann durch den Druck der Presse mit einander verbindet oder aber, indem man mittels Kleister oder Leim ein Blatt starkes weiches Papier auf den Block klebt, dieses, wie die Platte wiederum mit Kleister oder Leim bestreicht, die Platte auf den Block legt, und unter der Presse festzieht.

Bei den Prägepressen, welche extra zum Prägen gebaut sind, wird die Platte direct auf dem Fundament befestigt. Diese Pressen haben im Wesentlichen dieselbe Con= struction, wie die Präge= und Vergoldepressen, welche die Buchbinder benutzen, sind also Hebelpressen, oder es sind sogenannte Balancierpressen, bei welchen der Druck durch das Herumwerfen einer mit zwei schweren Kugeln versehenen, auf der Preß= spindel befestigten Querstange bewirkt wird.

Bei beiden Arten kann die Matrize am Tiegel angebracht werden, wenn derselbe mit einer abnehmbaren, also die Herrichtung

Fig. 120. Prägepresse mit Kniehebelbewegung.

der Matrize bequem möglich machenden Platte versehen ist, oft auch ist an dem herausziehbaren Fundament derselben ein kleiner Deckel befestigt, so daß man die Matrize auf diesem anfertigen kann.

Die Anlage des zu prägenden Papiers kann bei den Buchdruckhandpressen im Deckel stattfinden, doch muß, wenn man des schnelleren Arbeitens wegen die Benutzung des Rähmchens sparen will, der Bogen durch Frösche oder Nadeln auf dem Deckel befestigt werden. In punktirende

Bogen können natürlich auch auf dem Deckel punktirt werden. In vielen Prägedruckereien und besonders bei Benutzung der eigentlichen Prägepresse wird jedoch sowohl auf dem Fundament, also direct über der Platte angelegt, als auch auf demselben punktirt, zu welchem Zweck die Punkturspitzen am besten auf Federn befestigt sind, so daß sie sich beim Druck des Tiegels senken können. Oft sind solche Federpunkturen direct auf den Platten angebracht.

Für ganz kleine Prägearbeiten, insbesondere für Firmen- und Monogramm-Prägungen auf Briefbogen x. benutzt man fast ausschließlich die kleinen Balancierpreisen, doch müssen dieselben, will man farbige Monogramme oder Firmenprägungen machen, so gebaut sein, daß sich der Stempel schnell und bequem aus der Presse nehmen und mit Farbe versehen läßt. Specielleres darüber folgt später.

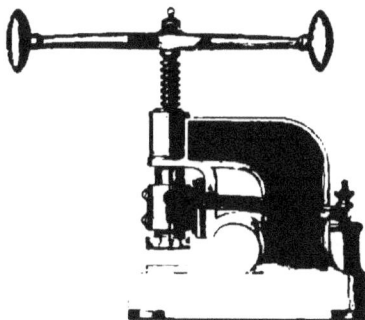

Fig. 129. Prägepresse mit Balancier.

2. Die Herstellung der Matrize.

Auf welcher Art von Pressen eine Prägung auch bewerkstelligt werden mag, die Befestigung, resp. Bettung der Platte muß stets genau in der Mitte des Fundamentes stattfinden.

Bei der Benutzung einer Buchdruckhandpresse schließe man die Platte in gewöhnlicher Weise in einer Rahme, nehme alle Einlagen des Deckels heraus, weil dieselben sonst ruinirt werden würden, schneide sich alsdann von einer guten, knotenfreien Pappe ein Stück so groß ab, als es die zu prägende Form erfordert, lege es auf dieselbe, bestreiche die Rückseite mit Kleister oder Gummi arabicum und ziehe ungefähr so stark, daß man auf der Pappe die Form deutlich erkennen kann; durch das Bestreichen der Rückseite mit Kleister oder Gummi ermöglicht man zugleich das Festhalten derselben am Deckel.

Zur Anfertigung der eigentlichen Matrize benutzt man sehr verschiedenartige Materialien, z. B. einen Kitt aus Kreide und Gummi, ferner Schellack, Oblate, Leder und Guttapercha.

Die Bereitung des erwähnten Kittes ist folgende: Man nehme, je nach Bedarf, sogenannte geschlemmte Kreide, setze so viel Gummi arabicum hinzu, als zur Bereitung einer consistenten, dem Glaserkitt ähnlichen Masse erforderlich ist, arbeite denselben aber gut durch, was am besten mit einem alten Messer geschieht, damit sich nicht noch rohe Kreideklümpchen vorfinden, welche bei Anfertigung der Matrize ausbröckeln würden.

Mit diesem Kitt nun bestreiche man die zu prägenden und auf der Pappe deutlich sichtbaren Stellen etwas dicker, als die Gravirung in der Platte tief ist, und reibe alsdann die Form mit einem in Oel getauchten Läppchen vollständig (aber nicht zu fett ein), damit der noch feuchte Kitt nicht darauf sitzen bleibt; nachdem dies geschehen, suche man anfänglich durch ganz leichten, später, wenn sich das Bild immer deutlicher zeigt und der Kitt trockener wird, durch stärkeren Druck die vollständige Matrize in höchster Schärfe herzustellen, wobei zu beachten ist, daß man nach jedesmaligem Ziehen mittels eines Messers den an den Seiten herausgequetschten Kitt hinwegnimmt, dies jedoch behutsam mache, damit die Matrize nicht lädirt werde. Beim Prägedruck mit Farbendruck zugleich ist dies besonders zu berücksichtigen, damit die nicht prägenden Stellen der Pappe ganz rein und glatt seien, da Unebenheiten störend beim Druck einwirken würden.

Ist die Matrize in oben erwähnter Weise hergestellt und einigermaßen trocken, jedoch noch nicht ganz erhärtet, so lege man über die ganze Fläche ein Stück Seidenpapier, ziehe dasselbe mit einem kräftigen Drucke fest und lasse die Form einige Zeit in Spannung stehen, damit sich auch die feinsten Linien rein und scharf einsetzen können. Nachdem nun die Matrize gut trocken*), d. h. hart geworden ist, beschneide man sie sorgfältig bis dicht an die sich erhöht zeigende Zeichnung, damit die Ränder außerhalb derselben keinen zu scharfen Druck geben; macht man dies nicht, so zeigen sich rings um die erhöhte Prägung dunkle Ränder, die dem Aussehen bedeutend Eintrag thun. Alsdann reinige man die Form von allem Schmutze und Oel und beginne den Druck in bekannter Weise. Ist die mit Kitt hergestellte Matrize durch zu langen Gebrauch stumpf geworden, so feuchte man die Masse einfach mit etwas Wasser an, ziehe ein Seidenblatt darüber und lasse sie wieder eine Zeitlang in Spannung stehen; sobald die aufgefrischte Matrize vollkommen getrocknet ist, kann man wieder eine ansehnliche Auflage mit derselben prägen.

Einen sehr praktischen und schnell trocknenden, freilich nicht so widerstandsfähigen Kitt erzeugt man sich, wenn man anstatt des Gummi arabicum Wachs nimmt. Man schmilzt das Wachs in einem Töpfchen oder flachen Gefäß auf dem Ofen oder über einer offenen Flamme und rührt nach und nach so viel Schlemmkreide hinein, daß ein steifer, jedoch noch gerade schmierbarer Brei entsteht. Diese Masse läßt sich später, wenn die Matrize unscharf geworden, leicht mittels eines Fidibus oder einer Lampe erwärmen und wieder scharf ziehen.

---

*) Man kann das Trocknen am besten mittels einer Spirituslampe beschleunigen.

In ganz derselben Weise werden die Matrizen auf den eigentlichen Prägepressen hergestellt, mögen sie nun auf einem kleinen Deckel oder auf der herausnehmbaren Tiegelplatte Platz finden.

In kleinen, schnell zu liefernden Sachen kann man sich auch mit vielem Vortheil des Schellacks bedienen, weil man mit der von demselben hergestellten Matrize sofort den Druck beginnen kann, ohne erst ein Trockenwerden abwarten zu müssen.

Zur Herstellung einer solchen Matrize lege man den Schellack, welcher in jedem Kräutergewölbe in kleinen, dünnen Blättchen zu haben ist, in ein Näpfchen, gieße Spiritus darüber und brenne denselben an, der Lack wird auf diese Weise flüssig und läßt sich nach dem Verlöschen des Spiritus und oberflächlichem Erkalten leicht zu einer Stange formen, wodurch er bei Herstellung einer Matrize besser zu handhaben ist. Man erwärmt ihn beim Gebrauch einfach über einem Licht, trägt ihn auf die Pappe, erwärmt dann das Ganze mittels eines Fidibus oder einer Lampe und giebt schnell Druck.

Man verfertigt sich auch mit vielem Vortheil und großer Leichtigkeit schöne und scharfe Matrizen aus Oblate. Zu kleineren Sachen verwendet man die gewöhnlichen großen Briefoblaten, zu größeren die Tafeln, welche wohl bei jedem Conditor zu haben sind. Es ist selbstverständlich, daß man mehrere derselben, angemessen der Gravirung, erweicht auseinanderklebt und dann bei Herstellung der Matrize in ganz gleicher Weise verfährt, wie bei den anderen Massen.

Benutzt man Guttapercha zur Herstellung der Matrize, so verwendet man am besten dünne Platten, die man zuerst an der einen Seite über einer Lampe leicht erwärmt, sie mit dieser erwärmten Seite nach oben auf die Platte legt und Druck giebt. Die Masse haftet dann auf dem Deckel, der natürlich auch in diesem Fall mit einem Stück Pappe versehen ist, oder am Tiegel, wenn die erwähnten zu diesem Zweck eingerichteten Pressen benutzt werden. Sodann wird auch die Vorderseite erwärmt, doch so, daß sie ziemlich weich wird, es wird dann wieder ein lang anhaltender Druck gegeben und die Matrize so nach und nach zu größter Schärfe gebracht. Das Unscharfwerden solcher Matrizen läßt sich leicht durch Erwärmen und längeres Druckgeben wieder gut machen. Im Uebrigen werden solche Matrizen beschnitten und behandelt, wie die aus anderem Material, sie werden also auch mit Seidenpapier überzogen.

Auf den Balancierpressen wird für die darauf zu prägenden kleinen Stempel zumeist festes und starkes Leder zur Anfertigung der Matrize benutzt.

Da heut' zu Tage auch häufig größere Auflagen (insbesondere die Stempel auf Coupons und Actien) auf der Schnellpresse geprägt werden müssen, so sei an dieser Stelle speciell das Nöthige angegeben. — Man sollte diese Arbeit nur auf Maschinen vornehmen, welche einen starken Cylinder besitzen, was bekanntlich bei fast allen Schnellpressen älterer Construction nicht der Fall ist. Es ist immerhin ein sehr starker Druck durch den Cylinder auszuüben und zwar ein durch keinen weichen Aufzug gemilderter Druck, daß die Matrize so wird, es wird dann wieder der Cylinder kann also leicht Schaden leiden. Die Maschinen nun, welche den erwähnten Anforderungen entsprechen, müssen auch hinsichtlich der sicheren Führung des Cylinders und des Fundamentes vollkommen zuverlässig sein. Ein Cylinder, der infolge Mangelhaftigkeit des Gabelcenters oder der auf diesem laufenden Rolle nicht ganz fest durch die Gabel gehalten wird, ein Cylinder, der ferner durch Abnutzung der Zahnräder nicht mehr in festem, egalem Eingriff mit den Zahnstangen am Fundament steht, oder infolge abgenutzter Lager schlottrig läuft, ist nicht zum Prägen geeignet, denn die auf ihm befestigte Matrize wird nie ganz exact in den Stempel hineintreffen und infolge dessen vollständig an Schärfe verlieren. Am besten ist es, den Cylinder an der Stelle, wo die zu prägenden Stempel auftreffen, mit einer guten, dünnen, der Größe des zu prägenden Papiers entsprechenden Glanzpappe zu bekleben und darüber ein weißes Blatt zu ziehen. Man stellt ihn dann der Schrifthöhe gemäß, hebt die in jeder Hinsicht sorgfältig und genau dem richtigen Stande auf dem Papier entsprechend geschlossene Form ein, trägt mit der Handwalze Farbe auf, dreht durch und sieht nun auf dem weißen Bogen genau, wohin jede der Matrizen zu bringen ist.

Die Anfertigung der letzteren kann bei flach gravirten Stempeln und bei nicht zu großen Auflagen am einfachsten aus dünnem aber festem Leder bewerkstelligt werden; man schneidet angemessen große Stücke davon aus, klebt sie auf die entsprechenden Stellen des Cylinders auf und dreht dann mehrmals durch. Zeigt sich die Matrize nach mehrmaligem Durchdrehen noch unscharf, so ist es gerathen, nur die Stempel von unten zu unterlegen und zwar am besten mit Metall, also mit Achtelpetit, Achtelcicero ꝛc., jenachdem viel oder wenig zu unterlegen ist; der Cylinder bleibt am besten unverändert in seiner Stellung.

Zur leichteren Herstellung der Matrize weicht man häufig auch das Leder ein, klebt es dann auf und dreht, nachdem es fest haftet, mehrmals durch; es setzt sich in weichem Zustande besser in die Vertiefungen des Stempels ein, legt sich leichter um die Rundung des Cylinders und bekommt nach vollständigem Trocknen doch seine frühere Härte wieder.

Eine große Erleichterung gewähren die Stempel, welche dicht an der gewöhnlich vorhandenen Einfassungslinie beschnitten sind; man hat in diesem Fall wenig Noth mit dem Beschneiden der Ränder, während man im anderen Falle das Ueberstehende bis möglichst dicht an die Linie wegschneiden muß, wenn es nicht auf dem Druck mit hervortreten soll. Auch diese Matrizen werden vor dem Fortdrucken mit Seidenpapier überzogen und, wenn sie unscharf werden, durch mehrmaliges Aufeuchten mit dem Schwamm erweicht, so daß sie nach wiederholtem Druckgeben wieder ihre Schärfe erlangen.

Hat man große Auflagen und tiefer gravirte Stempel zu prägen, so wird es gerathen sein, die zuersterwähnte Masse aus Kreide und Gummi arabicum zur Anfertigung der Matrize zu nehmen.

Ist es dem Buchdrucker erlaubt, bei Anfertigung solcher Stempel einen Rath zu ertheilen, so sorge er stets dafür, daß dieselben nicht zu tief und nicht zu steil gravirt werden. Alle Stempel, welche auf der Schnellpresse geprägt werden sollen, können nur dann ohne Mühe verwandt werden, wenn die vertieften Partien am oberen Rande etwas abgeschärft sind, denn bekanntlich setzt der Cylinder nicht gerade, sondern schräg in die Matrize ein, jede scharfe Ecke würde demnach sehr bald eine Lädirung der entsprechenden Theile der Matrize herbeiführen, das Papier einschneiden und die Prägungen mindestens an den Rändern unscharf erscheinen lassen.

3. Besondere Arten des Prägedrucks.

1. Monogrammprägung. Die Monogrammprägung oder der Monogrammdruck beruht im Wesentlichen auf den Principien des Kupferdrucks: Ein etwa eine Achtelpetit vertieft in Stahl gravirter Stempel wird mit der zu verwendenden Farbe derart eingerieben, daß dieselbe die vertiefte Gravirung füllt, von der glatten Oberfläche wird ferner, ganz wie bei der Stahlplatte, die Farbe rein abgewischt und der Stempel dann geprägt.

Es handelt sich hier also um eine farbige Wiedergabe der vertieft gravirten Zeichnung und nur ein solches Verfahren läßt einen zarten, scharfen und durch die Prägung gefälligen Druck zu, nicht aber eine Hochdruckplatte, wie solche für Buchdruck erforderlich ist, denn diese vermag weder ein Relief zu verleihen, noch vermag sie die feinen Linien in so zarter und reiner Weise wiederzugeben, wie die vertiefte Druckplatte.

Daß nun aber nicht alle und jede vertieft gravirte Platte für diese Druckmanier verwendbar ist, wird dem Leser einleuchten; die Platten dürfen nur eine seichte Gravirung und nicht zu kräftige, fette Linien zeigen.

Wie wir bereits zu Eingang, bei Beschreibung der Pressen erwähnten, eignet sich für die Monogrammprägungen am besten die Balancierpresse, vorausgesetzt, daß sie zum bequemen Herausnehmen des den Stempel tragenden Theiles eingerichtet ist. Man kann jedoch solche Drucke eben so gut auf jeder anderen zum Prägen geeigneten Presse, mit vielem Vortheil sogar auf den Tiegeldruckaccidenzmaschinen anfertigen, da man bei ihnen den Stempel zum bequemen Einreiben vor sich hat.

Das Einreiben der Farbe geschieht entweder mit einem schmalen, spachtelartigen Messer und kann in diesem Fall eher als Einstreichen bezeichnet werden, oder es geschieht mit einem weichen Lappen, einer feinhaarigen Bürste, neuerdings auch mitunter mit einem aus ganz weicher Gelatinewalzenmasse gefertigten kleinen Ballen, wie auch die in der Handpresse oder Tiegeldruckmaschine zu druckenden Platten sich leicht mit einer sehr weichen Gelatinewalze einfärben lassen, wenn sie in der Gravirung seicht gehalten sind. Das Abwischen geschieht mit einem weichen Lappen, dem ein Poliren mit dem Ballen der Hand oder Nachreiben mit Leder folgen kann.

Die Anfertigung der Matrize für diese Druckmanier erfolgt ganz in derselben Weise, wie bei jeder gewöhnlichen Prägearbeit, von ihrer Schärfe hängt erklärlicher Weise auch das gute Resultat des farbigen Reliefs ab.

Man hat für den Monogrammdruck auch eigene Pressen construirt und bietet insbesondere England darin manches Gute und Verwendbare. Eine solche Presse neuerer Construction ist die umstehend abgebildete Gough'sche Presse, die nach den Urtheilen englischer Fachblätter sehr Beachtenswerthes leistet.

Die bisher gemachten Versuche, auf einfache Weise mittels Maschinen farbig en relief zu stempeln, scheiterten an der Unvollkommenheit der Färbung und dem Reinigen des vertieften Stempels, welcher letztere Umstand in vorliegenden Falle, wie ein Blick auf die Illustration zeigt, durch einen von einer Rolle ablaufenden und auf eine andere sich aufwindenden endlosen Papierstreifen beschoben wird, welcher über das den Stempel abwischende Polster geleitet wird, und das Abwischen der Farbe von der glatten Fläche des Stempels besorgt, so daß die Farbe nur in der Gravirung zurück bleibt. Die Zuführung des Papierstreifens wird mittels eines Hebels und eines gezahnten Rades in der Weise bewirkt, daß bei jedem Hebelhub eine mit der Größe des Stempels übereinstimmende Länge reinen Papier von der Rolle abläuft. Dieser Mechanismus läßt sich jeder Stempelgröße entsprechend verstellen. Ist eine Papierrolle abgelaufen, so wird sie mit der gefüllten gewechselt, um auch die andere reine Seite des Streifens benutzen zu können. Durch die Praxis hat sich ergeben, daß eine Rolle Papier für 30,000 Abdrücke ausreicht.

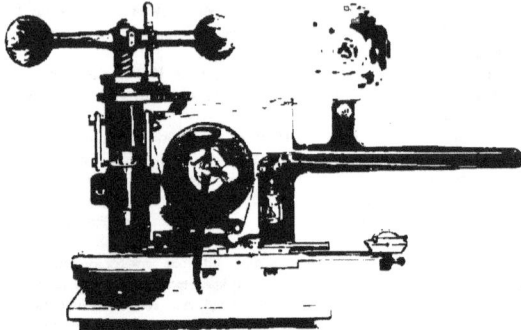

Fig. 150. Grugh's Monogrammdruckpresse.

Die Färbung geschieht durch Bürsten von verschiedener Größe, wie sie gerade die Form des Stempels erfordert. Die Bürsten selbst werden von einer Vorrichtung, welche mittels einer Stellschraube sich jeder Bürstengröße anpassen läßt, in der geeigneten Richtung gehalten. Der Farbebehälter ist am Ende eines vor- und rückwärts laufenden Schlittens aufgestellt, welcher am entgegengesetzten Ende zugleich den vertieften Stempel (die Matrize) enthält. Bei dem Hin- und Hergange des Schlittens geht der Farbebehälter unter der Bürstenfläche weg, hierbei dreht sich die in jenem befindliche Walze und versieht die Bürste mit Farbe. Auf dem Wege nach dem stehenden erhabenen Stempel, welcher nur eine vertical herabgehende Bewegung hat, streicht der vertiefte Stempel unter der Bürste hinweg und nimmt die Farbe an. Bei dem Weitergange des Schlittens geht der Stempel unter dem über das Polster gespannten Papierstreifen weg, wobei die Farbe von der glatten Fläche abgewischt wird. Wie ersichtlich, ist der Stempel von einer concaven Schaale umgeben, die mit einem weichen Stoff ausgelegt ist, welcher letztere die etwa am Rande des Stempels sich anlegende Farbe aufnimmt. Gebaut wird diese Presse von den Kirby Street Engineering Works, Hatton Garden London.

2. **Druck mit farbigem Grunde und weißer erhabener Schrift (Briefsiegelmarken).** Auch diese Manier ist eine sehr beliebte und insbesondere für Briefsiegelmarken, auf Couverts, Briefbogen, wie für Etiquetten etc. vielfach zur Anwendung kommende. Für Briefsiegelmarken hat man eigene Maschinen, die hier nachstehend auch beschrieben werden sollen. Die anderen größeren Arbeiten lassen sich am bequemsten auf den gewöhnlichen Buchdruckhandpressen, wie auf den Prägepressen mit herausziehbarem Fundament herstellen.

Das Verfahren weicht von dem gewöhnlichen Prägedruck nicht im mindesten ab; man hat nur darauf zu achten, daß die eigentliche Fläche der Matrize, entsprechend der Oberfläche des Stempels, recht glatt und rein ist. Der Stempel wird mittels der gewöhnlichen Walze mit Farbe versehen und dann gedruckt; der Grund des Stempels zeigt sich farbig, während die Prägung weiß erscheint, die Manier ist sonach entgegengesetzt von der vorhin beschriebenen Monogrammprägung und ist deshalb bei ihr ein tiefer gestochener Stempel erforderlich, damit die Farbe nicht so leicht in die Gravirung eindringt; um solchem Eindringen der Farbe vorzubeugen, ist auch die Benutzung einer härteren Walze empfehlenswerth.

Was nun die für solche Arbeiten, insbesondere für Briefsiegelmarken bestimmten Maschinen betrifft, so haben dieselben eine ähnliche Construction wie die vorstehend beschriebene und abgebildete Gough'sche Presse

Fig. 151 Gummirapparat für Papier ohne Ende.

für Monogrammdruck, nur mit dem Unterschiede, daß hier die Wischer wegfallen und anstatt der die Farbe verreibenden Bürsten kleine Massewalzen vorhanden sind, welche die Platte färben.

Man benutzt auch auf diesen Maschinen Papier ohne Ende zum Bedrucken, sodaß sich auf demselben ein Etiquett ziemlich direct an das andere reiht. Viele dieser Maschinen sind so eingerichtet, daß sie das Papier nach dem Bedrucken gleich gummiren, sodaß man dasselbe in passenden Längen abreißen und zum Trocknen aufhängen kann. Andere dieser Maschinen arbeiten wiederum mit vorher gummirtem Papier ohne Ende, in welchem Falle der mit einem scharf gravirten Rande versehene Stempel jedes Etiquett in der richtigen Form ausschneidet. Das Papier wird auf einem Apparat nebenstehender Form gummirt.

An dem Apparat bildet c einen aus Blech gefertigten Behälter für den Gummi; aus diesem Behälter führt eine Gummiröhre d in einen zweiten Behälter e, so den Zufluß des Gummis nach unten bewerkstelligend. Die Menge des zufließenden Gummis läßt sich durch einen unter dem oberen Behälter sitzenden, auf unserer Abbildung jedoch nicht sichtbaren Hahn dem Verbrauch angemessen reguliren.

Auf die Spindel a, deren Breite sich durch Zusammenschieben der Träger, in welchen sie ruht, der Breite des zu gummirenden Papiers entsprechend verringern oder vergrößern läßt, wird die aufgewickelte Papierrolle aufgesteckt; die Stärke dieser Rolle regulirt von selbst ihr Aufliegen auf der Gummiwalze b, weil die Spindel in kleinen Lagern liegt, die wiederum in Schlitzen laufen, demnach bei Verringerung des Umfanges der Rolle sich senken können und die letztere immer in Berührung mit der Gummiwalze erhalten.

Die Walze b, mit seinem Filz überzogen, dreht sich in dem Behälter c, in den der Gummi genau so zufließen muß, daß die Oberfläche der Walze nur leicht über den Gummi wegläuft, also nicht etwa dick mit demselben überzogen wird. Das Gummiren nun geschieht auf folgende Weise: Der Arbeiter faßt mit Daumen und Zeigefinger der rechten Hand das Ende des aufgerollten Papiers und zieht einen so langen Streifen, wie seine Armlänge es gestattet, leicht über die Gummiwalze weg, eben diesen Streifen durch Abreißen von der Rolle trennend und auf einer passenden Stellage zum Trocknen aufhängend.

3. Der Blindendruck. Die für Blinde bestimmten Werke werden bekanntlich in erhabenen, durch das Tasten mit den Fingern leicht erkennbaren Lettern gedruckt. Die dazu nöthigen Druckplatten können entweder vertieft gravirt sein und werden diese in der gewöhnlichen Weise mittels einer Matrize geprägt, oder aber es können erhaben geschnittene sein, die dann mit kräftigem Druck auf weiches, feuchtes Papier gedruckt werden, sodaß sie eine sehr scharfe Schattirung geben, die dann von den Blinden durch das Tasten mit den Fingern gelesen werden kann. Die Beilage 19 ist in der zuletzt beschriebenen Manier angefertigt worden und stammt die dazu verwandte, aus einzelnen erhabenen Lettern zusammengesetzte Druckform aus dem bekannten Falkenstein'schen Werke: „Geschichte der Buchdruckerkunst", Leipzig 1840, Verlag von B. G. Teubner. Genannte Firma war so freundlich, dem Herausgeber diese Form zum Abdruck zu überlassen. Die Blindendruckprobe wurde auf einer Tiegeldruckmaschine von Degener & Weiler in der Weise hergestellt, daß der Tiegel außer dem gewöhnlichen Cartonaufzug einen solchen von weichem Druckfilz erhielt. Das Papier wurde stark gefeuchtet und dann mit ziemlich starker Spannung des Tiegels gedruckt. Die sich auf diese Weise bildende scharfe Schattirung giebt, wie die Probe zeigt, ein für im Lesen geübtere Blinde hinreichendes Relief. Für weniger Geübte würde die Prägung allerdings eine weit höhere sein müssen, auch haben in diesem Falle die Buchstaben eine rauhe, sich dem Tastenden weit mehr bemerkbar machende Oberfläche.

Zu erwähnen ist noch, daß die nach Art unserer Probe gewonnenen Drucke möglichst einzeln zum Trocknen ausgelegt werden müssen, damit sich die Schattirung nicht verliert.

V. Bemerkungen über die Herstellung der Beilagen des II. Bandes.

Soweit dies nicht schon in den vorstehenden Capiteln geschehen ist und zwar über Beilage 1—4 auf Seite 251 u. f., Beilage 5 auf Seite 255, Beilage 6 auf Seite 257, Beilage 7—10 auf Seite 343 u. f., soll hier noch das Nöthige über die Herstellung der übrigen Beilagen gesagt werden.

Beilage 11 ist eine von Ißleib & Rietzschel in Gera in Zinkhochdruck ausgeführte Landkarte. Die Hauptplatte (Schrift, Gebirge, Flüsse) wurde in Chemitypie hergestellt, eine Manier, über die wir bereits auf Seite 256 das Nähere erwähnten. Zur Herstellung der Farben-platten werden von dieser Hauptplatte Umdrucke auf so viel Zinkplatten gemacht, als Farben-platten erforderlich sind. Diejenigen Partien, welche auf der Platte stehen bleiben sollen, werden mit einer, der Aetze widerstehenden Deckmasse gedeckt und dann alles Das weggeätzt, was nicht in die betreffende Farbe gehört. Die Liniirung der Platten wird mittels der Liniirmaschine bewerkstelligt.

Beilage 12 ist von drei in Holzschnitt hergestellten Platten gedruckt; über die Art des Druckes selbst geben die vorstehenden Capitel (Buntdruck, Tondruck, Broncedruck) genügende Aus-kunft. Die Herstellung der unter dem Bilde liegenden Tonplatte, in der an verschiedenen Stellen Lichtpartien eingeschnitten sind, geschah auch hier, wie in allen solchen Fällen derart, daß ein Abzug der Hauptplatte vom Holzschneider mittels des Falzbeines auf eine Platte so abgerieben wurde, daß sich die Zeichnung genau erkennen läßt; die Lichtpartien wurden dann vom Zeichner eingezeichnet und dem Holzschneider zur Ausführung übergeben. (Größere derartige Platten können zumeist nicht mit dem Falzbein abgerieben, sondern müssen übergedruckt werden, was am besten zwischen den Walzen einer Satinirmaschine geschieht. Hierbei ist freilich hin-sichtlich des Druckes der Walzen, also deren engere oder minder enge Stellung zu einander mit großer Vorsicht zu verfahren, damit die Platte nicht lädirt wird.

Beilage 13 wurde von fünf Holzschnittplatten gedruckt und, damit die Prägung in dem ziemlich schweren Handbuch nicht leidet, von einer seicht gravirten Messingplatte geprägt. Der Drucker sei an dieser Stelle noch darauf aufmerksam gemacht, daß er sich von der ersten Form solcher Arbeiten immer eine größere Anzahl Exemplare auf gewöhnlichem Papier zum Register-machen, respective Einpassen der folgenden Platten abziehen muß. Bezüglich des zu dieser Probe verwendeten Kreidepapieres, wie überhaupt über die Verwendung solcher Papiere zum Bunt- und Broncedruck, sei noch folgendes bemerkt. Ein Kreidepapier, welches zum Broncedruck geeignet sein soll, muß mit einem genügend leimhaltigen Kreidestrich versehen sein; ist dies nicht der Fall, so saugt die Kreide den zum Vordruck benutzten Firniß ein, die ihm zugesetzte Farbe dagegen bleibt obenauf liegen und läßt sich mitsammt der Bronce herunterwischen; hat man also an dem einen Tag in gutem Glauben auf die Brauchbarkeit des Papiers fortgedruckt und wischt die Drucke am anderen Tage ab, so verschwindet der Druck und die ganze Arbeit ist unbrauchbar geworden. Ist die Leimung des Papiers gut, so fällt auch der Druck selbst weit schöner, reiner und glänzender aus, denn man braucht nur einen mageren Vordruck, um die Bronce haftend zu machen, während man bei schlecht geleimtem Papier mit vieler Farbe, also weniger rein vordrucken muß, was wiederum zur Folge hat, daß die Bronce sozusagen in der Farbe ersäuft und rauh und glanzlos erscheint. Bei Verwendung bunter Puder- ja selbst der bunten Druckfarben würden sich bei mangelhaft geleimtem Papier dieselben Uebelstände zeigen.

Beilage 14. Diese Beilage wurde von der den Stickmusterdruck als Specialität betreibenden Kramer'schen Buchdruckerei in Leipzig für das Handbuch gedruckt und zwar in allen Theilen von gesetzten Platten. Der Satz wird von Mädchen hergestellt, die sich, im Sticken bewandert, sehr leicht in das Setzen der kleinen Geviertstücke gefunden haben, da ja hier auch nichts weiter zu beobachten ist, als daß die Gevierte richtig ausgezählt werden. Die Benutzung der verschiedenen Platten zur Erzeugung der erforderlichen Farbenschattirungen durch Ueberdruck verlangt freilich Erfahrung und bietet immerhin nicht geringe Schwierigkeiten, die jedoch von der Kramer'schen Officin mit vielem Geschick überwunden werden. Es sind oft ganz besonders hervortretende Effecte dadurch erzielt worden, daß man die Farben nicht rein, sondern sozusagen kräftig und flatschig aufgedruckt hat.

Beilage 15 und 16. Wie bereits auf Seite 314 angedeutet, wurde dieses Blatt mit Ausnahme der Tonplatte ausschließlich von geätzten Zinkplatten gedruckt und kamen dabei die am unteren Rande des Blattes einzeln abgedruckten 9 Farben zur Anwendung. Die einzelnen Platten zeigt Beilage 16. Bezüglich des Druckes gilt alles Das, was auf Seite 251 über solche Platten gesagt wurde. Die Platten zu diesem Blatt wurden von dem Lithographen Otto Tibbern in Leipzig direct auf Zink gezeichnet und von L. Hans in Berlin geätzt.

Beilage 17. Diese Beilage zeigt die Nachahmung eines Wasserzeichens und ist dieselbe auf folgende Weise hergestellt: Der das Buchdruckerwappen darstellende Holzschnitt wurde mit einer Einfassung von Messingecken und Messinglinien umgeben, so geschlossen und mittels Umdruckfarbe, wie solche die Steindrucker benutzen, auf Umdruckpapier abgezogen. Dieser Abzug wurde auf Zink übergedruckt und die Platte dann ziemlich scharf geätzt, so daß Wappen und Linien sich etwa um einen dicken Papierspahn erhaben zeigten. Der Druck erfolgte auf der Cylinderschnellpresse, zu welchem Zweck die Platte in gewöhnlicher Weise aufgenagelt wurde. Der Cylinder der Schnellpresse war nur mit einer dünnen, harten Glanzpappe überzogen und ging das Papier unter so scharfem Druck durch die Maschine, daß die erhöhte Zeichnung, den Papierstoff stark zusammenpressend, durchsichtig erscheint. Dasselbe Resultat kann erreicht werden, wenn man die gewünschte Zeichnung mittels der Feder vom Lithographen direct auf eine Zinkplatte machen und diese in der soeben beschriebenen Weise ätzen läßt.

Beilage 18 und 19. Wegen Herstellung derselben sehe man Seite 367 und 380.

Achter Abschnitt.

Die Behandlung des Gedruckten.

1. Das Trocknen der Bogen.

Nachdem der Maschinenmeister oder der Drucker die ihm angegebene Anzahl von Abzügen gemacht, oder mit dem technischen Worte, angedruckt hat, geht die Auflage zur ferneren Behandlung in die Hände eines damit besonders Beauftragten über, der in größeren Geschäften noch ein Hülfspersonal unter sich hat und von nun an die Verantwortung für das Gedruckte übernimmt.

Die Manipulationen, die mit den ausgedruckten Exemplaren noch vorzunehmen sind, bestehen — nachdem dieselben gezählt*), um zu ermitteln, ob die Auflage vollständig ist und andernfalls die fehlenden Bogen nachgedruckt worden sind — in dem Trocknen, dem Glätten, dem Falzen und eventuell Beschneiden, sowie dem Verpacken; wir werden die Erläuterung dieser Arbeiten zugleich mit der Beschreibung der dazu nöthigen Geräthe und der Localitäten, welche für diesen Zweck erforderlich sind, verbinden.

Wie in den früheren einfacheren Verhältnissen unserer Kunst, werden bei beschränkten Räumlichkeiten auch jetzt noch die ausgedruckten, feuchten Bogen im Geschäftslocal selbst, d. h. in der Bücherstube, oder sogar in den Setzer- und Druckerzimmern, zum Trocknen aufgehängt, während man in größeren Geschäften eigens dazu eingerichtete Räume, meistens Böden, verwendet, woher denn auch der Name Trockenboden stammt, den diese Räume tragen, mögen sie nun wirklich Böden sein oder nicht.

Zum Aufhängen benutzt man Schnüre von Roßhaar, Leinen oder, wie jetzt allgemein üblich, hölzerne, oben abgerundete Latten, welche, in Zwischenräumen von etwa ¼ Mtr. auf Querlatten befestigt, in einem Abstand von ½ Mtr. unter der Decke angebracht werden.

---

*) Man wolle das auf Seite 240 Gesagte beachten.

Um die Bogen bequem in solche Höhe bringen zu können, bedient man sich eines sogenannten **Aufhängekreuzes**, wie uns Figur 132 zeigt, welches zum besseren Halt noch mit Seitenstützen versehen und dessen Stiel entsprechend lang ist, um bequem bis zu den Trockenstangen damit reichen zu können. Die ungefähr 1 Mtr. lange Querstange muß zum leichteren Erfassen des Papieres nach ihrem oberen Rande zu spitz verlaufen.

Fig. 132. Aufhängekreuz.

Es liegt auf der Hand, daß bei derartigen Trocken-einrichtungen, wegen des allzugroßen Staubes, nicht allein das zu trocknende Papier leidet, sondern das öfter nothwendig werdende Reinigen der Stangen (Schnüre oder Leinen) mit vielen Unbequemlichkeiten verbunden ist und es empfiehlt sich daher, bei nur einigermaßen ausgedehntem Betriebe, das Trocknen in besonderen luftigen Räumen vorzunehmen, wozu sich natürlich ein Boden am Besten eignet, umsomehr, da es auf die Höhe des Raumes nicht ankommt und 2 Mtr. schon hinreichend sind. Dem Trockenapparat giebt man hier am vortheil-haftesten nachstehend beschriebene Einrichtung.

Je nach der Größe des Raumes werden zwei oder vier, ziemlich dicht an der Decke, etwa 3 Mtr. weit von einander, parallel laufende starke Stangen angebracht, auf welche leichte Gestelle,

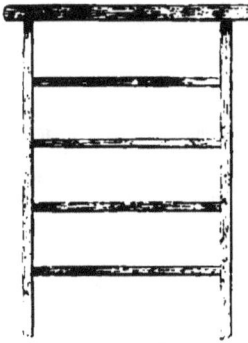

Fig. 133. Aufhängbares Trockengestell.

wie nebenstehende Fig. 133 zeigt, in entsprechender Anzahl mit ihrer oberen Querstange leicht verschiebbar aufgehängt werden. Die Querstangen dieses Gestelles dienen als Aufhängestangen, müssen daher ebenfalls oben abgerundet und circa ½ Mtr. weit von einander entfernt sein, damit ein genügender Raum zwischen den übereinander hängenden Papierlagen bleibt. Da sich diese Gestelle leicht verschieben lassen, so kann ein Mann bequem zwischen denselben herumgehen und ohne Beschwerde die Bogen aufhängen, resp. die Latten rein halten; außerdem ist es mit solchen Gestellen möglich, eine viel größere Zahl von Bogen auf einmal zu trocknen, als bei der vorher erwähnten Einrichtung, da ein Gestell drei bis vier der sonst üblichen Latten enthält. Die Entfernung der einzelnen Gestelle muß natürlich die gleiche wie bei der ersten Einrichtung also etwa ½ Mtr. betragen; ein engeres Zusammen-rücken dürfte nur bei sehr luftigen Räumen, oder wenn das Trocknen nicht besonders eilt, rathsam erscheinen.

Man hat diese Gestelle auch derart eingerichtet, daß jedes für sich allein auf dem Boden steht; da sich dieselben aber alsdann nicht so bequem verschieben lassen, so muß auch ein größerer Raum zwischen ihnen gelassen werden, wodurch wieder mehr Platz verloren geht.

384

Das Trocknen der Bogen.

Außer den erwähnten Gegenständen sind zum Aufstellen des Papiers noch mehrere starke Tische nöthig, um sowohl das zu trocknende als auch das bereits getrocknete Papier in größeren Stößen auf denselben placiren zu können. Bei umfangreichen Räumen erleichtert es die Arbeit ungemein, wenn sich diese Tische mittels Rollen oder Räder leicht an jeden Ort schieben lassen. Für größere Druckereien ist die Benutzung kleiner zweirädriger Wagen, wie solche auf den Güterböden der Eisenbahnen benutzt werden, empfehlenswerth.

Das Aufhängen selbst geschieht nun in der Weise, daß eine, je nach der Feuchtigkeit des Papiers größere oder kleinere Anzahl von Bogen auf die Latten derart gehängt wird, daß die Signatur dem Aufhängenden zugekehrt und die nach hinten umgeschlagene Seite der Bogen kürzer als die vordere ist. Dies letztere geschieht deshalb, um beim späteren Abnehmen der getrockneten Bogen das Erfassen der einzelnen Lagen zu erleichtern und aus demselben Grunde werden auch die daneben folgenden immer mit der einen Seite einige Zoll über die vorhergehende Lage gelegt. Geschieht das Aufhängen mittels des Kreuzes, so werden 3 Lagen (mehr wird dasselbe gewöhnlich nicht fassen) in dieser Weise darauf gelegt, das Kreuz über die Latte erhoben und da die hintere Seite der Bogen kürzer ist als die vordere, wird man die drei Lagen zusammen leicht auf die Latte hängen und das Kreuz darunter hervorziehen können. Beim Abnehmen faßt man dann mit dem Kreuz unter den tiefer hängenden Theil der Lagen und kann dann das erstere bequem unter dieselben bringen und sie leicht herabheben. Da die Lagen auf der einen Seite etwas übereinander liegen, lassen sie sich nun bequem zusammen-

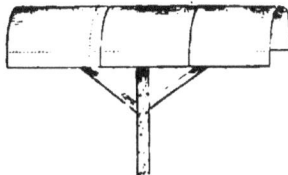

schieben und man kann mit einem Male mehrere Lagen oder, bei den Gestellen, alles was auf einer Latte hängt, abheben.

Die Anzahl der in eine Lage zu vereinigenden Bogen richtet sich, wie schon bemerkt, nach der Feuchtigkeit des Papieres, hauptsächlich aber danach, mit welcher Form dasselbe bedruckt ist. Große Holzschnitte und fette Zeilen erfordern erklärlicher Weise mehr Luft und Zeit zum Trocknen als glatter Text; im Allgemeinen wird man wohl mit circa 10—15 Bogen starken Lagen ein befriedigendes Resultat erreichen.

Daß die einzelnen Bogen nach der Signatur getrennt bleiben müssen, ist wohl ebenso selbstverständlich, wie das öftere Reinigen der Latten. Haben die Lagen etwas länger gehangen, so müssen auch diese vor dem Abnehmen vom Staube befreit werden, indem man sie leicht abkehrt.

Von besonderer Wichtigkeit für eigens eingerichtete Trockenräume ist die Möglichkeit des Heizbarmachens derselben, denn wenn auch ein künstlich erzeugtes zu schnelles Trocknen bei hoher Wärme schon mehr ein Dörren und demnach schädlich ist, kann das Erstere doch im Winter nicht gut entbehrt werden. Größere Geschäfte werden jedenfalls Dampfheizung haben und dieselbe daher auch hier mit Vortheil verwenden können, indem sie die Heizröhren am Fußboden des Raumes hinführen. Außerdem empfiehlt sich noch eine gute Ventilation, um eine gleichmäßige Temperatur zu erzielen.

Die vorstehend beschriebenen Einrichtungen beziehen sich nur auf das Trocknen von Werken und anderen Arbeiten größeren Formats, da das Papier zu den meist kleineren Accidenzien nur in ganz seltenen Fällen gefeuchtet wird und wenn ja, durch einfaches Ausbreiten leicht zu trocknen ist. Besondere Trockengestelle dafür zu verwenden, dürfte daher blos in ganz außergewöhnlichen Fällen nothwendig sein, doch wollen wir ihre Einrichtung nicht unerwähnt lassen. Innerhalb der vier Seitwände eines beliebig hohen und breiten Gestelles werden schwache Leisten angebracht und zwar so, daß ein ungefähr handbreiter Raum zwischen denselben bleibt; diese Latten werden mit Drahtgaze verbunden und auf diese dann das Papier gelegt, oder man benutzt auf Rahmen gespannte Drahtgaze zum Einschieben. Verkleidet man dieses Gestell mit Bretern, so hat man den Trockenschrank, der wohl mehr vor Staub schützt, aber auch das Papier langsamer trocknet.

Nebenstehende Fig. 135 zeigt einen Trockenschrank, in dem auch einfache starke Pappen oder dünne Breter zum Ausbreiten der Drucke dienen können.

Zum Schluß sei noch darauf aufmerksam gemacht, daß die schnell trocknenden Farben, welche man jetzt fast in allen Druckereien benutzt, ein eigentliches Trocknen der Auflage durch Aufhängen häufig ganz unnöthig machen. Wenn die gedruckten Stöße etwa 2—3 Tage in nicht zu großen Haufen stehen bleiben können und wenn man sie dann in nicht zu dicken Lagen zwischen die Glanzpappen der Glättpresse bringt (siehe nachstehend), so dürfte das Resultat gleichfalls ein ganz gutes sein.

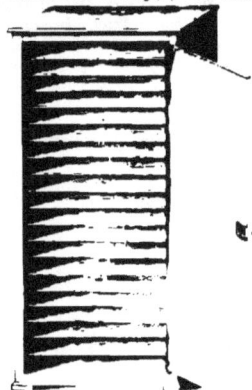

Fig. 135. Trockenschrank

Bei der Eile, mit welcher heut' zu Tage meist die Arbeiten hergestellt werden müssen ist überhaupt das zeitraubende Trocknen durch Aufhängen einzelner Lagen oft garnicht möglich; man muß daher auch im Stande sein, die Drucke eventuell sehr bald nach ihrer Vollendung zu glätten.

2. Das Glätten der Bogen.

Durch den starken Druck, den das Papier bei seinem Durchgange durch die Presse erleidet, prägen sich die Buchstaben der Druckform so scharf in das Papier ein, daß sie sich auf der Rückseite des letzteren mehr oder weniger erhöht darstellen. Da dies das gute Ansehen bedeutend beeinträchtigt, ist es unbedingt nothwendig, diese „Schattirung" zu entfernen, und zwar geschieht dies dadurch, daß man Bogen für Bogen oder kleine Stöße von 4—6 derselben zusammen zwischen starke, glatte, eigens dafür fabricirte Pappen legt und diese dann einem starken Druck aussetzt. Natürlich kann dies nicht eher geschehen, als bis die Bogen vollständig trocken sind, da sich andernfalls der frische Druck auf diesen Glanz- oder Glättpappen abziehen und damit auch die später einzulegenden Bogen verderben würde. Sollten diese Pappen trotzdem mit der Zeit eine Schmutzkruste angesetzt haben, so geschieht ihre Reinigung am besten mit Terpentin, welcher nicht nur alle Unreinlichkeiten schnell und leicht entfernt, sondern den Pappen auch ihre Glätte wiedergiebt. Sind dieselben nur staubig oder wenig schmutzig, so genügt ein Abreiben mit weichem Druckpapier. Noch müssen wir entschieden davon abrathen, billige Glanzpappen zu kaufen, denn dieselben haben nie die Festigkeit der theuren Sorten, weil sie begreiflicherweise aus weniger gutem Stoff hergestellt werden; sie verlieren sehr bald an den Seiten ihre Steifheit und ihren Glanz und reißen leicht ein, so daß man sie vielleicht nur halb so lange benutzen kann, wie eine Pappe die pro Ctr. 18—24 Mark mehr kostet.

Sobald nun die Bogen auf die im vorhergehenden Capitel beschriebene Weise getrocknet, abgenommen und nach der Signatur auf einen Haufen gelegt worden sind, kann das Einlegen vorgenommen werden.

Auf einer langen Tafel, das nothwendigste Requisit der Papier- oder Bücherstube, d. h. desjenigen Raumes, wo die jetzt folgenden Arbeiten vorgenommen werden, stellt man die Pappen und die einzulegenden Bogen je stoßweise so auf, daß zwischen beiden genügend Raum für einen Stoß wechselseitig aufeinander zu legender Pappen und Bogen bleibt.

Am vortheilhaftesten geschieht diese Arbeit von zwei Personen, indem die eine die Bogen, die andere die Pappen einlegt; das Auslegen nach dem Glätten geschieht dann in derselben Weise. Selbstverständlich ist diese Anordnung nur dann möglich, wenn große Bogen zwischen die Pappen kommen. Werden dagegen kleinere Sachen, Programme, Circuläre ꝛc. eingelegt, von denen mehrere zwischen je zwei Pappen neben einander gelegt werden können, so besorgt dies besser nur eine Person. Bei gewöhnlichen Arbeiten oder wo nur die eine Seite des Bogens bedruckt ist, können mehrere Bogen zwischen je zwei Pappen gelegt werden, nur müssen dieselben vorher gut getrocknet sein.

Ein so eingelegter Stoß wird naturgemäß in der Mitte am stärksten sein und nach den Seiten hin sich abschwächen, also in sich keinen Halt haben. Wollte man denselben nun so ohne Weiteres in die Glättpresse setzen, würde es unmöglich sein, eine gute Glätte zu erzielen. Es ist daher nöthig, immer nur Stöße von etwa 20—25 Cmtr. Höhe zu machen und dieselben durch starke Breter von einander zu trennen; bei besseren Arbeiten macht man die einzelnen Stöße noch etwas kleiner, um dadurch den Druck zu verstärken. Es ist rathsam, den Tiegel nicht direct auf das Papier wirken zu lassen, sondern einige Klötze einzuschieben, die dann auch dazu benutzt werden können, die Presse schneller voll zu machen, wenn z. B. nur ein kleiner Stoß zu glätten ist. Da sich die eingelegten Stöße nach und nach immer mehr setzen, muß die Presse öfter nachgedreht werden, um eine durchaus gute Glätte zu erzielen, was bei den gewöhnlichen Pressen in circa 12 Stunden geschehen ist.

Nachdem die geglätteten Bogen auf die bereits oben beschriebene Art wieder ausgelegt worden sind, werden sie, sind es Accidenzien, abgeliefert, respective dem Buchbinder zum Falzen und Beschneiden übergeben, sind es Bogen eines Werkes, so werden sie einstweilen signaturweise bei Seite gestellt.

Die gebräuchlichste Construction der Glättpressen zeigt Figur 136. Man baut dieselben ganz von Eisen oder mit hölzernen (eichenen) Kopf- und Fußstücken. Beide Arten sind empfehlenswerth und in ihren Leistungen gleich.

Einfachere derartige Pressen, deren Tiegel mittels eines Hebels oder nur durch einfaches Zudrehen mit den Händen bewegt wird, zeigen Fig. 137 und 138. Für kleinere Officinen wird diese Construction häufig genügen.

Die den stärksten Druck ausübende Presse ist die hydraulische Glättpresse; sie verlangt jedoch die sorgfältigste Behandlung und dürfte nur in solchen Geschäften von Vortheil sein, wo sie ununterbrochen in Gebrauch ist; ihr Mechanismus würde andernfalls leicht Störungen unterworfen sein. Fig. 139 auf Seite 390 zeigt uns eine solche Presse.

Neuerdings ist jedoch in Amerika eine Glättpresse construirt worden, welche, nach Aussagen vieler Buchdrucker, die sie benutzen, der hydraulischen Presse vorzuziehen ist. Diese Presse, dargestellt durch Figur 140 auf Seite 391, ist unter dem Namen Boomer-Presse in den Handel gebracht worden.

Die Wirkung dieser Presse geschieht bei Handbetrieb in erster Linie durch das seitlinks angebrachte Rad, dessen Umdrehung ein gleichmäßiges Sichstrecken der beiden links und rechts befindlichen, in horizontaler Schraube laufenden Kniee zur Folge hat. Die Bewegung des Rades wird sistirt, sobald die obere Preßplatte den zu glättenden Gegenstand berührt hat, es tritt hierauf die eigentliche Pressung durch den inmitten vorspringenden Hebel ein. Dieser Hebel sitzt auf einem Kammrade, das von der Mitte aus ebenfalls durch die horizontale Schraube auf die beiden Kniehebel wirkt. Der dadurch erzielte Druck ist ein solcher, daß er einen Vergleich mit den jetzt gebräuchlichen Pressen schwer zuläßt, er steigt angeblich von 15,240—406,42 Kilo. Folge davon ist, daß das Glätten in mindestens sechs Mal kürzerer Zeit geschieht. Die Pressung ist eine gleichmäßige, sie wird besonders dadurch bedingt, daß sie nicht blos Folge eines von der Mitte

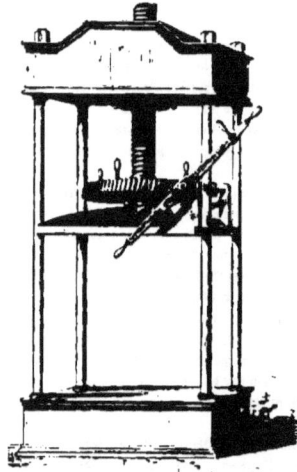

Fig. 136. Große Glättpresse mit eisernem Kopf- und Fußstück.

ausgehenden, sondern eines von den beiden Antleen ausgeübten combinirten Druckes ist. Der zulässige Druck wird durch einen Zeiger angegeben. Die horizontale Lage der oberen Preßplatte wird noch besonders durch Gleitschienen garantirt. Die sichtbare Hebelstange ist von Holz, ein Handgriff genügt, sie aus der Hebelhülse zu entfernen. Wünscht man mechanischen Betrieb, so wird hierzu Kette und Kettenrad, oder das sogenannte „automatische Getriebe" geliefert.

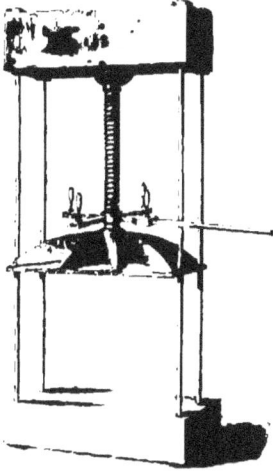

Fig. 137. Glättpresse mit Hebel zum Zuschrauben.

Fig. 138. Glättpresse mit Handgriffen zum Zuschrauben (Hebel gleichfalls anwendbar.)

Eine interessante und einfache Art des Glättens wird in der österr. Staatsdruckerei nach dem Vorgange englischer Druckereien geübt. Dieselbe besitzt nur eine hydraulische Presse, in welche ein großer Stoß eingelegter Bogen auf Schienen hineingeschoben und dann zugepreßt wird. Die Deckel liegen hierbei zwischen zwei Pfosten, welche auf der Seite Klammern haben. Mittels Eisenstangen von verschiedener Länge, je nach der Füllung der Presse, werden diese Pfosten verankert und dann die Presse aufgemacht und die Ladung herausgenommen, welche dann solange in gepreßtem Zustande verbleibt, als nöthig ist, um die erforderliche Glätte zu erzielen.

Es ist dieses Verfahren in Deutschland noch wenig bekannt und dürfte sich vielleicht für viele Geschäfte als praktisch erweisen.

Schließlich haben wir noch einer neuerdings zum Zweck des Glättens von gedruckten Bogen in England construirten Maschine zu gedenken; es ist dies die sogenannte **Heißewalzen-Maschine,**

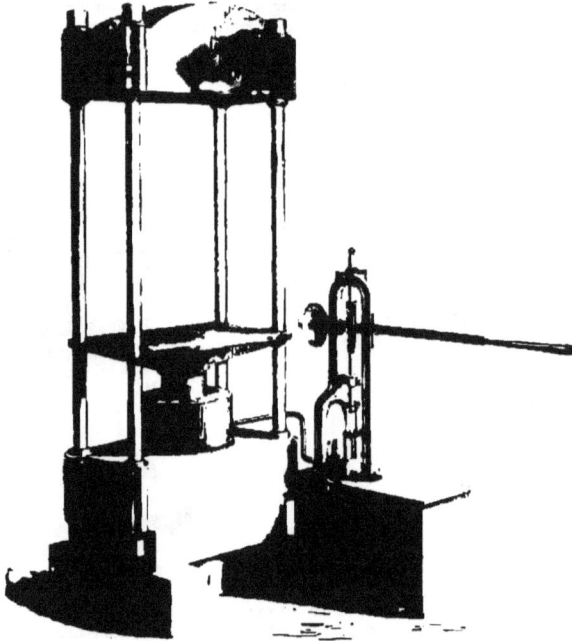

Fig. 141. Hydraulische Glättpresse

gebaut in zwei sich ziemlich ähnlichen Constructionen von Gill und von Moris. Fig. 141 zeigt die Einrichtung der Gill'schen Maschine.

Der hauptsächlichste Theil derselben besteht in einem Paar hochpolirter und mathematisch genau abgedrehter Walzen von gehärtetem Metall und einem Apparat, welcher sie von der sich an ihnen absetzenden Farbe reinigt. Beide Walzen liegen parallel neben einander in einem starken

Gestell; der Zulaß des Dampfes geschieht durch die Achsen und die Regulirung desselben mittels kleiner Ventile; gegen Ueberhitzung sowie gegen etwaige Unfälle ist durch Exhaustoren vorgesorgt.

Morgens vor Beginn der Arbeit ist nach den Angaben des Erbauers ein 20 Minuten und nach Tische ein 10 Minuten langes Einströmen des Dampfes hinreichend für eine volle Tagesarbeit.

Behufs des Reinigens der Walzen ist unter jeder derselben ein mit einer gewöhnlichen Alkalilösung gefüllter Trog angebracht, in welchem der Länge nach mit starkem Tuch überzogene

Fig. 140. Boomer-Glättpresse.

und mit Schwammstücken gepolsterte Kissen befestigt sind, die sich fest gegen die sich drehenden Walzen pressen und die an diesen sich absetzende Farbe abreiben. Hinter jedem Kissen befindet sich noch ein Schaber oder Wischer von Kautschuk, welcher die Feuchtigkeit von den Walzen abwischt, damit diese bei der Aufnahme jedes neuen Bogens trocken und rein sind. Beide Tröge sind an jedem Ende der Maschine leicht abzunehmen, um die schmutzige Lösung auszuschütten und neue einzugießen, was bei continuirlichem Betriebe wöchentlich zwei Mal nöthig wird.

Das Zuführen der Bogen geschieht auf endlosen Bändern, welche über eine kleine über und nahe hinter der hintern Walze angebrachte Rolle laufen. Ueber diese werden die Bogen zwischen die Walzen hindurch und in einer Führung nach einer andern unterhalb liegenden

Wanderleitung geführt, von welcher ab sie auf den Auslegtisch gelangen. An der untern Fläche jeder Walze sind flache Stahlspitzen befestigt, welche das Anhängen der Bogen an den Walzen verhindern.

Der Druck der Walzen wird durch Stellschrauben, welche auf starke, unter dem Anlegtisch befindliche Spiralfedern wirken, regulirt. Auf diese Regulirung muß besonders Bedacht genommen werden, denn ist der Druck zu stark, so wird das Papier zu dünn gepreßt und ausgedehnt. Die Probe der richtigen Stellung wird vorgenommen, indem man einen durchgelassenen Bogen gegen das Licht hält; erscheint der Rand transparent, so ist der Druck zu stark.

Die Maschine nimmt einen Raum von 3,20 bei 2,28 Mtr. ein und ihr Gewicht beträgt nicht ganz; 4 Tonnen engl. (circa 4000 Kilogramm). Der Betrieb erfordert anderthalb Pferdekraft und die Bedienung einen An- und Ausleger. Die Kraft ist stets gleich, Vibration findet nicht statt und das Geräusch, welches sie beim Gange verursacht, nur unbedeutend.

Fig. 141. Gill's patentirte Hoch-Walzenmaschine zum Trocknen und Glätten trockner Drucke.

Infolge dieses Walzenprincipes kann auch endloses trockenes Papier vor dem Druck satinirt werden und wird der Effect als ebenso wirksam geschildert, als der durch gewöhnliche Satinirmaschinen mit Zinkplatten hervorgebrachte.

Gegen die Gill'sche Maschine dürften wohl zum Theil dieselben Bedenken geltend zu machen sein, welche man gegen die früher in der Imprimerie Impériale und bei Paul Dupont in Paris in Betrieb befindlichen Trocken- und Glättmaschinen hegte, da dieselben, gleichfalls mit geheizten Walzen arbeitend, erfahrungsgemäß das Papier zu schnell trockneten und es dadurch hart und brüchig machten. In Frankreich wurde deshalb ein von Perrin erfundener Schnelltrockner anderer Art mehrfach eingeführt. Perrin wendet für seinen Apparat zwei starke übereinander laufende endlose Leinwandbreiten an, die über eine Anzahl Cylinder gespannt sind, durch welche sie einen fortwährenden Kreislauf erhalten. Zwischen diesen Leinwandbreiten macht der zu trocknende Bogen die erste Hälfte seines Weges in einem mittels Luftheizung erwärmten

Schrank durch. Beim Verlassen dieses Schrankes hat das Papier seine Feuchtigkeit in Dämpfe verwandelt, welche es theils selbst noch enthält, theils in die Leinwand niedergeschlagen hat. Um diese Dämpfe zu entfernen, legen die Bogen die zweite Hälfte ihres Weges in freier Luft zurück. Der Apparat bezweckt also lediglich ein Trocknen des Bogens, während die Gill'sche Maschine trocknet und glättet.

3. Das Packen und Abliefern des Gedruckten.

Die fernere Behandlung der Bogen eines Werkes kann eine verschiedene sein.

Da die größte Zahl der erscheinenden Bücher und Broschüren so schnell als möglich fertig gestellt werden müssen, erhält in den meisten Fällen der Buchbinder die einzelnen Bogen sofort nachdem sie geglättet sind in abgezählten Partien zum einstweiligen Falzen und späteren Heften und Broschiren. Ist das Werk stark, so daß dessen Herstellung eine längere Zeit erfordert, so wird einstweilen jede Signatur für sich, oder, je nach der Anlage, mehrere zusammen in einen Ballen verpackt.

Größere Geschäfte haben gewöhnlich einen eigenen Buchbinder im Hause, der wenigstens broschirte Bücher und namentlich Hefte von Zeitschriften rc. zu liefern vermag, dem also früher oder später die Auflage zur Bearbeitung übergeben wird. Für Einbände wendet man sich an renommirte Buchbinder.

Sich regelmäßig wiederholende Auflagen eines Buches, z. B. Gesang- und Schulbücher, werden dagegen sehr häufig „roh" versandt, d. h. in ungefalzten und ungehefteten Bogen in Ballen verpackt. Die dazu nöthigen Arbeiten bestehen im Lagenmachen, Collationiren und Packen.

Eine „Lage" ist eine gewisse Zahl der Reihe nach aneinander folgender Bogen und zwar richtet sich diese Zahl nach der Zahl der sämmtlichen Bogen eines Werkes. Gewöhnlich nimmt man 8—10 Bogen, bei kleineren Werken und um es augeben zu machen, darunter oder darüber.

Sobald zum Lagenmachen geschritten werden soll, wird die bestimmte Anzahl von Bogen in etwa handhohen Stößen der Reihe nach und mit der Signatur nach oben auf einer langen Tafel, der Lagenbank, neben einander gestellt und die obersten Bogen jeden Stoßes etwas ausgestrichen, um dieselben bequemer fassen zu können. Nehmen wir an, die Lage soll 8 Bogen stark werden, so faßt die betreffende Person, welche die Bogen „zusammen tragen" soll, bei dem letzten, also 8. Bogen an, ergreift denselben mit der rechten Hand und führt ihn mit dieser der linken zu, geht dann zum 7., 6., 5. rc. bis zum 1., so daß dann sämmtliche Bogen in richtiger Reihenfolge in der linken Hand vereinigt sind. Dasselbe Verfahren wird nun von neuem begonnen und so lange fortgesetzt, bis es beschwerlich wird die Bogen mit der Hand zu halten; sobald dann eine Lage voll ist, stößt man sie auf, daß sie gerade aufeinander liegt und legt sie auf einen Haufen.

Es liegt auf der Hand, daß bei diesem Zusammentragen sehr leicht Fehler gemacht werden, indem ein Bogen doppelt gefaßt, ein anderer ganz vergessen sein kann. Um diese Fehler zu ermitteln resp. zu verbessern, werden die Bogen collationirt, d. h. man hebt mit Hülfe der Ahle oder einer Nadel diejenige Ecke eines jeden Bogens, welche die Signatur trägt, in die Höhe, hält sie mit der linken Hand fest und vergleicht die Signatur mit der des nachfolgenden Bogens; sind die betreffenden 8 Bogen verglichen und richtig befunden, so hebt man dieselben von dem Stoße ab und legt die Lage neben sich und so fort, wobei nur zu berücksichtigen ist, daß die Lagen verschränkt werden müssen, um eine von der anderen zu unterscheiden.

Das nun noch übrige Zusammenschlagen besteht einfach darin, daß jede einzelne Lage noch einmal ordentlich aufgestoßen und dann in der Mitte gefalzt, zusammengeschlagen wird, und zwar so, daß die erste Signatur nach oben liegt. Etwa vorkommende halbe oder viertel Bogen werden in die letzte Lage eingelegt, jedoch nicht so, daß der Bruch über den Text geht, da derselbe später nicht wieder zu entfernen ist.

Bei dem nun folgenden Verpacken werden die zu einem Buche oder Bande gehörigen Bogen gleichmäßig übereinander gelegt, mit dem zweiten Stoße aber verschränkt, und so fortgefahren, bis 25, 50, 100 oder noch mehr vollständige Exemplare, je nachdem das Werk stark ist, einen handlichen Ballen bilden. Dieser Ballen wird dann unter der Packpresse oder mit dem Ballenholz fest zusammengepreßt, mit Papier verkleidet, gehörig geschnürt und schließlich mit einer entsprechenden Signatur versehen, um seinen Inhalt leicht erkennen zu lassen.

Ueber das Packen von Accidenzarbeiten ist zu erwähnen, daß man darauf bedacht sein muß, immer handliche, feste, und saubere Pakete zu machen. Es ist z. B. für den Empfänger von Rechnungen durchaus nicht angenehm, 1000 und mehr Stück in einem Paket zu haben, es wird demselben vielmehr weit besser gefallen, wenn man 250, höchstens 500 Stück in ein Paket packt, also bei einer Auflage von 1000 Stück eventuell 4 oder 2 Pakete macht und dieselben des bequemeren Ablieferns wegen wiederum zu einem Paket vereinigt. Der Besteller braucht dann bei Bedarf nur eines der Pakete zu öffnen; die übrigen werden während des Verbrauchs desselben geschlossen aufgehoben. Für jedes anständige Geschäft ist die Benutzung guten, haltbaren Packpapiers, wie das Bekleben jedes Paketes mit einem gefälligen Firmenetiquett gerathen. Ein hundertweises Abzählen der Auflage vor dem Abliefern und ein Einlegen von Zeichen ist gleichfalls empfehlenswerth.

4. Das Gummiren von Drucksachen.

Die Bereitung des Gummi wird auf folgende Weise bewerkstelligt: Man spüle eine gute Sorte Gummi zunächst mit lauwarmem oder warmem Wasser ab, damit alle Unreinlichkeiten entfernt werden, pulverisire ihn dann fein und löse ihn in warmem Wasser auf und zwar so, daß er eine dünne, leicht flüssige Masse bildet und setze etwas gestoßenen Zucker und Glycerin hinzu. Dieser Zusatz erhält die Gummirung geschmeidiger, so daß sie und das Papier nicht so leicht brechen, auch wird das Aussehen der Gummirung dadurch ein besseres. Das Auftragen des Gummi geschieht mit einem breiten Pinsel und muß dünn, aber vollkommen gleichmäßig erfolgen. Die gummirten Bogen werden dann einzeln auf eine Stellage zum Trocknen aufgehängt.

Diese Stellage kann aus schwachen Latten bestehen, und ähnlich geformt sein, wie die zum Trocknen von Drucksachen bestimmten, mitunter dürfte es aber gerathen sein, sich mehrfach hinter einander schwache Leinen zu ziehen und die Streifen mittels der bekannten, mit einer Spiralfeder versehenen Holzklammern an diese Leinen zu befestigen, an das Ende aber, und zwar in die äußersten Ecken zwei gleiche Holzklammern anzubringen, in deren Drathösen sich bequem kleine Gewichte einhängen oder durch die sich Eisenstäbe zum Beschweren schieben lassen. Auf diese Weise wird dem Zusammenschrumpfen resp. Krauszziehen des Papiers am besten vorgebeugt.

Fig. 145. Schirmer's Gummirmaschine.

Man hat zum Zweck des Gummirens auch Maschinen gebaut. Eine solche für schmale Streifen gaben wir bereits auf Seite 379; nachstehend sei noch eine solche für breitere Streifen beschrieben und abgebildet; construirt ist dieselbe von dem Buchdruckereibesitzer L. Schirmer in Glatz. Diese Maschine ist in den letzten Jahren in Deutschland vielfach in Gebrauch gekommen und hat sich für Formate von 33—50 Cmtr. Papierbreite sehr gut bewährt.

Bei diesem Apparat bildet a den Behälter für den Gummi, b eine mit Flanell überzogene Walze, welche sich bei ihrer Fortbewegung mit dem Gummi überzieht. Diese Walze darf nicht zu tief in dem Gummibehälter laufen, weshalb das in diesem befindliche Quantum Gummi immer auf einer bestimmten Höhe gehalten werden muß.

Das Gummiren von Druckſachen.

Die bedruckten Bogen werden in möglichſt langen Streifen aneinandergeklebt; man wird dies auf den erſten Blick für einen Mangel der Maſchine halten, bei näherer Prüfung jedoch gewahr werden, daß hierdurch ein weſentlicher Vortheil und ein Reſultat erzielt wird, das die Mühe des Aneinanderklebens reichlich aufwiegt. Ein langer Streifen läßt ſich mit größter Accurateſſe, Leichtigkeit und Schnelligkeit durchziehen, während einzelne Bogen nur mühſam auf die klebrige Gummirwalze zu bringen ſind.

Das Aneinanderkleben hat ſo zu geſchehen, daß der untere Bogen mit ſeinem Anfange nicht gegen die Walze laufe, alſo nicht ſo ⎯○⟶ ſondern ſo ⟵○⎯, denn das gegen die Walze gerichtete Ende des unteren Bogens würde ſich an derſelben ſtauchen, falls die Bogen nicht ganz feſt aufeinanderkleben.

Die Einführung des Papiers geſchieht unter der Spindel g weg zwiſchen den Walzen b und c hindurch unter der Spindel e und über den Abſtreicher f weg, während die Ausführung unter der Spindel l weg erfolgt.

Wie erwähnt, bewegt ſich die mit Flanell überzogene eigentliche Gummirwalze b in dem Gummi; um ſie vor der Einführung auf ihrer ganzen Fläche gut mit Gummi tränken zu können, dreht man ſie mittels der angebrachten Kurbel i einige Male in dem Troge herum, dabei jedoch wohl beachtend, daß die Walze c ſo lange ausgehoben werden muß, damit ſie ſich nicht auch mit Gummi überzieht. Erklärlicher Weiſe bewegt ſich die Gummirwalze beim weiteren Fortarbeiten das Durchziehen des Papiers von ſelbſt, eine Anwendung der Kurbel iſt alſo nicht nothwendig. Das Durchgehenlaſſen des Papiers muß, je nachdem der Gummiüberzug ſchwächer oder ſtärker ſein ſoll, mehr oder weniger ſtramm geſchehen, beſonders iſt es gut, bei den zuſammengeklebten Stellen feſt anzuhalten, damit an dieſen Stellen keine Pfützen entſtehen.

Die Walze c, aus vielen ſchmäleren und breiteren, auf einer Spindel zu befeſtigenden Holzrollen beſtehend, dient dazu, das Papier feſt auf die Gummirwalze zu drücken. Die Breite dieſer oberen Walze c muß ſich nach der des Papiers richten und dies läßt ſich auf die einfachſte Weiſe durch die erwähnten verſchiedenen Holzrollen bewerkſtelligen. Wollte man die Walze immer in der vollen Breite benutzen, ſo würden ſich die Enden derſelben, welche nicht durch das Papier gedeckt ſind, mit Gummi überziehen. Die erwähnten Holzrollen ſind mit Gewinde verſehen, ſo daß ſie ſich mit Leichtigkeit auf die Walze c aufſchrauben laſſen.

Die Spindeln g und c dienen dazu, das Papier feſt an die Gummirwalze b, die Spindel l dagegen dazu, es feſt auf den Abſtreicher f zu drücken.

Dieſer linealartige, ſchräg aufwärtsſtehende, mit Flanell überzogene Abſtreicher f dient dazu, etwa vorhandene Blaſen, Schaum und Unreinlichkeiten zu entfernen, hauptſächlich aber, um den Gummiüberzug ganz gleichmäßig auf dem Papier zu vertheilen. Aber überflüſſige, durch den Abſtreicher entfernte Gummi fließt in den Kaſten a zurück. Die eigentliche Fortbewegung des Papiers geſchieht, indem man das Ende b deſſelben erfaßt und einen möglichſt langen Streifen durch die Maſchine durchzieht, ihn dann an paſſender Stelle abſchneidet und in vorſtehend erwähnter Weiſe auf eine Stellage zum Trocknen aufhängt.

Größere derartige Maſchinen zum Gummiren einzelner Bogen hat man in verſchiedenen Conſtructionen, unter anderem in der Art der Liniirmaſchinen mit beweglichen Federn; anſtatt der Federn iſt hier eine, die volle Breite der Maſchine einnehmende ſchwache Bürſte angebracht, die über den in einem Greifer liegenden Bogen weggezogen wird.

Ueber die Berechnung des Gummirens bei Handarbeit giebt das im Verlage von G. Kraft Sohn in Brugg (Schweiz) erſcheinende Journal „Der Papierhandel" folgende Normen: „Ein Arbeiter gummirt in der Stunde 80 Blatt im Format von 30 zu 50 Cmtr., ſomit eine Geſammtfläche von 120,000 Quadratcmtr. mit einem Gummiverbrauch von ¹/₄ Kilo.

Die Auslagen für Arbeit und Gummi zu 1 M. 20 Pf. angeſchlagen, ergeben für 1000 Quadratcmtr. zu gummiren einen Koſtenaufwand von 1 Pf.

Will man nun ermitteln, wie hoch ſich das Gummiren von 1000 Stück Etiquetten einer beſtimmten Größe ſtellt, ſo braucht man einfach nur ſo viel Pfennige anzunehmen, als die Etiquette Quadratcmtr. mißt. Hält dieſelbe z. B. 30 Quadratcmtr., ſo betragen die Koſten des Gummirens von 1000 Stück derſelben 30 Pf.

Dieſe Art der Berechnung dürfte jedoch wohl nur für große Auflagen maßgebend ſein und ſelbſt bei dieſen immer noch einen Aufſchlag von 75—100 % geſtatten. Bei einer Auflage von nur 1000 Stück eines Etiquettes wird man gut und gern das fünf- bis ſechsfache berechnen müſſen um nicht zu kurz zu kommen.

5. Das Lackiren von Druckſachen.

Dem Lackiren muß, wenn daſſelbe ein gutes Reſultat haben, insbeſondere nicht durch das Papier durchſchlagen ſoll, ein Grundiren der Arbeiten vorausgehen. Hierzu dient am beſten die weiße Gelatine, die man in ſo viel warmem Waſſer auflöſt, daß man eine ganz dünne Löſung erhält. Das richtige Maß der Verdünnung wird jedoch immer ſein, daß die Löſung nach vollſtändigem Erkalten noch gallertartig erſcheint.

Mit dieſer ſtets leicht erwärmt zu benutzenden Miſchung beſtreicht man die ſpäter zu lackirenden Bogen, was am beſten mittels eines Schwammes oder eines breiten Pinſels geſchieht und laſſe ſie dann 2 Stunden trocknen. Im Nothfall kann man zum Grundiren auch dünnes Kleiſterwaſſer oder dünne Gummi arabicum-Miſchung benutzen, doch ſind dieſe Mittel weit weniger zu empfehlen, wie die Gelatine.

Das Lackiren ſelbſt erfolgt am beſten mit gutem weißem Damarlack; derſelbe wird mit einem Viertheil reinem, gutem Terpentin aufgelöſt und gut mit demſelben vermiſcht. Das Auftragen geſchieht mit einem breiteren oder ſchmäleren Pinſel. Dieſe Lackirung braucht etwa 2—3 Tage zum Trocknen. Man kann ſich den Lack ſtets präparirt vorräthig halten, doch muß derſelbe in gut verkorkten Flaſchen aufgehoben werden.

Daß man auch fertig zum Streichen präparirte Lacke kaufen kann, iſt ſelbſtverſtändlich, doch laſſen dieſelben hinſichtlich des Glanzes oft viel zu wünſchen übrig.

Den schönsten Glanz auf Drucksachen erhält man unstreitig durch das Gelatiniren, doch ist dies eine ganz besondere Einrichtungen erfordernde Arbeit, die auch fast ausschließlich nur in Luxuspapierfabriken zur Anwendung kommt, daher an dieser Stelle wohl keiner specielleren Beschreibung bedarf.

6. Das Parfümiren von Drucksachen.

Da es mitunter verlangt wird, Tanzordnungen, Menus ꝛc. parfümirt abzuliefern, so sei hier auf eine sehr einfache Weise hingewiesen, dies zu bewerkstelligen. Man nimmt eine Anzahl Bogen oder Blätter starkes Druck- oder Fließpapier und sprißt auf jeden Bogen einige wenige Tropfen eines feinen Parfüms. Nachdem das aufgesprißte Parfüm auf den Bogen getrocknet ist, legt man die zu parfümirenden Drucke in der Weise zwischen dieselben, wie man dies für die Glättpresse thut, beschwert den Stoß etwas und läßt ihn möglichst 1—2 Tage stehen. War das Parfüm wirklich gut und aus feinen Substanzen bereitet, so wird man eine genügende Parfümirung erzielen, die Bogen werden auch lange Zeit, ohne Erneuerung des Parfüms, zu diesem Zweck zu brauchen sein, wenn man die Vorsicht anwendet, sie immer gut eingewickelt in einem geschlossenen Schrank aufzuheben.

Neunter Abschnitt.

Von den Hülfsmaschinen und Apparaten.

I. Kopfdruckmaschinen.

Für den Druck von Brief- und Büchertöpfen, Visitenkarten und anderen kleinen Arbeiten, die neuerdings auch vielfach von den Papierhändlern oder Leuten geliefert werden, die sich speciell mit der Herstellung solcher kleiner Arbeiten beschäftigen, hat man verschiedene Maschinen construirt, die jedoch alle, mit Ausnahme der kleinen Tiegeldruckmaschine Fig. 146 nur als vervollkommnete Stempelpressen zu betrachten sind, denn bei allen diesen Maschinen ist der Satz mit dem Bilde nach unten in einem Kasten befestigt und wird zur Erzielung des Druckes durch Treten oder durch eine Hebel- oder Excenterbewegung auf das Papier niedergepreßt oder besser gesagt niedergeschlagen.

Daß demnach mittels dieser Maschinen kein so sauberer Druck erzielt werden kann, wie mittels einer richtigen Druckmaschine mit Cylinder oder Tiegel, wird dem Leser erklärlich sein und Mancher, welcher eine solche Maschine anschaffte, ist bald zu der Erkenntniß gekommen, daß sie wohl sehr schnell (1000 bis 1500 pro Stunde) druckt, doch aber, weil der Druck an ihr nur mangelhaft justirbar ist, die Schriften so schnell abnutzt, daß von einem wirklichen Nutzen kaum die Rede sein kann.

Die gebräuchlichste Art der Kopfdruckmaschinen stellt Fig. 143 dar; diese Maschine dient auch, mit einem selbständernden Zifferwerk versehen, als Numerir- und Paginirmaschine. Specielleres darüber unter 2.

Fig. 144 ist eine, mehr zum Kartendruck bestimmte Presse; bei ihr schieben sich die zu einem Stoß aufgeschichteten Karten nach und nach selbstthätig unter den Tiegel und fallen nach dem Druck durch eine Rinne heraus. — Die Bewegung der Maschine wird durch Drehen an einer Kurbel bewerkstelligt, deren mit einem Excenter versehene Welle den Schriftkasten herunter und herauf führt.

Fig. 145 zeigt eine Kopfdruckmaschine, bei der der Druck mittels eines Hebels bewerkstelligt wird, während Fig. 146 eine kleine Tiegeldruckmaschine sehr praktischer Construction darstellt, auf der sich kleinere Arbeiten, insbesondere Briefköpfe und Karten mit größter Leichtigkeit und

Fig. 143. Kopfdruckmaschine zum Treten.

Fig. 144 Kartendruckmaschine.

Fig. 145. Kopfdruckmaschine mit Hebel.

Fig. 146. Kleine Tiegeldruckmaschine zum Kopf- und Kartendruck.

sehr sauber herstellen lassen. Der durch einen Hebel zu bewirkende Druck ist an dieser, mit senkrechtem Fundament versehenen Maschine ganz ebenso genau zu reguliren, wie an den früher beschriebenen größeren Tiegeldruckmaschinen. Sie druckt ein Format von 14 zu 24 Cmtr. und kostet complett mit Tisch und Zubehör 400 Mark. — Es giebt noch eine große Zahl ähnlicher Maschinen, doch dürfte es überflüssig sein, deren hier noch mehr zu beschreiben; sie sind alle so construirt, daß wie bei Fig. 143, 144 und 145 der Satz, mit dem Bilde nach unten, den Druck ausübt.

2. Numerirmaschinen und Apparate.

Um das Numeriren von Coupons und das Paginiren von Büchern 2c. einfacher und schneller bewerkstelligen zu können, hat man Maschinen und Apparate construirt, die, wenn solid gebaut, auf das exacteste und zuverläßigste arbeiten.

Die einfachste Art dieser Numerirmaschinen ist der nebenstehend abgebildete **Handnumerateur**, der im Wesentlichen gleich den neuerdings üblichen Firmenstempeln construirt, seine Färbung an einem kleinen, in einem Kästchen unter dem Schieber befindlichen, mit Stempelfarbe getränkten Kissen erhält und dessen Zifferwerk sich beim Herunterdrücken des Schiebers (Griffes) gleichsam vollständig umklappt, so daß die gefärbte Zifferreihe zum Drucken kommt. An dem Fußgestell können kleine Marken angebracht werden, so daß der Apparat sich auf die vorgedruckten Coupons genauest aufsetzen läßt, damit auch die einzudruckende Ziffer stets ihren richtigen Stand erhält. Man hat diese Apparate auch noch in etwas anderer Construction in Bezug auf die Färbung.

Derartige Apparate arbeiten sehr schnell, weil sie sich auch selbst fortändern, so daß man, je nach Uebung, 700—1000 Nummern pro Stunde damit eindrucken kann; sie sind freilich nicht so ausdauernd, wie die später beschriebenen Maschinen, weil ihr Mechanismus ein schwächerer; doch sind sie auch ganz bedeutend billiger.

Für kleinere Auflagen und wenn sie nicht mausgesetzt in Gebrauch, dürften sich diese kleinen Apparate recht wohl bewähren, besonders wenn ein zuverläßiger Mann die Numeration besorgt; es kommt bei deren Benutzung alles darauf an, daß man beim Niederdrücken des Handgriffes recht behutsam verfährt und dabei ein ganz regelmäßiges Tempo einhält; thut man dies nicht, so springen die Zifferreihen leicht unregelmäßig weiter, so daß die Folge der Nummern keine richtige mehr ist.

Die Apparate sind mit Ziffern auf Corpus-, Cicero-, Tertia- und Textkegel, sowie 3—6stellig (mit 3—6 Zifferreihen) zu haben, so daß man also für Actien wie für Coupons passende Numerateure findet. Um nicht mißverstanden zu werden, sei noch ausdrücklich bemerkt, daß jeder dieser Apparate nur eine Sorte Ziffern führt, so daß man demnach für Actien und Coupons zwei verschiedene Apparate braucht. Der Preis dieser Numerateure ist 75—150 Mark je nach der Größe und der Anzahl der Zifferräder. Die Fortänderung geschieht je nach Wunsch fortlaufend also 1 2 3 oder erst nachdem zwei gleiche Ziffern gedruckt sind, also

1 1 2 2 3 3. Die letztere Weise ist nothwendig für das Paginiren von Contobüchern, auf denen Soll und Haben sich auf zwei Seiten gegenüberstehen. Die Apparate sind auch derart eingerichtet, daß sie eine Ziffer so lange drucken, wie man wünscht.

Ein einfacherer derartiger Apparat ist durch Fig. 148 dargestellt; seine Construction ähnelt der des vorstehend abgebildeten, doch muß derselbe auf einem Stempelkissen mit Farbe versehen werden. Die Fortänderung wird durch einen Druck mittels des Daumens auf den am Griff befindlichen Knopf bewirkt.

Ein bei weitem vollkommenerer, dafür allerdings auch theurerer Apparat ist die vorstehend als Fig. 143 abgebildete Numerirmaschine, die, wie erwähnt, gleichzeitig auch als Druckmaschine für Briefköpfe, Karten, Bücherköpfe 2c. zu verwenden ist. Sie dient ganz besonders auch zum Paginiren von Conto-Büchern, zu welchem Zweck sich der Anlegetisch heben und senken läßt, um der Stärke des Buches angemessen gestellt zu werden. Das Ziffernwerk ist von Stahl und zwar sind die Ziffern an den meisten dieser Maschinen einzeln einzuschrauben, so daß man die Möglichkeit hat, solche verschiedenen Grades für Actien und Coupons benutzen zu können.

Für die Färbung ist ein kleines einfaches Tischfarbenwerk vorhanden, das eine genügende Deckung herbeiführt. Da das Hauptgestell unter dem Ziffernwerk bügelartig geschweift ist, kann man selbst große Bogen, z. B. Coupon-bogen nach und nach verschieben und auf diese Weise einen Coupon nach dem andern bedrucken. Auch diese Werke ändern je nach Erforderniß in derselben Weise, wie dies bei den Handnumerateuren angegeben wurde.

Der Druck wird durch Nieder-treten des unten befindlichen Trittes mittels des Fußes bewerkstelligt, ein Arbeiter kann deshalb auf dieser Maschine mit Leichtigkeit 700—1500 Exemplare pro Stunde drucken.

Eine sehr praktische Maschine ist auch die nebenstehend abgebildete, von Harrild & Sons in London gebaute Maschine.

Fig. 149. Numerirmaschine von Harrild & Sons in London.

Auf einem bügelartigen Untergestell, in welches sich ein großer Bogen braunem einschieben läßt, um selbst eine Numerirung auf seinem unteren Ende zu ermöglichen, ist die eigentliche Maschine befestigt. Sie bewegt sich mit Leichtigkeit durch Herüberziehen des Handgriffes nach unten und druckt so zu sagen durch ihre eigene Schwere.

Hat man sie herunter gedrückt, so greift ein Sperrhaken (2) in das darüber befindliche Zahnrad ein und bewirkt beim Rückgange der Maschine die Fortänderung. Durch eine einfache

Veränderung an dem Sperrhaken (2) kann bewirkt werden, daß die Maschine nur einmal um das andere ändert, man demnach zwei gleiche Ziffern drucken kann, ehe die Fortänderung stattfindet.

Die unter dem Hebel befindliche runde Fläche bildet den Farbetisch; die Farbe wird mittels einer kleinen Handwalze auf diese Fläche aufgetragen und führt so für 200—250 Drucke eine genügende Schwärzung der Ziffern herbei. Die beiden in kleinen Schlitzen liegenden Auftragwalzen sind aus Gummistoff gefertigt und verrichten ihre Arbeit in ganz vollkommener Weise. Sie entnehmen die Farbe von dem Farbetische, und verreiben dieselbe zugleich gehörig darauf. Gehalten sind sie in den Schlitzlagern durch elastische Gummischnüre, welche zugleich eine elastischere und leichtere Ueberführung über die Zifferreihe ermöglichen.

Vorn auf dem Untergestell wird eine weiche Unterlage für den Druck, sowie verstellbare Marken befestigt.

In dem dazu gehörigen Kasten ist alles zur Bedienung und Instandhaltung der Maschine Erforderliche in praktischster und handlichster Weise untergebracht. Auf dem Deckel desselben ist eine Zinkplatte aufgeschraubt, welche als Farbetisch für die kleine Handspeisewalze benutzt wird.

Die vollkommensten Numerirmaschinen nun sind diejenigen, mittels welcher man sämmtliche Coupons oder Dividendenscheine nebst dem Talon, wenn passend auch die Actie, mit einem Druck numeriren kann. Diese Maschinen bestehen aus einzelnen Werken, welche sich nach dem Stande der Coupons gruppiren und durch einen sie sämmtlich verbindenden Mechanismus mit einmal fortändern lassen. Eine solche Einrichtung ist etwas kostspielig, da sowohl die Werke selbst, wie der sie verbindende Mechanismus höchst accurat gearbeitet sein müssen, sollen die Ziffern

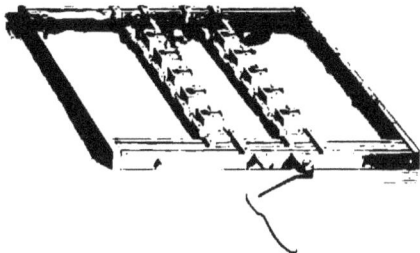

Fig. 158. Kombinirter Numerirapparat für die Serie.

immer richtig fortändern und nach der Aenderung auch immer genauest wieder Linie halten.

Die accuratesten Apparate dieser Art bauen wohl die Firmen Zimmermann und Wagner in Berlin, doch sind dieselben auch sehr theuer und bedürfen je nach der Anzahl der darin vereinigten Werke eines Anlagecapitals von 3000—9000 Mark. Ihre Anschaffung ist schon deshalb eine theuere, weil eine eigens dafür construirte Presse erforderlich ist, da ihre Höhe die gewöhnliche Schrifthöhe unseres Wissens 3—4 mal übersteigt. Diese Apparate sind jedoch so zuverlässig, daß man sie sogar auf der Schnellpresse benutzt, freilich auf einer eigens für diesen Zweck mit höher liegendem Cylinder gebauten, die dann auch durch einen sehr einfachen Mechanismus das Fortändern besorgt, demnach pro Tag ein bedeutendes Quantum zu numeriren im Stande ist.

Um einen ähnlichen, billigeren und auf jeder Presse druckbaren derartigen Apparat liefern zu können, construirte der Herausgeber dieses mit Hülfe eines tüchtigen Mechanikers einen Apparat der vorstehenden Form. Die Werke haben eine Höhe von 27 Millimeter, lassen sich demnach wohl auf allen den Pressen drucken, welche für hohe Schrifthöhe eingerichtet sind und ein noch etwas höheres Hinaufschrauben des Tiegels möglich machen. Jedenfalls lassen sich die meisten Pressen, wenn sie den erforderlichen Hub nicht haben, sehr leicht dadurch umändern, daß man unter die Säulen, da wo sie auf das Fußstück antreffen, getheilte Scheiben legt und auf diese Weise den Tiegel in die erforderliche Höhe bringt.

Dieses Unterlegen der Säulen ist insofern leicht auszuführen, weil die Schrauben, welche über dem Kopfstück auf der durch die Säulen gehenden Stange aufgeschraubt sind, meist noch genügend Halt haben, wenn man sie um einige Millimeter lockert, um die Scheiben unten einlegen zu können. Ein Theilen der Scheiben ist deshalb erforderlich, weil man ja sonst die ganze Presse auseinander-nehmen müßte, um dieselben in Eins, also gleichsam als Ring auf die Säulenstange aufzustecken.

Nach beendeter Numeration sind die Scheiben leicht wieder entfernt und die Presse ist dann nach wie vor für gewöhnliche Schrifthöhe benutzbar. Man kann auch, anstatt die Scheiben wieder herauszunehmen, passende Unterlagen unter die Schienen machen lassen und so die Differenz in der Höhe wieder ausgleichen.

Bei neuen Pressen läßt sich auf dieses Unterlegen der Schienen gleich Rücksicht nehmen, so daß man den Druck der höheren Numerirwerke ohne viele Umstände bewerkstelligen kann.

Die Construction des unter Fig. 150 abgebildeten Apparates ist im wesentlichen folgende: Je nach der Anzahl der Couponreihen, welche auf einem Bogen numerirt werden sollen, lassen sich Schienen anbringen, an welchen die einzelnen Werke in beliebig zu regulirenden Zwischen-räumen angeschraubt werden können. Auf der Abbildung finden wir zwei solche Reihen mit vier Schienen; an die erste Schiene rechts und an die dritte sind die Werke festgeschraubt, während die zweite und vierte nur dazu dienen, mittels des vorn angebrachten Hebels nach hinten zu geschoben zu werden und so das Fortändern aller Werke mit einmal zu bewirken. Jedes Werk hat einen kleinen Hebel, dessen Endpunkt in verstellbaren, auf der schiebenden Schiene befestigten Haltern ruht; wird demnach die Schiene nach hinten zu gedrückt, so wirken auch die Halter in dieser Richtung auf den kleinen Hebel der Werke und bewirken die Fortänderung.

Um die Werke möglichst einfach und billig zu construiren, ist davon abgesehen worden, viele selbstthätig wirkende Zifferräder anzubringen; es sind nur deren drei vorhanden und zwar die für die Einer, Zehner und Hunderter. Die übrigen Reihen sind in einer passenden Vorrichtung vorzustecken und mittels eines Schräubchens zu befestigen.

Jedenfalls ist es eine geringe Mühe, alle tausend Bogen einmal eine Ziffer herauszunehmen und eine andere hineinzustecken. Bei der 5. und 6. Stelle aber ist ja eine Aenderung nur nach dem Druck von 10,000, respective 100,000 Nummern nöthig.

Die Zifferräder sind in Messing hergestellt, während die Vorsteckziffern in Schriftzeug gegossen sind. Diese Einrichtung ermöglicht, exact geschnittene Vorsteckziffern zu verwenden und dieselben ohne viele Kosten zu erneuern, wenn sie abgenutzt sein sollten.

Die einzelnen Werke lassen sich auch ohne den Fortänderungs-Mechanismus benutzen; die Aenderung geschieht dann einfach mittels der Hand an dem kleinen Hebel.

Außer den hier erwähnten Apparaten giebt es noch viele, besonders englische und französische Apparate etwas anderer Construction. Fig. 151 z. B. stellt einen von Trouillet in Paris construirten Apparat dar. Bei allen ist jedoch das Princip so ziemlich dasselbe, es wird bei ihnen demnach auch alles Das beobachtet werden müssen, was wir vorstehend angaben.

Bei diesen Apparaten ist es nothwendig, daß man, wenn man sie auf der Handpresse druckt, sogenannte Aufwalzsiege benutzt, damit die Walze beim Auftragen der Farbe nur leicht über die Oberfläche der Ziffern hinläuft, nicht aber in die Vertiefungen hineinfällt und auch diese färbt.

Ein gründliches Reinhalten der Werke ist durchaus nothwendig, denn der sich zwischen den einzelnen feinen Theilen nach und nach ansetzende Schmutz hemmt die Bewegung der Räder immer mehr und mehr, so daß sie unregelmäßig oder gar nicht weiteränderen. Zum Reinigen benutze man Benzin und öle dann stets die Hebel und die Flächen, auf welchen die Federn liegen, mit feinstem Oel sorgfältig ein; rathsam ist es auch, von Zeit zu Zeit mittels eines fein zugespitzten Holzstäbchens ein wenig Oel auf die kleinen Zackenräder zu tupfen, welche sich zwischen den Zifferrädern befinden. Man muß hierbei aber sehr vorsichtig zu Werke gehen, damit kein Oel auf die Ziffern selbst kommt.

Eine sehr interessante Schnellpresse zum Numeriren von Banknoten wie zum Eindrucken

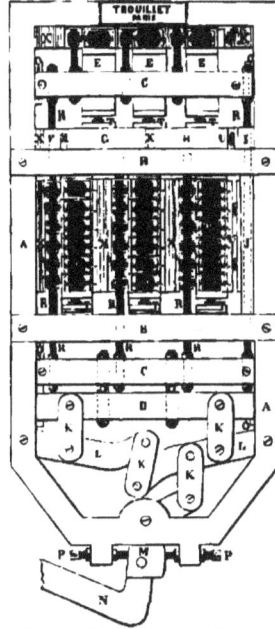

Fig. 151. Combinirter Numerirapparat für die Presse von Trouillet in Paris.

der Littera und Namenszüge hat Herr H. Jullien in Brüssel, dessen Schnellpressen sich überhaupt eines sehr guten Rufes erfreuen, construirt und ist dieselbe in der Druckerei der Nationalbank zu Brüssel in zwei Exemplaren in Gebrauch. Fig. 152 stellt diese Maschine dar.

Der Druckcylinder dieser Maschine hat nur 12 Cmtr. Durchmesser und macht zwei Umgänge während eines einmaligen Laufes des Fundamentes. Er steht mit dem, dem Ausleger die gedruckten Bogen zuführenden zweiten Cylinder in Eingriff. Um dem mit der Controlirung der Bogen Beauftragten die Arbeit zu erleichtern, werden diese mit der bedruckten Seite nach oben ausgelegt. Das Fundament ist in zwei mit jeder Umdrehung des Cylinders correspondirende Theile getheilt: Die erste Abtheilung enthält die Vorrichtung zum Einsetzen und Aendern der Ziffern nach einem jedesmaligen Hin- und Hergange dieses Fundamenttheiles durch einen besonderen

Fig. 157. Schnellpresse zum fortlaufenden Numeriren re von Banknoten aus der Fabrik von H. Julien in Brüssel.

Mechanismus. Der eine der Zähler numerirt bis zu 9,999,999; die anderen sind bei jeder 1000. Serie auf 0 gestellt; nach jeder Serie wird der Buchstabe geändert und bis zum nächsten Tausend fortgedruckt. Sollte sich der Arbeiter beim Aendern geirrt, oder das Billet unregel- mäßig angelegt haben, so genügt ein Tritt des Fußes auf das Pedal, um den Zählermechanismus außer Thätigkeit zu setzen. Der die Zähler enthaltende Fundamenttheil liegt ein wenig tiefer, als die zweite Fundamentabtheilung. Das hintere Ende derselben ist offen und in diese Oeffnung ist ein Block von Schriftmetall eingelegt, in welchen so viele Löcher eingebohrt sind, als das Billet Zähler hat. Das Feststellen des Blockes wird durch Schrauben bewerkstelligt. Die Stellung des Numerirapparates ist derart, daß die Ziffern mit der auf der zweiten erhöhten

Abtheilung des Fundamentes angebrachten Littera und Namenszüge in gleicher Höhe ſind; letztere ſind ſo geſtellt, daß ſie bei der zweiten Umdrehung des Cylinders richtig auf die bezüglichen Stellen des Bogens treffen. Nach dieſem zweiten Druck erſt läßt der Cylinder den Bogen oder das Billet frei. Der Raum zwiſchen der Numerirverrichtung und derjenigen für die Littera und Namenszüge wird durch einen Farbetiſch für die Nummern eingenommen, ein zweiter Farbetiſch hinter dem erſten ſchwärzt die zweite Partie, d. i. die Littera und Namenszüge. Indem in Folge dieſer Anordnung jede Partie ihre abgeſonderte Färbung hat, laſſen ſich zwei verſchiedene Farben anwenden. Die Leiſtung dieſer Maſchine wird auf 1200 Exemplare in der Stunde angegeben, und iſt der Preis für ein kleines Format auf 5200 Mark und für größeres auf 6400 feſtgeſtellt.

Wir haben an dieſer Stelle noch der Billetdruckmaſchinen zu gedenken, wie ſolche für den Druck der kleinen, auf ſtarkem Carton hergeſtellten Eiſenbahn- ꝛc. Billets zur Anwendung kommen. An dieſen Maſchinen liegen die gleichmäßig groß ausgeſtanzten oder geſchnittenen Kärtchen in einer langen, aufrecht ſtehenden Holzrinne übereinander geſchichtet und werden von dort aus mechaniſch der Maſchine zum Druck, und zumeiſt auch zu gleichzeitiger Numeration, ja oft ſogar zur Durchlöcherung des angebrachten Coupons, zugeführt. Nach dem Druck dient wiederum eine Rinne zur Aufnahme der fertigen Kärtchen, die ſich ſtoßweiſe aus derſelben entnehmen laſſen. Bewegt werden dieſe Maſchinen durch Drehen. Häufig kommt zur Numeration eine Preſſe zur Verwendung, die die Nummern ohne Farbe vertieft einſchlägt. Zum Zweck der Kontrolle ſolcher Billets giebt es auch eigene Billetzählmaſchinen. Bei dieſen Maſchinen werden die unbedruckten oder bedruckten Billets gleichfalls in einer aufrecht ſtehenden Rinne untergebracht; wird dann die Maſchine durch eine Kurbel bewegt, ſo wird Billet um Billet von der oberen Rinne in eine untere geführt und je nach Bedarf ein gewiſſes Quantum durch ein Zeigerwerk und einen Glockenſchlag markirt.

Eine höchſt originelle, zum Druck von Pferdeeiſenbahn-, Dampfſchiff- ꝛc. Billets beſtimmte Billetdruckmaſchine iſt die A. T. 65 66 abgebildete Maſchine des Mechanikers J. F. Klein in München. Dieſe Maſchine druckt auf endloſes Papier beliebigen Text und fortlaufende Ziffern, perforirt auch zwiſchen den Billets, ſo daß ſie leicht abreißbar ſind. Die Maſchine wird auch ſo eingerichtet, daß ſie zweifarbig druckt und dabei numerirt. Die zuſammenhängend bleibenden Billets werden beim Verbrauch von den Conducteuren in runden Blechkapſeln (einem Bandmaß ähnlich) untergebracht und Billet um Billet zur Abgabe an die Fahrgäſte abgeriſſen.

3. Perforirmaſchinen und Apparate.

Es wird in neuerer Zeit häufig an den Buchdrucker die Anforderung geſtellt, Druckarbeiten, von denen für gewiſſe Zwecke ein Theil abgelöſt werden ſoll, gleich den Briefmarken durchlöchert zu liefern um das Abreißen zu erleichtern. Man hat für dieſen Zweck eigene Apparate und Maſchinen conſtruirt, deren hauptſächlichſte wir in dem Nachſtehenden genauer betrachten wollen.

Es giebt insbesondere zwei Apparate, welche zu diesem Zwecke dienen und welche das Papier mit kleinen Einschnitten (nicht Löchern) versehen. Der eine ist das Perforirrad, Fig 153. Dieses Rad hat die Form eines Sporenrades und ist an einem bequem zu fassenden Stiele befestigt. Es wird in der Weise benutzt, daß man ein Lineal an die zu durchlöchernde Stelle des auf einer festen, glatten Pappe ruhenden Abzugs legt und mit dem Rädchen in gerader Richtung an dem Lineal hin, fest auf den Abzug drückend, über diesen hinfährt. Bei kleinen Auflagen ist diese Manier zu empfehlen, bei großen jedoch, und wenn es darauf ankommt, größere Bogen an mehreren Stellen zu durchlöchern, empfiehlt sich die Benutzung des Perforirmessers, Fig. 154.

Fig. 153. Perforirrad.

Fig. 154. Perforirmesser.

Man setzt dasselbe entweder gleich mit in die Form oder benutzt es nach erfolgtem Vordruck. In ersterem Falle verfährt man folgendermaßen: Das gezahnte Messer wird in den Satz an der betreffenden Stelle eingefügt und die Form dann in der gewöhnlichen Weise geschlossen und eingehoben. Am besten ist es, wenn das Messer um eine Viertelpetit niedriger ist, als die Schrift, und zwar deßhalb, weil es sonst die Walzen und den Aufzug des Deckels oder Cylinders ruiniren, außerdem aber von den Walzen geschwärzt werden würde, was doch möglichst zu vermeiden ist. Man richtet nun in der gewöhnlichen Weise zu, klebt aber an diejenige Stelle, wo das Messer die Schnitte machen soll, einen schmalen Streifen Glanzpappe auf den Deckel oder Cylinder, so daß also das Messer den gehörigen Druck bekommt. Es ist selbstverständlich, daß in dieser Weise nur verfahren werden kann, wenn zwischen dem Messer und der darunter, darüber oder daneben stehenden Zeile mindestens der Raum von einer Tertia vorhanden ist. Bei schmäleren Zwischenräumen muß man in anderer Weise verfahren.

Man druckt dann die Form zuerst vor und zwar mit Punkturen, hebt dann die extra zwischen Blei- oder Holzstege geschlossene Form ein, nachdem man den Deckel oder Cylinder mit einer Glanzpappe überzogen hat. Ist die Form mit den Messern genau gesetzt und werden fein gestochene Puncturlöcher benutzt, so muß auch alles genau passen.

Diese Manipulation läßt sich auch ganz gut auf der Maschine vornehmen und kann man mit letzterer täglich 10,000 Bogen perforiren. Man hat beim Druck auf der Schnellpresse nur zu beobachten, daß die Messer sämmtlich der Länge und nicht der Breite nach gegen den Cylinder geschlossen werden, weil bei dem starken Druck, welcher erforderlich und im letzteren Falle ein schiebender ist, die Messer leicht verdorben werden. Will man Etiquetten, Marken ꝛc. gleich rings herum perforiren, so läßt sich mit Hülfe kleiner systematisch geschnittener Stücke gleich eine zu diesem Zweck dienende Form herstellen oder man perforirt erst den Bogen der Länge und dann der Breite nach.

Die sauberste Durchlöcherung und zwar mit runden, offenen Löchern nach Art der Briefmarken, erzielt man nur mittels einer Perforirmaschine. Fig. 155 stellt eine solche dar. An dem Kopftheil dieser Maschine befindet sich ein aus mehreren Theilen zusammengesetzter Kamm, dessen Zinken aus lauter runden gut gehärteten Stahlstiften bestehen. Durch Treten auf den unten befindlichen Fußtritt senkt sich das Kopfstück und alle Stifte versenken sich in kleine, ihrem Umfange genau entsprechende Löcher, die in eine Stahl- oder Messingschiene gebohrt sind; diese Schiene ist zwischen den Brettern befestigt, auf welchen das zu perforirende Papier angelegt wird. Um eine genaue Anlage zu erzielen, sind hinten und an der linken vorderen Seite Marken angebracht. Die Durchlöcherung erfolgt, indem die Stahlstifte das Papier in die erwähnten Löcher drücken, so daß

Fig. 155. Perforirmaschine.

der scharfe Rand der Löcher und der der Stifte gleich einer Scheere wirken. Es ist bei diesen Maschinen nicht rathsam, viele Bogen auf einmal zu perforiren. Je nach der Stärke des Papiers kann man 2—4 nehmen; mehr als diese Zahl würde den Stiften zu viel Widerstand leisten und sie leicht abbrechen. Da die Kämme bei den meisten Maschinen getheilt sind, so lassen sich kürzere und längere Durchlöcherungen bewerkstelligen.

Man baut in England auch Maschinen mit einem, die Perforirung bewirkenden Rade.

4. Ausstanzpressen und Apparate.

Insbesondere Etiquetten in runder, ovaler und eckiger Form, Karten mit abgerundeten oder gebrochenen Ecken, mit wellenförmigem Rande ꝛc. ꝛc. müssen ausgestanzt (ausgeschlagen) werden.

Für kleinere Sachen genügt das Ausstanzen mit der Hand mittels eines mit einem Stiele versehenen Ausschlageisens, das der Form der auszuschlagenden Arbeit entspricht. Der das Schneiden bewerkstelligende Theil dieses Apparates muß gut gehärtet, darf jedoch nicht allzu spröde sein, damit nicht so leicht Theile der Schneide ausspringen. Diese Bedingung läßt es für durchaus erforderlich erscheinen, daß man solche Eisen nur von einem Mechaniker anfertigen läßt, welcher Uebung darin hat und genau weiß, welche Härte er dem Stahl zu geben hat.

Die Manipulation des Ausstanzens mit dem Handeisen ist nun folgende: Als Unterlage dient ein Klotz von hartem Hirnholz, am besten Weißbuche; auf diesen Klotz wird das mit den

Etiquetten bedruckte Blatt gelegt, das Eisen genau aufgesetzt und ein angemessen kräftiger Schlag mittels eines Holzschlägels oder Holzhammers darauf gegeben. Hat man neben jedem Etiquett ein Paar Punkte vorgedruckt und ist das Eisen seitlich mit zwei Punkturspitzen versehen, so kann man letztere genau auf die Punkte aufsetzen und ein ganz exactes Ausstanzen herbeiführen. Man kann auch, liegen die Blätter genau aneinander, mehrere derselben mit einmal ausstanzen.

Durch das jedesmalige Eindringen des Eisens in das Holz springen nach und nach seine Splitter heraus und schlägt dann das Eisen das Papier nicht mehr glatt durch; in diesem Fall lege man das Auszuschlagende auf eine andere Stelle des Klotzes und fahre so fort, bis die ganze Oberfläche desselben unbrauchbar ist. Man kann dann für weitere Arbeiten die Rückseite des Klotzes benutzen und später alle beide Seiten abhobeln lassen. Sehr gut ist solches Ausstanzen auch auf einer mittelweichen Bleiplatte auszuführen; allenfalls kann auch eine starke Pappe benutzt werden, die man als ein starkes Bret oder auf einen Klotz legt. Viele mit dem Ausstanzen Betraute benutzen anstatt des vorhin beschriebenen Klotzes eine starke Pfoste von Weißbuche, die sie, mit der Hirnseite nach oben, sitzend zwischen die Knie nehmen und darauf ausschlagen.

Die Eisen nun, welche man zum Ausstanzen größerer Flächen benutzt, sind etwa 2—3 Cmtr. hoch und haben unten einen breit zulaufenden Fuß, so daß sie dem Druck des Tiegels eine ordentliche Fläche darbieten. Man kann solche Eisen selbst in einer Buchdruckhandpresse benutzen, doch immerhin nicht mit Vortheil, weil man bei der Größe des Fundamentes zu weit einzufahren hat. Am vortheilhaftesten ist die Prägepresse Fig. 128, die zumeist auch für diesen Zweck eingerichtet ist. Für mittelgroße Sachen genügt auch die Balancierpresse Fig. 129 oder die Balancierpressen mit zwei Säulen und Kopfstück; diese letzteren werden neuerdings ganz besonders zu diesem Zweck benutzt, da sie bei wenig Raumeinnahme und sehr bequemer Construction einen bedeutenden Druck ausüben.

Das Ausstanzen auf einer Presse wird folgendermaßen bewerkstelligt: Auf das Fundament kommt am besten eine etwa 1 Cmtr. starke mittelweiche Bleiplatte; auch eine starke Pappe, wie ein dickeres Bret sind im Nothfall zulässig, letzteres jedoch nur, wenn der Hub der Presse es gestattet. Das Papier wird mit dem Druck nach oben auf die Platte gelegt, das Eisen mit der Schneide aufgesetzt, eingefahren wenn ein bewegliches Fundament vorhanden ist, und der Druck bewerkstelligt. Der den Druck ausübende Theil muß so gestellt werden, daß er das Papier nur glatt durch- und nur ganz wenig in die Unterlage einschneidet. Hat man gedruckte Bogen auszustanzen, so kann man nur dann deren mehrere mit einmal schneiden, wenn sie aufgenadelt werden oder wenn das Papier zum Druck so exact im Winkel angelegt wurde, daß genauest Druck auf Druck liegt. Bei unbedrucktem Papier, z. B. beim Ausstanzen von Karten rc. kann man natürlich Stöße von 10—12 Blatt und mehr mit einmal scheiden.

Die vorstehend beschriebene Manier beruht, wie erwähnt, auf der Anwendung messerartiger Eisen, es ist daher kein Wunder, daß der Schnitt mit ihnen an Exactität und Glätte verliert, sowie sie stumpf und schartig werden, oder wenn die erwähnte Unterlage mangelhaft geworden ist.

Die zweite, für den Zweck des Ausstanzens in Anwendung kommende Manier schließt diese Fehler fast gänzlich aus, denn sie beruht sozusagen auf dem Princip der Scheere. Freilich hat sie vor jener den Nachtheil, daß für ihre Anwendung zwei sich ergänzende, also kostspieligere

Eisen nöthig sind und zwar eines, das ganz massiv, mit geschärften Rändern, der Form des Aus-
zustanzenden entspricht und eines, das wiederum eine genau dem ersten entsprechende Oeffnung
hat, deren Ränder gleichfalls geschärft sind. Wird nun das Papier auf das letztere Eisen
gelegt und das genau hineinpassende massive Eisen mittels der Presse in dasselbe hineingepreßt,
so schneiden die beiden scharfen Ränder das Papier vollkommen glatt durch.

Die für diese Manier zur Anwendung kommende Presse ist zumeist die zweisäulige Balancierpresse.

5. Broncirmaschinen.

Man hat, insbesondere in England und Amerika Maschinen zum Bronciren construirt, um die
lästige und Material verschwendende Handarbeit zu beseitigen. Daß eine solche Maschine nur für

Fig. 154. Broncirmaschine.

Geschäfte von Vortheil ist, welche fortlaufend oder wenigstens häufig größere Auflagen zu
bronciren haben, ist selbstverständlich.

Die Broncirmaschine arbeitet mit einem System von Walzen, die entweder mit Sammet überzogen, oder, den Walzenbürsten gleich, mit feinen Dachs= 2c. Haaren besetzt sind Ein größerer, mitunter mit Greifern versehener Cylinder dient zur Führung des Papiers; dasselbe passirt zuerst zwei mit der Bronce versehene, und sodann mehrere, das Abstreichen der überflüssigen Bronce besorgende Walzen. Die Zuführung resp. Ergänzung der Bronce wird auf sehr verschiedene Art bewerkstelligt; die praktischste scheint diejenige zu sein, bei welcher die Bronce über den Broncirwalzen in einem langen, schmalen, verdeckten und mit vielen ganz feinen Löchern versehenen Blechbehälter liegt. Dieser Behälter wird während des Ganges der Maschine von Zeit zu Zeit durch den Mechanismus derselben geschüttelt, was bewirkt, daß die Bronce durch die feinen Löcher auf die Broncirwalzen fällt. Ein anderer Behälter der nach allen Seiten zu gut verschlossenen Maschine nimmt die abgekehrte Bronce wieder auf. Fig. 156 und 157 zeigen Abbildungen von Broncirmaschinen.

Fig. 157. Broncirmaschine.

6. Falzmaschinen.

Die in Deutschland zumeist eingeführte Falzmaschine ist die der Fabrik von Martini, Tanner & Co. in Frauenfeld (Schweiz); sie besteht im wesentlichen aus einem hohen eisernen Gestell, in welchem sich mehrere stumpfe Messer und einige Walzen befinden; auf demselben befindet sich eine eiserne Platte mit mehreren Einschnitten, zum Anlegen des zu falzenden Bogens bestimmt. Um ein genaues Falzen zu ermöglichen, sind die Maschinen zum Theil so eingerichtet, daß jeder Bogen, wie beim Widerdruck an der Maschine oder Presse, in Punkturen gelegt wird, welche sich aber hier nicht im Mittelstege befinden — da derselbe ja den ersten Falz erhält — sondern in den Bundstegen. Dieselben treten durch zwei schräg gestellte Schlitze in der eisernen Platte, und zwar auf der dem Einlegenden zunächst gelegenen Hälfte des Bogens, hervor, ganz in derselben Anordnung und mit derselben Regelmäßigkeit, wie an der Schnellpresse.

Genau über dem Mittelstege des so angelegten Bogens erhebt sich in horizontaler Lage ein verstellbares, stumpfes, eisernes Messer, welches durch seinen Niedergang den ersten Falz hervorbringt, indem es den Bogen durch einen zweiten großen Schlitz der oberen Platte in das Innere der Maschine zieht. Hier wird der Bogen von einem zweiten verticalen Messer in den Kreuzsteg und dann von einem dritten wieder horizontal gestellten Messer in den Bundsteg getroffen, womit ein Octavbogen vollständig gefalzt ist. Von hier wird der Bogen durch zwei eiserne Walzenpaare geführt, wodurch er die nöthige Glätte und Schärfe in den Brüchen erhält, und fällt endlich in einen neben der Maschine aufgestellten Kasten.

Die Falzmaschine wird auch so gebaut, daß sie die Bogen selbst heftet.

Die Engländer und Amerikaner haben im Bau von Falzmaschinen viel geleistet, und benutzt man dieselben dort insbesondere zum Falzen von Zeitungen. Um hier das Größtmöglichste in Bezug auf Schnelligkeit zu leisten, baute man neben den einfachen auch Doppel-Falzmaschinen. Die Fig. 158 und Fig. 159 werden den Leser z. B. über die Construction der von Harrild & Sons in London vorzüglich gebauten Falzmaschinen belehren.

Fig. 158. Einfache Falzmaschine von Harrild & Sons in London.

Diese Harrild'schen Maschinen haben, ebenso wie die renommirten Maschinen der Firma S. C. Forsaith in Manchester (Amerika), den Vortheil vor den meisten anderen Falzmaschinen voraus, daß sie den Bogen mittels vor und zurücklaufender Greifer dem Mechanismus zuführen. Ist also einmal ein Bogen zu spät angelegt worden, so bleibt er ruhig liegen, bis die Greifer wieder ihren Weg zurückmachen und ihn erfassen. Die einfachen Maschinen liefern mit Punkturen 900—1000, ohne Punkturen 1500—2000 Expl. pro Stunde.

Daß man neuerdings Falzmaschinen direct an den Schnellpressen, insbesondere an den sogenannten „Endlosen" oder „Rotations-Schnellpressen" anbringt, haben wir in den betreffenden Abschnitten bereits specieller erwähnt und Abbildungen derselben im Atlas gebracht.

Fig. 155. Doppel-Jnfipmolijten von Herrlic & Kam in London.

Man hat aber auch Falzmaschinen an den zwei- und vierfachen Maschinen angebracht und zwar war es insbesondere Herr L. Bragard in Cöln, der bereits Ende der sechsziger Jahre 12 solche Falzapparate an vierfachen Maschinen anbrachte.

Auch König & Bauer haben neuerdings solche Falzapparate gebaut und, wenn wir nicht irren, den ersten derselben an einer in der Officin von Pickenhahn & Sohn in Chemnitz im Gang befindlichen Maschine Anfang des Jahres 1877 angebracht. Laut einer Beschreibung in der Zeitschrift „Correspondent" arbeitet der Apparat folgendermaßen: „Der Apparat nimmt die Stelle des Auslegetisches ein und besteht in seinem obern Theile aus einer Tischplatte, in deren Mitte zwei nach innen sich drehende Holzwalzen angebracht sind; die Platte ist außerdem mit verschiedenen Luftlöchern versehen, die ein glattes Auslegen ermöglichen sollen. Der andere Theil erstreckt sich nach unten; auf der linken Seite befindet sich die Vorrichtung für das zweite Falzen und die Ausführung des Bogens, auf der rechten Seite die Verkuppelung des Apparates, welche mittels dreier konischer Räder auf der Excenterwelle der Maschine hergestellt ist. Diese Verkuppelung tritt ihrer Einfachheit wegen dem leichten Gange der Maschine nicht hemmend entgegen. — Der Bogen wird nach dem Druck vom Ausleger auf den Tisch des Apparates gelegt, in dessen Mitte sich die erwähnten Holzwalzen fortwährend nach innen drehen. In diese wird der Bogen durch ein dem Ausleger gegenüberstehendes und sich in entgegengesetzter Richtung bewegendes Holzmesser eingeführt, somit das erste Mal gefalzt. Der nun ein Mal gefalzte Bogen wird durch Doppelbänder zuerst nach unten und dann in einem rechten Winkel nach links geleitet. Sobald der Bogen die zweite Hälfte dieses Weges vollendet, er sich also in wagerechter Lage befindet, wird er von einem eisernen Lineale in ein über ihm liegendes und ebenfalls nach innen rotirendes Holzwalzenpaar gestoßen, also zum zweiten Male gefalzt. Doppelbänder führen das nun fertige Exemplar nach aufwärts, worauf es an der anderen Seite des Auslegetisches von der betreffenden Arbeiterin in Empfang genommen wird. Die verschiedenen Holzwalzen, die eine Hauptrolle spielen, sind in ihren Lagern durch Federdruck beweglich, damit die doppelt oder mehrmals zusammengeschlagenen Bogen, die ja bei Zeitungsdruck infolge des schnellen Ganges oft vorkommen, sich ihren Weg selber bahnen können. Die die Verbindung des Apparates mit der Maschine vermittelnden Zahnräder werden durch Friction getrieben, d. h. sie sind auf der betreffenden Welle weder durch Keile noch durch Stift befestigt, sondern sie werden durch starke Federn, ähnlich wie die Druckcylinderfedern, zwischen zwei Stellringen festgehalten. Kommt es nun vor, daß sich der Bogen verfacht oder ein mehrmals gefalteter Bogen einen größeren Raum zum Durchkommen braucht, als ihm die Holzwalzen bieten, infolge dessen ein Zahnbruch der den Apparat treibenden Räder eintreten würde, so hilft sich der Apparat selbst: die Welle dreht sich zwar in Rade, aber das Rad selbst und damit der ganze Apparat bleibt stehen. Es bedarf nur eines Augenblickes zur Beseitigung und die Arbeit kann weiter gehen. — Schließlich ist noch zu erwähnen, daß sowohl der ganze Apparat während des Ganges der Maschine außer Betrieb gesetzt werden kann — in welchem Falle derselbe die Stelle des Auslegetisches vertritt — als auch der das zweite Falzen bewirkende Theil für sich allein. Was das Falzen betrifft, so ist dies für Zeitungen ausreichend gut, würde aber ganz vortrefflich sein, wenn der Bogen vermittels Bänder auf den Apparat geleitet würde und nicht wie jetzt durch den Ausleger; jede Veränderung im Gange der Maschine, jeder Luftzug ist im Stande, den zu falzenden Bogen in veränderter Lage auf den Tisch und unter das Holzmesser zu bringen, ein Uebelstand, der im Laufe der Zeit gewiß beseitigt wird. Der Apparat repräsentirt namentlich für Zeitungsdruckereien einen großen Fortschritt und ist denselben zu empfehlen."

Wie nun der vorstehend bereits erwähnte Herr C. Bragard dem Herausgeber schreibt, hat er seine Apparate schon im Jahre 1867 so construirt, daß der Bogen anstatt mit dem unsicheren Ausleger mit sicherer Bandführung auf den Schnapp- oder Falztisch befördert wurde; er hat also den an dem König & Bauer'schen Apparat gerügten Uebelstand schon damals beseitigt gehabt; ebenso nimmt Herr Bragard die Priorität für die Benutzung der erwähnten Holzwalze mit ihren beweglichen Lagern durch Federdruck in Anspruch. Genannter Herr ist auch im Begriff, einen neuen Falzapparat für einfache und Doppelmaschinen zu bauen.

7. Papierschneidemaschinen und Apparate.

Der einfachste Apparat zum Durch- und Beschneiden von Papier besteht bekanntlich in einem Beschneidebret von Linde oder Weißbuche und einem guten, spitz zulaufenden Messer; zum Beschneiden ist natürlich auch der gewöhnliche Beschneidhobel des Buchbinders vielfach in Gebrauch.

Ein Beschneidebret mit festem Lineal hat der Herausgeber construirt und ist dasselbe infolge seiner einfachen und praktischen Construction in vielen Druckereien zur Benutzung gekommen.

Das Bret besteht aus einem Untergestell, in dessen Mitte oben und unten eine Schraube mit Flügelmutter befestigt ist. Auf dieser Schraube stecken kräftige Spiralfedern, die wiederum

ein schweres eisernes Lineal tragen, durch welches die Schrauben gleichfalls gehen. Das Lineal schwebt also über dem eigentlichen, auf dem Grundgestell ruhenden Be-
schneidebret, ermöglicht somit ein bequemes Unterschieben des Papiers. Liegt das Papier in der richtigen Lage auf dem Bret, so schraubt man das Lineal mittels der Flügelschrauben fest auf das Papier und kann letzteres dann mit einem guten Messer bequem und sicher durchschneiden, weil ein Verrücken unmöglich ist. Da sich das Lineal nach Oeffnen der Schrauben stets wieder von selbst hebt, so ist das Wegnehmen des geschnittenen und das Unterschieben des weiteren, zu theilenden Papiers sehr leicht und schnell zu bewerkstelligen.

Die einfachste Art der Schneidemaschinen besteht in einem eisernen Hobel, dem hölzernen ähnlich, welchen die Buchbinder zum Beschneiden benutzen. Dieser Hobel hat in zwei Schienen Führung und wird mit seiner Zunge über das unter den Schienen festgepreßte Papier weggeführt; dies geschieht mittels zweier, am Hobel befindlicher Handgriffe, die wiederum mit der, das

Schneiden ausübenden Zunge in Verbindung stehen und mittels deren die Zunge nach und nach immer tiefer heruntergeführt wird. Diese Maschinen sind, weil sie keine saubere Arbeit liefern, nicht viel zur Einführung gelangt, denn, sowie die Zunge schartig wird oder sowie man

Fig. 161. Papierschneidemaschine mit Hebelbewegung.

sie bei der Hin- und Herführung des Hobels zu schnell und zu stark herunterführt, so reißt das zu schneidende Papier ein und der Schnitt ermangelt vollständig der nothwendigen Glätte.

Die besten Maschinen zum Zweck des Durch- und Beschneidens von Papier sind die vor- und nachstehend abgebildeten Schneidemaschinen mit Hebelbewegung und mit Räderbewegung.

Die Maschine mit Hebelbewegung Fig. 161 eignet sich zumeist nur für kleinere Formate und insbesondere zum Beschneiden von Drucksachen in kleineren Stößen, da man beim Herunterdrücken des Hebels immerhin einen ziemlichen Widerstand zu überwinden hat.

Zum Durchschneiden großer Formate in ziemlich starken Stößen ist dagegen die Maschine mit **Räderbewegung** Fig. 162 geeigneter, da sie eine bedeutende Kraft auszuüben vermag. Zum Beschneiden ist sie ebenso gut, wenn auch nicht ganz so leicht und bequem brauchbar, wie die andere Maschine, dürfte derselben also für die Verwendung in Druckereien vorzuziehen sein.

Fig. 162. Papierschneidemaschine mit Räderbewegung.

Bei der Hebelmaschine wird der zu schneidende Papierstoß gleichfalls durch Herunterdrücken eines Hebels, der wiederum auf den Preßbalken wirkt, zusammengepreßt, während bei der Rädermaschine eine mit einem Handrade versehene Preßspindel vorhanden ist. Bei beiden Maschinen läßt sich der zum Anlegen des Stoßes bestimmte sogenannte Sattel mittels eines Schraubengewindes leicht vor- und rückwärts bewegen, so daß man den Stoß auf das genaueste unter den Preßbalken und das Schneidemesser bringen kann.

Das an der Maschine befindliche Messer muß natürlich immer gut scharf und ohne Scharten erhalten werden. Für Buchdrucker an Orten, in denen kein auf das Schleifen solcher

Meſſer eingerichteter Schleifer vorhanden iſt, mag folgende Anleitung zum Schleifen der Meſſer an Papierſchneidemaſchinen als Richtſchnur dienen: Auf eine genau abgerichtete Marmorplatte wird eine verdünnte Miſchung von Schmirgel und Oel gegoſſen. Auf dieſer wird das Meſſer hin und her geſchliffen; zu beachten iſt, daß die ſtets gleiche Richtung des Winkels, welchen die Schneide haben ſoll, genau innegehalten wird. Glaubt man die erforderliche Schärfe erlangt zu haben, ſo bedarf es nur noch des nachträglichen Abziehens auf dem Oelſtein. Will man noch ein Uebriges thun, ſo zieht man die Klinge ſchließlich noch auf dem Streichriemen (ähnlich zubereitet wie die Streichriemen für Raſirmeſſer) ab. Zu dieſem Ende wird ein geeignet langer und breiter Lederſtreifen, vielleicht ein Stück alter Transmiſſionsriemen, mit einer wie nachſtehend beſchrieben zuſammengeſetzten Paſte überſtrichen. In einem Hafen wird ein Kilo Talg geſchmolzen und dann ¼ Liter Oliven- oder Rüböl hinzugegoſſen; bei beſtändigem Umrühren mit einem Spachtel werden nach und nach 150 Gramm zu feinſtem Pulver gemahlener Schmirgel ſowie 100 Gramm Roggenſtrohaſche nachgeſchüttet; das Rühren wird ſolange fort-geſetzt, daß beim allmäligen Erkalten die Maſſe eine gewiſſe Conſiſtenz annimmt. Der Leder-ſtreifen wird, mit der glatten Seite nach unten, auf ein eichenes Bret genagelt und letzteres mit einem Bret von Pappelholz unterlegt; durch die Verbindung dieſer beiden Holzarten wird das ſich Werfen verhindert und der Apparat hält ſtets ebene Fläche. Beim Einreiben der rauhen Fläche des Leders darf nie zu viel Maſſe auf einmal genommen werden, indem kleine Quantitäten nach und nach tiefer in die faſerige Structur eindringen.

Nachtrag.

Es dürfte angebracht ſein, in dieſem Bande noch über die wichtigſten Verſuche zu berichten, welche gemacht worden ſind, einen Selbſtanleger für die Schnellpreſſe zu conſtruiren. Haupt-ſächlich ſind es zwei amerikaniſche Verſuche, welche Beachtung verdienen und welche wir deshalb hier verzeichnen wollen.

Der eine dieſer Apparate iſt von J. G. Aſhley in Brooklyn (New-York) conſtruirt worden; ſeine Thätigkeit baſirt auf der Benutzung eines ſehr ſinnreichen Luftſaugung- (Vacuum) und eines Luftausſtrömungs-Apparates.

Der Erfinder hat insbeſondere darauf Bedacht gehabt, daß ſich ſein Selbſtanleger an Cylinder-maſchinen verſchiedener Größe anbringen läßt. Das Geſtell (a) des Apparates iſt an derſelben Stelle placirt, wo ſich beim Handanlegen der Anlegetiſch befindet. In dieſes Geſtell wird in abulicher Weiſe wie ein Commodenkaſten ein Kaſten von der Tiefe, um einen Papierhaufen von gewöhnlicher Höhe aufnehmen zu können, eingeſchoben. Mittels einer durch die Maſchine be-wegten mechaniſchen Vorrichtung wird der Kaſten nach jedesmaligem Umlauf um die Stärke eines Bogens emporgehoben, ſo daß der oberſte Bogen des Haufens ſich ſtets in gleicher Entfernung unter den Vacuumröhren befindet. Der das allmälige Heben des Kaſtens beſorgende

Mechanismus (b) (Hebel, Spiralfeder und Sperrrad mit Sperrklinke) ist derart construirt, daß bei starkem Papier das Heben weiter, bei schwächerem langsamer vor sich geht. Um nach Entleerung eines Kastens die Arbeit auf längere Zeit nicht unterbrechen zu müssen, sind zwei solcher Kästen erforderlich, von denen der eine stets gefüllt in Bereitschaft steht. Außerdem sind Rück- und Seiten-wände derselben verstellbar, um die verschiedensten Formatgrößen einzuschließen.

Dicht am vorderen Ende des Papierhaufens (c) ist quer über die Maschine ein solcher Kasten oder eine Röhre (d) gelegt, aus welcher mittels eines Ventilators die Luft angezogen (angesogen) wird. Von der großen Röhre gehen wieder kleinere biegsame Röhren (e) aus, deren vordere Oeffnungen dicht über den äußeren Ecken des Papiers münden. Bei jeder Umdrehung

Fig. 103. Rittey's selbstthätiger Bogenanleger.

der Maschine wird die große Vacuumröhre (d) mittels Excenters (f, sogenannten Daumen oder Heblingen) um etwa 6 Cmtr. gehoben und gesenkt; dabei ziehen die kleinen Röhren zugleich einen Bogen vom Haufen empor. Inzwischen tritt durch andere ebenfalls bewegliche Röhren (g) ein Luftstrom zwischen den Bogen, wodurch das Aufheben zweier zusammenhängender Bogen verhütet wird. Da das Vacuum mittels Ventilen auf- und abgeschlossen wird, so läßt sich der ganze Proceß gewissermaßen mit dem Athemholen (Luftansaugen und Luftausstoßen) vergleichen.

Der das Evacuiren bewirkende Ventilator ist unterhalb der Maschine aufgestellt. Sind mehrere Maschinen mit Selbstanleger versehen, so ist doch nur ein Ventilator nöthig, von wel-chem aus mehrere Röhrenstränge abgeleitet werden. Der Ventilator wird selbstverständlich von der Transmissionswelle aus getrieben, der Apparat wird deshalb mit Vortheil nur von den Druckereien benutzt werden können, welche mechanischen Betrieb für ihre Maschinen eingeführt haben.

Während der entstehenden Pause wird der emporgeblasene Bogen von zwei oberhalb des Zuführcylinders (h) auf einer Spindel angebrachten verstellbaren, die Anlegemarken vertretenden Scheiben (i) aufgenommen, welche ihn auf den Rost (k) führen. An den oberen Seiten des letzteren sind zwei leicht gebogene Bleche (l) befestigt, zwischen denen der Bogen in unveränderlich gerader Richtung den Greifern zuläuft.

Um ein möglichst genaues Register für aufeinander folgenden Farbendruck zu erhalten, ist am vorderen Rande des Rostes noch eine besondere Vorrichtung angebracht. Mittels eines Winkelgetriebes (n) wird ein quer über die Vorderseite und ein an der Längsseite des Rostes liegender Stab (o) in Umdrehung gesetzt. Auf beiden Stäben ruhen verstellbare elastische Frictionsdrücker (p), welche bei jeder Umdrehung eine ähnliche Operation ausführen, wie die Finger des Anlegers, nur daß dies mit größerer Regelmäßigkeit geschieht.

Ashley's Anleger besteht also der Hauptsache nach aus zwei Theilen, demjenigen, welcher den Haufen emporhebt und die einzelnen Bogen ablöst, und dem, welcher ihn weiter führt.

Bei einer in einer Londoner Druckerei angestellten Probe sollen eine Anzahl Bogen eines mit feinen Linien eingefaßten Prachtwerkes drei Mal durch die Maschine gelassen und das Register so genau befunden worden sein, als wäre der Bogen nie von der Form weggenommen worden.

Der Besitzer dieses Patents für die Vereinigten Staaten und Großbritannien ist ein Herr B. F. Füller, ebenfalls Amerikaner.

Für einen zweiten derartigen Anleger hat Herr Charles E. Johnson, Buchdruckfarben-Fabrikant in Philadelphia, ein Patent erworben. Jener Apparat war auf der Weltausstellung zu Philadelphia (1876) an einer Maschine der New-Yorker Fabrik Cottrell & Babcod in Betrieb.

Herr Ludwig Lott beschreibt in seinen, in dem Journal für Buchdruckerkunst veröffentlichten Briefen diese Maschine und den Anlegeapparat in folgender Weise: „Die Maschine hat, wie die meisten amerikanischen Schnellpressen, einen großen Cylinder, der nie stille steht während der Arbeit. An dem Einlegebrett befinden sich zwei eiserne Spangen, in der Breite von ⅜ Zoll und in der Länge von 6—8 Zoll, die über den Cylinder gehen und bis unter die Anlegemarken reichen. Auf diese Spangen werden die Bogen geführt bis an die Marken; sobald der Cylinder seine Umdrehung vollendet, springen die Greifer auf und führen den Bogen über die Form.

Ich finde diese Manier sehr praktisch. Erstens druckt ein großer Cylinder viel besser als ein kleiner, denn je mehr sich der Cylinderumfang der ebenen Fläche nähert, je besser wird der Druck sein; zweitens wackelt ein solcher Cylinder nie, wie dies so häufig bei uns der Fall ist, wenn sich die Excenter abnutzen, durch welche der Cylinder oder vielmehr die Gabel in Bewegung gesetzt wird; drittens hat der Einleger mehr Zeit, den Bogen vorzuführen, denn er kann sogleich, wenn die Greifer den einen Bogen erfaßt haben, einen neuen auf die Spangen führen und hat somit Muße, um ihm die gehörige Lage zu geben, weil er nicht erst warten muß, bis der Cylinder wieder stille steht.

An der linken Seite der Maschine ist eine Art kleines Schwungrad angebracht und an einem Arme oder Speiche desselben ist ein Zapfen befindlich, an welchem wieder eine Stange sitzt, die dann excentrisch wirkt. Das Rad selbst ist mit dem Getriebe der Maschine in Verbindung.

Ueber dem Einlegebrett befindet sich eine Schiene, in der der Einlege-Apparat läuft; durch die erwähnte Stange an dem Rade wird der Apparat auf dieser Schiene auf- und abgeführt. Der Apparat selbst ist eine mit Gummi oder Kautschuk verkleidete Blechplatte. Sobald diese

Platte nach oben oder rückwärts geführt ist, fällt sie auf den Haufen Papier und führt beim Zurück- oder Abwärtsgehen einen Bogen vor bis an die Marken. Ehe dies jedoch erfolgt und während des Hinaufführens der Platte, wird durch den Mechanismus eine Nadel, in Form etwa einer Packnadel, eingeführt, welche von oben nach unten und von vorn nach hinten in den Haufen Papier sticht und hierdurch den obersten Bogen lüpft. Ist dies geschehen, so fällt, wie angegeben, die Platte auf das Papier und führt den obersten Bogen nach unten zu den Marken. Eine zweite Vorrichtung, eine Art eiserner Finger, der an seinem Vorderende mit Gummi Elasticum belegt ist, fällt jetzt auf den Bogen und führt ihn an die Seitenmarke, damit er nicht nur nach vorn, sondern auch nach der Seite hin die gehörige Lage erhalte.

Ich muß gestehen, daß mir die ganze Einrichtung sehr wackelig vorkommt und der Selbst-Einleger auf mich keinen guten Eindruck gemacht hat. Die an der Maschine beschäftigten Arbeiter sagen jedoch, daß der Apparat bald besser werden würde, der ausgestellte sei nur der erste Versuch und vieles werde noch verbessert. Aber selbst wenn dies zutreffen sollte, so hege ich noch keine großen Erwartungen von diesem Selbsteinleger. Gelingt es, das Wackelige zu vermeiden, so bleiben immer die großen Löcher in den Bogen, die durch die Nadel gestochen werden; dabei kommt es häufig vor, daß die Nadel nicht nur den obersten Bogen an seinem hinteren Rande durchsticht, sondern 2—3 Bogen auf einmal trifft, was natürlich zu 2—3 Löchern in manchen Bogen führt, welche zum Ueberfluß auch noch manchmal ausgerissen sind, während die Bogen wohl gar auf einmal, wie es nicht selten geschieht, auf die Spangen geführt werden.

Trotz des eisernen Fingers, der die Bogen nach der Seitenmarke führt, muß das Papier übrigens auch ziemlich egal liegen. Beim Schöndruck ist dies leicht, beim Widerdruck aber entstehen schon Schwierigkeiten und muß deshalb ein Knabe neben dem Selbst-Ausleger die Bogen stets gleich richten und trotzdem läßt das Register noch viel zu wünschen übrig".

Zur Ergänzung der Beschreibung der Satinirschnellpressen (Seite 92) ist noch nachzutragen, daß man jetzt solche Satinirschnellpressen baut, welche ein doppeltes System von Walzen führen. Bei den einfachen Pressen erhielt der Bogen auf der Seite, welche über die Papierwalze lief, weniger Glanz, wie die, welche über die Hartwalze geführt wurde. Bei dem neuen System ist diesem Fehler abgeholfen; der Bogen wird hier, nachdem er das erste Walzenpaar passirt hat, derart weiter geführt, daß die über die Papierwalze gegangene Seite desselben beim Passiren des zweiten Walzenpaares über die Hartwalze läuft. Die Satinage ist auf diese Weise eine ganz vorzügliche, wie auch neuerdings die Zusammensetzung des Stoffes zu den Papierwalzen eine derartige ist, daß sie nicht so leicht von jeder Falte oder jedem Bruche des Bogens Eindrücke empfangen. Die Satinirschnellpressen werden neuerdings außer von Wilh. Ferd. Heim auch von C. G. Haubold jr. in Chemnitz und von Karl Krause in Leipzig in bester Weise gebaut. —

Bezüglich der auf Seite 392 beschriebenen Gill'schen Heiße-Walzenmaschine, die also zum Satiniren des Papiers und gleichzeitigem Herauspressen der Schaltirung nach dem Drucke dient, ist noch zu bemerken, daß die auf Seite 392 ausgesprochenen Bedenken, das Papier werde durch diesen Proceß hart und brüchig werden, sich nicht als zutreffend gezeigt haben; die Druck-Proben wenigstens, welche dem Verfasser später vorgelegen haben, zeigen diese Mängel in keiner Weise.

Jedenfalls kommt es auch bei Benutzung dieser Maschine wie bei allen anderen darauf an, daß sie richtig benutzt wird, denn wenn man z. B. den Cylinder überhitzt und zu stark stellt, so wird das Papier allerdings an Festigkeit verlieren. Schon bei den gewöhnlichen Satinirpressen muß ja auch darauf geachtet werden, daß das Papier nicht durch zu scharfen Druck unansehnlich wird. —

Von **Schnellpressen** sind neuerdings noch kleine gewöhnliche Cylinderschnellpressen zum Treten gebaut worden. Die Fabrik von Klein, Forst & Bohn Nachf. in Johannisberg a. Rh.

Fig. 164. Liliput-Schnellpresse von Klein, Forst & Bohn Nachf. in Johannisberg a. Rh.

liefert eine solche mit Tischfärbung und eine mit Cylinderfärbung; die letztere Construction ist erklärlicher Weise mit dem Fuße schwerer zu bewegen, wie die erstere. Die Fabrik benennt diese Maschine „Liliput". Die Maschinenfabrik Augsburg zu Augsburg baut eine gleiche Maschine mit Tischfärbung.

Ferner ist zu erwähnen, daß Ph. Swiderski in Leipzig Schnellpressen nach dem auf den Seiten 140 und 141 beschriebenen englischen System unter dem Namen „Lipsia" baut. —

Zu Capitel **Prägedruck** wäre noch nachzutragen, daß man Etiquetten, feine Karten, z. B. die mit tüllartiger Pressung, zugleich prägt und ausstanzt. In diesem Falle kommen Stahlstempel zur Anwendung, die, das eingravirte Muster enthaltend, an allen den Theilen, welche schneiden sollen, geschärft zugravirt sind.

Wir haben schließlich noch eines neuen Schließapparates zu erwähnen, der von allen bisher erfundenen der einfachste, beste und zuverlässigste sein dürfte. Erfunden ist derselbe von J. C. Hempel Buchdruckereibesitzer in Buffallo, einem Deutschen von Geburt.

Seine Construction ist folgende. Zwei eiserne verzinnte Keile wie Fig. 165, die also, wie die Abbildung zeigt eine doppelte Zahntheilung und in der Mitte einen erhöhten Ansatz haben, werden so aufeinandergelegt wie Fig. 166 zeigt. Die Ansätze b liegen also in der Mitte beider Keile aufein-ander, während die unteren Theile dieser Ansätze in den Oeffnungen c der Keile feste, unverrück-bare Führung finden.

Fig. 165. Einfacher Schließkeil.   Fig. 166. Zwei Keile in ihrer Zusammensetzung für den Gebrauch.

Setzt man nun einen dazu gehörigen, ganz eigen geformten, gut gehärteten Schlüssel in die Zähne des Steges ein, und dreht denselben derart, daß sich ein Keil immer mehr und mehr über den andern wegschiebt, so werden die Keile jede Form ebenso fest und sicher schließen, wie die jetzt in Anwendung kommenden Apparate.

Wir haben es hier also mit einem Mechanismus zu thun, der die entschiedenen Vorzüge der alten Holzkeile mit Dem verbindet, was wiederum an dem sogenannten französischen Schließ-zeug mit gezahnten Stegen und Rollen zu loben war. Mit dem neuen Apparat ist ein Antreiben der Form um die geringste Differenz möglich, was bei dem französischen Schließzeug nicht der Fall ist, denn bei diesem muß man die Rolle um einen vollen Zahn vorwärts drehen, was besonders bei Accidenzformen mit Linien sehr hinderlich ist, weil diese leicht verbogen und an den Ecken lädirt werden. Dagegen ist auch hier die Benutzung eines Hammers vollständig ausgeschlossen und sind die Keile so zu sagen unverwüstlich, lassen auch ein Steigen der Form nicht zu.

Der Verkauf dieser patentirten Keile für Deutschland und Oesterreich ist von dem Erfinder der Buchdruckmaschinen- und Utensilienhandlung von Alexander Waldow in Leipzig über-tragen worden.

Inhalt.

Den mit * bezeichneten Artikeln sind Abbildungen beigefügt.

Inhalt.

Inhalt.

Dem zu diesem Bande gehörenden Atlas der Schnellpressen-Abbildungen ist ein besonderes Inhaltsverzeichniß beigegeben.

Sach-Register.

Abkürzungen: Abb. A. T. = Abbildung im Atlas, Tafel. P. = Presse. M. = Maschine.

Sach-Register.

www.ingramcontent.com/pod-product-compliance
Lightning Source LLC
Chambersburg PA
CBHW020857210326
41598CB00018B/1703